国防科技图书出版基金

粒子输运问题的数值模拟

Numerical Simulation on Particle Transport

王尚武　张树发　马燕云　编著

国防工业出版社
·北京·

图书在版编目(CIP)数据

粒子输运问题的数值模拟/王尚武,张树发,马燕云编著.—北京:国防工业出版社,2013.8
ISBN 978-7-118-08963-9

Ⅰ.①粒…　Ⅱ.①王…②张…③马…　Ⅲ.①粒子-输运理论-数值模拟　Ⅳ.①O572.2

中国版本图书馆 CIP 数据核字(2013)第 179253 号

※

国防工业出版社出版发行

(北京市海淀区紫竹院南路 23 号　邮政编码 100048)
国防工业出版社印刷厂印刷
新华书店经售

*

开本 710×1000　1/16　**印张** 22¼　**字数** 450 千字
2013 年 8 月第 1 版第 1 次印刷　**印数** 1—2500 册　**定价** 76.00 元

国防书店:(010)88540777　　发行邮购:(010)88540776
发行传真:(010)88540755　　发行业务:(010)88540717

致　读　者

本书由国防科技图书出版基金资助出版。

国防科技图书出版工作是国防科技事业的一个重要方面。优秀的国防科技图书既是国防科技成果的一部分，又是国防科技水平的重要标志。为了促进国防科技和武器装备建设事业的发展，加强社会主义物质文明和精神文明建设，培养优秀科技人才，确保国防科技优秀图书的出版，原国防科工委于1988年初决定每年拨出专款，设立国防科技图书出版基金，成立评审委员会，扶持、审定出版国防科技优秀图书。

国防科技图书出版基金资助的对象是：

1. 在国防科学技术领域中，学术水平高，内容有创见，在学科上居领先地位的基础科学理论图书；在工程技术理论方面有突破的应用科学专著。

2. 学术思想新颖，内容具体、实用，对国防科技和武器装备发展具有较大推动作用的专著；密切结合国防现代化和武器装备现代化需要的高新技术内容的专著。

3. 有重要发展前景和有重大开拓使用价值，密切结合国防现代化和武器装备现代化需要的新工艺、新材料内容的专著。

4. 填补目前我国科技领域空白并具有军事应用前景的薄弱学科和边缘学科的科技图书。

国防科技图书出版基金评审委员会在总装备部的领导下开展工作，负责掌握出版基金的使用方向，评审受理的图书选题，决定资助的图书选题和资助金额，以及决定中断或取消资助等。经评审给予资助的图书，由总装备部国防工业出版社列选出版。

国防科技事业已经取得了举世瞩目的成就。国防科技图书承担着记载和弘扬这些成就，积累和传播科技知识的使命。在改革开放的新形势下，原国防科工委率先设立出版基金，扶持出版科技图书，这是一项具有深远意义的创举。此举势必促使国防科技图书的出版随着国防科技事业的发展更加兴旺。

设立出版基金是一件新生事物，是对出版工作的一项改革。因而，评审工作需要不断地摸索、认真地总结和及时地改进，这样，才能使有限的基金发挥出巨大的效能。评审工作更需要国防科技和武器装备建设战线广大科技工作者、专家、教授，以及社会各界朋友的热情支持。

让我们携起手来，为祖国昌盛、科技腾飞、出版繁荣而共同奋斗！

国防科技图书出版基金

评审委员会

国防科技图书出版基金
第七届评审委员会组成人员

前　言

粒子输运理论研究大量微观粒子（如原子、离子、电子、中子、γ 射线、X 射线）在介质中的输运过程和演化规律。粒子输运问题的数值模拟则是采用数值方法、利用计算机模拟来研究微观粒子在介质中的分布函数随时间变化的行为，这项工作是核武器物理、核反应堆物理、激光核聚变、高温等离子体物理、X 光激光物理、磁约束核聚变和惯性约束核聚变研究中不可缺少的重要工作。

作者多年为研究生讲授“粒子输运问题的数值模拟”课程，本书是在课程讲义的基础上加工改编而成的。书中系统总结了作者长期在粒子输运问题数值模拟领域的教学实践经验和科研工作成果，是作者多年教学科研工作的结晶。

本书分为 6 章。

第 1 章介绍粒子输运的总体理论。内容包括粒子输运过程的 3 种不同层次描述，粒子输运方程的一般形式，粒子输运方程和刘维方程的关系，粒子二体碰撞动力学，稀薄气体分子输运的 Boltzmann 方程，Boltzmann 碰撞项的性质和流体力学方程组，Boltzmann 碰撞项向 Fokker－Planck 碰撞项的过渡。

第 2 章介绍等离子体中的带电粒子输运理论。详细讨论了带电粒子在背景等离子体介质中的输运问题，着重介绍了无碰撞输运 Vlasov 方程及考虑二体碰撞的 Fokker－Planck 方程和 Fokker－Planck 碰撞项的具体形式，Fokker－Planck－Landau 碰撞项的性质与磁流体力学方程组，磁流体力学变量的 Lorentz 变换，带电粒子在等离子体中小角度库仑碰撞能量损失率的计算。最后给出了 α 粒子在背景等离子体中输运 Fokker－Planck 方程的有限元数值解，模拟计算了 α 粒子与电子和离子组分库仑碰撞的能量沉积率随时空的变化、α 粒子的能谱随时间的变化。

第 3 章介绍辐射输运理论。内容包括光子与物质的相互作用，流体静止坐标系下的辐射输运方程；完全非热动平衡状态下物质自发辐射功率密度、总线性吸收系数和物质净发射光能的计算，束缚电子在量子态上占据概率的动理学方程；部分局域热动平衡状态下物质的净辐射功率密度、辐射不透明度和平均离子模型；部分局域热动平衡条件下辐射输运方程的数值解法，辐射能流的灰体近似和多群近似；运动介质中的辐射输运方程，不同参考系下辐射量的 Lorentz 变换和辐射输运方程的协变性等。

第 4 章介绍辐射流体力学方程组。内容包括描述流体运动的 Euler 观点和 Lagrange 观点；实验室坐标系下的流体力学变量和辐射场物理量；两种观点下的相对论和非相对论辐射流体力学方程组；曲线坐标系下 Lagrange 空间中流体力学量的梯度和散度计算。讨论了人为黏性取法、物质状态方程、时空步长选择、差分格式的稳定性和计算检验等有关辐射流体力学方程组数值求解必须面临的问题。最后以一维球对称几何下 Lagrange 形式的辐射流体力学方程组的数值解法为例，详细介绍了方程组的离散格式、数值求解方法和计算步骤，并给出了检验差分格式计算精度和格式稳定性的方法。

第 5 章介绍中子输运与燃耗。内容包括运动介质中的中子输运方程，靶核核数变化方程，输运近似和多群中子输运方程，中子输运方程在各种坐标系下的具体形式，中子输运方程和核数变化方程的数值解法与有关计算的几个问题。详细讨论了多群中子输运方程和核数变化方程的离散格式与数值求解技术，给出了一维中子输运方程和核数变化方程的差分格式与计算方案。讨论了负中子通量的处理、差分格式的稳定性和收敛条件，给出了用中子数守恒来检验评估数值模拟精度的方法。最后介绍了几个物理量的数值计算格式和中子群常数的制作方法。

第 6 章讨论了中子扩散理论。首先介绍了多群中子扩散方程的数值求解差分格式和边界条件处理。在此基础上，讨论了提高中子扩散方程计算精度的各种理论和方法，包括半经验的改进扩散理论、渐近扩散理论、限流（渐近）扩散理论以及计及散射各向异性的改进扩散理论。这些理论详细介绍了改进扩散系数计算精度的多种方法，并对外推长度的选取也作了深入讨论。给出了外推长度和扩散系数的实用计算公式。最后介绍了采用人造精确解检验多群中子扩散方程差分格式数学精度的计算方法。

本书具有如下特点。

(1) 推导详尽，通俗易懂。本书从第一原理出发给出了各类粒子输运方程及其涉及的粒子与物质相互作用参数计算公式的详细推导过程，给出了各类粒子输运方程和辐射流体力学方程组数值求解的离散格式、稳定性条件的细致判据、离散格式精度的计算检验方法，过程详细，通俗易懂。

(2) 内容全面，自成体系。本书全面介绍了带电粒子输运的 Fokker - Planck 方程、辐射（光子）输运方程、辐射流体力学方程组、运动介质中的中子输运方程和核素燃耗方程的建立和数值求解方法，结合实际问题给出了数值计算所采用的离散格式和计算实例。为配合数值计算需要，对输运方程中涉及的高温介质辐射不透明度、中子与各种核材料的多群常数的计算与制作也给出了简单适用的算法，使该书自成体系。

(3) 注重工程应用，突出数值方法。本书考虑了背景介质的流体力学运动对粒子输运的影响，建立了运动介质中的粒子输运方程，研究了介质原子核的燃耗对中子输运的影响，提出了辐射流体力学方程组与粒子输运方程的耦合数值求解方法，并给出了计算实例。所介绍的计算方法和数值模拟技术对于工程实际问题的处理具有示范指导作用。

本书面向工程实际需要，突出数值模拟方法，强化针对性与适用性，内容全面而自成体系，是一本特色明显、适用性强、能够引领初学者迅速进入相关领域的入门指导书，对从事相关研究领域数值模拟工作的读者也具有重要参考价值。

尽管作者在写作过程中兢兢业业，殚精竭虑，但囿于作者的学识和水平，难免会有不当甚至错误之处，望各位读者不吝指教。

作者感谢资助本书出版的国防科技图书出版基金评审委员会和国防科技大学科研部，感谢国防工业出版社领导的关怀和辛俊颖编辑付出的辛勤努力，没有他（她）们的鼎力协助，本书不可能顺利出版。

谨以此书祝贺国防科技大学60华诞。

编著者

2013年5月20日于长沙

目 录

Contents

第1章　绪　论

1.1　粒子输运理论研究的内容、目的和方法

这里的粒子指的是微观粒子，如原子、气体分子、带电粒子（电子、离子）、中子、光子（γ 射线、X 射线）。输运理论就是大量微观粒子在介质中输运过程的数学描述。研究粒子与介质（固体、液体、气体以及等离子体）的相互作用所导致的粒子在相空间的分布函数随时间变化的行为，就是粒子输运理论研究的目的。这里有 3 点需要注意：一是输运理论研究的是一大群粒子的行为，而不是个别粒子的行为；二是输运理论研究的是一大群粒子在介质中表现出来的非平衡统计规律，而不是平衡态的规律；三是输运理论属于非平衡态统计物理的范畴。

输运理论研究的内容可分为两个方面：建立粒子在相空间的密度分布函数所满足的输运方程，一般是微分—积分方程，粒子与物质相互作用的特点与性质不同，输运方程的形式就不同；研究各种输运方程的数学性质，对输运方程进行解析解或数值解。

粒子输运理论研究所采用的方法是：首先，用粒子在相空间的密度分布函数 $f(\boldsymbol{r},\boldsymbol{v},t)$ 来描述 t 时刻粒子在相空间的分布，其物理意义是 $f(\boldsymbol{r},\boldsymbol{v},t)\,\mathrm{d}\boldsymbol{r}\mathrm{d}\boldsymbol{v}$ 表示 t 时刻位置处在位形空间微元 $\boldsymbol{r}\to\boldsymbol{r}+\mathrm{d}\boldsymbol{r}$ 内、同时速度处在速度空间微元 $\boldsymbol{v}\to\boldsymbol{v}+\mathrm{d}\boldsymbol{v}$ 内的粒子数的期望值或平均值；其次，考虑粒子在介质中输运时与介质粒子相互作用的微观规律（一般用微观相互作用截面来对这种规律进行数学表示）、厘清导致粒子的分布函数 $f(\boldsymbol{r},\boldsymbol{v},t)$ 变化的各种因素，建立在一个固定的相空间体积元内粒子数目的守恒方程—输运方程。

1.2　粒子输运理论的应用领域

科学技术发展的现实需求是一种理论诞生和发展的推动力，粒子输运理论也不例外。粒子输运过程存在于广泛的物理现象中，在科学技术的众多领域都对输运理论提出了需求，现列举如下。

（1）气体分子的运动论—在气体动力学和宇航科学研究中需要研究稀薄气体的输运理论，包括分子间的碰撞。

（2）中子输运—在原子弹设计、氢弹设计、核反应堆物理设计中，涉及中子在裂变材料中的迁移，需要中子输运理论。

(3) 光子输运—在原子弹设计、氢弹设计、激光核聚变、高温等离子体物理、太阳(天体)物理、大气物理、X 光激光物理、光子在大气中的扩散等研究中离不开光子输运理论(或辐射输运理论)。

(4) 带电粒子输运—在磁约束核聚变、惯性约束核聚变、等离子体动力学、离子束技术中的带电粒子输运、激光等离子体相互作用中产生的超热电子输运、半导体中的载流子的输运等都属于带电粒子输运的范畴。

1.3 粒子输运理论的发展简史

输运理论的发展起源于 Maxwell 和 Boltzmann 所处的时代,最早应用于天体物理中辐射能量迁移研究。我们在学习平衡态统计物理的时候,讲完平衡态统计物理的内容后,一般有一章来介绍非平衡态统计理论—稀薄气体输运的 Boltzmann 方程,并用此方程讨论了气体的扩散系数、内摩擦、热传导的微观理论和数学表达式。Boltzmann 的气体分子运动论就是最早的粒子输运理论,距今已有 150 多年的历史。

输运理论的大发展开始于第二次世界大战结束前后,那时的主要推动力是核反应堆和核弹设计与建造的现实需要,带动了中子输运和光子输运理论的巨大发展。

而今,随着现代科学技术的迅猛发展,人们对客观世界规律研究的领域越来越宽广和深入,研究手段越来越先进,对物理过程的诊断越来越精细,对粒子输运理论提出了许多更新、更高的要求,也有力地推动粒子输运理论的发展。这些领域是,高温高密度物理、强场物理、核爆炸物理模拟、激光惯性约束核聚变、磁约束核聚变、航空航天、新材料技术、声子物理、粒子束武器技术、等离子体武器技术等。

1.4 粒子输运过程的 3 种不同层次描述

输运理论研究的是一大群粒子在介质中表现出来的非平衡统计规律,它研究的是一个多粒子系统的宏观行为,属于非平衡统计力学(NESM)的范畴。

建立多粒子系统的任何理论,其基本目的都是一个,那就是试图从粒子的微观动力学行为来解释系统的宏观行为。例如,从中子的微观动力学行为,建立中子输运方程,可得到中子与原子核反应的速率。

那么,系统的宏观行为与微观粒子的微观动力学行为有什么样的关联呢?统计物理认为:一个多粒子系统的宏观特性可以定义为对系统中微观粒子所有可能的微观运动状态的各种统计平均。

按粒子输运理论的现状,对微观粒子的输运过程大致可在 3 个层次上进行描述,即微观层次、运动论层次和流体力学层次。这 3 种不同层次之间存在密切的关联,其中微观层次属最高层次,而流体力学层次属最低层次。选择何种层次,要根据所研究问题的性质和类型来确定。例如,研究气体液体的流动过程用流体层次的描述就够了;研究中子在介质中的输运过程、光子与气体分子的相互作用、高频声波传播,用运动论层次的描述就够了,而研究激光波被等离子体散射,则需要微观层次的描述。

1.4.1 微观层次的描述

1. 多粒子体系的经典统计理论

将微观粒子当作经典粒子对待(当然,粒子间的相互作用参数(截面)则由量子力学处理或实际测量),故其坐标和动量可以同时具有确定值。对 N 个粒子构成的多粒子系统,每个粒子有 3 个空间坐标、3 个动量坐标,故 N 个粒子的一个状态需要 $6N$ 个变量来确定,其中有 $3N$ 个位置坐标 $q_i(i=1,2,\cdots,3N)$ 和 $3N$ 个动量坐标 $p_i(i=1,2,\cdots,3N)$。系统的哈密顿量为

$$H(\{q_i\},\{p_i\}) = \sum_{j=1}^{N} T_j + \frac{1}{2}\sum_{i,j=1}^{N} V_{ij} + \sum_{j=1}^{N} H_j' \tag{1.4.1}$$

式中,第一项为体系中所有粒子的动能;第二项为体系中粒子之间的相互作用势能;最后一项为体系中所有粒子在外场中的能量。根据分析力学,t 时刻每个粒子有 6 个状态变量,即 3 个位置坐标 $q_i(t)(i=1,2,3)$ 和 3 个动量坐标 $p_i(t)(i=1,2,3)$(称为正则变量),它们满足哈密顿正则方程

$$\begin{cases} \dot{q}_i(t) = \dfrac{\partial H(\{q_i\},\{p_i\})}{\partial p_i} \\ \dot{p}_i(t) = -\dfrac{\partial H(\{q_i\},\{p_i\})}{\partial q_i} \end{cases} \quad (i=1,2,\cdots,3N) \tag{1.4.2}$$

原则上,一旦初始时刻每个粒子的 6 个正则变量给定,可以通过求解这组正则方程得出任意时刻系统中每个粒子的 6 个正则变量,从而就确定了系统任意时刻的微观状态。然而,由 $6N$ 个方程构成的方程组没法解,原因有两个:一是 N 太大,二是每个粒子初始时刻的 6 个坐标(初始条件)没法给定。

有没有其他的办法来描述系统微观状态随时间的演化?有。这种方法就是统计力学。

在统计力学中,引入相空间(Phase Space)Γ_N($6N$ 维空间,有 $6N$ 个“坐标轴”)和统计系综(Ensemble)两个重要的概念。这样,Γ_N 空间的一个点(由 $6N$ 个正则变量值给定,称为代表点)就对应体系的一个微观运动状态(每个粒子的 6 个正则变量都有确定的值,N 个粒子的 $6N$ 个正则变量就有确定的一组值),体系微观运动状态的改变就相当于代表点在 Γ_N 空间的移动,代表点移动的轨迹原则上由正则方程确定。

统计系综的概念是由 J. W. Gibbs 引入的。系综指的是处在相同的宏观条件下,结构完全相同(但系统微观状态各不相同)的大量系统的集合。显然,宏观条件和结构完全相同的大量系统中,由于各个系统的初始条件不同,某时刻代表各个系统微观状态的代表点在 Γ_N 空间的位置就各不相同。

设想 Γ_N 空间有一群代表点,各代表点代表着不同系统的(不同)微观状态,引入系综分布函数(或称代表点密度)$\rho(\Gamma_N,t)$,$\rho(\Gamma_N,t)\mathrm{d}\Gamma_N$ 表示代表点处在 $\Gamma_N\to$

$\Gamma_N + \mathrm{d}\Gamma_N$ 内的概率，满足归一化条件

$$\int\rho(\Gamma_N,t)\,\mathrm{d}\Gamma_N = \int\rho(\{q_i\},\{p_i\},t)\,\mathrm{d}q_1\mathrm{d}q_2\mathrm{d}q_3\cdots\mathrm{d}q_{3N}\mathrm{d}p_1\mathrm{d}p_2\mathrm{d}p_3\cdots\mathrm{d}p_{3N} = 1 \tag{1.4.3}$$

t 变化时，系综中各系统的微观状态都在变化，各系统的代表点在 Γ_N 空间的位置也都在移动，因此，系综分布函数（或称代表点密度）$\rho(\Gamma_N,t)$ 也发生了变化。但是，由于一个代表点代表一个系统的微观状态，代表点在相空间移动时，其个数（即系统个数）既不会产生也不会消失，即

$$\frac{\mathrm{d}}{\mathrm{d}t}(\rho(\Gamma_N,t)\,\mathrm{d}\Gamma_N) = 0 \tag{1.4.4}$$

可以从正则方程证明，相空间体积元不随时间变化，即

$$\frac{\mathrm{d}}{\mathrm{d}t}(\mathrm{d}\Gamma_N) = 0$$

所以有

$$\frac{\mathrm{d}}{\mathrm{d}t}\rho(\Gamma_N,t) = \frac{\mathrm{d}}{\mathrm{d}t}\rho(\{q_i\},\{p_i\},t) = 0 \tag{1.4.5}$$

即

$$\frac{\partial}{\partial t}\rho(\{q_i\},\{p_i,t\}) + \sum_{i=1}^{3N}\left(\frac{\partial\rho}{\partial q_i}\dot{q}_i + \frac{\partial\rho}{\partial p_i}\dot{p}_i\right) = 0 \tag{1.4.6}$$

式(1.4.6)就是经典 Liouville 方程，它是描述系综分布函数随时间的演化方程。利用正则方程式(1.4.2)，方程式(1.4.6)可以写为

$$\frac{\partial}{\partial t}\rho(\{q_i\},\{p_i\},t) = \sum_{i=1}^{3N}\left[\frac{\partial H}{\partial q_i}\frac{\partial\rho}{\partial p_i} - \frac{\partial H}{\partial p_i}\frac{\partial\rho}{\partial q_i}\right] \equiv \{H,\rho\} \tag{1.4.7}$$

其中

$$\{H,\rho\} \equiv \sum_{i=1}^{3N}\left[\frac{\partial H}{\partial q_i}\frac{\partial\rho}{\partial p_i} - \frac{\partial H}{\partial p_i}\frac{\partial\rho}{\partial q_i}\right] \tag{1.4.8}$$

称为经典 Poisson 括号。原则上，只要知道系统的哈密顿量 H，根据系综分布函数 $\rho(\Gamma_N,t)$ 的初始分布，就可根据 Liouville 方程式(1.4.7)求出任意时刻的系综分布函数 $\rho(\Gamma_N,t)$。

定义算子 $\hat{L}(\ ) = i\{H,(\ )\}$，则经典 Liouville 方程式(1.4.7)可以写为

$$\frac{\partial}{\partial t}\rho(\Gamma_N,t) = \{H,\rho\} = -i\hat{L}\rho \tag{1.4.7a}$$

其形式解为

$$\rho(\Gamma_N,t) = e^{-i\hat{L}t}\rho(\Gamma_N,0) \tag{1.4.7b}$$

在实际应用当中，我们打交道的都是多粒子体系的宏观量，那么，宏观量与系统的微观运动状态有什么关系？具体点说，宏观量与系综的分布函数有什么关系？对这个问题的回答，Gibbs 假定，与微观物理量 $A(\Gamma_N)$ 对应的宏观量是微观物理量

$A(\Gamma_N)$的系综平均值，即

$$\langle A\rangle \equiv \int A(\Gamma_N)\rho(\Gamma_N,t)\,\mathrm{d}\Gamma_N \tag{1.4.9a}$$

或

$$\langle A\rangle = \int \mathrm{e}^{-\mathrm{i}\hat{L}t}A(\Gamma_N)\rho(\Gamma_N,0)\,\mathrm{d}\Gamma_N \tag{1.4.9b}$$

Gibbs 假定式(1.4.9a)在历史上有过不少争论。我们的态度是，承认这一假定，或者认为这一假定是统计物理的最基本的假定。全部统计力学，不论是平衡态还是非平衡态，都是建立在这一假定之上的。

根据 Gibbs 假定(式(1.4.9a))，要得到体系的宏观物理量，剩下的问题就是通过解经典 Liouville 方程式(1.4.7)求系综的分布函数$\rho(\Gamma_N,t)$了。由于经典 Liouville 方程实际上正好是 N 个粒子正则运动方程的一种紧凑表示，刘维方程式(1.4.7)等价于正则方程式(1.4.2)，刘维方程的解等价于正则方程的解，解依赖于初始条件。正如不可能通过解正则方程式(1.4.2)得到各个粒子在任意时刻的运动状态一样，试图通过解刘维方程式(1.4.7)来得到系综的分布函数也是不可能的。

然而，对平衡态统计力学，求不含时的系综的分布函数$\rho(\Gamma_N)$的问题已经解决了，即$\rho(\Gamma_N)$为微正则分布。

再次申明：无论是 Liouville 方程还是 Gibbs 假定在非平衡情况下仍然适用。

2. 多粒子体系的量子统计理论

现在我们所研究的系统为由 N 个微观粒子组成的多粒子系统，其中每个粒子都具有量子特性(波粒二象性)，其坐标和动量不能同时具有确定值。按照量子力学，该系统所处的微观运动状态要用体系的波函数 $\Psi(\boldsymbol{r}_1,\boldsymbol{r}_2,\cdots,\boldsymbol{r}_N,t)$来描述，它满足薛定谔方程

$$i\hbar\frac{\partial}{\partial t}\Psi(\boldsymbol{r}_1,\boldsymbol{r}_2,\cdots,\boldsymbol{r}_N,t) = \hat{H}\Psi(\boldsymbol{r}_1,\boldsymbol{r}_2,\cdots,\boldsymbol{r}_N,t) \tag{1.4.10}$$

其中

$$\hat{H}(\boldsymbol{r}_1,\boldsymbol{r}_2,\cdots,\boldsymbol{r}_N,t) = -\sum_{j=1}^{N}\frac{\hbar^2}{2m_j}\nabla_j^2 + \frac{1}{2}\sum_{i,j=1}^{N}V_{ij} + \sum_{j=1}^{N}\hat{H}_j' \tag{1.4.11}$$

为体系的哈密顿算符，它是体系的经典哈密顿量式(式(1.4.1))中将各个粒子的动量 $\boldsymbol{p}$ 换成动量算子 $\hat{\boldsymbol{p}} = -\mathrm{i}\hbar\nabla$ 而得来的。

现在我们考虑由 K 个宏观条件相同的量子系统构成的一个量子系综，其中系综中每个系统的哈密顿算符都相同，但处在不同的微观量子状态。对其中的第 k 个量子系统，设它在 t 时刻处在由波函数 $\Psi^{(k)}(\{\boldsymbol{r}\},t)$ 描述的微观量子态，该量子态显然满足薛定谔方程

$$i\hbar\frac{\partial}{\partial t}\Psi^{(k)}(\boldsymbol{r}_1,\boldsymbol{r}_2,\cdots,\boldsymbol{r}_N,t) = \hat{H}\Psi^{(k)}(\boldsymbol{r}_1,\boldsymbol{r}_2,\cdots,\boldsymbol{r}_N,t) \quad (k=1,2,\cdots,K) \tag{1.4.12}$$

取一组不依赖时间的、正交归一的基底$\{|\varphi_n\rangle\}(n=1,2,\cdots,\infty)$(该基底可以是任意不依赖时间的力学量之本征函数系),用它来展开$\Psi^{(k)}(\{\boldsymbol{r}\},t)$,得

$$|\Psi^{(k)}(\{\boldsymbol{r}\},t)\rangle = \sum_{n=1}^{\infty} a_n^{(k)}(t)|\varphi_n\rangle \quad (k=1,2,\cdots,K) \tag{1.4.13}$$

其中展开系数

$$a_n^{(k)}(t)=\langle\varphi_n|\Psi^{(k)}(\{\boldsymbol{r}\},t)\rangle(n=1,2,\cdots,\infty;k=1,2,\cdots,K) \tag{1.4.14}$$

按照量子力学理论,展开系数的模方为

$$|a_n^{(k)}(t)|^2=a_n^{(k)}(t)[a_n^{(k)}(t)]^*=\langle\varphi_n|\Psi^{(k)}(\{\boldsymbol{r}\},t)\rangle\langle\Psi^{(k)}(\{\boldsymbol{r}\},t)|\varphi_n\rangle \tag{1.4.15}$$

就是第k个系统t时刻处在$|\varphi_n\rangle$态的概率,满足归一化条件

$$\sum_n |a_n^{(k)}(t)|^2 = 1 \ (\text{对任意 } k) \tag{1.4.16}$$

将展开式(1.4.13)代入$\Psi^{(k)}(\{\boldsymbol{r}\},t)$满足的薛定谔方程式(1.4.10),得展开系数满足的方程为

$$i\hbar\frac{\mathrm{d}}{\mathrm{d}t}a_n^{(k)}(t) = \sum_{m=1}^{\infty}H_{nm}a_m^{(k)}(t) \quad (n=1,2,\cdots,\infty;k=1,2,\cdots,K) \tag{1.4.17}$$

其中矩阵元为

$$H_{nm}=\langle\varphi_n|\hat{H}|\varphi_m\rangle\ (n,m=1,2,\cdots,\infty) \tag{1.4.18}$$

这样就把求$|\Psi^{(k)}(\{\boldsymbol{r}\},t)\rangle$的问题转化为求展开系数$a_n^{(k)}(t)$的问题。

用全部K个系统所处的微观态$\Psi^{(k)}(\{\boldsymbol{r}\},t)(k=1,2,\cdots,K)$来定义一个系综密度算子(或密度矩阵)$\hat{\rho}(t)$(它与经典理论下的相空间系综分布函数$\rho(\Gamma_N,t)$对应),即

$$\hat{\rho}(t) = \frac{1}{K}\sum_{k=1}^{K}|\Psi^{(k)}(\{\boldsymbol{r}\},t)\rangle\langle\Psi^{(k)}(\{\boldsymbol{r}\},t)| \tag{1.4.19}$$

其矩阵元为

$$\rho_{mn}(t) = \langle\varphi_m|\hat{\rho}(t)|\varphi_n\rangle = \frac{1}{K}\sum_{k=1}^{K}a_m^{(k)}(t)[a_n^{(k)}(t)]^* \tag{1.4.20}$$

对角元$\rho_{nn}(t)=\dfrac{1}{K}\sum\limits_{k=1}^{K}|a_n^{(k)}(t)|^2$的物理意义是:它表示$t$时刻从系综(内有$K$个系统)中随机地抽取一个系统,该系统处在$|\varphi_n\rangle$态的概率。

根据式(1.4.16)可知,密度算子$\hat{\rho}(t)$的迹(Spur,对角元之和)为1,即

$$\mathrm{Tr}\hat{\rho}(t) \equiv \sum_{n=1}^{\infty}\rho_{nn}(t) = \frac{1}{K}\sum_{k=1}^{K}\sum_{n=1}^{\infty}|a_n^{(k)}(t)|^2 = 1 \tag{1.4.21}$$

将方程式(1.4.20)两边对t求导,利用式(1.4.17)和式(1.4.20),再利用哈密顿算子的厄米性(即$H_{ln}=H_{nl}^*$),有系综密度算子$\hat{\rho}(t)$满足的量子刘维方程

$$i\hbar\frac{\mathrm{d}}{\mathrm{d}t}\rho_{mn}(t) = \sum_{l=1}^{\infty}(H_{ml}\rho_{ln}-\rho_{ml}H_{ln}) \tag{1.4.22}$$

或

$$\frac{\mathrm{d}}{\mathrm{d}t}\hat{\rho}(t)=\frac{1}{i\hbar}(\hat{H}\hat{\rho}-\hat{\rho}\hat{H})\equiv\{\hat{H},\hat{\rho}\} \tag{1.4.23}$$

其中

$$\{\hat{H},\hat{\rho}\}\equiv\frac{1}{i\hbar}(\hat{H}\hat{\rho}-\hat{\rho}\hat{H})$$

称为量子 Poisson 括号。量子刘维方程式(1.4.23)是经典刘维方程式(1.4.7)的量子对应。

原则上,通过解量子刘维方程式(1.4.23),可以得到任意时刻系综密度算子 $\hat{\rho}(t)$,问题是 $t=0$ 时刻的系综密度算子 $\hat{\rho}(0)$ 无法定(原因是什么?)。

按照 Gibbs 的假定,多粒子系统的某个力学量 $\hat{A}$(在量子力学中力学量用算子表示)的平均值(宏观值)为系综的平均值,即

$$\begin{aligned}\langle\hat{A}\rangle &= \frac{1}{K}\sum_{k=1}^{K}\langle\Psi^{(k)}(\{\boldsymbol{r}\},t)|\hat{A}|\Psi^{(k)}(\{\boldsymbol{r}\},t)\rangle =\\ &\frac{1}{K}\sum_{k=1}^{K}\sum_{n,m}\langle\Psi^{(k)}(\{\boldsymbol{r}\},t)|\varphi_n\rangle\langle\varphi_n|\hat{A}|\varphi_m\rangle\langle\varphi_m|\Psi^{(k)}(\{\boldsymbol{r}\},t)\rangle =\\ &\frac{1}{K}\sum_{k=1}^{K}\sum_{n,m}[a_n^{(k)}(t)]^*A_{nm}a_m^{(k)}(t) =\\ &\sum_m\left(\sum_n\rho_{mn}A_{nm}\right)=\sum_m(\hat{\rho}\hat{A})_{mm}=\mathrm{Tr}(\hat{\rho}(t)\hat{A})\end{aligned} \tag{1.4.24}$$

其中用到密度矩阵元的定义式(1.4.20)。式(1.4.24)涉及的力学量 $\hat{A}$ 与时间无关而波函数(因而密度算子 $\hat{\rho}(t)$)与时间有关,这正是薛定谔绘景的特点。

设量子刘维方程式(1.4.23)的解为

$$\hat{\rho}(t)=\hat{C}(t)\hat{\rho}(0)\hat{B}(t) \tag{1.4.25}$$

式中 $\hat{C}(t)$,$\hat{B}(t)$ 待定,将式(1.4.25)代入量子刘维方程式(1.4.23),注意到

$$\frac{\mathrm{d}\hat{\rho}(t)}{\mathrm{d}t}=\frac{\mathrm{d}\hat{C}(t)}{\mathrm{d}t}\hat{\rho}(0)\hat{B}(t)+\hat{C}(t)\hat{\rho}(0)\frac{\mathrm{d}\hat{B}(t)}{\mathrm{d}t}$$

$$\frac{1}{i\hbar}(\hat{H}\hat{\rho}-\hat{\rho}\hat{H})=\frac{1}{i\hbar}(\hat{H}\hat{C}(t)\hat{\rho}(0)\hat{B}(t)-\hat{C}(t)\hat{\rho}(0)\hat{B}(t)\hat{H})$$

可见,只要 $\hat{C}(t)$,$\hat{B}(t)$ 满足方程

$$\frac{\mathrm{d}\hat{C}(t)}{\mathrm{d}t}=\frac{1}{i\hbar}\hat{H}\hat{C}(t),\quad \frac{\mathrm{d}\hat{B}(t)}{\mathrm{d}t}=-\frac{1}{i\hbar}\hat{B}(t)\hat{H} \tag{1.4.26}$$

即只要 $\hat{C}(t)$,$\hat{B}(t)$ 取下列形式

$$\begin{cases}\hat{C}(t)=\exp\left(-\dfrac{\mathrm{i}}{\hbar}\hat{H}t\right)\\ \hat{B}(t)=\exp\left(\dfrac{\mathrm{i}}{\hbar}\hat{H}t\right)\end{cases} \tag{1.4.27}$$

则由式(1.4.25) 给出的$\hat{\rho}(t)$,即

$$\hat{\rho}(t)=\hat{C}(t)\hat{\rho}(0)\hat{B}(t)=e^{-\frac{i}{\hbar}\hat{H}t}\hat{\rho}(0)e^{\frac{i}{\hbar}\hat{H}t} \tag{1.4.28}$$

就是量子刘维方程式(1.4.23)的解。

将量子刘维方程的解(式(1.4.28)),代入力学量$\hat{A}$的系综平均值式(1.4.24),注意到$\mathrm{Tr}(\hat{A}\hat{B})=\mathrm{Tr}(\hat{B}\hat{A})$,则有力学量$\hat{A}$的平均值的另一个计算公式

$$\langle\hat{A}\rangle=\mathrm{Tr}(\hat{\rho}(t)\hat{A})=\mathrm{Tr}(e^{-\frac{i}{\hbar}\hat{H}\cdot t}\hat{\rho}(0)e^{\frac{i}{\hbar}\hat{H}\cdot t}\hat{A})=\mathrm{Tr}(\hat{A}(t)\hat{\rho}(0)) \tag{1.4.29}$$

其中

$$\hat{A}(t)=e^{\frac{i}{\hbar}\hat{H}t}\hat{A}e^{-\frac{i}{\hbar}\hat{H}t} \tag{1.4.30}$$

此时力学量$\hat{A}$变成与时间有关的量,而波函数(因而密度算子$\hat{\rho}(0)$)与时间无关,这正是海森堡绘景的特点。

量子理论下宏观力学量的平均值的计算式(1.4.29)就是经典理论下力学量平均值计算式(1.4.9b)的量子对应。

综上所述,要根据 Gibbs 假定求出某力学量的宏观平均值,对经典情形要已知$t=0$时刻的系综分布函数$\rho(\Gamma_N,0)$和系统的哈密顿量H;对量子情形,则要已知$t=0$时刻的系综密度算子$\hat{\rho}(0)$和系统的哈密顿算符$\hat{H}$。

以上就是对多粒子体系微观层次的描述,它是量子统计物理的基础,给我们进一步的讨论指明了方向。

1.4.2 运动论层次的描述

1. 单粒子分布函数

前面讨论的对多粒子体系的微观层次的经典描述中,需要求解系综分布函数$\rho(\Gamma_N,t)$所满足的刘维方程式(1.4.7),而求解刘维方程与求解正则方程一样困难。即使能够求出刘维方程式(1.4.7)的解,它所包涵的信息量也极大,远远超出我们的实际需要。

对多粒子体系有实用价值的描述是运动论层次的描述,该层次的描述通过将刘维方程进行降维处理,化$6N$相空间的问题为6维相空间问题,把刘维方程化为粒子输运方程,从而使问题大大简化。

运动论层次的描述要用到所谓的单粒子分布函数,即在所考虑的N个粒子系统中,不论其他$N-1$个粒子在什么位置,处在何种速度状态,我们只问其中第j个粒子(可以是N粒子中的任意一个)它的坐标处在$\boldsymbol{r}_j\to\boldsymbol{r}_j+\mathrm{d}\boldsymbol{r}_j$内、速度处在$\boldsymbol{v}_j\to\boldsymbol{v}_j+\mathrm{d}\boldsymbol{v}_j$范围内的概率$f(\boldsymbol{r}_j,\boldsymbol{v}_j,t)\,\mathrm{d}\boldsymbol{r}_j\mathrm{d}\boldsymbol{v}_j$是多少。显然,根据系综分布函数的物理意义,有

$$f(\boldsymbol{r}_j,\boldsymbol{v}_j,t)\,\mathrm{d}\boldsymbol{r}_j\mathrm{d}\boldsymbol{v}_j=\mathrm{d}\boldsymbol{r}_j\mathrm{d}\boldsymbol{v}_j\int\mathrm{d}\Gamma_{N-1}\rho(\Gamma_N,t) \tag{1.4.31}$$

我们把

$$f(\boldsymbol{r}_j,\boldsymbol{v}_j,t) = \int \mathrm{d}\Gamma_{N-1}\rho(\Gamma_N,t) \tag{1.4.32}$$

称为第 j 个粒子的单粒子分布函数。若系统中 N 个粒子属于不可区分的同类粒子,同时考虑到微观状态的遍历性,即不论第 j 个粒子是 N 个粒子中的哪个粒子,它在 $\boldsymbol{r}_j \to \boldsymbol{r}_j + \mathrm{d}\boldsymbol{r}_j$ 内、速度处在 $\boldsymbol{v}_j \to \boldsymbol{v}_j + \mathrm{d}\boldsymbol{v}_j$ 范围内出现的概率 $f(\boldsymbol{r}_j,\boldsymbol{v}_j,t)\mathrm{d}\boldsymbol{r}_j\mathrm{d}\boldsymbol{v}_j$ 都一样,那么,单粒子分布函数就与具体哪个粒子无关,即 $f(\boldsymbol{r}_j,\boldsymbol{v}_j,t)$ 与 j 无关,从而单粒子分布函数为

$$f(\boldsymbol{r},\boldsymbol{v},t) = \int \mathrm{d}\Gamma_{N-1}\rho(\Gamma_N,t) \tag{1.4.33}$$

这样就把求粒子在 $6N$ 维相空间的分布问题简化为粒子在 6 维相空间的分布问题,即变求解 $6N$ 维相空间系综分布函数 $\rho(\Gamma_N,t)$ 的问题为求解 6 维相空间单粒子分布函数 $f(\boldsymbol{r},\boldsymbol{v},t)$ 的问题。

由于系综分布函数 $\rho(\Gamma_N,t)$ 在 $6N$ 维相空间满足归一化条件 $\int \mathrm{d}\Gamma_N\rho(\Gamma_N,t) = 1$,故单粒子分布函数 $f(\boldsymbol{r},\boldsymbol{v},t)$ 在 6 维单粒子相空间也满足归一化条件,即

$$\iint f(\boldsymbol{r},\boldsymbol{v},t)\,\mathrm{d}\boldsymbol{r}\mathrm{d}\boldsymbol{v} = 1 \tag{1.4.34}$$

因此,单粒子分布函数的物理意义是:$f(\boldsymbol{r},\boldsymbol{v},t)\mathrm{d}\boldsymbol{r}\mathrm{d}\boldsymbol{v}$ 表示系统中(任意)一个粒子位置处在 $\boldsymbol{r}\to\boldsymbol{r}+\mathrm{d}\boldsymbol{r}$ 范围内、速度处在 $\boldsymbol{v}\to\boldsymbol{v}+\mathrm{d}\boldsymbol{v}$ 范围内的概率。

下面的问题是,必须建立单粒子分布函数 $f(\boldsymbol{r},\boldsymbol{v},t)$ 满足的运动方程,即粒子输运方程(以后将详细讨论)。

倘若能够通过粒子输运方程求得单粒子分布函数 $f(\boldsymbol{r},\boldsymbol{v},t)$,那么,$N$ 粒子系统中某个物理量的宏观平均值就可以根据 $f(\boldsymbol{r},\boldsymbol{v},t)$ 来求。

假设系统中第 j 个粒子的微观力学量(如动量、能量)为 $A(\boldsymbol{r}_j,\boldsymbol{v}_j)$,则多粒子系统的总微观力学量是每个粒子微观力学量的和,即

$$A(\Gamma_N) = \sum_{j=1}^{N} A(\boldsymbol{r}_j,\boldsymbol{v}_j) \tag{1.4.35}$$

按 Gibbs 假定,与总微观力学量 $A(\Gamma_N)$ 对应的系统宏观力学量的统计平均值为

$$\begin{aligned}\langle A\rangle &= \int \mathrm{d}\Gamma_N\rho(\Gamma_N,t)A(\Gamma_N) = \sum_{j=1}^{N}\int \mathrm{d}\boldsymbol{r}_j\mathrm{d}\boldsymbol{v}_jA(\boldsymbol{r}_j,\boldsymbol{v}_j)\int \mathrm{d}\Gamma_{N-1}\rho(\Gamma_N,t)\\ &= \sum_{j=1}^{N}\int \mathrm{d}\boldsymbol{r}_j\mathrm{d}\boldsymbol{v}_jA(\boldsymbol{r}_j,\boldsymbol{v}_j)f(\boldsymbol{r}_j,\boldsymbol{v}_j,t)\end{aligned} \tag{1.4.36}$$

这里用了单粒子分布函数的定义式(1.4.32)。可见,求多粒子系统的某个力学量的宏观平均值,只需用其中任意一个粒子的该力学量的微观值乘以单粒子分布函数对 6 维相空间积分,再乘以粒子总数即可。

例 1 t 时刻、处在 $(\boldsymbol{r},\boldsymbol{v})$ 附近单位相空间内的粒子数期望值 $n(\boldsymbol{r},\boldsymbol{v},t)$ 是个宏观量,它所对应的微观力学量为

$$A(\Gamma_N) = \sum_{j=1}^{N} A(\boldsymbol{r}_j,\boldsymbol{v}_j) = \sum_{j=1}^{N} \delta(\boldsymbol{r}-\boldsymbol{r}_j)\delta(\boldsymbol{v}-\boldsymbol{v}_j)$$

则粒子数期望值为

$$n(\boldsymbol{r},\boldsymbol{v},t) = \langle A\rangle = \sum_{j=1}^{N}\int \mathrm{d}\boldsymbol{r}_j\mathrm{d}\boldsymbol{v}_j A(\boldsymbol{r}_j,\boldsymbol{v}_j) f(\boldsymbol{r}_j,\boldsymbol{v}_j,t) =$$

$$\sum_{j=1}^{N}\int \mathrm{d}\boldsymbol{r}_j\mathrm{d}\boldsymbol{v}_j \delta(\boldsymbol{r}-\boldsymbol{r}_j)\delta(\boldsymbol{v}-\boldsymbol{v}_j) f(\boldsymbol{r}_j,\boldsymbol{v}_j,t) =$$

$$\sum_{j=1}^{N} f(\boldsymbol{r},\boldsymbol{v},t) = Nf(\boldsymbol{r},\boldsymbol{v},t)$$

可见，t 时刻处在$(\boldsymbol{r},\boldsymbol{v})$附近单位相空间内的粒子数期望值 $n(\boldsymbol{r},\boldsymbol{v},t)$ 与单粒子分布函数 $f(\boldsymbol{r},\boldsymbol{v},t)$ 只差一个常数因子，一般将 $n(\boldsymbol{r},\boldsymbol{v},t)$ 称为粒子的相空间密度函数。在粒子输运理论中，$f(\boldsymbol{r},\boldsymbol{v},t)$ 与 $n(\boldsymbol{r},\boldsymbol{v},t)$ 有时可以互换着使用。

例 2 N 粒子体系中，所有粒子的动能（系统的一个微观力学量）为

$$A(\Gamma_N) = \sum_{j=1}^{N} \frac{1}{2} m_j \boldsymbol{v}_j \cdot \boldsymbol{v}_j$$

系统所有粒子动能的统计平均值为

$$\langle K\rangle = \sum_{j=1}^{N}\int \mathrm{d}\boldsymbol{r}_j\mathrm{d}\boldsymbol{v}_j \frac{1}{2} m_j v_j^2 f(\boldsymbol{r}_j,\boldsymbol{v}_j,t) = \sum_{j=1}^{N}\int \mathrm{d}\boldsymbol{r}\mathrm{d}\boldsymbol{v} \frac{1}{2} m v^2 f(\boldsymbol{r},\boldsymbol{v},t) =$$

$$N\int \mathrm{d}\boldsymbol{r}\mathrm{d}\boldsymbol{v} \frac{1}{2} m v^2 f(\boldsymbol{r},\boldsymbol{v},t) = \int \mathrm{d}\boldsymbol{r}\mathrm{d}\boldsymbol{v} \frac{1}{2} m v^2 n(\boldsymbol{r},\boldsymbol{v},t)$$

可见，要求 N 粒子体系中所有粒子动能的宏观平均值，只需将其中任意一个粒子动能的微观值乘以相空间密度函数 $n(\boldsymbol{r},\boldsymbol{v},t)$ 后对 6 维相空间积分即可。单位体积内系统所有粒子动能的统计平均值只需对粒子速度积分，即

$$\langle K'\rangle = \int \mathrm{d}\boldsymbol{v} \frac{1}{2} m v^2 n(\boldsymbol{r},\boldsymbol{v},t)$$

下面讨论在不同宗量下的相空间密度函数 $n(\boldsymbol{r},\boldsymbol{v},t)$ 之间的关系。

若将粒子的相空间密度函数 $n(\boldsymbol{r},\boldsymbol{v},t)$ 的宗量 $\boldsymbol{v}$ 换作粒子动量 $\boldsymbol{p}$，那么，$n(\boldsymbol{r},\boldsymbol{p},t)$ 与 $n(\boldsymbol{r},\boldsymbol{v},t)$ 之间的关系如何？根据它们的物理意义，应有

$$n(\boldsymbol{r},\boldsymbol{p},t)\,\mathrm{d}\boldsymbol{r}\mathrm{d}\boldsymbol{p} = n(\boldsymbol{r},\boldsymbol{v},t)\,\mathrm{d}\boldsymbol{r}\mathrm{d}\boldsymbol{v}$$

注意到

$$\mathrm{d}\boldsymbol{p} = \mathrm{d}p_x\mathrm{d}p_y\mathrm{d}p_z = m^3\mathrm{d}v_x\mathrm{d}v_y\mathrm{d}v_z = m^3\mathrm{d}\boldsymbol{v}$$

故有

$$n(\boldsymbol{r},\boldsymbol{p},t) = n(\boldsymbol{r},\boldsymbol{v},t)/m^3 \tag{1.4.37}$$

若将粒子的相空间密度函数 $n(\boldsymbol{r},\boldsymbol{v},t)$ 的宗量 $\boldsymbol{v}$ 换作粒子速率和方向$(v,\boldsymbol{\Omega})$，那么，$n(\boldsymbol{r},v,\boldsymbol{\Omega},t)$ 与 $n(\boldsymbol{r},\boldsymbol{v},t)$ 之间的关系如何？因为在速度空间的体积元 $\mathrm{d}\boldsymbol{v}$ 可以表示成 $v^2\mathrm{d}v\sin\theta\mathrm{d}\theta\mathrm{d}\varphi$，另一方面，速度空间的一个立体角元 $\mathrm{d}\Omega = \mathrm{d}S/v^2 = \sin\theta\mathrm{d}\theta\mathrm{d}\varphi$，故有 $\mathrm{d}\boldsymbol{v} = v^2\mathrm{d}v\mathrm{d}\Omega$。根据物理意义，有

$$n(\boldsymbol{r},v,\boldsymbol{\Omega},t)\,\mathrm{d}\boldsymbol{r}\mathrm{d}v\mathrm{d}\Omega = n(\boldsymbol{r},\boldsymbol{v},t)\,\mathrm{d}\boldsymbol{r}\mathrm{d}\boldsymbol{v} = n(\boldsymbol{r},\boldsymbol{v},t)\,\mathrm{d}\boldsymbol{r}v^2\mathrm{d}v\mathrm{d}\Omega$$

故

$$n(\boldsymbol{r},v,\boldsymbol{\Omega},t)=n(\boldsymbol{r},\boldsymbol{v},t)\frac{\mathrm{d}\boldsymbol{r}v^2\mathrm{d}v\mathrm{d}\Omega}{\mathrm{d}\boldsymbol{r}\mathrm{d}v\mathrm{d}\Omega}=v^2n(\boldsymbol{r},\boldsymbol{v},t) \tag{1.4.38}$$

若将粒子的相空间密度函数$n(\boldsymbol{r},\boldsymbol{v},t)$的宗量$\boldsymbol{v}$换作粒子动能和方向$(E,\boldsymbol{\Omega})$，那么$n(\boldsymbol{r},E,\boldsymbol{\Omega},t)$与$n(\boldsymbol{r},\boldsymbol{v},t)$之间的关系如何？根据物理意义，有

$$n(\boldsymbol{r},E,\boldsymbol{\Omega},t)\mathrm{d}\boldsymbol{r}\mathrm{d}E\mathrm{d}\Omega=n(\boldsymbol{r},\boldsymbol{v},t)\mathrm{d}\boldsymbol{r}\mathrm{d}\boldsymbol{v}=n(\boldsymbol{r},\boldsymbol{v},t)\mathrm{d}\boldsymbol{r}v^2\mathrm{d}v\mathrm{d}\Omega$$

注意到

$$\mathrm{d}E=\mathrm{d}\left(\frac{1}{2}mv^2\right)=mv\mathrm{d}v$$

故有

$$n(\boldsymbol{r},E,\boldsymbol{\Omega},t)=n(\boldsymbol{r},\boldsymbol{v},t)\frac{v}{m} \tag{1.4.39}$$

综上所述，有

$$n(\boldsymbol{r},\boldsymbol{v},t)=n(\boldsymbol{r},\boldsymbol{p},t)m^3=n(\boldsymbol{r},v,\boldsymbol{\Omega},t)/v^2=\frac{m}{v}n(\boldsymbol{r},E,\boldsymbol{\Omega},t) \tag{1.4.40}$$

除了相空间密度函数$n(\boldsymbol{r},\boldsymbol{v},t)$外，粒子输运理论中经常使用的其他物理量还有以下几种：

(1) 粒子角流密度$\boldsymbol{j}(\boldsymbol{r},\boldsymbol{v},t)\equiv\boldsymbol{v}n(\boldsymbol{r},\boldsymbol{v},t)$，其物理意义是，$\boldsymbol{j}(\boldsymbol{r},\boldsymbol{v},t)\cdot\mathrm{d}\boldsymbol{S}$表示$t$时刻单位时间通过$\boldsymbol{r}$处有向面积元$\mathrm{d}\boldsymbol{S}$的粒子数（粒子速度在$\boldsymbol{v}$附近单位间隔内）。

(2) 粒子流密度$\boldsymbol{J}(\boldsymbol{r},t)=\int\boldsymbol{j}(\boldsymbol{r},\boldsymbol{v},t)\mathrm{d}\boldsymbol{v}$。

(3) 粒子角通量$\varphi(\boldsymbol{r},\boldsymbol{v},t)\equiv vn(\boldsymbol{r},\boldsymbol{v},t)$。

注意：粒子角通量是标量，而粒子角流密度却是矢量，两者的关系为$\boldsymbol{j}(\boldsymbol{r},\boldsymbol{v},t)=\boldsymbol{\Omega}\varphi(\boldsymbol{r},\boldsymbol{v},t)$，即粒子角流密度的数值大小就是粒子角通量。我们知道，$\boldsymbol{j}(\boldsymbol{r},\boldsymbol{v},t)\cdot\mathrm{d}\boldsymbol{S}=\varphi(\boldsymbol{r},\boldsymbol{v},t)\boldsymbol{\Omega}\cdot\hat{n}\mathrm{d}S$表示$t$时刻单位时间通过$\boldsymbol{r}$处法线方向为$\hat{n}$的面积元$\mathrm{d}\boldsymbol{S}=\hat{n}\mathrm{d}S$的粒子数（粒子速度处在$\boldsymbol{v}$附近单位间隔内），若取面积元的法线方向$\hat{n}=\boldsymbol{\Omega}$，大小为单位面积$\mathrm{d}S=1$，则粒子角通量$\varphi(\boldsymbol{r},\boldsymbol{v},t)$就是单位时间内通过$\boldsymbol{r}$处法线方向为$\boldsymbol{\Omega}$的一个单位面积元的粒子数（粒子速度处在$\boldsymbol{v}$附近单位间隔内）。

2. 粒子输运方程

在运动论层次，只要求得单粒子分布函数$f(\boldsymbol{r},\boldsymbol{v},t)$（或粒子的相空间密度函数$n(\boldsymbol{r},\boldsymbol{v},t)$），就可以求得一个多粒子系统微观物理量对应的宏观统计平均值。现在的问题是如何求得粒子的相空间密度函数$n(\boldsymbol{r},\boldsymbol{v},t)$？或者说，相空间密度函数$n(\boldsymbol{r},\boldsymbol{v},t)$满足的方程是什么？

粒子相空间密度函数$n(\boldsymbol{r},\boldsymbol{v},t)$所满足的方程称为粒子输运方程，原则上它可以通过刘维方程积分得到，但我们不打算这么做，而是根据粒子数守恒的原则来推导输运方程。一般来说，一个粒子它既有速度，又有加速度。因为有速度，过一会儿它在6维相空间的位置就变了；因为有加速度，过一会儿它在6维相空间的速度就变了，这些因素都会引起t时刻处在$(\boldsymbol{r},\boldsymbol{v})$附近$\mathrm{d}\boldsymbol{r}\mathrm{d}\boldsymbol{v}$范围内的粒子数期望值$n$

$(\boldsymbol{r},\boldsymbol{v},t)\mathrm{d}\boldsymbol{r}\mathrm{d}\boldsymbol{v}$ 发生改变。另一方面，粒子之间的碰撞也可使本来处在$(\boldsymbol{r},\boldsymbol{v})$附近 $\mathrm{d}\boldsymbol{r}\mathrm{d}\boldsymbol{v}$ 内的粒子从相空间体积元 $\mathrm{d}\boldsymbol{r}\mathrm{d}\boldsymbol{v}$ 内碰出去，也可使原来不是处在$(\boldsymbol{r},\boldsymbol{v})$附近 $\mathrm{d}\boldsymbol{r}\mathrm{d}\boldsymbol{v}$ 内的粒子碰进相空间体积元 $\mathrm{d}\boldsymbol{r}\mathrm{d}\boldsymbol{v}$ 中来。再一方面，如果有外粒子源存在，则也会使得处在$(\boldsymbol{r},\boldsymbol{v})$附近 $\mathrm{d}\boldsymbol{r}\mathrm{d}\boldsymbol{v}$ 内的粒子数期望值得到补充。

下面推导粒子输运方程的一般形式，为此定义 6 维单粒子相空间的"坐标"和"速度"分别为

$$\boldsymbol{X}=(\boldsymbol{r},\boldsymbol{v}),\ \dot{\boldsymbol{X}}=(\dot{\boldsymbol{r}},\dot{\boldsymbol{v}})$$

则相空间密度函数 $n(\boldsymbol{r},\boldsymbol{v},t)=n(\boldsymbol{X},t)$。考虑 6 维相空间的任意一个固定"体积元"$\Delta\boldsymbol{X}=\Delta\boldsymbol{r}\Delta\boldsymbol{v}$，设其"表面积"为 ΔS。"体积元"$\Delta\boldsymbol{X}=\Delta\boldsymbol{r}\Delta\boldsymbol{v}$ 内的粒子数为

$$\int_{\Delta\boldsymbol{X}}n(\boldsymbol{X},t)\,\mathrm{d}\boldsymbol{X}=\int_{\Delta\boldsymbol{X}}n(\boldsymbol{r},\boldsymbol{v},t)\,\mathrm{d}\boldsymbol{r}\mathrm{d}\boldsymbol{v}$$

它随时间的变化由以下 3 项构成，即

$$\frac{\partial}{\partial t}\int_{\Delta\boldsymbol{X}}n(\boldsymbol{X},t)\,\mathrm{d}\boldsymbol{X}=-\oint_{\Delta S}n(\boldsymbol{X},t)\dot{\boldsymbol{X}}\cdot\mathrm{d}\boldsymbol{S}+\int_{\Delta\boldsymbol{X}}\left(\frac{\partial n}{\partial t}\right)_{\mathrm{coll}}\mathrm{d}\boldsymbol{X}+\int_{\Delta\boldsymbol{X}}s(\boldsymbol{X},t)\,\mathrm{d}\boldsymbol{X}\tag{1.4.41}$$

这实际上是6 维单粒子相空间中粒子数的守恒方程。式中：左边为 t 时刻处在体积元 $\Delta\boldsymbol{X}$ 内的粒子数随时间的变化率；右边第一项为 t 时刻单位时间通过体积元 $\Delta\boldsymbol{X}$ 的表面 ΔS 流进 $\Delta\boldsymbol{X}$ 的粒子数，右边第二项为 t 时刻单位时间由于粒子间碰撞导致的处在体积元 $\Delta\boldsymbol{X}$ 内的粒子数变化，右边第三项为 t 时刻单位时间外源在体积元 $\Delta\boldsymbol{X}$ 内产生的粒子数。

利用高斯定理，化矢量的面积分为其梯度的体积分，得

$$\frac{\partial}{\partial t}\int_{\Delta\boldsymbol{X}}n(\boldsymbol{X},t)\,\mathrm{d}\boldsymbol{X}+\int_{\Delta\boldsymbol{X}}\nabla_{X}\cdot[n(\boldsymbol{X},t)\dot{\boldsymbol{X}}]\,\mathrm{d}\boldsymbol{X}=\int_{\Delta\boldsymbol{X}}\left(\frac{\partial n}{\partial t}\right)_{\mathrm{coll}}\mathrm{d}\boldsymbol{X}+\int_{\Delta\boldsymbol{X}}s(\boldsymbol{X},t)\,\mathrm{d}\boldsymbol{X}$$

注意到6 维相空间的固定"体积元"$\Delta\boldsymbol{X}=\Delta\boldsymbol{r}\Delta\boldsymbol{v}$ 与时间无关，故上式对时间的求导可以放在积分号内，故有

$$\int_{\Delta\boldsymbol{X}}\left[\frac{\partial}{\partial t}n(\boldsymbol{X},t)+\nabla_{X}\cdot[n(\boldsymbol{X},t)\dot{\boldsymbol{X}}]-\left(\frac{\partial n}{\partial t}\right)_{\mathrm{coll}}-s(\boldsymbol{X},t)\right]\mathrm{d}\boldsymbol{X}=0$$

再注意到"体积元"$\Delta\boldsymbol{X}$ 的任意性，有

$$\frac{\partial}{\partial t}n(\boldsymbol{X},t)+\nabla_{X}\cdot[n(\boldsymbol{X},t)\dot{\boldsymbol{X}}]=\left(\frac{\partial n}{\partial t}\right)_{\mathrm{coll}}+s(\boldsymbol{X},t)\tag{1.4.42}$$

注意到

$$\nabla_{X}\cdot[n(\boldsymbol{X},t)\dot{\boldsymbol{X}}]=n(\boldsymbol{X},t)\nabla_{X}\cdot\dot{\boldsymbol{X}}+\dot{\boldsymbol{X}}\cdot\nabla_{X}n(\boldsymbol{X},t)$$

利用哈密顿正则方程可证明

$$\nabla_{X}\cdot\dot{\boldsymbol{X}}=\nabla_{r}\cdot\dot{\boldsymbol{r}}+\nabla_{v}\cdot\dot{\boldsymbol{v}}=\nabla_{r}\cdot\dot{\boldsymbol{r}}+\nabla_{p}\cdot\dot{\boldsymbol{p}}=\frac{\partial}{\partial\boldsymbol{r}}\cdot\frac{\partial H}{\partial\boldsymbol{p}}-\frac{\partial}{\partial\boldsymbol{p}}\cdot\frac{\partial H}{\partial\boldsymbol{r}}=0$$

而

$$\dot{\boldsymbol{X}}\cdot\nabla_{X}n(\boldsymbol{X},t)=\dot{\boldsymbol{r}}\cdot\nabla_{r}n(\boldsymbol{X},t)+\dot{\boldsymbol{v}}\cdot\nabla_{v}n(\boldsymbol{X},t)$$

故式(1.4.42)变为

$$\frac{\partial}{\partial t}n(\boldsymbol{X},t)+\dot{\boldsymbol{r}}\cdot\nabla_r n(\boldsymbol{X},t)+\dot{\boldsymbol{v}}\cdot\nabla_v n(\boldsymbol{X},t)=\left(\frac{\partial n}{\partial t}\right)_{\text{coll}}+s(\boldsymbol{X},t)$$

注意到

$$\dot{\boldsymbol{r}}=\boldsymbol{v},\ \dot{\boldsymbol{v}}=\boldsymbol{a}=\boldsymbol{F}/m,\boldsymbol{X}=(\boldsymbol{r},\boldsymbol{v})$$

所以普遍形式的粒子输运方程为

$$\frac{\partial}{\partial t}n(\boldsymbol{r},\boldsymbol{v},t)+\boldsymbol{v}\cdot\nabla_r n(\boldsymbol{r},\boldsymbol{v},t)+\frac{\boldsymbol{F}}{m}\cdot\nabla_v n(\boldsymbol{r},\boldsymbol{v},t)=\left(\frac{\partial n}{\partial t}\right)_{\text{coll}}+s(\boldsymbol{r},\boldsymbol{v},t)\tag{1.4.43}$$

注意:$\boldsymbol{F}$ 是作用在粒子上的外力,不包括粒子之间的相互作用力,粒子间的相互作用包括在右边的碰撞项中。以上输运方程还未涉及粒子间的微观碰撞机制,适合描述各类粒子。但对不同的粒子,右边碰撞项的具体形式有所不同,它敏感地依赖于粒子的类型以及粒子与介质粒子相互作用的微观机制与特点。或者说,粒子间相互作用的具体特征不同,碰撞项的具体形式就不同。至于碰撞项的具体形式如何,以后再作讨论。

1.4.3 流体力学层次的描述

与运动论层次的描述相比,流体力学层次的描述在刻画粒子分布的细节上更为粗糙一些,它不关心粒子在速度空间如何分布,即不论粒子速度多少,只关心某时刻在空间某个点处单位体积内有多少个粒子,以及这些粒子对应的力学量(如质量、动量、能量)如何随时间变化。

1. 描述流体运动的两种方法

流体力学认为,流体是由无数流体元(流体质团)连续构成的。描述流体的运动有两种方法——拉格朗日(Lagrange)方法和欧拉(Euler)方法。

Lagrange 方法对一个个流体质团的运动行为加以研究。显然,如果把每个质团的运动行为弄清楚了,那么,整个流体的运动行为也就清楚了。Lagrange 方法是如何对众多的流体质团加以区分的呢? Lagrange 方法是用初始时刻各个流体质团在实空间的不同位置来区分不同的流体质团的。例如,有两个流体质团,初始时刻它们在实空间的位矢分别为 $\boldsymbol{r}_0=(\xi,\eta,\zeta)$ 和 $\boldsymbol{r}'_0=(\xi',\eta',\zeta')$,则 $\boldsymbol{r}(\boldsymbol{r}_0,t)=\boldsymbol{r}(\xi,\eta,\zeta,t)$ 就是初始时刻位置在 $\boldsymbol{r}_0=(\xi,\eta,\zeta)$ 处的那个流体质团在 t 时刻的位矢;而 $\boldsymbol{r}(\boldsymbol{r}'_0,t)=\boldsymbol{r}(\xi',\eta',\zeta',t)$ 就是初始时刻位置在 $\boldsymbol{r}'_0=(\xi',\eta',\zeta')$ 处的那个流体质团在 t 时刻的位矢。

Lagrange 方法中,某流体质团所对应的任何流体力学变量(如密度、温度、压强、宏观流速,它们称为流动量)均是独立变量 $(\boldsymbol{r}_0,t)$ 的函数,其中变量 $\boldsymbol{r}_0=(\xi,\eta,\zeta)$ 系该流体质团初始时刻在实空间的位置,称为 Lagrange 坐标。与质团的流速一样,t 时刻流体质团 $\boldsymbol{r}_0=(\xi,\eta,\zeta)$ 在实空间的位矢 $\boldsymbol{r}(\boldsymbol{r}_0,t)$ 也是该质团的一个流体力学变量。可见,Lagrange 方法类似于力学中对多质点系的动力学描述方法。

与流体描述的 Lagrange 方法不同，Euler 方法则是采用场的观点，而不直接考虑个别流体质团如何运动，该法采用的独立变量是时空变量$(\boldsymbol{r},t)$，其中变量$\boldsymbol{r}$是实空间坐标，称为 Euler 坐标。在 Euler 方法中，流体所对应的力学量均是独立变量$(\boldsymbol{r},t)$的函数。例如，流体力学变量$\boldsymbol{u}(\boldsymbol{r},t)$代表的是$t$时刻位置在$\boldsymbol{r}$处的流体质团的宏观运动速度，它并不与某个特定的质团挂钩，而$\boldsymbol{u}(\boldsymbol{r},t+\Delta t)$代表的则是$t+\Delta t$时刻位置在$\boldsymbol{r}$处的（另一个）流体质团的宏观运动速度，这是因为，流体在作宏观运动，$t+\Delta t$时刻位置在$\boldsymbol{r}$处的流体质团并不是t时刻位置在$\boldsymbol{r}$处的那个流体质团，除非流体在实空间是静止不动的。因此，在 Euler 方法中，要求t时刻位置在$\boldsymbol{r}$处的一个特定的流体质团的加速度，应该考虑在$t\to t+\Delta t$时间间隔内该特定的流体质团在实空间的位移$\Delta\boldsymbol{r}=\boldsymbol{u}(\boldsymbol{r},t)\Delta t$。故$t$时刻位置在$\boldsymbol{r}$处的某特定流体质团的加速度为

$$\frac{\mathrm{d}\boldsymbol{u}(\boldsymbol{r},t)}{\mathrm{d}t}=\lim_{\Delta t\to 0}\frac{\boldsymbol{u}(\boldsymbol{r}+\Delta\boldsymbol{r},t+\Delta t)-\boldsymbol{u}(\boldsymbol{r},t)}{\Delta t}=\frac{\partial\boldsymbol{u}}{\partial t}+(\boldsymbol{u}\cdot\nabla)\boldsymbol{u}\tag{1.4.44}$$

事实上，在 Euler 方法中，t时刻位置在$\boldsymbol{r}$处的某特定流体质团所对应的任何流体力学量$L(\boldsymbol{r},t)$的时间变化率均为

$$\frac{\mathrm{d}L(\boldsymbol{r},t)}{\mathrm{d}t}=\lim_{\Delta t\to 0}\frac{L(\boldsymbol{r}+\Delta\boldsymbol{r},t+\Delta t)-L(\boldsymbol{r},t)}{\Delta t}=\frac{\partial L}{\partial t}+(\boldsymbol{u}\cdot\nabla)L\tag{1.4.45}$$

因此，称

$$\frac{\mathrm{d}(\ )}{\mathrm{d}t}=\frac{\partial(\ )}{\partial t}+(\boldsymbol{u}\cdot\nabla)(\ )\tag{1.4.46}$$

为随体时间微商，是随流体质团一起运动的观察者看到的质团流体力学量随时间的变化。

下面采用 Euler 方法来研究流体的运动规律，并建立流体力学方程组。

2. 物理量守恒微分方程

设$\boldsymbol{A}(\boldsymbol{r},t)$为任一矢量，$\boldsymbol{B}(\boldsymbol{r},t)$为任一 2 阶张量，它们均是独立的时空变量$(\boldsymbol{r},t)$（Euler 变量）的函数。2 阶张量$\boldsymbol{B}(\boldsymbol{r},t)$有 9 个分量，可以写为

$$\boldsymbol{B}(\boldsymbol{r},t)=B_{ij}\boldsymbol{e}_i\boldsymbol{e}_j\qquad（求和约定）$$

考虑固定在实空间的任意体积V，其表面为封闭曲面S。根据高斯定理，矢量$\boldsymbol{A}(\boldsymbol{r},t)$或张量$\boldsymbol{B}(\boldsymbol{r},t)$的散度在固定体积$V$上的体积分可以化为$\boldsymbol{A}(\boldsymbol{r},t)$或$\boldsymbol{B}(\boldsymbol{r},t)$在封闭曲面$S$上的面积分，即

$$\iiint_V \mathrm{d}\boldsymbol{r}\ \nabla\cdot\boldsymbol{A}(\boldsymbol{r},t)=\oint_S \mathrm{d}\boldsymbol{S}\cdot\boldsymbol{A}(\boldsymbol{r},t)=\oint_S \mathrm{d}S\boldsymbol{n}\cdot\boldsymbol{A}(\boldsymbol{r},t)\tag{1.4.47}$$

$$\iiint_V \mathrm{d}\boldsymbol{r}\ \nabla\cdot\boldsymbol{B}(\boldsymbol{r},t)=\oint_S \mathrm{d}\boldsymbol{S}\cdot\boldsymbol{B}(\boldsymbol{r},t)=\oint_S \mathrm{d}S\boldsymbol{n}\cdot\boldsymbol{B}(\boldsymbol{r},t)\tag{1.4.48}$$

式中：$\mathrm{d}\boldsymbol{S}=\boldsymbol{n}\mathrm{d}S$为封闭曲面$S$上的一个有向面积元，其大小为$\mathrm{d}S$，方向为外法线方向；$\boldsymbol{n}$为封闭曲面$S$上$\mathrm{d}S$处外法线方向的单位矢量。

下面来导出流体力学量满足的守恒微分方程。考虑固定在实空间的任意体积V，其表面积为封闭曲面S。设$D(\boldsymbol{r},t)$为t时刻$\boldsymbol{r}$处单位体积内的某物理量（即物

理量的密度,可以是质量密度、动量密度、能量密度),则 $D(\boldsymbol{r},t)$ 在空间任意固定体积 V 内的守恒方程为

$$\frac{\partial}{\partial t}\iiint_V D\mathrm{d}\boldsymbol{r} + \oint_S \mathrm{d}\boldsymbol{S}\cdot\boldsymbol{J}(\boldsymbol{r},t) + \oint_S D\boldsymbol{u}\cdot\mathrm{d}\boldsymbol{S} = \iiint_V Q\mathrm{d}\boldsymbol{r} - \iiint_V H\mathrm{d}\boldsymbol{r} \quad (1.4.49)$$

式中:

$\boldsymbol{J}(\boldsymbol{r},t)$ 为物理量 $D(\boldsymbol{r},t)$ 的流密度;$\boldsymbol{J}\cdot\mathrm{d}\boldsymbol{S}$ 为单位时间通过空间固定体积 V 表面上的有向面积元 $\mathrm{d}\boldsymbol{S}$ 流出去的物理量;$\oint_S \mathrm{d}\boldsymbol{S}\cdot\boldsymbol{J}(\boldsymbol{r},t)$ 为单位时间从空间固定体积 V 的封闭曲面净流出去的物理量。这是个别粒子的行为导致的流。

$\boldsymbol{u}(\boldsymbol{r},t)$ 为 t 时刻位置在 $\boldsymbol{r}$ 处的流体质团的宏观运动速度,则 $D\boldsymbol{u}\cdot\mathrm{d}\boldsymbol{S}$ 表示物理量 $D(\boldsymbol{r},t)$ 随流体运动单位时间通过有向面积元 $\mathrm{d}\boldsymbol{S}$ 离开空间固定体积 V 的物理量,而 $\oint_S D\boldsymbol{u}\cdot\mathrm{d}\boldsymbol{S}$ 表示单位时间由于流体运动从空间固定体积 V 净流出去的物理量。这是粒子随流体运动的集体行为导致的流。

$Q(\boldsymbol{r},t)$ 为 t 时刻单位时间 $\boldsymbol{r}$ 处单位体积产生物理量的源,而 $\iiint_V Q\mathrm{d}\boldsymbol{r}$ 表示单位时间在空间固定体积 V 内产生的物理量。

$H(\boldsymbol{r},t)$ 为 t 时刻单位时间 $\boldsymbol{r}$ 处单位体积吸收某物理量的壑,而 $\iiint_V H\mathrm{d}\boldsymbol{r}$ 表示单位时间在空间固定体积 V 内消失的物理量。

利用高斯定理(式(1.4.47))化物理量在封闭曲面 S 上的面积分为其散度在固定体积 V 上的体积分,可得

$$\iiint_V \left[\frac{\partial D}{\partial t} + \nabla\cdot(\boldsymbol{J}+D\boldsymbol{u}) + H - Q\right]\mathrm{d}\boldsymbol{r} = 0 \quad (1.4.50)$$

注意到固定体积 V 的任意性,物理量 D 满足的守恒微分方程为

$$\frac{\partial D}{\partial t} + \nabla\cdot(\boldsymbol{J}+D\boldsymbol{u}) = Q - H \quad (1.4.51)$$

3. 流体力学方程组

1) 流体质量守恒方程(连续性方程)

取 D 为流体的质量密度 $\rho(\boldsymbol{r},t)$,不考虑流体中个别粒子的扩散引起的质量流失,则质量流 $\boldsymbol{J}(\boldsymbol{r},t)=0$。不考虑质量的产生(如高能 γ 射线的电子对效应)和质量的消失(如正负电子对的湮灭),则 $Q=H=0$,则由式(1.4.51)可得质量守恒方程

$$\frac{\partial\rho}{\partial t} + \nabla\cdot(\rho\boldsymbol{u}) = 0 \quad (1.4.52)$$

2) 流体的动量守恒方程(流体的运动方程)

取 D 为流体的动量密度 $\rho\boldsymbol{u}$(单位体积流体的动量),注意到 t 时刻单位时间 $\boldsymbol{r}$ 处单位体积产生动量密度 $\rho\boldsymbol{u}$ 的源 $Q(\boldsymbol{r},t)$ 是作用在流体上的彻体力密度 $\boldsymbol{f}$(因为根

据牛顿第二定律,作用在单位体积流体上的力等于单位时间单位体积流体动量的变化);t 时刻 $\boldsymbol{r}$ 处动量的流密度 $\boldsymbol{J}(\boldsymbol{r},t)$ 是胁强张量 $\boldsymbol{P}(\boldsymbol{r},t)$(也叫应力张量。以后将看到,$\boldsymbol{P}(\boldsymbol{r},t)$ 是单位时间通过单位面积的流体粒子的动量,$\boldsymbol{P}\cdot \mathrm{d}\boldsymbol{S}$ 也就是 V 内流体作用在有向面积元 $\mathrm{d}\boldsymbol{S}$ 上的表面力);t 时刻单位时间 $\boldsymbol{r}$ 处单位体积吸收动量的壑 $H=0$。根据式(1.4.51)可得动量守恒方程

$$\frac{\partial(\rho\boldsymbol{u})}{\partial t}+\nabla\cdot(\boldsymbol{P}+\rho\boldsymbol{u}\boldsymbol{u})=\boldsymbol{f} \tag{1.4.53}$$

对于无黏滞性的理想流体,胁强张量 $\boldsymbol{P}(\boldsymbol{r},t)$ 是对角张量,对角元就是流体的压强

$$\boldsymbol{P}(\boldsymbol{r},t)=p(\boldsymbol{r},t)\boldsymbol{I} \tag{1.4.54}$$

式中:$\boldsymbol{I}=\boldsymbol{ii}+\boldsymbol{jj}+\boldsymbol{kk}$ 为 2 阶单位张量;$p(\boldsymbol{r},t)$ 为理想流体的压强,是个标量。此时,流体的胁强(应力)张量 $\boldsymbol{P}(\boldsymbol{r},t)$ 的散度就是压强 $P(\boldsymbol{r},t)$ 的梯度(请自行证明),即

$$\nabla\cdot\boldsymbol{P}(\boldsymbol{r},t)=\nabla\cdot(p(\boldsymbol{r},t)\boldsymbol{I})=\nabla p(\boldsymbol{r},t) \tag{1.4.55}$$

故理想流体的运动方程(Euler 方程)为

$$\frac{\partial(\rho\boldsymbol{u})}{\partial t}+\nabla\cdot(\rho\boldsymbol{u}\boldsymbol{u})+\nabla p=\boldsymbol{f} \tag{1.4.56}$$

利用质量守恒方程式(1.4.52)和随体时间微商的定义式(1.4.46),Euler 方程可以写为

$$\rho\frac{\mathrm{d}\boldsymbol{u}}{\mathrm{d}t}+\nabla p=\boldsymbol{f} \tag{1.4.57}$$

这实际上是单位体积流体元的牛顿第二定律,其中,$-\nabla\cdot\boldsymbol{P}(\boldsymbol{r},t)=-\nabla p$ 就是作用在单位体积流体上的力。

对非理想流体,应引入流体的黏性应力张量 $\boldsymbol{\sigma}(\boldsymbol{r},t)$,它敏感地依赖于流体元的宏观流速 $\boldsymbol{u}(\boldsymbol{r},t)$,它们的关系为

$$\boldsymbol{\sigma}=-\mu\nabla\boldsymbol{u}-\left(\varsigma+\frac{1}{3}\mu\right)\boldsymbol{I}\,\nabla\cdot\boldsymbol{u}$$

式中:μ、ς分别为第一和第二黏性系数。$\boldsymbol{\sigma}\cdot\mathrm{d}\boldsymbol{S}$ 为体积 V 内的流体作用在体积 V 的表面上有向面积元 $\mathrm{d}\boldsymbol{S}$ 上的黏性力,而 $\sigma_{ij}=(\boldsymbol{\sigma}\cdot\boldsymbol{e}_i)\cdot\boldsymbol{e}_j$ 为作用在法线方向为 $\boldsymbol{e}_i$ 的单位面积上的黏性力在 $\boldsymbol{e}_j$ 方向的分量。故对非理想流体,流体的胁强张量 $\boldsymbol{P}(\boldsymbol{r},t)$ 为理想流体的胁强张量(式(1.4.54))和流体的黏性应力张量 $\boldsymbol{\sigma}(\boldsymbol{r},t)$之和,即

$$\boldsymbol{P}(\boldsymbol{r},t)=p(\boldsymbol{r},t)\boldsymbol{I}+\boldsymbol{\sigma}(\boldsymbol{r},t)$$

则非理想流体的运动方程(Navier – Stokes 方程)为

$$\frac{\partial(\rho\boldsymbol{u})}{\partial t}+\nabla\cdot(\rho\boldsymbol{u}\boldsymbol{u})+\nabla p+\nabla\cdot\boldsymbol{\sigma}=\boldsymbol{f} \tag{1.4.58}$$

或

$$\rho\frac{\mathrm{d}\boldsymbol{u}}{\mathrm{d}t}+\nabla p+\nabla\cdot\boldsymbol{\sigma}=\boldsymbol{f} \tag{1.4.59}$$

3) 流体的能量守恒方程

取 D 为流体的能量密度 $D=\frac{1}{2}\rho\boldsymbol{u}^2+\rho e$（单位体积流体的能量，系动能与内能的和），其中$\frac{1}{2}\rho\boldsymbol{u}^2$ 为单位体积流体的动能，e 是单位质量流体的总内能（称为总比内能），它是单位质量的静止流体中实物粒子热运动的能量 e_m 与辐射场（光子）能量 e_r 之和，即

$$e=e_m+e_r \tag{1.4.60}$$

记 w 是 t 时刻单位时间在 $\boldsymbol{r}$ 处单位质量的流体中释放（如核反应放能）或外界提供的能量（如激光能量沉积），则 t 时刻单位时间 $\boldsymbol{r}$ 处单位体积内的能源为

$$Q(\boldsymbol{r},t)=\rho w+\boldsymbol{f}\cdot\boldsymbol{u}$$

式中：$\boldsymbol{f}\cdot\boldsymbol{u}$ 系 t 时刻单位时间 $\boldsymbol{r}$ 处单位体积内彻体力密度 $\boldsymbol{f}$ 所作的功，则空间任意固定体积 V 内的能量的守恒方程为

$$\begin{aligned}&\frac{\partial}{\partial t}\iiint_V\left(\frac{1}{2}\rho\boldsymbol{u}^2+\rho e\right)\mathrm{d}\boldsymbol{r}+\oiint_S\mathrm{d}\boldsymbol{S}\cdot\boldsymbol{q}(\boldsymbol{r},t)+\oiint_S\left(\frac{1}{2}\rho\boldsymbol{u}^2+\rho e\right)\boldsymbol{u}\cdot\mathrm{d}\boldsymbol{S}\\&+\oiint_S\boldsymbol{u}\cdot\boldsymbol{P}\cdot\mathrm{d}\boldsymbol{S}=\iiint_V(\rho w+\boldsymbol{f}\cdot\boldsymbol{u})\mathrm{d}\boldsymbol{r}\end{aligned} \tag{1.4.61}$$

式中：左边第一项为单位时间空间固定体积 V 内流体能量的增加；左边第二项 $\oiint_S\mathrm{d}\boldsymbol{S}\cdot\boldsymbol{q}(\boldsymbol{r},t)$ 表示单位时间通过封闭曲面 S 从体积 V 中净流出去的能量，其中 $\boldsymbol{q}(\boldsymbol{r},t)$ 称为能流密度（包括实物粒子和辐射能流），$\boldsymbol{q}\cdot\mathrm{d}\boldsymbol{S}$ 表示单位时间通过体积 V 上的有向面积元 $\mathrm{d}\boldsymbol{S}$ 流出去的能量，它是个别流体粒子的运动行为导致的能量损失；左边第三项表示由于流体的运动，单位时间从体积 V 中净流出去的能量，它是粒子随流体运动的集体行为引起的能量损失；左边第四项$\oiint_S\boldsymbol{u}\cdot\boldsymbol{P}\cdot\mathrm{d}\boldsymbol{S}$是体积 V 内的流体（膨胀）单位时间对外作的功，其中 $\boldsymbol{P}\cdot\mathrm{d}\boldsymbol{S}$ 是体积 V 内的流体作用在 V 的封闭表面上的一个有向面积元 $\mathrm{d}\boldsymbol{S}$ 上的力（包括辐射胁强张量的贡献）；右边项为单位时间由于外能源在体积 V 内提供的能量。

利用高斯定理（式(1.4.47)）化矢量的面积分为其散度的体积分，再注意到固定体积 V 的任意性，有流体的能量密度满足的守恒微分方程

$$\frac{\partial}{\partial t}\left(\frac{1}{2}\rho\boldsymbol{u}^2+\rho e\right)+\nabla\cdot\left[\left(\frac{1}{2}\rho\boldsymbol{u}^2+\rho e\right)\boldsymbol{u}\right]+\nabla\cdot(\boldsymbol{q}+\boldsymbol{u}\cdot\boldsymbol{P})=\rho w+\boldsymbol{f}\cdot\boldsymbol{u} \tag{1.4.62}$$

利用质量守恒方程式(1.4.52)和随体时间微商的定义式(1.4.46)，能量守恒方程式(1.4.62)可以化为

$$\rho\frac{\mathrm{d}}{\mathrm{d}t}\left(\frac{1}{2}\boldsymbol{u}^2+e\right)+\nabla\cdot(\boldsymbol{q}+\boldsymbol{u}\cdot\boldsymbol{P})=\rho w+\boldsymbol{f}\cdot\boldsymbol{u} \tag{1.4.63}$$

注意到

$$\nabla\cdot(\boldsymbol{u}\cdot\boldsymbol{P})=\boldsymbol{u}\cdot(\nabla\cdot\boldsymbol{P})+(\boldsymbol{P}\cdot\nabla)\cdot\boldsymbol{u}$$

则能量守恒方程式(1.4.63)变为

$$\rho\frac{\mathrm{d}}{\mathrm{d}t}\left(\frac{1}{2}\boldsymbol{u}^2+e\right)+\nabla\cdot\boldsymbol{q}+\boldsymbol{u}\cdot(\nabla\cdot\boldsymbol{P})+(\boldsymbol{P}\cdot\nabla)\cdot\boldsymbol{u}=\rho w+\boldsymbol{f}\cdot\boldsymbol{u} \tag{1.4.64}$$

利用质量守恒方程式(1.4.52)和随体时间微商的定义式(1.4.46),动量守恒方程式(1.4.53)可以化为

$$\rho\frac{\mathrm{d}\boldsymbol{u}}{\mathrm{d}t}+\nabla\cdot\boldsymbol{P}=\boldsymbol{f} \tag{1.4.65}$$

式(1.4.65)两边点乘 $\boldsymbol{u}$,得

$$\rho\frac{\mathrm{d}}{\mathrm{d}t}\left(\frac{1}{2}\boldsymbol{u}^2\right)+\boldsymbol{u}\cdot(\nabla\cdot\boldsymbol{P})=\boldsymbol{u}\cdot\boldsymbol{f} \tag{1.4.66}$$

由于 $-\nabla\cdot\boldsymbol{P}(\boldsymbol{r},t)$ 是外界作用在单位体积流体上的力,那么,式(1.4.66)左边的 $\boldsymbol{u}\cdot(\nabla\cdot\boldsymbol{P})$ 就是单位体积流体对外做的功。式(1.4.64)减去式(1.4.66)消去动能项,得能量守恒方程的最终形式为

$$\rho\frac{\mathrm{d}e}{\mathrm{d}t}+\nabla\cdot\boldsymbol{q}+(\boldsymbol{P}\cdot\nabla)\cdot\boldsymbol{u}=\rho w \tag{1.4.67}$$

从式(1.4.66)可以发现,单位时间单位体积内彻体力作的功 $\boldsymbol{f}\cdot\boldsymbol{u}$ 全部转化为流体元的动能而不是内能,单位时间单位体积内流体压力做的功 $\nabla\cdot(\boldsymbol{u}\cdot\boldsymbol{P})=\boldsymbol{u}\cdot(\nabla\cdot\boldsymbol{P})+(\boldsymbol{P}\cdot\nabla)\cdot\boldsymbol{u}$ 的一部分 $\boldsymbol{u}\cdot(\nabla\cdot\boldsymbol{P})$ 也转化为流体元的动能(通过压强差推动流体元运动来实现),而另一部分 $(\boldsymbol{P}\cdot\nabla)\cdot\boldsymbol{u}$ 则转化为流体元的内能(见式(1.4.67))(通过压缩流体元使体积变化来实现)。对于理想流体可明显看出这一点。因为对理想流体,$\boldsymbol{P}(\boldsymbol{r},t)=p(\boldsymbol{r},t)\boldsymbol{I}$, $\nabla\cdot\boldsymbol{P}(\boldsymbol{r},t)=\nabla p(\boldsymbol{r},t)$,从而

$$\begin{cases}\boldsymbol{u}\cdot(\nabla\cdot\boldsymbol{P})=\boldsymbol{u}\cdot\nabla p\\(\boldsymbol{P}\cdot\nabla)\cdot\boldsymbol{u}=\boldsymbol{P}:\nabla\boldsymbol{u}=P\boldsymbol{e}_k\boldsymbol{e}_k:\boldsymbol{e}_i\boldsymbol{e}_j\dfrac{\partial u_j}{\partial x_i}=p\dfrac{\partial u_k}{\partial x_k}=p\nabla\cdot\boldsymbol{u}\end{cases} \tag{1.4.68}$$

因为质量守恒方程式(1.4.52)可以写为

$$\rho\frac{\mathrm{d}v}{\mathrm{d}t}=\nabla\cdot\boldsymbol{u} \tag{1.4.69}$$

式中:$v=1/\rho$ 为流体的比容,即单位质量的流体所占的体积,故

$$(\boldsymbol{P}\cdot\nabla)\cdot\boldsymbol{u}=p\nabla\cdot\boldsymbol{u}=\rho p\frac{\mathrm{d}v}{\mathrm{d}t}$$

在理想流体下,能量守恒方程式(1.4.67)变为

$$\frac{\mathrm{d}e}{\mathrm{d}t}+\frac{1}{\rho}\nabla\cdot\boldsymbol{q}+p\frac{\mathrm{d}v}{\mathrm{d}t}=w \tag{1.4.70}$$

即单位质量的流体元内能的增加率,加上单位时间流出该流体元内的能量,再加上单位时间该流体元对外作的功,等于单位时间外界提供给该流体元的能量。在理想流体下,动量守恒方程式(1.4.65)变为

$$\rho\frac{\mathrm{d}\boldsymbol{u}}{\mathrm{d}t}+\nabla p=\boldsymbol{f} \tag{1.4.71}$$

即单位体积流体质量乘上其加速度等于作用在单位体积流体上的彻体力和流体压力。

流体力学方程式(1.4.69)～式(1.4.71)并不封闭,因为除了 w、$\boldsymbol{f}$ 由外界提供外,尚有5个变量 ρ、$\boldsymbol{u}$、e、$\boldsymbol{q}$、p,而此处只有3个方程,一般需要补充流体的状态方程

$$f(\rho,e,p)=0$$

和能流 $\boldsymbol{q}$ 的方程,方可封闭。

必须指出,对于内部存在辐射场的高温辐射流体,动量守恒方程式(1.4.65)和能量守恒方程式(1.4.67)中的胁强张量 $\boldsymbol{P}$ 应为实物粒子的胁强张量和光子的胁强张量(辐射压强张量)之和;能量守恒方程式(1.4.67)中的能流密度 $\boldsymbol{q}(\boldsymbol{r},t)$ 也应为流体粒子热传导能流和辐射能流之和。

1.4.4 粒子输运方程和刘维方程的关系(BBKGY Hierarchy)

前面讲过,单粒子分布函数 $f(\boldsymbol{r},\boldsymbol{v},t)$ 所满足的方程称为粒子输运方程,原则上粒子输运方程可以通过刘维方程积分得到。粒子输运方程和刘维方程的关系先后被 Born(1946)、Bogoliubov(1946)、Kirkwood(1946)、Green(1947)和 Yvon(1935)(BBKGY)5个人独立地研究过。下面就介绍一下他们的工作。

根据式(1.4.6),由 N 个粒子系统构成的系综分布函数 $\rho_N(\{q_i\},\{p_i\},t)$ 随时间演化满足的经典 Liouville 方程为

$$\frac{\partial}{\partial t}\rho_N(\{q_i\},\{p_i\},\{t\})+\sum_{i=1}^{3N}\left(\frac{\partial\rho_N}{\partial q_i}\dot{q}_i+\frac{\partial\rho_N}{\partial p_i}\dot{p}_i\right)=0 \qquad (1.4.72)$$

将第 j 个粒子的3个坐标分量记为一矢量 $\boldsymbol{r}_j$,3个动量分量记为一矢量 $\boldsymbol{p}_j$,则 Liouville 方程式(1.4.72)可改写为

$$\frac{\partial}{\partial t}\rho_N(\boldsymbol{r}_1,\boldsymbol{p}_1,\boldsymbol{r}_2,\boldsymbol{p}_2,\boldsymbol{r}_3,\boldsymbol{p}_3,\cdots,t)+\sum_{j=1}^{N}\left(\frac{\partial\rho_N}{\partial\boldsymbol{r}_j}\cdot\dot{\boldsymbol{r}}_j+\frac{\partial\rho_N}{\partial\boldsymbol{p}_j}\cdot\dot{\boldsymbol{p}}_j\right)=0 \qquad (1.4.73)$$

将粒子动量换成粒子速度,式(1.4.73)变为

$$\frac{\partial}{\partial t}\rho_N(\boldsymbol{r}_1,\boldsymbol{v}_1,\boldsymbol{r}_2,\boldsymbol{v}_2,\boldsymbol{r}_3,\boldsymbol{v}_3,\cdots,t)+\sum_{j=1}^{N}\left(\frac{\partial\rho_N}{\partial\boldsymbol{r}_j}\cdot\dot{\boldsymbol{r}}_j+\frac{\partial\rho_N}{\partial\boldsymbol{v}_j}\cdot\dot{\boldsymbol{v}}_j\right)=0 \qquad (1.4.74)$$

注意到第 j 个粒子位矢 $\boldsymbol{r}_j$ 的时间变化率是粒子速度 $\boldsymbol{v}_j$,粒子速度 $\boldsymbol{v}_j$ 的时间变化率是加速度 $\boldsymbol{a}_j$,故式(1.4.74)变为

$$\frac{\partial}{\partial t}\rho_N(\boldsymbol{r}_1,\boldsymbol{v}_1,\boldsymbol{r}_2,\boldsymbol{v}_2,\boldsymbol{r}_3,\boldsymbol{v}_3,\cdots,t)+\sum_{j=1}^{N}\left(\frac{\partial\rho_N}{\partial\boldsymbol{r}_j}\cdot\boldsymbol{v}_j+\frac{\partial\rho_N}{\partial\boldsymbol{v}_j}\cdot\boldsymbol{a}_j\right)=0 \qquad (1.4.75)$$

引入 S 个粒子的概率分布函数

$$\rho_S(\boldsymbol{r}_1,\boldsymbol{v}_1,\boldsymbol{r}_2,\boldsymbol{v}_2,\cdots,\boldsymbol{r}_S,\boldsymbol{v}_S,t)\equiv\int\prod_{j=S+1}^{N}\mathrm{d}\boldsymbol{r}_j\mathrm{d}\boldsymbol{v}_j\rho_N(\boldsymbol{r}_1,\boldsymbol{v}_1,\boldsymbol{r}_2,\boldsymbol{v}_2,\boldsymbol{r}_3,\boldsymbol{v}_3,\cdots,t) \qquad (1.4.76)$$

其中对坐标和速度的积分是对除 S 个粒子以外的 $(N-S)$ 个粒子进行的。显然,当

$S=1$ 时，ρ_S 就是单粒子分布函数。将式(1.4.75)两边在$(N-S)\times 6$ 维子相空间对$(N-S)$个粒子的坐标和速度积分，有

$$\int\prod_{j=S+1}^{N}\mathrm{d}\boldsymbol{r}_j\mathrm{d}\boldsymbol{v}_j\left[\frac{\partial}{\partial t}\rho_N(\boldsymbol{r}_1,\boldsymbol{v}_1,\boldsymbol{r}_2,\boldsymbol{v}_2,\boldsymbol{r}_3,\boldsymbol{v}_3,\cdots,t)+\sum_{j=1}^{N}\left(\frac{\partial\rho_N}{\partial\boldsymbol{r}_j}\cdot\boldsymbol{v}_j+\frac{\partial\rho_N}{\partial\boldsymbol{v}_j}\cdot\boldsymbol{a}_j\right)\right]=0 \tag{1.4.77}$$

式(1.4.77)左边第1项为

$$\mathrm{I}=\frac{\partial}{\partial t}\rho_S(\boldsymbol{r}_1,\boldsymbol{v}_1,\boldsymbol{r}_2,\boldsymbol{v}_2,\cdots,\boldsymbol{r}_S,\boldsymbol{v}_S,t) \tag{1.4.78}$$

式(1.4.77)左边第2项为

$$\begin{aligned}\mathrm{II}&=\int\sum_{j=1}^{N}\left(\boldsymbol{v}_j\cdot\frac{\partial\rho_N}{\partial\boldsymbol{r}_j}\right)\prod_{j=S+1}^{N}\mathrm{d}\boldsymbol{r}_j\mathrm{d}\boldsymbol{v}_j=\\&\int\sum_{j=1}^{S}\left(\boldsymbol{v}_j\cdot\frac{\partial\rho_N}{\partial\boldsymbol{r}_j}\right)\prod_{j=S+1}^{N}\mathrm{d}\boldsymbol{r}_j\mathrm{d}\boldsymbol{v}_j+\int\sum_{j=S+1}^{N}\left(\boldsymbol{v}_j\cdot\frac{\partial\rho_N}{\partial\boldsymbol{r}_j}\right)\prod_{j=S+1}^{N}\mathrm{d}\boldsymbol{r}_j\mathrm{d}\boldsymbol{v}_j\end{aligned} \tag{1.4.79}$$

式(1.4.79)第一项中的微分是对前 S 个粒子的坐标进行的，而积分是对后$(N-S)$个粒子的坐标和速度进行的，故微分与积分可以交换顺序；而式(1.4.79)第二项中的每一项都包含了以下积分，即

$$\int\left(\boldsymbol{v}_j\cdot\frac{\partial\rho_N}{\partial\boldsymbol{r}_j}\right)\mathrm{d}\boldsymbol{r}_j\mathrm{d}\boldsymbol{v}_j=\int\left(v_{jx}\frac{\partial\rho_N}{\partial x_j}+v_{jy}\frac{\partial\rho_N}{\partial y_j}+v_{jz}\frac{\partial\rho_N}{\partial z_j}\right)\mathrm{d}x_j\mathrm{d}y_j\mathrm{d}z_j\mathrm{d}\boldsymbol{v}_j$$

而其中每一项都为0，即

$$\int v_{jx}\frac{\partial\rho_N}{\partial x_j}\mathrm{d}x_j\mathrm{d}y_j\mathrm{d}z_j\mathrm{d}\boldsymbol{v}_j=\int v_{jx}\mathrm{d}\boldsymbol{v}_j\iint\mathrm{d}y_j\mathrm{d}z_j\int\frac{\partial\rho_N}{\partial x_j}\mathrm{d}x_j=\int v_{jx}\mathrm{d}\boldsymbol{v}_j\iint\mathrm{d}y_j\mathrm{d}z_j\rho_N\mid_{-\infty}^{\infty}=0$$

$$\int v_{jy}\frac{\partial\rho_N}{\partial y_j}\mathrm{d}x_j\mathrm{d}y_j\mathrm{d}z_j\mathrm{d}\boldsymbol{v}_j=\int v_{jy}\mathrm{d}\boldsymbol{v}_j\iint\mathrm{d}x_j\mathrm{d}z_j\int\frac{\partial\rho_N}{\partial y_j}\mathrm{d}y_j=\int v_{jy}\mathrm{d}\boldsymbol{v}_j\iint\mathrm{d}x_j\mathrm{d}z_j\rho_N\mid_{-\infty}^{\infty}=0$$

$$\int v_{jz}\frac{\partial\rho_N}{\partial z_j}\mathrm{d}x_j\mathrm{d}y_j\mathrm{d}z_j\mathrm{d}\boldsymbol{v}_j=\int v_{jz}\mathrm{d}\boldsymbol{v}_j\iint\mathrm{d}x_j\mathrm{d}y_j\int\frac{\partial\rho_N}{\partial z_j}\mathrm{d}z_j=\int v_{jz}\mathrm{d}\boldsymbol{v}_j\iint\mathrm{d}x_j\mathrm{d}y_j\rho_N\mid_{-\infty}^{\infty}=0$$

故

$$\mathrm{II}=\sum_{j=1}^{S}\left(\boldsymbol{v}_j\cdot\frac{\partial}{\partial\boldsymbol{r}_j}\right)\int\rho_N\prod_{j=S+1}^{N}\mathrm{d}\boldsymbol{r}_j\mathrm{d}\boldsymbol{v}_j+0=\sum_{j=1}^{S}\left(\boldsymbol{v}_j\cdot\frac{\partial\rho_S}{\partial\boldsymbol{r}_j}\right) \tag{1.4.80}$$

其中用了 S 个粒子的概率分布函数的定义式(1.4.76)。

式(1.4.77)左边第3项为

$$\mathrm{III}=\int\sum_{j=1}^{N}\left(\boldsymbol{a}_j\cdot\frac{\partial\rho_N}{\partial\boldsymbol{v}_j}\right)\prod_{k=S+1}^{N}\mathrm{d}\boldsymbol{r}_k\mathrm{d}\boldsymbol{v}_k$$

注意到第 j 个粒子的加速度 $\boldsymbol{a}_j$ 等于外力对第 j 个粒子的作用引起的加速度和系统中其余$(N-1)$个粒子对第 j 个粒子的作用引起的加速度之和，即

$$\boldsymbol{a}_j=\boldsymbol{a}_j^{外}+\sum_{\substack{l=1\\l\neq j}}^{N}\boldsymbol{a}_{jl}$$

故有

$$Ⅲ = \int \sum_{j=1}^{N} \left(\boldsymbol{a}_j^{外} + \sum_{\substack{l=1 \\ l \neq j}}^{N} \boldsymbol{a}_{jl} \right) \cdot \frac{\partial \rho_N}{\partial \boldsymbol{v}_j} \prod_{k=S+1}^{N} \mathrm{d}\boldsymbol{r}_k \mathrm{d}\boldsymbol{v}_k =$$

$$\int \sum_{j=1}^{S} \left(\boldsymbol{a}_j^{外} + \sum_{\substack{l=1 \\ l \neq j}}^{N} \boldsymbol{a}_{jl} \right) \cdot \frac{\partial \rho_N}{\partial \boldsymbol{v}_j} \prod_{k=S+1}^{N} \mathrm{d}\boldsymbol{r}_k \mathrm{d}\boldsymbol{v}_k$$

$$+ \int \sum_{j=S+1}^{N} \left(\boldsymbol{a}_j^{外} + \sum_{\substack{l=1 \\ l \neq j}}^{N} \boldsymbol{a}_{jl} \right) \cdot \frac{\partial \rho_N}{\partial \boldsymbol{v}_j} \prod_{k=S+1}^{N} \mathrm{d}\boldsymbol{r}_k \mathrm{d}\boldsymbol{v}_k$$

由于上式第二个积分项为0(理由同前),故

$$Ⅲ = \int \sum_{j=1}^{S} \left(\boldsymbol{a}_j^{外} + \sum_{\substack{l=1 \\ l \neq j}}^{N} \boldsymbol{a}_{jl} \right) \cdot \frac{\partial \rho_N}{\partial \boldsymbol{v}_j} \prod_{k=S+1}^{N} \mathrm{d}\boldsymbol{r}_k \mathrm{d}\boldsymbol{v}_k =$$

$$\int \sum_{j=1}^{S} \left(\boldsymbol{a}_j^{外} + \sum_{\substack{l=1 \\ l \neq j}}^{S} \boldsymbol{a}_{jl} + \sum_{l=S+1}^{N} \boldsymbol{a}_{jl} \right) \cdot \frac{\partial \rho_N}{\partial \boldsymbol{v}_j} \prod_{k=S+1}^{N} \mathrm{d}\boldsymbol{r}_k \mathrm{d}\boldsymbol{v}_k =$$

$$\int \sum_{j=1}^{S} \left(\boldsymbol{a}_j^{外} + \sum_{\substack{l=1 \\ l \neq j}}^{S} \boldsymbol{a}_{jl} \right) \cdot \frac{\partial \rho_N}{\partial \boldsymbol{v}_j} \prod_{k=S+1}^{N} \mathrm{d}\boldsymbol{r}_k \mathrm{d}\boldsymbol{v}_k$$

$$+ \int \sum_{j=1}^{S} \sum_{l=S+1}^{N} \boldsymbol{a}_{jl} \cdot \frac{\partial \rho_N}{\partial \boldsymbol{v}_j} \prod_{k=S+1}^{N} \mathrm{d}\boldsymbol{r}_k \mathrm{d}\boldsymbol{v}_k$$

注意到:

(1)上式第二个积分项中第 j 个粒子的加速度 $\boldsymbol{a}_{jl}$ 可以放在对第 j 个粒子速度 $\boldsymbol{v}_j$ 的微分号之内(因为第 j 个粒子的加速度 $\boldsymbol{a}_{jl}$ 在某一方向的分量,也就是作用在第 j 个粒子上的力 $\boldsymbol{F}_{jl}$ 的分量,与该方向速度的分量无关,故第 j 个粒子的加速度 $\boldsymbol{a}_{jl}$ 在第 j 个粒子的速度 $\boldsymbol{v}_j$ 空间求散度时为 0,即 $\frac{\partial}{\partial \boldsymbol{v}_j} \cdot \boldsymbol{a}_{jl} = \frac{1}{m} \frac{\partial}{\partial \boldsymbol{v}_j} \cdot \boldsymbol{F}_{jl} = 0$);

(2)上式两项中对速度的微分均是对前 S 个粒子进行的,而积分均是对后 $(N-S)$ 个粒子的坐标和速度进行的,故微分与积分可以交换顺序,因此有

$$Ⅲ = \sum_{j=1}^{S} \left(\boldsymbol{a}_j^{外} + \sum_{\substack{l=1 \\ l \neq j}}^{S} \boldsymbol{a}_{jl} \right) \cdot \frac{\partial}{\partial \boldsymbol{v}_j} \int \rho_N \prod_{k=S+1}^{N} \mathrm{d}\boldsymbol{r}_k \mathrm{d}\boldsymbol{v}_k + \sum_{j=1}^{S} \sum_{l=S+1}^{N} \frac{\partial}{\partial \boldsymbol{v}_j} \cdot \left[\int \rho_N \boldsymbol{a}_{jl} \prod_{k=S+1}^{N} \mathrm{d}\boldsymbol{r}_k \mathrm{d}\boldsymbol{v}_k \right]$$

上式第 2 项中由第 l 个粒子($l \in [S+1, N]$)对第 j 个粒子($j \in [1, S]$)的作用引起的加速度 $\boldsymbol{a}_{jl}$ 只与第 j 个粒子和第 l 个粒子的坐标和速度有关,而与其他粒子的坐标和速度无关,故有

$$Ⅲ = \sum_{j=1}^{S} \left(\boldsymbol{a}_j^{外} + \sum_{\substack{l=1 \\ l \neq j}}^{S} \boldsymbol{a}_{jl} \right) \cdot \frac{\partial \rho_S}{\partial \boldsymbol{v}_j} + \sum_{j=1}^{S} \sum_{l=S+1}^{N} \frac{\partial}{\partial \boldsymbol{v}_j} \cdot \left[\int \boldsymbol{a}_{jl} \mathrm{d}\boldsymbol{r}_l \mathrm{d}\boldsymbol{v}_l \int \rho_N \prod_{\substack{k=S+1 \\ k \neq l}}^{N} \mathrm{d}\boldsymbol{r}_k \mathrm{d}\boldsymbol{v}_k \right] =$$

$$\sum_{j=1}^{S} (\boldsymbol{a}_j^{外} + \sum_{\substack{l=1 \\ l \neq j}}^{S} \boldsymbol{a}_{jl}) \cdot \frac{\partial \rho_S}{\partial \boldsymbol{v}_j} + \sum_{j=1}^{S} \sum_{l=S+1}^{N} \frac{\partial}{\partial \boldsymbol{v}_j} \cdot$$

$$\left[\int \boldsymbol{a}_{jl} \mathrm{d}\boldsymbol{r}_l \mathrm{d}\boldsymbol{v}_l \rho_{S+1} (\boldsymbol{r}_1, \boldsymbol{v}_1, \boldsymbol{r}_2, \boldsymbol{v}_2, \cdots, \boldsymbol{r}_S, \boldsymbol{v}_S; \boldsymbol{r}_l, \boldsymbol{v}_l) \right]$$

这里用了 S 个粒子的概率分布函数的定义式(1.4.76)。考虑到$(N-S)$个粒子都是一样的,上式第二项中的积分值对不同的 $l\in[S+1,N]$ 值都是相同的,与 l 的取值无关,我们就干脆取 $l=S+1$ 来计算这个与 l 取值无关的积分,对 l 的求和就是该积分值的$(N-S)$倍,故有

$$\text{Ⅲ} = \sum_{j=1}^{S}\left(\boldsymbol{a}_j^{外}+\sum_{\substack{l=1\\l\neq j}}^{S}\boldsymbol{a}_{jl}\right)\cdot\frac{\partial\rho_S}{\partial\boldsymbol{v}_j}+(N-S)\sum_{j=1}^{S}\frac{\partial}{\partial\boldsymbol{v}_j}\cdot\int\boldsymbol{a}_{jS+1}\mathrm{d}\boldsymbol{r}_{S+1}\mathrm{d}\boldsymbol{v}_{S+1}\rho_{S+1} \tag{1.4.81}$$

由于

$$\text{Ⅰ}+\text{Ⅱ}+\text{Ⅲ}=0$$

故 S 个粒子的概率分布函数 $\rho_S(\boldsymbol{r}_1,\boldsymbol{v}_1,\boldsymbol{r}_2,\boldsymbol{v}_2,\cdots,\boldsymbol{r}_S,\boldsymbol{v}_S,t)$满足的方程为

$$\frac{\partial\rho_S}{\partial t}+\sum_{j=1}^{S}\boldsymbol{v}_j\cdot\frac{\partial\rho_S}{\partial\boldsymbol{r}_j}+\sum_{j=1}^{S}(\boldsymbol{a}_j^{外}+\sum_{\substack{l=1\\l\neq j}}^{S}\boldsymbol{a}_{jl})\cdot\frac{\partial\rho_S}{\partial\boldsymbol{v}_j}+$$
$$(N-S)\sum_{j=1}^{S}\frac{\partial}{\partial\boldsymbol{v}_j}\cdot\int\boldsymbol{a}_{jS+1}\mathrm{d}\boldsymbol{r}_{S+1}\mathrm{d}\boldsymbol{v}_{S+1}\rho_{S+1}=0$$
$$(S=1,2,\cdots,N-1) \tag{1.4.82}$$

这就是用$(S+1)$个粒子的概率分布函数 $\rho_{S+1}(\boldsymbol{r}_1,\boldsymbol{v}_1,\boldsymbol{r}_2,\boldsymbol{v}_2,\cdots,\boldsymbol{r}_S,\boldsymbol{v}_S,\boldsymbol{r}_{S+1},\boldsymbol{v}_{S+1},t)$表示 S 个粒子的概率分布函数 $\rho_S(\boldsymbol{r}_1,\boldsymbol{v}_1,\boldsymbol{r}_2,\boldsymbol{v}_2,\cdots,\boldsymbol{r}_S,\boldsymbol{v}_S,t)$的方程$(S=1,2,\cdots,N-1)$,称为 BBKGY 系列。

在式(1.4.82)中取 $S=1$,得单粒子分布函数 $f(\boldsymbol{r}_1,\boldsymbol{v}_1,t)=\rho_1(\boldsymbol{r}_1,\boldsymbol{v}_1,t)$满足的输运方程

$$\frac{\partial f}{\partial t}+\boldsymbol{v}_1\cdot\frac{\partial f}{\partial\boldsymbol{r}_1}+\boldsymbol{a}_1^{外}\cdot\frac{\partial f}{\partial\boldsymbol{v}_1}=-(N-1)\frac{\partial}{\partial\boldsymbol{v}_1}\cdot\int\boldsymbol{a}_{12}\mathrm{d}\boldsymbol{r}_2\mathrm{d}\boldsymbol{v}_2\rho_2(\boldsymbol{r}_1,\boldsymbol{v}_1,\boldsymbol{r}_2,\boldsymbol{v}_2,t) \tag{1.4.83}$$

这就是单粒子分布函数满足的输运方程。左边第三项中加速度为 $\boldsymbol{a}_1^{外}=\boldsymbol{F}_{外}/m$,$\boldsymbol{F}_{外}$不包括系统中其他粒子对粒子 1 的相互作用力。粒子间相互作用导致的分布函数的改变都包含在式(1.4.83)右边的粒子间的碰撞项之中,其中

$$\boldsymbol{a}_{12}=\boldsymbol{F}_{12}/m=-\frac{1}{m}\nabla_{\boldsymbol{r}_1}U_{12}$$

为粒子间的相互作用力产生的加速度。

在式(1.4.82)中取 $S=2$,得 2 个粒子分布函数 $\rho_2(\boldsymbol{r}_1,\boldsymbol{v}_1,\boldsymbol{r}_2,\boldsymbol{v}_2,t)$满足的输运方程

$$\frac{\partial\rho_2}{\partial t}+\boldsymbol{v}_1\cdot\frac{\partial\rho_2}{\partial\boldsymbol{r}_1}+\boldsymbol{v}_2\cdot\frac{\partial\rho_2}{\partial\boldsymbol{r}_2}+(\boldsymbol{a}_1^{外}+\boldsymbol{a}_{12})\cdot\frac{\partial\rho_2}{\partial\boldsymbol{v}_1}+(\boldsymbol{a}_2^{外}+\boldsymbol{a}_{21})\cdot\frac{\partial\rho_2}{\partial\boldsymbol{v}_2}=$$
$$-(N-2)\left[\int\boldsymbol{a}_{13}\cdot\frac{\partial\rho_3}{\partial\boldsymbol{v}_1}\mathrm{d}\boldsymbol{r}_3\mathrm{d}\boldsymbol{v}_3+\int\boldsymbol{a}_{23}\cdot\frac{\partial\rho_3}{\partial\boldsymbol{v}_2}\mathrm{d}\boldsymbol{r}_3\mathrm{d}\boldsymbol{v}_3\right] \tag{1.4.84}$$

若取 $N-1\approx N$,并假设

(1) 粒子间只有二体相互作用,忽略三体及其以上的相互作用;

(2) 气体稀薄,粒子间的平均间距 δ 很大,力程 d 很短,即$(\mathrm{d}/\delta)^3\ll1$;

(3) 参与碰撞的粒子之间统计独立(混沌假设),即

$$\rho_2(\boldsymbol{r}_1,\boldsymbol{v}_1,\boldsymbol{r}_2,\boldsymbol{v}_2,t)=\rho_1(\boldsymbol{r}_1,\boldsymbol{v}_1,t)\rho_1(\boldsymbol{r}_2,\boldsymbol{v}_2,t)$$

则由 $\rho_1(\boldsymbol{r}_1,\boldsymbol{v}_1,t)$、$\rho_2(\boldsymbol{r}_1,\boldsymbol{v}_1,\boldsymbol{r}_2,\boldsymbol{v}_2,t)$ 满足的式(1.4.83)和式(1.4.84),可得粒子相空间密度分布函数

$$n(\boldsymbol{r}_1,\boldsymbol{v}_1,t)=Nf(\boldsymbol{r}_1,\boldsymbol{v}_1,t)=N\rho_1(\boldsymbol{r}_1,\boldsymbol{v}_1,t) \qquad (N\ \text{是粒子总数})$$

满足的粒子输运方程——Boltzmann 方程(以后推导)。

Boltzmann 方程成立的前提是,粒子是经典粒子,其位置和速度同时具有确定值,这就要求粒子的德布洛依波长 λ 很短,即

$$\lambda \ll d \ll \delta \tag{1.4.85}$$

式中:d 为相互作用力程;$\delta \approx n_0^{-1/3}$($n_0$ 是粒子数密度)为粒子间的平均间距。注意到粒子的德布洛依波长 $\lambda \equiv h/p \approx h/m\langle v\rangle$,其中 $\langle v\rangle=(kT/m)^{/2}$ 为粒子的平均热速率,条件 $\lambda \ll \delta$ 相当于

$$\frac{(mkT)^{1/2}}{hn_0^{1/3}} \gg 1 \tag{1.4.86}$$

对稀薄气体,条件式(1.4.86)很容易满足。例如,取 $n_0=2.7\times10^{19}/\mathrm{cm}^3$,$T=300\mathrm{K}$(室温),$m\approx 10\mathrm{m}_{\mathrm{H}_2}=4.8\times10^{-23}\mathrm{g}$(氢分子质量的 10 倍),则

$$\frac{(mkT)^{1/2}}{hn_0^{1/3}} \approx 70 \gg 1$$

温度越高,粒子质量越大,密度越小,该值越大,量子效应越不显著。但对低温、高密度的分子质量较轻的气体,可能会出现量子效应。

1.5 具有相互作用势的两粒子间的二体弹性碰撞动力学(微分散射截面)

前面讲过,粒子相空间密度函数 $n(\boldsymbol{r},\boldsymbol{v},t)$ 所满足的方程称为输运方程,原则上它可以通过刘维方程积分得到,但我们不打算这么做,而是根据粒子数守恒的原则来推导输运方程。

普遍形式的粒子输运方程为(1.4.43),即

$$\frac{\partial}{\partial t}n(\boldsymbol{r},\boldsymbol{v},t)+\boldsymbol{v}\cdot\nabla_r n(\boldsymbol{r},\boldsymbol{v},t)+\frac{\boldsymbol{F}}{m}\cdot\nabla_v n(\boldsymbol{r},\boldsymbol{v},t)=\left(\frac{\partial n}{\partial t}\right)_{\mathrm{coll}}+S(\boldsymbol{r},\boldsymbol{v},t)$$

此输运方程适合各类粒子。但对不同的粒子,右边碰撞项 $\left(\frac{\partial n}{\partial t}\right)_{\mathrm{coll}}$ 的具体形式有所不同,它敏感地依赖于粒子类型以及粒子与介质粒子相互作用的特点。或者说,粒子间相互作用的具体特征不同,碰撞项的具体形式就不同。

因此,要建立各类粒子输运方程式(1.4.43),关键是对不同类型的粒子写出碰撞项的具体形式。粒子种类不同,它与背景粒子相互作用的性质就不同,碰撞项的形式就千差万别。决定碰撞项具体形式的一个重要物理量就是粒子在输运过程

中与背景粒子间的微分相互作用截面,该截面与粒子间相互作用势密切相关。

下面就来推导具有相互作用势的两粒子间的二体弹性碰撞的微分截面。

在实验室坐标系中,考虑一对质量分别为 m_i、m_j 的粒子间的碰撞,碰撞前它们的速度分别为 $\boldsymbol{v}_i$、$\boldsymbol{v}_j$,则相对速度为 $\boldsymbol{u}=\boldsymbol{v}_i-\boldsymbol{v}_j$,质心速度为 $\boldsymbol{G}=\dfrac{m_i\boldsymbol{v}_i+m_j\boldsymbol{v}_j}{m_i+m_j}$,由此可解出

$$\begin{cases}\boldsymbol{v}_i=\boldsymbol{G}+\dfrac{m_j}{m_i+m_j}\boldsymbol{u}\\[2ex]\boldsymbol{v}_j=\boldsymbol{G}-\dfrac{m_i}{m_i+m_j}\boldsymbol{u}\end{cases}\tag{1.5.1}$$

再设碰撞后它们的速度变为 $\boldsymbol{v}'_i$、$\boldsymbol{v}'_j$,则相对速度变为 $\boldsymbol{u}'=\boldsymbol{v}'_i-\boldsymbol{v}'_j$,质心速度变为 $\boldsymbol{G}'=\dfrac{m_i\boldsymbol{v}'_i+m_j\boldsymbol{v}'_j}{m_i+m_j}$,同样可解出

$$\begin{cases}\boldsymbol{v}'_i=\boldsymbol{G}'+\dfrac{m_j}{m_i+m_j}\boldsymbol{u}'\\[2ex]\boldsymbol{v}'_j=\boldsymbol{G}'-\dfrac{m_i}{m_i+m_j}\boldsymbol{u}'\end{cases}\tag{1.5.2}$$

设两粒子的碰撞为弹性碰撞,此时碰撞前后两粒子系统的动量和动能守恒,即

$$\begin{cases}m_i\boldsymbol{v}_i+m_j\boldsymbol{v}_j=m_i\boldsymbol{v}'_i+m_j\boldsymbol{v}'_j\\[1ex]\dfrac{1}{2}m_iv_i^2+\dfrac{1}{2}m_jv_j^2=\dfrac{1}{2}m_iv'^2_i+\dfrac{1}{2}m_jv'^2_j\end{cases}\tag{1.5.3}$$

将式(1.5.1)、式(1.5.2)代入,可得

$$\begin{cases}\boldsymbol{G}=\boldsymbol{G}'\\[1ex]\dfrac{1}{2}(m_i+m_j)G^2+\dfrac{1}{2}\left(\dfrac{m_im_j}{m_i+m_j}\right)u^2=\dfrac{1}{2}(m_i+m_j)G'^2+\dfrac{1}{2}\left(\dfrac{m_im_j}{m_i+m_j}\right)u'^2\end{cases}\tag{1.5.4}$$

这说明两粒子的弹性碰撞不改变质心速度 $\boldsymbol{G}$ 和相对速率 u,仅改变相对速度的方向。由此可得实验室坐标系(L 系)下 i 粒子碰撞后速度的改变量为

$$\Delta\boldsymbol{v}_i=\boldsymbol{v}'_i-\boldsymbol{v}_i=\frac{m_j}{m_i+m_j}(\boldsymbol{u}'-\boldsymbol{u})\tag{1.5.5}$$

在质心系(C 系)观察两体碰撞,则碰撞前两个粒子的速度分别为

$$\begin{cases}\boldsymbol{v}_i-\boldsymbol{G}=\dfrac{m_j}{m_i+m_j}\boldsymbol{u}\\[2ex]\boldsymbol{v}_j-\boldsymbol{G}=-\dfrac{m_i}{m_i+m_j}\boldsymbol{u}\end{cases}\tag{1.5.6}$$

可见,碰撞前两粒子的速度方向相反、大小不同。质心系碰撞前两粒子的动能之和为

$$\frac{1}{2}\left(\frac{m_im_j}{m_i+m_j}\right)u^2$$

碰撞后两粒子的速度

$$\begin{cases} \boldsymbol{v}'_i - \boldsymbol{G} = \dfrac{m_j}{m_i + m_j}\boldsymbol{u}' \\ \boldsymbol{v}'_j - \boldsymbol{G} = -\dfrac{m_i}{m_i + m_j}\boldsymbol{u}' \end{cases} \tag{1.5.7}$$

也方向相反、大小不同。碰撞后两粒子在质心系下的动能和是$\dfrac{1}{2}\left(\dfrac{m_i m_j}{m_i + m_j}\right)u'^2$，由此还可以看出两粒子弹性碰撞的一些特点。

(1) 弹性碰撞过程是可逆过程，即将碰撞前的量与碰撞后的量对换，运动学关系不变。即将式(1.5.6)中的量换成碰撞后的量，就得到式(1.5.7)，反之，将式(1.5.7)中的量换成碰撞前的量，就得到式(1.5.6)；另外，将入射粒子与靶粒子互换，运动学关系也不变。

(2) C 系下 i 粒子碰撞后速度的改变量与 L 系下 i 粒子碰撞后速度的改变量相同，都是式(1.5.5)给出的形式，即

$$\Delta\boldsymbol{v}_i(\mathrm{COM}) = (\boldsymbol{v}'_i - \boldsymbol{G}) - (\boldsymbol{v}_i - \boldsymbol{G}) = \boldsymbol{v}'_i - \boldsymbol{v}_i = \Delta\boldsymbol{v}_i(\mathrm{Lab}) = \frac{m_j}{m_i + m_j}(\boldsymbol{u}' - \boldsymbol{u})$$

(3) C 系下碰撞前后系统的总动量均为0，即 $\boldsymbol{P} = \boldsymbol{P}' = 0$，动量守恒条件在 C 系自然满足，这是采用 C 系的好处。

(4) 碰撞后相对速度 $\boldsymbol{u}' = \boldsymbol{v}'_i - \boldsymbol{v}'_j$ 的大小与碰撞前相对速度 $\boldsymbol{u} = \boldsymbol{v}_i - \boldsymbol{v}_j$ 的大小相等。只要知道碰撞后相对速度 $\boldsymbol{u}'$ 的方向，即 $\boldsymbol{u}'$ 与 $\boldsymbol{u}$ 的夹角 χ，撞后相对速度 $\boldsymbol{u}'$ 实际上就定了，从而 C 系下碰撞后两粒子的速度就定了（式(1.5.7)）。$\boldsymbol{u}'$ 与 $\boldsymbol{u}$ 的夹角 χ 与粒子间相互作用的特征密切相关。在已知粒子间相互作用势的前提下如何求出 $\boldsymbol{u}'$ 与 $\boldsymbol{u}$ 的夹角 χ 呢？

由于 χ 是碰后两粒子的相对速度 $\boldsymbol{u}'$ 与碰前两粒子的相对速度 $\boldsymbol{u}$ 的夹角，故为了求出 χ，把观察者放在 j 粒子上，研究粒子 i 相对粒子 j 的运动更为方便。可以证明：

质量为 m_i 的粒子相对于质量为 m_j 的粒子的运动，等价于约化质量为 $m_{ij} = \dfrac{m_i m_j}{m_i + m_j}$ 的等效粒子相对于固定力心（散射中心）的运动，相对运动方程为 $m_{ij}\ddot{\boldsymbol{r}}_{ij} = \boldsymbol{F}_{ij}$。

证明：设绝对参考系（惯性系）中，质量分别为 m_i、m_j 的两粒子的矢径分别为 $\boldsymbol{r}_i$、$\boldsymbol{r}_j$，第 i 种粒子相对于第 j 种粒子的相对矢径为 $\boldsymbol{r}_{ij} = \boldsymbol{r}_i - \boldsymbol{r}_j$，第 j 种粒子对第 i 种粒子的作用力为 $\boldsymbol{F}_{ij}$，它仅与两粒子的相对矢径 $\boldsymbol{r}_{ij} = \boldsymbol{r}_i - \boldsymbol{r}_j$ 有关，则两粒子的牛顿运动方程分别为

$$m_i\boldsymbol{r}_i = \boldsymbol{F}_{ij} \tag{1.5.8}$$

$$m_j\boldsymbol{r}_j = -\boldsymbol{F}_{ij} \tag{1.5.9}$$

式(1.5.8)乘以 m_j 减去式(1.5.9)乘以 m_i 可得相对矢径 $\boldsymbol{r}_{ij} = \boldsymbol{r}_i - \boldsymbol{r}_j$ 满足的动力学方程

$$m_{ij}\boldsymbol{r}_{ij} = \boldsymbol{F}_{ij} \tag{1.5.10}$$

式中：$m_{ij} = \dfrac{m_i m_j}{m_i + m_j}$ 为约化质量。证毕。

相对运动方程式(1.5.10)告诉我们,站在固连在质量为 m_j 的粒子上的坐标系(尽管它可能不是一个惯性系)上观察质量为 m_i 的粒子的运动,其相对矢径 $\boldsymbol{r}_{ij}$ 满足的方程也满足牛顿运动方程,不过此时粒子的质量应为约化质量 m_{ij},相对速度 $\boldsymbol{u}_{ij} = \dot{\boldsymbol{r}}_{ij}$。

因此,当讨论二体问题时,总是把一个粒子相对于另一个粒子的运动等价于一个折合质量为 m_{ij}的等效粒子相对于一个固定力心的运动。故质量为 m_i 的粒子与质量为 m_j 的粒子的碰撞问题就等价于一个质量为 m_{ij}、速度为相对速度 $\boldsymbol{u}_{ij}$的等效粒子在有心力场 $\boldsymbol{F}_{ij}$下的散射问题。

如图 1-1 所示,以散射中心为原点 O 建立平面极坐标系,等效粒子相对散射中心的位矢用极坐标(r,θ)表示。设碰撞前等效粒子的相对速度为 $\boldsymbol{u}_{ij}$,瞄准距为 b,根据碰撞前后角动量守恒,有碰撞前后的相对速率和瞄准距满足

$$m_{ij}u_{ij}b = \text{const} = m_{ij}u'_{ij}b' \tag{1.5.11}$$

对弹性散射,已证明

$$u_{ij} = u'_{ij} \tag{1.5.12}$$

故有散射前后的瞄准距相等,即

$$b = b' \tag{1.5.13}$$

等效粒子散射后的偏转角 χ(它是散射前两粒子相对速度 $\boldsymbol{u}_{ij}$与 $\boldsymbol{u}'_{ij}$之间的夹角,也是二体质心系下的散射角)与瞄准距 b 密切相关, b 大, χ 就小。同时,瞄准距 b 一定时,偏转角 χ 还与粒子间的相互作用势有关。

在瞄准距范围 $b \to b - \mathrm{d}b$ 的等效粒子,散射后必然朝偏转角 $\chi \to \chi + \mathrm{d}\chi$ 内出射。若散射的方位角为 ε,则在立体角 $\mathrm{d}\Omega = \sin\chi \mathrm{d}\chi \mathrm{d}\varepsilon$ 出射的粒子必定是在面积元 $b\mathrm{d}b\mathrm{d}\varepsilon$ 内入射的粒子,根据微分截面的定义,有

$$\frac{\mathrm{d}\sigma}{\mathrm{d}\Omega}\mathrm{d}\Omega = \frac{Nb\mathrm{d}b\mathrm{d}\varepsilon}{N} = b\mathrm{d}b\mathrm{d}\varepsilon \tag{1.5.14}$$

即微分散射截面

$$\frac{\mathrm{d}\sigma}{\mathrm{d}\Omega} = \frac{b\mathrm{d}b\mathrm{d}\varepsilon}{\sin\chi \mathrm{d}\chi \mathrm{d}\varepsilon} = \frac{b}{\sin\chi}\left|\frac{\mathrm{d}b}{\mathrm{d}\chi}\right| \tag{1.5.15}$$

微分散射截面的物理意义是:单位面积上入射一个粒子与该面积上仅有的一个靶粒子散射后在出射方向单位立体角内出射的概率。微分散射截面具有面积的量纲,同时又具有概率的含义。它是一个非常重要的物理量,既可以理论计算,又可以通过实验测量,是建立粒子输运方程所需要的基本物理量。

碰撞动力学的主要任务是求出粒子的微分散射截面,这就要找出偏转角 χ 与瞄准距 b 的关系(式(1.5.15)),χ 与瞄准距 b 的具体关系与粒子间的相互作用势能 $\phi(r)$密切相关。

如图 1-1 所示,等效粒子的极坐标为(r,θ),根据碰撞前后角动量和能量守恒,有(r,θ)满足的动力学方程为

$$m_{ij}r^2\dot{\theta} = \text{const} = m_{ij}u_{ij}b \quad \text{(未进入相互作用范围时的角动量)} \tag{1.5.16}$$

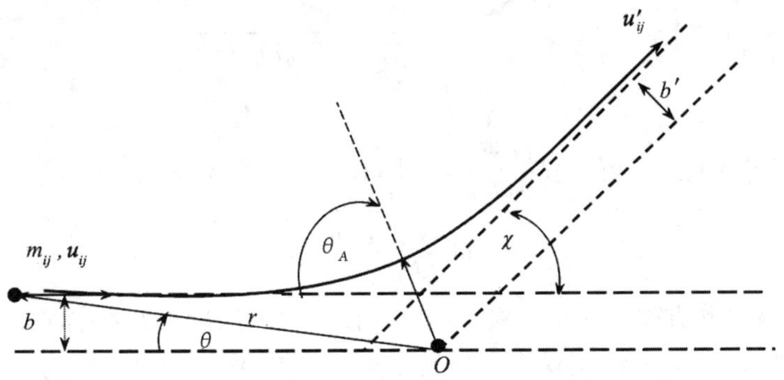

图 1-1　等效粒子被散射中心散射示意图

$$\frac{1}{2}m_{ij}(\dot{r}^2+r^2\dot{\theta}^2)+\phi(r)=\text{const}=\frac{1}{2}m_{ij}u_{ij}^2 \quad \text{（未进入相互作用范围时的动能）} \tag{1.5.17}$$

由式(1.5.16)得

$$\dot{\theta}=\frac{u_{ij}b}{r^2} \tag{1.5.18}$$

式(1.5.17)两边除以 $\dot{\theta}^2$，消去时间变量，得

$$\frac{1}{2}m_{ij}\left[\left(\frac{\mathrm{d}r}{\mathrm{d}\theta}\right)^2+r^2\right]+\frac{\phi(r)}{\dot{\theta}^2}=\frac{1}{2}\frac{m_{ij}u_{ij}^2}{\dot{\theta}^2} \tag{1.5.19}$$

再将式(1.5.18)代入式(1.5.19)，得等效粒子运动的轨道 $r=r(\theta)$ 微分方程为

$$\left(\frac{\mathrm{d}r}{\mathrm{d}\theta}\right)^2=\frac{r^4}{b^2}-r^2-\frac{\phi(r)r^4}{\frac{1}{2}m_{ij}u_{ij}^2b^2} \tag{1.5.20}$$

引入无量纲变量 $W=\frac{b}{r}$，注意到$\frac{\mathrm{d}W}{\mathrm{d}\theta}=-\frac{b}{r^2}\frac{\mathrm{d}r}{\mathrm{d}\theta}$，则式(1.5.20)变为

$$\left(\frac{\mathrm{d}W}{\mathrm{d}\theta}\right)^2=1-W^2-\frac{\phi(r)}{\frac{1}{2}m_{ij}u_{ij}^2} \tag{1.5.21}$$

$$\theta=\int_0^W\frac{\mathrm{d}W'}{\sqrt{1-W'^2-\frac{\phi(b/W')}{m_{ij}u_{ij}^2/2}}} \tag{1.5.22}$$

这就是等效粒子的极坐标的轨道方程，它给出 θ 与 $W=b/r$ 之间的对应关系，在瞄准距离 b 一定时，不同的 θ 对应不同的 r 值。显然，当 $r\to\infty$（即 $W\to0$）时，$\theta\to0$；当 $r\to r_{\min}$（极小值），即 $W\to W_{\max}=b/r_{\min}$（极大值）时，$\theta\to\theta_A$。W 取极大值 $W_{\max}$时，对应的极角 $\theta=\theta_A$ 可由

$$\theta_A = \int_0^{W_{max}} \frac{dW'}{\sqrt{1 - W'^2 - \frac{\phi(b/W')}{m_{ij}u_{ij}^2/2}}} \tag{1.5.23}$$

求出，而 W_{max} 可通过求解方程 $\left(\frac{dW}{d\theta}\right)=0$，即

$$1 - W^2 - \frac{\phi(b/W)}{m_{ij}u_{ij}^2/2} = 0 \tag{1.5.24}$$

得出，W_{max} 就是此方程的一个正根。W_{max}（因而 θ_A）是瞄准距 b、折合质量 m_{ij} 和碰撞前相对速率 $u_{ij} = |\boldsymbol{v}_i - \boldsymbol{v}_j|$ 的函数。偏转角 χ 与 θ_A 的关系（图 1－1）为

$$\chi = \pi - 2\theta_A \tag{1.5.25}$$

因 W_{max} 与瞄准距 b 有关，故式（1.5.25）就是偏转角 χ 与瞄准距 b 的关系，此关系与粒子间相互作用势能函数 ϕ 的形式密切相关。将以上关系代入微分散射截面式（1.5.15）就可得到微分散射截面。

归纳如下：当二体相互作用势 $\phi(r)$ 已知时，求偏转角 χ 与瞄准距 b 的关系要分 3 步完成：

（1）先求出式（1.5.24）的正根 W_{max}；

（2）由式（1.5.23）计算与 W_{max} 时对应的极角 θ_A，它是瞄准距 b 的函数；

（3）由式（1.5.25）计算偏转角 $\chi = \pi - 2\theta_A$。

若两粒子间的相互作用力取为

$$\boldsymbol{F}(r) = \frac{\kappa}{r^\eta}\boldsymbol{e}_r \tag{1.5.26}$$

该力是一个保守力，两粒子系统在两个不同分离距离时的势能差可由该保守力作功的负值来定义，即

$$\phi(r_b) - \phi(r_a) = -\int_{r_a}^{r_b} dr F(r) = -\int_{r_a}^{r_b} dr \frac{\kappa}{r^\eta} \tag{1.5.27}$$

取两粒子相距无限远时系统的势能为 0，即 $\phi(r_b = \infty) = 0$，则两粒子相距 r 时系统的势能为

$$\phi(r) = \int_r^\infty dr \frac{\kappa}{r^\eta} \tag{1.5.28}$$

即

$$\phi(r) = \frac{\kappa}{(\eta - 1)r^{\eta-1}} \tag{1.5.29}$$

在此势能下，式（1.5.24）变为

$$1 - W^2 - \frac{2}{\eta - 1}\left(\frac{W}{x_0}\right)^{\eta-1} = 0 \tag{1.5.30}$$

式中：$x_0 = b\left(\frac{m_{ij}u_{ij}^2}{\kappa}\right)^{\frac{1}{\eta-1}}$。在 η 给定的条件下求出式（1.5.30）的正根 $W_{max} = W_{max}(x_0)$，则 χ 与 x_0 之间的关系为

$$\chi = \pi - 2\int_0^{W_{\max}(x_0)} \frac{dx}{\sqrt{1 - x^2 - \frac{2}{\eta - 1}\left(\frac{x}{x_0}\right)^{\eta-1}}} \tag{1.5.31}$$

所以微分散射截面为

$$\frac{d\sigma}{d\Omega} = \frac{b}{\sin\chi}\left|\frac{db}{d\chi}\right| = \left[\frac{\kappa}{m_{ij}u_{ij}^2}\right]^{\frac{2}{\eta-1}} x_0 \left|\frac{dx_0}{d\chi}\right| \frac{1}{\sin\chi} \tag{1.5.32}$$

例1 库仑散射微分截面的计算。

当 $\eta = 2, \kappa = q^{(i)}q^{(j)}$ 时,两粒子间体系的相互作用势 $\phi(r) = \frac{\kappa}{(\eta - 1)r^{\eta-1}}$ 就是库仑势,式(1.5.30)变为

$$W^2 + 2W/x_0 - 1 = 0 \tag{1.5.33}$$

式中:$x_0 = b\frac{m_{ij}u_{ij}^2}{q_i q_j}$。式(1.5.33)的两个根分别为

$$W_{1,2} = \pm\sqrt{1 + \frac{1}{x_0^2}} - \frac{1}{x_0} \tag{1.5.34}$$

其正根为

$$W_{\max} = W_1 = \sqrt{1 + \frac{1}{x_0^2}} - \frac{1}{x_0} \tag{1.5.35}$$

故散射偏转角为

$$\chi = \pi - 2\int_0^{W_{\max}} \frac{dx}{\sqrt{(x - W_1)(x - W_2)}} = \pi + 4\arctan\sqrt{-\frac{W_1}{W_2}} \tag{1.5.36}$$

将式(1.5.34)代入,有

$$\chi = \pi + 4\arctan\sqrt{-\frac{W_1}{W_2}} = \pi + 4\arctan\sqrt{\frac{\sqrt{1 + x_0^2} - 1}{\sqrt{1 + x_0^2} + 1}} \tag{1.5.37}$$

由此可得

$$\tan^2\frac{\chi - \pi}{4} = \frac{\sqrt{1 + x_0^2} - 1}{\sqrt{1 + x_0^2} + 1}$$

由此解出 $\sqrt{1 + x_0^2} = \frac{1}{\sin(\chi/2)}$,即 $1 + x_0^2 = \frac{1}{\sin^2(\chi/2)}$,或

$$\cot(\chi/2) = x_0 = b\frac{m_{ij}u_{ij}^2}{q_i q_j} \tag{1.5.38}$$

这就是库仑相互作用势下散射偏转角 χ 与瞄准距 b 的关系。注意到

$$x_0\left|\frac{dx_0}{d\chi}\right| = \frac{\cos(\chi/2)}{2\sin^3(\chi/2)} \tag{1.5.39}$$

将式(1.5.39) 代入式(1.5.32)得库仑散射微分截面为

$$\frac{d\sigma}{d\Omega}=\left(\frac{\kappa}{m_{ij}u_{ij}^2}\right)^{\frac{2}{\eta-1}}x_0\left|\frac{dx_0}{d\chi}\right|\frac{1}{\sin\chi}=\left(\frac{q_iq_j}{2m_{ij}u_{ij}^2}\right)^2\frac{1}{\sin^4\frac{\chi}{2}} \tag{1.5.40}$$

这就是 Rutherford 散射微分截面。其中 m_{ij}、u_{ij}分别为两粒子的折合质量和相对速度。显然,χ 越小,微分截面越大,故小角度散射重要。对二体碰撞,碰撞的瞄准距离不能大于粒子的平均间距,否则为多体碰撞,因此,二体碰撞的最小偏转角 $\chi_{\min}$ 不会为 0。

例 2 2 硬球散射微分截面的计算。

设有 2 硬球,其直径分别为 d_1、d_2,最小球心距为 $d_{12}=(d_1+d_2)/2$,该系统的势能为

$$\phi(r)=\begin{cases}0 & (r>d_{12})\\ \infty & (r\leqslant d_{12})\end{cases}$$

我们知道,$W=b/r$(b 为瞄准距)的极大值与 r 的极小值 d_{12}对应,故

$$W_{\max}=b/d_{12}$$

考虑到 $W=b/r\in(0,W_{\max})$时,$r\in(\infty,d_{12})$,此时,$\phi(r)=0$,故有 W 取极大值 $W_{\max}$时对应的极角为

$$\theta_A=\int_0^{W_{\max}}\frac{dW'}{\sqrt{1-W'^2-\frac{\phi(b/W')}{m_{ij}u_{ij}^2/2}}}=\int_0^{W_{\max}}\frac{dW'}{\sqrt{1-W'^2}}=$$

$$\arcsin W'\Big|_0^{W_{\max}}=\arcsin(b/d_{12})$$

偏转角 χ 与瞄准距 b 的关系就是 $\chi=\pi-2\theta_A=\pi-2\arcsin(b/d_{12})$,即

$$b=d_{12}\cos\frac{\chi}{2}$$

所以硬球散射微分散射截面为

$$\frac{d\sigma}{d\Omega}=\frac{b}{\sin\chi}\left|\frac{db}{d\chi}\right|=\frac{b}{\sin\chi}\frac{d_{12}}{2}\sin\frac{\chi}{2}=\frac{b}{\cos\frac{\chi}{2}}\frac{d_{12}}{4}=\left(\frac{d_{12}}{2}\right)^2$$

1.6 描述稀薄气体分子输运的 Boltzmann 方程

1.6.1 Boltzmann 碰撞项

玻耳兹曼(Boltzmann)方程是稀薄气体分子的相空间密度函数满足的输运方程,主要用来描述稀薄气体中分子的非平衡输运问题。只要把第 i 组分粒子的相空间分布密度函数 $n_i(\boldsymbol{r},\boldsymbol{v}_i,t)$满足的一般形式的输运方程

$$\frac{\partial n_i}{\partial t}+\boldsymbol{v}_i\cdot\nabla_r n_i+\frac{\boldsymbol{F}_i}{m_i}\cdot\nabla_v n_i(\boldsymbol{r},\boldsymbol{v}_i,t)=\left(\frac{\partial n_i}{\partial t}\right)_{\text{coll}}+S(\boldsymbol{r},\boldsymbol{v}_i,t) \tag{1.6.1}$$

中右边的碰撞项的具体形式写出来，就可得出玻耳兹曼方程的具体形式。为此，假设：

（1）分子之间的作用力程远小于粒子间的平均间距，故粒子间的碰撞主要是二体碰撞，三体及其以上的碰撞可以忽略不计；

（2）碰撞瞬时完成，碰撞时状态（速度）立即改变，不碰撞时自由运动。

显然，以上条件稀薄气体分子间的碰撞满足，中子和 γ 与介质原子核的碰撞也满足（两种情况的区别在于，相互作用发生在稀薄气体分子之间，而中子和 γ 是与介质的原子核相互作用，粒子自身之间的相互作用忽略）。

前面已讨论，两粒子二体碰撞的微分截面只依赖碰撞前两粒子相对速度的大小和碰前碰后两粒子相对速度之间的夹角（偏转角），即

$$\frac{\mathrm{d}\sigma}{\mathrm{d}\Omega}=\frac{\mathrm{d}\sigma}{\mathrm{d}\Omega}(u,\boldsymbol{u}'\cdot\boldsymbol{u}) \tag{1.6.2}$$

在实验室坐标系中，考虑一对粒子的碰撞，它们的质量分别为 m_i、m_j，碰撞前它们的速度分别为 $\boldsymbol{v}_i$、$\boldsymbol{v}_j$，碰撞后它们的速度分别变为 $\boldsymbol{v}'_i$、$\boldsymbol{v}'_j$。因而，碰撞前两粒子速度与质心速度 $\boldsymbol{G}$ 和相对速度 $\boldsymbol{u}$ 的关系为

$$\begin{cases}\boldsymbol{v}_i=\boldsymbol{G}+\dfrac{m_j}{m_i+m_j}\boldsymbol{u}\\[2ex]\boldsymbol{v}_j=\boldsymbol{G}-\dfrac{m_i}{m_i+m_j}\boldsymbol{u}\end{cases} \tag{1.6.3}$$

碰撞后两粒子的速度与质心速度 $\boldsymbol{G}'$ 和相对速度 $\boldsymbol{u}'$ 的关系为

$$\begin{cases}\boldsymbol{v}'_i=\boldsymbol{G}'+\dfrac{m_j}{m_i+m_j}\boldsymbol{u}'\\[2ex]\boldsymbol{v}'_j=\boldsymbol{G}'-\dfrac{m_i}{m_i+m_j}\boldsymbol{u}'\end{cases} \tag{1.6.4}$$

前面已经证明，两粒子弹性碰撞前后系统的质心速度不变，相对速率也不变，只是前后相对速度的方向发生了改变，即

$$\begin{cases}\boldsymbol{G}=\boldsymbol{G}'\\ u=u'\end{cases} \tag{1.6.5}$$

由式（1.6.3）、式（1.6.4）容易证明

$$\begin{cases}\mathrm{d}\boldsymbol{v}_i\mathrm{d}\boldsymbol{v}_j=\left|\dfrac{\partial(\boldsymbol{v}_i,\boldsymbol{v}_j)}{\partial(\boldsymbol{G},\boldsymbol{u})}\right|\mathrm{d}\boldsymbol{G}\mathrm{d}\boldsymbol{u}=\mathrm{d}\boldsymbol{G}\mathrm{d}\boldsymbol{u}=\mathrm{d}\boldsymbol{G}u^2\mathrm{d}u\mathrm{d}\Omega\\[2ex]\mathrm{d}\boldsymbol{v}'_i\mathrm{d}\boldsymbol{v}'_j=\left|\dfrac{\partial(\boldsymbol{v}'_i,\boldsymbol{v}'_j)}{\partial(\boldsymbol{G}',\boldsymbol{u}')}\right|\mathrm{d}\boldsymbol{G}'\mathrm{d}\boldsymbol{u}'=\mathrm{d}\boldsymbol{G}'\mathrm{d}\boldsymbol{u}'=\mathrm{d}\boldsymbol{G}u^2\mathrm{d}u\mathrm{d}\Omega'\end{cases} \tag{1.6.6}$$

故有

$$\mathrm{d}\boldsymbol{v}_i\mathrm{d}\boldsymbol{v}_j\mathrm{d}\Omega'=\mathrm{d}\boldsymbol{v}'_i\mathrm{d}\boldsymbol{v}'_j\mathrm{d}\Omega \tag{1.6.7}$$

现推导碰撞项 $\left(\dfrac{\partial n_i}{\partial t}\right)_{\mathrm{coll}}$。$i$ 粒子与 j 粒子之间的碰撞可使状态在 $(\boldsymbol{r},\boldsymbol{v}_i)$ 附近

$d\boldsymbol{r}d\boldsymbol{v}_i$ 内的 i 粒子从 $d\boldsymbol{r}d\boldsymbol{v}_i$ 内碰出去，也可使其他状态的 i 粒子碰进 $d\boldsymbol{r}d\boldsymbol{v}_i$ 内来。

先考虑正碰撞$(\boldsymbol{v}_i,\boldsymbol{v}_j)\to(\boldsymbol{v}'_i,\boldsymbol{v}'_j)$，看单位时间单位体积速度位于速度间隔 $\boldsymbol{v}_i\to\boldsymbol{v}_i+d\boldsymbol{v}_i$ 的 i 粒子数的减少数目是多少。注意到

$$n_i(\boldsymbol{v}_i)d\boldsymbol{v}_i u n_j(\boldsymbol{v}_j)d\boldsymbol{v}_j \frac{d\sigma}{d\Omega}(u,\boldsymbol{u}'\cdot\boldsymbol{u})d\Omega' \tag{1.6.8}$$

为 t 时刻单位时间、$\boldsymbol{r}$ 处单位体积速度位于 $\boldsymbol{v}_i\to\boldsymbol{v}_i+d\boldsymbol{v}_i$ 范围的入射粒子（个数为 $n_i(\boldsymbol{v}_i)d\boldsymbol{v}_i$）以相对速度 $\boldsymbol{u}=\boldsymbol{v}_i-\boldsymbol{v}_j$ 与单位体积内位于速度 $\boldsymbol{v}_j\to\boldsymbol{v}_j+d\boldsymbol{v}_j$ 范围的靶粒子（个数为 $n_j(\boldsymbol{v}_j)d\boldsymbol{v}_j$）碰撞后变成相对速度 $\boldsymbol{u}'=\boldsymbol{v}'_i-\boldsymbol{v}'_j$ 并向 $\boldsymbol{u}'$空间立体角 $d\Omega'$内出射的粒子数。对靶粒子速度 $\boldsymbol{v}_j$ 和碰撞后出射粒子方向 $d\Omega'$积分，得单位时间单位体积速度在 $\boldsymbol{v}_i\to\boldsymbol{v}_i+d\boldsymbol{v}_i$ 范围的粒子数的减少数目为

$$① = d\boldsymbol{v}_i\iint d\boldsymbol{v}_j d\Omega' u\frac{d\sigma}{d\Omega}(u,\chi)n_i(\boldsymbol{v}_i)n_j(\boldsymbol{v}_j) \tag{1.6.9}$$

再考虑逆碰撞$(\boldsymbol{v}'_i,\boldsymbol{v}'_j)\to(\boldsymbol{v}_i,\boldsymbol{v}_j)$，看单位时间单位体积速度位于速度间隔$\boldsymbol{v}_i\to\boldsymbol{v}_i+d\boldsymbol{v}_i$ 的粒子数的增加数目是多少。注意到

$$n_i(\boldsymbol{v}'_i)d\boldsymbol{v}'_i u' n_j(\boldsymbol{v}'_j)d\boldsymbol{v}'_j \frac{d\sigma}{d\Omega}(u',\boldsymbol{u}\cdot\boldsymbol{u}')d\Omega \tag{1.6.10}$$

为 t 时刻单位时间、$\boldsymbol{r}$ 处单位体积速度位于 $\boldsymbol{v}'_i\to\boldsymbol{v}'_i+d\boldsymbol{v}'_i$ 范围的入射粒子（个数为 $n_i(\boldsymbol{v}'_i)d\boldsymbol{v}'_i$）以相对速度 $\boldsymbol{u}'=\boldsymbol{v}'_i-\boldsymbol{v}'_j$ 与单位体积位于速度 $\boldsymbol{v}'_j\to\boldsymbol{v}'_j+d\boldsymbol{v}'_j$ 范围的靶粒子（个数为 $n_j(\boldsymbol{v}'_j)d\boldsymbol{v}'_j$）碰撞后变成相对速度 $\boldsymbol{u}=\boldsymbol{v}_i-\boldsymbol{v}_j$ 且向 $\boldsymbol{u}$ 空间立体角 $d\Omega$ 内出射的粒子数。注意到

$$d\boldsymbol{v}'_i d\boldsymbol{v}'_j d\Omega = d\boldsymbol{v}_i d\boldsymbol{v}_j d\Omega',\ u'=u,\ \boldsymbol{u}\cdot\boldsymbol{u}'=\boldsymbol{u}'\cdot\boldsymbol{u}$$

故式(1.6.10)变为

$$n_i(\boldsymbol{v}'_i)d\boldsymbol{v}_i u n_j(\boldsymbol{v}'_j)d\boldsymbol{v}_j \frac{d\sigma}{d\Omega}(u,\chi)d\Omega' \tag{1.6.11}$$

式(1.6.11)对 $d\boldsymbol{v}_j d\Omega'$积分得单位时间单位体积速度位于 $\boldsymbol{v}_i\to\boldsymbol{v}_i+d\boldsymbol{v}_i$ 范围的粒子的增加量为

$$② = d\boldsymbol{v}_i\iint d\boldsymbol{v}_j d\Omega' u\frac{d\sigma}{d\Omega}(u,\chi)n_i(\boldsymbol{v}'_i)n_j(\boldsymbol{v}'_j) \tag{1.6.12}$$

所以，单位时间单位体积速度位于 $\boldsymbol{v}_i\to\boldsymbol{v}_i+d\boldsymbol{v}_i$ 范围的粒子的净增加数为

$$\left(\frac{\partial n_i}{\partial t}\right)_{\text{coll}} d\boldsymbol{v}_i = ② - ① = d\boldsymbol{v}_i\iint d\boldsymbol{v}_j d\Omega' u\frac{d\sigma}{d\Omega}(u,\chi)\left[n_i(\boldsymbol{v}'_i)n_j(\boldsymbol{v}'_j)-n_i(\boldsymbol{v}_i)n_j(\boldsymbol{v}_j)\right]$$

即碰撞项为

$$\left(\frac{\partial n_i}{\partial t}\right)_{\text{coll}} = \iint d\boldsymbol{v}_j d\Omega' u\frac{d\sigma}{d\Omega}(u,\chi)\left[n_i(\boldsymbol{v}'_i)n_j(\boldsymbol{v}'_j)-n_i(\boldsymbol{v}_i)n_j(\boldsymbol{v}_j)\right] \tag{1.6.13}$$

该碰撞项称为 Boltzmann 碰撞项。而

$$\frac{\partial n_i}{\partial t}+\boldsymbol{v}_i\cdot\nabla_r n_i+\frac{\boldsymbol{F}_i}{m_i}\cdot\nabla_v n_i(\boldsymbol{r},\boldsymbol{v}_i,t)=\iint \mathrm{d}\boldsymbol{v}_j\mathrm{d}\Omega' u\frac{\mathrm{d}\sigma}{\mathrm{d}\Omega}(u,\chi)$$
$$[n_i(\boldsymbol{v}'_i)n_j(\boldsymbol{v}'_j)-n_i(\boldsymbol{v}_i)n_j(\boldsymbol{v}_j)] \quad (1.6.14)$$

称为 Boltzmann 方程，于 1872 年建立。

讨论：

（1）推导 Boltzmann 碰撞项时做了“分子混沌”假设。该假设忽略了粒子在相空间分布的关联，即认为一个 i 分子在 $\boldsymbol{r}$ 附近 $\boldsymbol{v}_i$ 附近 $\mathrm{d}\boldsymbol{r}\mathrm{d}\boldsymbol{v}_i$ 内，另一个 j 分子也在 $\boldsymbol{r}$ 附近 $\boldsymbol{v}_j$ 附近 $\mathrm{d}\boldsymbol{r}\mathrm{d}\boldsymbol{v}_j$ 内，这两个事件同时发生的概率等于各自概率的乘积，即 $f_i(\boldsymbol{r},\boldsymbol{v}_i,t)\mathrm{d}\boldsymbol{r}\mathrm{d}\boldsymbol{v}_i\times f_j(\boldsymbol{r},\boldsymbol{v}_j,t)\mathrm{d}\boldsymbol{r}\mathrm{d}\boldsymbol{v}_j$。这只有两个事件互不关联（相互独立）时才可以这么做。实际情况下这是有问题的，因为两个粒子之间一般存在有相互作用，一个粒子在 $\boldsymbol{r}$ 附近出现，必定影响第二个粒子也在 $\boldsymbol{r}$ 附近出现。这就是假定分子之间的作用力为短程力，即力程远小于粒子间的平均间距；碰撞瞬时完成，碰撞时状态（速度）立即改变，不碰撞时自由运动的原因。

（2）若气体中只存在一种组分，则 i 类粒子就是 j 类粒子，Boltzmann 方程中标示粒子种类的所有下标均可省去，用 $\boldsymbol{v}$ 表示碰撞时入射粒子速度，用 $\boldsymbol{w}$ 表示碰撞时靶粒子速度，此时单组分粒子输运的 Boltzmann 方程为

$$\frac{\partial n}{\partial t}+\boldsymbol{v}\cdot\nabla_r n+\frac{\boldsymbol{F}}{m}\cdot\nabla_v n(\boldsymbol{r},\boldsymbol{v},t)=$$
$$\iint \mathrm{d}\boldsymbol{w}\mathrm{d}\Omega' u\frac{\mathrm{d}\sigma}{\mathrm{d}\Omega}(u,\chi)[n(\boldsymbol{v}')n(\boldsymbol{w}')-n(\boldsymbol{v})n(\boldsymbol{w})] \quad (1.6.15)$$

（3）若气体中存在 S 种组分，其中第 i 种组分的粒子角分布密度 $n_i(\boldsymbol{r},\boldsymbol{v}_i,t)$ 满足的 Boltzmann 方程为

$$\frac{\partial n_i}{\partial t}+\boldsymbol{v}_i\cdot\nabla_r n_i+\frac{\boldsymbol{F}_i}{m_i}\cdot\nabla_v n_i(\boldsymbol{r},\boldsymbol{v}_i,t)=\left(\frac{\partial n_i}{\partial t}\right)_{\mathrm{coll}} \quad (1.6.16\mathrm{a})$$

其中

$$\left(\frac{\partial n_i}{\partial t}\right)_{\mathrm{coll}}=\sum_{j=1}^{S}\iint \mathrm{d}\boldsymbol{v}_j\mathrm{d}\Omega' u_{ij}\frac{\mathrm{d}\sigma}{\mathrm{d}\Omega}(u_{ij},\chi)[n_i(\boldsymbol{v}'_i)n_j(\boldsymbol{v}'_j)-n_i(\boldsymbol{v}_i)n_j(\boldsymbol{v}_j)]$$
$$(1.6.16\mathrm{b})$$

（4）Boltzmann 方程的复杂性来源于它的碰撞项，由于碰撞项非线性，因而方程也是非线性的，严格求解很困难。对小角度散射，即每次碰撞时速度的改变量小时，Boltzmann 碰撞项可以化为 Fokker – Planck 碰撞项。

1.6.2 Boltzmann 碰撞项的性质和流体力学方程组

可以证明玻耳兹曼碰撞项（式(1.6.16b)）具有以下性质，即

（1）
$$J=\int \mathrm{d}\boldsymbol{v}_i\left(\frac{\partial n_i}{\partial t}\right)_{\mathrm{coll}}=0 \quad (1.6.17)$$

(2) $$J = \sum_{i=1}^{S}\int \mathrm{d}\boldsymbol{v}_i \begin{bmatrix} m_i\boldsymbol{v}_i \\ \frac{1}{2}m_i v_i^2 \end{bmatrix}\left(\frac{\partial n_i}{\partial t}\right)_{\text{coll}} = 0 \tag{1.6.18}$$

证明(1):式(1.6.16b)对 i 粒子速度积分,得

$$J = \int \mathrm{d}\boldsymbol{v}_i\left(\frac{\partial n_i}{\partial t}\right)_{\text{coll}} = \sum_{j=1}^{S}\int \mathrm{d}\boldsymbol{v}_i\int \mathrm{d}\boldsymbol{v}_j\int \mathrm{d}\Omega' u_{ij}\frac{\mathrm{d}\sigma}{\mathrm{d}\Omega}(u_{ij},\boldsymbol{u}'_{ij}\cdot\boldsymbol{u}_{ij}) [n_i(\boldsymbol{v}'_i)n_j(\boldsymbol{v}'_j) - n_i(\boldsymbol{v}_i)n_j(\boldsymbol{v}_j)] \tag{1.6.19}$$

注意到弹性碰撞过程是可逆过程,将碰撞前后的物理量对换,运动学关系不变,故式(1.6.19)可写为

$$J = \sum_{j=1}^{S}\int \mathrm{d}\boldsymbol{v}'_i\int \mathrm{d}\boldsymbol{v}'_j\int \mathrm{d}\Omega u'_{ij}\frac{\mathrm{d}\sigma}{\mathrm{d}\Omega}(u'_{ij},\boldsymbol{u}_{ij}\cdot\boldsymbol{u}'_{ij})[n_i(\boldsymbol{v}_i)n_j(\boldsymbol{v}_j) - n_i(\boldsymbol{v}'_i)n_j(\boldsymbol{v}'_j)] \tag{1.6.20}$$

注意到 $\mathrm{d}\boldsymbol{v}_i\mathrm{d}\boldsymbol{v}_j\mathrm{d}\Omega' = \mathrm{d}\boldsymbol{v}'_i\mathrm{d}\boldsymbol{v}'_j\mathrm{d}\Omega, u' = u, \boldsymbol{u}\cdot\boldsymbol{u}' = \boldsymbol{u}'\cdot\boldsymbol{u}$,故式(1.6.20)可写为

$$J = \sum_{j=1}^{S}\int \mathrm{d}\boldsymbol{v}_i\int \mathrm{d}\boldsymbol{v}_j\int \mathrm{d}\Omega' u_{ij}\frac{\mathrm{d}\sigma}{\mathrm{d}\Omega}(u_{ij},\boldsymbol{u}'_{ij}\cdot\boldsymbol{u}_{ij}) [n_i(\boldsymbol{v}_i)n_j(\boldsymbol{v}_j) - n_i(\boldsymbol{v}'_i)n_j(\boldsymbol{v}'_j)] = -J$$

即

$$J = \int \mathrm{d}\boldsymbol{v}_i\left(\frac{\partial n_i}{\partial t}\right)_{\text{coll}} = 0$$

证明(2):以粒子速度 $\boldsymbol{v}_i$ 的任意函数 $\varphi(\boldsymbol{v}_i)$ 乘以式(1.6.16b),再对 i 粒子速度 $\boldsymbol{v}_i$ 积分,得

$$J = \sum_{i=1}^{S}\int \mathrm{d}\boldsymbol{v}_i\varphi(\boldsymbol{v}_i)\left(\frac{\partial n_i}{\partial t}\right)_{\text{coll}} = \sum_{i=1}^{S}\sum_{j=1}^{S}\int \mathrm{d}\boldsymbol{v}_i\int \mathrm{d}\boldsymbol{v}_j\int \mathrm{d}\Omega' u_{ij}\frac{\mathrm{d}\sigma}{\mathrm{d}\Omega}(u_{ij},\boldsymbol{u}'_{ij}\cdot\boldsymbol{u}_{ij}) [n_i(\boldsymbol{v}'_i)n_j(\boldsymbol{v}'_j) - n_i(\boldsymbol{v}_i)n_j(\boldsymbol{v}_j)]\varphi(\boldsymbol{v}_i) \tag{1.6.21}$$

交换 $i\leftrightarrow j$,将入射粒子当靶粒子,靶粒子当入射粒子,得

$$J = \sum_{i=1}^{S}\sum_{j=1}^{S}\int \mathrm{d}\boldsymbol{v}_i\int \mathrm{d}\boldsymbol{v}_j\int \mathrm{d}\Omega' u_{ji}\frac{\mathrm{d}\sigma}{\mathrm{d}\Omega}(u_{ji},\boldsymbol{u}'_{ji}\cdot\boldsymbol{u}_{ji}) [n_j(\boldsymbol{v}'_j)n_i(\boldsymbol{v}'_i) - n_j(\boldsymbol{v}_j)n_i(\boldsymbol{v}_i)]\varphi(\boldsymbol{v}_j) \tag{1.6.22}$$

注意到 $u_{ij} = u_{ji}, \boldsymbol{u}'_{ij}\cdot\boldsymbol{u}_{ij} = \boldsymbol{u}'_{ji}\cdot\boldsymbol{u}_{ji}$,所以式(1.6.22) 成为

$$J = \sum_{i=1}^{S}\sum_{j=1}^{S}\int \mathrm{d}\boldsymbol{v}_i\int \mathrm{d}\boldsymbol{v}_j\int \mathrm{d}\Omega' u_{ij}\frac{\mathrm{d}\sigma}{\mathrm{d}\Omega}(u_{iji},\boldsymbol{u}'_{ij}\cdot\boldsymbol{u}_{ij}) [n_j(\boldsymbol{v}'_j)n_i(\boldsymbol{v}'_i) - n_j(\boldsymbol{v}_j)n_i(\boldsymbol{v}_i)]\varphi(\boldsymbol{v}_j) \tag{1.6.23}$$

式(1.6.21) 加式(1.6.23) 再除以2,得

$$J = \frac{1}{2}\sum_{i=1}^{S}\sum_{j=1}^{S}\int \mathrm{d}\boldsymbol{v}_i \int \mathrm{d}\boldsymbol{v}_j \int \mathrm{d}\Omega' u_{ij} \frac{\mathrm{d}\sigma}{\mathrm{d}\Omega}(u_{ij}, \boldsymbol{u}'_{ij}\cdot\boldsymbol{u}_{ij})$$
$$[n_i(\boldsymbol{v}'_i)n_j(\boldsymbol{v}'_j) - n_i(\boldsymbol{v}_i)n_j(\boldsymbol{v}_j)](\varphi(\boldsymbol{v}_i) + \varphi(\boldsymbol{v}_j)) \tag{1.6.24}$$

注意到弹性碰撞过程是可逆过程,将碰撞前后的物理量对换,运动学关系不变。故式(1.6.24)变为

$$J = \frac{1}{2}\sum_{i=1}^{S}\sum_{j=1}^{S}\int \mathrm{d}\boldsymbol{v}'_i \int \mathrm{d}\boldsymbol{v}'_j \int \mathrm{d}\Omega u'_{ij} \frac{\mathrm{d}\sigma}{\mathrm{d}\Omega}(u'_{ij}, \boldsymbol{u}_{ij}\cdot\boldsymbol{u}'_{ij})$$
$$[n_i(\boldsymbol{v}_i)n_j(\boldsymbol{v}_j) - n_i(\boldsymbol{v}'_i)n_j(\boldsymbol{v}'_j)](\varphi(\boldsymbol{v}'_i) + \varphi(\boldsymbol{v}'_j)) \tag{1.6.25}$$

注意到 $\mathrm{d}\boldsymbol{v}'_i\mathrm{d}\boldsymbol{v}'_j\mathrm{d}\Omega = \mathrm{d}\boldsymbol{v}_i\mathrm{d}\boldsymbol{v}_j\mathrm{d}\Omega'$, $u' = u$, $\boldsymbol{u}\cdot\boldsymbol{u}' = \boldsymbol{u}'\cdot\boldsymbol{u}$,式(1.6.25)变为

$$J = -\frac{1}{2}\sum_{i=1}^{S}\sum_{j=1}^{S}\int \mathrm{d}\boldsymbol{v}_i \int \mathrm{d}\boldsymbol{v}_j \int \mathrm{d}\Omega' u_{ij} \frac{\mathrm{d}\sigma}{\mathrm{d}\Omega}(u_{ij}, \boldsymbol{u}'_{ij}\cdot\boldsymbol{u}_{ij})$$
$$[n_i(\boldsymbol{v}'_i)n_j(\boldsymbol{v}'_j) - n_i(\boldsymbol{v}_i)n_j(\boldsymbol{v}_j)](\varphi(\boldsymbol{v}'_i) + \varphi(\boldsymbol{v}'_j)) \tag{1.6.26}$$

式(1.6.24)加上式(1.6.26)再除以2,得

$$J = \frac{1}{4}\sum_{i=1}^{S}\sum_{j=1}^{S}\int \mathrm{d}\boldsymbol{v}_i \int \mathrm{d}\boldsymbol{v}_j \int \mathrm{d}\Omega' u_{ij} \frac{\mathrm{d}\sigma}{\mathrm{d}\Omega}(u_{ij}, \boldsymbol{u}'_{ij}\cdot\boldsymbol{u}_{ij})$$
$$[n_i(\boldsymbol{v}'_i)n_j(\boldsymbol{v}'_j) - n_i(\boldsymbol{v}_i)n_j(\boldsymbol{v}_j)] \times$$
$$[\varphi(\boldsymbol{v}_i) + \varphi(\boldsymbol{v}_j) - \varphi(\boldsymbol{v}'_i) - \varphi(\boldsymbol{v}'_j)] \tag{1.6.27}$$

当 $\varphi(\boldsymbol{v}_i) = m_i\boldsymbol{v}_i$, $\frac{1}{2}m_iv_i^2$ 时,$\varphi(\boldsymbol{v}_i)$是碰撞过程中的守恒量,即

$$\varphi(\boldsymbol{v}_i) + \varphi(\boldsymbol{v}_j) = \varphi(\boldsymbol{v}'_i) + \varphi(\boldsymbol{v}'_j) \tag{1.6.28}$$

故

$$J = \sum_{i=1}^{S}\int \mathrm{d}\boldsymbol{v}_i\varphi(\boldsymbol{v}_i)\left(\frac{\partial n_i}{\partial t}\right)_{\text{coll}} = \sum_{i=1}^{S}\int \mathrm{d}\boldsymbol{v}_i\begin{bmatrix} m_i\boldsymbol{v}_i \\ \frac{1}{2}m_iv_i^2 \end{bmatrix}\left(\frac{\partial n_i}{\partial t}\right)_{\text{coll}} = 0 \tag{1.6.29}$$

证毕。

基于以上性质,根据 Boltzmann 方程式(1.6.16),可得以下方程式,即

$$\int \mathrm{d}\boldsymbol{v}\left[\frac{\partial n_i}{\partial t} + \boldsymbol{v}\cdot\nabla_{\boldsymbol{r}}n_i + \frac{\boldsymbol{F}_i}{m_i}\cdot\nabla_{\boldsymbol{v}}n_i(\boldsymbol{r},\boldsymbol{v},t)\right] = 0 \tag{1.6.30}$$

$$\sum_{i=1}^{S}\int \mathrm{d}\boldsymbol{v}m_i\boldsymbol{v}\left[\frac{\partial n_i}{\partial t} + \boldsymbol{v}\cdot\nabla_{\boldsymbol{r}}n_i + \frac{\boldsymbol{F}_i}{m_i}\cdot\nabla_{\boldsymbol{v}}n_i(\boldsymbol{r},\boldsymbol{v},t)\right] = 0 \tag{1.6.31}$$

$$\sum_{i=1}^{S}\int \mathrm{d}\boldsymbol{v}\,\frac{1}{2}m_iv^2\left[\frac{\partial n_i}{\partial t} + \boldsymbol{v}\cdot\nabla_{\boldsymbol{r}}n_i + \frac{\boldsymbol{F}_i}{m_i}\cdot\nabla_{\boldsymbol{v}}n_i(\boldsymbol{r},\boldsymbol{v},t)\right] = 0 \tag{1.6.32}$$

可以证明,以上方程式(1.6.30)~式(1.6.32)分别对应粒子数守恒方程(即质量守恒方程)、粒子动量守恒和粒子能量守恒方程,它们称为流体力学方程组。

首先,注意到作用在粒子上的力(重力、电场力或 Lorentz 力)的某一方向的分

量与该方向的速度无关,即

$$\frac{\partial}{\partial \boldsymbol{v}} \cdot \boldsymbol{F}_i = 0,（请自行证明）$$

再注意到粒子速度 $\boldsymbol{v}$ 与其所在的空间坐标 $\boldsymbol{r}$ 互为独立变量,则式(1.6.30)～式(1.6.32)变为

$$\frac{\partial}{\partial t}\left(\int \mathrm{d}\boldsymbol{v} n_i\right) + \nabla_{\boldsymbol{r}} \cdot \left(\int \mathrm{d}\boldsymbol{v}\boldsymbol{v} n_i\right) + \int \mathrm{d}\boldsymbol{v}\ \nabla_{\boldsymbol{v}} \cdot \left(n_i(\boldsymbol{r},\boldsymbol{v},t)\ \frac{\boldsymbol{F}_i}{m_i}\right) = 0 \quad (1.6.33)$$

$$\frac{\partial}{\partial t}\left(\sum_{i=1}^{S}\int \mathrm{d}\boldsymbol{v} m_i n_i \boldsymbol{v}\right) + \nabla_{\boldsymbol{r}} \cdot \left(\sum_{i=1}^{S}\int \mathrm{d}\boldsymbol{v} m_i \boldsymbol{v}\boldsymbol{v} n_i\right) + \sum_{i=1}^{S}\int \mathrm{d}\boldsymbol{v}\boldsymbol{v}\ \nabla_{\boldsymbol{v}} \cdot (n_i \boldsymbol{F}_i) = 0 \quad (1.6.34)$$

$$\frac{\partial}{\partial t}\left(\sum_{i=1}^{S}\int \mathrm{d}\boldsymbol{v} n_i\ \frac{1}{2} m_i v^2\right) + \nabla_{\boldsymbol{r}} \cdot \left(\sum_{i=1}^{S}\int \mathrm{d}\boldsymbol{v}\ \frac{1}{2} m_i v^2 n_i \boldsymbol{v}\right) + \sum_{i=1}^{S}\int \mathrm{d}\boldsymbol{v}\ \frac{1}{2} v^2\ \nabla_{\boldsymbol{v}} \cdot (n_i \boldsymbol{F}_i) = 0 \quad (1.6.35)$$

利用奥高定理,得

$$\int \mathrm{d}\boldsymbol{v}\ \nabla_{\boldsymbol{v}} \cdot \left(n_i \frac{\boldsymbol{F}_i}{m_i}\right) = \oint_{\text{无穷大球面}} \mathrm{d}\boldsymbol{S} \cdot \left(n_i \frac{\boldsymbol{F}_i}{m_i}\right) = 0$$

注意到

$$\nabla_{\boldsymbol{v}} \cdot (\boldsymbol{F}\boldsymbol{v}) = \boldsymbol{v}\ \nabla_{\boldsymbol{v}} \cdot \boldsymbol{F} + (\boldsymbol{F} \cdot \nabla_{\boldsymbol{v}})\boldsymbol{v}$$

$$\nabla_{\boldsymbol{v}} \cdot (\varphi \boldsymbol{F}) = \varphi\ \nabla_{\boldsymbol{v}} \cdot \boldsymbol{F} + (\boldsymbol{F} \cdot \nabla_{\boldsymbol{v}})\varphi$$

则有

$$\int \mathrm{d}\boldsymbol{v}\ \boldsymbol{v}\ \nabla_{\boldsymbol{v}} \cdot (n_i \boldsymbol{F}_i) = \int \mathrm{d}\boldsymbol{v}\ \nabla_{\boldsymbol{v}} \cdot (n_i \boldsymbol{F}_i \boldsymbol{v}) - \int \mathrm{d}\boldsymbol{v}\ n_i(\boldsymbol{F}_i \cdot \nabla_{\boldsymbol{v}})\boldsymbol{v} = \int \mathrm{d}\boldsymbol{v}\ n_i \boldsymbol{F}_i$$

$$\frac{1}{2}\int \mathrm{d}\boldsymbol{v} v^2\ \nabla_{\boldsymbol{v}} \cdot (n_i \boldsymbol{F}_i) = \frac{1}{2}\int \mathrm{d}\boldsymbol{v}\ \nabla_{\boldsymbol{v}} \cdot (n_i v^2 \boldsymbol{F}_i)$$

$$- \frac{1}{2}\int \mathrm{d}\boldsymbol{v} n_i(\boldsymbol{F}_i \cdot \nabla_{\boldsymbol{v}})v^2 = - \int \mathrm{d}\boldsymbol{v} n_i(\boldsymbol{F}_i \cdot \boldsymbol{v})$$

于是,式(1.6.33)～式(1.6.35)变为

$$\frac{\partial}{\partial t}\left(\int \mathrm{d}\boldsymbol{v} n_i\right) + \nabla \cdot \left(\int \mathrm{d}\boldsymbol{v} n_i \boldsymbol{v}\right) = 0 \quad (1.6.36)$$

$$\frac{\partial}{\partial t}\left(\sum_{i=1}^{S}\int \mathrm{d}\boldsymbol{v} m_i n_i \boldsymbol{v}\right) + \nabla \cdot \left(\sum_{i=1}^{S}\int \mathrm{d}\boldsymbol{v}\ m_i \boldsymbol{v}\boldsymbol{v} n_i\right) = \sum_{i=1}^{S}\int \mathrm{d}\boldsymbol{v}\ n_i \boldsymbol{F}_i \quad (1.6.37)$$

$$\frac{\partial}{\partial t}\left(\sum_{i=1}^{S}\int \mathrm{d}\boldsymbol{v} n_i\ \frac{1}{2} m_i v^2\right) + \nabla \cdot \left(\sum_{i=1}^{S}\int \mathrm{d}\boldsymbol{v}\ \frac{1}{2} m_i v^2 n_i \boldsymbol{v}\right) = \sum_{i=1}^{S}\int \mathrm{d}\boldsymbol{v}\ n_i \boldsymbol{F}_i \cdot \boldsymbol{v} \quad (1.6.38)$$

定义

$$N_i(\boldsymbol{r},t) = \int \mathrm{d}\boldsymbol{v} n_i = i\ \text{组分粒子的数密度} \quad (1.6.39)$$

$$\boldsymbol{u}_i = \frac{\int \mathrm{d}\boldsymbol{v} n_i \boldsymbol{v}}{\int \mathrm{d}\boldsymbol{v} n_i} = \frac{\int \mathrm{d}\boldsymbol{v} n_i \boldsymbol{v}}{N_i} = i \text{ 组分粒子的宏观流速} \tag{1.6.40}$$

$$\rho(\boldsymbol{r},t) = \sum_{i=1}^{S} \int \mathrm{d}\boldsymbol{v} m_i n_i = \sum_{i=1}^{S} m_i N_i(\boldsymbol{r},t) = \text{流体的质量密度} \tag{1.6.41}$$

$$\boldsymbol{u}(\boldsymbol{r},t) = \frac{\sum_{i=1}^{S} \int \mathrm{d}\boldsymbol{v} m_i n_i \boldsymbol{v}}{\sum_{i=1}^{S} \int \mathrm{d}\boldsymbol{v} m_i n_i} = \frac{\sum_{i=1}^{S} \int \mathrm{d}\boldsymbol{v} m_i n_i \boldsymbol{v}}{\rho(\boldsymbol{r},t)} = \frac{\sum_{i=1}^{S} m_i N_i \boldsymbol{u}_i}{\rho(\boldsymbol{r},t)} = \text{流体的宏观流速} \tag{1.6.42}$$

$$\boldsymbol{p}(\boldsymbol{r},t) = \sum_{i=1}^{S} \int \mathrm{d}\boldsymbol{v} m_i \boldsymbol{v}\boldsymbol{v} n_i = \text{L 系中所有粒子的动量通量(即胁强张量)} \tag{1.6.43}$$

$$\boldsymbol{f}_{\mathrm{ext}}(\boldsymbol{r},t) = \sum_{i=1}^{S} \int \mathrm{d}\boldsymbol{v} n_i \boldsymbol{F}_i = \text{外力密度} \tag{1.6.44}$$

$$E(\boldsymbol{r},t) = \sum_{i=1}^{S} \int \mathrm{d}\boldsymbol{v} n_i \frac{1}{2} m_i v^2 = \text{流体粒子的总动能密度(动能 + 内能)} \tag{1.6.45}$$

$$\boldsymbol{F}(\boldsymbol{r},t) = \sum_{i=1}^{S} \int \mathrm{d}\boldsymbol{v} n_i \boldsymbol{v} \frac{1}{2} m_i v^2 = L \text{ 系中所有粒子的能量通量} \tag{1.6.46}$$

$$W(\boldsymbol{r},t) = \sum_{i=1}^{S} \int \mathrm{d}\boldsymbol{v} n_i \boldsymbol{F} \cdot \boldsymbol{v} = \text{外力功率密度} \tag{1.6.47}$$

则有

粒子数守恒方程：$$\frac{\partial}{\partial t} N_i(\boldsymbol{r},t) + \nabla \cdot (N_i(\boldsymbol{r},t) \boldsymbol{u}_i(\boldsymbol{r},t)) = 0 \tag{1.6.48}$$

动量守恒方程：$$\frac{\partial}{\partial t}(\rho(\boldsymbol{r},t) \boldsymbol{u}(\boldsymbol{r},t)) + \nabla \cdot \boldsymbol{p}(\boldsymbol{r},t) = \boldsymbol{f}_{\mathrm{ext}}(\boldsymbol{r},t) \tag{1.6.49}$$

能量守恒方程：$$\frac{\partial E(\boldsymbol{r},t)}{\partial t} + \nabla \cdot \boldsymbol{F}(\boldsymbol{r},t) = W(\boldsymbol{r},t) \tag{1.6.50}$$

将各组分粒子数守恒方程式(1.6.48)两边乘以 i 组分粒子的质量 m_i 再对粒子种类求和，注意到流体质量密度的定义（式(1.6.41)）和流体宏观流速的定义（式(1.6.42)），可得流体的质量守恒方程

$$\frac{\partial}{\partial t} \rho(\boldsymbol{r},t) + \nabla \cdot (\rho(\boldsymbol{r},t) \boldsymbol{u}(\boldsymbol{r},t)) = 0 \tag{1.6.51}$$

式(1.6.49) ~ 式(1.6.51) 称为流体力学方程组。

值得指出：

(1) 流体力学方程式(1.6.49) ~ 式(1.6.51) 有 ρ、$\boldsymbol{u}$、E、$\boldsymbol{F}$、$\boldsymbol{p}$ 5 个未知量，现只有 3 个方程，因而是不封闭的，必须补充一些状态方程方可封闭。如果流体处于

局域热力学平衡态，除了右端的源项外，可补充2个状态方程（内能和压强 E、$\boldsymbol{P}$ 随流体密度和温度的函数关系），此时方程个数虽已有 5 个，但此时又出现一个新的未知变量——流体温度 T，因此就要求再提供一个计算粒子能流 $\boldsymbol{F}$ 的方程，它必须也是流体密度和温度的函数。

（2）方程中出现的物理量 E、$\boldsymbol{F}$、$\boldsymbol{P}$ 是在 L 系下定义的，而在 L 系中流体不是静止的，而是具有宏观速度 $\boldsymbol{u}(\boldsymbol{r},t)$。一般来说，状态方程和能流方程是在流体静止坐标系下通过实验测量或理论计算得到的，因此，必须找出 L 系的物理量 E、$\boldsymbol{F}$、$\boldsymbol{P}$ 与流体静止坐标系下相应量 E^0、$\boldsymbol{F}^0$、$\boldsymbol{P}^0$ 之间的关系。

流体静止坐标系下，流体粒子的速度是其在实验室系的速度与流体元宏观流速之差，故流体静止坐标系下流体的动能（内能）密度定义为

$$\begin{aligned}E^0(\boldsymbol{r},t) \equiv \sum_{i=1}^{S}\int \mathrm{d}\boldsymbol{v} n_i \frac{1}{2}m_i(\boldsymbol{v}-\boldsymbol{u})\cdot(\boldsymbol{v}-\boldsymbol{u}) = \\ \sum_{i=1}^{S}\int \mathrm{d}\boldsymbol{v} n_i \frac{1}{2}m_i(v^2-2\boldsymbol{v}\cdot\boldsymbol{u}+u^2) = \\ E(\boldsymbol{r},t)+\frac{1}{2}\rho u^2-\rho\boldsymbol{u}\cdot\boldsymbol{u} = E(\boldsymbol{r},t)-\frac{1}{2}\rho u^2\end{aligned} \tag{1.6.52}$$

即

$$E(\boldsymbol{r},t)=E^0(\boldsymbol{r},t)+\frac{1}{2}\rho u^2 \tag{1.6.53}$$

可见，L 系中流体的动能密度是流体静止坐标系下的个别粒子的动能密度（内能）与流体质团整体的动能密度之和。这实际上是哥尼西定理的表现。

流体静止坐标系下流体的动量通量（胁强张量）定义为

$$\begin{aligned}\boldsymbol{P}^0(\boldsymbol{r},t) \equiv \sum_{i=1}^{S}\int \mathrm{d}\boldsymbol{v} m_i(\boldsymbol{v}-\boldsymbol{u})(\boldsymbol{v}-\boldsymbol{u})n_i = \\ \sum_{i=1}^{S}\int \mathrm{d}\boldsymbol{v} m_i n_i(\boldsymbol{vv}-\boldsymbol{uv}-\boldsymbol{vu}+\boldsymbol{uu}) = \boldsymbol{P}(\boldsymbol{r},t) \\ -\rho\boldsymbol{uu}-\rho\boldsymbol{uu}+\rho\boldsymbol{uu} = \boldsymbol{P}(\boldsymbol{r},t)-\rho\boldsymbol{uu}\end{aligned} \tag{1.6.54}$$

即

$$\boldsymbol{P}(\boldsymbol{r},t)=\boldsymbol{P}^0(\boldsymbol{r},t)+\rho\boldsymbol{uu} \tag{1.6.55}$$

可见，L 系中流体的动量通量（胁强张量）是流体静止坐标系下个别粒子的动量通量与 L 系中流体质团整体的动量通量之和。

流体静止的坐标系下流体粒子的能量通量定义为

$$\begin{aligned}\boldsymbol{F}^0(\boldsymbol{r},t) = \sum_{i=1}^{S}\int \mathrm{d}\boldsymbol{v} n_i(\boldsymbol{v}-\boldsymbol{u})\frac{1}{2}m_i(\boldsymbol{v}-\boldsymbol{u})\cdot(\boldsymbol{v}-\boldsymbol{u}) = \\ \sum_{i=1}^{S}\int \mathrm{d}\boldsymbol{v} n_i(\boldsymbol{v}-\boldsymbol{u})\frac{1}{2}m_i(v^2-2\boldsymbol{v}\cdot\boldsymbol{u}+u^2) = \\ \boldsymbol{F}(\boldsymbol{r},t)-\boldsymbol{P}\cdot\boldsymbol{u}+\frac{1}{2}\rho\boldsymbol{u}u^2-E\boldsymbol{u}+\frac{1}{2}\rho u^2\boldsymbol{u} =\end{aligned}$$

$$\boldsymbol{F}(\boldsymbol{r},t)-\boldsymbol{P}^0\cdot\boldsymbol{u}-E^0\boldsymbol{u}-\frac{1}{2}\rho u^2\boldsymbol{u} \tag{1.6.56}$$

即

$$\boldsymbol{F}(\boldsymbol{r},t)=\boldsymbol{F}^0(\boldsymbol{r},t)+\boldsymbol{P}^0\cdot\boldsymbol{u}+\left(E^0+\frac{1}{2}\rho u^2\right)\boldsymbol{u} \tag{1.6.57}$$

可见,L 系中流体能量通量是流体静止坐标系下个别粒子的能量通量加上流体质团整体的能量通量,再加上流体压强做功引起的能量通量。用流体静止坐标系中的内能密度 $E^0(\boldsymbol{r},t)$、压强张量 $\boldsymbol{P}^0(\boldsymbol{r},t)$ 和能流矢量 $\boldsymbol{F}^0(\boldsymbol{r},t)$ 表示的流体力学方程组为

质量守恒方程:

$$\frac{\partial}{\partial t}\rho(\boldsymbol{r},t)+\nabla\cdot(\rho(\boldsymbol{r},t)\boldsymbol{u}(\boldsymbol{r},t))=0 \tag{1.6.58}$$

动量守恒方程:

$$\frac{\partial}{\partial t}(\rho\boldsymbol{u})+\nabla\cdot(\boldsymbol{P}^0(\boldsymbol{r},t)+\rho\boldsymbol{u}\boldsymbol{u})=\boldsymbol{f}_{\text{ext}}(\boldsymbol{r},t) \tag{1.6.59}$$

能量守恒方程:

$$\frac{\partial}{\partial t}(E^0(\boldsymbol{r},t)+\frac{1}{2}\rho u^2)+\nabla\cdot\left[(E^0+\frac{1}{2}\rho u^2)\boldsymbol{u}+\boldsymbol{P}^0\cdot\boldsymbol{u}+\boldsymbol{F}^0\right]=W(\boldsymbol{r},t) \tag{1.6.60}$$

与我们在 1.4 节导出的流体力学方程式

$$\frac{\partial\rho}{\partial t}+\nabla\cdot(\rho\boldsymbol{u})=0$$

$$\frac{\partial(\rho\boldsymbol{u})}{\partial t}+\nabla\cdot(\boldsymbol{P}+\rho\boldsymbol{u}\boldsymbol{u})=\boldsymbol{f}$$

$$\frac{\partial}{\partial t}\left(\frac{1}{2}\rho\boldsymbol{u}^2+\rho e\right)+\nabla\cdot\left[\left(\frac{1}{2}\rho\boldsymbol{u}^2+\rho e\right)\boldsymbol{u}\right]+\nabla\cdot(\boldsymbol{q}+\boldsymbol{u}\cdot\boldsymbol{P})=\rho w+\boldsymbol{f}\cdot\boldsymbol{u}$$

相比可以发现,早前定义的单位体积流体中的内能 $\rho e=E^0$、能流矢量 $\boldsymbol{q}=\boldsymbol{F}^0$ 和胁强张量 $\boldsymbol{P}=\boldsymbol{P}^0$ 都是流体静止坐标系下的物理量。外力功率密度是 $W=\rho w+\boldsymbol{f}\cdot\boldsymbol{u}$。

在流体静止坐标系中,如果粒子的角分布密度 $n_0(\boldsymbol{v})=n_0(v)$ 只与粒子速度的大小有关,而与速度的方向无关,则流体静止坐标系中的胁强张量式(1.6.54)为

$$\boldsymbol{P}^0(\boldsymbol{r},t)\equiv\sum_{i=1}^{S}\int\mathrm{d}\boldsymbol{v}m_i\boldsymbol{v}\boldsymbol{v}n_0(v) \tag{1.6.61}$$

式中:$\boldsymbol{v}$ 为流体静止坐标系中观察到的粒子速度。取 $\boldsymbol{v}$ 空间的直角坐标系,则

$$\mathrm{d}\boldsymbol{v}=v^2\mathrm{d}v\sin\theta\mathrm{d}\theta\mathrm{d}\varphi$$

$$\boldsymbol{v}=v\sin\theta\cos\varphi\boldsymbol{e}_x+v\sin\theta\sin\varphi\boldsymbol{e}_y+v\cos\theta\boldsymbol{e}_z=v_\alpha\boldsymbol{e}_\alpha$$

$$\boldsymbol{v}\boldsymbol{v}=v_\alpha v_\beta\boldsymbol{e}_\alpha\boldsymbol{e}_\beta=v^2\begin{bmatrix}\sin^2\theta\cos^2\varphi & \sin^2\theta\cos\varphi\sin\varphi & \sin\theta\cos\varphi\cos\theta\\ \sin^2\theta\cos\varphi\sin\varphi & \sin^2\theta\sin^2\varphi & \sin\theta\sin\varphi\cos\theta\\ \cos\theta\sin\theta\cos\varphi & \cos\theta\sin\theta\sin\varphi & \cos^2\theta\end{bmatrix} \tag{1.6.62}$$

注意到

$$\int_0^{2\pi}\cos\varphi\sin\varphi\mathrm{d}\varphi = \int_0^{2\pi}\sin\varphi\mathrm{d}\sin\varphi = 0,\ \int_0^{2\pi}\cos\varphi\mathrm{d}\varphi = \int_0^{2\pi}\mathrm{d}\sin\varphi = 0$$

$$\int_0^{2\pi}\sin\varphi\mathrm{d}\varphi = -\int_0^{2\pi}\mathrm{d}\cos\varphi = 0,\ \int_0^{2\pi}\cos^2\varphi\mathrm{d}\varphi = \int_0^{2\pi}\sin^2\varphi\mathrm{d}\varphi = \pi$$

则式(1.6.62)对方向的积分值为

$$\int_0^{2\pi}\mathrm{d}\varphi\int_0^{\pi}\mathrm{d}\theta\,\sin\theta(\boldsymbol{vv}) = \frac{4\pi}{3}v^2\boldsymbol{I} \tag{1.6.63}$$

其中 $\boldsymbol{I} = \boldsymbol{e}_x\boldsymbol{e}_x + \boldsymbol{e}_y\boldsymbol{e}_y + \boldsymbol{e}_z\boldsymbol{e}_z$ 为三阶单位张量,故流体静止坐标系中的胁强张量式(1.6.61)变为

$$\boldsymbol{P}^0(\boldsymbol{r},t) \equiv \sum_{i=1}^{S}\int\mathrm{d}\boldsymbol{v}m_i\boldsymbol{vv}n_0(v) = \sum_{i=1}^{S}\int v^2\mathrm{d}vm_in_0(v)\int\sin\theta\mathrm{d}\theta\mathrm{d}\varphi\boldsymbol{vv} =$$
$$\sum_{i=1}^{S}\int v^4\mathrm{d}vm_in_0(v)\frac{4\pi}{3}\boldsymbol{I} \tag{1.6.64}$$

此式告诉我们,如果流体静止坐标系中粒子的角分布密度只与粒子速度的大小有关,则流体静止坐标系中的胁强张量 $\boldsymbol{P}^0(\boldsymbol{r},t)$ 就是个对角张量,其对角元就是流体物质的压强 $p_m(\boldsymbol{r},t)$,其计算公式为

$$p_m(\boldsymbol{r},t) \equiv \sum_{i=1}^{S}\int\mathrm{d}\boldsymbol{v}m_i(\boldsymbol{v}\cdot\hat{n})(\boldsymbol{v}\cdot\hat{n})n_0(v)$$

式中:$\hat{n}$ 为空间任意方向的单位矢量。以 $\hat{n}$ 为极轴取球极坐标,注意到 $\hat{n}\cdot\boldsymbol{v} = v\cos\theta$,速度空间的体积元 $\mathrm{d}\boldsymbol{v} = v^2\mathrm{d}v\sin\theta\mathrm{d}\theta\mathrm{d}\varphi$,则有

$$p_m = \sum_{i=1}^{S}\int m_iv^4n_0(v)\mathrm{d}v\int_0^{\pi}\sin\theta\mathrm{d}\theta\cos^2\theta\int_0^{2\pi}\mathrm{d}\varphi = \sum_{i=1}^{S}\int\frac{4\pi}{3}m_iv^4n_0(v)\mathrm{d}v \tag{1.6.65}$$

可见,此时压强 $p_m(\boldsymbol{r},t)$ 与 $\hat{n}$ 无关,是各向同性的,这与日常经验一致,例如,水的浮力就是流体压强各向同性的表现。于是式(1.6.64)可写为

$$\boldsymbol{P}^0(\boldsymbol{r},t) = p_m(\boldsymbol{r},t)\boldsymbol{I} \tag{1.6.66}$$

在式(1.6.66)给出的条件下,最终的流体力学方程组为

质量守恒方程:

$$\frac{\partial}{\partial t}\rho(\boldsymbol{r},t) + \nabla\cdot(\rho(\boldsymbol{r},t)\boldsymbol{u}(\boldsymbol{r},t)) = 0 \tag{1.6.67}$$

动量守恒方程:

$$\frac{\partial}{\partial t}(\rho\boldsymbol{u}) + \nabla\cdot(\rho\boldsymbol{uu}) + \nabla p_m = \boldsymbol{f}_{\mathrm{ext}}(\boldsymbol{r},t) \tag{1.6.68}$$

能量守恒方程:

$$\frac{\partial}{\partial t}\left(E^0(\boldsymbol{r},t) + \frac{1}{2}\rho u^2\right) + \nabla\cdot\left[\left(E^0 + \frac{1}{2}\rho u^2 + p_m\right)\boldsymbol{u} + \boldsymbol{F}^0\right] = \rho w + \boldsymbol{f}_{ext}\cdot\boldsymbol{u} \tag{1.6.69}$$

这样 3 个流体力学方程组加上 2 个状态方程(内能和压强 E^0、p_m 随流体密度 ρ 和

温度 T 的函数关系)，方程数为 5 个，未知量是 4 个 ρ、$\boldsymbol{u}$、E^0、p_m 加上一个新的变量——温度 T，方程组就封闭可解了。

如果流体静止坐标系中粒子的角分布密度只与粒子速度的大小有关而与速度的方向无关，即 $n_0(\boldsymbol{v}) = n_0(v)$，则个别粒子的能流矢量 $\boldsymbol{F}^0(\boldsymbol{r},t) = \sum_{i=1}^{S}\int \mathrm{d}\boldsymbol{v} n_0(v)\boldsymbol{v}\frac{1}{2}m_i v^2 = 0$。如果 $n_0(\boldsymbol{v})$ 与速度的方向有关，则静止坐标系中个别粒子的能流矢量 $\boldsymbol{F}^0(\boldsymbol{r},t)$ 不为 0，那么，就另外需要补充一个能流矢量 $\boldsymbol{F}^0(\boldsymbol{r},t)$ 满足的方程(为流体密度 ρ、温度 T 的函数，由实验给出)。

1.7 Boltzmann 碰撞项向 Fokker－Planck 碰撞项的过渡

Fokker－Planck 碰撞项可以用来描述等离子体中粒子之间的小角度库仑碰撞。在等离子体中，带电粒子之间的库仑势属于库仑屏蔽势，一个带电粒子的库仑势的作用范围大致为德拜半径 λ_D 的球形区域。

对低温高密度等离子体，德拜半径 $\lambda_D \leqslant \delta$(粒子的平均间距)(见下章)，即粒子间相互作用力程远小于粒子间的平均间距，此时多体碰撞可以忽略，可以只考虑粒子之间的二体库仑近碰撞(包括大角度碰撞和小角度碰撞)，此时的碰撞项就是玻耳兹曼形式的碰撞项(式(1.6.16b))，即

$$\left(\frac{\partial n_i}{\partial t}\right)_{\text{coll}} = \sum_{j=1}^{S}\iint \mathrm{d}\boldsymbol{v}_j \mathrm{d}\Omega' u_{ij}\frac{\mathrm{d}\sigma}{\mathrm{d}\Omega}(u_{ij},\chi)\left[n_i(\boldsymbol{v}'_i)n_j(\boldsymbol{v}'_j) - n_i(\boldsymbol{v}_i)n_j(\boldsymbol{v}_j)\right] \tag{1.7.1}$$

两粒子碰撞的微分截面 $\frac{\mathrm{d}\sigma}{\mathrm{d}\Omega}(u_{ij},\chi)$ 就是库仑散射微分截面(式(1.5.40))，即

$$\frac{\mathrm{d}\sigma}{\mathrm{d}\Omega}(u_{ij},\chi) = \left(\frac{q_i q_j}{2m_{ij}u_{ij}^2}\right)^2 \frac{1}{\sin^4(\chi/2)} \tag{1.7.2}$$

它只与相对速度的大小及碰撞前后相对速度方向之间的夹角 χ 有关，而与相对速度的具体方向无关。

虽然当粒子之间发生二体碰撞时，其偏转角 χ 可以取 0→π 之间的某一值，但是，从式(1.5.40)可以看出，散射微分截面与 $\sin^4(\chi/2)$ 成反比，偏转角 χ 越小，截面越大。故等离子体带电粒子间的二体相互作用以小角度库仑碰撞占优，大角度碰撞可以忽略。

另一方面，L 系下入射 i 粒子与背景 j 粒子二体碰撞后 i 粒子速度的改变量由式(1.5.5)式给出，即

$$\Delta\boldsymbol{v}_i = \boldsymbol{v}'_i - \boldsymbol{v}_i = \frac{m_j}{m_i + m_j}(\boldsymbol{u}' - \boldsymbol{u}) \tag{1.7.3}$$

注意到相对速度的大小碰撞前后不变，即 $u' = u$，偏转角 χ 就是碰撞前后相对速度

之间的夹角，故 i 粒子碰撞后速度改变量的大小为

$$|\Delta \boldsymbol{v}_i| = \frac{m_j}{m_i + m_j}|\boldsymbol{u}' - \boldsymbol{u}| = \frac{2m_j u}{m_i + m_j}\sin\frac{\chi}{2} \tag{1.7.4}$$

对小角度库仑碰撞，碰撞后速度改变量小。根据这一特点，可以将 Boltzmann 碰撞项对粒子速度改变量展开使之简化成 Fokker－Planck 碰撞项。

设 $\varphi(\boldsymbol{v}_i)$ 为入射粒子速度 $\boldsymbol{v}_i$ 的任意函数（可以是粒子动量、能量），作积分

$$J = \int \mathrm{d}\boldsymbol{v}_i \varphi(\boldsymbol{v}_i)\left(\frac{\partial n_i}{\partial t}\right)_{\mathrm{coll}} =$$

$$\sum_{j=1}^{S}\int \mathrm{d}\boldsymbol{v}_i \int \mathrm{d}\boldsymbol{v}_j \int \mathrm{d}\Omega' u_{ij}\frac{\mathrm{d}\sigma}{\mathrm{d}\Omega}(u_{ij},\chi)\left[n_i(\boldsymbol{v}'_i)n_j(\boldsymbol{v}'_j) -\right.$$

$$\left. n_i(\boldsymbol{v}_i)n_j(\boldsymbol{v}_j)\right]\varphi(\boldsymbol{v}_i) \tag{1.7.5}$$

注意到 $\mathrm{d}\boldsymbol{v}_i\mathrm{d}\boldsymbol{v}_j\mathrm{d}\Omega' = \mathrm{d}\boldsymbol{v}'_i\mathrm{d}\boldsymbol{v}'_j\mathrm{d}\Omega, u' = u, \boldsymbol{u}\cdot\boldsymbol{u}' = \boldsymbol{u}'\cdot\boldsymbol{u}$，式(1.7.5) 右边第一项实际上为

$$① = \sum_{j=1}^{S}\int \mathrm{d}\boldsymbol{v}'_i \int \mathrm{d}\boldsymbol{v}'_j \int \mathrm{d}\Omega u'_{ij}\frac{\mathrm{d}\sigma}{\mathrm{d}\Omega}(u'_{ij},\chi)n_i(\boldsymbol{v}'_i)n_j(\boldsymbol{v}'_j)\varphi(\boldsymbol{v}_i) \tag{1.7.6}$$

将带撇量与不带撇量互换（即入射粒子与靶粒子互换），式(1.7.6)变为

$$① = \sum_{j=1}^{S}\int \mathrm{d}\boldsymbol{v}_i \int \mathrm{d}\boldsymbol{v}_j \int \mathrm{d}\Omega' u_{ij}\frac{\mathrm{d}\sigma}{\mathrm{d}\Omega}(u_{ij},\chi)n_i(\boldsymbol{v}_i)n_j(\boldsymbol{v}_j)\varphi(\boldsymbol{v}'_i) \tag{1.7.7}$$

将式(1.7.7)代回式(1.7.5)，则有

$$J = \int \mathrm{d}\boldsymbol{v}_i \varphi(\boldsymbol{v}_i)\left(\frac{\partial n_i}{\partial t}\right)_{\mathrm{coll}} = \sum_{j=1}^{S}\int \mathrm{d}\boldsymbol{v}_i \int \mathrm{d}\boldsymbol{v}_j \int \mathrm{d}\Omega' u_{ij}\frac{\mathrm{d}\sigma}{\mathrm{d}\Omega}$$

$$(u_{ij},\chi)n_i(\boldsymbol{v}_i)n_j(\boldsymbol{v}_j)\left[\varphi(\boldsymbol{v}'_i) - \varphi(\boldsymbol{v}_i)\right] \tag{1.7.8}$$

为方便，去掉变量下标，记 $\boldsymbol{v}_i = \boldsymbol{v}, \boldsymbol{v}_j = \boldsymbol{w}, u = u_{ij}$，则

$$J = \int \mathrm{d}\boldsymbol{v}\varphi(\boldsymbol{v})\left(\frac{\partial n_i}{\partial t}\right)_{\mathrm{coll}} = \sum_{j=1}^{S}\int \mathrm{d}\boldsymbol{v}\int \mathrm{d}\boldsymbol{w}\int \mathrm{d}\Omega' u\frac{\mathrm{d}\sigma}{\mathrm{d}\Omega}(u,\chi)$$

$$n_i(\boldsymbol{v})n_j(\boldsymbol{w})\left[\varphi(\boldsymbol{v}') - \varphi(\boldsymbol{v})\right] \tag{1.7.9}$$

将式(1.7.9)中的 $\varphi(\boldsymbol{v}') = \varphi(\boldsymbol{v} + \Delta\boldsymbol{v})$ 按小量 $\Delta\boldsymbol{v}$ 展开至二阶项，得

$$\varphi(\boldsymbol{v}') = \varphi(\boldsymbol{v} + \Delta\boldsymbol{v}) = \varphi(\boldsymbol{v}) + \Delta\boldsymbol{v}\cdot\frac{\partial\varphi(\boldsymbol{v})}{\partial\boldsymbol{v}} + \frac{1}{2}\Delta\boldsymbol{v}\Delta\boldsymbol{v}:\frac{\partial^2\varphi(\boldsymbol{v})}{\partial\boldsymbol{v}\partial\boldsymbol{v}} \tag{1.7.10}$$

将式(1.7.10) 代入式(1.7.9)，得

$$J = \sum_{j=1}^{S}\int \mathrm{d}\boldsymbol{v}n_i(\boldsymbol{v})\int \mathrm{d}\boldsymbol{w}\int \mathrm{d}\Omega' u\frac{\mathrm{d}\sigma}{\mathrm{d}\Omega}(u,\chi)n_j(\boldsymbol{w})$$

$$\left[\Delta\boldsymbol{v}\cdot\frac{\partial\varphi(\boldsymbol{v})}{\partial\boldsymbol{v}} + \frac{1}{2}\Delta\boldsymbol{v}\Delta\boldsymbol{v}:\frac{\partial^2\varphi(\boldsymbol{v})}{\partial\boldsymbol{v}\partial\boldsymbol{v}}\right] \tag{1.7.11}$$

式(1.7.11) 简写为

$$J = \int \mathrm{d}\boldsymbol{v}n_i(\boldsymbol{v})\left\{\boldsymbol{A}(\boldsymbol{v})\cdot\frac{\partial\varphi(\boldsymbol{v})}{\partial\boldsymbol{v}} + \frac{1}{2}\boldsymbol{B}(\boldsymbol{v}):\frac{\partial^2\varphi(\boldsymbol{v})}{\partial\boldsymbol{v}\partial\boldsymbol{v}}\right\} \tag{1.7.12}$$

其中

$$
\begin{cases}
\boldsymbol{A}(\boldsymbol{v}) = \sum_{j=1}^{S}\int \mathrm{d}\boldsymbol{w}\int \mathrm{d}\Omega' u \dfrac{\mathrm{d}\sigma}{\mathrm{d}\Omega}(u,\chi) n_j(\boldsymbol{w})\Delta\boldsymbol{v} \\
\boldsymbol{B}(\boldsymbol{v}) = \sum_{j=1}^{S}\int \mathrm{d}\boldsymbol{w}\int \mathrm{d}\Omega' u \dfrac{\mathrm{d}\sigma}{\mathrm{d}\Omega}(u,\chi) n_j(\boldsymbol{w})\Delta\boldsymbol{v}\Delta\boldsymbol{v}
\end{cases} \tag{1.7.13}
$$

在式(1.7.12)中,注意到

$$
n_i(\boldsymbol{v})\boldsymbol{A}(\boldsymbol{v}) \cdot \frac{\partial\varphi(\boldsymbol{v})}{\partial\boldsymbol{v}} = \frac{\partial}{\partial\boldsymbol{v}} \cdot [\varphi(\boldsymbol{v})n_i(\boldsymbol{v})\boldsymbol{A}(\boldsymbol{v})] - \varphi(\boldsymbol{v})\frac{\partial}{\partial\boldsymbol{v}} \cdot [n_i(\boldsymbol{v})\boldsymbol{A}(\boldsymbol{v})] \tag{1.7.14}
$$

$$
\begin{aligned}
n_i(\boldsymbol{v})\boldsymbol{B}(\boldsymbol{v}) : \frac{\partial^2\varphi(\boldsymbol{v})}{\partial\boldsymbol{v}\partial\boldsymbol{v}} &= \left(n_i(\boldsymbol{v})\boldsymbol{B}(\boldsymbol{v}) \cdot \frac{\partial}{\partial\boldsymbol{v}}\right) \cdot \frac{\partial\varphi(\boldsymbol{v})}{\partial\boldsymbol{v}} = n_i(\boldsymbol{v})B_{\alpha\beta}(\boldsymbol{v})\frac{\partial^2\varphi(\boldsymbol{v})}{\partial v_\beta \partial v_\alpha} = \\
&\frac{\partial}{\partial v_\beta}\left[n_i(\boldsymbol{v})B_{\alpha\beta}(\boldsymbol{v})\frac{\partial\varphi(\boldsymbol{v})}{\partial v_\alpha}\right] - \frac{\partial}{\partial v_\beta}[n_i(\boldsymbol{v})B_{\alpha\beta}(\boldsymbol{v})]\frac{\partial\varphi(\boldsymbol{v})}{\partial v_\alpha} = \\
&\frac{\partial}{\partial v_\beta}\left[n_i(\boldsymbol{v})B_{\alpha\beta}(\boldsymbol{v})\frac{\partial\varphi(\boldsymbol{v})}{\partial v_\alpha}\right] - \\
&\frac{\partial}{\partial v_\alpha}\left[\left(\frac{\partial}{\partial v_\beta}(n_i(\boldsymbol{v})B_{\alpha\beta}(\boldsymbol{v}))\right)\varphi(\boldsymbol{v})\right] + \varphi(\boldsymbol{v})\frac{\partial^2}{\partial v_\alpha \partial v_\beta}(n_i(\boldsymbol{v})B_{\alpha\beta}(\boldsymbol{v})) = \\
&\frac{\partial}{\partial\boldsymbol{v}} \cdot \left[n_i(\boldsymbol{v})\boldsymbol{B}(\boldsymbol{v}) \cdot \frac{\partial\varphi(\boldsymbol{v})}{\partial\boldsymbol{v}}\right] - \\
&\frac{\partial}{\partial\boldsymbol{v}} \cdot \left[\frac{\partial}{\partial\boldsymbol{v}} \cdot (n_i(\boldsymbol{v})\boldsymbol{B}(\boldsymbol{v}))\varphi(\boldsymbol{v})\right] + \varphi(\boldsymbol{v})\frac{\partial^2}{\partial\boldsymbol{v}\partial\boldsymbol{v}} : [n_i(\boldsymbol{v})\boldsymbol{B}(\boldsymbol{v})]
\end{aligned}
$$

即

$$
\begin{aligned}
\frac{1}{2}n_i(\boldsymbol{v})\boldsymbol{B}(\boldsymbol{v}) : \frac{\partial^2\varphi(\boldsymbol{v})}{\partial\boldsymbol{v}\partial\boldsymbol{v}} &= \frac{1}{2}\frac{\partial}{\partial\boldsymbol{v}} \cdot \left[n_i(\boldsymbol{v})\boldsymbol{B}(\boldsymbol{v}) \cdot \frac{\partial\varphi(\boldsymbol{v})}{\partial\boldsymbol{v}}\right] - \\
&\frac{1}{2}\frac{\partial}{\partial\boldsymbol{v}} \cdot \left[\frac{\partial}{\partial\boldsymbol{v}} \cdot (n_i(\boldsymbol{v})\boldsymbol{B}(\boldsymbol{v}))\varphi(\boldsymbol{v})\right] + \frac{1}{2}\varphi(\boldsymbol{v})\frac{\partial^2}{\partial\boldsymbol{v}\partial\boldsymbol{v}} : [n_i(\boldsymbol{v})\boldsymbol{B}(\boldsymbol{v})]
\end{aligned} \tag{1.7.15}
$$

将式(1.7.14)、式(1.7.15)代入式(1.7.12),注意到 $\boldsymbol{v}$ 空间函数散度的体积分可以化为该函数在 $\boldsymbol{v}$ 空间无限远处的面积分,注意到在 $\boldsymbol{v}$ 空间无限远处的 $n_i(\boldsymbol{v}) = 0$ ($|\boldsymbol{v}| \to \infty$),所以式(1.7.12)变为

$$
J = \int \mathrm{d}\boldsymbol{v}\varphi(\boldsymbol{v})\left(\frac{\partial n_i}{\partial t}\right)_{\mathrm{coll}} = \int \mathrm{d}\boldsymbol{v}\varphi(\boldsymbol{v})\left\{\begin{aligned} &-\frac{\partial}{\partial\boldsymbol{v}} \cdot [n_i(\boldsymbol{v})\boldsymbol{A}(\boldsymbol{v})] \\ &+\frac{1}{2}\frac{\partial^2}{\partial\boldsymbol{v}\partial\boldsymbol{v}} : [n_i(\boldsymbol{v})\boldsymbol{B}(\boldsymbol{v})]\end{aligned}\right\} \tag{1.7.16}
$$

考虑到 $\varphi(\boldsymbol{v})$ 的任意性,故在小角度散射的情况下,玻耳兹曼碰撞项可以化为 Fokker – Planck 碰撞项

$$
\left(\frac{\partial n_i(\boldsymbol{v})}{\partial t}\right)_{F-P} = -\frac{\partial}{\partial\boldsymbol{v}} \cdot [n_i(\boldsymbol{v})\boldsymbol{A}(\boldsymbol{v})] + \frac{1}{2}\frac{\partial^2}{\partial\boldsymbol{v}\partial\boldsymbol{v}} : [n_i(\boldsymbol{v})\boldsymbol{B}(\boldsymbol{v})] \tag{1.7.17}
$$

式中:$\boldsymbol{A}(\boldsymbol{v})$、$\boldsymbol{B}(\boldsymbol{v})$ 由式(1.7.13)给出。下面具体计算 $\boldsymbol{A}(\boldsymbol{v})$、$\boldsymbol{B}(\boldsymbol{v})$。

如图 1-2 所示,设两粒子碰撞前的相对速度 $\boldsymbol{u} = \boldsymbol{v} - \boldsymbol{w} = u\boldsymbol{\Omega}$ 沿 z 轴方向,碰撞

后的相对速度 $\boldsymbol{u}'=\boldsymbol{v}'-\boldsymbol{w}'=u'\boldsymbol{\Omega}'$的极角为$\chi$,方位角为 ε, $\boldsymbol{u}'$方向的立体角元为

$$\mathrm{d}\Omega'=\sin\chi\mathrm{d}\chi\mathrm{d}\varepsilon$$

根据碰撞过程中的能量、动量守恒,有 $u=u'$,则

$$\boldsymbol{u}'=u\Omega'=u(\sin\chi\cos\varepsilon,\sin\chi\sin\varepsilon,\cos\chi)$$

$$\boldsymbol{u}'-\boldsymbol{u}=u(\sin\chi\cos\varepsilon,\sin\chi\sin\varepsilon,\cos\chi)-u(0,0,1)$$

注意到 $\sin\chi=2\sin\frac{\chi}{2}\cos\frac{\chi}{2}$, $1-\cos\chi=2\sin^2\frac{\chi}{2}$,则有

$$\boldsymbol{u}'-\boldsymbol{u}=2u\sin\frac{\chi}{2}\left(\cos\frac{\chi}{2}\cos\varepsilon,\quad\cos\frac{\chi}{2}\sin\varepsilon,\quad-\sin\frac{\chi}{2}\right)\tag{1.7.18}$$

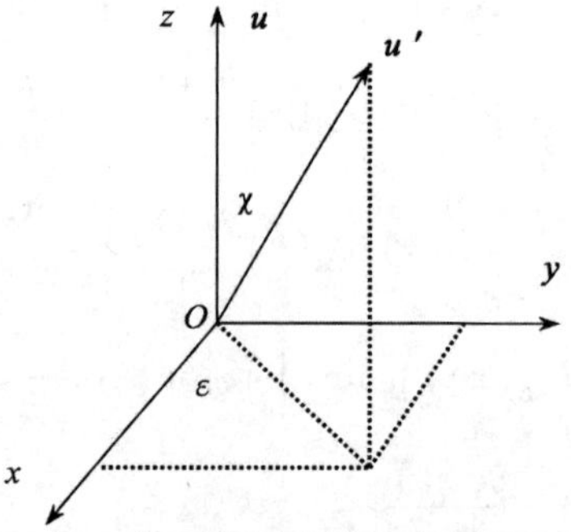

图 1-2　碰撞前后相对速度关系

将式(1.7.18) 代入式(1.7.3),得 L 系下入射 i 粒子与 j 粒子二体碰撞后速度的改变量为

$$\Delta\boldsymbol{v}=\frac{m_j}{m_i+m_j}(\boldsymbol{u}'-\boldsymbol{u})=\frac{2m_ju}{m_i+m_j}\sin\frac{\chi}{2}\left(\cos\frac{\chi}{2}\cos\varepsilon,\cos\frac{\chi}{2}\sin\varepsilon,-\sin\frac{\chi}{2}\right)\equiv\Delta v_\alpha\boldsymbol{e}_\alpha\tag{1.7.19}$$

由 $\Delta\boldsymbol{v}\Delta\boldsymbol{v}=\Delta v_\alpha\Delta v_\beta\boldsymbol{e}_\alpha\boldsymbol{e}_\beta$ 得

$$\Delta\boldsymbol{v}\Delta\boldsymbol{v}=\left(\frac{2um_j}{m_i+m_j}\right)^2\sin^2\frac{\chi}{2}\begin{bmatrix}\cos^2\frac{\chi}{2}\cos^2\varepsilon & \cos^2\frac{\chi}{2}\cos\varepsilon\sin\varepsilon & -\cos\frac{\chi}{2}\cos\varepsilon\sin\frac{\chi}{2}\\ \cos^2\frac{\chi}{2}\sin\varepsilon\cos\varepsilon & \cos^2\frac{\chi}{2}\sin^2\varepsilon & -\cos\frac{\chi}{2}\sin\varepsilon\sin\frac{\chi}{2}\\ -\sin\frac{\chi}{2}\cos\frac{\chi}{2}\cos\varepsilon & -\sin\frac{\chi}{2}\cos\frac{\chi}{2}\sin\varepsilon & \sin^2\frac{\chi}{2}\end{bmatrix}\tag{1.7.20}$$

式(1.7.19)、式(1.7.20)对方位角积分,得

$$\int\mathrm{d}\varepsilon\Delta\boldsymbol{v}=\frac{2m_ju}{m_i+m_j}\sin\frac{\chi}{2}\left(0,\quad0,\quad-2\pi\sin\frac{\chi}{2}\right)=-\frac{4\pi m_j\boldsymbol{u}}{m_i+m_j}\sin^2\frac{\chi}{2}\tag{1.7.21}$$

$$\int d\varepsilon \Delta \boldsymbol{v} \Delta \boldsymbol{v} = \int d\varepsilon \Delta v_\alpha \Delta v_\beta \boldsymbol{e}_\alpha \boldsymbol{e}_\beta =$$

$$\left(\frac{2um_j}{m_i + m_j}\right)^2 \sin^2 \frac{\chi}{2} \begin{bmatrix} \pi\cos^2 \frac{\chi}{2} & 0 & 0 \\ 0 & \pi\cos^2 \frac{\chi}{2} & 0 \\ 0 & 0 & 2\pi\sin^2 \frac{\chi}{2} \end{bmatrix} =$$

$$\left(\frac{2m_j}{m_i + m_j}\right)^2 \pi\cos^2 \frac{\chi}{2}\sin^2 \frac{\chi}{2}(u^2\boldsymbol{I} - \boldsymbol{uu})$$

$$+ \left(\frac{2m_j}{m_i + m_j}\right)^2 2\pi\sin^2 \frac{\chi}{2}\sin^2 \frac{\chi}{2}\boldsymbol{uu} \tag{1.7.22}$$

注意到 $d\Omega' = \sin\chi d\chi d\varepsilon$，则式(1.7.13)变为

$$\begin{cases} \boldsymbol{A}(\boldsymbol{v}) = \sum_{j=1}^{S} \int d\boldsymbol{w} n_j(\boldsymbol{w}) \int \sin\chi d\chi u \frac{d\sigma}{d\Omega}(u,\chi) \int d\varepsilon \Delta \boldsymbol{v} \\ \boldsymbol{B}(\boldsymbol{v}) = \sum_{j=1}^{S} \int d\boldsymbol{w} n_j(\boldsymbol{w}) \int \sin\chi d\chi u \frac{d\sigma}{d\Omega}(u,\chi) \int d\varepsilon \Delta \boldsymbol{v} \Delta \boldsymbol{v} \end{cases} \tag{1.7.23}$$

将式(1.7.21)、式(1.7.22)代入式(1.7.23)，得

$$\begin{cases} \boldsymbol{A}(\boldsymbol{v}) = -\sum_{j=1}^{S} \int d\boldsymbol{w} n_j(\boldsymbol{w}) \boldsymbol{u} F(u,\chi_{\min},\chi_{\max}) \\ \boldsymbol{B}(\boldsymbol{v}) = -\sum_{j=1}^{S} \int d\boldsymbol{w} n_j(\boldsymbol{w}) (\boldsymbol{uu} - u^2\boldsymbol{I}) F_1(u,\chi_{\min},\chi_{\max}) \\ \qquad + \sum_{j=1}^{S} \int d\boldsymbol{w} n_j(\boldsymbol{w}) \boldsymbol{uu} F_2(u,\chi_{\min},\chi_{\max}) \end{cases} \tag{1.7.24}$$

其中

$$\begin{cases} F(u,\chi_{\min},\chi_{\max}) = \frac{4\pi m_j}{m_i + m_j} \int_{\chi_{\min}}^{\chi_{\max}} u \frac{d\sigma}{d\Omega} \sin^2 \frac{\chi}{2} \sin\chi d\chi \\ F_1(u,\chi_{\min},\chi_{\max}) = 4\pi\left(\frac{m_j}{m_i + m_j}\right)^2 \int_{\chi_{\min}}^{\chi_{\max}} u \frac{d\sigma}{d\Omega} \cos^2 \frac{\chi}{2} \sin^2 \frac{\chi}{2} \sin\chi d\chi \\ F_2(u,\chi_{\min},\chi_{\max}) = 8\pi\left(\frac{m_j}{m_i + m_j}\right)^2 \int_{\chi_{\min}}^{\chi_{\max}} u \frac{d\sigma}{d\Omega} \sin^4 \frac{\chi}{2} \sin\chi d\chi \end{cases} \tag{1.7.25}$$

可以估计，在小角度散射占优的情况下，函数 F 与 F_1 量级相同，而函数 $F_2 \approx 0$，且

$$F_1(u,\chi_{\min},\chi_{\max}) \approx \frac{m_j}{m_i + m_j} F(u,\chi_{\min},\chi_{\max}) \tag{1.7.26}$$

将微分散射截面式(1.7.2)代入式(1.7.25)，注意到 $m_{ij} = \dfrac{m_i m_j}{m_i + m_j}$，则有

$$F(u,\chi_{\min},\chi_{\max})=\frac{4\pi(q_iq_j)^2(m_i+m_j)}{m_i^2m_ju^3}\ln\frac{\sin(\chi_{\max}/2)}{\sin(\chi_{\min}/2)} \tag{1.7.27}$$

由于 $F(u,\chi_{\min},\chi_{\max})$ 被积函数与 $1/\tan\dfrac{\chi}{2}$ 成正比在 $\chi\to\pi$ 时 $1/\tan\dfrac{\chi}{2}\to 0$ 很小,将积分上限取为 $\chi_{\max}=\pi$ 对积分结果没有影响,故有

$$\begin{cases} F(u,\chi_{\min},\chi_{\max})=\dfrac{(m_i+m_j)}{m_ju^3}\left(\dfrac{q_j}{q_i}\right)^2\Gamma_i \\ \Gamma_i=\dfrac{4\pi q_i^4}{m_i^2}\ln\Lambda,\quad \ln\Lambda=-\ln\sin(\chi_{\min}/2) \end{cases} \tag{1.7.28}$$

把式(1.7.26)、式(1.7.28)代入式(1.7.24),有

$$\begin{cases} \boldsymbol{A}(\boldsymbol{v})=-\sum\limits_{j=1}^{S}\int \mathrm{d}\boldsymbol{w}n_j(\boldsymbol{w})\,\dfrac{\boldsymbol{u}}{u^3}\dfrac{(m_i+m_j)}{m_j}\left(\dfrac{q_j}{q_i}\right)^2\Gamma_i \\ \boldsymbol{B}(\boldsymbol{v})=-\sum\limits_{j=1}^{S}\int \mathrm{d}\boldsymbol{w}n_j(\boldsymbol{w})\,\dfrac{\boldsymbol{uu}-u^2\boldsymbol{I}}{u^3}\left(\dfrac{q_j}{q_i}\right)^2\Gamma_i \end{cases} \tag{1.7.29}$$

注意到

$$\frac{\partial}{\partial \boldsymbol{v}}\left(\frac{1}{u}\right)=-\frac{\boldsymbol{u}}{u^3},\ \frac{\partial^2 u}{\partial \boldsymbol{v}\partial \boldsymbol{v}}=-\frac{\boldsymbol{uu}-u^2\boldsymbol{I}}{u^3} \tag{1.7.30}$$

故有

$$\begin{cases} \boldsymbol{A}(\boldsymbol{v})=\Gamma_i\dfrac{\partial H(\boldsymbol{v})}{\partial \boldsymbol{v}} \\ \boldsymbol{B}(\boldsymbol{v})=\Gamma_i\dfrac{\partial^2 G(\boldsymbol{v})}{\partial \boldsymbol{v}\partial \boldsymbol{v}} \end{cases} \tag{1.7.31}$$

其中

$$\begin{cases} H(\boldsymbol{v})=\sum\limits_{j=1}^{S}\dfrac{m_i+m_j}{m_j}\left(\dfrac{q_j}{q_i}\right)^2\int \mathrm{d}\boldsymbol{w}n_j(\boldsymbol{w})\,\dfrac{1}{u} \\ G(\boldsymbol{v})=\sum\limits_{j=1}^{S}\left(\dfrac{q_j}{q_i}\right)^2\int \mathrm{d}\boldsymbol{w}n_j(\boldsymbol{w})u \end{cases} \tag{1.7.32}$$

第 i 种组分的带电粒子的分布函数所满足的 Fokker - Planck 方程为

$$\frac{\partial n_i}{\partial t}+\boldsymbol{v}\cdot\frac{\partial n_i}{\partial \boldsymbol{r}}+\frac{\boldsymbol{F}^{(i)}}{m_i}\cdot\frac{\partial n_i}{\partial \boldsymbol{v}}=-\frac{\partial}{\partial \boldsymbol{v}}\cdot\left(n_i\Gamma_i\frac{\partial H}{\partial \boldsymbol{v}}\right)+\frac{1}{2}\frac{\partial^2}{\partial \boldsymbol{v}\partial \boldsymbol{v}}:\left(n_i\Gamma_i\frac{\partial^2 G}{\partial \boldsymbol{v}\partial \boldsymbol{v}}\right) \tag{1.7.33}$$

右边称为 Fokker - Planck 碰撞项。若系统中存在外粒子源,加在方程右边。

式(1.7.28)中的量 $\ln\Lambda=-\ln\sin\dfrac{\chi_{\min}}{2}$ 称为库仑对数,它与散射前后相对速度的最小偏转角 $\chi_{\min}$ 有关。$\chi_{\min}$ 可通过瞄准距与偏转角之间的关系式(1.5.38)来估计,因为

$$\cot\frac{\chi}{2}=b\left(\frac{m_{ij}u^2}{q_iq_j}\right)$$

可见，瞄准距 b 越大，偏转角越小。对二体碰撞，瞄准距 b 再大也不能大于德拜长度，否则，不是二体碰撞而是集体相互作用，即

$$b\leqslant\lambda_D=\sqrt{\frac{kT}{4\pi\sum_{i=1}^{S}N^{(i)}\left(q^{(i)}\right)^2}}$$

取 $b=\lambda_D$，注意到 $\cot\frac{\chi}{2}\approx 2/\chi$，则有

$$\frac{\chi_{\min}}{2}\approx\frac{q_iq_j}{\lambda_D m_{ij}u^2}$$

所以库仑对数近似为

$$\ln\Lambda\approx-\ln\frac{\chi_{\min}}{2}=\ln\left(\frac{\lambda_D m_{ij}u^2}{q_iq_j}\right)\tag{1.7.34a}$$

取粒子间的相对运动动能 $\frac{1}{2}m_{ij}u^2=\frac{3}{2}kT$，则有

$$\ln\Lambda\approx\ln\left(\frac{3\lambda_D kT}{q_iq_j}\right)\tag{1.7.34b}$$

第2章　等离子体中带电粒子输运理论

2.1 引　言

等离子体一般指宏观上呈现出电中性的电离气体,是物质的第四态。设等离子体中有 S 种带电粒子,t 时刻空间 $\boldsymbol{r}$ 处第 j 种带电粒子的数密度为 $n_j(\boldsymbol{r},t)$、每个粒子的带电量为 q_j(可正可负),那么,等离子体的宏观电中性条件为

$$\sum_{j=1}^{S} q_j \int n_j(\boldsymbol{r},t)\,\mathrm{d}\boldsymbol{r} = 0 \tag{2.1.1}$$

注意:式(2.1.1)表示 t 时刻空间 $\boldsymbol{r}$ 处等离子体的电荷密度,即

$$\rho_e(\boldsymbol{r},t) \equiv \sum_{j=1}^{S} q_j n_j(\boldsymbol{r},t) \tag{2.1.2}$$

对所在空间的积分为零,但任意空间局域点 $\boldsymbol{r}$ 的电荷密度 $\rho_e(\boldsymbol{r},t)$ 可能并不为0,即 $\rho_e(\boldsymbol{r},t)\neq 0$。但是,如果等离子体是均匀的,即 t 时刻空间 $\boldsymbol{r}$ 处第 j 种带电粒子的数密度 $N_j(\boldsymbol{r},t)$ 与空间坐标 $\boldsymbol{r}$ 无关,则电荷密度也是均匀的,电中性条件式(2.1.1)变为

$$\sum_{j=1}^{S} q_j n_j = 0 \tag{2.1.3}$$

此时,空间任意点的电荷密度均为0,即

$$\rho_e \equiv \sum_{j=1}^{S} q_j n_j = -en_e + Zen_i = 0 \quad (Z\text{ 是离子的平均电离度}) \tag{2.1.4}$$

对等离子体的数值研究有两种层次的描述方法:一是运动论层次的动力学描述;二是流体力学层次的描述。对前者,代表性的方法有粒子模拟和输运方程(Vlasov 方程或 Fokker - Planck 方程)的数值求解;对后者,代表性的方法是磁流体力学。

动力学描述的第一种方法是20世纪60年代初创立的粒子模拟方法,目前已经发展得相当成熟,并出现了许多多维粒子模拟程序。其基本思想是:在高速计算机上通过跟踪大量的带电粒子"云"在它们的自洽场和外加电磁场中的运动来模拟出等离子体的动力学行为。

动力学描述的第二种方法的基本出发点是,建立每种组分带电粒子的分布函数满足的输运方程,一般是 Vlasov 方程或 Fokker - Planck 方程,与麦克斯韦方程组一道,构成对等离子体行为的动力学描述,然后用数值求解方法来模拟系统的动力学行为。

2.2 等离子体中带电粒子的库仑屏蔽势

我们知道,真空中一个电量为 q 带电粒子在离开它距离为 r 的地方产生的电势是长程库仑势 $\phi(r)=q/r$。然而,当将此电荷置于等离子体当中时,由于等离子体由带电粒子构成,该电荷 q 所产生的电势会受到等离子体中异号带电粒子的屏蔽,其长程库仑势会受到修正。下面就讨论该电势是如何被等离子体修正的。

设有一均匀等离子体,其电子数密度 n_{e0} 在空间均匀分布(与空间坐标无关),作为电中性背景,离子的数密度为 n_{i0},它也在空间均匀分布。据电中性条件,有

$$-en_{e0}+Zen_{i0}=0(\text{电中性条件},Z\text{ 是离子的平均电离度}) \tag{2.2.1}$$

即

$$n_{e0}=Zn_{i0}\equiv n_0 \tag{2.2.2}$$

现在该均匀等离子体中置于一个电量为 q 带电粒子,要求该电荷所产生的电势 $\phi(\boldsymbol{r})$。为此,建立一个坐标系,使 q 位于原点处。未引入 q 以前,由电中性条件可知,均匀等离子体中的电荷密度处处为 0,即

$$\rho_{e0}(\boldsymbol{r})=(Zn_{i0}-n_{e0})e=0 \tag{2.2.3}$$

引入 q 以后,空间坐标 $\boldsymbol{r}$ 处等离子体中的电荷密度被修正为

$$\rho_e(\boldsymbol{r})=q\delta(\boldsymbol{r})+(Zn_i(\boldsymbol{r})-n_e(\boldsymbol{r}))e \tag{2.2.4}$$

此时,电子和离子的数密度 n_e、n_i 均受到 q 的影响,变得分布不均匀了(即 n_e、n_i 与 $\boldsymbol{r}$ 有关了),原来的均匀等离子体就偏离了电中性,至少在 q 的附近是这样。由非 0 的电荷密度 $\rho_e(\boldsymbol{r})$ 引起的空间 $\boldsymbol{r}$ 处的电势 $\phi(\boldsymbol{r})$ 由泊松方程决定,即

$$\nabla^2\phi(\boldsymbol{r})=-4\pi\rho_e(\boldsymbol{r}) \tag{2.2.5}$$

显然,当 $q=0$ 时,等离子体中电荷密度 $\rho_e(\boldsymbol{r})=\rho_{e0}(\boldsymbol{r})=0$,故 $\phi(\boldsymbol{r})=0$;当 $q\neq0$ 时,$\rho_e(\boldsymbol{r})\neq0$,因而,$\phi(\boldsymbol{r})\neq0$。我们的问题是,当 $q\neq0$ 时,$n_e(\boldsymbol{r})\neq n_{e0}$,$n_i(\boldsymbol{r})\neq n_{i0}$,那么,$n_e(\boldsymbol{r})=?$ $n_i(\boldsymbol{r})=?$(因为只有将 $n_e(\boldsymbol{r})$,$n_i(\boldsymbol{r})$ 随空间的分布求出,才可由式(2.2.4)构造电荷密度,从而由式(2.2.5)得到要求的电势 $\phi(\boldsymbol{r})$)。

显然,电子离子的数密度分布 $n_e(\boldsymbol{r})$,$n_i(\boldsymbol{r})$ 与电势 $\phi(\boldsymbol{r})$ 是相互制约的。当 $\phi(\boldsymbol{r})\neq0$时,空间 $\boldsymbol{r}$ 处存在非零的电场强度 $\boldsymbol{E}(\boldsymbol{r})=-\nabla\phi(\boldsymbol{r})$,这样,空间 $\boldsymbol{r}$ 处的电子流体就会受到静电力密度

$$\boldsymbol{f}_e(\boldsymbol{r})=-en_e(\boldsymbol{r})\boldsymbol{E}(\boldsymbol{r})=en_e(\boldsymbol{r})\nabla\phi(\boldsymbol{r}) \tag{2.2.6}$$

的作用,往电势高(电势能低)的地方聚集,从而形成电子密度分布的梯度。但电子的这种聚集过程不会无限制地进行下去(就像大气分子不会受重力作用全部掉到地面上一样),这是因为有一个与密度梯度方向相反的电子流体压力(热力学力),驱使电子从密度高的地方往密度低的地方运动。单位体积内的电子流体的压力为

$$\boldsymbol{f}_{H,e}=-\nabla p_e=-\nabla(n_ekT_e)=-kT_e\nabla n_e \tag{2.2.7}$$

当单位体积内的电子流体受到的合力 $\boldsymbol{f}_{H,e}+\boldsymbol{f}_e=0$ 时,电子数密度 $n_e(\boldsymbol{r})$ 将形成一

稳态分布，$n_e(\boldsymbol{r})$的稳态分布满足

$$-kT_e\nabla n_e+en_e\nabla\phi=0 \tag{2.2.8}$$

由此可解出

$$n_e(\boldsymbol{r})=n_0\exp\left[\frac{e\phi(\boldsymbol{r})}{kT_e}\right] \tag{2.2.9}$$

这实际上是库仑势场下的电子按能量的 Boltzmann 分布。电子倾向于向电势$\phi(\boldsymbol{r})$高（电势能$-e\phi(\boldsymbol{r})$低）的地方聚集。

同理，当单位体积内的离子流体受到的合力$\boldsymbol{f}_{H,i}+\boldsymbol{f}_i=-kT_i\nabla n_i+Zen_i\boldsymbol{E}=0$时，离子密度$n_i$也将形成稳态分布，$n_i$的稳态分布满足

$$-kT_i\nabla n_i-Zen_i\nabla\phi=0 \tag{2.2.10}$$

由此解出

$$n_i(\boldsymbol{r})=\frac{n_0}{Z}\exp\left[\frac{-Ze\phi(\boldsymbol{r})}{kT_i}\right] \tag{2.2.11}$$

离子倾向于向电势低（电势能也低）的地方聚集。

一般情况下，$\frac{e\phi(\boldsymbol{r})}{kT_e}\ll1$，故式(2.2.9)、式(2.2.11)中$e$指数台劳展开可只取前两项

$$n_e(\boldsymbol{r})=n_0\left(1+\frac{e\phi(\boldsymbol{r})}{kT_e}\right),Zn_i(\boldsymbol{r})=n_0\left(1-\frac{Ze\phi(\boldsymbol{r})}{kT_i}\right) \tag{2.2.12}$$

将式(2.2.12)代入式(2.2.4)，得由电势$\phi(\boldsymbol{r})$表示的电荷密度为

$$\rho_e(\boldsymbol{r})=q\delta(\boldsymbol{r})-n_0Ze\left(\frac{e\phi}{kT_i}\right)-n_0e\left(\frac{e\phi}{kT_e}\right) \tag{2.2.13}$$

泊松方程式(2.2.5)成为

$$\nabla^2\phi(\boldsymbol{r})=-4\pi q\delta(\boldsymbol{r})+\left(\frac{4\pi n_0\mathrm{e}^2}{kT_e}+\frac{4\pi n_0Z\mathrm{e}^2}{kT_i}\right)\phi \tag{2.2.14}$$

令等离子体的德拜屏蔽长度为

$$\lambda_D=\left(\frac{4\pi n_0\mathrm{e}^2}{kT_e}+\frac{4\pi n_0Z\mathrm{e}^2}{kT_i}\right)^{-1/2} \tag{2.2.15}$$

则泊松方程式(2.2.14)成为

$$\nabla^2\phi(\boldsymbol{r})=-4\pi q\delta(\boldsymbol{r})+\frac{\phi}{\lambda_D^2} \tag{2.2.16}$$

在球坐标系下，$\boldsymbol{r}=(r,\theta,\phi)$，则有

$$\nabla^2\phi(r,\theta,\phi)=\frac{1}{r^2}\frac{\partial}{\partial r}\left(r^2\frac{\partial\phi}{\partial r}\right)+\frac{1}{r\sin\theta}\frac{\partial}{\partial\theta}\left(\sin\theta\frac{\partial\phi}{\partial\theta}\right)+\frac{1}{r\sin\theta}\frac{\partial^2\phi}{\partial\phi^2} \tag{2.2.17}$$

在一维球对称情况下，$\nabla^2\phi(r)=\frac{1}{r^2}\frac{\partial}{\partial r}\left(r^2\frac{\partial\phi}{\partial r}\right)=\frac{1}{r}\frac{\mathrm{d}^2}{\mathrm{d}r^2}(r\phi)$，此时，$\phi(r)$满足的泊松方程及其边界条件为

$$\begin{cases}\dfrac{1}{r}\dfrac{\mathrm{d}^2}{\mathrm{d}r^2}(r\phi) = -4\pi q\delta(r) + \phi(r)/\lambda_D^2 \\ \phi(r\to 0) = q/r \\ \phi(r\to\infty) = 0\end{cases} \tag{2.2.18}$$

$r\neq 0$ 时,齐次方程

$$\frac{1}{r}\frac{\mathrm{d}^2}{\mathrm{d}r^2}(r\phi) = \frac{\phi}{\lambda_D^2}$$

满足 $\phi(r\to\infty)=0$ 的通解为

$$r\phi(r) = C\mathrm{e}^{-r/\lambda_D}$$

再注意到 $r\to 0$ 时,$r\phi=q$,可定出常数 $C=q$,故一个电量为 q 的带电粒子在等离子体中所产生的电势为

$$\phi(r) = \frac{q}{r}\mathrm{e}^{-r/\lambda_D} \tag{2.2.19}$$

这就是电量为 q 的带电粒子在等离子体中的德拜屏蔽势,它随 r 增大时下降得比库仑势快。当 r 约为几个 λ_D 后,$\phi(r)$ 可忽略不计,故电量为 q 的带电粒子在等离子体中的库仑势被屏蔽在德拜长度 λ_D 的范围。

讨论:

(1) 在等离子体中,电量为 q 的一个带电粒子产生的电势 $\phi(r)$ 为屏蔽库仑势(式(2.2.19)),其中,λ_D 为 Debye 屏蔽长度,由式(2.2.15)给出。此势的作用范围大致为以 λ_D 为半径的球。若电子和离子温度相同,即 $T_e=T_i=T$,则 Debye 屏蔽长度为

$$\lambda_D = \sqrt{\frac{kT}{4\pi n_0 \mathrm{e}^2}}\frac{1}{\sqrt{1+Z}} \text{(一种正离子和电子组成的等离子体)} \tag{2.2.20}$$

式中:$n_0=n_{e0}=Zn_{i0}$。此式仅对两种成分的等离子体(一种正离子,一种为电子)成立。对多成分的等离子体,若电子和离子温度相同,则 Debye 屏蔽长度为

$$\lambda_D = \sqrt{\frac{kT}{4\pi\sum_{i=1}^{S} n_j q_j^2}} \quad \text{(多种正离子和电子组成的等离子体)} \tag{2.2.21}$$

(2) 在 $r\gg\lambda_D$ 的区域,$\phi(r)=\dfrac{q}{r}\mathrm{e}^{-r/\lambda_D}\to 0$,$\dfrac{e\phi(\boldsymbol{r})}{kT_e}\to 0$,此时,$n_e(\boldsymbol{r})\approx n_0$,$n_i(\boldsymbol{r})\approx\dfrac{n_0}{Z}$,该区域满足电中性条件 $-en_e+Zen_i=0$;在 $r<\lambda_D$ 的区域,$\phi(r)=\dfrac{q}{r}\mathrm{e}^{-r/\lambda_D}\neq 0$,$\dfrac{e\phi(\boldsymbol{r})}{kT_e}\ll 1$ 条件不满足,因而该区域不满足电中性条件 $-en_e+Zen_i=0$。因此,我们说:λ_D 之内非电中性,λ_D 之外基本保持电中性,故 λ_D 是等离子体中保持电中性的范围。由 $r\gg\lambda_D$ 才保持电中性这一事实得出,要保持等离子体的电中性,要求等离子体系统的尺度 $L\gg\lambda_D$,而非电中性的范围,为德拜长度的量级。

(3) 由式(2.2.20)可得德拜球内所含粒子数目与等离子体温度的关系,即

$$N_D = \frac{4\pi}{3}\lambda_D^3 n_0 \approx \frac{4\pi}{3}\frac{(kT)^{3/2}}{(4\pi e^2)^{3/2} n_0^{1/2}}\frac{1}{(1+Z)^{3/2}} = \frac{1.7\times10^9\ T'^{3/2}}{(1+Z)^{3/2} n'^{1/2}_0} \quad (2.2.22)$$

式中：T'的单位为 eV；n'_0 的单位为 cm^{-3}。

对低温高密度的等离子体，德拜球内所含粒子数 N_D 很少，等离子体中粒子间相互作用以二体碰撞为主，集体相互作用可忽略。

对高温低密度的等离子体（如磁约束核聚变等离子体），德拜球内所含粒子数 N_D 很多，等离子体中粒子间相互作用以集体相互作用为主，个别粒子间的二体碰撞可忽略。

（4）等离子体中电子—离子间的碰撞频率与电子 Langmuir 波频率的关系。在温度为 T_e 的等离子体中，若电子的分布函数为麦克斯韦分布，则电子—离子间的碰撞频率为

$$\nu_{ei} = \frac{8\pi}{3}\frac{Zn_e e^4 \ln\Lambda}{\sqrt{2\pi m_e}(kT_e)^{3/2}} = \frac{4\sqrt{2\pi}}{3}\frac{n_i Z^2 e^4 \ln\Lambda}{m_e^{1/2}(kT_e)^{3/2}} \quad (2.2.23)$$

取 T'_e 以 eV 为单位；n'_e 以 cm^{-3} 为单位，则有

$$\nu_{ei} = 2.91\times10^{-6}\frac{Zn'_e \ln\Lambda}{(T'_e)^{3/2}} \quad (s^{-1}) \quad (2.2.24)$$

而等离子体中电子 Langmuir 波的频率为

$$\omega_{pe} = \sqrt{\frac{4\pi n_e e^2}{m_e}} = 5.64\times10^4 n'^{\ 1/2}_e (s^{-1}) \quad (2.2.25)$$

故有

$$\frac{\nu_{ei}}{\omega_{pe}} = \frac{Z\ln\Lambda}{9\sqrt{\pi/2}N_D(1+Z)^{3/2}} = \frac{Z\ln\Lambda}{11.3N_D}\frac{1}{(1+Z)^{3/2}} \quad (2.2.26)$$

因此，得出结论：

对低温高密度的等离子体，德拜球内所含粒子数 N_D 很少，相当于电子离子二体碰撞频率 $\nu_{ei} \gg \omega_{pe}$，此时，等离子体中粒子间相互作用以二体碰撞为主，集体相互作用可忽略；

对高温低密度的等离子体，德拜球内所含粒子数 N_D 很多，相当于电子离子二体碰撞频率 $\nu_{ei} \ll \omega_{pe}$，等离子体中粒子间相互作用以集体相互作用为主，个别粒子间的二体碰撞可忽略。

（5）德拜长度与等离子体中粒子间的平均间距的比值关系为

$$\left(\frac{\lambda_D}{\delta}\right)^3 = \lambda_D^3 n_0 = \frac{(kT)^{3/2}}{(4\pi e^2)^{3/2} n_0^{1/2}(1+Z)^{3/2}} = 4.1\times10^8\ \frac{T'^{3/2}}{n'^{1/2}_0(1+Z)^{3/2}} \quad (2.2.27)$$

式中：T'_e 以 eV 为单位；n'_0 以 cm^{-3} 为单位。由此可见：

对低温高数密度的等离子体，比值$(\lambda_D/\delta)^3$ 很小，即库仑势所及的范围 λ_D 很小。当 $\lambda_D \leqslant \delta$ 时，碰撞主要是二体、三体及三体以上的碰撞可以忽略。用建立在二

体碰撞基础上的玻耳兹曼方程或 Fokker - Planck 方程来描述等离子体的动力学行为是合适的。例如，取 $T'=0.1\text{eV}\approx1000K$，$n'_0=10^{20}\text{cm}^{-3}$，那么

$$(\lambda_D/\delta)^3=0.0012$$

即 $\lambda_D=0.11\delta$，远小于粒子间的平均间距。等离子体中粒子间相互作用以二体碰撞为主，集体相互作用可忽略。

对高温低密度的等离子体，比值 $(\lambda_D/\delta)^3$ 很大，即库仑势所及的范围 λ_D 很大。$\lambda_D\gg\delta$（粒子的平均间距）时，德拜球内粒子数目很多，集体相互作用占优，粒子可看着在其他粒子所形成的一个平均场中运动。可以证明，$\lambda_D\gg\delta$ 相当于 $kT_e\gg4\pi e^2n_0^{1/3}=4\pi e^2/\delta$，即粒子热运动动能 $kT_e\gg$ 两个粒子间的平均相互作用势能，此时等离子体可视为理想气体，个别粒子之间的碰撞概率很小，可以忽略。此时，应用无碰撞时的 Vlasov 方程来描述等离子体的动力学行为是合适的。例如，取 $T'=100\text{eV}\approx10^6\text{K}$，$n'_0=10^{16}\text{cm}^{-3}$，那么

$$(\lambda_D/\delta)^3=4.1\times10^3$$

即 $\lambda_D=16\delta$，远大于粒子间的平均间距。等离子体中粒子间相互作用以集体相互作用为主，个别粒子间的二体碰撞可忽略。

综上所述，集体相互作用占优的情况是：高温低密度的等离子体，或德拜球内所含粒子数 N_D 很多，或德拜长度远大于粒子间的平均间距 $\lambda_D\gg\delta$，或粒子的平均动能远大于两个粒子间的平均相互作用势能 $kT\gg4\pi e^2/\delta$ 或粒子之间的碰撞频率远小于其中电磁波的频率 $\nu_{ei}\ll\omega_{pe}$；二体碰撞作用占优的情况为低温高密度的等离子体，或德拜球内所含粒子数 N_D 很少，或德拜长度小于粒子间的平均间距 $\lambda_D\leqslant\delta$，或粒子的平均动能远小于两个粒子间的平均相互作用势能 $kT\ll4\pi e^2/\delta$（非理想气体），或粒子之间的碰撞频率远大于其中电磁波的频率 $\nu_{ei}\gg\omega_{pe}$。

2.3 无碰撞等离子体中带电粒子的输运方程——Vlasov 方程

1. Vlasov 方程

从前面的讨论可知：对高温低密度的等离子体，对应于以下 4 种情况中的任意一种。

（1）德拜球内所含粒子数很多，$N_D=\dfrac{4\pi}{3}n_0\lambda_D^3\gg1$，$\lambda_D=\sqrt{\dfrac{kT}{4\pi n_0e^2}}\dfrac{1}{\sqrt{1+Z}}$。

（2）德拜长度远大于粒子间的平均间距，$\lambda_D\gg\delta=n_0^{-3}$。

（3）粒子的平均动能远大于两个带电粒子间的平均相互作用势能，$kT\gg e^2/\delta$。

（4）等离子体中个别粒子间的碰撞频率远小于其中的电子 Langmuir 波的频率，即 $\nu_{ei}\ll\omega_{pe}$。

此时,等离子体中带电粒子间的相互作用以长程集体相互作用为主,个别粒子间的短程二体库仑近碰撞可忽略,带电粒子的输运方程中就可以忽略个别粒子间的碰撞效应,把等离子体视为无碰撞等离子体,成为无碰撞项的 Vlasov 方程。

设等离子体由 S 种带电粒子组分构成,第 i 种组分带电粒子的分布函数 $f^{(i)}(\boldsymbol{r},\boldsymbol{v},t)$ 所满足的一般形式的输运方程为

$$\frac{\partial f^{(i)}}{\partial t}+\boldsymbol{v}\cdot\frac{\partial f^{(i)}}{\partial \boldsymbol{r}}+\frac{\boldsymbol{F}^{(i)}}{m^{(i)}}\cdot\frac{\partial f^{(i)}}{\partial \boldsymbol{v}}=\left(\frac{\partial f^{(i)}}{\partial t}\right)_{\mathrm{coll}}\quad(i=1,2,\cdots,S)\tag{2.3.1}$$

式中:$m^{(i)}$ 为第 i 种组分带电粒子的质量,而

$$\boldsymbol{F}^{(i)}=q^{(i)}\left(\boldsymbol{E}+\frac{1}{c}\boldsymbol{v}\times\boldsymbol{B}\right)\tag{2.3.2}$$

为电荷是 $q^{(i)}$ 的带电粒子受到的电磁力(洛伦兹力);$\boldsymbol{E}$、$\boldsymbol{B}$ 为粒子感受到的平均电磁场,包括自洽场和外加场。自洽场由麦克斯韦方程组决定,即

$$\begin{cases}\nabla\cdot\boldsymbol{E}=4\pi\rho_e\\ \nabla\times\boldsymbol{E}=-\dfrac{1}{c}\dfrac{\partial\boldsymbol{B}}{\partial t}\\ \nabla\cdot\boldsymbol{B}=0\\ \nabla\times\boldsymbol{B}=\dfrac{1}{c}\dfrac{\partial\boldsymbol{E}}{\partial t}+\dfrac{4\pi}{c}\boldsymbol{j}\end{cases}\tag{2.3.3}$$

方程组中的电荷密度和电流密度又依赖于所有组分粒子的分布函数

$$\begin{cases}\rho_e(\boldsymbol{r},t)=\displaystyle\sum_{i=1}^{S}q^{(i)}\int f^{(i)}(\boldsymbol{r},\boldsymbol{v},t)\,\mathrm{d}\boldsymbol{v}\\ \boldsymbol{j}(\boldsymbol{r},t)=\displaystyle\sum_{i=1}^{S}q^{(i)}\int\boldsymbol{v}f^{(i)}(\boldsymbol{r},\boldsymbol{v},t)\,\mathrm{d}\boldsymbol{v}\end{cases}\tag{2.3.4}$$

输运方程式(2.3.1)的各项的量纲均是粒子分布函数 $f^{(i)}(\boldsymbol{r},\boldsymbol{v},t)$ 与频率的乘积,其右端项表示由于随机涨落的场引起的粒子分布函数随时间的变化,这个随机涨落的场实际上来源于除平均场以外的个别粒子间的碰撞效应,由此右端项实际上是粒子分布函数与个别粒子间的碰撞频率 ν 的乘积;而左边各项实际上是粒子分布函数与电磁场引起的电子等离子体波频率的乘积,其中等离子体波的频率近似为宏观电磁场的变化频率 ω。当 $\nu\ll\omega$ 时,就可忽略个别粒子间的二体碰撞,把等离子体视为无碰撞等离子体,输运方程式(2.3.1)的右端碰撞项远小于左边各项,可取为0,此时,分布函数 $f^{(i)}(\boldsymbol{r},\boldsymbol{v},t)$ 所满足的输运方程就称为 Vlasov 方程,即

$$\frac{\partial f^{(i)}}{\partial t}+\boldsymbol{v}\cdot\frac{\partial f^{(i)}}{\partial \boldsymbol{r}}+\frac{q^{(i)}}{m^{(i)}}\left(\boldsymbol{E}+\frac{1}{c}\boldsymbol{v}\times\boldsymbol{B}\right)\cdot\frac{\partial f^{(i)}}{\partial \boldsymbol{v}}=0\quad(i=1,2,\cdots,S)\tag{2.3.5}$$

由于 $\boldsymbol{E}$、$\boldsymbol{B}$ 与分布函数 $f^{(i)}(\boldsymbol{r},\boldsymbol{v},t)$ 有关,因此 Vlasov 方程是非线性的。

无碰撞时的方程式(2.3.3)~式(2.3.5)称为 Vlasov - Maxwell 方程组。方程组有 ρ、$\boldsymbol{j}$、$\boldsymbol{E}$、$\boldsymbol{B}$、$f^{(i)}(i=1,2,\cdots,S)$ 共($S+4$)个未知量,但此处有($S+6$)个方程。由于4 个麦克斯韦方程组只有 2 个是独立的,故独立的方程只有($S+4$)个,因而

方程组是封闭的。

值得指出的是,Vlasov 方程式(2.3.5)虽然忽略了个别粒子间的碰撞效应,但还是通过自洽场考虑了粒子之间的集体相互作用。

下面说明在激光等离子体相互作用时,什么条件下可以忽略个别粒子间的二体碰撞而把等离子体视为无碰撞等离子体?什么条件下又必须考虑个别粒子间的二体碰撞效应?

在温度为 T_e 的等离子体中,若电子的速度分布服从为麦克斯韦分布,则电子—离子间的碰撞频率为(以后推导)

$$\nu_{ei}=\frac{8\pi}{3}\frac{Zn_e \mathrm{e}^4 \ln\Lambda}{\sqrt{2\pi m_e}(kT_e)^{3/2}}=\frac{4}{3}\frac{\sqrt{2\pi}}{}\frac{n_i Z^2 \mathrm{e}^4 \ln\Lambda}{m_e^{1/2}(kT_e)^{3/2}} \tag{2.3.6}$$

取 T'_e 以 keV 为单位,n'_e 以 cm^{-3} 为单位,则有

$$\nu_{ei}=9.2\times10^{-11}\frac{Zn'_e \ln\Lambda}{T'^{3/2}_e}(\mathrm{s}^{-1}) \tag{2.3.7}$$

可见,对高温低密度的等离子体,个别粒子之间的碰撞频率越低,主要是集体相互作用;而对低温高密度的等离子体,个别粒子之间的碰撞频率就越高了,集体作用较少。

圆频率为 ω 的激光能够在其中传播的等离子体的临界密度(最高密度)为

$$n_c=\frac{m_e\omega^2}{4\pi \mathrm{e}^2} \tag{2.3.8}$$

它与激光波长 $\lambda(\mu\mathrm{m})$ 的关系为

$$n_c=\frac{1.12\times10^{21}}{\lambda^2}\quad(\mathrm{cm}^{-3}) \tag{2.3.9}$$

对波长为 $\lambda(\mu\mathrm{m})$ 的激光来讲,若等离子体密度超过这个临界密度,激光在其中就不可能无衰减的传播。对 Nd 固体激光器,其基频光之圆频率为 $\omega\approx1.78\times10^{15}$ Hz,对应的激光波长为 $\lambda=1.06\mu\mathrm{m}$,该波长的激光能够在其中无衰减地传播的等离子体的临界密度为

$$n_c=\frac{1.12\times10^{21}}{\lambda^2}=0.997\times10^{21}\quad(\mathrm{cm}^{-3}) \tag{2.3.10}$$

取等离子体温度 T'_e 为 1keV,电子密度 $n'_e=10^{21}\mathrm{cm}^{-3}$,$\ln\Lambda=10$,$Z=10$,在这种温度密度条件的等离子体中,根据式(2.3.7),电子—离子间的碰撞频率为

$$\nu_{ei}\approx9.2\times10^{-11}\frac{Zn'_e \ln\Lambda}{T'^{3/2}_e}=9.2\times10^{12}\quad(\mathrm{s}^{-1}) \tag{2.3.11}$$

即上述条件下,电子—离子间的碰撞频率 ν_{ei} 比激光之圆频率 ω 至少小 2 个数量级,温度越高、密度越小的等离子体中电子—离子间的碰撞频率越低。这就是一般对高温低密度等离子体进行粒子模拟时忽略粒子间碰撞(或求解无碰撞等离子体的 Vlasov 方程)的原因。

但是,若等离子体温度 T_e 很低,如 $T'_e=1\mathrm{eV}=10^{-3}\mathrm{keV}\approx10^4\mathrm{K}$,仍取电子密度

为 $n'_e = 10^{21}\text{cm}^{-3}$，$\ln\Lambda = 10$，$Z = 10$，则电子—离子间的碰撞频率为

$$\nu_{ei} \approx 9.2\times10^{-11}\frac{Zn'_e\ln\Lambda}{T'^{3/2}_e} = 2.91\times10^{17}(\text{s}^{-1}) \tag{2.3.12}$$

上述情形下，电子—离子间的碰撞频率 ν_{ei} 比激光之圆频率 ω 至少高 2 个数量级，此时就不能不考虑个别粒子的二体碰撞效应了。实际上，等离子体中粒子间的碰撞是一种重要的能量吸收机制，不考虑这种耗散机制，系统也不会从非平衡态过渡到平衡态。

2. 线性化的 Vlasov 方程

假设等离子体中只有电子成分和一种离子成分，且

(1) 当等离子体中没有电磁场存在时，粒子的分布函数在位置空间均匀（与 $\boldsymbol{r}$ 无关），在速度空间各向同性（只与 $\boldsymbol{v}$ 的大小有关而与 $\boldsymbol{v}$ 的方向无关），且处于定态，即

$$f_e(\boldsymbol{r},\boldsymbol{v},t) = f_{e0}(v)\ ;\ f_i(\boldsymbol{r},\boldsymbol{v},t) = f_{i0}(v) \quad (\boldsymbol{E} = \boldsymbol{B} = 0)$$

(2) 当 $\boldsymbol{E}\neq0$，$\boldsymbol{B}\neq0$ 但强度很弱时，粒子的分布函数从定态变成非定态，但其变化量是小量，即

$$f_e(\boldsymbol{r},\boldsymbol{v},t) = f_{e0}(v) + f_{e1}(\boldsymbol{r},\boldsymbol{v},t) \quad (f_{e0}(v) \gg f_{e1}(\boldsymbol{r},\boldsymbol{v},t)) \tag{2.3.13}$$

$$f_i(\boldsymbol{r},\boldsymbol{v},t) = f_{i0}(v) + f_{i1}(\boldsymbol{r},\boldsymbol{v},t) \quad (f_{i0}(v) \gg f_{i1}(\boldsymbol{r},\boldsymbol{v},t)) \tag{2.3.14}$$

将式(2.3.13)、式(2.3.14)代入 Vlasov 方程式(2.3.5)，保留一阶小量，略去二阶及其以上小量，得 $f_{e1}(\boldsymbol{r},\boldsymbol{v},t)$，$f_{i1}(\boldsymbol{r},\boldsymbol{v},t)$ 满足的线性化的 Vlasov 方程

$$\begin{cases} \dfrac{\partial f_{e1}(\boldsymbol{r},\boldsymbol{v},t)}{\partial t} + \boldsymbol{v}\cdot\dfrac{\partial f_{e1}}{\partial \boldsymbol{r}} - \dfrac{e}{m_e}\left(\boldsymbol{E} + \dfrac{1}{c}\boldsymbol{v}\times\boldsymbol{B}\right)\cdot\dfrac{\partial f_{e0}(v)}{\partial \boldsymbol{v}} = 0 \\ \dfrac{\partial f_{i1}(\boldsymbol{r},\boldsymbol{v},t)}{\partial t} + \boldsymbol{v}\cdot\dfrac{\partial f_{i1}}{\partial \boldsymbol{r}} + \dfrac{Ze}{m_i}\left(\boldsymbol{E} + \dfrac{1}{c}\boldsymbol{v}\times\boldsymbol{B}\right)\cdot\dfrac{\partial f_{i0}(v)}{\partial \boldsymbol{v}} = 0 \end{cases} \tag{2.3.15}$$

注意到 $f_{e0}(v)$，$f_{i0}(v)$ 只与 $\boldsymbol{v}$ 的大小有关而与 $\boldsymbol{v}$ 的方向无关，故它们在速度空间的梯度

$$\begin{cases} \dfrac{\partial f_{e0}(v)}{\partial \boldsymbol{v}} = \boldsymbol{e}_v\dfrac{\partial f_{e0}(v)}{\partial v} \\ \dfrac{\partial f_{i0}(v)}{\partial \boldsymbol{v}} = \boldsymbol{e}_v\dfrac{\partial f_{i0}(v)}{\partial v} \end{cases}$$

均与 $\boldsymbol{v}$ 的方向一致，从而式 2.3.15）中含磁场的项因为 $(\boldsymbol{v}\times\boldsymbol{B})\cdot\boldsymbol{v} = 0$ 而消失，变为

$$\begin{cases} \dfrac{\partial f_{e1}(\boldsymbol{r},\boldsymbol{v},t)}{\partial t} + \boldsymbol{v}\cdot\dfrac{\partial f_{e1}}{\partial \boldsymbol{r}} - \dfrac{e\boldsymbol{E}}{m_e}\cdot\dfrac{\partial f_{e0}}{\partial \boldsymbol{v}} = 0 \\ \dfrac{\partial f_{i1}(\boldsymbol{r},\boldsymbol{v},t)}{\partial t} + \boldsymbol{v}\cdot\dfrac{\partial f_{i1}}{\partial \boldsymbol{r}} + \dfrac{Ze\boldsymbol{E}}{m_i}\cdot\dfrac{\partial f_{i0}}{\partial \boldsymbol{v}} = 0 \end{cases} \tag{2.3.16}$$

而电场满足泊松方程

$$\nabla \cdot \boldsymbol{E}(\boldsymbol{r},t) = 4\pi\rho(\boldsymbol{r},t) \tag{2.3.17}$$

其中电荷密度由$f_{e1}(\boldsymbol{r},\boldsymbol{v},t)$,$f_{i1}(\boldsymbol{r},\boldsymbol{v},t)$决定,即

$$\rho(\boldsymbol{r},t) = \sum_{i=1}^{S} q^{(i)}\int f^{(i)}\mathrm{d}\boldsymbol{v} = -e\int f_e\mathrm{d}\boldsymbol{v} + Ze\int f_i\mathrm{d}\boldsymbol{v} = Ze\int f_{i1}\mathrm{d}\boldsymbol{v} - e\int f_{e1}\mathrm{d}\boldsymbol{v} \tag{2.3.18}$$

式(2.3.16)~式(2.3.18)组成关于各向同性等离子体的($f_{e1}(\boldsymbol{r},\boldsymbol{v},t)$,$f_{i1}(\boldsymbol{r},\boldsymbol{v},t)$的)线性化 Vlasov – Maxwell 方程组。在$f_{e0}(v)$,$f_{i0}(v)$已知的情况下,有 4 个变量 4 个方程,因而是封闭的。

利用线性化的 Vlasov 方程式(2.3.16),可以讨论以下问题。

(1)给定外电场 $\boldsymbol{E}$(可为横场也可为纵场),计算各向同性等离子体的介电常数;

当$\dfrac{\omega/k}{\sqrt{2}v_{Te}} \gg 1$时(高频场扰动),有

纵向介电常数:$\varepsilon_{\ell}(k,\omega) = 1 - \dfrac{\omega_{pe}^2}{\omega^2}\left[1+3\left(\dfrac{kv_{Te}}{\omega}\right)^2\right] + \mathrm{i}\sqrt{\dfrac{\pi}{2}}\dfrac{\omega\omega_{pe}^2}{(kv_{Te})^3}\exp\left[-\left(\dfrac{\omega}{\sqrt{2}kv_{Te}}\right)^2\right]$

横向介电常数:$\varepsilon_{\tau}(k,\omega) = 1 - \dfrac{\omega_{pe}^2}{\omega^2}\left(1+\left(\dfrac{kv_{Te}}{\omega}\right)^2+3\left(\dfrac{kv_{Te}}{\omega}\right)^4\right) + \mathrm{i}\sqrt{\dfrac{\pi}{2}}\dfrac{\omega_{pe}^2}{\omega^2}\dfrac{\omega}{kv_{Te}}\mathrm{e}^{-\left(\frac{\omega}{\sqrt{2}kv_{Te}}\right)^2}$

当$\dfrac{\omega/k}{\sqrt{2}v_{Te}} \ll 1$时(低频场扰动),有

纵向介电常数:$\varepsilon_{\ell}(k,\omega) = 1 + \dfrac{\omega_{pe}^2}{v_{Te}^2k^2}\left[1-\left(\dfrac{\omega}{kv_{Te}}\right)^2+\dfrac{1}{3}\left(\dfrac{\omega}{kv_{Te}}\right)^4+\mathrm{i}\sqrt{\dfrac{\pi}{2}}\dfrac{\omega}{kv_{Te}}\right]$

横向介电常数:$\varepsilon_{\tau}(k,\omega) = 1 - \dfrac{\omega_{pe}^2}{(kv_{Te})^2}\left[1-\dfrac{1}{3}\left(\dfrac{\omega}{kv_{Te}}\right)^2-\mathrm{i}\sqrt{\dfrac{\pi}{2}}\dfrac{kv_{Te}}{\omega}\mathrm{e}^{-\left(\frac{\omega}{\sqrt{2}kv_{Te}}\right)^2}\right]$

(2)把电场 $\boldsymbol{E}$ 作为由等离子体自生的自洽场(纵场,即由泊松方程式(2.3.17)和式(2.3.18)决定的自洽场),讨论等离子体中波的传播和波的阻尼机制 – 朗道阻尼。

(3)等离子体中一些输运系数的计算。

限于篇幅,这些问题不在这里详细讨论。有兴趣的读者可参考黄祖洽著《粒子输运理论》和其他等离子体方面的专著。

2.4 带电粒子输运的 Fokker – Planck 方程

对低温高密度的等离子体,德拜球内所含粒子数 N_D 很少,相当于等离子体中

个别粒子间的碰撞频率远大于其中的电子 Langmuir 波的频率，即 $\nu_{ei} \gg \omega_{pe}$，此时，等离子体中粒子间相互作用以二体碰撞为主，集体相互作用可忽略。

1. Fokker - Planck 碰撞项

等离子体中粒子间的碰撞由屏蔽库仑力引起，大部分碰撞为小角度散射。鉴于一个带电粒子经常处在与德拜球内其他所有粒子同时相互作用之中，造成多次小角度碰撞，使得带电粒子象布朗粒子那样作无规地随机运动，大角度散射是多次小角度散射的累积结果。对粒子布朗运动的描述用概率处理比较恰当。

设 $W(\boldsymbol{v}'_i \to \boldsymbol{v}_i)$ 为单位时间内一个 i 类粒子由于和其他粒子的多次碰撞其速度从 $\boldsymbol{v}'_i \to \boldsymbol{v}_i$ 附近单位速度间隔的概率，则由于碰撞导致的 i 类粒子分布函数随时间的改变为

$$\left(\frac{\partial f_i}{\partial t}\right)_{\text{coll}} = \int f_i(\boldsymbol{v}'_i) W(\boldsymbol{v}'_i \to \boldsymbol{v}_i) \mathrm{d}\boldsymbol{v}'_i - \int f_i(\boldsymbol{v}_i) W(\boldsymbol{v}_i \to \boldsymbol{v}'_i) \mathrm{d}\boldsymbol{v}'_i \quad (2.4.1)$$

设速度增量为 $\Delta\boldsymbol{v}_i = \boldsymbol{v}'_i - \boldsymbol{v}_i$，则 $\boldsymbol{v}'_i = \boldsymbol{v}_i + \Delta\boldsymbol{v}_i$，式(2.4.1)变为

$$\left(\frac{\partial f_i}{\partial t}\right)_{\text{coll}} = \int f_i(\boldsymbol{v}_i + \Delta\boldsymbol{v}_i) W(\boldsymbol{v}_i + \Delta\boldsymbol{v}_i \to \boldsymbol{v}_i + \Delta\boldsymbol{v}_i - \Delta\boldsymbol{v}_i) \mathrm{d}(\Delta\boldsymbol{v}_i) - \int f_i(\boldsymbol{v}_i) W(\boldsymbol{v}_i \to \boldsymbol{v}_i + \Delta\boldsymbol{v}_i) \mathrm{d}(\Delta\boldsymbol{v}_i) \quad (2.4.2)$$

将第一项中的速度增量做反号变换，即 $\Delta\boldsymbol{v}_i \to -\Delta\boldsymbol{v}_i$，注意到变换的雅克比为 1，则有

$$\left(\frac{\partial f_i}{\partial t}\right)_{\text{coll}} = \int f_i(\boldsymbol{v}_i - \Delta\boldsymbol{v}_i) W(\boldsymbol{v}_i - \Delta\boldsymbol{v}_i \to \boldsymbol{v}_i - \Delta\boldsymbol{v}_i + \Delta\boldsymbol{v}_i) \mathrm{d}(\Delta\boldsymbol{v}_i) - \int f_i(\boldsymbol{v}_i) W(\boldsymbol{v}_i \to \boldsymbol{v}_i + \Delta\boldsymbol{v}_i) \mathrm{d}(\Delta\boldsymbol{v}_i) \quad (2.4.3)$$

将第一项中的被积函数在 $\boldsymbol{v}_i$ 处展开至 $\Delta\boldsymbol{v}_i$ 二阶项，有

$$f_i(\boldsymbol{v}_i - \Delta\boldsymbol{v}_i) W(\boldsymbol{v}_i - \Delta\boldsymbol{v}_i \to \boldsymbol{v}_i - \Delta\boldsymbol{v}_i + \Delta\boldsymbol{v}_i) = f_i(\boldsymbol{v}_i) W(\boldsymbol{v}_i \to \boldsymbol{v}_i + \Delta\boldsymbol{v}_i) - \Delta\boldsymbol{v}_i \cdot \frac{\partial}{\partial \boldsymbol{v}_i}(f_i W) + \frac{1}{2}\Delta\boldsymbol{v}_i\Delta\boldsymbol{v}_i : \frac{\partial^2}{\partial \boldsymbol{v}_i \partial \boldsymbol{v}_i}(f_i W) \quad (2.4.4)$$

定义

$$\boldsymbol{A}_i(\boldsymbol{v}_i) = \int \mathrm{d}(\Delta\boldsymbol{v}_i) W(\boldsymbol{v}_i \to \boldsymbol{v}_i + \Delta\boldsymbol{v}_i) \Delta\boldsymbol{v}_i \quad (2.4.5)$$

$$\boldsymbol{B}_i(\boldsymbol{v}_i) = \int \mathrm{d}(\Delta\boldsymbol{v}_i) W(\boldsymbol{v}_i \to \boldsymbol{v}_i + \Delta\boldsymbol{v}_i) \Delta\boldsymbol{v}_i\Delta\boldsymbol{v}_i \quad (2.4.6)$$

则式(2.4.3)变为

$$\left(\frac{\partial f_i}{\partial t}\right)_{\text{coll}} = -\frac{\partial}{\partial \boldsymbol{v}_i} \cdot (f_i \boldsymbol{A}_i) + \frac{1}{2}\frac{\partial^2}{\partial \boldsymbol{v}_i \partial \boldsymbol{v}_i} : (f_i \boldsymbol{B}_i) \quad (2.4.7)$$

考虑背景粒子有 S 类，第 i 类粒子与第 j 类粒子的微分散射截面为

$$\frac{\mathrm{d}\sigma_{ij}}{\mathrm{d}\Omega} = \left(\frac{q_i q_j}{2m_{ij}u_{ij}^2}\right)^2 \frac{1}{\sin^4 \chi/2} \quad (2.4.8)$$

式中：$m_{ij}=m_im_j/(m_i+m_j)$为两个粒子的折合质量；$\boldsymbol{u}_{ij}=\boldsymbol{v}_i-\boldsymbol{w}_j$ 为两个粒子的相对速度；χ 为质心系的散射角。微分散射截面的物理意义是：一个入射 i 粒子以相对速度 $\boldsymbol{u}_{ij}$射向单位面积只含一个 j 粒子的靶子上，经散射后 i 粒子在相对速度 $\boldsymbol{u}'_{ij}$方向附近单位立体角内出射的概率。单位时间内一个速度为 $\boldsymbol{v}_i$ 的 i 类粒子由于和背景 j 粒子的多次碰撞其速度变为 $\boldsymbol{v}'_i=\boldsymbol{v}_i+\Delta\boldsymbol{v}_i$ 附近速度间隔 $\mathrm{d}\boldsymbol{v}'_i=\mathrm{d}(\Delta\boldsymbol{v}_i)$内的概率为

$$W(\boldsymbol{v}_i\rightarrow\boldsymbol{v}_i+\Delta\boldsymbol{v}_i)\mathrm{d}(\Delta\boldsymbol{v}_i)=W(\boldsymbol{v}_i\rightarrow\boldsymbol{v}'_i)\mathrm{d}\boldsymbol{v}'_i=\sum_{j=1}^{S}\int f_j(\boldsymbol{w}_j)\mathrm{d}\boldsymbol{w}_ju_{ij}\frac{\mathrm{d}\sigma_{ij}}{\mathrm{d}\Omega}\mathrm{d}\boldsymbol{\Omega} \tag{2.4.9}$$

将式(2.4.9)代入式(2.4.5)、式(2.4.6)得

$$\boldsymbol{A}_i(\boldsymbol{v}_i)=\sum_{j=1}^{S}\int\mathrm{d}\boldsymbol{w}_j\int\mathrm{d}\Omega\Delta\boldsymbol{v}_if_j(\boldsymbol{w}_j)u_{ij}\frac{\mathrm{d}\sigma^{(i,j)}}{\mathrm{d}\Omega} \tag{2.4.10}$$

$$\boldsymbol{B}_i(\boldsymbol{v}_i)=\sum_{j=1}^{S}\int\mathrm{d}\boldsymbol{w}_j\int\mathrm{d}\Omega\Delta\boldsymbol{v}_i\Delta\boldsymbol{v}_if_j(\boldsymbol{w}_j)u_{ij}\frac{\mathrm{d}\sigma^{(i,j)}}{\mathrm{d}\Omega} \tag{2.4.11}$$

第 i 种组分的带电粒子的分布函数$f^{(i)}(\boldsymbol{r},\boldsymbol{v},t)$所满足的 Fokker – Planck 方程则为

$$\frac{\partial f^{(i)}}{\partial t}+\boldsymbol{v}^{(i)}\cdot\frac{\partial f^{(i)}}{\partial\boldsymbol{r}^{(i)}}+\frac{\boldsymbol{F}(i)}{m^{(i)}}\cdot\frac{\partial f^{(i)}}{\partial\boldsymbol{v}^{(i)}}=-\frac{\partial}{\partial\boldsymbol{v}_i}\cdot(f_i\boldsymbol{A}_i)+\frac{1}{2}\frac{\partial^2}{\partial\boldsymbol{v}_i\partial\boldsymbol{v}_i}:(f_i\boldsymbol{B}_i) \tag{2.4.12}$$

该方程适合描述低温高密度等离子体中带电粒子间二体小角度散射时 i 粒子速度分布函数随时空变化的情况。

2. $\boldsymbol{A}^{(i)}(\boldsymbol{v}_i)$和$\boldsymbol{B}^{(i)}(\boldsymbol{v}_i)$的计算

由于第 i 类粒子与第 j 类粒子的微分散射截面(式(2.4.8))是两粒子相对速度大小 u_{ij}的函数，计算$\boldsymbol{A}^{(i)}(\boldsymbol{v}_i)$和$\boldsymbol{B}^{(i)}(\boldsymbol{v}_i)$的式 (2.4.10)、式(2.4.11)中对立体角的积分是在散射后相对速度 $\boldsymbol{u}'_{ij}$空间进行的，因此，要完成积分式(2.4.10)、式(2.4.11)必须把 $\Delta\boldsymbol{v}_i$ 用碰撞前后两个粒子的相对速度的变化 $\Delta\boldsymbol{u}_{ij}=\boldsymbol{u}'_{ij}-\boldsymbol{u}_{ij}$表示出来。

设第 i 种粒子质量为 m_i，碰撞前、后的速度分别为 $\boldsymbol{v}_i$、$\boldsymbol{v}'_i$；第 j 种粒子的质量为 m_j，碰撞前、后的速度分别为 $\boldsymbol{w}_j$、$\boldsymbol{w}'_j$，则碰撞前、后 i 粒子与 j 粒子的相对速度分别为

$$\boldsymbol{u}_{ij}=\boldsymbol{v}_i-\boldsymbol{w}_j$$

$$\boldsymbol{u}'_{ij}=\boldsymbol{v}'_i-\boldsymbol{w}'_j$$

根据碰撞前后两粒子系统的动能和动量守恒，可得 i 粒子与 j 粒子碰撞后速度的改变为(见 1.5 节)

$$\Delta\boldsymbol{v}_i=\boldsymbol{v}'_i-\boldsymbol{v}_i=\frac{m_j}{m_i+m_j}(\boldsymbol{u}'_{ij}-\boldsymbol{u}_{ij}) \tag{2.4.13}$$

且碰撞前后两粒子相对速度的大小不变，即 $u_{ij}=u'_{ij}$，碰撞只改变相对速度的方向。

如图 2 – 1 所示，在相对速度空间取笛卡儿坐标系，碰撞前两粒子相对速度 $\boldsymbol{u}_{ij}=\boldsymbol{v}_i-\boldsymbol{w}_j$ 沿 z 轴方向，碰撞后两粒子的相对速度 $\boldsymbol{u}'_{ij}=\boldsymbol{v}'_i-\boldsymbol{w}'_j$ 与 z 轴(即与 $\boldsymbol{u}_{ij}$)的夹角则为质心系散射角χ，在 xy 平面上的投影与 x 轴的夹角(方位角)为 ε，则 $\boldsymbol{u}'_{ij}$空间的立体角元为

$$\mathrm{d}\hat{\boldsymbol{u}}'_{ij}=\mathrm{d}\Omega=\sin\chi\mathrm{d}\chi\mathrm{d}\varepsilon$$

注意到 $u_{ij}=u'_{ij}$，则

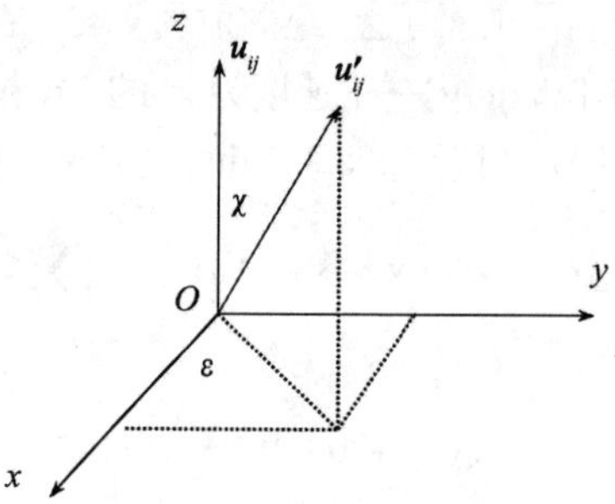

图 2－1　碰撞前后相对速度关系

$$\boldsymbol{u}_{ij}=u_{ij}\boldsymbol{e}_z$$

$$\boldsymbol{u}'_{ij}=u_{ij}(\sin\chi\cos\varepsilon\boldsymbol{e}_x+\sin\chi\sin\varepsilon\boldsymbol{e}_y+\cos\chi\boldsymbol{e}_z)$$

再注意到

$$\sin\chi=2\sin\frac{\chi}{2}\cos\frac{\chi}{2},\cos\chi=1-2\sin^2\frac{\chi}{2}$$

则 i 粒子与 j 粒子碰撞后相对速度的改变量为

$$\boldsymbol{u}'_{ij}-\boldsymbol{u}_{ij}=2u_{ij}\sin\frac{\chi}{2}\left(\cos\frac{\chi}{2}\cos\varepsilon\boldsymbol{e}_x+\cos\frac{\chi}{2}\sin\varepsilon\boldsymbol{e}_y-\sin\frac{\chi}{2}\boldsymbol{e}_z\right)\tag{2.4.14}$$

将式(2.4.14)代入式(2.4.13)，得 i 粒子与 j 粒子碰撞后速度的改变量为

$$\Delta\boldsymbol{v}_i=\frac{m_j}{m_i+m_j}(\boldsymbol{u}'_{ij}-\boldsymbol{u}_{ij})=\frac{2m_j}{m_i+m_j}u_{ij}\sin\frac{\chi}{2}\left(\cos\frac{\chi}{2}\cos\varepsilon,\cos\frac{\chi}{2}\sin\varepsilon,-\sin\frac{\chi}{2}\right)\tag{2.4.15}$$

将微分散射截面（式(2.4.8)）和 i 粒子与 j 粒子碰撞后速度的改变量（式(2.4.15)）代入式(2.4.10)、式(2.4.11)中，完成对方向 $\mathrm{d}\Omega=\sin\chi\mathrm{d}\chi\mathrm{d}\varepsilon$ 的积分，得

$$\boldsymbol{A}^{(i)}(\boldsymbol{v}_i)=-\sum_{j=1}^{S}\int\mathrm{d}\boldsymbol{w}_jf^{(j)}(\boldsymbol{w}_j)\boldsymbol{u}_{ij}F(u_{ij},\chi_{\min},\chi_{\max})\tag{2.4.16}$$

$$\begin{aligned}\boldsymbol{B}^{(i)}(\boldsymbol{v}_i)=&-\sum_{j=1}^{S}\int\mathrm{d}\boldsymbol{w}_jf^{(j)}(\boldsymbol{w}_j)(\boldsymbol{u}_{ij}\boldsymbol{u}_{ij}-u_{ij}^2\boldsymbol{I})F_1(u_{ij},\chi_{\min},\chi_{\max})+\\&\sum_{j=1}^{S}\int\mathrm{d}\boldsymbol{w}_jf^{(j)}(\boldsymbol{w}_j)\boldsymbol{u}_{ij}\boldsymbol{u}_{ij}F_2(u_{ij},\chi_{\min},\chi_{\max})\end{aligned}\tag{2.4.17}$$

其中

$$F(u_{ij},\chi_{\min},\chi_{\max})=4\pi\left(\frac{q_iq_j}{m_i}\right)^2\frac{m_i+m_j}{m_j}\frac{\ln\Lambda}{u_{ij}^3}\tag{2.4.18}$$

$$F_1(u_{ij},\chi_{\min},\chi_{\max})\approx\frac{m_j}{m_i+m_j}F(u_{ij},\chi_{\min},\chi_{\max})=4\pi\left(\frac{q_iq_j}{m_i}\right)^2\frac{\ln\Lambda}{u_{ij}^3}\tag{2.4.19}$$

$$F_2(u_{ij},\chi_{\min},\chi_{\max})=\frac{m_j}{m_i+m_j}\frac{F(u_{ij},\chi_{\min},\chi_{\max})}{\ln\Lambda}\approx\frac{F_1(u_{ij},\chi_{\min},\chi_{\max})}{\ln\Lambda} \quad (2.4.20)$$

$$\ln\Lambda=\ln\frac{\sin(\chi_{\max}/2)}{\sin(\chi_{\min}/2)}\approx\ln\frac{3\lambda_D kT}{q_i q_j} \quad (2.4.21)$$

由于 $\ln\Lambda$ 一般为十几到20，故 $F_2(u_{ij},\chi_{\min},\chi_{\max})\ll F_1(u_{ij},\chi_{\min},\chi_{\max})$，式(2.4.17) $\boldsymbol{B}_i$ 中第二项与第一项相比可以忽略。将式(2.4.18)、式(2.4.19)代入式(2.4.16)、式(2.4.17)，可得

$$\boldsymbol{A}^{(i)}(\boldsymbol{v}_i)=-4\pi\sum_{j=1}^{S}\left(\frac{q_iq_j}{m_i}\right)^2\frac{m_i+m_j}{m_j}\ln\Lambda\int \mathrm{d}\boldsymbol{w}_j f^{(j)}(\boldsymbol{w}_j)\frac{\boldsymbol{u}_{ij}}{u_{ij}^3} \quad (2.4.22)$$

$$\boldsymbol{B}^{(i)}(\boldsymbol{v}_i)=-4\pi\sum_{j=1}^{S}\left(\frac{q_iq_j}{m_i}\right)^2\ln\Lambda\int \mathrm{d}\boldsymbol{w}_j f^{(j)}(\boldsymbol{w}_j)\frac{\boldsymbol{u}_{ij}\boldsymbol{u}_{ij}-u_{ij}^2\boldsymbol{I}}{u_{ij}^3} \quad (2.4.23)$$

记 $\boldsymbol{v}_i=\boldsymbol{v}$ 为入射 i 粒子速度，$\boldsymbol{v}_j=\boldsymbol{w}$ 为 j(靶)粒子速度，$\boldsymbol{u}=\boldsymbol{u}_{ij}=\boldsymbol{v}-\boldsymbol{w}$ 为 i 粒子与 j 粒子的相对速度，注意到

$$u^2=(\boldsymbol{v}-\boldsymbol{w})\cdot(\boldsymbol{v}-\boldsymbol{w})=(v_\beta-w_\beta)(v_\beta-w_\beta) \quad (\text{求和约定}) \quad (2.4.24)$$

则容易证明

$$\frac{\partial u}{\partial v_\beta}=\frac{v_\beta-w_\beta}{u}=\frac{u_\beta}{u},\quad \frac{\partial^2 u}{\partial v_\alpha\partial v_\beta}=\frac{u^2\delta_{\alpha\beta}-u_\alpha u_\beta}{u^3} \quad (2.4.25)$$

即

$$\frac{\partial^2 u}{\partial\boldsymbol{v}\partial\boldsymbol{v}}=\boldsymbol{e}_\alpha\boldsymbol{e}_\beta\frac{\partial^2 u}{\partial v_\alpha\partial v_\beta}=\frac{u^2\boldsymbol{I}-\boldsymbol{u}\boldsymbol{u}}{u^3}$$

$$\frac{\partial}{\partial\boldsymbol{v}}\left(\frac{1}{u}\right)=\boldsymbol{e}_\alpha\frac{\partial}{\partial v_\alpha}\left(\frac{1}{u}\right)=-\boldsymbol{e}_\alpha\frac{1}{u^2}\frac{\partial u}{\partial v_\alpha}=-\boldsymbol{e}_\alpha\frac{1}{u^2}\frac{u_\alpha}{u}=-\frac{\boldsymbol{u}}{u^3}$$

即

$$\frac{\boldsymbol{u}_{ij}}{u_{ij}^3}=-\frac{\partial}{\partial\boldsymbol{v}_i}\left(\frac{1}{u_{ij}}\right) \quad (2.4.26)$$

$$\frac{\boldsymbol{u}_{ij}\boldsymbol{u}_{ij}-u_{ij}^2\boldsymbol{I}}{u_{ij}^3}=-\frac{\partial^2 u_{ij}}{\partial\boldsymbol{v}_i\partial\boldsymbol{v}_i} \quad (2.4.27)$$

将式(2.4.26)、式(2.4.27)代入 $\boldsymbol{A}^{(i)}(\boldsymbol{v}_i)$ 和 $\boldsymbol{B}^{(i)}(\boldsymbol{v}_i)$ 的表达式(2.4.22)、式(2.4.23)，可得

$$\boldsymbol{A}^{(i)}(\boldsymbol{v})=\Gamma^{(i)}\frac{\partial H^{(i)}(\boldsymbol{v})}{\partial\boldsymbol{v}} \quad (2.4.28)$$

$$\boldsymbol{B}^{(i)}(\boldsymbol{v})=\Gamma^{(i)}\frac{\partial^2 G^{(i)}(\boldsymbol{v})}{\partial\boldsymbol{v}\partial\boldsymbol{v}} \quad (2.4.29)$$

其中

$$H^{(i)}(\boldsymbol{v})=\sum_{j=1}^{S}\frac{m_i+m_j}{m_j}\left(\frac{q_j}{q_i}\right)^2\int \mathrm{d}\boldsymbol{w} f^{(j)}(\boldsymbol{w})\frac{1}{|\boldsymbol{v}-\boldsymbol{w}|} \quad (2.4.30)$$

$$G^{(i)}(\boldsymbol{v})=\sum_{j=1}^{S}\left(\frac{q_j}{q_i}\right)^2\int \mathrm{d}\boldsymbol{w} f^{(j)}(\boldsymbol{w})|\boldsymbol{v}-\boldsymbol{w}| \quad (2.4.31)$$

$$\Gamma^{(i)} = 4\pi \frac{q_i^4}{m_i^2}\ln\Lambda \tag{2.4.32}$$

$H^{(i)}(\boldsymbol{v})$和$G^{(i)}(\boldsymbol{v})$依赖于第j种组分背景粒子的分布函数$f^{(j)}(\boldsymbol{r},\boldsymbol{w},t)$，故第$i$种组分的带电粒子的分布函数为$f^{(i)}(\boldsymbol{r},\boldsymbol{v},t)$所满足的 Fokker – Planck 方程式(2.4.12)变为

$$\frac{\partial f^{(i)}}{\partial t} + \boldsymbol{v}\cdot\frac{\partial f^{(i)}}{\partial \boldsymbol{r}} + \frac{\boldsymbol{F}(i)}{m^{(i)}}\cdot\frac{\partial f^{(i)}}{\partial \boldsymbol{v}} = \left(\frac{\partial f^{(i)}}{\partial t}\right)_{F-P} \tag{2.4.33}$$

$$\left(\frac{\partial f^{(i)}}{\partial t}\right)_{F-P} = -\frac{\partial}{\partial \boldsymbol{v}}\cdot\left(f^{(i)}\Gamma^{(i)}\frac{\partial H^{(i)}(\boldsymbol{v})}{\partial \boldsymbol{v}}\right) + \frac{1}{2}\frac{\partial^2}{\partial \boldsymbol{v}\partial \boldsymbol{v}}:\left(f^{(i)}\Gamma^{(i)}\frac{\partial^2 G^{(i)}(\boldsymbol{v})}{\partial \boldsymbol{v}\partial \boldsymbol{v}}\right) \tag{2.4.34}$$

式(2.4.34)称为 Fokker – Planck 碰撞项。若系统中存在外粒子源，加在式(2.4.33)右边。

2.5 背景粒子处于局域热力学平衡态时的 Fokker – Planck 方程的具体形式

要得出 Fokker – Planck 碰撞项(式(2.4.34))的具体形式，关键是要找出两个函数$H^{(i)}(\boldsymbol{v})$和$G^{(i)}(\boldsymbol{v})$的具体形式。鉴于$H^{(i)}(\boldsymbol{v})$和$G^{(i)}(\boldsymbol{v})$依赖于第j种组分背景粒子的分布函数$f^{(j)}(\boldsymbol{r},\boldsymbol{w},t)$，在$f^{(j)}(\boldsymbol{r},\boldsymbol{w},t)$已知的条件下，计算以下两个积分

$$I_1(\boldsymbol{v}) = \int d\boldsymbol{w} f^{(j)}(\boldsymbol{w})\frac{1}{|\boldsymbol{v}-\boldsymbol{w}|} \tag{2.5.1}$$

$$I_2(\boldsymbol{v}) = \int d\boldsymbol{w} f^{(j)}(\boldsymbol{w})|\boldsymbol{v}-\boldsymbol{w}| \tag{2.5.2}$$

就可得到所需的$H^{(i)}(\boldsymbol{v})$和$G^{(i)}(\boldsymbol{v})$。

1. 背景粒子处于局域热力学平衡态时$H^{(i)}(\boldsymbol{v})$和$G^{(i)}(\boldsymbol{v})$的计算

作为一种近似，取第j种组分的带电粒子的分布函数$f^{(j)}(\boldsymbol{r},\boldsymbol{w},t)$为局域热力学平衡麦克斯韦分布

$$f^{(j)}(\boldsymbol{r},\boldsymbol{w},t) = n_j\left(\frac{\alpha_j}{\pi}\right)^{3/2}\exp(-\alpha_j w^2) \qquad \left(\alpha_j = \frac{m_j}{2kT_j}\right) \tag{2.5.3}$$

则式(2.5.1)、式(2.5.2)变为

$$I_1(\boldsymbol{v}) = n_j\left(\frac{\alpha_j}{\pi}\right)^{3/2}\int d\boldsymbol{w}\exp(-\alpha_j w^2)\frac{1}{|\boldsymbol{v}-\boldsymbol{w}|} \tag{2.5.4}$$

$$I_2(\boldsymbol{v}) = n_j\left(\frac{\alpha_j}{\pi}\right)^{3/2}\int d\boldsymbol{w}\exp(-\alpha_j w^2)|\boldsymbol{v}-\boldsymbol{w}| \tag{2.5.5}$$

取坐标系，其中$\boldsymbol{v}$沿Z轴方向，$\boldsymbol{w}$在此坐标系中的极角为θ，方位角为φ，则

$$d\boldsymbol{w} = w^2 dw\sin\theta d\theta d\varphi \tag{2.5.6}$$

$$|\boldsymbol{v}-\boldsymbol{w}| = \sqrt{v^2 + w^2 - 2vw\cos\theta} \tag{2.5.7}$$

故

$$I_1(\boldsymbol{v}) = 2\pi n_j\left(\frac{\alpha_j}{\pi}\right)^{3/2}\int\exp(-\alpha_j w^2)w^2\mathrm{d}w\int_{-1}^{1}\frac{\mathrm{d}x}{\sqrt{v^2+w^2-2vwx}} \quad (2.5.8)$$

$$I_2(\boldsymbol{v}) = 2\pi n_j\left(\frac{\alpha_j}{\pi}\right)^{3/2}\int\exp(-\alpha_j w^2)w^2\mathrm{d}w\int_{-1}^{1}\mathrm{d}x\sqrt{v^2+w^2-2vwx} \quad (2.5.9)$$

注意到

$$\int_{-1}^{1}\frac{\mathrm{d}x}{\sqrt{b+ax}} = \frac{2}{a}\sqrt{b+ax}\Big|_{-1}^{1} = \frac{2}{a}[\sqrt{b+a}-\sqrt{b-a}]$$

$$\int_{-1}^{1}\mathrm{d}x\sqrt{b+ax} = \frac{2}{3a}(b+ax)^{3/2}\Big|_{-1}^{1} = \frac{2}{3a}(b+a)^{3/2}-\frac{2}{3a}(b-a)^{3/2}$$

则有

$$\int_{-1}^{1}\frac{\mathrm{d}x}{\sqrt{v^2+w^2-2vwx}} = \begin{cases}\dfrac{2}{v},(v \geqslant w)\\ \dfrac{2}{w},(v < w)\end{cases} \quad (2.5.10)$$

$$\int_{-1}^{1}\mathrm{d}x\sqrt{v^2+w^2-2vwx} = \begin{cases}\dfrac{2}{3v}(3v^2+w^2),(v \geqslant w)\\ \dfrac{2}{3w}(3w^2+v^2),(v < w)\end{cases} \quad (2.5.11)$$

将式(2.5.10)、式(2.5.11)分别代入式(2.5.8)、式(2.5.9)，得

$$I_1(v) = 2\pi n_j\left(\frac{\alpha_j}{\pi}\right)^{3/2}\left\{\int_0^v\frac{2}{v}\exp[-\alpha_j w^2]w^2\mathrm{d}w+\int_v^\infty\frac{2}{w}\exp[-\alpha_j w^2]w^2\mathrm{d}w\right\} =$$

$$\frac{n_j}{v}\Phi(\sqrt{\alpha_j}v) \quad (2.5.12)$$

$$I_2(v) = 2\pi n_j\left(\frac{\alpha_j}{\pi}\right)^{3/2}\begin{Bmatrix}\displaystyle\int_0^v w^2\mathrm{d}w\exp[-\alpha_j w^2]\frac{2}{3v}[3v^2+w^2]+\\ \displaystyle\int_v^\infty w^2\mathrm{d}w\exp[-\alpha_j w^2]\frac{2}{3w}[3w^2+v^2]\end{Bmatrix} =$$

$$n_j v\left\{\left(1+\frac{1}{2\alpha_j v^2}\right)\Phi(\sqrt{\alpha_j}v)+\frac{1}{\sqrt{\pi\alpha_j}v}\exp(-\alpha_j v^2)\right\} \quad (2.5.13)$$

式中：$\Phi(x) = \dfrac{2}{\sqrt{\pi}}\displaystyle\int_0^x e^{-z^2}\mathrm{d}z$；$\alpha_j = \dfrac{m_j}{2kT_j}$。将式(2.5.12)、式(2.5.13)分别代入式(2.4.30)和式(2.4.31)，得 $H^{(i)}(\boldsymbol{v})$ 和 $G^{(i)}(\boldsymbol{v})$ 的具体形式为

$$H^{(i)}(\boldsymbol{v}) = \sum_{j=1}^{S}\frac{m^{(i)}+m^{(j)}}{m^{(j)}}\left(\frac{q^{(j)}}{q^{(i)}}\right)^2\frac{n_j}{v}\Phi(\sqrt{\alpha_j}v),\left(\alpha_j = \frac{m_j}{2kT_j}\right) \quad (2.5.14)$$

$$G^{(i)}(\boldsymbol{v}) = \sum_{j=1}^{S}\left(\frac{q^{(j)}}{q^{(i)}}\right)^2 n_j v\left\{\left(1+\frac{1}{2\alpha_j v^2}\right)\Phi(\sqrt{\alpha_j}v)+\frac{1}{\sqrt{\pi\alpha_j}v}\exp(-\alpha_j v^2)\right\}$$

$$(2.5.15)$$

它们只与 $\boldsymbol{v}$ 的大小 v 有关,而与其方向无关。由此可求出(见以下【注】)

$$\frac{\partial H^{(i)}(v)}{\partial v}=\sum_{j=1}^{S}\frac{m^{(i)}+m^{(j)}}{m^{(j)}}\left(\frac{q^{(j)}}{q^{(i)}}\right)^{2}\frac{n_j}{v^2}[-\Phi_1(\sqrt{\alpha_j}v)] \tag{2.5.16}$$

$$\frac{\partial G^{(i)}(v)}{\partial v}=\sum_{j=1}^{S}\left(\frac{q^{(j)}}{q^{(i)}}\right)^{2}n_j\left\{\Phi_1(\sqrt{\alpha_j}v)\left[1-\frac{1}{2v^2\alpha_j}\right]+\sqrt{\alpha_j}v\frac{2}{\sqrt{\pi}}\mathrm{e}^{-\alpha_j v^2}\right\} \tag{2.5.17}$$

$$\frac{\partial^2 G^{(i)}(v)}{\partial v^2}=\sum_{j=1}^{S}\left(\frac{q^{(j)}}{q^{(i)}}\right)^{2}\frac{n_j}{\alpha_j v^3}\Phi_1(\sqrt{\alpha_j}v) \tag{2.5.18}$$

$$\frac{\partial^3 G^{(i)}(v)}{\partial v^3}=\sum_{j=1}^{S}\left(\frac{q^{(j)}}{q^{(i)}}\right)^{2}n_j\left[-\frac{3}{\alpha_j v^4}\Phi_1(\sqrt{\alpha_j}v)+\frac{4\sqrt{\alpha_j}}{\sqrt{\pi}v}\exp(-\alpha_j v^2)\right] \tag{2.5.19}$$

其中

$$\Phi_1(x)=\Phi(x)-x\frac{\mathrm{d}\Phi}{\mathrm{d}x}=\Phi(x)-\frac{2}{\sqrt{\pi}}x\mathrm{e}^{-x^2}$$

2. $\boldsymbol{v}$ 空间球坐标系下 $\frac{\partial H^{(i)}(\boldsymbol{v})}{\partial \boldsymbol{v}}$ 和 $\frac{\partial^2 G^{(i)}(\boldsymbol{v})}{\partial \boldsymbol{v}\partial \boldsymbol{v}}$ 的具体形式

在 $\boldsymbol{v}$ 空间取球坐标系,即 $\boldsymbol{v}=(v,\theta,\varphi)$,因为

$$\frac{\partial}{\partial \boldsymbol{v}}=\boldsymbol{e}_v\frac{\partial}{\partial v}+\boldsymbol{e}_\theta\frac{1}{v}\frac{\partial}{\partial \theta}+\boldsymbol{e}_\varphi\frac{1}{v\sin\theta}\frac{\partial}{\partial\varphi} \tag{2.5.20}$$

且 $H^{(i)}(\boldsymbol{v})$ 和 $G^{(i)}(\boldsymbol{v})$ 只与 $\boldsymbol{v}$ 的大小有关,而与其方向无关,故

$$\frac{\partial H^{(i)}(v)}{\partial \boldsymbol{v}}=\boldsymbol{e}_v\frac{\partial H^{(i)}(v)}{\partial v} \tag{2.5.21}$$

$$\frac{\partial G^{(i)}(v)}{\partial \boldsymbol{v}}=\boldsymbol{e}_v\frac{\partial G^{(i)}(v)}{\partial v} \tag{2.5.22}$$

$$\frac{\partial^2 G^{(i)}(v)}{\partial \boldsymbol{v}\partial \boldsymbol{v}}=\frac{\partial}{\partial \boldsymbol{v}}\left(\frac{\partial G^{(i)}(v)}{\partial \boldsymbol{v}}\right)=\left(\boldsymbol{e}_v\frac{\partial}{\partial v}+\boldsymbol{e}_\theta\frac{1}{v}\frac{\partial}{\partial \theta}+\boldsymbol{e}_\varphi\frac{1}{v\sin\theta}\frac{\partial}{\partial\varphi}\right)\left(\boldsymbol{e}_v\frac{\partial G^{(i)}(v)}{\partial v}\right)$$

注意到

$$\frac{\partial \boldsymbol{e}_v}{\partial v}=0,\frac{\partial \boldsymbol{e}_v}{\partial \theta}=\boldsymbol{e}_\theta,\frac{\partial \boldsymbol{e}_v}{\partial \varphi}=\sin\theta\cdot\boldsymbol{e}_\varphi \tag{2.5.23}$$

故有

$$\frac{\partial^2 G^{(i)}(v)}{\partial \boldsymbol{v}\partial \boldsymbol{v}}=\boldsymbol{e}_v\boldsymbol{e}_v\frac{\partial^2 G^{(i)}(v)}{\partial v^2}+(\boldsymbol{e}_\theta\boldsymbol{e}_\theta+\boldsymbol{e}_\varphi\boldsymbol{e}_\varphi)\frac{1}{v}\frac{\partial G^{(i)}(v)}{\partial v} \tag{2.5.24}$$

3. $\boldsymbol{v}$ 空间球坐标系下 Fokker – Planck 碰撞项的具体形式

注意到速度空间球坐标系下矢量 $\boldsymbol{F}=F_v\boldsymbol{e}_v+F_\theta\boldsymbol{e}_\theta+F_\varphi\boldsymbol{e}_\varphi$ 的散度为

$$\frac{\partial}{\partial \boldsymbol{v}}\cdot\boldsymbol{F}=\frac{1}{v^2}\frac{\partial}{\partial v}(v^2F_v)+\frac{1}{v\sin\theta}\frac{\partial}{\partial\theta}(\sin\theta F_\theta)+\frac{1}{v\sin\theta}\frac{\partial f_\varphi}{\partial\varphi} \tag{2.5.25}$$

则由式(2.5.21)、式(2.5.25)可得 $F-P$ 碰撞项(式(2.4.34))的第一项为

$$\mathrm{I}=-\frac{\partial}{\partial \boldsymbol{v}}\cdot\left(f^{(i)}\Gamma^{(i)}\frac{\partial H^{(i)}(\boldsymbol{v})}{\partial \boldsymbol{v}}\right)=-\frac{1}{v^2}\frac{\partial}{\partial v}\left(v^2f^{(i)}\Gamma^{(i)}\frac{\partial H^{(i)}(v)}{\partial v}\right) \tag{2.5.26}$$

由式(2.5.24)可得 $F-P$ 碰撞项(式(2.4.34))的第二项为

$$
\text{II}=\frac{1}{2}\frac{\partial^2}{\partial\boldsymbol{v}\partial\boldsymbol{v}}:\left(f^{(i)}\Gamma^{(i)}\frac{\partial^2G^{(i)}(\boldsymbol{v})}{\partial\boldsymbol{v}\partial\boldsymbol{v}}\right)=
$$

$$
\frac{1}{2}\frac{\partial}{\partial\boldsymbol{v}}\cdot\frac{\partial}{\partial\boldsymbol{v}}\cdot\left[f^{(i)}\Gamma^{(i)}\boldsymbol{e}_v\boldsymbol{e}_v\frac{\partial^2G^{(i)}(v)}{\partial v^2}+(\boldsymbol{e}_\theta\boldsymbol{e}_\theta+\boldsymbol{e}_\varphi\boldsymbol{e}_\varphi)\frac{f^{(i)}\Gamma^{(i)}}{v}\frac{\partial G^{(i)}(v)}{\partial v}\right]
\tag{2.5.27}
$$

注意到张量 $\boldsymbol{e}_v\boldsymbol{e}_vB_{vv}+B_{\theta\theta}\boldsymbol{e}_\theta\boldsymbol{e}_\theta+B_{\varphi\varphi}\boldsymbol{e}_\varphi\boldsymbol{e}_\varphi$ 的散度$\frac{\partial}{\partial\boldsymbol{v}}\cdot(B_{vv}\boldsymbol{e}_v\boldsymbol{e}_v+B_{\theta\theta}\boldsymbol{e}_\theta\boldsymbol{e}_\theta+B_{\varphi\varphi}\boldsymbol{e}_\varphi\boldsymbol{e}_\varphi)$是矢量,其3个分量分别为

$$
\boldsymbol{e}_v\text{ 分量}=\frac{1}{v^2}\frac{\partial}{\partial v}(v^2B_{vv})-\frac{B_{\theta\theta}+B_{\varphi\varphi}}{v}
$$

$$
\boldsymbol{e}_\theta\text{ 分量}=\frac{1}{v\sin\theta}\frac{\partial}{\partial\theta}(\sin\theta B_{\theta\theta})-\frac{\cot\theta B_{\varphi\varphi}}{v}=\frac{1}{v}\frac{\partial B_{\theta\theta}}{\partial\theta}+\frac{\cot\theta}{v}(B_{\theta\theta}-B_{\varphi\varphi})
$$

$$
\boldsymbol{e}_\varphi\text{ 分量}=\frac{1}{v\sin\theta}\frac{\partial B_{\varphi\varphi}}{\partial\varphi}
$$

故式(2.5.27)中的所含的张量的散度为

$$
\begin{aligned}
&\frac{\partial}{\partial\boldsymbol{v}}\cdot\left[f^{(i)}\Gamma^{(i)}\boldsymbol{e}_v\boldsymbol{e}_v\frac{\partial^2G^{(i)}(v)}{\partial v^2}+(\boldsymbol{e}_\theta\boldsymbol{e}_\theta+\boldsymbol{e}_\varphi\boldsymbol{e}_\varphi)\frac{f^{(i)}\Gamma^{(i)}}{v}\frac{\partial G^{(i)}(v)}{\partial v}\right]=\\
&\boldsymbol{e}_v\left[\frac{1}{v^2}\frac{\partial}{\partial v}\left(v^2f^{(i)}\Gamma^{(i)}\frac{\partial^2G^{(i)}}{\partial v^2}\right)-\frac{2}{v^2}f^{(i)}\Gamma^{(i)}\frac{\partial G^{(i)}}{\partial v}\right]+\\
&\boldsymbol{e}_\theta\frac{1}{v^2}\frac{\partial}{\partial\theta}\left(f^{(i)}\Gamma^{(i)}\frac{\partial G^{(i)}}{\partial v}\right)+\boldsymbol{e}_\varphi\frac{1}{v^2\sin\theta}\frac{\partial}{\partial\varphi}\left(f^{(i)}\Gamma^{(i)}\frac{\partial G^{(i)}}{\partial v}\right)
\end{aligned}
\tag{2.5.28}
$$

这是一个矢量,利用式(2.5.25)可得 $F-P$ 碰撞项(式(2.4.34))的第二项为

$$
\begin{aligned}
\text{II}=&\frac{1}{2}\frac{\partial^2}{\partial\boldsymbol{v}\partial\boldsymbol{v}}:\left(f^{(i)}\Gamma^{(i)}\frac{\partial^2G^{(i)}(\boldsymbol{v})}{\partial\boldsymbol{v}\partial\boldsymbol{v}}\right)\\
=&\frac{1}{2}\frac{\partial}{\partial\boldsymbol{v}}\cdot\frac{\partial}{\partial\boldsymbol{v}}\cdot\begin{bmatrix}f^{(i)}\Gamma^{(i)}\boldsymbol{e}_v\boldsymbol{e}_v\dfrac{\partial^2G^{(i)}(v)}{\partial v^2}+\\(\boldsymbol{e}_\theta\boldsymbol{e}_\theta+\boldsymbol{e}_\varphi\boldsymbol{e}_\varphi)\dfrac{f^{(i)}\Gamma^{(i)}}{v}\dfrac{\partial G^{(i)}(v)}{\partial v}\end{bmatrix}=\frac{1}{2}\frac{1}{v^2}\frac{\partial}{\partial v}\\
&\left\{v^2\begin{bmatrix}\dfrac{1}{v^2}\dfrac{\partial}{\partial v}\left(v^2f^{(i)}\Gamma^{(i)}\dfrac{\partial^2G^{(i)}}{\partial v^2}\right)\\-\dfrac{2}{v^2}f^{(i)}\Gamma^{(i)}\dfrac{\partial G^{(i)}}{\partial v}\end{bmatrix}\right\}+\frac{1}{2}\frac{1}{v\sin\theta}\frac{\partial}{\partial\theta}\left[\sin\theta\frac{1}{v^2}\frac{\partial}{\partial\theta}\left(f^{(i)}\Gamma^{(i)}\frac{\partial G^{(i)}}{\partial v}\right)\right]+\\
&\frac{1}{2}\frac{1}{v\sin\theta}\frac{\partial}{\partial\varphi}\left[\frac{1}{v^2\sin\theta}\frac{\partial}{\partial\varphi}\left(f^{(i)}\Gamma^{(i)}\frac{\partial G^{(i)}}{\partial v}\right)\right]
\end{aligned}
$$

整理得

$$
\text{II}=\frac{1}{2}\frac{\partial^2}{\partial\boldsymbol{v}\partial\boldsymbol{v}}:\left(f^{(i)}\Gamma^{(i)}\frac{\partial^2G^{(i)}(\boldsymbol{v})}{\partial\boldsymbol{v}\partial\boldsymbol{v}}\right)
$$

$$
=\frac{1}{2}\frac{1}{v^2}\frac{\partial}{\partial v}\left[\begin{array}{l} f^{(i)}\left(v^2\Gamma^{(i)}\frac{\partial^3 G^{(i)}}{\partial v^3}+2v\Gamma^{(i)}\frac{\partial^2 G^{(i)}}{\partial v^2}-2\Gamma^{(i)}\frac{\partial G^{(i)}}{\partial v}\right) \\ +v^2\Gamma^{(i)}\frac{\partial^2 G^{(i)}}{\partial v^2}\frac{\partial f^{(i)}}{\partial v}\end{array}\right]+\frac{1}{2}\frac{1}{v\sin\theta}\frac{\partial}{\partial\theta}
$$

$$
\left[\frac{\sin\theta}{v^2}\frac{\partial f^{(i)}}{\partial\theta}\Gamma^{(i)}\frac{\partial G^{(i)}}{\partial v}\right]+\frac{1}{2}\frac{1}{v\sin\theta}\frac{\partial}{\partial\varphi}\left[\frac{1}{v^2\sin\theta}\frac{\partial f^{(i)}}{\partial\varphi}\Gamma^{(i)}\frac{\partial G^{(i)}}{\partial v}\right] \tag{2.5.29}
$$

综合式(2.5.26)和式(2.5.29),得 Fokker – Planck 碰撞项(式(2.4.34))为

$$
-\frac{\partial}{\partial\boldsymbol{v}}\cdot\left(f^{(i)}\Gamma^{(i)}\frac{\partial H^{(i)}(\boldsymbol{v})}{\partial\boldsymbol{v}}\right)+\frac{1}{2}\frac{\partial^2}{\partial\boldsymbol{v}\partial\boldsymbol{v}}:\left(f^{(i)}\Gamma^{(i)}\frac{\partial^2 G^{(i)}(\boldsymbol{v})}{\partial\boldsymbol{v}\partial\boldsymbol{v}}\right)=
$$

$$
-\frac{1}{v^2}\frac{\partial}{\partial v}\left(v^2 f^{(i)}\Gamma^{(i)}\frac{\partial H^{(i)}(v)}{\partial v}\right)+
$$

$$
\frac{1}{v^2}\frac{\partial}{\partial v}\left[f^{(i)}\left(\frac{v^2}{2}\Gamma^{(i)}\frac{\partial^3 G^{(i)}}{\partial v^3}+v\Gamma^{(i)}\frac{\partial^2 G^{(i)}}{\partial v^2}-\Gamma^{(i)}\frac{\partial G^{(i)}}{\partial v}\right)+\frac{v^2}{2}\Gamma^{(i)}\frac{\partial^2 G^{(i)}}{\partial v^2}\frac{\partial f^{(i)}}{\partial v}\right]+
$$

$$
\frac{1}{2v\sin\theta}\frac{\partial}{\partial\theta}\left[\frac{\sin\theta}{v^2}\frac{\partial f^{(i)}}{\partial\theta}\Gamma^{(i)}\frac{\partial G^{(i)}}{\partial v}\right]+\frac{1}{2v\sin\theta}\frac{\partial}{\partial\varphi}\left[\frac{1}{v^2\sin\theta}\frac{\partial f^{(i)}}{\partial\varphi}\Gamma^{(i)}\frac{\partial G^{(i)}}{\partial v}\right] \tag{2.5.30}
$$

作变量替换,将 $f^{(i)}(\boldsymbol{r},\boldsymbol{v},t)=f^{(i)}(\boldsymbol{r},v,\theta,\varphi,t)$ 中的自变量 (θ,φ) 分别换成 (μ,ω),其中 $\mu=\cos\theta,\omega=\varphi$, 则

$$
f^{(i)}(\boldsymbol{r},v,\theta,\varphi,t)=f^{(i)}(\boldsymbol{r},v,\mu,\omega,t)
$$

$$
\frac{\partial}{\partial\theta}f^{(i)}(\boldsymbol{r},v,\theta,\varphi,t)=\left|\frac{\partial\mu}{\partial\theta}\right|\frac{\partial}{\partial\mu}f^{(i)}(\boldsymbol{r},v,\mu,\omega,t)=\sqrt{1-\mu^2}\frac{\partial}{\partial\mu}f^{(i)}(\boldsymbol{r},v,\mu,\omega,t)
$$

故

$$
\frac{1}{\sin\theta}\frac{\partial}{\partial\theta}f^{(i)}(\boldsymbol{r},v,\theta,\varphi,t)=\frac{\partial}{\partial\mu}f^{(i)}(\boldsymbol{r},v,\mu,\omega,t)
$$

则 Fokker – Planck 碰撞项(式(2.5.30))变为

$$
-\frac{\partial}{\partial\boldsymbol{v}}\cdot\left(f^{(i)}\Gamma^{(i)}\frac{\partial H^{(i)}(\boldsymbol{v})}{\partial\boldsymbol{v}}\right)+\frac{1}{2}\frac{\partial^2}{\partial\boldsymbol{v}\partial\boldsymbol{v}}:(f^{(i)}\Gamma^{(i)}\frac{\partial^2 G^{(i)}(\boldsymbol{v})}{\partial\boldsymbol{v}\partial\boldsymbol{v}})=
$$

$$
-\frac{1}{v^2}\frac{\partial}{\partial v}(v^2 f^{(i)}\Gamma^{(i)}\frac{\partial H^{(i)}(v)}{\partial v})+\frac{1}{v^2}\frac{\partial}{\partial v}\left[f^{(i)}\left(\frac{v^2}{2}\Gamma^{(i)}\frac{\partial^3 G^{(i)}}{\partial v^3}+v\Gamma^{(i)}\frac{\partial^2 G^{(i)}}{\partial v^2}-\Gamma^{(i)}\frac{\partial G^{(i)}}{\partial v}\right)+\right.
$$

$$
\left.\frac{v^2}{2}\Gamma^{(i)}\frac{\partial^2 G^{(i)}}{\partial v^2}\frac{\partial f^{(i)}}{\partial v}\right]+\frac{1}{2v^3}\Gamma^{(i)}\frac{\partial G^{(i)}}{\partial v}\frac{\partial}{\partial\mu}\left[(1-\mu^2)\frac{\partial f^{(i)}}{\partial\mu}\right]+
$$

$$
\frac{1}{2v^3}\Gamma^{(i)}\frac{\partial G^{(i)}}{\partial v}\frac{1}{(1-\mu^2)}\frac{\partial^2 f^{(i)}}{\partial\omega^2} \tag{2.5.31}
$$

式(2.5.31)可简写为

$$
-\frac{\partial}{\partial\boldsymbol{v}}\cdot(f^{(i)}\Gamma^{(i)}\frac{\partial H^{(i)}(\boldsymbol{v})}{\partial\boldsymbol{v}})+\frac{1}{2}\frac{\partial^2}{\partial\boldsymbol{v}\partial\boldsymbol{v}}:(f^{(i)}\Gamma^{(i)}\frac{\partial^2 G^{(i)}(\boldsymbol{v})}{\partial\boldsymbol{v}\partial\boldsymbol{v}})=
$$

$$
\frac{1}{v^2}\frac{\partial}{\partial v}\left[A(v)f^{(i)}+C(v)\frac{\partial f^{(i)}}{\partial v}\right]+\frac{B(v)}{v^2}\frac{\partial}{\partial\mu}\left[(1-\mu^2)\frac{\partial f^{(i)}}{\partial\mu}\right]+\frac{B(v)}{v^2}\frac{1}{(1-\mu^2)}\frac{\partial^2 f^{(i)}}{\partial\omega^2} \tag{2.5.32}
$$

其中

$$\begin{cases}A(v)=-v^2\Gamma^{(i)}\dfrac{\partial H^{(i)}(v)}{\partial v}+\dfrac{v^2}{2}\Gamma^{(i)}\dfrac{\partial^3 G^{(i)}}{\partial v^3}+v\Gamma^{(i)}\dfrac{\partial^2 G^{(i)}}{\partial v^2}-\Gamma^{(i)}\dfrac{\partial G^{(i)}}{\partial v}\\ B(v)=\dfrac{1}{2v}\Gamma^{(i)}\dfrac{\partial G^{(i)}}{\partial v}\\ C(v)=\dfrac{v^2}{2}\Gamma^{(i)}\dfrac{\partial^2 G^{(i)}}{\partial v^2}\end{cases}\tag{2.5.33}$$

将式(2.5.16)~式(2.5.19)代入,可得

$$A(v)=\sum_{j=1}^{S}\left(\frac{q^{(j)}}{q^{(i)}}\right)^2\Gamma^{(i)}n_j\frac{m^{(i)}}{m^{(j)}}\Phi_1(\sqrt{\alpha_j}v)\quad\left(\alpha_j=\frac{m_j}{2kT_j}\right)\tag{2.5.34}$$

$$B(v)=\frac{1}{2v}\sum_{j=1}^{S}\left(\frac{q^{(j)}}{q^{(i)}}\right)^2\Gamma^{(i)}n_j\left[\Phi_1(\sqrt{\alpha_j}v)\left(1-\frac{1}{2\alpha_j v^2}\right)+\frac{2\sqrt{\alpha_j}v}{\sqrt{\pi}}\exp(-\alpha_j v^2)\right]\tag{2.5.35}$$

$$C(v)=\sum_{j=1}^{S}\left(\frac{q^{(j)}}{q^{(i)}}\right)^2\Gamma^{(i)}\frac{n_j}{2\alpha_j v}\Phi_1(\sqrt{\alpha_j}v)\tag{2.5.36}$$

$$\Gamma^{(i)}=\frac{4\pi(q^{(i)})^4}{(m^{(i)})^2}\ln\Lambda\tag{2.5.37}$$

$$\ln\Lambda=\ln\frac{3\lambda_D kT}{q^{(i)}q^{(j)}},\lambda_D=\sqrt{\frac{kT}{4\pi\sum\limits_{i=1}^{S}N^{(i)}(q^{(i)})^2}}\tag{2.5.38}$$

结论:背景粒子处于局域热力学平衡态时,第j种组分的背景粒子的分布函数$f^{(j)}(\boldsymbol{r},\boldsymbol{v},t)$为麦克斯韦分布,在背景粒子中输运的第$i$种组分带电粒子的分布函数$f^{(i)}(\boldsymbol{r},v,\mu,\omega,t)$满足的 Fokker - Planck 方程为

$$\frac{\partial f^{(i)}}{\partial t}+\boldsymbol{v}\cdot\frac{\partial f^{(i)}}{\partial \boldsymbol{r}}+\frac{\boldsymbol{F}(i)}{m^{(i)}}\cdot\frac{\partial f^{(i)}}{\partial \boldsymbol{v}}=$$

$$\frac{1}{v^2}\frac{\partial}{\partial v}\left[A(v)f^{(i)}+C(v)\frac{\partial f^{(i)}}{\partial v}\right]+\frac{B(v)}{v^2}\frac{\partial}{\partial\mu}\left[(1-\mu^2)\frac{\partial f^{(i)}}{\partial\mu}\right]+\frac{B(v)}{v^2}\frac{1}{(1-\mu^2)}\frac{\partial^2 f^{(i)}}{\partial\omega^2}\tag{2.5.39}$$

其中系数由式(2.5.34)、式(2.5.35)、式(2.5.36)给出。

【注】因为

$$H^{(i)}(\boldsymbol{v})=\sum_{j=1}^{S}\frac{m^{(i)}+m^{(j)}}{m^{(j)}}\left(\frac{q^{(j)}}{q^{(i)}}\right)^2\frac{n_j}{v^{(i)}}\Phi(\sqrt{\alpha_j}v)$$

其中

$$\Phi(x)=\frac{2}{\sqrt{\pi}}\int_0^x e^{-z^2}dz\qquad\left(\alpha_j=\frac{m_j}{2kT_j}\right)$$

所以,有

$$\frac{\partial H^{(i)}(v)}{\partial v} = \sum_{j=1}^{S} \frac{m^{(i)} + m^{(j)}}{m^{(j)}}\left(\frac{q^{(j)}}{q^{(i)}}\right)^2 \left[\frac{n_j \sqrt{\alpha_j} v}{v^2}\Phi'(\sqrt{\alpha_j}v) - \frac{n_j}{v^2}\Phi(\sqrt{\alpha_j}v)\right]$$

$$= \sum_{j=1}^{S} \frac{m^{(i)} + m^{(j)}}{m^{(j)}}\left(\frac{q^{(j)}}{q^{(i)}}\right)^2 \frac{n_j}{v^2}[-\Phi_1(\sqrt{\alpha_j}v)]$$

其中

$$\Phi_1(x) = \Phi(x) - x\frac{\mathrm{d}\Phi}{\mathrm{d}x} = \Phi(x) - \frac{2}{\sqrt{\pi}}x\mathrm{e}^{-x^2}$$

又因为

$$G^{(i)}(v) = \sum_{j=1}^{S}\left(\frac{q^{(j)}}{q^{(i)}}\right)^2 n_j\left\{\left[v + \frac{1}{2v\alpha_j}\right]\Phi(\sqrt{\alpha_j}v) + \frac{1}{\sqrt{\pi}\alpha_j^{1/2}}\mathrm{e}^{-\alpha_j v^2}\right\}$$

故

$$\frac{\partial G^{(i)}(v)}{\partial v} = \sum_{j=1}^{S}\left(\frac{q^{(j)}}{q^{(i)}}\right)^2 n_j\left\{\left[1 - \frac{1}{2v^2\alpha_j}\right]\Phi(\sqrt{\alpha_j}v) + \left[v + \frac{1}{2v\alpha_j}\right]\sqrt{\alpha_j}\Phi'(\sqrt{\alpha_j}v)\right.$$

$$\left.- \frac{2\alpha_j^{1/2}v}{\sqrt{\pi}}\mathrm{e}^{-\alpha_j v^2}\right\} = \sum_{j=1}^{S}\left(\frac{q^{(j)}}{q^{(i)}}\right)^2 n_j\left\{\begin{aligned}&\Phi_1(\sqrt{\alpha_j}v) - \frac{1}{2v^2\alpha_j}[\Phi(\sqrt{\alpha_j}v)\\&- \sqrt{\alpha_j}v\Phi'(\sqrt{\alpha_j}v)] + v\sqrt{\alpha_j}\Phi'(\sqrt{\alpha_j}v)\end{aligned}\right\} =$$

$$\sum_{j=1}^{S}\left(\frac{q^{(j)}}{q^{(i)}}\right)^2 n_j\left\{\Phi_1(\sqrt{\alpha_j}v)\left[1 - \frac{1}{2v^2\alpha_j}\right] + \sqrt{\alpha_j}v\frac{2}{\sqrt{\pi}}\mathrm{e}^{-\alpha_j v^2}\right\}$$

即

$$\frac{\partial G^{(i)}(v)}{\partial v} = \sum_{j=1}^{S}\left(\frac{q^{(j)}}{q^{(i)}}\right)^2 n_j\left\{\Phi_1(\sqrt{\alpha_j}v)\left[1 - \frac{1}{2v^2\alpha_j}\right] + \sqrt{\alpha_j}v\frac{2}{\sqrt{\pi}}\mathrm{e}^{-\alpha_j v^2}\right\}$$

故

$$\frac{\partial^2 G^{(i)}(v_i)}{\partial (v_i)^2} = \sum_{j=1}^{S}\left(\frac{q^{(j)}}{q^{(i)}}\right)^2 n_j\left\{\begin{aligned}&\sqrt{\alpha_j}\Phi'_1(\sqrt{\alpha_j}v_i)\left[1 - \frac{1}{2v_i^2\alpha_j}\right] + \Phi_1(\sqrt{\alpha_j}v_i)\left[\frac{1}{\alpha_j v_i^3}\right] +\\&\sqrt{\alpha_j}\frac{2}{\sqrt{\pi}}\mathrm{e}^{-\alpha_j(v_i)^2} - \sqrt{\alpha_j}v_i\frac{4\alpha_j v_i}{\sqrt{\pi}}\mathrm{e}^{-\alpha_j(v_i)^2}\end{aligned}\right\} =$$

$$\sum_{j=1}^{S}\left(\frac{q^{(j)}}{q^{(i)}}\right)^2 n_j\left\{\begin{aligned}&\sqrt{\alpha_j}\Phi'_1(\sqrt{\alpha_j}v_i)\left[1 - \frac{1}{2v_i^2\alpha_j}\right] + \Phi_1(\sqrt{\alpha_j}\nu_i)\left[\frac{1}{\alpha_j v_i^3}\right] +\\&\sqrt{\alpha_j}\frac{4\alpha_j v_i^2}{\sqrt{\pi}}\mathrm{e}^{-\alpha_j(\nu_i)^2}\left[\frac{1}{2\alpha_j v_i^2} - 1\right]\end{aligned}\right\}$$

因为

$$\Phi'_1(x) = \Phi'(x) - \frac{2}{\sqrt{\pi}}(\mathrm{e}^{-x^2} + x\mathrm{e}^{-x^2}(-2x)) = \frac{4x^2}{\sqrt{\pi}}\mathrm{e}^{-x^2}$$

所以,有

$$\frac{\partial^2 G^{(i)}(v)}{\partial v^2} = \sum_{j=1}^{S}\left(\frac{q^{(j)}}{q^{(i)}}\right)^2 \frac{n_j}{\alpha_j v^3}\Phi_1(\sqrt{\alpha_j}v)$$

注意到

$$\Phi'_1(x) = \frac{4x^2}{\sqrt{\pi}}e^{-x^2}$$

$$\frac{\partial^3 G^{(i)}(v)}{\partial v^3} = \sum_{j=1}^{S}\left(\frac{q^{(j)}}{q^{(i)}}\right)^2 n_j\left[-\frac{3}{\alpha_j v^4}\Phi_1(\sqrt{\alpha_j}v) + \frac{4\sqrt{\alpha_j}}{\sqrt{\pi}v}\exp(-\alpha_j v^2)\right]$$

注毕。

2.6 Fokker - Planck - Landau 方程及其性质

2.6.1 Fokker - Planck - Landau 碰撞项

一般情况下,Fokker - Planck 碰撞项(式(2.4.34))可以写为粒子流矢量在速度空间的散度形式,即

$$\left(\frac{\partial f^{(i)}}{\partial t}\right)_{F-P} = -\frac{\partial}{\partial \boldsymbol{v}}\cdot \boldsymbol{S}^{(i)}(\boldsymbol{v}) \tag{2.6.1}$$

其中速度空间 i 类粒子流矢量为

$$\boldsymbol{S}^{(i)}(\boldsymbol{v}) = f^{(i)}\Gamma^{(i)}\frac{\partial H^{(i)}(\boldsymbol{v})}{\partial \boldsymbol{v}} - \frac{1}{2}\frac{\partial}{\partial \boldsymbol{v}}\cdot\left(f^{(i)}\Gamma^{(i)}\frac{\partial^2 G^{(i)}(\boldsymbol{v})}{\partial \boldsymbol{v}\partial \boldsymbol{v}}\right) \tag{2.6.2}$$

式中:$H^{(i)}(\boldsymbol{v})$、$G^{(i)}(\boldsymbol{v}_i)$、$\Gamma^{(i)}$ 分别由式(2.4.30)、式(2.4.31)、式(2.4.32)给出,即

$$H^{(i)}(\boldsymbol{v}) = \sum_{j=1}^{S}\frac{m_i + m_j}{m_j}\left(\frac{q_j}{q_i}\right)^2\int d\boldsymbol{w} f^{(j)}(\boldsymbol{w})\frac{1}{u}$$

$$G^{(i)}(\boldsymbol{v}_i) = \sum_{j=1}^{S}\left(\frac{q_j}{q_i}\right)^2\int d\boldsymbol{w} f^{(j)}(\boldsymbol{w})u$$

$$\Gamma^{(i)} = 4\pi\frac{q_i^4}{m_i^2}\ln\Lambda$$

注意此处第 j 种组分的背景粒子的分布函数 $f^{(j)}(\boldsymbol{r},\boldsymbol{v},t)$ 不是平衡麦克斯韦分布。

下面求 $\boldsymbol{S}(\boldsymbol{v})$ 的具体表达式。它的右端项中

$$\text{I} \equiv f^{(i)}\Gamma^{(i)}\frac{\partial H^{(i)}}{\partial \boldsymbol{v}} = f^{(i)}\Gamma^{(i)}\sum_{j=1}^{S}\frac{m^{(i)} + m^{(j)}}{m^{(j)}}\left(\frac{q^{(j)}}{q^{(i)}}\right)^2\int d\boldsymbol{w} f^{(j)}(\boldsymbol{w})\frac{\partial}{\partial \boldsymbol{v}}\left(\frac{1}{u}\right) \tag{2.6.3}$$

$$\text{II} \equiv \frac{1}{2}\frac{\partial}{\partial \boldsymbol{v}}\cdot\left[f^{(i)}\Gamma^{(i)}\frac{\partial^2 G^{(i)}}{\partial \boldsymbol{v}\partial \boldsymbol{v}}\right] = \frac{1}{2}\frac{\partial}{\partial \boldsymbol{v}}\cdot\left[f^{(i)}\Gamma^{(i)}\sum_{j=1}^{S}\left(\frac{q^{(j)}}{q^{(i)}}\right)^2\int d\boldsymbol{w} f^{(j)}(\boldsymbol{w})\frac{\partial^2 u}{\partial \boldsymbol{v}\partial \boldsymbol{v}}\right] \tag{2.6.4}$$

前面已经证明(见式(2.4.26)、式(2.4.27))

$$\frac{\partial^2 u}{\partial \boldsymbol{v}\partial \boldsymbol{v}} = \frac{u^2\boldsymbol{I} - \boldsymbol{u}\boldsymbol{u}}{u^3} \equiv \boldsymbol{q} \quad (\boldsymbol{q}\text{ 为对称张量}) \tag{2.6.5}$$

$$\frac{\partial}{\partial \boldsymbol{v}}\left(\frac{1}{u}\right) = -\frac{\boldsymbol{u}}{u^3} = \frac{1}{2}\frac{\partial}{\partial \boldsymbol{v}} \cdot \boldsymbol{q} \tag{2.6.6}$$

式(2.6.6)最后一个等式的证明。因为

$$\frac{\partial}{\partial \boldsymbol{v}} \cdot \boldsymbol{q} \equiv \frac{\partial}{\partial \boldsymbol{v}} \cdot \left[\frac{u^2\boldsymbol{I} - \boldsymbol{uu}}{u^3}\right] = \boldsymbol{e}_\alpha \cdot \boldsymbol{e}_\beta \boldsymbol{e}_\gamma \frac{\partial}{\partial v_\alpha}\left[\frac{u^2\delta_{\beta\gamma} - u_\beta u_\gamma}{u^3}\right] =$$

$$\boldsymbol{e}_\gamma \frac{\partial}{\partial v_\beta}\left[\frac{u^2\delta_{\beta\gamma} - u_\beta u_\gamma}{u^3}\right] = \boldsymbol{e}_\gamma \frac{\partial}{\partial v_\beta}\left[\frac{\delta_{\beta\gamma}}{u}\right] - \boldsymbol{e}_\gamma \frac{\partial}{\partial v_\beta}\left[\frac{u_\beta u_\gamma}{u^3}\right] =$$

$$-\frac{1}{u^2}\boldsymbol{e}_\gamma \delta_{\beta\gamma}\frac{\partial u}{\partial v_\beta} - \boldsymbol{e}_\gamma \frac{1}{u^6}\left[u^3 u_\beta \frac{\partial}{\partial v_\beta}(u_\gamma) + u^3 \frac{\partial}{\partial v_\beta}(u_\beta)u_\gamma - (u_\beta u_\gamma)3u^2 \frac{\partial u}{\partial v_\beta}\right] =$$

$$-\frac{1}{u^2}\boldsymbol{e}_\gamma \delta_{\beta\gamma}\frac{u_\beta}{u} - \boldsymbol{e}_\gamma \frac{1}{u^6}[u^3 u_\beta \delta_{\beta\gamma} + u^3 3u_\gamma - (u_\gamma)3u^3] = -\frac{\boldsymbol{u}}{u^3} - \frac{\boldsymbol{u}}{u^3} = -\frac{2\boldsymbol{u}}{u^3}$$

所以,有

$$\frac{1}{2}\frac{\partial}{\partial \boldsymbol{v}} \cdot \boldsymbol{q} = -\frac{\boldsymbol{u}}{u^3}$$

注意到:

(1) 对相对速度 $\boldsymbol{u} = \boldsymbol{v} - \boldsymbol{w}$ 的任意函数 $g(\boldsymbol{u})$,有

$$\frac{\partial g(\boldsymbol{u})}{\partial \boldsymbol{v}} = -\frac{\partial g(\boldsymbol{u})}{\partial \boldsymbol{w}} \tag{2.6.7}$$

(2) 对任意矢量 $\boldsymbol{A}$ 与对称张量 $\boldsymbol{q}$ 的点击满足交换律,即

$$\boldsymbol{A} \cdot \boldsymbol{q} = \boldsymbol{q} \cdot \boldsymbol{A}\text{(当 } \boldsymbol{q} \text{ 为对称张量时,否则不然)} \tag{2.6.8}$$

利用式(2.6.5)、式(2.6.6)、式(2.6.3)、式(2.6.4)变为

$$\text{I} \equiv f^{(i)}\Gamma^{(i)}\frac{\partial H^{(i)}}{\partial \boldsymbol{v}} = \frac{1}{2}f^{(i)}\Gamma^{(i)}\sum_{j=1}^{S}\frac{m^{(i)} + m^{(j)}}{m^{(j)}}\left(\frac{q^{(j)}}{q^{(i)}}\right)^2\int \mathrm{d}\boldsymbol{w} f^{(j)}(\boldsymbol{w})\frac{\partial}{\partial \boldsymbol{v}} \cdot \boldsymbol{q} \tag{2.6.9}$$

$$\text{II} \equiv \frac{1}{2}\frac{\partial}{\partial \boldsymbol{v}} \cdot \left[f^{(i)}\Gamma^{(i)}\frac{\partial^2 G^{(i)}}{\partial \boldsymbol{v}\partial \boldsymbol{v}}\right] = \frac{1}{2}\Gamma^{(i)}\sum_{j=1}^{S}\left(\frac{q^{(j)}}{q^{(i)}}\right)^2\int \mathrm{d}\boldsymbol{w} f^{(j)}(\boldsymbol{w})\frac{\partial}{\partial \boldsymbol{v}} \cdot (f^{(i)}\boldsymbol{q}) \tag{2.6.10}$$

在式(2.6.9)中,注意到

$$\frac{\partial}{\partial \boldsymbol{v}} \cdot \boldsymbol{q} = -\frac{\partial}{\partial \boldsymbol{w}} \cdot \boldsymbol{q}$$

$$-\int \mathrm{d}\boldsymbol{w} f^{(j)}(\boldsymbol{w})\frac{\partial}{\partial \boldsymbol{w}} \cdot \boldsymbol{q} = -\int \mathrm{d}\boldsymbol{w}\frac{\partial}{\partial \boldsymbol{w}} \cdot [f^{(j)}(\boldsymbol{w})\boldsymbol{q}] + \int \mathrm{d}\boldsymbol{w}\frac{\partial f^{(j)}(\boldsymbol{w})}{\partial \boldsymbol{w}} \cdot \boldsymbol{q} =$$

$$\int \mathrm{d}\boldsymbol{w}\frac{\partial f^{(j)}(\boldsymbol{w})}{\partial \boldsymbol{w}} \cdot \boldsymbol{q}$$

故式(2.6.9)变为

$$\text{I} \equiv f^{(i)}\Gamma^{(i)}\frac{\partial H^{(i)}}{\partial \boldsymbol{v}} = \sum_{j=1}^{S}\int \mathrm{d}\boldsymbol{w}\frac{1}{2}\Gamma^{(i)}\left(\frac{q^{(j)}}{q^{(i)}}\right)^2 \boldsymbol{q} \cdot f^{(i)}(\boldsymbol{v})\frac{\partial f^{(j)}(\boldsymbol{w})}{\partial \boldsymbol{w}}\frac{m^{(i)} + m^{(j)}}{m^{(j)}} \tag{2.6.11}$$

式(2.6.11)可写为

$$\mathrm{I} \equiv f^{(i)}\Gamma^{(i)}\frac{\partial H^{(i)}}{\partial \boldsymbol{v}} = -\sum_{j=1}^{S}\int \mathrm{d}\boldsymbol{w}\boldsymbol{Q}\cdot\left[f^{(i)}(\boldsymbol{v})\frac{\partial f^{(j)}(\boldsymbol{w})}{\partial \boldsymbol{w}}\right]\frac{m^{(i)}+m^{(j)}}{m^{(j)}} \tag{2.6.12}$$

其中

$$\boldsymbol{Q} = -\frac{1}{2}\Gamma^{(i)}\left(\frac{q^{(j)}}{q^{(i)}}\right)^2\boldsymbol{q} = -2\pi\left(\frac{q^{(i)}q^{(j)}}{m_i}\right)^2\ln\Lambda\boldsymbol{q} \tag{2.6.13}$$

在(2.6.10)中,有

$$\begin{aligned}\mathrm{II} &\equiv \frac{1}{2}\frac{\partial}{\partial \boldsymbol{v}}\cdot\left[f^{(i)}\Gamma^{(i)}\frac{\partial^2 G^{(i)}}{\partial \boldsymbol{v}\partial \boldsymbol{v}}\right] = \frac{1}{2}\Gamma^{(i)}\sum_{j=1}^{S}\left(\frac{q^{(j)}}{q^{(i)}}\right)^2\int \mathrm{d}\boldsymbol{w}f^{(j)}(\boldsymbol{w})\frac{\partial}{\partial \boldsymbol{v}}\cdot(f^{(i)}\boldsymbol{q}) = \\ &\frac{1}{2}f^{(i)}\Gamma^{(i)}\sum_{j=1}^{S}\left(\frac{q^{(j)}}{q^{(i)}}\right)^2\int \mathrm{d}\boldsymbol{w}f^{(j)}(\boldsymbol{w})\frac{\partial}{\partial \boldsymbol{v}}\cdot\boldsymbol{q} + \\ &\frac{1}{2}\Gamma^{(i)}\sum_{j=1}^{S}\left(\frac{q^{(j)}}{q^{(i)}}\right)^2\int \mathrm{d}\boldsymbol{w}f^{(j)}(\boldsymbol{w})\frac{\partial f^{(i)}}{\partial \boldsymbol{v}}\cdot\boldsymbol{q}\end{aligned} \tag{2.6.14}$$

由于

$$\begin{aligned}\int \mathrm{d}\boldsymbol{w}f^{(j)}(\boldsymbol{w})\frac{\partial}{\partial \boldsymbol{v}}\cdot\boldsymbol{q} &= -\int \mathrm{d}\boldsymbol{w}f^{(j)}(\boldsymbol{w})\frac{\partial}{\partial \boldsymbol{w}}\cdot\boldsymbol{q} = \int \mathrm{d}\boldsymbol{w}\frac{\partial f^{(j)}(\boldsymbol{w})}{\partial \boldsymbol{w}}\cdot\boldsymbol{q} \\ &= \int \mathrm{d}\boldsymbol{w}\boldsymbol{q}\cdot\frac{\partial f^{(j)}(\boldsymbol{w})}{\partial \boldsymbol{w}}\end{aligned}$$

由 $\boldsymbol{Q}$ 的定义式(2.6.13)可知式(2.6.14)的右边第一项为

$$-\sum_{j=1}^{S}\int \mathrm{d}\boldsymbol{w}\boldsymbol{Q}\cdot\left[f^{(i)}(\boldsymbol{v})\frac{\partial f^{(j)}(\boldsymbol{w})}{\partial \boldsymbol{w}}\right]$$

式(2.6.14)右边第二项为

$$-\sum_{j=1}^{S}\int \mathrm{d}\boldsymbol{w}\boldsymbol{Q}\cdot\left[f^{(j)}(\boldsymbol{w})\frac{\partial f^{(i)}(\boldsymbol{v})}{\partial \boldsymbol{v}}\right]$$

故式(2.6.14)变为

$$\begin{aligned}\mathrm{II} &\equiv \frac{1}{2}\frac{\partial}{\partial \boldsymbol{v}}\cdot\left[f^{(i)}\Gamma^{(i)}\frac{\partial^2 G^{(i)}}{\partial \boldsymbol{v}\partial \boldsymbol{v}}\right] \\ &= -\sum_{j=1}^{S}\int \mathrm{d}\boldsymbol{w}\boldsymbol{Q}\cdot\left[f^{(i)}(\boldsymbol{v})\frac{\partial f^{(j)}(\boldsymbol{w})}{\partial \boldsymbol{w}}\right] - \\ &\sum_{j=1}^{S}\int \mathrm{d}\boldsymbol{w}\boldsymbol{Q}\cdot\left[f^{(j)}(\boldsymbol{w})\frac{\partial f^{(i)}(\boldsymbol{v})}{\partial \boldsymbol{v}}\right]\end{aligned} \tag{2.6.15}$$

由式(2.6.12)与式(2.6.15)之差,得

$$\boldsymbol{S}^{(i)}(\boldsymbol{v}) = \mathrm{I} - \mathrm{II} = \sum_{j=1}^{S}\int d\boldsymbol{w}\boldsymbol{Q}\cdot\left[f^{(j)}(\boldsymbol{w})\frac{\partial f^{(i)}(\boldsymbol{v})}{\partial \boldsymbol{v}} - \frac{m^{(i)}}{m^{(j)}}f^{(i)}(\boldsymbol{v})\frac{\partial f^{(j)}(\boldsymbol{w})}{\partial \boldsymbol{w}}\right] \tag{2.6.16}$$

称

$$\left(\frac{\partial f^{(i)}}{\partial t}\right)_{F-P-L} \equiv -\frac{\partial}{\partial \boldsymbol{v}} \cdot \boldsymbol{S}^{(i)}(\boldsymbol{v})$$

为 Fokker - Planck - Landau 碰撞项，将式(2.6.16)代入，有 Fokker - Planck - Landau 碰撞项为

$$\left(\frac{\partial f^{(i)}}{\partial t}\right)_{F-P-L} \equiv$$

$$m^{(i)} \frac{\partial}{\partial \boldsymbol{v}} \cdot \left\{ \sum_{j=1}^{S} \int \mathrm{d}\boldsymbol{w} \boldsymbol{Q} \cdot \left[\frac{1}{m^{(j)}} f^{(i)}(\boldsymbol{v}) \frac{\partial f^{(j)}(\boldsymbol{w})}{\partial \boldsymbol{w}} - \frac{1}{m^{(i)}} f^{(j)}(\boldsymbol{w}) \frac{\partial f^{(i)}(\boldsymbol{v})}{\partial \boldsymbol{v}} \right] \right\} \tag{2.6.17}$$

$\boldsymbol{Q}$ 的定义式为式(2.6.13)。而

$$\frac{\partial f^{(i)}}{\partial t} + \boldsymbol{v} \cdot \frac{\partial f^{(i)}}{\partial \boldsymbol{r}} + \frac{\boldsymbol{F}^{(i)}}{m^{(i)}} \cdot \frac{\partial f^{(i)}}{\partial \boldsymbol{v}} = \left(\frac{\partial f^{(i)}}{\partial t}\right)_{F-P-L} \tag{2.6.18}$$

称为 Fokker - Planck - Landau 方程。

以 $\boldsymbol{p} = m\boldsymbol{v}$ 代替速度变量，注意到

$$\mathrm{d}\boldsymbol{p} = m^3 \mathrm{d}\boldsymbol{v}, f(\boldsymbol{p})\mathrm{d}\boldsymbol{p} = f(\boldsymbol{v})\mathrm{d}\boldsymbol{v}, f(\boldsymbol{p}) = f(\boldsymbol{v})/m^3$$

$$\frac{\partial}{\partial \boldsymbol{p}} \cdot f(\boldsymbol{p}) = \frac{1}{m} \frac{\partial}{\partial \boldsymbol{v}} \cdot f(\boldsymbol{v})$$

则 $f^{(i)}(\boldsymbol{r}, \boldsymbol{p}, t)$ 满足的 Fokker - Planck - Landau 方程(式(2.6.17)、式(2.6.18))变为

$$\frac{\partial f^{(i)}(\boldsymbol{p})}{\partial t} + \frac{\boldsymbol{p}}{m^{(i)}} \cdot \frac{\partial f^{(i)}}{\partial \boldsymbol{r}} + \boldsymbol{F}^{(i)} \cdot \frac{\partial f^{(i)}}{\partial \boldsymbol{p}} = \left(\frac{\partial f^{(i)}(\boldsymbol{p})}{\partial t}\right)_{F-P-L} \tag{2.6.19}$$

$$\left(\frac{\partial f^{(i)}(\boldsymbol{p})}{\partial t}\right)_{F-P-L} = \frac{\partial}{\partial \boldsymbol{p}} \cdot \left\{ \sum_{j=1}^{S} \int \mathrm{d}\boldsymbol{p}^{(j)} \boldsymbol{O} \cdot \right.$$

$$\left. \left[f^{(i)}(\boldsymbol{p}) \frac{\partial f^{(j)}(\boldsymbol{p}^{(j)})}{\partial \boldsymbol{p}^{(j)}} - f^{(j)}(\boldsymbol{p}^{(j)}) \frac{\partial f^{(i)}(\boldsymbol{p})}{\partial \boldsymbol{p}} \right] \right\} \tag{2.6.20}$$

其中

$$\boldsymbol{O} = m_i^2 \boldsymbol{Q} = -2\pi (q^{(i)} q^{(j)})^2 \ln \Lambda \boldsymbol{q}$$

$$\boldsymbol{q} = \frac{u^2 \boldsymbol{I} - \boldsymbol{u}\boldsymbol{u}}{u^3}$$

例 电子分布函数满足的 Fokker - Planck - Landau 方程和电子离子碰撞频率的导出。

设等离子体中只有电子和一种离子成分，则由式(2.6.17)、式(2.6.18)得电子分布函数 $f^{(e)}(\boldsymbol{r}, \boldsymbol{v}, t)$ 满足的 Fokker - Planck - Landau 方程为

$$\frac{\partial f^{(e)}}{\partial t} + \boldsymbol{v} \cdot \frac{\partial f^{(e)}}{\partial \boldsymbol{r}} + \frac{\boldsymbol{F}^{(e)}}{m_e} \cdot \frac{\partial f^{(e)}}{\partial \boldsymbol{v}} = \left(\frac{\partial f^{(e)}}{\partial t}\right)_{F-P-L}$$

其中

$$\left(\frac{\partial f^{(e)}}{\partial t}\right)_{F-P-L}=\left(\frac{\partial f^{(e-e)}}{\partial t}\right)_{F-P-L}+\left(\frac{\partial f^{(e-i)}}{\partial t}\right)_{F-P-L}$$

$$\left(\frac{\partial f^{(e-e)}}{\partial t}\right)_{F-P-L}=\frac{\partial}{\partial \boldsymbol{v}}\cdot\left\{\int \mathrm{d}\boldsymbol{w}\boldsymbol{Q}_{e-e}\cdot\left[f^{(e)}(\boldsymbol{v})\frac{\partial f^{(e)}(\boldsymbol{w})}{\partial \boldsymbol{w}}-f^{(e)}(\boldsymbol{w})\frac{\partial f^{(e)}(\boldsymbol{v})}{\partial \boldsymbol{v}}\right]\right\}$$

$$\left(\frac{\partial f^{(e-i)}}{\partial t}\right)_{F-P-L}=\frac{\partial}{\partial \boldsymbol{v}}\cdot\left\{\int \mathrm{d}\boldsymbol{w}\boldsymbol{Q}_{e-i}\cdot\left[\frac{m_e}{m_i}f^{(e)}(\boldsymbol{v})\frac{\partial f^{(i)}(\boldsymbol{w})}{\partial \boldsymbol{w}}-f^{(i)}(\boldsymbol{w})\frac{\partial f^{(e)}(\boldsymbol{v})}{\partial \boldsymbol{v}}\right]\right\}$$

由式(2.6.13)得

$$\boldsymbol{Q}_{e-e}=-2\pi\left(\frac{e^2}{m_e}\right)^2\ln\Lambda_{ee}\frac{u_{ee}^2\boldsymbol{I}-\boldsymbol{u}_{ee}\boldsymbol{u}_{ee}}{u_{ee}^3}$$

$$\boldsymbol{Q}_{e-i}=-2\pi\left(\frac{Ze^2}{m_e}\right)^2\ln\Lambda_{ei}\frac{u_{ei}^2\boldsymbol{I}-\boldsymbol{u}_{ei}\boldsymbol{u}_{ei}}{u_{ei}^3}$$

设相对于电子的速度,离子可认为不动,则

$$\boldsymbol{u}_{ei}=\boldsymbol{v}-\boldsymbol{w}=\boldsymbol{v}$$

$$\boldsymbol{Q}_{e-i}=-2\pi\left(\frac{Ze^2}{m_e}\right)^2\ln\Lambda_{ei}\frac{v^2\boldsymbol{I}-\boldsymbol{v}\boldsymbol{v}}{v^3}$$

与离子速度 $\boldsymbol{w}$ 无关,注意到

$$\int \mathrm{d}\boldsymbol{w}\frac{\partial f^{(i)}(\boldsymbol{w})}{\partial \boldsymbol{w}}=0,\int \mathrm{d}\boldsymbol{w}f^{(i)}(\boldsymbol{w})=n^{(i)}(\boldsymbol{r},t)$$

式中:$n^{(i)}(\boldsymbol{r},t)$ 为 i 类离子的数密度,故

$$\int \mathrm{d}\boldsymbol{w}\left[\frac{m_e}{m_i}f^{(e)}(\boldsymbol{v})\frac{\partial f^{(i)}(\boldsymbol{w})}{\partial \boldsymbol{w}}-f^{(i)}(\boldsymbol{w})\frac{\partial f^{(e)}(\boldsymbol{v})}{\partial \boldsymbol{v}}\right]=-\int \mathrm{d}\boldsymbol{w}f^{(i)}(\boldsymbol{w})\frac{\partial f^{(e)}(\boldsymbol{v})}{\partial \boldsymbol{v}}=-n^{(i)}\frac{\partial f^{(e)}(\boldsymbol{v})}{\partial \boldsymbol{v}}$$

则电子—离子碰撞项为

$$\left(\frac{\partial f^{(e-i)}}{\partial t}\right)_{F-P-L}=2\pi\left(\frac{Ze^2}{m_e}\right)^2n^{(i)}\ln\Lambda_{ei}\frac{\partial}{\partial \boldsymbol{v}}\cdot\left\{\frac{v^2\boldsymbol{I}-\boldsymbol{v}\boldsymbol{v}}{v^3}\cdot\frac{\partial f^{(e)}(\boldsymbol{v})}{\partial \boldsymbol{v}}\right\}=\frac{2\pi n_eZe^4\ln\Lambda_{ei}}{m_e^2}\frac{\partial}{\partial \boldsymbol{v}}\cdot\left\{\frac{v^2\boldsymbol{I}-\boldsymbol{v}\boldsymbol{v}}{v^3}\cdot\frac{\partial f^{(e)}(\boldsymbol{v})}{\partial \boldsymbol{v}}\right\}$$

此时,电子分布函数满足的 Fokker - Planck - Landau 方程为

$$\frac{\partial f^{(e)}}{\partial t}+\boldsymbol{v}\cdot\frac{\partial f^{(e)}}{\partial \boldsymbol{r}}-\frac{e}{m_e}\left(\boldsymbol{E}+\frac{1}{c}\boldsymbol{v}\times\boldsymbol{B}\right)\cdot\frac{\partial f^{(e)}}{\partial \boldsymbol{v}}=\frac{2\pi n_eZe^4\ln\Lambda_{ei}}{m_e^2}\frac{\partial}{\partial \boldsymbol{v}}\cdot\left\{\frac{v^2\boldsymbol{I}-\boldsymbol{v}\boldsymbol{v}}{v^3}\cdot\frac{\partial f^{(e)}(\boldsymbol{v})}{\partial \boldsymbol{v}}\right\}+\left(\frac{\partial f^{(e-e)}}{\partial t}\right)_{F-P-L}$$

下面考察处在小振幅扰动电场 $\boldsymbol{E}$ 中的电子的运动行为。设电子的分布函数 f_e 在空间分布均匀,即 f_e 与空间坐标 $\boldsymbol{r}$ 无关,则有 $f_e(\boldsymbol{v},t)$ 满足的方程为

$$\frac{\partial f^{(e)}}{\partial t}-\frac{e}{m_e}\boldsymbol{E}\cdot\frac{\partial f^{(e)}}{\partial \boldsymbol{v}}=A\frac{\partial}{\partial \boldsymbol{v}}\cdot\left\{\frac{v^2\boldsymbol{I}-\boldsymbol{vv}}{v^3}\cdot\frac{\partial f^{(e)}(\boldsymbol{v})}{\partial \boldsymbol{v}}\right\}+C_{ee}(f^{(e)})$$

其中

$$A=\frac{2\pi n_e Z e^4 \ln\Lambda_{ei}}{m_e^2}$$

如图 2-2 所示,取电场 $\boldsymbol{E}$ 沿 z 轴方向,电子速度 $\boldsymbol{v}=v\boldsymbol{\Omega}$,则

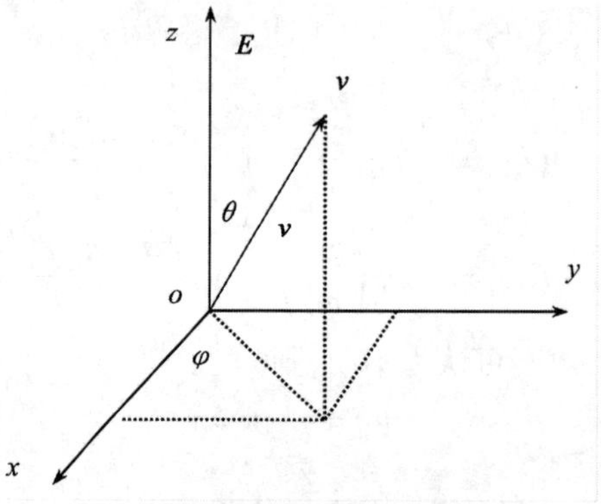

图 2-2 速度空间的球坐标系

$$f^{(e)}(\boldsymbol{v},t)=f^{(e)}(v,\mu,t),\mu\equiv\boldsymbol{\Omega}\cdot\boldsymbol{e}_z=\cos\theta$$

将 $f^{(e)}(v,\mu,t)$ 用 Legendre 多项式展开,取到一阶项,得

$$f^{(e)}(v,\mu,t)=f_0(v,t)+f_1(v,t)\cos\theta \qquad (f_0(v,t)\gg f_1(v,t))$$

其中

$$f_0(v,t)=n_e\left(\frac{m_e}{2\pi kT_e}\right)^{3/2}\exp\left[-\frac{m_e v^2}{2kT_e}\right]$$

为平衡时电子速度的 Maxwell 分布。在球坐标下,$\boldsymbol{v}=(v,\theta,\varphi)$,$f^{(e)}(\boldsymbol{v},t)=f^{(e)}(v,\mu,t)$的梯度为

$$\frac{\partial f^{(e)}(\boldsymbol{v},t)}{\partial \boldsymbol{v}}=\boldsymbol{e}_v\frac{\partial}{\partial v}f^{(e)}(v,\mu,t)+\boldsymbol{e}_\theta\frac{1}{v}\frac{\partial}{\partial\theta}f^{(e)}(v,\mu,t)$$

而

$$A\frac{\partial}{\partial \boldsymbol{v}}\cdot\left\{\frac{v^2\boldsymbol{I}-\boldsymbol{vv}}{v^3}\cdot\frac{\partial f^{(e)}(\boldsymbol{v})}{\partial \boldsymbol{v}}\right\}=A\frac{\partial}{\partial \boldsymbol{v}}\cdot\left\{\boldsymbol{e}_\theta\frac{1}{v^2}\frac{\partial}{\partial\theta}f^{(e)}(v,\mu,t)\right\}=$$

$$A\frac{1}{v\sin\theta\partial\theta}\frac{\partial}{}\left\{\sin\theta\frac{1}{v^2}\frac{\partial}{\partial\theta}f^{(e)}(v,\mu,t)\right\}=-\frac{2A}{v^3}f_1(v,t)\mu$$

故有

$$\frac{\partial f_0(v,t)}{\partial t}+\mu\frac{\partial f_1(v,t)}{\partial t}-\frac{e}{m_e}E\mu\frac{\partial f_0(v,t)}{\partial v}-\frac{eE}{m_e}\mu^2\frac{\partial f_1(v,t)}{\partial v}-\frac{eE}{m_e}\frac{(1-\mu^2)}{v}f_1(v,t)=$$

$$-\frac{2A}{v^3}f_1(v,t)\mu+C_{ee}(f^{(e)})$$

忽略二阶小量 Ef_1,则有

$$\frac{\partial f_0(v,t)}{\partial t}=C_{ee}(f^{(e)})\qquad (0\text{ 阶量})$$

$$\frac{\partial f_1(v,t)}{\partial t}-\frac{eE}{m_e}\frac{\partial f_0(v,t)}{\partial v}=-\frac{2A}{v^3}f_1(v,t)\qquad (\text{一阶小量})$$

由此可见,分布函数的一阶小量 $f_1(v,t)$ 完全由电场强度所决定。若电场随时间变化的规律为 $\boldsymbol{E}(\boldsymbol{r},t)=\boldsymbol{E}_0(\boldsymbol{r})\mathrm{e}^{-\mathrm{i}\omega t}$,则 $f_1(v,t)=f_1(v)\mathrm{e}^{-\mathrm{i}\omega t}$, 其中 $f_1(v)$ 满足

$$f_1(v)(-\mathrm{i}\omega)-\frac{eE_0}{m_e}\frac{\partial f_0(v,t)}{\partial v}=-\frac{2A}{v^3}f_1(v)$$

即

$$f_1(v)=\frac{eE_0 g(\omega,v)}{\omega^2 v^3}\cdot\frac{2A+\mathrm{i}\omega v^3}{m_e}\cdot\frac{\partial f_0(v,t)}{\partial v}$$

其中

$$g(\omega,v)=\frac{1}{1+(2A/\omega v^3)^2}$$

故

$$\mathrm{Re}[f_1(v)]=\frac{eE_0 g(\omega,v)}{\omega^2 v^3}\cdot\frac{2A}{m_e}\cdot\frac{\partial f_0(v,t)}{\partial v}$$

等离子体中的电流密度为

$$\boldsymbol{j}=-e\int f_e(v,\mu,t)\boldsymbol{v}\mathrm{d}\boldsymbol{v}=-e\int f_0(v,t)\boldsymbol{v}\mathrm{d}\boldsymbol{v}-e\int f_1(v,t)\mu\boldsymbol{v}\mathrm{d}\boldsymbol{v}=$$

$$-e\int f_1(v,t)\mu\boldsymbol{v}\mathrm{d}\boldsymbol{v}$$

单位时间单位体积电场对等离子体所作的功为

$$W=\boldsymbol{j}\cdot\boldsymbol{E}=-e\int f_1(v,t)E\mu^2 v\mathrm{d}\boldsymbol{v}$$

由于 $\boldsymbol{E}(\boldsymbol{r},t)=\boldsymbol{E}_0(\boldsymbol{r})\mathrm{e}^{-\mathrm{i}\omega t}$,$f_1(v,t)=f_1(v)\mathrm{e}^{-\mathrm{i}\omega t}$ 均为复数,故 W 亦是复数,则时间平均功为

$$\langle W\rangle=-e\int v\mu^2\langle f_1 E\rangle\mathrm{d}\boldsymbol{v}=-\frac{e}{2}\int v\mu^2\mathrm{Re}(f_1^*(v,t)E(\boldsymbol{r},t))\mathrm{d}\boldsymbol{v}=$$

$$-\frac{e}{2}\int v\mu^2\frac{1}{2}[f_1^*(v)+f_1(v)]E_0(\boldsymbol{r})\mathrm{d}\boldsymbol{v}=$$

$$-\frac{e}{2}\int v\mu^2\mathrm{Re}[f_1(v)]E_0(\boldsymbol{r})\mathrm{d}\boldsymbol{v}$$

注意到 $\mathrm{Re}[f_1(v)]=\dfrac{eE_0 g(\omega,v)}{\omega^2 v^3}\cdot\dfrac{2A}{m_e}\cdot\dfrac{\partial f_0(v,t)}{\partial v}$,$\mathrm{d}\boldsymbol{v}=v^2\mathrm{d}v2\pi\mathrm{d}\mu$,故

$$\langle W\rangle=-Am_e\left(\frac{eE_0}{m_e\omega}\right)^2\int\mu^2\frac{g(\omega,v)}{v^2}\frac{\partial f_0(v,t)}{\partial v}\mathrm{d}\boldsymbol{v}=$$

$$-\frac{4\pi}{3}Am_e\left(\frac{eE_0}{m_e\omega}\right)^2\int g(\omega,v)\,\frac{\partial f_0(v,t)}{\partial v}\mathrm{d}v$$

注意到 $A=\dfrac{2\pi n_e Ze^4\ln\Lambda_{ei}}{m_e^2}$，等离子体中电子 Langmuir 波的频率 $\omega_{pe}=\sqrt{\dfrac{4\pi n_e \mathrm{e}^2}{m_e}}$，则

$$\frac{2A}{\omega v^3}=\frac{4\pi n_e Ze^4\ln\Lambda_{ei}}{\omega v^3 m_e^2}=\frac{\omega_{pe}^2 Ze^2\ln\Lambda_{ei}}{\omega v(v/c)^2 m_e c^2}\approx\frac{3fm\omega_{pe}Z\ln\Lambda_{ei}}{v}\ll 1$$

$$g(\omega,v)=\frac{1}{1+(2A/\omega v^3)^2}\approx 1$$

$$\langle W\rangle=\frac{4\pi}{3}Am_e\left(\frac{eE_0}{m_e\omega}\right)^2 f_0(0)$$

$$f_0(0)=n_e\left(\frac{m_e}{2\pi kT_e}\right)^{3/2}=n_e\left(\frac{1}{2\pi}\right)^{3/2}\frac{1}{v_e^3},\ v_e=\sqrt{\frac{kT}{m_e}}$$

由于电场的能量密度为 $E_0^2(\boldsymbol{r})/8\pi$，而电场对等离子体作功消耗的功率密度为 $\langle W\rangle=\dfrac{4\pi}{3}Am_e\left(\dfrac{eE_0}{m_e\omega}\right)^2 f_0(0)$，相当于等离子体对电场能量有阻尼，能量阻尼率为 ν，满足 $\langle W\rangle=\nu E_0^2(\boldsymbol{r})/8\pi$，即

$$\nu=\frac{\langle W\rangle}{E_0^2(\boldsymbol{r})/8\pi}=\frac{4\sqrt{2\pi}}{3}\frac{\omega_{pe}^2 n_e Ze^4\ln\Lambda_{ei}}{\omega^2\sqrt{m_e}}\left(\frac{1}{kT_e}\right)^{3/2}=\nu_{ei}\frac{\omega_{pe}^2}{\omega^2}$$

故有

$$\nu_{ei}=\frac{4\sqrt{2\pi}}{3}\frac{n_e Ze^4\ln\Lambda_{ei}}{\sqrt{m_e}(kT_e)^{3/2}}$$

2.6.2 Fokker – Planck – Landau 碰撞项性质与磁流体力学方程组

在 Fokker – Planck – Landau 碰撞项（式(2.6.20)）中，记

$$\boldsymbol{S}^{(i)}(\boldsymbol{p})\equiv\sum_{j=1}^{S}\int\mathrm{d}\boldsymbol{p}^{(j)}\boldsymbol{O}\cdot\left[f^{(j)}(\boldsymbol{p}^{(j)})\frac{\partial f^{(i)}(\boldsymbol{p})}{\partial\boldsymbol{p}}-f^{(i)}(\boldsymbol{p})\frac{\partial f^{(j)}(\boldsymbol{p}^{(j)})}{\partial\boldsymbol{p}^{(j)}}\right]\tag{2.6.21}$$

其中，$\boldsymbol{O}=-2\pi(q^{(i)}q^{(j)})^2\ln\Lambda\boldsymbol{q}$，$\boldsymbol{q}=\dfrac{u^2\boldsymbol{I}-\boldsymbol{uu}}{u^3}$，则式(2.6.20)可以写为

$$\left(\frac{\partial f^{(i)}(\boldsymbol{p})}{\partial t}\right)_{F-P-L}=-\frac{\partial}{\partial\boldsymbol{p}}\cdot\boldsymbol{S}^{(i)}(\boldsymbol{p})\tag{2.6.22}$$

可以证明，Fokker – Planck – Landau 碰撞项（式(2.6.22)）具有以下性质，即

$$\begin{cases}\displaystyle\int\mathrm{d}\boldsymbol{p}\left(\frac{\partial f^{(i)}(\boldsymbol{p})}{\partial t}\right)_{F-P-L}=0\\[2ex]\displaystyle\sum_{i=1}^{S}\int\mathrm{d}\boldsymbol{p}\begin{bmatrix}p_\alpha\\ \varepsilon\end{bmatrix}\left(\frac{\partial f^{(i)}(\boldsymbol{p})}{\partial t}\right)_{F-P-L}=0\qquad(\alpha=1,2,3)\end{cases}\tag{2.6.23}$$

式中：p_α 是粒子动量 $\boldsymbol{p}$ 的任意分量；$\varepsilon=\sqrt{p^2c^2+m_0^2c^4}$ 是粒子的总能量。

式(2.6.23)中第一个等式的证明很容易，只需应用奥高定理即可

$$\int \mathrm{d}\boldsymbol{p}\left(\frac{\partial f^{(i)}}{\partial t}\right)_{F-P-L} \equiv -\int \mathrm{d}\boldsymbol{p}\,\frac{\partial}{\partial \boldsymbol{p}}\cdot \boldsymbol{S}^{(i)}(\boldsymbol{p}) = -\oint_{\text{无限大的封闭面}} \mathrm{d}\boldsymbol{A}\cdot \boldsymbol{S}^{(i)}(\boldsymbol{p}) = 0$$

式(2.6.23)中第二个等式的证明过程是：设 $\psi(\boldsymbol{p})$ 为 $\boldsymbol{p}$ 的标量函数（$\psi(\boldsymbol{p})$ 可以是 $\boldsymbol{p}$ 的任意分量，也可以是粒子的总能量 $\varepsilon=\sqrt{p^2c^2+m_0^2c^4}$），注意到

$$\left[\frac{\partial}{\partial \boldsymbol{p}}\cdot \boldsymbol{S}^{(i)}(\boldsymbol{p})\right]\psi(\boldsymbol{p}) = \frac{\partial}{\partial \boldsymbol{p}}\cdot\left(\boldsymbol{S}^{(i)}(\boldsymbol{p})\psi(\boldsymbol{p})\right) - \boldsymbol{S}^{(i)}(\boldsymbol{p})\cdot\frac{\partial \psi(\boldsymbol{p})}{\partial \boldsymbol{p}} \tag{2.6.24}$$

则积分

$$I = \sum_{i=1}^{S}\int \mathrm{d}\boldsymbol{p}\,\psi(\boldsymbol{p})\left(\frac{\partial f^{(i)}}{\partial t}\right)_{F-P-L} = -\sum_{i=1}^{S}\int \mathrm{d}\boldsymbol{p}\left[\frac{\partial}{\partial \boldsymbol{p}}\cdot \boldsymbol{S}^{(i)}(\boldsymbol{p})\right]\psi(\boldsymbol{p}) = \sum_{i=1}^{S}\int \mathrm{d}\boldsymbol{p}\,\boldsymbol{S}^{(i)}(\boldsymbol{p})\cdot\frac{\partial \psi(\boldsymbol{p})}{\partial \boldsymbol{p}} \tag{2.6.25}$$

将 $\boldsymbol{S}^{(i)}(\boldsymbol{p})$ 的表达式(2.6.21)代入式(2.6.25)，得

$$I = \sum_{i=1}^{S}\sum_{j=1}\int \mathrm{d}\boldsymbol{p}\int \mathrm{d}\boldsymbol{p}^{(j)}\,\frac{\partial \psi(\boldsymbol{p})}{\partial \boldsymbol{p}}\cdot \boldsymbol{O}\cdot\left[f^{(j)}(\boldsymbol{p}^{(j)})\frac{\partial f^{(i)}(\boldsymbol{p})}{\partial \boldsymbol{p}} - f^{(i)}(\boldsymbol{p})\frac{\partial f^{(j)}(\boldsymbol{p}^{(j)})}{\partial \boldsymbol{p}^{(j)}}\right] \tag{2.6.26}$$

交换 $i\leftrightarrow j$ 不改变积分值，$\boldsymbol{O}$ 亦不变，即

$$I = \sum_{i=1}^{S}\sum_{j=1}\int \mathrm{d}\boldsymbol{p}\int \mathrm{d}\boldsymbol{p}^{(j)}\,\frac{\partial \psi(\boldsymbol{p}^{(j)})}{\partial \boldsymbol{p}^{(j)}}\cdot \boldsymbol{O}\cdot\left[f^{(i)}(\boldsymbol{p})\frac{\partial f^{(j)}(\boldsymbol{p}^{(j)})}{\partial \boldsymbol{p}^{(j)}} - f^{(j)}(\boldsymbol{p}^{(j)})\frac{\partial f^{(i)}(\boldsymbol{p})}{\partial \boldsymbol{p}}\right] \tag{2.6.27}$$

式(2.6.26)、式(2.6.27)两式相加，再除以 2 得

$$I = \frac{1}{2}\sum_{i=1}^{S}\sum_{j=1}\int \mathrm{d}\boldsymbol{p}\int \mathrm{d}\boldsymbol{p}^{(j)}\left[\frac{\partial \psi(\boldsymbol{p})}{\partial \boldsymbol{p}} - \frac{\partial \psi(\boldsymbol{p}^{(j)})}{\partial \boldsymbol{p}^{(j)}}\right]\cdot \boldsymbol{O}\cdot\left[f^{(j)}(\boldsymbol{p}^{(j)})\frac{\partial f^{(i)}(\boldsymbol{p})}{\partial \boldsymbol{p}} - f^{(i)}(\boldsymbol{p})\frac{\partial f^{(j)}(\boldsymbol{p}^{(j)})}{\partial \boldsymbol{p}^{(j)}}\right] \tag{2.6.28}$$

当 $\psi(\boldsymbol{p})=p_\alpha\quad(\alpha=1,2,3)$ 时，有

$$\frac{\partial \psi(\boldsymbol{p})}{\partial \boldsymbol{p}} - \frac{\partial \psi(\boldsymbol{p}^{(j)})}{\partial \boldsymbol{p}^{(j)}} = \boldsymbol{e}_\beta\frac{\partial p_\alpha}{\partial p_\beta} - \boldsymbol{e}_\beta\frac{\partial p_\alpha^{(j)}}{\partial p_\beta^{(j)}} = \boldsymbol{e}_\alpha - \boldsymbol{e}_\alpha = 0$$

所以，有

$$I = \sum_{i=1}^{S}\int \mathrm{d}\boldsymbol{p}\,p_\alpha\left(\frac{\partial f^{(i)}}{\partial t}\right)_{F-P-L} = 0 \qquad (\alpha=1,2,3) \tag{2.6.29}$$

或

$$I = \sum_{i=1}^{S} \int \mathrm{d}\boldsymbol{p}\boldsymbol{p}\left(\frac{\partial f^{(i)}}{\partial t}\right)_{F-P-L} = 0 \tag{2.6.30}$$

当 $\psi(\boldsymbol{p}) = \varepsilon = \sqrt{p^2c^2 + m_0^2c^4}$ 时，有

$$\frac{\partial\psi(\boldsymbol{p})}{\partial\boldsymbol{p}} - \frac{\partial\psi(\boldsymbol{p}^{(j)})}{\partial\boldsymbol{p}^{(j)}} = \boldsymbol{e}_\beta\frac{\partial\varepsilon}{\partial p_\beta} - \boldsymbol{e}_\beta\frac{\partial(\varepsilon_j)}{\partial p_\beta^{(j)}} =$$

$$\boldsymbol{e}_\beta\frac{c^2p_\alpha\delta_{\alpha\beta}}{\varepsilon} - \boldsymbol{e}_\beta\frac{c^2p_\alpha^{(j)}}{\varepsilon_j}\delta_{\alpha\beta} = \frac{c^2\boldsymbol{p}}{\varepsilon} - \frac{c^2\boldsymbol{p}^{(j)}}{\varepsilon_j} = \boldsymbol{v} - \boldsymbol{v}^{(j)} = \boldsymbol{u}$$

由于

$$\boldsymbol{u}\cdot\boldsymbol{q} = \boldsymbol{u}\cdot\frac{u^2\boldsymbol{I} - \boldsymbol{u}\boldsymbol{u}}{u^3} = \frac{u^2\boldsymbol{u} - u^2\boldsymbol{u}}{u^3} = 0$$

故

$$\boldsymbol{u}\cdot\boldsymbol{O} = \left[\frac{\partial\psi(\boldsymbol{p})}{\partial\boldsymbol{p}} - \frac{\partial\psi(\boldsymbol{p}^{(j)})}{\partial\boldsymbol{p}^{(j)}}\right]\cdot\boldsymbol{O} = 0$$

所以，有

$$I = \sum_{i=1}^{S} \int \mathrm{d}\boldsymbol{p}\varepsilon\left(\frac{\partial f^{(i)}}{\partial t}\right)_{F-P-L} = 0 \quad (\text{其中 } \varepsilon = \sqrt{p^2c^2 + m_0^2c^4}) \tag{2.6.31}$$

根据 Fokker – Planck – Landau 方程式(2.6.19)和 Fokker – Planck – Landau 碰撞项具有的性质(式(2.6.23))，有

$$\int \mathrm{d}\boldsymbol{p}\left[\frac{\partial f^{(i)}}{\partial t} + \frac{\boldsymbol{p}}{m^{(i)}}\cdot\frac{\partial f^{(i)}}{\partial\boldsymbol{r}} + \boldsymbol{F}^{(i)}\cdot\frac{\partial f^{(i)}}{\partial\boldsymbol{p}}\right] = \int \mathrm{d}\boldsymbol{p}\left(\frac{\partial f^{(i)}}{\partial t}\right)_{F-P-L} = 0 \tag{2.6.32}$$

$$\sum_{i=1}^{S}\int \mathrm{d}\boldsymbol{p}\begin{bmatrix}\boldsymbol{p}\\ \varepsilon\end{bmatrix}\left[\frac{\partial f^{(i)}}{\partial t} + \frac{\boldsymbol{p}}{m^{(i)}}\cdot\frac{\partial f^{(i)}}{\partial\boldsymbol{r}} + \boldsymbol{F}^{(i)}\cdot\frac{\partial f^{(i)}}{\partial\boldsymbol{p}}\right] = \sum_{i=1}^{S}\int \mathrm{d}\boldsymbol{p}\begin{bmatrix}\boldsymbol{p}\\ \varepsilon\end{bmatrix}\left(\frac{\partial f^{(i)}}{\partial t}\right)_{F-P-L} = 0 \tag{2.6.33}$$

这里需要强调的是，如果系统中存在多种组分的粒子，式(2.6.33)只有对所有粒子种类求和后才等于0，对其中的一种特定组分来说，式(2.6.33)并不等于0。式(2.6.32)对任意一种组分的粒子都成立。

可以证明，式(2.6.32)、式(2.6.33)分别对应粒子数守恒方程(或质量守恒方程)、动量守恒和能量守恒方程，它们称为磁流体力学方程组。

首先，注意到电场力和 Lorentz 力的某一方向的分量与该方向的动量无关，即

$$\frac{\partial}{\partial\boldsymbol{p}}\cdot\boldsymbol{F}^{(i)} = q^{(i)}\frac{\partial}{\partial\boldsymbol{p}}\cdot\left[\boldsymbol{E} + \frac{1}{cm^{(i)}}\boldsymbol{p}\times\boldsymbol{B}\right] = q^{(i)}\frac{\partial}{\partial p_\alpha}\left[E_\alpha + \frac{1}{cm^{(i)}}(\boldsymbol{p}\times\boldsymbol{B})_\alpha\right] = 0$$

再注意到粒子速度与其所在的空间坐标互为独立变量，则有

$$\frac{\partial f^{(i)}}{\partial t} + \boldsymbol{v}\cdot\frac{\partial f^{(i)}}{\partial\boldsymbol{r}} + \boldsymbol{F}^{(i)}\cdot\frac{\partial f^{(i)}}{\partial\boldsymbol{p}} = \frac{\partial f^{(i)}}{\partial t} + \frac{\partial}{\partial\boldsymbol{r}}\cdot(f^{(i)}\boldsymbol{v}) + \frac{\partial}{\partial\boldsymbol{p}}\cdot(f^{(i)}\boldsymbol{F}^{(i)})$$

另外，注意到

$$\int \mathrm{d}\boldsymbol{p}\frac{\partial}{\partial\boldsymbol{p}}\cdot(f^{(i)}\boldsymbol{F}^{(i)}) = 0$$

$$\int \mathrm{d}\boldsymbol{p}\boldsymbol{p}\,\frac{\partial}{\partial \boldsymbol{p}}\cdot(f^{(i)}\boldsymbol{F}^{(i)}) = \int \mathrm{d}\boldsymbol{p}\,\frac{\partial}{\partial \boldsymbol{p}}\cdot(f^{(i)}\boldsymbol{p}\boldsymbol{F}^{(i)}) - \int \mathrm{d}\boldsymbol{p}f^{(i)}\left(\boldsymbol{F}^{(i)}\cdot\frac{\partial}{\partial \boldsymbol{p}}\right)\boldsymbol{p} = -\int \mathrm{d}\boldsymbol{p}f^{(i)}\boldsymbol{F}^{(i)}$$

$$\int \mathrm{d}\boldsymbol{p}\varepsilon\,\frac{\partial}{\partial \boldsymbol{p}}\cdot(f^{(i)}\boldsymbol{F}^{(i)}) = \int \mathrm{d}\boldsymbol{p}\,\frac{\partial}{\partial \boldsymbol{p}}\cdot(f^{(i)}\varepsilon\boldsymbol{F}^{(i)}) - \int \mathrm{d}\boldsymbol{p}f^{(i)}\boldsymbol{F}^{(i)}\cdot\frac{\partial \varepsilon}{\partial \boldsymbol{p}} = -\int \mathrm{d}\boldsymbol{p}f^{(i)}\boldsymbol{F}^{(i)}\cdot\boldsymbol{v}$$

因此,式(2.6.32)、式(2.6.33)变为

$$\frac{\partial}{\partial t}\left[\int \mathrm{d}\boldsymbol{p}f^{(i)}\right] + \frac{\partial}{\partial \boldsymbol{r}}\cdot\left[\int \mathrm{d}\boldsymbol{p}f^{(i)}\boldsymbol{v}\right] = 0 \tag{2.6.34}$$

$$\frac{\partial}{\partial t}\left[\sum_{i=1}^{S}\int \mathrm{d}\boldsymbol{p}\boldsymbol{p}f^{(i)}\right] + \frac{\partial}{\partial \boldsymbol{r}}\cdot\left[\sum_{i=1}^{S}\int \mathrm{d}\boldsymbol{p}\boldsymbol{p}f^{(i)}\boldsymbol{v}\right] = \sum_{i=1}^{S}\int \mathrm{d}\boldsymbol{p}f^{(i)}\boldsymbol{F}^{(i)} \tag{2.6.35}$$

$$\frac{\partial}{\partial t}\left[\sum_{i=1}^{S}\int \mathrm{d}\boldsymbol{p}\varepsilon f^{(i)}\right] + \frac{\partial}{\partial \boldsymbol{r}}\cdot\left[\sum_{i=1}^{S}\int \mathrm{d}\boldsymbol{p}\varepsilon f^{(i)}\boldsymbol{v}\right] = \sum_{i=1}^{S}\int \mathrm{d}\boldsymbol{p}f^{(i)}\boldsymbol{F}^{(i)}\cdot\boldsymbol{v} \tag{2.6.36}$$

定义

i 组分粒子的数密度:$PD^{(i)}(\boldsymbol{r},t) \equiv \int \mathrm{d}\boldsymbol{p}f^{(i)}(\boldsymbol{p})$ (2.6.37)

i 组分粒子的通量:$PF^{(i)}(\boldsymbol{r},t) \equiv \int \mathrm{d}\boldsymbol{p}\boldsymbol{v}f^{(i)}(\boldsymbol{p})$ (2.6.38)

所有粒子的动量密度:$\boldsymbol{M}(\boldsymbol{r},t) \equiv \sum_{i=1}^{S}\int \mathrm{d}\boldsymbol{p}\boldsymbol{p}f^{(i)}(\boldsymbol{p})$ (2.6.39)

所有粒子的动量通量(胁强张量):$\boldsymbol{P}(\boldsymbol{r},t) = \sum_{i=1}^{S}\int \mathrm{d}\boldsymbol{p}\boldsymbol{v}\boldsymbol{p}f^{(i)}$ (2.6.40)

所有粒子的总能量密度:$E(\boldsymbol{r},t) \equiv \sum_{i=1}^{S}\int \mathrm{d}\boldsymbol{p}\varepsilon f^{(i)}(\boldsymbol{p})$ (2.6.41)

所有粒子的总能量通量:$\boldsymbol{F}(\boldsymbol{r},t) = \sum_{i=1}^{S}\int \mathrm{d}\boldsymbol{p}\varepsilon\boldsymbol{v}f^{(i)}$ (2.6.42)

外力密度:$\boldsymbol{f}_{ext}(\boldsymbol{r},t) = \sum_{i=1}^{S}\int \mathrm{d}\boldsymbol{p}f^{(i)}\boldsymbol{F}^{(i)}$ (2.6.43)

外力功率密度:$w(\boldsymbol{r},t) = \sum_{i=1}^{S}\int \mathrm{d}\boldsymbol{p}f^{(i)}\boldsymbol{F}^{(i)}\cdot\boldsymbol{v}$ (2.6.44)

则式(2.6.34)~式(2.6.36)变为

i 组分粒子数守恒方程:$\dfrac{\partial(PD^{(i)})}{\partial t} + \dfrac{\partial}{\partial \boldsymbol{r}}\cdot(PF^{(i)}) = 0$ (2.6.45)

流体动量守恒方程:$\dfrac{\partial \boldsymbol{M}(\boldsymbol{r},t)}{\partial t} + \dfrac{\partial}{\partial \boldsymbol{r}}\cdot\boldsymbol{P}(\boldsymbol{r},t) = \boldsymbol{f}_{ext}(\boldsymbol{r},t)$ (2.6.46)

流体能量守恒方程:$\dfrac{\partial E(\boldsymbol{r},t)}{\partial t} + \dfrac{\partial}{\partial \boldsymbol{r}}\cdot\boldsymbol{F} = \boldsymbol{r},t) = w(\boldsymbol{r},t)$ (2.6.47)

在式(2.6.45)两边乘以第 i 类粒子的质量,再对粒子种类求和,注意到

流体系统的质量密度:$\rho(\boldsymbol{r},t) = \sum_{i=1}^{S}m_i(PD^{(i)})$ (2.6.48)

流体系统的宏观流速：$\boldsymbol{u}(\boldsymbol{r},t) = \dfrac{\sum_{i=1}^{S} m_i(PF^{(i)})}{\sum_{i=1}^{S} m_i(PD^{(i)})} = \dfrac{\sum_{i=1}^{S} m_i(PF^{(i)})}{\rho(\boldsymbol{r},t)}$ (2.6.49)

则粒子数守恒方程式(2.6.45)可以写为质量守恒方程。

另外，根据式(2.6.49)，所有粒子的动量密度(式(2.6.39))可以用流体系统的质量密度和流体系统的宏观流速表示出来，即

所有粒子的动量密度：$\boldsymbol{M}(\boldsymbol{r},t) \equiv \sum_{i=1}^{S} \int \mathrm{d}\boldsymbol{p}\boldsymbol{p}f^{(i)}(\boldsymbol{p}) = \sum_{i=1}^{S} m_i(PF^{(i)}) = \rho\boldsymbol{u}(\boldsymbol{r},t)$

(2.6.50)

如果作用在粒子上的外力仅为洛伦兹力，即

$$\boldsymbol{F}^{(i)} = q^{(i)}\left(\boldsymbol{E} + \frac{1}{c}\boldsymbol{v} \times \boldsymbol{B}\right)$$

根据式(2.6.43)、式(2.6.44)，可以证明电磁力密度为

$$\boldsymbol{f}_{ext}(\boldsymbol{r},t) = \sum_{i=1}^{S} \int \mathrm{d}\boldsymbol{p}f^{(i)}\boldsymbol{F}^{(i)} = \rho_e\boldsymbol{E} + \frac{1}{c}\boldsymbol{j} \times \boldsymbol{B} \tag{2.6.51}$$

电磁功率密度为

$$w(\boldsymbol{r},t) = \sum_{i=1}^{S} \int \mathrm{d}\boldsymbol{p}f^{(i)}\boldsymbol{F}^{(i)} \cdot \boldsymbol{v} = \boldsymbol{j} \cdot \boldsymbol{E} \tag{2.6.52}$$

其中

$$\rho_e(\boldsymbol{r},t) = \sum_{i=1}^{S} \int \mathrm{d}\boldsymbol{p}f^{(i)}q^{(i)} \tag{2.6.53}$$

为等离子体的电荷密度，且

$$\boldsymbol{j}(\boldsymbol{r},t) = \sum_{i=1}^{S} \int \mathrm{d}\boldsymbol{p}f^{(i)}q^{(i)}\boldsymbol{v} \tag{2.6.54}$$

为等离子体的电流密度。

最终的磁流体力学方程组为

流体质量守恒方程：$\dfrac{\partial}{\partial t}\rho(\boldsymbol{r},t) + \dfrac{\partial}{\partial \boldsymbol{r}} \cdot (\rho(\boldsymbol{r},t)\boldsymbol{u}(\boldsymbol{r},t)) = 0$ (2.6.55)

流体动量守恒方程：$\dfrac{\partial}{\partial t}(\rho\boldsymbol{u}(\boldsymbol{r},t)) + \dfrac{\partial}{\partial \boldsymbol{r}} \cdot \boldsymbol{P}(\boldsymbol{r},t) = \boldsymbol{f}_{ext}$ (2.6.56)

流体能量守恒方程：$\dfrac{\partial E(\boldsymbol{r},t)}{\partial t} + \dfrac{\partial}{\partial \boldsymbol{r}} \cdot \boldsymbol{F}(\boldsymbol{r},t) = w(\boldsymbol{r},t)$ (2.6.57)

值得指出：

(1) 磁流体方程组对等离子体的描述比 Fokker – Planck 方程对等离子体的描述要低一个层次，它抹去了粒子速度分布的信息。

(2) 该组方程式(2.6.55)～式(2.6.57)是不封闭的，必须补充方程方可封闭。除了右端项外，有 ρ、$\boldsymbol{u}$、$\boldsymbol{P}$、E、$\boldsymbol{F}$ 共5个未知量，现只有3个方程，加上2个状态方程(能量密度和胁强张量 E、$\boldsymbol{P}$ 随流体质量密度 ρ 和温度 T 的函数关系)，此时方

程数虽已为5个，但此时又出现一个新的变量——温度 T，因此就要求再提供一个计算粒子能流 $\boldsymbol{F}$ 的方程，它必须也是流体密度 ρ 和温度 T 的函数。

(3) 方程式(2.6.55)～式(2.6.57)中出现的4个流体力学变量 ρ、E、$\boldsymbol{F}$、$\boldsymbol{P}$ 是在L系下定义的，在L系中流体并不是静止的，而是具有宏观速度 $\boldsymbol{u}(\boldsymbol{r},t)$。而2个状态方程一般是在流体静止的坐标系下通过测量或计算得到的，因此，必须找出L系中4个流体力学变量与流体静止的坐标系下相应量之间的关系。这个问题可以通过洛伦兹变换来解决。

(4) 方程式(2.6.55)～式(2.6.57)的右边项中，电磁力密度 $\rho_e\boldsymbol{E}+\dfrac{1}{c}\boldsymbol{j}\times\boldsymbol{B}$ 和电磁能密度 $\boldsymbol{j}\cdot\boldsymbol{E}$ 中电荷密度和电流密度均不能用定义式计算(为什么?)，但我们知道4个电磁量 ρ_e、$\boldsymbol{j}$、$\boldsymbol{E}$、$\boldsymbol{B}$ 满足 Maxwell 方程组(4个)和电荷守恒方程(1个)，然而，这5个方程中只有3个是相互独立的(另外2个可以通过这3个独立方程自然得到)。3个相互独立的方程为

$$\begin{cases}\nabla\cdot\boldsymbol{E}=4\pi\rho_e\\ \nabla\times\boldsymbol{E}=-\dfrac{1}{c}\dfrac{\partial\boldsymbol{B}}{\partial t}\\ \nabla\times\boldsymbol{B}=\dfrac{1}{c}\dfrac{\partial\boldsymbol{E}}{\partial t}+\dfrac{4\pi}{c}\boldsymbol{j}\end{cases}\Rightarrow\begin{cases}\rho_e=\dfrac{\nabla\cdot\boldsymbol{E}}{4\pi}\\ \nabla\times\boldsymbol{E}=-\dfrac{1}{c}\dfrac{\partial\boldsymbol{B}}{\partial t}\\ \nabla\times\nabla\times\boldsymbol{E}=-\dfrac{1}{c^2}\dfrac{\partial^2\boldsymbol{E}}{\partial t^2}-\dfrac{4\pi}{c^2}\dfrac{\partial\boldsymbol{j}}{\partial t}\end{cases}$$

因此，必须再找另外一个 ρ_e、$\boldsymbol{j}$、$\boldsymbol{E}$、$\boldsymbol{B}$ 间的关系式，一般是找 $\boldsymbol{j}=\boldsymbol{j}(\boldsymbol{E}、\boldsymbol{B})$ 关系式，即广义欧姆定律，这样4个电磁量 ρ_e、$\boldsymbol{j}$、$\boldsymbol{E}$、$\boldsymbol{B}$ 满足包括广义欧姆定律在内的4个电磁运动方程，方程组就完全封闭了。

可以证明广义欧姆定律为(见以下【注】)

$$\begin{aligned}\frac{\partial}{\partial t}\boldsymbol{j}(r,t)+\nabla\cdot(\boldsymbol{ju}+\boldsymbol{uj}-\rho_e\boldsymbol{uu})=&\left(\sum_{\beta=e,i}\frac{N_\beta q_\beta^2}{m_\beta}\right)\boldsymbol{E}+\left(\frac{Z\mathrm{e}^2}{m_e c}+\frac{Z^2\mathrm{e}^2}{m_i c}\right)\\ \frac{\rho\boldsymbol{u}\times\boldsymbol{B}}{m_i+Zm_e}-&\left(\frac{m_i e}{m_e c}-\frac{Z^2 m_e e}{m_i c}\right)\frac{\boldsymbol{j}\times\boldsymbol{B}}{m_i+Zm_e}-\frac{e}{m_e}\nabla\cdot\left(\boldsymbol{P}_i^{CM}\frac{Zm_e}{m_i}-\boldsymbol{P}_e^{CM}\right)+\\ &\sum_{\beta=e,i}^{S}\int q_\beta\boldsymbol{v}\left(\frac{\partial f_\beta}{\partial t}\right)_{\text{coll}}\mathrm{d}\boldsymbol{v}\end{aligned}\tag{2.6.58}$$

式中：$e>0$ 为电子电量的绝对值；Z 为等离子体中离子的平均电离度；$m_\beta(\beta=e,i)$ 分别为电子和离子的质量；$q_\beta(\beta=e,i)$ 分别为电子和离子的电荷；$N_\beta(\beta=e,i)$ 分别为电子和离子的数密度；$\boldsymbol{j}(\boldsymbol{r},t)=\sum\limits_{\beta=1}^{S}q_\beta N_\beta(\boldsymbol{r},t)\boldsymbol{u}_\beta(\boldsymbol{r},t)$ 为等离子体的电流密度；$\boldsymbol{u}_\beta(\beta=e,i)$ 分别为电子成分和离子成分的宏观速度；$\rho_e(\boldsymbol{r},t)=\sum\limits_{\beta=1}^{S}q_\beta N_\beta(\boldsymbol{r},t)$ 为等离子体的电荷密度；$\rho(\boldsymbol{r},t)=\sum\limits_{\beta=1}^{S}m_\beta N_\beta(\boldsymbol{r},t)$ 为等离子体的质量密度；$\boldsymbol{u}(\boldsymbol{r},t)=$

$\sum_{\beta=1}^{S} m_\beta N_\beta \boldsymbol{u}_\beta / \rho(\boldsymbol{r},t)$ 为流体系统的宏观流速；$\boldsymbol{P}_e^{CM} \equiv m_e \int (\boldsymbol{v}-\boldsymbol{u})(\boldsymbol{v}-\boldsymbol{u}) f_e(\boldsymbol{v}) \mathrm{d}\boldsymbol{v}$ 为随流体运动的观察者测得的电子成分压强张量；$\boldsymbol{P}_i^{CM} \equiv m_{ion} \int (\boldsymbol{v}-\boldsymbol{u})(\boldsymbol{v}-\boldsymbol{u}) f_i(\boldsymbol{v}) \mathrm{d}\boldsymbol{v}$ 为随流体运动的观察者测得的离子成分压强张量。

在广义欧姆定律（式(2.6.58)）中可近似取

$$\sum_{\beta=e,i}^{S} \int q_\beta \boldsymbol{v} \left(\frac{\partial f_\beta}{\partial t}\right)_{\text{coll}} \mathrm{d}\boldsymbol{v} \approx -\nu_{e-i} \boldsymbol{j}$$

式中：$\nu_{e-i} = \dfrac{1}{3(2\pi)^{3/2}} \dfrac{Z\omega_{pe}^4 \ln\Lambda}{N_e v_{eth}^3} = \dfrac{8\pi}{3} \dfrac{ZN_e \mathrm{e}^4 \ln\Lambda}{\sqrt{2\pi m_e}(kT_e)^{3/2}}$ 为电子—离子的碰撞频率；$\omega_{pe} = \sqrt{\dfrac{4\pi N_e \mathrm{e}^2}{m_e}}$ 为等离子体中电子 Langmuir 波的圆频率；$v_{eth} = \sqrt{\dfrac{kT_e}{m_e}}$ 为电子的平均热速率，则式(2.6.58)变为

$$\frac{\partial \boldsymbol{j}(r,t)}{\partial t} + \nabla \cdot (\boldsymbol{ju} + \boldsymbol{uj} - \rho_e \boldsymbol{uu}) + \nu_{e-i} \boldsymbol{j}(r,t) = \left(\sum_{\beta=e,i} \frac{N_\beta q_\beta^2}{m_\beta}\right)\boldsymbol{E} + \left(\frac{Ze^2}{m_e c} + \frac{Z^2 e^2}{m_i c}\right)\frac{\rho \boldsymbol{u} \times \boldsymbol{B}}{m_i + Zm_e} - \left(\frac{m_i e}{m_e c} - \frac{Z^2 m_e e}{m_i c}\right)\frac{\boldsymbol{j} \times \boldsymbol{B}}{m_i + Zm_e} - \frac{e}{m_e} \nabla \cdot \left(\boldsymbol{p}_i^{CM} \frac{Zm_e}{m_i} - \boldsymbol{P}_e^{CM}\right)$$

忽略左边第二项，再考虑电子质量与离子质量的巨大差别，有

$$\frac{\partial \boldsymbol{j}(r,t)}{\partial t} + \nu_{e-i} \boldsymbol{j}(r,t) = \frac{N_e \mathrm{e}^2}{m_e}\left(\boldsymbol{E} + \frac{1}{c}\boldsymbol{u} \times \boldsymbol{B}\right) - \left(\frac{e}{m_e c}\right)\boldsymbol{j} \times \boldsymbol{B} + \frac{e}{m_e} \nabla \cdot (\boldsymbol{P}_e^{CM})$$

即

$$\frac{1}{\nu_{e-i}} \frac{\partial \boldsymbol{j}(r,t)}{\partial t} + \boldsymbol{j}(r,t) = \frac{N_e \mathrm{e}^2}{m_e \nu_{e-i}}\left(\boldsymbol{E} + \frac{1}{c}\boldsymbol{u} \times \boldsymbol{B}\right) - \left(\frac{e}{m_e \nu_{e-i} c}\right)\boldsymbol{j} \times \boldsymbol{B} + \frac{e}{m_e \nu_{e-i}} \nabla \cdot (\boldsymbol{p}_e^{CM})$$

或

$$\boldsymbol{E} = \frac{m_e}{N_e e^2} \frac{\partial \boldsymbol{j}(r,t)}{\partial t} + \frac{m_e \nu_{e-i}}{N_e e^2} \boldsymbol{j}(r,t) - \frac{1}{c}\boldsymbol{u} \times \boldsymbol{B} + \frac{\boldsymbol{j} \times \boldsymbol{B}}{cN_e e} - \frac{1}{N_e e} \nabla \cdot (\boldsymbol{P}_e^{CM})$$

令电阻率

$$\eta = \frac{m_e \nu_{e-i}}{N_e \mathrm{e}^2}$$

电导率

$$\sigma = \frac{1}{\eta} = \frac{N_e \mathrm{e}^2}{m_e \nu_{e-i}}$$

则广义欧姆定律为

$$\frac{1}{\nu_{e-i}} \frac{\partial \boldsymbol{j}(r,t)}{\partial t} + \boldsymbol{j}(r,t) = \sigma\left[\boldsymbol{E} + \frac{\boldsymbol{u} \times \boldsymbol{B}}{c} - \frac{\boldsymbol{j} \times \boldsymbol{B}}{cN_e e} + \frac{1}{N_e e} \nabla \cdot (\boldsymbol{P}_e^{CM})\right] \quad (2.6.59\text{a})$$

或

$$E=\frac{\eta}{\nu_{ei}}\frac{\partial \boldsymbol{j}(r,t)}{\partial t}+\eta \boldsymbol{j}(r,t)-\frac{\boldsymbol{u}\times\boldsymbol{B}}{c}+\frac{\boldsymbol{j}\times\boldsymbol{B}}{cN_e e}-\frac{1}{N_e e}\nabla\cdot(\boldsymbol{P}_e^{CM}) \tag{2.6.59b}$$

这实际上是$\boldsymbol{j}=\boldsymbol{j}(\boldsymbol{E},\boldsymbol{B},\rho,T_e,\boldsymbol{u})$之间的关系式。由于在磁流体近似下，电流密度$\boldsymbol{j}$变化的特征时间尺度为流体力学的时间尺度$\tau_H$，而$\tau_H\cdot\nu_{e-i}\gg1$，因而，式(2.6.59)中电流密度的时间偏导数项可以略去。

【注】广义欧姆定律的导出。

将等离子体中第i种成分粒子的输运方程

$$\frac{\partial f^{(i)}}{\partial t}+\frac{\partial}{\partial \boldsymbol{r}}\cdot(f^{(i)}\boldsymbol{v})+\frac{\partial}{\partial \boldsymbol{v}}\cdot\left(f^{(i)}\frac{\boldsymbol{F}^{(i)}}{m^{(i)}}\right)=\left(\frac{\partial f^{(i)}}{\partial t}\right)_{\text{coll}} \tag{2.6.A1}$$

将式(2.6.A1)两边乘速度$\boldsymbol{v}$再对速度积分，得

$$\frac{\partial}{\partial t}\int \boldsymbol{v}\mathrm{d}\boldsymbol{v}\, f^{(i)}+\frac{\partial}{\partial \boldsymbol{r}}\cdot\int f^{(i)}\boldsymbol{v}\boldsymbol{v}\mathrm{d}\boldsymbol{v}-\int \mathrm{d}\boldsymbol{v}\, f^{(i)}\frac{\boldsymbol{F}^{(i)}}{m^{(i)}}=\int \boldsymbol{v}\mathrm{d}\boldsymbol{v}\left(\frac{\partial f^{(i)}}{\partial t}\right)_{\text{coll}} \tag{2.6.A2}$$

其中，利用了并矢的恒等式

$$\nabla\cdot(\boldsymbol{GH})=(\nabla\cdot\boldsymbol{G})\boldsymbol{H}+(\boldsymbol{G}\cdot\nabla)\boldsymbol{H} \tag{2.6.A3}$$

和奥高定理。定义第i种成分粒子的宏观流速

$$\boldsymbol{u}^{(i)}=\int \boldsymbol{v}\mathrm{d}\boldsymbol{v}\, f^{(i)}\Big/\int \mathrm{d}\boldsymbol{v}\, f^{(i)}=\int \boldsymbol{v}\mathrm{d}\boldsymbol{v}\, f^{(i)}/N^{(i)} \tag{2.6.A4}$$

所以式(2.6.A2)左边第一项为

$$\text{I}=\frac{\partial}{\partial \text{t}}\int \boldsymbol{v}\mathrm{d}\boldsymbol{v}\, f^{(i)}=\frac{\partial}{\partial t}(N^{(i)}\boldsymbol{u}^{(i)}) \tag{2.6.A5}$$

再定义L坐标系中第i种成分粒子的动量通量(胁强张量)

$$\boldsymbol{P}_L^{(i)}=\int f^{(i)}m^{(i)}\boldsymbol{v}\boldsymbol{v}\mathrm{d}\boldsymbol{v} \tag{2.6.A6}$$

它与相对于第i种成分粒子的宏观流速静止的观察者看到的第i种成分粒子的动量通量

$$\boldsymbol{P}_C^{(i)}=\int f^{(i)}m^{(i)}(\boldsymbol{v}-\boldsymbol{u}^{(i)})(\boldsymbol{v}-\boldsymbol{u}^{(i)})\mathrm{d}\boldsymbol{v} \tag{2.6.A7}$$

的关系为

$$\boldsymbol{P}_C^{(i)}=\int f^{(i)}m^{(i)}(\boldsymbol{v}\boldsymbol{v}-\boldsymbol{v}\boldsymbol{u}^{(i)}-\boldsymbol{v}\boldsymbol{u}^{(i)}+\boldsymbol{u}^{(i)}\boldsymbol{u}^{(i)})\mathrm{d}\boldsymbol{v}=\boldsymbol{P}_L^{(i)}-m^{(i)}N^{(i)}\boldsymbol{u}^{(i)}\boldsymbol{u}^{(i)}$$

所以式(2.6.A2)左边第二项为

$$\text{II}=\frac{\partial}{\partial \boldsymbol{r}}\cdot\int f^{(i)}\boldsymbol{v}\boldsymbol{v}\mathrm{d}\boldsymbol{v}=\frac{\partial}{\partial \boldsymbol{r}}\cdot\frac{\boldsymbol{P}_L^{(i)}}{m^{(i)}}=\frac{\partial}{\partial \boldsymbol{r}}\cdot\left(\frac{\boldsymbol{P}_C^{(i)}}{m^{(i)}}+N^{(i)}\boldsymbol{u}^{(i)}\boldsymbol{u}^{(i)}\right) \tag{2.6.A8}$$

式(2.6.A2)左边第三项为

$$\text{III}=-\int \mathrm{d}\boldsymbol{v}f^{(i)}\frac{\boldsymbol{F}^{(i)}}{m^{(i)}}=-\frac{q^{(i)}}{m^{(i)}}\int d\boldsymbol{v}f^{(i)}\left(\boldsymbol{E}+\frac{\boldsymbol{v}}{c}\times\boldsymbol{B}\right)=-\frac{q^{(i)}N^{(i)}}{m^{(i)}}\left(\boldsymbol{E}+\frac{\boldsymbol{u}^{(i)}\times\boldsymbol{B}}{c}\right) \tag{2.6.A9}$$

将式(2.6.A5)、式(2.6.A8)、式(2.6.A9)代入式(2.6.A2)得第 i 种成分粒子的运动方程为

$$\frac{\partial}{\partial t}[N^{(i)}\boldsymbol{u}^{(i)}] + \frac{1}{m^{(i)}}\nabla\cdot\boldsymbol{P}_C^{(i)} + \nabla\cdot(N^{(i)}\boldsymbol{u}^{(i)}\boldsymbol{u}^{(i)}) - \frac{1}{m^{(i)}}q^{(i)}N^{(i)}\left(\boldsymbol{E} + \frac{1}{c}\boldsymbol{u}^{(i)}\times\boldsymbol{B}\right) = \int \mathrm{d}\boldsymbol{v}\boldsymbol{v}\left(\frac{\partial f^{(i)}}{\partial t}\right)_{\text{coll}} \tag{2.6.A10}$$

将式(2.6.A10)两边乘上第 i 种成分粒子的电量 $q^{(i)}$,再对所有粒子种类求和,注意到体系内部的电流密度的定义为

$$\boldsymbol{j}(\boldsymbol{r},t) = \sum_i q^{(i)}N^{(i)}\boldsymbol{u}^{(i)} = -eN_e\boldsymbol{u}_e + q_iN_i\boldsymbol{u}_i \tag{2.6.A11}$$

可得

$$\frac{\partial\boldsymbol{j}}{\partial t} + \nabla\cdot\left[\sum_i \frac{q^{(i)}}{m^{(i)}}\boldsymbol{P}_C^{(i)}\right] + \nabla\cdot\left[\sum_i q^{(i)}N^{(i)}\boldsymbol{u}^{(i)}\boldsymbol{u}^{(i)}\right] - \sum_i \frac{N^{(i)}(q^{(i)})^2}{m^{(i)}}\boldsymbol{E} - \frac{1}{c}\sum_i \frac{N^{(i)}(q^{(i)})^2}{m^{(i)}}\boldsymbol{u}^{(i)}\times\boldsymbol{B} = \sum_i q^{(i)}\int \mathrm{d}\boldsymbol{v}\boldsymbol{v}\left(\frac{\partial f^{(i)}}{\partial t}\right)_{\text{coll}} \tag{2.6.A12}$$

由式(2.6.A12)可导出广义欧姆定律。

先看式(2.6.A12)左边第二项。因为

$$\sum_i \frac{q^{(i)}}{m^{(i)}}\boldsymbol{P}_C^{(i)} = -\frac{e}{m_e}\boldsymbol{P}_C^{(e)} + \frac{Z_ie}{m_i}\boldsymbol{P}_C^{(i)} \tag{2.6.A13}$$

其中,按定义式(2.6.A7),有

$$\boldsymbol{P}_C^{(e)} = m_e\int f^{(e)}(\boldsymbol{v}-\boldsymbol{u}_e)(\boldsymbol{v}-\boldsymbol{u}_e)\mathrm{d}\boldsymbol{v} \tag{2.6.A14}$$

$$\boldsymbol{P}_C^{(i)} = m_i\int f^{(i)}(\boldsymbol{v}-\boldsymbol{u}_i)(\boldsymbol{v}-\boldsymbol{u}_i)\mathrm{d}\boldsymbol{v} \tag{2.6.A15}$$

再定义整个流体的宏观流速为

$$\boldsymbol{u} = \frac{N_em_e\boldsymbol{u}_e + N_im_i\boldsymbol{u}_i}{N_em_e + N_im_i} = \frac{D_m^e\boldsymbol{u}_e + D_m^i\boldsymbol{u}_i}{D_m} \tag{2.6.A16}$$

式中:$D_m^e = N_em_e$ 为等离子体中电子成分的质量密度;$D_m^i = N_im_i$ 为等离子体中离子成分的质量密度,$D_m = D_m^e + D_m^i = \rho$ 为整个等离子体的质量密度。联立电流密度的定义式(2.6.A11)和式(2.6.A16)可解得

$$\boldsymbol{u}_e = \frac{q_iN_iD_m\boldsymbol{u} - D_m^i\boldsymbol{j}(\boldsymbol{r},t)}{eN_eD_m^i + q_iN_iD_m^e} \tag{2.6.A17}$$

$$\boldsymbol{u}_i = \frac{eN_eD_m\boldsymbol{u} + D_m^e\boldsymbol{j}(\boldsymbol{r},t)}{eN_eD_m^i + q_iN_iD_m^e} \tag{2.6.A18}$$

定义整个等离子体流体质心系(随流体的宏观流速 $\boldsymbol{u}$ 运动的参考系)中电子和离子成分的动量通量(胁强张量)为

$$\boldsymbol{P}_{\text{COM}}^{(e)} = m_e \int f^{(e)} (\boldsymbol{v} - \boldsymbol{u})(\boldsymbol{v} - \boldsymbol{u}) \mathrm{d}\boldsymbol{v} \tag{2.6.A19}$$

$$\boldsymbol{P}_{\text{COM}}^{(i)} = m_i \int f^{(i)} (\boldsymbol{v} - \boldsymbol{u})(\boldsymbol{v} - \boldsymbol{u}) \mathrm{d}\boldsymbol{v} \tag{2.6.A20}$$

将式(2.6.A17)、式(2.6.A18)分别代入式(2.6.A14)、式(2.6.A15)可将 $\boldsymbol{P}_C^{(e)}$，$\boldsymbol{P}_C^{(i)}$ 用 $\boldsymbol{P}_{\text{COM}}^{(e)}$、$\boldsymbol{P}_{\text{COM}}^{(i)}$ 表示出来。由式(2.6.A17)可得

$$\boldsymbol{v} - \boldsymbol{u}_e = \boldsymbol{v} - \frac{q_i N_i D_m \boldsymbol{u} - D_m^i \boldsymbol{j}(\boldsymbol{r},t)}{eN_e D_m^i + q_i N_i D_m^e} \approx \boldsymbol{v} - \frac{q_i N_i D_m^i \boldsymbol{u} - D_m^i \boldsymbol{j}(\boldsymbol{r},t)}{eN_e D_m^i}$$

即

$$\boldsymbol{v} - \boldsymbol{u}_e \approx (\boldsymbol{v} - \boldsymbol{u}) + \frac{\boldsymbol{j}(\boldsymbol{r},t)}{eN_e} \tag{2.6.A21}$$

故有

$$(\boldsymbol{v} - \boldsymbol{u}_e)(\boldsymbol{v} - \boldsymbol{u}_e) \approx (\boldsymbol{v} - \boldsymbol{u})(\boldsymbol{v} - \boldsymbol{u}) + (\boldsymbol{v} - \boldsymbol{u})\frac{\boldsymbol{j}(\boldsymbol{r},t)}{eN_e} + \frac{\boldsymbol{j}(\boldsymbol{r},t)}{eN_e}(\boldsymbol{v} - \boldsymbol{u}) + \frac{\boldsymbol{j}(\boldsymbol{r},t)\boldsymbol{j}(\boldsymbol{r},t)}{eN_e \quad eN_e} \tag{2.6.A22}$$

将式(2.6.A22)代入式(2.6.A14)，可得

$$\boldsymbol{P}_C^{(e)} = \boldsymbol{P}_{\text{COM}}^{(e)} + \frac{m_e}{e}[(\boldsymbol{u}_e - \boldsymbol{u})\boldsymbol{j}(\boldsymbol{r},t) + \boldsymbol{j}(\boldsymbol{r},t)(\boldsymbol{u}_e - \boldsymbol{u})] + \frac{m_e}{e^2 N_e}\boldsymbol{j}(\boldsymbol{r},t)\boldsymbol{j}(\boldsymbol{r},t) \tag{2.6.A23}$$

由式(2.6.A18)可得

$$\boldsymbol{v} - \boldsymbol{u}_i = \boldsymbol{v} - \frac{eN_e D_m \boldsymbol{u} + D_m^e \boldsymbol{j}(\boldsymbol{r},t)}{eN_e D_m^i + q_i N_i D_m^e} \approx \boldsymbol{v} - \boldsymbol{u} - \frac{D_m^e \boldsymbol{j}(\boldsymbol{r},t)}{eN_e D_m^i}$$

即

$$\boldsymbol{v} - \boldsymbol{u}_i \approx \boldsymbol{v} - \boldsymbol{u} - \frac{m_e}{N_i m_i e}\boldsymbol{j}(\boldsymbol{r},t)$$

故有

$$(\boldsymbol{v} - \boldsymbol{u}_i)(\boldsymbol{v} - \boldsymbol{u}_i) \approx (\boldsymbol{v} - \boldsymbol{u})(\boldsymbol{v} - \boldsymbol{u}) - \frac{m_e}{N_i m_i e}(\boldsymbol{v} - \boldsymbol{u})\boldsymbol{j}(\boldsymbol{r},t) - \frac{m_e}{N_i m_i e}\boldsymbol{j}(\boldsymbol{r},t)(\boldsymbol{v} - \boldsymbol{u}) + \frac{m_e \quad m_e}{N_i m_i e N_i m_i e}\boldsymbol{j}(\boldsymbol{r},t)\boldsymbol{j}(\boldsymbol{r},t) \tag{2.6.A24}$$

将式(2.6.A24)代入式(2.6.A15)，有

$$\boldsymbol{P}_C^{(i)} = \boldsymbol{P}_{\text{COM}}^{(i)} - \frac{m_e}{e}[(\boldsymbol{u}_i - \boldsymbol{u})\boldsymbol{j}(\boldsymbol{r},t) + \boldsymbol{j}(\boldsymbol{r},t)(\boldsymbol{u}_i - \boldsymbol{u})] + \frac{m_e^2}{N_i m_i \mathrm{e}^2}\boldsymbol{j}(\boldsymbol{r},t)\boldsymbol{j}(\boldsymbol{r},t) \tag{2.6.A25}$$

故式(2.6.A12) 左边第二项中

$$\sum_i \frac{q^{(i)}}{m^{(i)}}\boldsymbol{P}_C^{(i)} = -\frac{e}{m_e}\boldsymbol{P}_C^{(e)} + \frac{Z_i e}{m_i}\boldsymbol{P}_C^{(i)} \approx$$

$$\frac{e}{m_e}\left[\frac{Z_i m_e}{m_i}\boldsymbol{P}^{(i)}_{\mathrm{COM}}-\boldsymbol{P}^{(e)}_{\mathrm{COM}}\right]-\left[(\boldsymbol{u}_e-\boldsymbol{u})\boldsymbol{j}(\boldsymbol{r},t)+\right.$$

$$\left.\boldsymbol{j}(\boldsymbol{r},t)(\boldsymbol{u}_e-\boldsymbol{u})\right]-\frac{1}{eN_e}\boldsymbol{j}(\boldsymbol{r},t)\boldsymbol{j}(\boldsymbol{r},t) \tag{2.6.A26}$$

由式(2. 6. A17)可得

$$\boldsymbol{u}_e-\boldsymbol{u}\approx-\frac{\boldsymbol{j}(\boldsymbol{r},t)}{eN_e}$$

将此式代入式(2. 6. A26),故式(2. 6. A12) 左边第二项变为

$$\nabla\cdot\left[\sum_i\frac{q^{(i)}}{m^{(i)}}\boldsymbol{P}^{(i)}_C\right]\approx\frac{e}{m_e}\left[\frac{Z_i m_e}{m_i}\nabla\cdot\boldsymbol{P}^{(i)}_{\mathrm{COM}}-\nabla\cdot\boldsymbol{P}^{(e)}_{\mathrm{COM}}\right]+$$

$$\nabla\cdot\left[\frac{\boldsymbol{j}(\boldsymbol{r},t)\boldsymbol{j}(\boldsymbol{r},t)}{eN_e}\right] \tag{2.6.A27}$$

再看式(2. 6. A12)左边第三项。因为

$$\sum_i q^{(i)}N^{(i)}\boldsymbol{u}^{(i)}\boldsymbol{u}^{(i)}=-eN_e\boldsymbol{u}_e\boldsymbol{u}_e+q_iN_i\boldsymbol{u}_i\boldsymbol{u}_i \tag{2.6.A28}$$

由式(2. 6. A17)、式(2. 6. A18)可得

$$\boldsymbol{u}_e\boldsymbol{u}_e=\frac{(q_iN_iD_m)^2\boldsymbol{uu}-q_iN_iD_mD^i_m(\boldsymbol{uj}+\boldsymbol{ju})+D^i_mD^i_m\boldsymbol{jj}}{(eN_eD^i_m+q_iN_iD^e_m)^2} \tag{2.6.A29}$$

$$\boldsymbol{u}_i\boldsymbol{u}_i=\frac{(eN_eD_m)^2\boldsymbol{uu}+eN_eD_mD^e_m(\boldsymbol{uj}+\boldsymbol{ju})+D^e_mD^e_m\boldsymbol{jj}}{(eN_eD^i_m+q_iN_iD^e_m)^2} \tag{2.6.A30}$$

即

$$-eN_e\boldsymbol{u}_e\boldsymbol{u}_e=\frac{-eN_e(q_iN_iD_m)^2\boldsymbol{uu}+eN_eq_iN_iD_mD^i_m(\boldsymbol{uj}+\boldsymbol{ju})-eN_eD^i_mD^i_m\boldsymbol{jj}}{(eN_eD^i_m+q_iN_iD^e_m)^2} \tag{2.6.A31}$$

$$q_iN_i\boldsymbol{u}_i\boldsymbol{u}_i=\frac{q_iN_i(eN_eD_m)^2\boldsymbol{uu}+eN_eq_iN_iD_mD^e_m(\boldsymbol{uj}+\boldsymbol{ju})+q_iN_iD^e_mD^e_m\boldsymbol{jj}}{(eN_eD^i_m+q_iN_iD^e_m)^2} \tag{2.6.A32}$$

式(2. 6. A31)与式(2. 6. A31)相加得

$$\sum_i q^{(i)}N^{(i)}\boldsymbol{u}^{(i)}\boldsymbol{u}^{(i)}=\frac{-\rho_eD^2_meN_e(q_iN_i)\boldsymbol{uu}}{(eN_eD^i_m+q_iN_iD^e_m)^2}+\frac{eN_eq_iN_iD^2_m(\boldsymbol{uj}+\boldsymbol{ju})}{(eN_eD^i_m+q_iN_iD^e_m)^2}+$$

$$\frac{[q_iN_iD^e_mD^e_m-eN_eD^i_mD^i_m]\boldsymbol{jj}}{(eN_eD^i_m+q_iN_iD^e_m)^2}$$

将上式取近似,即认为粒子质量密度远大于电子质量密度,可得

$$\sum_i q^{(i)}N^{(i)}\boldsymbol{u}^{(i)}\boldsymbol{u}^{(i)}\approx-\frac{q_iN_i}{eN_e}\rho_e\boldsymbol{uu}+\frac{q_iN_i}{eN_e}(\boldsymbol{uj}+\boldsymbol{ju})-\frac{\boldsymbol{jj}}{eN_e}$$

式中:$\rho_e=-eN_e+q_iN_i$ 为等离子体中的电荷密度。故式(2. 6. A12) 左边第三项为

$$\nabla\cdot\left[\sum_i q^{(i)}N^{(i)}\boldsymbol{u}^{(i)}\boldsymbol{u}^{(i)}\right]=\nabla\cdot[\boldsymbol{uj}(\boldsymbol{r},t)+\boldsymbol{j}(\boldsymbol{r},t)\boldsymbol{u}$$

$$-\rho_e(\boldsymbol{r},t)\boldsymbol{uu}-\frac{\boldsymbol{j}(\boldsymbol{r},t)\boldsymbol{j}(\boldsymbol{r},t)}{eN_e}\Big]\tag{2.6.A33}$$

再看式(2.6.A12)左边第五项,即

$$-\frac{1}{c}\sum_i\frac{N^{(i)}(q^{(i)})^2}{m^{(i)}}\boldsymbol{u}^{(i)}\times\boldsymbol{B}=-\frac{1}{c}\Big[\frac{N_e e^2}{m_e}\boldsymbol{u}_e\times\boldsymbol{B}+\frac{N_i q_i^2}{m_i}\boldsymbol{u}_i\times\boldsymbol{B}\Big]$$

将 $\boldsymbol{u}_e$ 和 $\boldsymbol{u}_i$ 的表达式(2.6.A17)和式(2.6.A18)代入上式,可得

$$-\frac{1}{c}\sum_i\frac{N^{(i)}(q^{(i)})^2}{m^{(i)}}\boldsymbol{u}^{(i)}\times\boldsymbol{B}=$$

$$-\frac{1}{c}\Big[\frac{N_i q_i^2 D_m^e}{m_i(eN_eD_m^i+q_iN_iD_m^e)}-\frac{D_m^i N_e e^2}{m_e(eN_eD_m^i+q_iN_iD_m^e)}\Big]\boldsymbol{j}\times$$

$$\boldsymbol{B}-\frac{1}{c}\Big[\frac{q_iN_iN_ee^2D_m}{m_e(eN_eD_m^i+q_iN_iD_m^e)}+\frac{N_iq_i^2eN_eD_m}{m_i(eN_eD_m^i+q_iN_iD_m^e)}\Big]\boldsymbol{u}\times\boldsymbol{B}\tag{2.6.A34}$$

取近似,即认为粒子质量密度远大于电子质量密度,可得式(2.6.A12)左边第五项为

$$-\frac{1}{c}\sum_i\frac{N^{(i)}(q^{(i)})^2}{m^{(i)}}\boldsymbol{u}^{(i)}\times\boldsymbol{B}=-\frac{1}{c}\Big[\frac{Z_i^2m_ee}{m_i}-\frac{m_ie}{m_e}\Big]\frac{\boldsymbol{j}\times\boldsymbol{B}}{m_i+Z_im_e}$$
$$-\frac{1}{c}\Big[\frac{Z_i\mathrm{e}^2}{m_e}+\frac{Z_i^2\mathrm{e}^2}{m_i}\Big]\frac{\rho\boldsymbol{u}\times\boldsymbol{B}}{m_i+Z_im_e}\tag{2.6.A35}$$

式中:$\rho\approx D_m$ 为整个等离子体的质量密度。

将式(2.6.A27)、式(2.6.A33)、式(2.6.A35)代入式(2.6.A12)得

$$\frac{\partial\boldsymbol{j}}{\partial t}+\nabla\cdot(\boldsymbol{uj}+\boldsymbol{ju}-\rho_e\boldsymbol{uu})=\Big(\sum_i\frac{N^{(i)}(q^{(i)})^2}{m^{(i)}}\Big)\boldsymbol{E}+\frac{1}{c}\Big[\frac{Z_i\mathrm{e}^2}{m_e}+\frac{Z_i^2\mathrm{e}^2}{m_i}\Big]$$
$$\frac{\rho\boldsymbol{u}\times\boldsymbol{B}}{m_i+Z_im_e}+\frac{1}{c}\Big[\frac{Z_i^2m_ee}{m_i}-\frac{m_ie}{m_e}\Big]\frac{\boldsymbol{j}\times\boldsymbol{B}}{m_i+Z_im_e}-$$
$$\frac{e}{m_e}\Big[\frac{Z_im_e}{m_i}\nabla\cdot\boldsymbol{P}_{\mathrm{COM}}^{(i)}-\nabla\cdot\boldsymbol{P}_{\mathrm{COM}}^{(e)}\Big]+$$
$$\sum_i q^{(i)}\int\mathrm{d}\boldsymbol{vv}\Big(\frac{\partial f^{(i)}}{\partial t}\Big)_{\mathrm{coll}}\tag{2.6.A36}$$

式(2.6.A36)就是式(2.6.58)。式(2.6.A36)得右边最后一项可近似取为

$$\sum_i q^{(i)}\int\mathrm{d}\boldsymbol{vv}\Big(\frac{\partial f^{(i)}}{\partial t}\Big)_{\mathrm{coll}}=\frac{\partial}{\partial t}\Big[\sum_i q^{(i)}N^{(i)}\boldsymbol{u}^{(i)}\Big]_{\mathrm{coll}}=\Big[\frac{\partial\boldsymbol{j}}{\partial t}\Big]_{\mathrm{coll}}\approx-\nu_{e-i}\boldsymbol{j}\tag{2.6.A37}$$

式中:ν_{e-i}为电子离子的碰撞频率。

[注毕]。

2.6.3 磁流体力学变量的 Lorentz 变换

实验室坐标系(L 系)中磁流体力学方程组为

i 组分粒子数守恒方程：$\frac{\partial(PD^{(i)})}{\partial t}+\frac{\partial}{\partial \boldsymbol{r}}\cdot(PF^{(i)})=0$ (2.6.60)

流体动量守恒方程：$\frac{\partial \boldsymbol{M}(\boldsymbol{r},t)}{\partial t}+\frac{\partial}{\partial \boldsymbol{r}}\cdot \boldsymbol{P}(\boldsymbol{r},t)=\boldsymbol{f}_{ext}(\boldsymbol{r},t)$ (2.6.61)

流体能量守恒方程：$\frac{\partial E(\boldsymbol{r},t)}{\partial t}+\frac{\partial}{\partial \boldsymbol{r}}\cdot \boldsymbol{F}(\boldsymbol{r},t)=w(\boldsymbol{r},t)$ (2.6.62)

我们的目的是找出 L 系中磁流体力学变量与流体静止的坐标系下相应量之间的关系。注意到式(2.6.60)~式(2.6.62)中各流体力学变量的定义式分别为

i 组分粒子的数密度：$PD^{(i)}(\boldsymbol{r},t)\equiv\int \mathrm{d}\boldsymbol{p}f^{(i)}(\boldsymbol{p})$ (2.6.63)

i 组分粒子的通量：$PF^{(i)}(\boldsymbol{r},t)\equiv\int \mathrm{d}\boldsymbol{p}\boldsymbol{v}f^{(i)}(\boldsymbol{p})$ (2.6.64)

所有粒子的动量密度：$\boldsymbol{M}(\boldsymbol{r},t)\equiv\sum_{i=1}^{S}\int \mathrm{d}\boldsymbol{p}\boldsymbol{p}f^{(i)}(\boldsymbol{p})$ (2.6.65)

所有粒子的动量通量(胁强张量)：$\boldsymbol{P}(\boldsymbol{r},t)=\sum_{i=1}^{S}\int \mathrm{d}\boldsymbol{p}\boldsymbol{v}\boldsymbol{p}f^{(i)}(\boldsymbol{p})$ (2.6.66)

所有粒子的总能量密度：$E(\boldsymbol{r},t)\equiv\sum_{i=1}^{S}\int \mathrm{d}\boldsymbol{p}\varepsilon f^{(i)}(\boldsymbol{p})$ (2.6.67)

所有粒子的总能量通量：$\boldsymbol{F}(\boldsymbol{r},t)=\sum_{i=1}^{S}\int \mathrm{d}\boldsymbol{p}\varepsilon\boldsymbol{v}f^{(i)}(\boldsymbol{p})$ (2.6.68)

由此可见，只要将

i 组分粒子的数密度和粒子通量：$\int \mathrm{d}\boldsymbol{p}f^{(i)}(\boldsymbol{p}),\int \mathrm{d}\boldsymbol{p}\boldsymbol{v}f^{(i)}(\boldsymbol{p})$ (2.6.69)

i 组分粒子的动量密度和动量通量：$\int \mathrm{d}\boldsymbol{p}\boldsymbol{p}f^{(i)}(\boldsymbol{p}),\int \mathrm{d}\boldsymbol{p}\boldsymbol{v}\boldsymbol{p}f^{(i)}(\boldsymbol{p})$ (2.6.70)

i 组分粒子的能量密度和能量通量：$\int \mathrm{d}\boldsymbol{p}\varepsilon f^{(i)}(\boldsymbol{p}),\int \mathrm{d}\boldsymbol{p}\varepsilon\boldsymbol{v}f^{(i)}(\boldsymbol{p})$ (2.6.71)

用流体静止坐标系下的流体力学变量来表示，便可找出 L 系中磁流体力学变量与流体静止的坐标系下流体力学变量之间的关系。这个问题可用相对论变换解决(详见辐射流体力学一章，这里只列出主要结论)。

为此，引入两个坐标系——O 系(实验室坐标系)和 O'系(流体静止坐标系)，O'系以速度 $\boldsymbol{u}$(流体元的宏观流速)相对于 O 系运动。将 O'系中的物理量以标志"0"作标识，则

$$\lambda=\frac{1}{\sqrt{1-u^2/c^2}} \tag{2.6.72}$$

为相对论因子。假设 O'系中粒子分布函数 $f^0(\boldsymbol{r}^0,\boldsymbol{p}^0,t^0)$ 仅与粒子的动量大小有关而与动量的方向无关，可得 O 坐标系 i 组分粒子的数密度为

$$PD^{(i)}(\boldsymbol{r},t)\equiv\int \mathrm{d}\boldsymbol{p}f^{(i)}(\boldsymbol{p})=\lambda N^{0(i)} \tag{2.6.73}$$

式中：$N^{0(i)}=\int \mathrm{d}\boldsymbol{p}^0 f^{0(i)}$ 为 O' 系(流体静止坐标系)中的观察者测得的粒子数密度。

O 坐标系 i 组分粒子的通量(略去组分指标)为

$$PF(\boldsymbol{r},t) \equiv \int \mathrm{d}\boldsymbol{p}\boldsymbol{v}f(\boldsymbol{p}) = \lambda N^0 \boldsymbol{u} \tag{2.6.74}$$

O 坐标系 i 组分粒子的动量密度(略去组分指标)为

$$\boldsymbol{M}(\boldsymbol{r},t) \equiv \int \mathrm{d}\boldsymbol{p}\boldsymbol{p}f(\boldsymbol{p}) = \frac{\boldsymbol{\lambda}^2}{c^2}(E^0 + p_m^0)\boldsymbol{u} = \frac{\boldsymbol{\lambda}^2}{c^2}(E_K^0 + \rho^0 c^2 + p_m^0)\boldsymbol{u} \tag{2.6.75}$$

式中:p_m^0 为流体静止坐标系中 i 组分粒子的压强;E_K^0 为流体静止坐标系下 i 组分粒子的动能密度(内能密度);$\rho^0 c^2 = N^0 m_0 c^2$ 为流体静止坐标系下 i 组分粒子的静止能量密度。

O 坐标系 i 组分粒子的动量通量(略去组分指标)为

$$\boldsymbol{P}(\boldsymbol{r},t) \equiv \int \mathrm{d}\boldsymbol{p}\boldsymbol{v}\boldsymbol{p}f \approx p_m^0 \boldsymbol{I} + \boldsymbol{\lambda}^2 \boldsymbol{\rho}^0 \boldsymbol{u}\boldsymbol{u} \tag{2.6.76}$$

O 坐标系 i 组分粒子的能量密度(略去组分指标)为

$$E(\boldsymbol{r},t) \equiv \int \mathrm{d}\boldsymbol{p}\varepsilon f(\boldsymbol{p}) = \boldsymbol{\lambda}^2 (E_K^0 + \rho^0 c^2 + p_m^0) - p_m^0 \tag{2.6.77}$$

O 坐标系 i 组分粒子的能量通量(略去组分指标)为

$$\boldsymbol{F}(\boldsymbol{r},t) \equiv \int \mathrm{d}\boldsymbol{p}\varepsilon\boldsymbol{v}f = \boldsymbol{\lambda}^2 (E_K^0 + \rho^0 c^2 + p_m^0)\boldsymbol{u} \tag{2.6.78}$$

由此可见,O 坐标系(实验室坐标系)中 i 组分粒子的流体力学变量可用流体静止坐标系(O'系)中 i 组分粒子的数密度 N^0、质量密度 $\boldsymbol{\rho}^0$、内能密度 E_K^0、压强 p_m^0 以及流体元的宏观流速 $\boldsymbol{u}$ 表示出来。对于多组分粒子系统,除了粒子的数密度没有可加性以外,质量密度 $\boldsymbol{\rho}^0$、内能密度 E_K^0、压强 p_m^0 均具有可加性,因此,式(2.6.75)~式(2.6.78)各式均可表示多粒子系统的流体力学变量,只需将式中的质量密度 $\boldsymbol{\rho}^0$、内能密度 E_K^0、压强 p_m^0 理解为各组分粒子的贡献之和即可,即

O 坐标系 i 组分粒子的数密度:$N^{(i)}(\boldsymbol{r},t) = \lambda N^{0(i)}$ (2.6.79)

O 坐标系 i 组分粒子的通量:$PF^{(i)}(\boldsymbol{r},t) = N^{(i)}\boldsymbol{u}^{(i)} = \lambda N^{0(i)}\boldsymbol{u}^{(i)}$ (2.6.80)

O 坐标系流体系统中所有粒子的动量密度:$\boldsymbol{M}(\boldsymbol{r},t) \equiv \dfrac{\boldsymbol{\lambda}^2}{c^2}(E_K^0 + \rho^0 c^2 + p_m^0)\boldsymbol{u}$

(2.6.81)

O 坐标系流体系统中所有粒子的动量通量:$\boldsymbol{P}(\boldsymbol{r},t) = p_m^0 \boldsymbol{I} + \dfrac{\boldsymbol{\lambda}^2}{c^2}(E_K^0 + \rho^0 c^2 + p_m^0)\boldsymbol{u}\boldsymbol{u}$

(2.6.82)

O 坐标系流体系统中所有粒子的能量密度:$E(\boldsymbol{r},t) = \boldsymbol{\lambda}^2 (E_K^0 + \rho^0 c^2 + p_m^0) - p_m^0$

(2.6.83)

O 坐标系流体系统中所有粒子的能量通量:$\boldsymbol{F}(\boldsymbol{r},t) = \boldsymbol{\lambda}^2 (E_K^0 + \rho^0 c^2 + p_m^0)\boldsymbol{u}$

(2.6.84)

将以上各式代入磁流体力学方程式(2.6.60)~式(2.6.62),得 O 坐标系下的

磁流体力学方程组为

i 组分粒子数守恒方程：

$$\frac{\partial(\lambda N^{0(i)})}{\partial t}+\frac{\partial}{\partial \boldsymbol{r}}\cdot(\lambda N^{0(i)}\boldsymbol{u}^{(i)})=0 \tag{2.6.85}$$

流体系统的动量守恒方程：

$$\frac{\partial}{\partial t}\left[\frac{\lambda^2}{c^2}(E_K^0+\rho^0 c^2+p_m^0)\boldsymbol{u}\right]+\nabla p_m^0+\nabla\cdot\left[\frac{\lambda^2}{c^2}(E_K^0+\rho^0 c^2+p_m^0)\boldsymbol{uu}\right]=\boldsymbol{f}_{\text{ext}} \tag{2.6.86}$$

流体系统的能量守恒方程：

$$\frac{\partial}{\partial t}[\lambda^2(E_K^0+\rho^0 c^2+p_m^0)-p_m^0]+\nabla\cdot[\lambda^2(E_K^0+\rho^0 c^2+p_m^0)\boldsymbol{u}]=w \tag{2.6.87}$$

将 i 组分粒子数守恒方程式(2.6.85)两边乘以该组分粒子的静止质量 $m_0^{(i)}$，然后对各组分粒子求和，注意到 $\rho^0=\sum\limits_i N^{0(i)}m_0^{(i)}$ 为流体静止坐标系下流体系统的质量密度，即得流体系统的质量守恒方程：

$$\frac{\partial(\lambda\rho^0)}{\partial t}+\frac{\partial}{\partial \boldsymbol{r}}\cdot(\lambda\rho^0\boldsymbol{u})=0 \tag{2.6.88}$$

磁流体力学方程式(2.6.86)~式(2.6.88)与方程式(2.6.60)~式(2.6.62)的区别在于已经将流体力学变量用流体静止坐标系下的质量密度 ρ^0、内能密度 E_K^0、压强 p_m^0 表示出来了，这时就方便使用物质的状态方程了。

将质量守恒方程式(2.6.88)两边乘以 c^2 所得的方程从能量守恒方程式(2.6.87)中减出，得到能量守恒方程的另一种形式为

$$\begin{gathered}\frac{\partial}{\partial t}[\lambda^2(E_K^0+p_m^0)+\lambda(\lambda-1)\rho^0 c^2-p_m^0]+\\ \nabla\cdot[\lambda^2(E_K^0+p_m^0)\boldsymbol{u}+\lambda(\lambda-1)\rho^0 c^2\boldsymbol{u}]=w\end{gathered} \tag{2.6.89}$$

注意到

$$\lambda(\lambda-1)\approx\frac{1}{2}\frac{u^2}{c^2} \tag{2.6.90}$$

故能量守恒方程式(2.6.89)变为

$$\frac{\partial}{\partial t}\left[\frac{1}{2}\rho^0 u^2+\lambda^2(E_K^0+p_m^0)-p_m^0\right]+\nabla\cdot\left[\frac{1}{2}\rho^0 u^2\boldsymbol{u}+\lambda^2(E_K^0+p_m^0)\boldsymbol{u}\right]=w \tag{2.6.91}$$

取 $\lambda=1$ 就得非相对论近似下的磁流体力学方程组，即

$$\frac{\partial\rho^0}{\partial t}+\nabla\cdot(\rho^0\boldsymbol{u})=0\quad\text{（质量守恒方程）} \tag{2.6.92}$$

$$\frac{\partial}{\partial t}(\rho^0\boldsymbol{u})+\nabla\cdot(\rho^0\boldsymbol{uu})+\nabla p_m^0=\boldsymbol{f}_{ext}\quad\text{（动量守恒方程）} \tag{2.6.93}$$

$$\frac{\partial}{\partial t}\left(\frac{1}{2}\rho^0 u^2+E_K^0\right)+\nabla\cdot\left[\left(\frac{1}{2}\rho^0 u^2+E_K^0\right)\boldsymbol{u}+p_m^0\boldsymbol{u}\right]=w\quad\text{（能量守恒方程）} \tag{2.6.94}$$

必须指出，得到非相对论近似下的磁流体力学方程式(2.6.92)~式(2.6.94)时，我们做了流体静止坐标系中粒子分布函数$f^0(\boldsymbol{r}^0,\boldsymbol{p}^0,t^0)$仅与粒子的动量大小有关而与动量的方向无关的假设，如果这个假设不成立，则动量守恒方程式(2.6.93)中，有

$$\nabla p_m^0 \Rightarrow \nabla \cdot \boldsymbol{P}_m^0$$

能量守恒方程式(2.6.94)中，有

$$p_m^0\boldsymbol{u} \Rightarrow \boldsymbol{p}_m^0 \cdot \boldsymbol{u}, P_m^0\ \nabla \cdot \boldsymbol{u} \Rightarrow (\boldsymbol{P}_m^0 \cdot \nabla) \cdot \boldsymbol{u} = \boldsymbol{p}_m^0 : \nabla \boldsymbol{u}$$

其中

$$\boldsymbol{P}_m^0(\boldsymbol{r},t) \equiv \int \mathrm{d}\boldsymbol{p}^0 \boldsymbol{p}^0 \boldsymbol{v}^0 f^0(\boldsymbol{p}^0)$$

为流体静止坐标系下的粒子动量通量(胁强张量)，它不是一个对角张量。除此之外，能量守恒方程式(2.6.94)左边还要加上一项粒子能流散度项$\nabla \cdot \boldsymbol{F}^0$，其中粒子能流

$$\boldsymbol{F}^0(\boldsymbol{r},t) \equiv \int \mathrm{d}\boldsymbol{p}^0 \varepsilon^0 \boldsymbol{v}^0 f^0(\boldsymbol{p}^0) = c^2 \int \mathrm{d}\boldsymbol{p}^0 \boldsymbol{p}^0 f^0(\boldsymbol{p}^0)$$

为流体静止坐标系下的粒子能通量，在分布函数$f^0(\boldsymbol{r}^0,\boldsymbol{p}^0,t^0)$与动量的方向有关时，它就不是0。

在上述条件下，利用质量守恒方程式(2.6.92)，动量守恒方程式(2.6.93)就变为

$$\rho^0 \frac{\partial \boldsymbol{u}}{\partial t} + \rho^0 \boldsymbol{u} \cdot \nabla \boldsymbol{u} + \nabla \cdot \boldsymbol{P}_m^0 = \boldsymbol{f}_{ext} \tag{2.6.95}$$

能量守恒方程式(2.6.94)变为

$$\rho^0 \frac{\partial}{\partial t}\left(\frac{1}{2}u^2\right) + \rho^0 \boldsymbol{u} \cdot \nabla\left(\frac{1}{2}u^2\right) + \frac{\partial E_K^0}{\partial t} + \nabla \cdot (E_K^0 \boldsymbol{u} + \boldsymbol{P}_m^0 \cdot \boldsymbol{u}) + \nabla \cdot \boldsymbol{F}^0 = w \tag{2.6.96}$$

动量守恒方程式(2.6.95)两边点乘$\boldsymbol{u}$得

$$\rho^0 \frac{\partial}{\partial t}\left(\frac{u^2}{2}\right) + \rho^0 \boldsymbol{u} \cdot \nabla\left(\frac{u^2}{2}\right) + \boldsymbol{u} \cdot (\nabla \cdot \boldsymbol{P}_m^0) = \boldsymbol{f}_{ext} \cdot \boldsymbol{u} \tag{2.6.97}$$

式(2.6.96)减去式(2.6.97)，得消除动能后的能量守恒方程

$$\frac{\partial E_K^0}{\partial t} + \nabla \cdot (E_K^0 \boldsymbol{u} + \boldsymbol{F}^0) + (\boldsymbol{P}_m^0 \cdot \nabla) \cdot \boldsymbol{u} = w - \boldsymbol{f}_{ext} \cdot \boldsymbol{u} \tag{2.6.98}$$

其中右端能源项已将外力作功扣除，即

$$w - \boldsymbol{f}_{ext} \cdot \boldsymbol{u} = \boldsymbol{j} \cdot \boldsymbol{E} - \rho_e \boldsymbol{E} \cdot \boldsymbol{u} - \frac{1}{c}(\boldsymbol{j} \times \boldsymbol{B}) \cdot \boldsymbol{u} = \boldsymbol{j} \cdot \left(\boldsymbol{E} + \frac{1}{c}\boldsymbol{u} \times \boldsymbol{B}\right) - \rho_e \boldsymbol{E} \cdot \boldsymbol{u} \tag{2.6.99}$$

它实际上就是焦耳热。由式(2.6.97)可见，外力对流体元所作的功全部转换为流体元的动能，而压力所作的功则部分转换为流体元的动能，部分转换为流体元的内能。

引入随体时间微商

$$\frac{\mathrm{d}}{\mathrm{d}t}(\ )=\frac{\partial}{\partial t}(\ )+\boldsymbol{u}\cdot\nabla(\ ) \tag{2.6.100}$$

采用随体时间微商代替时间偏导数，非相对论近似下的磁流体力学方程式(2.6.92)、式(2.6.95)、式(2.6.98)变为

$$\frac{\mathrm{d}\rho^0}{\mathrm{d}t}+\rho^0\ \nabla\cdot\boldsymbol{u}=0 \tag{2.6.101}$$

$$\rho^0\ \frac{\mathrm{d}\boldsymbol{u}}{\mathrm{d}t}+\nabla\ p_m^0=\boldsymbol{f}_{ext} \tag{2.6.102}$$

$$\frac{\mathrm{d}E_K^0}{\mathrm{d}t}+E_K^0\ \nabla\cdot\boldsymbol{u}+p_m^0\ \nabla\cdot\boldsymbol{u}=w-\boldsymbol{f}_{ext}\cdot\boldsymbol{u} \tag{2.6.103}$$

令单位质量流体物质的内能为

$$e_K^0=\frac{E_K^0}{\rho^0}$$

利用质量守恒方程式(2.6.101)，则能量守恒方程式(2.6.103)变为

$$\rho^0\ \frac{\mathrm{d}e_K^0}{\mathrm{d}t}+p_m^0\ \nabla\cdot\boldsymbol{u}=w-\boldsymbol{f}_{ext}\cdot\boldsymbol{u} \tag{2.6.104}$$

磁流体力学方程式(2.6.101)、式(2.6.102)、式(2.6.104)中有ρ^0、$\boldsymbol{u}$、p_m^0、e_K^0、ρ_e、$\boldsymbol{j}$、$\boldsymbol{E}$、$\boldsymbol{B}$共8个变量，必须补充2个状态方程

$$p_m^0=p_m^0(\rho^0,T),\mathrm{e}_K^0=\mathrm{e}_K^0(\rho^0,T)$$

3个独立的Maxwell方程组

$$\begin{cases}\nabla\cdot\boldsymbol{E}=4\pi\rho_e\\ \nabla\times\boldsymbol{E}=-\dfrac{1}{c}\dfrac{\partial\boldsymbol{B}}{\partial t}\\ \nabla\times\boldsymbol{B}=\dfrac{1}{c}\dfrac{\partial\boldsymbol{E}}{\partial t}+\dfrac{4\pi}{c}\boldsymbol{j}\end{cases}$$

和一个广义欧姆定律

$$\boldsymbol{E}=\eta\boldsymbol{j}(r,t)-\frac{\boldsymbol{u}\times\boldsymbol{B}}{c}+\frac{\boldsymbol{j}\times\boldsymbol{B}}{cN_e e}-\frac{1}{N_e e}\nabla\cdot(\boldsymbol{P}_e^{\mathrm{COM}}) \tag{2.6.105}$$

才可封闭，此时共有9个方程，9个变量（引入了一个新变量——温度），即

$$\rho^0,T,\boldsymbol{u},p_m^0,e_K^0,\rho_e,\boldsymbol{j},\boldsymbol{E},\boldsymbol{B}$$

故可解。

由广义欧姆定律（式(2.6.105)）可知

$$\boldsymbol{E}+\frac{\boldsymbol{u}\times\boldsymbol{B}}{c}=\frac{\boldsymbol{j}(r,t)}{\sigma}+\frac{\boldsymbol{j}\times\boldsymbol{B}}{cN_e e}-\frac{1}{N_e e}\nabla\cdot(\boldsymbol{P}_e^{\mathrm{COM}})$$

因而，能量守恒方程式(2.6.104)右边的能源项为

$$w-\boldsymbol{f}_{ext}\cdot\boldsymbol{u}=\boldsymbol{j}\cdot\left(\boldsymbol{E}+\frac{1}{c}\boldsymbol{u}\times\boldsymbol{B}\right)-\rho_e\boldsymbol{E}\cdot\boldsymbol{u}=\frac{\boldsymbol{j}^2(\boldsymbol{r},t)}{\sigma}-\frac{1}{N_e e}\boldsymbol{j}\cdot(\nabla\cdot\boldsymbol{P}_e^{\mathrm{COM}})-\rho_e\boldsymbol{E}\cdot\boldsymbol{u}$$

在磁流体力学中，根据法拉第电磁感应定律$\nabla\times\boldsymbol{E}=-\frac{1}{c}\frac{\partial\boldsymbol{B}}{\partial t}$，可知$|\boldsymbol{E}|=\frac{\omega}{kc}|\boldsymbol{B}|$，故在安培定律$\nabla\times\boldsymbol{B}=\frac{1}{c}\frac{\partial\boldsymbol{E}}{\partial t}+\frac{4\pi}{c}\boldsymbol{j}$中，由于

$$\left|\frac{1}{c}\frac{\partial\boldsymbol{E}}{\partial t}/\nabla\times\boldsymbol{B}\right|\approx\frac{\omega}{kc}\frac{|\boldsymbol{E}|}{|\boldsymbol{B}|}=\left(\frac{\omega}{kc}\right)^2\ll1$$

故位移电流密度可以略去，故安培定律变为

$$\nabla\times\boldsymbol{B}=\frac{4\pi}{c}\boldsymbol{j}$$

而在电磁力密度$\boldsymbol{f}_{ext}=\rho_e\boldsymbol{E}+\frac{1}{c}\boldsymbol{j}\times\boldsymbol{B}$中，由于

$$\left|\rho_e\boldsymbol{E}/\frac{1}{c}\boldsymbol{j}\times\boldsymbol{B}\right|=\frac{c|\boldsymbol{E}\ \nabla\cdot\boldsymbol{E}|}{4\pi|\boldsymbol{j}\times\boldsymbol{B}|}\approx\frac{|\boldsymbol{E}|^2}{|\boldsymbol{B}|^2}=\left(\frac{\omega}{kc}\right)^2\ll1$$

故电磁力密度变为$\boldsymbol{f}_{ext}=\frac{1}{c}\boldsymbol{j}\times\boldsymbol{B}$。此时，非相对论近似下磁流体方程组变为以下 8 个方程

$$\frac{\mathrm{d}\rho^0}{\mathrm{d}t}+\rho^0\ \nabla\cdot\boldsymbol{u}=0\quad（质量守恒方程）$$

$$\rho^0\frac{\mathrm{d}\boldsymbol{u}}{\mathrm{d}t}+\nabla p_m^0=\frac{1}{c}\boldsymbol{j}\times\boldsymbol{B}\quad（动量守恒方程，其中静电力忽略）$$

$$\rho^0\frac{\mathrm{de}_K^0}{\mathrm{d}t}+p_m^0\ \nabla\cdot\boldsymbol{u}=\boldsymbol{j}\cdot\left(\boldsymbol{E}+\frac{1}{c}\boldsymbol{u}\times\boldsymbol{B}\right)\quad（能量守恒方程）$$

$$p_m^0=p_m^0(\rho^0,T)\quad（状态方程）$$

$$\mathrm{e}_K^0=\mathrm{e}_K^0(\rho^0,T)\quad（状态方程）$$

$$\nabla\times\boldsymbol{E}=-\frac{1}{c}\frac{\partial\boldsymbol{B}}{\partial t}\quad（法拉第电磁感应定律）$$

$$\nabla\times\boldsymbol{B}=\frac{4\pi}{c}\boldsymbol{j}\quad（安培定律，其中位移电流忽略）$$

$$\boldsymbol{E}=\frac{\boldsymbol{j}(r,t)}{\sigma}-\frac{\boldsymbol{u}\times\boldsymbol{B}}{c}+\frac{\boldsymbol{j}\times\boldsymbol{B}}{cN_ee}-\frac{1}{N_ee}\nabla\cdot(\boldsymbol{P}_e^{\mathrm{COM}})\quad（广义欧姆定律）$$

共有 8 个变量ρ^0、$\boldsymbol{u}$、T、p_m^0、e_K^0、$\boldsymbol{j}$、$\boldsymbol{E}$、$\boldsymbol{B}$（不出现ρ_e），故方程组是封闭的（此时，麦克斯韦方程组中$\nabla\cdot\boldsymbol{B}=0$自然满足，泊松方程$\nabla\cdot\boldsymbol{E}=4\pi\rho_e$变成多余，除非要确定电荷密度。电荷守恒自然满足。）

2.7 带电粒子在等离子体中小角度库仑碰撞的能量损失率

在第 1 章中曾证明（参见式（1.7.9）），对于二体碰撞项$\left(\frac{\partial f^{(i)}}{\partial t}\right)_{\mathrm{coll}}$，对入射粒子$i$的速度$\boldsymbol{v}$的任意函数$\varphi(\boldsymbol{v})$，有

$$J = \int d\boldsymbol{v}\varphi(\boldsymbol{v})\left(\frac{\partial f^{(i)}}{\partial t}\right)_{\text{coll}} = \sum_{j=1}^{S}\int d\boldsymbol{v}\int d\boldsymbol{w}\int d\Omega' u \frac{d\sigma}{d\Omega'}(u,\chi) f^{(i)}(\boldsymbol{v}) f^{(j)}(\boldsymbol{w})(\varphi(\boldsymbol{v}') - \varphi(\boldsymbol{v})) \tag{2.7.1}$$

式中：$d\Omega' u \frac{d\sigma}{d\Omega'} f^{(j)}(\boldsymbol{w}) d\boldsymbol{w}$ 为 t 时刻单位时间、一个速度为 $\boldsymbol{v}$ 的 i 种粒子与位于速度间隔 $\boldsymbol{w}\to\boldsymbol{w}+d\boldsymbol{w}$ 的第 j 种靶粒子（单位体积内靶粒子个数为 $f^{(j)}(\boldsymbol{w})d\boldsymbol{w}$）碰撞（相对速度为 $\boldsymbol{u}=\boldsymbol{v}-\boldsymbol{w}$）后变成相对速度 $\boldsymbol{u}'=\boldsymbol{v}'-\boldsymbol{w}'$ 且在 $\boldsymbol{u}'$ 空间立体角 $d\Omega'$ 出射的概率（单位时间的碰撞概率）；$f^{(i)}(\boldsymbol{v})d\boldsymbol{v}d\Omega' u \frac{d\sigma}{d\Omega'} f^{(j)}(\boldsymbol{w})d\boldsymbol{w}$ 为 t 时刻单位时间、单位体积、速度在 $\boldsymbol{v}\to\boldsymbol{v}+d\boldsymbol{v}$ 的第 i 种粒子（个数为 $f^{(i)}(\boldsymbol{v})d\boldsymbol{v}$）与位于速度间隔 $\boldsymbol{w}\to\boldsymbol{w}+d\boldsymbol{w}$ 的第 j 种靶粒子（个数为 $f^{(j)}(\boldsymbol{w})d\boldsymbol{w}$）碰撞（相对速度为 $\boldsymbol{u}=\boldsymbol{v}-\boldsymbol{w}$）后变成相对速度 $\boldsymbol{u}'=\boldsymbol{v}'-\boldsymbol{w}'$ 且在 $\boldsymbol{u}'$ 空间立体角 $d\Omega'$ 出射的碰撞次数（单位时间、单位体积的碰撞次数）。

若取 $\varphi(\boldsymbol{v})$ 为一个速度为 $\boldsymbol{v}$ 的入射 i 粒子的动能，即

$$\varphi(\boldsymbol{v}) = \varepsilon = \frac{1}{2}mv^2$$

则

$$\varphi(\boldsymbol{v}') - \varphi(\boldsymbol{v}) = \varepsilon' - \varepsilon = \frac{1}{2}mv'^2 - \frac{1}{2}mv^2$$

就是一次上述碰撞导致的一个入射 i 粒子动能的改变，因此，积分

$$\frac{dE}{dt} \equiv \int d\boldsymbol{v}\varepsilon\left(\frac{\partial f^{(i)}}{\partial t}\right)_{\text{coll}} = \sum_{j=1}^{S}\int d\boldsymbol{v}\int d\boldsymbol{w}\int d\Omega' u \frac{d\sigma}{d\Omega'} f^{(i)}(\boldsymbol{v}) f^{(j)}(\boldsymbol{w})(\varepsilon' - \varepsilon) \tag{2.7.2}$$

就是单位时间、单位体积所有的 i 粒子由于与 j 粒子的碰撞导致的动能改变。它就是 i 粒子与 j 粒子的二体碰撞单位体积能量损失率的计算公式。

如果将粒子间的碰撞局限在带电粒子间的小角度库仑碰撞，此时的二体碰撞项 $\left(\frac{\partial f^{(i)}}{\partial t}\right)_{\text{coll}}$ 就是 Fokker－Planck 碰撞项

$$\left(\frac{\partial f^{(i)}}{\partial t}\right)_{F-P} = -\frac{\partial}{\partial \boldsymbol{v}}\cdot \boldsymbol{S}^{(i)}(\boldsymbol{v}) \tag{2.7.4}$$

其中

$$S^{(i)}(\boldsymbol{v}) = f^{(i)}(\boldsymbol{v})\Gamma^{(i)}\frac{\partial H^{(i)}}{\partial \boldsymbol{v}} - \frac{1}{2}\frac{\partial}{\partial \boldsymbol{v}}\cdot\left(f^{(i)}(\boldsymbol{v})\Gamma^{(i)}\frac{\partial^2 G^{(i)}}{\partial \boldsymbol{v}\partial \boldsymbol{v}}\right) \tag{2.7.5}$$

$$H^{(i)}(\boldsymbol{v}) = \sum_{j=1}^{S}\frac{m^{(i)}+m^{(j)}}{m^{(j)}}\left(\frac{q^{(j)}}{q^{(i)}}\right)^2\int d\boldsymbol{w} f^{(j)}(\boldsymbol{w})\frac{1}{u} \tag{2.7.6}$$

$$G^{(i)}(\boldsymbol{v}) = \sum_{j=1}^{S}\left(\frac{q^{(j)}}{q^{(i)}}\right)^2\int d\boldsymbol{w} f^{(j)}(\boldsymbol{w})u \tag{2.7.7}$$

$$\Gamma^{(i)} = \frac{4\pi(q^{(i)})^4}{(m^{(i)})^2}\ln\Lambda \tag{2.7.8}$$

因此,带电粒子间的小角度库仑碰撞导致的单位体积能量损失率的计算公式为

$$\frac{\mathrm{d}E}{\mathrm{d}t} \equiv \int \mathrm{d}\boldsymbol{v}\varepsilon\left(\frac{\partial f^{(i)}}{\partial t}\right)_{F-P} = -\int \mathrm{d}\boldsymbol{v}\varepsilon\frac{\partial}{\partial \boldsymbol{v}}\cdot \boldsymbol{S}(\boldsymbol{v}) =$$

$$-\int \mathrm{d}\boldsymbol{v}\left[\frac{\partial}{\partial \boldsymbol{v}}\cdot(\varepsilon \boldsymbol{S}(\boldsymbol{v})) - \boldsymbol{S}(\boldsymbol{v})\cdot\frac{\partial \varepsilon}{\partial \boldsymbol{v}}\right] = \int \mathrm{d}\boldsymbol{v}\boldsymbol{S}(\boldsymbol{v})\cdot\frac{\partial \varepsilon}{\partial \boldsymbol{v}} =$$

$$\int \mathrm{d}\boldsymbol{v}S_\alpha(\boldsymbol{v})\frac{\partial \varepsilon}{\partial v_\alpha} = m^{(i)}\int \mathrm{d}\boldsymbol{v}(\boldsymbol{v}\cdot S(\boldsymbol{v})) \tag{2.7.9}$$

其中,由式(2.7.5),有

$$\boldsymbol{v}\cdot S^{(i)}(\boldsymbol{v}) = f^{(i)}(\boldsymbol{v})\Gamma^{(i)}\boldsymbol{v}\cdot\frac{\partial H^{(i)}}{\partial \boldsymbol{v}} - \frac{1}{2}\boldsymbol{v}\cdot\frac{\partial}{\partial \boldsymbol{v}}\cdot\left(f^{(i)}(\boldsymbol{v})\Gamma^{(i)}\frac{\partial^2 G^{(i)}}{\partial \boldsymbol{v}\partial \boldsymbol{v}}\right) \tag{2.7.10}$$

注意到在背景粒子速度分布为 Maxwell 分布时,由式(2.5.21)、式(2.5.16),有

$$\frac{\partial H^{(i)}(v)}{\partial \boldsymbol{v}} = \boldsymbol{e}_v\frac{\partial H^{(i)}(v)}{\partial v}$$

其中

$$\frac{\partial H^{(i)}(v)}{\partial v} = \sum_{j=1}^{S}\frac{m^{(i)}+m^{(j)}}{m^{(j)}}\left(\frac{q^{(j)}}{q^{(i)}}\right)^2\frac{n_j}{v^2}[-\Phi_1(\sqrt{\alpha_j}v)]$$

$$\Phi_1(x) = \Phi(x) - x\frac{\mathrm{d}\Phi}{\mathrm{d}x} = \Phi(x) - \frac{2}{\sqrt{\pi}}x\mathrm{e}^{-x^2},\Phi(x) = \frac{2}{\sqrt{\pi}}\int_0^x \mathrm{e}^{-z^2}\mathrm{d}z$$

$$\alpha_j = \frac{m_j}{2kT_j}$$

即

$$\frac{\partial H^{(i)}}{\partial \boldsymbol{v}} = -\boldsymbol{e}_v\sum_{j=1}^{S}\frac{m^{(i)}+m^{(j)}}{m^{(j)}}\left(\frac{q^{(j)}}{q^{(i)}}\right)^2\frac{n_j}{v^2}\Phi_1(\sqrt{\alpha_j}v) \tag{2.7.11}$$

由式(2.5.24)、式(2.5.28),有

$$\frac{\partial^2 G^{(i)}(v)}{\partial \boldsymbol{v}\partial \boldsymbol{v}} = \boldsymbol{e}_v\boldsymbol{e}_v\frac{\partial^2 G^{(i)}(v)}{\partial v^2} + (\boldsymbol{e}_\theta\boldsymbol{e}_\theta + \boldsymbol{e}_\varphi\boldsymbol{e}_\varphi)\frac{1}{v}\frac{\partial G^{(i)}(v)}{\partial v}$$

$$\frac{\partial}{\partial \boldsymbol{v}}\cdot\left[f^{(i)}\Gamma^{(i)}\frac{\partial^2 G^{(i)}(v)}{\partial \boldsymbol{v}\partial \boldsymbol{v}}\right] = \boldsymbol{e}_v\left[\frac{1}{v^2}\frac{\partial}{\partial v}\left(v^2 f^{(i)}\Gamma^{(i)}\frac{\partial^2 G^{(i)}}{\partial v^2}\right) - \frac{2}{v^2}f^{(i)}\Gamma^{(i)}\frac{\partial G^{(i)}}{\partial v}\right] +$$
$$\boldsymbol{e}_\theta\frac{1}{v^2}\frac{\partial}{\partial \theta}\left(f^{(i)}\Gamma^{(i)}\frac{\partial G^{(i)}}{\partial v}\right) + \boldsymbol{e}_\varphi\frac{1}{v^2\sin\theta\partial\varphi}\left(f^{(i)}\Gamma^{(i)}\frac{\partial G^{(i)}}{\partial v}\right)$$

即

$$\frac{\partial}{\partial \boldsymbol{v}}\cdot\left[f^{(i)}\Gamma^{(i)}\frac{\partial^2 G^{(i)}(v)}{\partial \boldsymbol{v}\partial \boldsymbol{v}}\right] =$$

$$\boldsymbol{e}_v\left[\frac{\partial}{\partial v}\left(f^{(i)}\Gamma^{(i)}\frac{\partial^2 G^{(i)}}{\partial v^2}\right) + \frac{2}{v}f^{(i)}\Gamma^{(i)}\frac{\partial^2 G^{(i)}}{\partial v^2} - \frac{2}{v^2}f^{(i)}\Gamma^{(i)}\frac{\partial G^{(i)}}{\partial v}\right] +$$

$$\boldsymbol{e}_\theta \frac{1}{v^2}\frac{\partial}{\partial\theta}\left(f^{(i)}\Gamma^{(i)}\frac{\partial G^{(i)}}{\partial v}\right)+\boldsymbol{e}_\varphi \frac{1}{v^2\sin\theta}\frac{\partial}{\partial\varphi}\left(f^{(i)}\Gamma^{(i)}\frac{\partial G^{(i)}}{\partial v}\right) \tag{2.7.12}$$

其中

$$\frac{\partial G^{(i)}(v)}{\partial v} = \sum_{j=1}^{S}\left(\frac{q^{(j)}}{q^{(i)}}\right)^2 n_j\left\{-\frac{1}{2v^2\alpha_j}\Phi_1(\sqrt{\alpha_j}v)+\Phi(\sqrt{\alpha_j}v)\right\} \tag{2.7.13}$$

$$\frac{\partial^2 G^{(i)}(v)}{\partial v^2} = \sum_{j=1}^{S}\left(\frac{q^{(j)}}{q^{(i)}}\right)^2 \frac{n_j}{\alpha_j v^3}\Phi_1(\sqrt{\alpha_j}v) \tag{2.7.14}$$

将式(2.7.11)、式(2.7.12)代入式(2.7.10),得

$$\begin{aligned}\boldsymbol{v}\cdot S^{(i)}(\boldsymbol{v}) &= f^{(i)}(\boldsymbol{v})\Gamma^{(i)}\boldsymbol{v}\cdot\frac{\partial H^{(i)}}{\partial \boldsymbol{v}}-\frac{1}{2}\boldsymbol{v}\cdot\frac{\partial}{\partial\boldsymbol{v}}\cdot\left(f^{(i)}(\boldsymbol{v})\Gamma^{(i)}\frac{\partial^2 G^{(i)}}{\partial\boldsymbol{v}\partial\boldsymbol{v}}\right)=\\ &-f^{(i)}(\boldsymbol{v})\Gamma^{(i)}\sum_{j=1}^{S}\frac{m^{(i)}+m^{(j)}}{m^{(j)}}\left(\frac{q^{(j)}}{q^{(i)}}\right)^2\frac{n_j}{v}\Phi_1(\sqrt{\alpha_j}v)-\\ &\frac{1}{2}v\frac{\partial}{\partial v}\left(f^{(i)}\Gamma^{(i)}\frac{\partial^2 G^{(i)}}{\partial v^2}\right)-f^{(i)}\Gamma^{(i)}\frac{\partial^2 G^{(i)}}{\partial v^2}+\frac{1}{v}f^{(i)}\Gamma^{(i)}\frac{\partial G^{(i)}}{\partial v}\end{aligned} \tag{2.7.15}$$

将式(2.7.15)代入式(2.7.9),得

$$\begin{aligned}\frac{\mathrm{d}E}{\mathrm{d}t} &\equiv -\int\mathrm{d}\boldsymbol{v}f^{(i)}\frac{1}{v}m^{(i)}\Gamma^{(i)}\sum_{j=1}^{S}\frac{m^{(i)}+m^{(j)}}{m^{(j)}}\left(\frac{q^{(j)}}{q^{(i)}}\right)^2 n_j\Phi_1(\sqrt{\alpha_j}v)+\\ &\frac{1}{2}m^{(i)}\int\mathrm{d}\boldsymbol{v}f^{(i)}\Gamma^{(i)}\frac{\partial^2 G^{(i)}}{\partial v^2}+m^{(i)}\int\mathrm{d}\boldsymbol{v}\frac{1}{v}f^{(i)}\Gamma^{(i)}\frac{\partial G^{(i)}}{\partial v}\end{aligned} \tag{2.7.16}$$

将式(2.7.13)、式(2.7.14)代入式(2.7.16),得

$$\begin{aligned}\frac{\mathrm{d}E}{\mathrm{d}t} &= -\int\mathrm{d}\boldsymbol{v}f^{(i)}\frac{1}{v}m^{(i)}\Gamma^{(i)}\sum_{j=1}^{S}n_j\left(\frac{q^{(j)}}{q^{(i)}}\right)^2\\ &\left[\frac{m^{(i)}+m^{(j)}}{m^{(j)}}\Phi_1(\sqrt{\alpha_j}v)-\Phi(\sqrt{\alpha_j}v)\right]=\\ &-\int\mathrm{d}\boldsymbol{v}\frac{f^{(i)}}{v}\sum_{j=1}^{S}\frac{n_j\Gamma^{(i)}}{m^{(j)}}\left(\frac{q^{(j)}m^{(i)}}{q^{(i)}}\right)^2\left[\Phi(\sqrt{\alpha_j}v)-\right.\\ &\left.2v\sqrt{\frac{\alpha_j}{\pi}}\frac{m^{(i)}+m^{(j)}}{m^{(i)}}\mathrm{e}^{-\alpha_j v^2}\right]\end{aligned} \tag{2.7.17}$$

其中

$$\Phi_1(x)=\Phi(x)-\frac{2}{\sqrt{\pi}}x\mathrm{e}^{-x^2}$$

将式(2.7.8)代入式(2.7.17),最后有 i 粒子与所有背景 j 粒子进行小角度库仑碰撞导致的单位体积的能量损失率的计算公式为

$$\frac{\mathrm{d}E}{\mathrm{d}t} = -\int \mathrm{d}\boldsymbol{v} f^{(i)} \frac{1}{v} \sum_{j=1}^{S} \frac{4\pi n_j (q^{(i)} q^{(j)})^2 \ln\Lambda}{m^{(j)}}$$

$$\left[\Phi(\sqrt{\alpha_j} v) - 2v \sqrt{\frac{\alpha_j}{\pi}} \left(1 + \frac{m^{(j)}}{m^{(i)}}\right) \mathrm{e}^{-\alpha_j v^2} \right] \qquad (2.7.18)$$

其中

$$\Phi(x) = \frac{2}{\sqrt{\pi}} \int_0^x \mathrm{e}^{-z^2} \mathrm{d}z, \alpha_j = \frac{m_j}{2kT_j}$$

由此可见，只要通过求解 Fokker - Planck 方程得出 i 粒子的相空间分布函数 $f^{(i)}(\boldsymbol{r}, \boldsymbol{v}, t)$，就可求出 i 粒子与所有背景 j 粒子进行小角度库仑碰撞导致的单位体积的能量损失率。

特例：等离子体中电子—离子各自处于不同温度的麦克斯韦分布（双温磁流体）时，根据式(2.7.18)，单位时间、单位体积内通过 $e-i$ 库仑小角度碰撞，由电子交给离子的能量（单位体积内 $e-i$ 碰撞的能量交换率）为

$$W_{e-i} = -\frac{\mathrm{d}E}{\mathrm{d}t} = \int \mathrm{d}\boldsymbol{v} f^{(e)}(\boldsymbol{v}) \frac{1}{v} \frac{4\pi Z^2 n_i \mathrm{e}^4 \ln\Lambda}{m_i}$$

$$\left[\Phi(\sqrt{\alpha_i} v) - \left(1 + \frac{m_i}{m_e}\right) \frac{2\sqrt{\alpha_i} v}{\sqrt{\pi}} \exp(-\alpha_i v^2) \right] =$$

$$\frac{4\pi Z^2 n_i \mathrm{e}^4 \ln\Lambda}{m_i} \int \mathrm{d}\boldsymbol{v} f^{(e)}(\boldsymbol{v}) \frac{1}{v} \Phi(\sqrt{\alpha_i} v) - \frac{4\pi Z^2 n_i \mathrm{e}^4 \ln\Lambda}{m_i}$$

$$\left(1 + \frac{m_i}{m_e}\right) \frac{2\sqrt{\alpha_i}}{\sqrt{\pi}} \int \mathrm{d}\boldsymbol{v} f^{(e)}(\boldsymbol{v}) \exp(-\alpha_i v^2)$$

取电子组分的速度分布函数 $f^{(e)}(\boldsymbol{r}, \boldsymbol{v}, t)$ 为麦克斯韦分布，即

$$f^{(e)}(\boldsymbol{r}, \boldsymbol{v}, t) = n_e \left(\frac{\alpha_e}{\pi}\right)^{3/2} \exp(-\alpha_e v^2) \qquad \left(\alpha_e = \frac{m_e}{2kT_e}\right)$$

注意到

$$\Phi(x) = \frac{2}{\sqrt{\pi}} \int_0^x \mathrm{e}^{-z^2} \mathrm{d}z, \Phi'(x) = \frac{2}{\sqrt{\pi}} \exp(-x^2)$$

$$\int_0^\infty \exp(-bz^2)\, \mathrm{d}z = \frac{1}{2} \sqrt{\frac{\pi}{b}}, \int_0^\infty \exp(-bz^2)\, z^2 \mathrm{d}z = \frac{1}{4} \sqrt{\frac{\pi}{b^3}}$$

不难算出

$$\int \mathrm{d}\boldsymbol{v} f^{(e)}(\boldsymbol{v}) \frac{1}{v} \Phi(\sqrt{\alpha_i} v) = \frac{2n_e}{\sqrt{\pi}} \sqrt{\frac{\alpha_i \alpha_e}{\alpha_e + \alpha_i}}$$

$$\int \mathrm{d}\boldsymbol{v} f^{(e)}(\boldsymbol{v}) \exp(-\alpha_i v^2) = n_e \left(\frac{\alpha_e}{\alpha_e + \alpha_i}\right)^{3/2}$$

$$W_{e-i} = \frac{4\pi Z^2 n_i \mathrm{e}^4 \ln\Lambda}{m_i} \frac{2n_e}{\sqrt{\pi}} \sqrt{\frac{\alpha_i \alpha_e}{\alpha_e + \alpha_i}} - \frac{4\pi Z^2 n_i \mathrm{e}^4 \ln\Lambda}{m_i} \left(1 + \frac{m_i}{m_e}\right) \frac{2\sqrt{\alpha_i}}{\sqrt{\pi}} n_e \left(\frac{\alpha_e}{\alpha_e + \alpha_i}\right)^{3/2} =$$

$$\frac{4\pi Z^2 n_i n_e e^4 \ln\Lambda}{m_i}\frac{\sqrt{2}}{\sqrt{\pi}}\sqrt{\frac{m_i m_e}{kT_i m_e + m_i kT_e}}\left[\frac{kT_e m_i - m_i kT_i}{m_e kT_i + m_i kT_e}\right] =$$

$$\frac{4\sqrt{2\pi}Z^2 n_i n_e e^4 \ln\Lambda}{m_e m_i}\frac{kT_e - kT_i}{(kT_i/m_i + kT_e/m_e)^{3/2}}$$

单位时间、单位体积内通过 $e-i$ 库仑小角度碰撞由离子交给电子的能量则为

$$W_{i-e} = -W_{e-i} = \frac{4n_i n_e \sqrt{2\pi}Z^2 e^4 \ln\Lambda}{m_e m_i}\frac{kT_i - kT_e}{(kT_i/m_i + kT_e/m_e)^{3/2}}$$

2.8 α 粒子输运 Fokker－Planck 方程的有限元数值解

2.8.1 α 粒子输运的 Fokker－Planck 方程

我们用有限元方法求解 α 粒子输运 Fokker－Planck 方程来研究高温高密 D－T 等离子体中核反应 $T(d,n)^4He$ 产生的 α 粒子输运和能量沉积规律，这一工作对于激光聚变内爆动力学研究具有重要意义。

由式(2.5.34)～式(2.5.39)可知，等离子体中背景带电粒子的分布函数为麦克斯韦分布时，在背景粒子中输运的 α 粒子之分布密度函数 $f(\boldsymbol{r},v,\mu,\omega,t)$ 满足的非定态 Fokker－Planck 方程为

$$\frac{\partial f}{\partial t} + \boldsymbol{v}\cdot\frac{\partial f}{\partial \boldsymbol{r}} + \frac{\boldsymbol{F}}{m}\cdot\frac{\partial f}{\partial \boldsymbol{v}} = \frac{1}{v^2}\frac{\partial}{\partial v}\left[A(v)f + C(v)\frac{\partial f}{\partial v}\right]$$
$$+\frac{B(v)}{v^2}\frac{\partial}{\partial\mu}\left[(1-\mu^2)\frac{\partial f}{\partial\mu}\right] + \frac{B(v)}{v^2}\frac{1}{(1-\mu^2)}\frac{\partial^2 f}{\partial\omega^2} + f_s$$

其中

$$A(v) = \sum_{\beta=1}^{S}\left(\frac{q_\beta}{q}\right)^2 \Gamma n_\beta \frac{m}{m_\beta}\Phi_1(\sqrt{\alpha_\beta}v) \qquad \left(\alpha_\beta = \frac{m_\beta}{2kT_\beta}\right)$$

$$B(v) = \frac{1}{2v}\sum_{\beta=1}^{S}\left(\frac{q_\beta}{q}\right)^2 \Gamma n_\beta\left[\Phi_1(\sqrt{\alpha_\beta}v)\left(1-\frac{1}{2\alpha_\beta v^2}\right) + \frac{2\sqrt{\alpha_\beta}v}{\sqrt{\pi}}\exp(-\alpha_\beta v^2)\right]$$

$$C(v) = \sum_{\beta=1}^{S}\left(\frac{q_\beta}{q}\right)^2 \Gamma\frac{n_\beta}{2\alpha_\beta v}\Phi_1(\sqrt{\alpha_\beta}v)$$

$$\Gamma = \frac{4\pi q^4}{m^2}\ln\Lambda$$

$$\ln\Lambda = \ln\frac{3\lambda_D kT}{qq_\beta},\ \lambda_D = \sqrt{\frac{kT}{4\pi\sum_{\beta=1}^{S} n_\beta q_\beta^2}}$$

$$\Phi_1(x) = \frac{2}{\sqrt{\pi}}\int_0^x e^{-z^2}dz - \frac{2}{\sqrt{\pi}}xe^{-x^2}$$

式中：$\boldsymbol{v}$ 为 α 粒子速度；m 为 α 粒子质量；$\boldsymbol{F}$ 为 α 粒子所受外力，不包括 α 粒子与背景离子间的相互作用；q 为 α 粒子电量；f_s 为产生 α 粒子的源项。

忽略外力，在一维球对称情况下 $f(r,v,\mu,t)$ 满足的简化 Fokker - Planck 方程为

$$\frac{\partial f}{\partial t}+v\hat{\Omega}\cdot\frac{\partial f}{\partial \boldsymbol{r}}=\frac{1}{v^2}\frac{\partial}{\partial v}\left[A(v)f+C(v)\frac{\partial f}{\partial v}\right]+\frac{B(v)}{v^2}\frac{\partial}{\partial \mu}\left[(1-\mu^2)\frac{\partial f}{\partial \mu}\right]+f_s \tag{2.8.1}$$

式中：$\hat{\Omega}$ 为 α 粒子运动方向的单位矢量$\left(\hat{\Omega}=\frac{\boldsymbol{v}}{v}\right)$；$\mu=\hat{\Omega}\cdot\hat{e}_r$ 为 $\hat{\Omega}$ 与 $\boldsymbol{r}$ 方向的夹角余弦$\left(\hat{e}_r=\frac{\boldsymbol{r}}{r}\right)$；$f_s=\frac{1}{4\pi v^2}n_D n_T\langle\sigma v\rangle_{DT}\delta(v-v_0)$，$v_0$ 为 DT 反应产生的源 α 粒子的速率，且 $\hat{\Omega}\cdot\frac{\partial}{\partial \boldsymbol{r}}=\mu\frac{\partial}{\partial r}+\frac{1-\mu^2}{r}\frac{\partial}{\partial \mu}$。

方程式(2.8.1)的定解条件为

$$\begin{cases}f(r,v,\mu,t)|_{t=0}=0\\ f(r=0,v,\mu,t)=f(r=0,v,-\mu,t) \qquad (\mu>0)\\ f(r=R,v,\mu,t)|_{\mu<0}=0\\ f(r,v,\mu,t)|_{v<v_L}=f(r,v,\mu,t)|_{v>v_H}=0\end{cases} \tag{2.8.2}$$

通过对方程中的时间变量和速度变量用有限差分方法处理，对空间坐标变量和运动方向变量用有限元方法处理，可得有限元方程组，解方程组得到了 α 粒子分布密度函数的数值解。在此基础上分别计算了 α 粒子对背景等离子体中的离子、电子能量沉积率以及总能量沉积率随时空的变化、系统中 α 粒子的能谱分布随时间的演化。

2.8.2 时间变量的离散和速度变量的多群处理

用 $t_k(k=0,1,2,\cdots)$ 将 t 离散化；用 $(G+1)$ 个分点 $v_{g+1/2}(g=0,1,2,\cdots,G)$ 将 $v\in[v_L,v_H]$ 分成 G 群，其中第 g 群的边界为 $[v_{g-1/2},v_{g+1/2}]$，用算符

$$L=\frac{1}{q}\int_{t_k}^{t_{k+1}}\mathrm{d}t\int_{v_{g-1/2}}^{v_{g+1/2}}v^2\mathrm{d}v$$

$$\begin{cases}q=\Delta t_k\cdot\Delta v_g^3\\ \Delta t_k=t_{k+1}-t_k\\ \Delta v_g^3=\frac{1}{3}(v_{g+1/2}^3-v_{g-1/2}^3)\end{cases}$$

作用于方程式(2.8.1)两边，得

$$\bar{A}_g f_{g-1}^{k+1/2}(r,\mu)+\left\{\bar{B}_g-\frac{\Delta v_g\cdot B_g\cdot\Delta t_k}{2\Delta v_g^3}\frac{\partial}{\partial\mu}\left[(1-\mu^2)\frac{\partial}{\partial\mu}\right]+\frac{v_g\Delta t_k}{2}\hat{\Omega}\cdot\frac{\partial}{\partial\boldsymbol{r}}\right\}f_g^{k+1/2}(r,\mu)+$$
$$+\bar{C}_g f_{g+1}^{k+1/2}(r,\mu)=f_g^k(r,\mu)+\frac{1}{4\pi}\cdot\frac{\Delta t_k}{2\Delta v_g^3}n_D n_T\langle\sigma v\rangle_{DT}\delta_{gG_0} \tag{2.8.3}$$

其中

$$\begin{cases}\bar{A}_g = \dfrac{\Delta t_k}{2\Delta v_g^3}\left(A_{g-1/2}(1-\delta_-) - \dfrac{C_{g-1/2}}{\Delta v_{g-1/2}}\right) \\ \bar{B}_g = \dfrac{\Delta t_k}{2\Delta v_g^3}\left(\dfrac{C_{g+1/2}}{\Delta v_{g+1/2}} + \dfrac{C_{g-1/2}}{\Delta v_{g-1/2}} + A_{g-1/2}\delta_- - A_{g-1/2}(1-\delta_+)\right) + 1 \\ \bar{C}_g = -\dfrac{\Delta t_k}{2\Delta v_g^3}\left(A_{g+1/2}\delta_+ + \dfrac{C_{g+1/2}}{\Delta v_{g+1/2}}\right) \\ \Delta v_{g+1/2} = v_{g+1} - v_g, \quad \Delta v_{g-1/2} = v_g - v_{g-1} \\ f_g^{k+1/2}(r,\mu) = \dfrac{1}{2}(f_g^{k+1}(r,\mu) + f_g^k(r,\mu)) \end{cases} \tag{2.8.4}$$

式中：$0<(\delta_+,\delta_-)<1$ 为权重因子，一般取 $\delta_+=\delta_-=1/2$，且

$$\delta_{gG_0} = \begin{cases} 1 & (g=G_0) \\ 0 & (g\neq G_0) \end{cases} \quad (G_0 \text{ 为源 } \alpha \text{ 粒子所在能群})$$

定解条件为

$$\begin{cases} f_g^k(r,\mu)|_{k=0} = 0 \\ f_g^{k+1/2}(r,\mu)|_{g=0} = f_g^{k+1/2}(r,\mu)|_{g=G+1} = 0 \\ f_g^{k+1/2}(r,\mu)|_{r=0} = f_g^{k+1/2}(r,-\mu)|_{r=0} \quad (\mu<0) \\ f_g^{k+1/2}(r,\mu)|_{\substack{r=R \\ \mu<0}} = 0 \end{cases} \tag{2.8.5}$$

2.8.3 对空间变量和角度变量的有限元处理

如图 2-3 所示，将 $r\in[0,R]$ 用 $r_n(n=0,1,2,\cdots,N)$ 离散为 N 个区间，其中第 n 个区间为 $[r_{n-1},r_n]$；将 $\mu\in[-1,+1]$ 用 $\mu_m(m=0,1,2,\cdots,M)$ 离散为 M 个区间，其中第 m 个区间为 $[\mu_{m-1},\mu_m]$。r 方向的第 n 个区间和 μ 方向的第 m 个区间共同组成 (r,μ) 平面上的一个长方形单元 e。

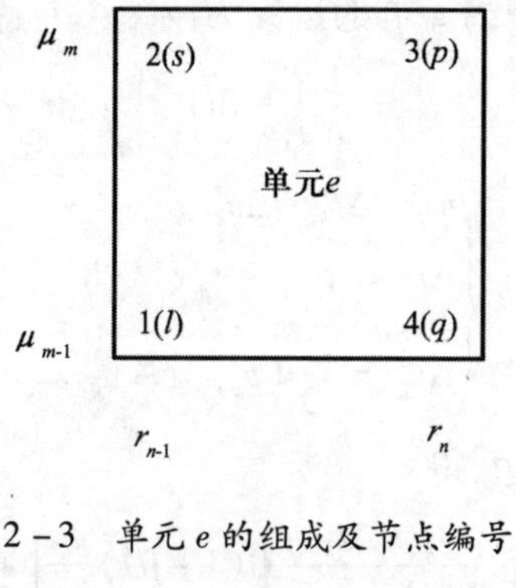

图 2-3　单元 e 的组成及节点编号

单元 e 上的 4 个网格节点，均有 2 套编号：一套是单元局部编号，按顺时钟方向，以 $(1,2,3,4)$ 表示，每个单元内节点的局部编号都相同；另一套是总体编号，亦按顺时钟方向，以 (l,s,p,q) 表示，此总体编号则随不同的单元而异。记单元 e 上 4

个节点的分布函数为$(f_1^e,f_2^e,f_3^e,f_4^e)$，则单元$e$内任一点$(r,\mu)$处的分布函数$f(r,\mu)$可用4个节点上的函数值插值表示为

$$f(r,\mu)=\boldsymbol{M}^{\mathrm{T}}\tilde{\boldsymbol{f}}^{e}\qquad[(r,\mu)\in e]\tag{2.8.6}$$

其中

$$\boldsymbol{M}^{\mathrm{T}}=\frac{1}{\Delta\mu_m\Delta r_n}[c_1d_1,c_2d_1,c_2d_2,c_1d_2],\quad \tilde{\boldsymbol{f}}^{e}=[f_1^e,f_2^e,f_3^e,f_4^e]^{\mathrm{T}}$$

$$\Delta\mu_m=\mu_m-\mu_{m-1},\Delta r_n=r_n-r_{n-1}$$

$$c_1=\mu_m-\mu,\ c_2=\mu-\mu_{m-1}$$

$$d_1=r_n-r,\ d_2=r-r_{n-1}$$

在单元e内，方程式(2.8.3)变为

$$\bar{A}_g\boldsymbol{M}^{\mathrm{T}}\tilde{f}_{g-1}^{e,k+1/2}+\bar{B}_g\boldsymbol{M}^{\mathrm{T}}\tilde{f}_{g}^{e,k+1/2}-\frac{1}{2}\frac{\Delta v_gB_g\Delta t_k}{\Delta v_g^3}\frac{\partial}{\partial\mu}\left[(1-\mu^2)\frac{\partial\boldsymbol{M}^{\mathrm{T}}}{\partial\mu}\right]\tilde{f}_{g}^{e,k+1/2}+$$

$$\frac{1}{2}v_g\Delta t_k\hat{\boldsymbol{\Omega}}\cdot\frac{\partial\boldsymbol{M}^{T}}{\partial\boldsymbol{r}}\tilde{f}_{g}^{e,k+1/2}+\bar{C}_g\boldsymbol{M}^{\mathrm{T}}\tilde{f}_{g+1}^{e,k+1/2}=$$

$$\boldsymbol{M}^{\mathrm{T}}\tilde{f}_{g}^{e,k}+\frac{1}{4\pi}\cdot\frac{1}{2}\cdot\frac{\Delta t_k}{\Delta v_g^3}n_D^en_{\mathrm{T}}^e\langle\sigma v\rangle_{DT}\delta_{gG_0}\tag{2.8.7}$$

按照 Galerkin 方法，将方程式(2.8.7)两边乘以列矩阵$\boldsymbol{M}$，再做积分$\int_{-1}^{1}2\pi\mathrm{d}\mu\int_0^R r^2\mathrm{d}r$，有

$$\sum_e\int_e 2\pi\mathrm{d}\mu\int_e r^2\mathrm{d}r\boldsymbol{M}\Big\{\bar{A}_g\boldsymbol{M}^T\ \tilde{f}_{g-1}^{e,k+1/2}+\bar{B}_g\boldsymbol{M}^T\ \tilde{f}_{g}^{e,k+1/2}-\frac{1}{2}\frac{\Delta v_gB_g\Delta t_k}{\Delta v_g^3}\frac{\partial}{\partial\mu}$$

$$\left[(1-\mu^2)\frac{\partial\boldsymbol{M}^T}{\partial\mu}\right]\tilde{f}_{g}^{e,k+1/2}+\frac{1}{2}v_g\Delta t_k\hat{\boldsymbol{\Omega}}\cdot\frac{\partial\boldsymbol{M}^T}{\partial\boldsymbol{r}}\tilde{f}_{g}^{e,k+1/2}+\bar{C}_g\boldsymbol{M}^T\ \tilde{f}_{g+1}^{e,k+1/2}\Big\}=$$

$$\sum_e\int_e 2\pi\mathrm{d}\mu\int_e r^2\mathrm{d}r\boldsymbol{M}\Big(\boldsymbol{M}^T\tilde{f}_{g}^{e,k}+\frac{1}{4\pi}\cdot\frac{1}{2}\cdot\frac{\Delta t_k}{\Delta v_g^3}n_D^en_T^e\langle\sigma v\rangle_{DT}\delta_{gG_0}\Big)\tag{2.8.8}$$

注意到

$$\hat{\boldsymbol{\Omega}}\cdot\frac{\partial}{\partial\boldsymbol{r}}=\mu\frac{\partial}{\partial r}+\frac{1-\mu^2}{r}\frac{\partial}{\partial\mu}\tag{2.8.9}$$

令

$$\begin{cases}\tilde{\alpha}^e=\int_e 2\pi\mathrm{d}\mu\int_e r^2\mathrm{d}r\boldsymbol{M}\boldsymbol{M}^T\\ \tilde{b}^e=\int_e 2\pi\mathrm{d}\mu\int_e r^2\mathrm{d}r\boldsymbol{M}\mu\frac{\partial\boldsymbol{M}^T}{\partial r}\\ \tilde{c}^e=\int_e 2\pi\mathrm{d}\mu\int_e r^2\mathrm{d}r\boldsymbol{M}\frac{1-\mu^2}{r}\frac{\partial\boldsymbol{M}^T}{\partial\mu}\\ \tilde{d}^e=\int_e 2\pi\mathrm{d}\mu\int_e r^2\mathrm{d}r\boldsymbol{M}\frac{\partial}{\partial\mu}\left[(1-\mu^2)\frac{\partial\boldsymbol{M}^T}{\partial\mu}\right]\\ \tilde{e}^e=\int_e 2\pi\mathrm{d}\mu\int_e r^2\mathrm{d}r\boldsymbol{M}\end{cases}\tag{2.8.10}$$

它们均可根据列矩阵 **M** 方便地求出来。再令

$$\begin{cases}\tilde{A}_g^e = \bar{A}_g \tilde{a}^e \\ \tilde{B}_g^e = \bar{B}_g \tilde{a}^e - \dfrac{\Delta v_g B_g \Delta t_k}{2\Delta v_g^3} \cdot \tilde{d}^e + \dfrac{v_g \Delta t_k}{2}(\tilde{b}^e + \tilde{c}^e) \\ \tilde{C}_g^e = \bar{C}_g \tilde{a}^e \\ \tilde{E}_g^e = \dfrac{1}{4\pi} \cdot \dfrac{1}{2} \cdot \dfrac{\Delta t_k}{\Delta v_g^3} n_D^e n_T^e \langle \sigma v \rangle_{DT} \delta_g G_0 \tilde{e}^e \end{cases} \tag{2.8.11}$$

则有

$$\sum_e [\tilde{A}_g^e \tilde{f}_{g-1}^{e,k+1/2} + \tilde{B}_g^e \tilde{f}_g^{e,k+1/2} + \tilde{C}_g^e \tilde{f}_{g+1}^{e,k+1/2}] = \sum_e [\tilde{a}^e \tilde{f}_g^{e,k} + \tilde{E}_g^e] \tag{2.8.12}$$

$$(g = 1, 2, \cdots, G)$$

此即 Fokker - Planck 方程式(2.8.1)经有限元处理后得到的有限元方程,其定解条件为

$$\begin{cases} f_{g,j}^k |_{k=0} = 0 \quad (g = 1, 2, \cdots, G; j = 1, 2, \cdots, n_0) \\ f_{g,j}^{k+1/2} = f_{g,M+2-j}^{k+1/2} \quad \left(g = 1, 2, \cdots, G; j = 1, 2, \cdots, \dfrac{M+1}{2}\right) \\ f_{g,j}^{k+1/2} = 0 \quad \left(g = 1, 2, \cdots, G; j = n_0 - M, n_0 - M + 1, \cdots, n_0 - \dfrac{M+1}{2}\right) \\ f_{g,j}^{k+1/2} |_{g=0} = f_{g,j}^{k+1/2} |_{g=G+1} = 0, (j = 1, 2, \cdots, n_0) \end{cases}$$

式中:$n_0 = (N+1) \times (M+1)$ 为 (r, μ) 平面上的节点数。

2.8.4 有限元方程的总体合成与线性代数方程组的求解

根据能量边界条件,式(2.8.12)可以写成以下矩阵形式

$$\sum_e \begin{bmatrix} \tilde{B}_1^e & \tilde{C}_1^e & & \\ \tilde{\boldsymbol{A}}_2^e & \tilde{B}_2^e & \tilde{C}_2^e & \\ & \ddots & \ddots & \ddots \\ & & \tilde{\boldsymbol{A}}_G^e & \tilde{B}_G^e \end{bmatrix} \begin{bmatrix} \tilde{f}_1^{e,k+1/2} \\ \tilde{f}_2^{e,k+1/2} \\ \cdots \\ \tilde{f}_G^{e,k+1/2} \end{bmatrix} = \sum_e \begin{bmatrix} \tilde{\boldsymbol{a}}^e \tilde{f}_1^{e,k} + \tilde{E}_1^e \\ \tilde{\boldsymbol{a}}^e \tilde{f}_2^{e,k} + \tilde{E}_2^e \\ \cdots \\ \tilde{\boldsymbol{a}}^e \tilde{f}_G^{e,k} + \tilde{E}_G^e \end{bmatrix} \tag{2.8.13}$$

式中:$\tilde{\boldsymbol{A}}_g^e$、$\tilde{\boldsymbol{B}}_g^e$、$\tilde{\boldsymbol{C}}_g^e$、$\tilde{\boldsymbol{a}}^e$ $(g = 1, 2, \cdots, G)$ 均为 4×4 矩阵;$\tilde{\boldsymbol{f}}_g^e$、$\tilde{\boldsymbol{E}}_g^e$ $(g = 1, 2, \cdots, G)$ 均为 4×1 列矩阵。

在方程式(2.8.13)中,对单元 e 求和的过程在有限元方法中叫做总体合成。式(2.8.13)经总体合成后,变成

$$
\begin{bmatrix}
\tilde{B}_1 & \tilde{C}_1 & & \\
\tilde{A}_2 & \tilde{B}_2 & \tilde{C}_2 & \\
& \ddots & \ddots & \ddots \\
& & \tilde{A}_G & \tilde{B}_G
\end{bmatrix}
\begin{bmatrix}
\tilde{f}_1^{k+1/2} \\ \tilde{f}_2^{k+1/2} \\ \cdots \\ \tilde{f}_G^{k+1/2}
\end{bmatrix}
=
\begin{bmatrix}
\tilde{\boldsymbol{a}}\,\tilde{f}_1^k + \tilde{E}_1 \\ \tilde{\boldsymbol{a}}\,\tilde{f}_2^k + \tilde{E}_2 \\ \cdots \\ \tilde{\boldsymbol{a}}\,\tilde{f}_G^k + \tilde{E}_G
\end{bmatrix}
\tag{2.8.14}
$$

式中：$\tilde{\boldsymbol{A}}_g$、$\tilde{\boldsymbol{B}}_g$、$\tilde{\boldsymbol{C}}_g$、$\tilde{\boldsymbol{a}}$ 分别为单元 e 中的 4×4 矩阵 $\tilde{\boldsymbol{A}}_g^e$、$\tilde{\boldsymbol{B}}_g^e$、$\tilde{\boldsymbol{C}}_g^e$、$\tilde{\boldsymbol{a}}^e$ 扩展为 $n_0\times n_0$ 矩阵后，对每个单元 e 的扩展矩阵求和而得到的 $n_0\times n_0$ 矩阵；$\tilde{\boldsymbol{E}}_g$ 为单元 e 内 4×1 矩阵 $\tilde{E}_g^e$ 扩展为 $n_0\times1$ 矩阵后，对每个单元 e 的扩展矩阵求和而得到的 $n_0\times1$ 矩阵，即

$$
\tilde{\boldsymbol{A}}_g = \sum_e \tilde{\boldsymbol{A}}_{g扩}^e,\ \tilde{\boldsymbol{B}}_g = \sum_e \tilde{\boldsymbol{B}}_{g扩}^e,\ \tilde{\boldsymbol{C}}_g = \sum_e \tilde{\boldsymbol{C}}_{g扩}^e,\ \tilde{\boldsymbol{a}} = \sum_e \tilde{a}_{扩}^e,\ \tilde{\boldsymbol{E}}_g = \sum_e \tilde{\boldsymbol{E}}_{g扩}^e
$$

而 $\tilde{\boldsymbol{f}}_g = (f_{g,1}, f_{g,2}, \cdots, f_{g,n_0})^{\mathrm{T}}$ 为 $n_0\times1$ 列矩阵($g=1,2,\cdots,G$)。

例如，对单元 e，其 4 个节点的单元局部编号为(1,2,3,4)，所对应的总体编号设为(l,s,p,q)，假设 $s=l+1$，$p=q+1$(图 2-3)，故单元 e 中 4×4 矩阵 $\tilde{\boldsymbol{A}}_g^e$ 扩展为 $n_0\times n_0$ 矩阵后其原来的 16 个矩阵元所处位置关系为

$$
\tilde{\boldsymbol{A}}_{g,扩}^e =
\begin{array}{c}
1 \\ \vdots \\ l \\ s \\ \vdots \\ q \\ p \\ \vdots \\ n_0
\end{array}
\overset{\begin{array}{ccccccccc} 1 & \cdots & l & s & \cdots & q & p & \cdots & n_0 \end{array}}{
\begin{bmatrix}
0 & \cdots & 0 & 0 & \cdots & 0 & 0 & \cdots & 0 \\
\vdots & & \vdots & \vdots & & \vdots & \vdots & & \vdots \\
0 & \cdots & (\tilde{A}_g^e)_{11} & (\tilde{A}_g^e)_{12} & \cdots & (\tilde{A}_g^e)_{14} & (\tilde{A}_g^e)_{13} & \cdots & 0 \\
0 & \cdots & (\tilde{A}_g^e)_{21} & (\tilde{A}_g^e)_{22} & \cdots & (\tilde{A}_g^e)_{24} & (\tilde{A}_g^e)_{23} & \cdots & 0 \\
\vdots & & \vdots & \vdots & & \vdots & \vdots & & \vdots \\
0 & \cdots & (\tilde{A}_g^e)_{41} & (\tilde{A}_g^e)_{42} & \cdots & (\tilde{A}_g^e)_{44} & (\tilde{A}_g^e)_{43} & \cdots & 0 \\
0 & \cdots & (\tilde{A}_g^e)_{31} & (\tilde{A}_g^e)_{32} & \cdots & (\tilde{A}_g^e)_{34} & (\tilde{A}_g^e)_{33} & \cdots & 0 \\
\vdots & & \vdots & \vdots & & \vdots & \vdots & & \vdots \\
0 & \cdots & 0 & 0 & \cdots & 0 & 0 & \cdots & 0
\end{bmatrix}}
$$

将每个单元的 $\tilde{\boldsymbol{A}}_g^e$ 均扩展为 $n_0\times n_0$ 矩阵，然后再相加，便得

$$
\tilde{\boldsymbol{A}}_g = \sum_e \tilde{\boldsymbol{A}}_{g扩}^e
$$

总体合成的关键是实现单元 e 内节点的局部编号与总体编号的对应关系。当得到

总体合成后的线性代数方程组后，可根据 $k=0$ 时的初始条件 $\tilde{f}_g^k=0\quad(g=1,2,\cdots,G)$ 和外源项 $\tilde{E}_g$，求解此线性代数方程组，得到 $t_{k+1/2}$ 时刻的 $\tilde{f}_g^{k+1/2}\quad(g=1,2,\cdots,G)$，再根据

$$\tilde{f}_g^{k+1}=2\tilde{f}_g^{k+1/2}-\tilde{f}_g^k(g=1,2,\cdots,G)$$

计算出 t_{k+1} 时刻的 $\tilde{f}_g^{k+1}$，如此反复，便可得出任意离散时刻的 $\tilde{f}_g^{k+1}(k=0,1,2,\cdots)$ 值。据此可进行物理量的数值计算。在求解线性代数方程式(2.8.14)时采用了以下技术：

(1) 定解条件在有限元方程组中的具体实现；

(2) 有限元方程组大规模系数矩阵的压缩存储；

(3) 对系数做压缩存储的线性代数方程组进行 Gauss 消元求解。

2.8.5 α 粒子在背景等离子体中单位体积内的能量沉积率计算

若 β 类背景粒子速度分布服从 Maxwell 分布，即

$$f_\beta(\boldsymbol{v}_\beta)=n_\beta\left(\frac{m_\beta}{2\pi kT_\beta}\right)^{\frac{3}{2}}\exp\left(-\frac{m_\beta v_\beta^2}{2kT_\beta}\right)$$

根据式(2.7.18)，单位时间单位体积内 α 粒子与第 β 类背景粒子进行二体库仑小角度碰撞导致的能量损失为

$$\dot{W}_\beta(\boldsymbol{r},t)=-\frac{4\pi n_\beta(qq_\beta)^2\ln\Lambda}{m_\beta}\int \mathrm{d}\boldsymbol{v}f\frac{1}{v}\left[\Phi(\sqrt{\alpha_\beta}v)-2v\sqrt{\frac{\alpha_\beta}{\pi}}\left(1+\frac{m_\beta}{m}\right)\mathrm{e}^{-\alpha_\beta v^2}\right]$$

其中

$$\Phi(x)=\frac{2}{\sqrt{\pi}}\int_0^x \mathrm{e}^{-z^2}\mathrm{d}z,\alpha_\beta=\frac{m_\beta}{2kT_\beta}$$

将此可化为离散求和形式，进而求出能量沉积率随时空的变化。

t 时刻单位时间内，$\boldsymbol{r}$ 处单位体积内的 α 粒子对背景等离子体的总能量沉积率为

$$\dot{W}(r,t)=\sum_\beta \dot{W}_\beta(r,t)$$

1. 整个 α 粒子源区单位时间内放出的 α 粒子能量 Q_E

设 α 粒子源区由于氘氚核反应放出的 α 粒子能量是单能的，能量均为 E_0，那么，有

$$Q_E=E_0\int_{-1}^1 2\pi\mathrm{d}\mu\int_0^{R_s}4\pi r^2\mathrm{d}r\int_0^\infty v^2\mathrm{d}v\frac{1}{4\pi v^2}n_Dn_T\langle\sigma v\rangle_{DT}\delta(v-v_0)=$$

$$E_0\frac{4}{3}\pi R_s^3 n_Dn_T\langle\sigma v\rangle_{DT}\quad(R_s\text{ 为球心附近 }\alpha\text{ 源区半径})$$

2. α 粒子能谱分布 $f(E,t)$

$$f(E,t)=\int_0^R 4\pi r^2\mathrm{d}r\int_{-1}^1 2\pi\mathrm{d}\mu f(r,E,\mu,t)=$$

$$\int_0^R 4\pi r^2 \mathrm{d}r \int_{-1}^1 2\pi \mathrm{d}\mu \, \frac{v}{m} f(r,v,\mu,t)$$

为 α 粒子的能谱分布,表示 t 时刻系统内能量在 E 附近单位能量间隔内的 α 粒子数。

3. 计算结果与分析

1) 计算模型及参数选择

我们的计算模型为一维球对称均匀氘氚等离子体系统,其中 D、T 各半,等离子体密度 $\rho = 1000\mathrm{g/cm^3}$,温度 $T_e = T_i = 50\mathrm{keV}$,系统半径 $R = 1.55 \times 10^{-3}\mathrm{cm}$,$n_D = n_T = \frac{1}{2}n_e = n$,而 $n = 1.204 \times 10^{26}/\mathrm{cm^3}$,在 $(0, 0.1R)$ 上存在均匀分布的 α 粒子源,将 $\varepsilon \in [\varepsilon_L, \varepsilon_H]$ 等分为 55 群,$\mu \in [-1, 1]$ 等分为 7 个区间,$r \in [0, R]$ 分为 16 个区间(不等分)。

记 $T_0 = \frac{R}{v_0}$(v_0 系源 α 粒子速率)$= 12 \times 10^{-7}\,\mu\mathrm{s}$,时间步长取 $\Delta t_k = 0.05T_0 = 0.6 \times 10^{-7}\,\mu\mathrm{s}$。反应率参数 $\langle \sigma v \rangle_{DT}$ 取为

$$\langle \sigma v \rangle_{DT} = \exp\left(\frac{a_1}{T^r} + a_2 + a_3 T + a_4 T^2 + a_5 T^3 + a_6 T^4\right) \quad (\mathrm{cm^3/s})$$

式中:$a_1 \sim a_6$、r 为系数,T 以 keV 为单位。

2) 计算结果

(1) α 粒子对背景等离子体的总能量沉积率随时空的变化

图 2-4 所示为 $t/T_0 = 0.05, 0.2, 0.3, 0.4, 0.5, 0.6, 0.7, 1.0, 1.5, 2.1$ 共 10 个时刻 α 粒子对背景等离子体总能量沉积率随时空的变化。图中横坐标取 r/R,纵坐标取 $4\pi r^2 \dot{W}(r,t)R/Q_E$,曲线以半对数坐标画出。从图中看出,当 $t/T_0 = 1.5$ 时,系统达到定态。

(2) 系统中 α 粒子能谱随时间的演化

图 2-5 所示为系统中 α 粒子经慢化后之能谱 $f(E,t)$ 在 $t/T_0 = 0.05, 0.1, 0.2, 0.3, 0.4, 0.5, 0.6, 0.7, 0.8, 1.0, 1.5, 2.1$ 共 12 个时刻的分布情况。从图中可看出,随时间的增长,谱分布的峰值逐渐左移,即系统中 α 粒子的平均能量逐渐降低,最后达到稳态。

(3) α 粒子对氘氚等离子体中离子和电子的能量沉积率随空间的变化

图 2-6 ~ 图 2-13 所示为 α 粒子分别对离子($D^+ T^+$)和电子(e^-)的能量沉积率在 $t/T_0 = 0.05, 0.2, 0.3, 0.5, 0.7, 1.2, 1.5, 2.1$ 时刻随空间的变化,图中横坐标取 r/R,纵坐标取 $4\pi r^2 \dot{W}_\beta(r,t)R/Q_E(\beta = i, e)$。从时间演化情况来看,随着时间的增长,$\alpha$ 粒子可有效地把能量转移给离子,这对热核反应是有利的。

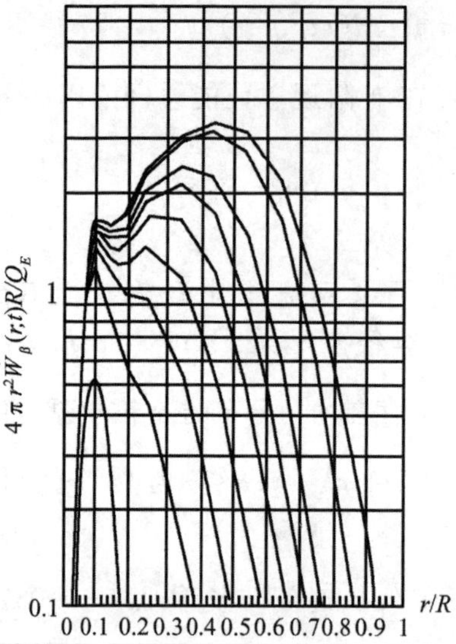

图 2-4　t/T_0 = 0.05, 0.2, 0.3, 0.4, 0.5, 0.6, 0.7, 1.0, 1.5, 2.1 共 10 个时刻 α 粒子对背景等离子体总能量沉积率随时空的变化

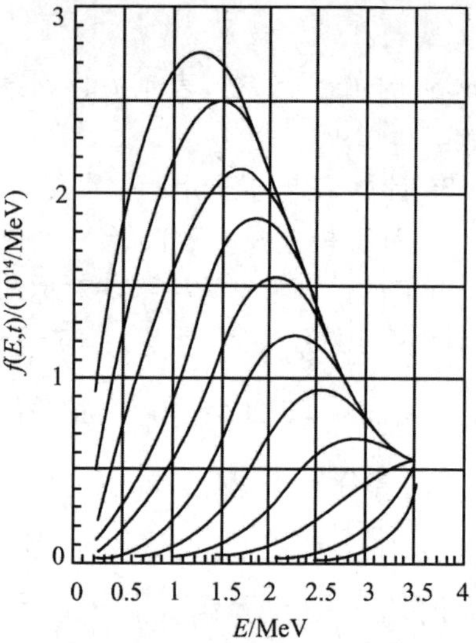

图 2-5　t/T_0 = 0.05, 0.1, 0.2, 0.3, 0.4, 0.5, 0.6, 0.7, 0.8, 1.0, 1.5, 2.1 共 12 个时刻系统中 α 粒子的能谱分布

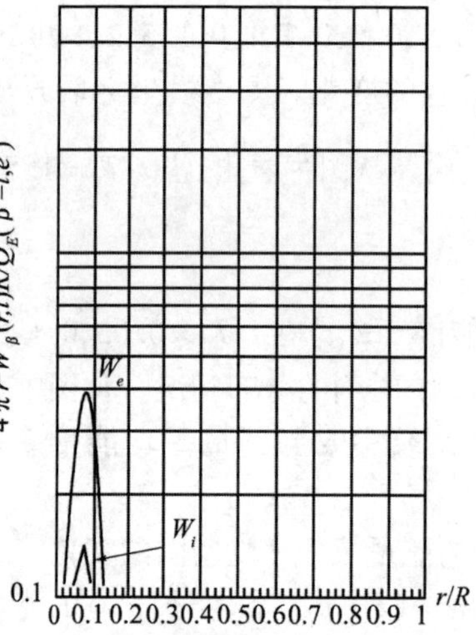

图 2-6　t/T_0 = 0.05 时刻 α 粒子对离子、电子能量沉积率随空间的变化

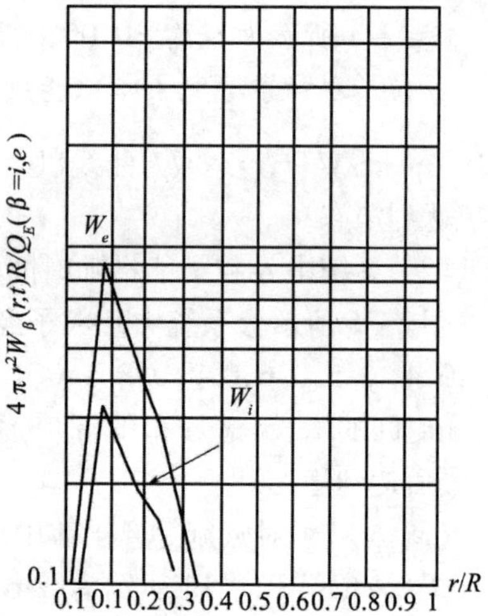

图 2-7　t/T_0 = 0.2 时刻 α 粒子对离子、电子能量沉积率随空间的变化

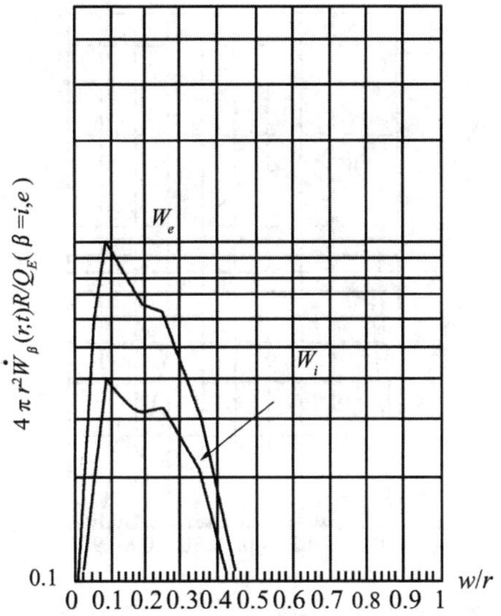

图 2－8　$t/T_0=0.3$ 时刻 α 粒子对离子、电子能量沉积率随空间的变化

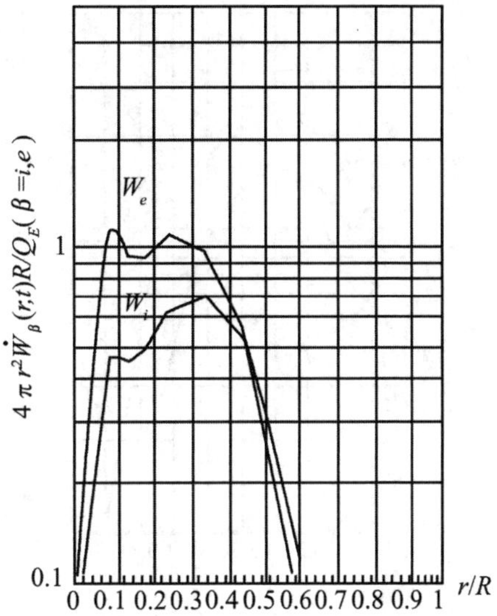

图 2－9　$t/T_0=0.5$ 时刻 α 粒子对离子、电子能量沉积率随空间的变化

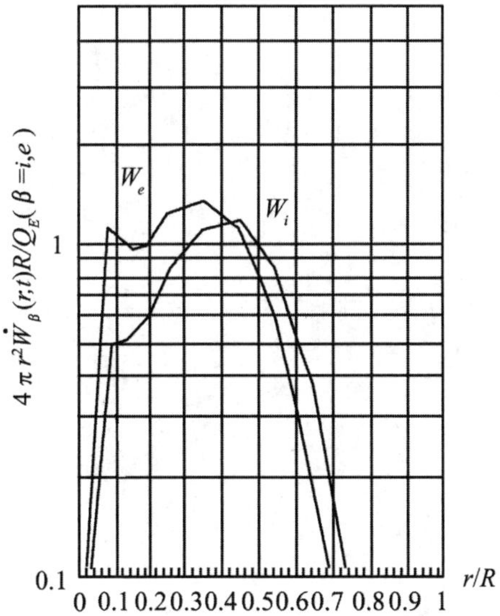

图 2－10　$t/T_0=0.7$ 时刻 α 粒子对离子、电子能量沉积率随空间的变化

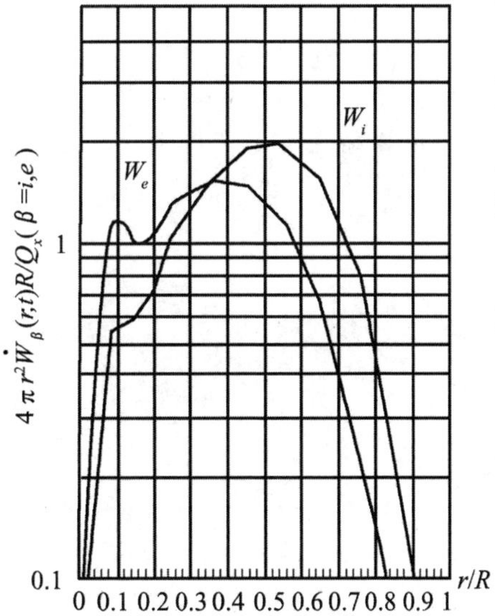

图 2－11　$t/T_0=1.2$ 时刻 α 粒子对离子、电子能量沉积率随空间的变化

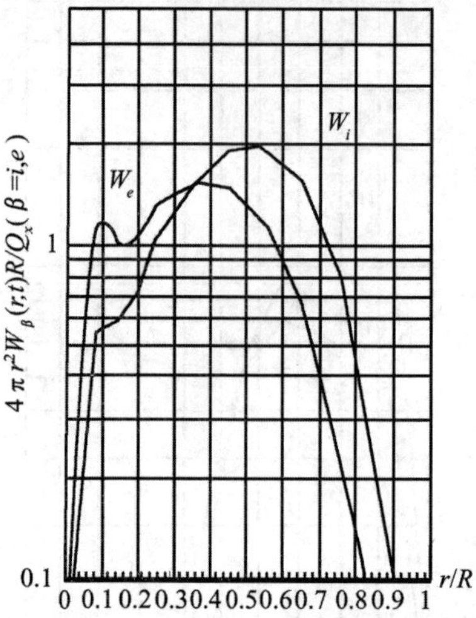

图 2-12　$t/T_0=1.5$ 时刻 α 粒子对离子、电子能量沉积率随空间的变化

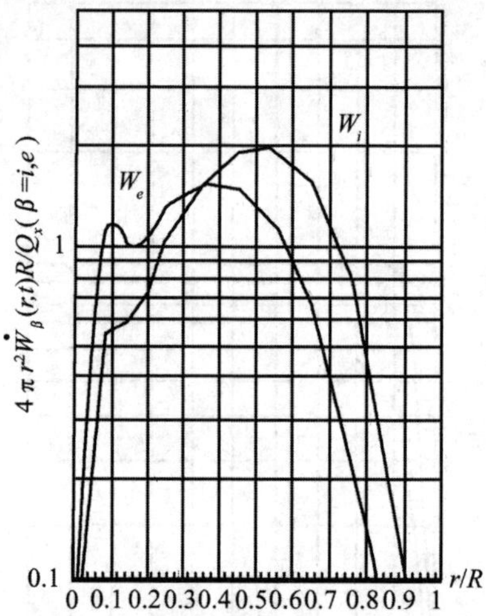

图 2-13　$t/T_0=2.1$ 时刻 α 粒子对离子、电子能量沉积率随空间的变化

第3章　辐射输运理论

如果物质在短时间内吸收大量的能量（如高功率密度的激光辐照靶材料时），就会形成高温高密度等离子体，使物质呈现流体状态。流体的运动规律可以用流体力学来描述。

然而，在高温等离子体中，处在高能态的电子和激发态的离子很多。高能态的电子向低能态跃迁就会产生光子，当然，低能态的电子也会吸收光子。但是如果高能态的电子数目较多时，高温等离子体就会有净光能输出，因而，高温等离子体中有光辐射场存在。

光辐射场由处于各种频率和运动方向的光子构成。光子既有能量又有动量，因而有辐射能量密度、辐射能流和辐射压强。辐射压强既能够推动流体物质运动导致流体动能增加，从而改变流体的速度，同时辐射压强也能压缩流体增加流体物质的内能，与辐射热传导能流一起能够使流体物质加热，温度升高。

对通常的介质，当其温度只有几千开时，可以不考虑辐射压和辐射能流对流体运动的影响，而且辐射能量密度与流体物质的内能密度相比，也可忽略不计，故一般的流体力学并不考虑辐射效应。但是，当等离子体温度达到100000K时，流体物质的内能与辐射能就同量级了，此时辐射压强也变得很大，就应该考虑辐射场对介质运动的影响。当温度达到百万开甚至千万开时，辐射场对介质运动就起主导作用了。因此，对高温条件下流体（等离子体）运动规律的描述就必须用辐射流体力学（简称RHD）方法。所谓RHD，就是考虑辐射场影响情况的流体力学，它在等离子体物理、高温气体动力学、核爆炸物理、热核反应、激光核聚变数值模拟研究中是不可缺少的重要工具。

3.1　描述辐射场的一些物理量

辐射场即是由光子构成的光子场，它是一个粒子数目不固定的多粒子系统。光子是自旋为1的玻色子，因此辐射场遵从玻色—爱因斯坦统计规律。由光子的频率 ν 和运动方向 $\boldsymbol{\Omega}$，可得其能量 $\varepsilon = h\nu$，动量 $\boldsymbol{p} = (h\nu/c)\boldsymbol{\Omega}$ 或 $\boldsymbol{p} = \hbar k\boldsymbol{\Omega}$（$k = 2\pi/\lambda = 2\pi\nu/c$ 为波矢）。由于光子的动量完全由 $(\nu, \boldsymbol{\Omega})$ 决定，因此，我们采用 $(\boldsymbol{r}, \nu, \boldsymbol{\Omega})$ 来描述光子所处的状态。

辐射场的能量密度、动量密度、辐射能通量、辐射动量通量（辐射压强）与光强（或光子的分布函数）密切相关，因此，要求得这些辐射量随时间、空间、方向和频率分布，必须考虑光子的输运问题。即在考虑光子吸收、发射和散射等微观相互作用的前提下，建立辐射光强所满足的输运方程（辐射输运方程），并在定解条件下求出光强随时间、空间、方向和频率分布。

1. 光子分布函数

定义 $f_\nu(\boldsymbol{r},\boldsymbol{\Omega},t)\mathrm{d}\nu\mathrm{d}\boldsymbol{r}\mathrm{d}\Omega$ 为 t 时刻 $\boldsymbol{r}\to\boldsymbol{r}+\mathrm{d}\boldsymbol{r}$ 体积元内所包含的频率在 $\nu\to\nu+\mathrm{d}\nu$ 之间、方向处于 $\boldsymbol{\Omega}$ 邻近立体角元 $\mathrm{d}\Omega$ 内的光子数，称 f_ν 为光子分布函数。

2. 光辐射强度（辐射光强）

光辐射强度为

$$I_\nu(\boldsymbol{r},\boldsymbol{\Omega},t)=h\nu cf_\nu(\boldsymbol{r},\boldsymbol{\Omega},t) \tag{3.1.1}$$

其物理意义是：t 时刻单位时间内通过 $\boldsymbol{r}$ 处法线方向为 $\boldsymbol{\Omega}$ 的单位面积（频率在 ν 附近单位间隔，方向在 $\boldsymbol{\Omega}$ 附近单位立体角）的光子能量，简单地说，就是单位时间通过单位面积的 $(\nu,\boldsymbol{\Omega})$ 光子能量。若辐射强度与光子的运动方向 $\boldsymbol{\Omega}$ 无关，则称为各向同性的辐射场；若辐射强度与 $(\boldsymbol{r},\boldsymbol{\Omega})$ 均无关，则称为均匀各向同性的辐射场。

3. 辐射能量密度

辐射能量密度为

$$E_R(\boldsymbol{r},t)=\int_0^\infty\mathrm{d}\nu\int_{4\pi}\mathrm{d}\Omega h\nu f_\nu(\boldsymbol{r},\boldsymbol{\Omega},t)=\frac{1}{c}\int_0^\infty\mathrm{d}\nu\int_{4\pi}\mathrm{d}\Omega I_\nu(\boldsymbol{r},\boldsymbol{\Omega},t) \tag{3.1.2}$$

其物理意义是：t 时刻 $\boldsymbol{r}$ 处单位体积内包含的所有光子的能量。

4. 辐射能流（辐射能量通量）

辐射能流为

$$\begin{aligned}\boldsymbol{F}_R(\boldsymbol{r},t)&=\int_0^\infty\mathrm{d}\nu\int_{4\pi}\mathrm{d}\Omega h\nu c\boldsymbol{\Omega}f_\nu(\boldsymbol{r},\boldsymbol{\Omega},t)=\\&\int_0^\infty\mathrm{d}\nu\int_{4\pi}\mathrm{d}\Omega\boldsymbol{\Omega}I_\nu(\boldsymbol{r},\boldsymbol{\Omega},t)\end{aligned} \tag{3.1.3}$$

它是一个矢量，其物理意义是：设有一个面积元 $\mathrm{d}\boldsymbol{S}=\boldsymbol{n}\mathrm{d}S$，面积大小为 $\mathrm{d}S$，法线方向单位矢量为 $\boldsymbol{n}$，则 $\boldsymbol{F}_R\cdot\mathrm{d}\boldsymbol{S}$ 为单位时间通过以 $\boldsymbol{n}$ 为法线的面积元 $\mathrm{d}\boldsymbol{S}$ 的辐射能量。

5. 辐射动量密度

辐射动量密度为

$$\begin{aligned}\boldsymbol{D}_R(\boldsymbol{r},t)&=\int_0^\infty\mathrm{d}\nu\int_{4\pi}\mathrm{d}\Omega\left(\frac{h\nu\boldsymbol{\Omega}}{c}\right)f_\nu(\boldsymbol{r},\boldsymbol{\Omega},t)=\\&\frac{1}{c^2}\int_0^\infty\mathrm{d}\nu\int_{4\pi}\mathrm{d}\Omega h\nu c\boldsymbol{\Omega}f_\nu(\boldsymbol{r},\boldsymbol{\Omega},t)=\\&\frac{1}{c^2}\int_0^\infty\mathrm{d}\nu\int_{4\pi}\mathrm{d}\Omega\boldsymbol{\Omega}I_\nu(\boldsymbol{r},\boldsymbol{\Omega},t)=\frac{\boldsymbol{F}_R(\boldsymbol{r},t)}{c^2}\end{aligned} \tag{3.1.4}$$

6. 辐射压强张量（辐射动量通量）

辐射压强张量为

$$\boldsymbol{P}_R(\boldsymbol{r},t)=\int_\infty^0\mathrm{d}\nu\int_{4\pi}\mathrm{d}\Omega(c\boldsymbol{\Omega})\left(\frac{h\nu}{c}\boldsymbol{\Omega}\right)f_\nu(\boldsymbol{r},\boldsymbol{\Omega},t)$$

$$= \frac{1}{c}\int_0^{\infty} \mathrm{d}\nu \int_{4\pi} \mathrm{d}\boldsymbol{\Omega}\boldsymbol{\Omega}\boldsymbol{\Omega} I_\nu(\boldsymbol{r},\boldsymbol{\Omega},t) \tag{3.1.5}$$

其物理意义可由以下性质看出：单位时间通过法线方向为 $\boldsymbol{n}$ 的面积元 $\mathrm{d}\boldsymbol{S} = \mathrm{d}S\boldsymbol{n}$ 流出的辐射动量为 $\boldsymbol{P}_R \cdot \mathrm{d}\boldsymbol{S}$（矢量），单位时间通过封闭曲面 S 净流出的辐射动量则为 $\oiint_S \boldsymbol{P}_R \cdot \mathrm{d}\boldsymbol{S} = \iiint_V \mathrm{d}\tau\, \nabla \cdot \boldsymbol{P}_R$。因此，$\boldsymbol{P}_R \cdot \boldsymbol{e}_i$ 为单位时间通过与 $\boldsymbol{e}_i$ 垂直的单位面积流出的光子动量，$p_{ij} = (\boldsymbol{P}_R \cdot \boldsymbol{e}_i) \cdot \boldsymbol{e}_j$ 则为单位时间通过与 $\boldsymbol{e}_i$ 垂直的单位面积流过的光子动量在 $\boldsymbol{e}_j$ 方向的分量。

辐射压强张量有 9 个分量 $p_{ij} = (\boldsymbol{P}_R \cdot \boldsymbol{e}_i) \cdot \boldsymbol{e}_j (i,j = 1,2,3)$，其中

$$p_{ij}(\boldsymbol{r},t) = \frac{1}{c}\int_0^{\infty} \mathrm{d}\nu \int_{4\pi} \mathrm{d}\Omega(\boldsymbol{\Omega} \cdot \boldsymbol{e}_i)(\boldsymbol{\Omega} \cdot \boldsymbol{e}_j) I_\nu(\boldsymbol{r},\boldsymbol{\Omega},t) = \frac{1}{c}\int_0^{\infty} \mathrm{d}\nu \int_{4\pi} \mathrm{d}\Omega \Omega_i \Omega_j I_\nu(\boldsymbol{r},\boldsymbol{\Omega},t) \tag{3.1.6}$$

因 $p_{ij} = p_{ji}$，故辐射压强张量是个对称张量，而且 3 个对角分量之和满足以下关系

$$p_{11} + p_{22} + p_{33} = \frac{1}{c}\int_0^{\infty} \mathrm{d}\nu \int_{4\pi} \mathrm{d}\Omega I_\nu(\boldsymbol{r},\boldsymbol{\Omega},t) = E_R(\boldsymbol{r},t) \tag{3.1.7}$$

即 9 个分量中只有 5 个是独立的（2 个对角元，3 个非对角元）。

若辐射强度 $I_\nu(\boldsymbol{r},\boldsymbol{\Omega},t)$ 与光子的运动方向 $\boldsymbol{\Omega}$ 无关，则为各向同性的辐射场。由积分公式

$$\int_{4\pi} \mathrm{d}\boldsymbol{\Omega}\boldsymbol{\Omega}\boldsymbol{\Omega} = \frac{4\pi}{3}\boldsymbol{I}, (\boldsymbol{I} \text{ 为 3 阶单位张量}) \tag{3.1.8}$$

可得各向同性的辐射场的辐射压强张量是个对角张量，每个对角元相等，即

$$\boldsymbol{P}_R(\boldsymbol{r},t) = \frac{1}{c}\int_0^{\infty} \mathrm{d}\nu \int_{4\pi} \mathrm{d}\boldsymbol{\Omega}\boldsymbol{\Omega}\boldsymbol{\Omega} I_\nu(\boldsymbol{r},\boldsymbol{\Omega},t) = \frac{1}{3}E_R(\boldsymbol{r},t)\boldsymbol{I} \tag{3.1.9}$$

定义辐射压强 $p_R(\boldsymbol{r},t)$ 为辐射压强张量 3 个对角元的平均，则有

$$p_R(\boldsymbol{r},t) = \frac{1}{3}E_R(\boldsymbol{r},t) \tag{3.1.10}$$

从前面的讨论可以看出，辐射场的能量密度、辐射能量通量、辐射动量密度、辐射动量通量均可以通过对光辐射强度 $I_\nu(\boldsymbol{r},\boldsymbol{\Omega},t)$ 的积分得出。因此，必须首先求出光辐射强度 $I_\nu(\boldsymbol{r},\boldsymbol{\Omega},t) = h\nu c f_\nu(\boldsymbol{r},\boldsymbol{\Omega},t)$。在物质处于由温度 $T(\boldsymbol{r})$ 决定的局域热力学平衡态，辐射场与物质也处于平衡态的情况下，$I_\nu(\boldsymbol{r},\boldsymbol{\Omega},t)$ 就是 Planck 黑体辐射强度，其表达式为

$$I_\nu = \frac{2h\nu^3}{c^2}\frac{1}{\mathrm{e}^{h\nu/kT(\boldsymbol{r})} - 1}$$

然而，虽然物质可能处于由温度 $T(\boldsymbol{r})$ 决定的局域热力学平衡态，当辐射场与物质处于非热力学平衡态时，光辐射强度 $I_\nu(\boldsymbol{r},\boldsymbol{\Omega},t)$ 的具体形式就不是 Planck 黑体辐射强度了，此时，可以建立 $I_\nu(\boldsymbol{r},\boldsymbol{\Omega},t)$ 满足的辐射输运方程，通过解方程来得到它。

3.2 光子与物质相互作用的描述

辐射输运方程实际上是光子数目的守恒方程。要建立这个方程,必须算清楚光子的得失账。光子的得失是物质(分子、电子、离子)的光辐射特性和光子与物质相互作用造成的。按照量子力学理论,电子在量子态间的跃迁可以产生或吸收光子,光子与实物粒子相互作用也会改变其频率和方向。

光子与物质的相互作用主要有 3 种类型,即光子发射(电子从高能态跃迁到低能态);光子吸收(电子从低能态跃迁到高能态);光子散射(光子与物质粒子相互作用改变其频率和方向)。

光子发射包括物质的自发辐射和受辐射场的激励导致的受激发射,光子发射产生光子的源。物质吸收光子使光子数目减少,物质对光子的散射使光子的状态发生变化。

1. 光子的发射

光子的来源有 2 种:一种是物质原子(离子)的自发辐射(处于高能态的电子自发跃迁到低能态发射光子);另一种是物质原子(离子)的诱导辐射(处于高能态的电子受到环境辐射场的激励跃迁到低能态发射光子)。

设 $q_\nu(\boldsymbol{r},\boldsymbol{\Omega},t)$ 为单位时间单位体积内物质自发辐射产生的状态在$(\nu,\boldsymbol{\Omega})$附近单位间隔的光子数目;$S_\nu(\boldsymbol{r},\boldsymbol{\Omega},t)$ 为单位时间单位体积内物质自发辐射产生的状态在$(\nu,\boldsymbol{\Omega})$附近单位间隔的光子能量(也称光子自发辐射的功率密度),则两者的关系为

$$S_\nu(\boldsymbol{r},\boldsymbol{\Omega},t)=h\nu q_\nu(\boldsymbol{r},\boldsymbol{\Omega},t) \tag{3.2.1}$$

因为光子是玻色子,根据量子力学理论,电子从一个初态跃迁到某个末态发射频率为 ν 的光子的概率与末态状态为$(\nu,\boldsymbol{\Omega})$的一个量子态上的光子占有数 n_ν(末态上已经拥有的光子数)有关,光子发射的概率会由于 n_ν 的存在而加强(诱导发射效应)。设光子自发发射的概率为 p,光子诱导发射的概率则为 $n_\nu p$,总发射概率就是 $(1+n_\nu)p$。

下面求状态为$(\nu,\boldsymbol{\Omega})$一个量子态上的光子占有数 n_ν 与光辐射强度 I_ν 的关系。注意到处于相空间 $\mathrm{d}\boldsymbol{r}\mathrm{d}\boldsymbol{p}$ 内的光子数为

$$f(\boldsymbol{r},\boldsymbol{p},t)\mathrm{d}\boldsymbol{r}\mathrm{d}\boldsymbol{p}=f_\nu(\boldsymbol{r},\boldsymbol{\Omega},t)\mathrm{d}\boldsymbol{r}\mathrm{d}\nu\mathrm{d}\Omega$$

相空间 $\mathrm{d}\boldsymbol{r}\mathrm{d}\boldsymbol{p}$ 内所含的量子态数目为

$$2\mathrm{d}\boldsymbol{r}\mathrm{d}\boldsymbol{p}/h^3=2\nu^2\mathrm{d}\boldsymbol{r}\mathrm{d}\nu\mathrm{d}\Omega/c^3$$

这里用了 $\mathrm{d}\boldsymbol{p}=p^2\mathrm{d}p\mathrm{d}\Omega, p=h\nu/c$,2 表示光子有 2 个独立的偏振方向。因此,状态为$(\nu,\boldsymbol{\Omega})$的一个量子态上的光子占有数为

$$n_\nu=\frac{\mathrm{d}\boldsymbol{r}\mathrm{d}\boldsymbol{p}\text{ 内的光子数目 }f_\nu\mathrm{d}\boldsymbol{r}\mathrm{d}\nu\mathrm{d}\Omega}{\mathrm{d}\boldsymbol{r}\mathrm{d}\boldsymbol{p}\text{ 内的所含的量子态数目 }2\nu^2\mathrm{d}\boldsymbol{r}\mathrm{d}\nu\mathrm{d}\Omega/c^3}=\frac{c^3}{2\nu^2}f_\nu=\frac{c^2}{2h\nu^3}I_\nu \tag{3.2.2}$$

这里已用了光辐射强度的定义式(3.1.1)。

计及诱导发射效应，单位时间、单位体积内物质发射的状态在$(\nu,\boldsymbol{\Omega})$附近单位间隔的光子能量则为

$$S_{\nu}(\boldsymbol{r},\boldsymbol{\Omega},t)\left[1+\frac{c^{2}}{2h\nu^{3}}I_{\nu}(\boldsymbol{r},\boldsymbol{\Omega},t)\right]$$

显然，诱导（受激）辐射产生的条件是必须事先有辐射场存在，而自发辐射不需要事先有辐射场存在。求光子发射问题就是计算光子自发辐射的功率密度$S_{\nu}(\boldsymbol{r},\boldsymbol{\Omega},t)$。

2. 光子的吸收

物质对频率为ν的光子的吸收的微观机制是电子吸收光子从低能态跃迁到高能态，两态的能量差就是被吸收的光子能量。电子对光子的吸收包括3种吸收类型：逆韧致吸收、光电吸收和谱线吸收。

逆韧致吸收，又称为$f-f$吸收，指的是一个光子被处于原子核库仑场中的一个自由电子吸收，自由电子从较低能态跃迁到更高能态而光子消失的过程，此过程的微观截面记为$\sigma_{ff}(\nu)$，单位是$(\mathrm{cm^2/ion})$。

光电吸收，又称为$b-f$吸收，指的是一个光子被处于能量为$\varepsilon_n(<0)$的量子态的一个束缚电子吸收，束缚电子跃迁到能量$\varepsilon(>0)$的量子态而使光子消失的过程。此过程的微观截面记为$\sigma_{bf}^{(n)}(\nu)$，单位是$(\mathrm{cm^2/electron})$。

谱线吸收，又称为$b-b$吸收，指的是一个光子被处于$\varepsilon_m<0$量子态的一个束缚电子吸收，束缚电子跃迁到能量为$\varepsilon_n<0$更高能态而使光子消失的过程。此过程的微观截面记为$\sigma_{bb}^{(mn)}(\nu)$，单位是$(\mathrm{cm^2/electron})$。

设t时刻在空间点$\boldsymbol{r}$处物质的离子数密度是$N(\boldsymbol{r},t)$，在能量是$\varepsilon_n<0$所用量子态上的束缚电子数密度（即单位体积能量为$\varepsilon_n<0$的能级上电子的占据数）为

$$N_e^{(n)}(\boldsymbol{r},t)=N(\boldsymbol{r},t)C_np_n$$

式中：C_n为能级ε_n的简并度；p_n为每个量子态上束缚电子的占据概率。3种吸收过程的线性吸收系数（也称宏观吸收截面）分别如下。

逆韧致吸收系数：$\mu_{ff}(\boldsymbol{r},\nu,t)=\sigma_{ff}(\nu)N(\boldsymbol{r},t)$。

光电吸收系数：$\mu_{bf}(\boldsymbol{r},\nu,t)=\sum\limits_{n=n^*}\sigma_{bf}^{(n)}(\nu)N_e^{(n)}(\boldsymbol{r},t)=\sum\limits_{n=n^*}\sigma_{bf}^{(n)}(\nu)N(\boldsymbol{r},t)C_np_n$（求和下限$n^*$为能使光电效应发生的束缚电子所处的最低能态，由光子能量大于电离能决定，即$h\nu-|\varepsilon_{n^*}|\geqslant 0$）。

谱线吸收系数：$\mu_{bb}(\boldsymbol{r},\nu,t)=\sum\limits_{m,n}\sigma_{bb}^{(mn)}(\nu)N_e^{(m)}(\boldsymbol{r},t)=\sum\limits_{m,n}\sigma_{bb}^{mn}(\upsilon)N(\boldsymbol{r},t)C_mp_m$（求和是对那些满足能量条件$h\nu=\varepsilon_n-\varepsilon_m$的能级对进行的）。

总线性吸收系数（宏观总吸收截面）为以上3个系数之和，即

$$\mu_a(\boldsymbol{r},\nu,t)=\mu_{ff}(\boldsymbol{r},\nu,t)+\mu_{bf}(\boldsymbol{r},\nu,t)+\mu_{bb}(\boldsymbol{r},\nu,t)$$

它的物理意义是：t时刻$\boldsymbol{r}$处一个频率为ν的光子在物质中走单位长度被吸收的概率。

3. 光子的散射

光子被物质散射只改变其频率和方向,本身并不消失。导致光子散射的主要散射体有自由电子和离子(原子和分子)。根据能量不同,光子在每种散射体上可产生相干(弹性)散射和非相干(非弹性)散射,即

散射
- 相干散射
  - 低频光子被自由电子的 Thomson 散射(光子频率不变)
  - 原子分子中束缚电子的 Rayleigh 散射(光子频率不变)
- 非相干散射
  - 高频光子被自由电子的 Compton 散射(光子频率改变,电子反冲)
  - 光子被原子分子的 Raman 散射(光子频率改变,原子分子内部自由度变化)

在高温等离子体中,重要的光子散射类型有自由电子对低频光子的相干散射(Thomson 散射)、自由电子对高频光子的非相干散射(Compton 散射)。

描述散射体对光子散射的重要参数是双微分散射截面,即

$$\frac{\mathrm{d}\boldsymbol{\sigma}_s^{(i)}}{\mathrm{d}\nu\mathrm{d}\Omega}\equiv\boldsymbol{\sigma}_s^{(i)}(\boldsymbol{\nu}'\to\boldsymbol{\nu},\boldsymbol{\Omega}'\to\boldsymbol{\Omega})$$

其物理意义是:一个状态为$(\boldsymbol{\nu}',\boldsymbol{\Omega}')$的光子入射到单位面积只含一个 i 类散射体(电子或离子)的靶子上,经散射后在状态$(\boldsymbol{\nu},\boldsymbol{\Omega})$附近单位频率间隔单位立体角内出射的概率,其单位是($\mathrm{cm}^2/(\mathrm{Hz}\cdot\mathrm{Sr})$)。

如果已知 i 类散射体的数密度 $N^{(i)}(\boldsymbol{r})$,则由双微分散射截面可导出宏观转移截面,即

$$\boldsymbol{\mu}_s(\boldsymbol{\nu}'\to\boldsymbol{\nu},\boldsymbol{\Omega}'\to\boldsymbol{\Omega}\mid\boldsymbol{r})\equiv\sum_i N^{(i)}(\boldsymbol{r})\boldsymbol{\sigma}_s^{(i)}(\boldsymbol{\nu}'\to\boldsymbol{\nu},\boldsymbol{\Omega}'\to\boldsymbol{\Omega})$$

其物理意义是:空间点 $\boldsymbol{r}$ 处一个状态为$(\boldsymbol{\nu}',\boldsymbol{\Omega}')$的光子在物质中走单位长度被各种散射体散射后在状态$(\boldsymbol{\nu},\boldsymbol{\Omega})$附近单位频率间隔单位立体角内出射的概率。

一般将宏观转移截面 $\boldsymbol{\mu}_s(\boldsymbol{\nu}'\to\boldsymbol{\nu},\boldsymbol{\Omega}'\to\boldsymbol{\Omega}\mid\boldsymbol{r})$ 写成 $\boldsymbol{\mu}_s(\boldsymbol{\nu}'\to\boldsymbol{\nu},\boldsymbol{\mu}_L\mid\boldsymbol{r})$,其中 $\boldsymbol{\mu}_L=\boldsymbol{\Omega}'\cdot\boldsymbol{\Omega}$ 为散射角的余弦,表示宏观转移截面仅与 $\boldsymbol{\Omega}'$ 和 $\boldsymbol{\Omega}$ 的夹角有关,而与 $\boldsymbol{\Omega}'$ 和 $\boldsymbol{\Omega}$ 的具体取向无关(非晶体介质),即宏观转移截面

$$\boldsymbol{\mu}_s(\boldsymbol{\nu}'\to\boldsymbol{\nu},\boldsymbol{\mu}_L\mid\boldsymbol{r})\equiv\sum_i N^{(i)}(\boldsymbol{r})\boldsymbol{\sigma}_s^{(i)}(\boldsymbol{\nu}'\to\boldsymbol{\nu},\boldsymbol{\mu}_L)$$

将双微分散射截面对出射光子的频率积分,可得到 i 类散射体引起的微分散射截面,即

$$\frac{\mathrm{d}\boldsymbol{\sigma}_s^{(i)}(\boldsymbol{\nu}',\boldsymbol{\mu}_L)}{d\Omega}=\int_0^\infty\frac{\mathrm{d}\boldsymbol{\sigma}_s^{(i)}}{\mathrm{d}\nu\mathrm{d}\Omega}\mathrm{d}\boldsymbol{\nu}$$

其物理意义是:一个状态为$(\boldsymbol{\nu}',\boldsymbol{\Omega}')$的光子入射到单位面积只含一个 i 类散射体的靶子上,经散射后在 $\boldsymbol{\Omega}$ 附近单位立体角内出射的概率(不论出射光子的频率)。

将微分散射截面对出射光子的方向积分,可得到 i 类散射体引起的(微观)散射截面,即

$$\boldsymbol{\sigma}_s^{(i)}(\boldsymbol{\nu}')=\int_0^\infty\frac{\mathrm{d}\boldsymbol{\sigma}_s^{(i)}}{\mathrm{d}\boldsymbol{\Omega}}\mathrm{d}\Omega$$

其物理意义是：一个频率为 ν' 的光子入射到单位面积只含一个 i 类散射体的靶子上被散射的概率（不论出射光子的频率和出射方向）。

宏观散射截面则为

$$\mu_s(\boldsymbol{r},\nu') = \sum_i N^{(i)}(\boldsymbol{r})\sigma_s^{(i)}(\nu')$$

式中：$N^{(i)}(\boldsymbol{r})$ 为 i 类散射体的数密度。宏观散射截面是宏观转移截面对末态光子的频率和出射方向积分后得到的，其物理意义是：一个频率为 ν' 的光子在物质中走单位距离被散射的概率。

光子自发辐射的功率密度 $S_\nu(\boldsymbol{r},\boldsymbol{\Omega},t)$，各种吸收过程的微观截面 $\sigma_{ff}(\nu)$、$\sigma_{bf}^{(n)}(\nu)$、$\sigma_{bb}^{(nm)}(\nu)$，双微分散射截面 $\sigma_s^{(i)}(\nu'\to\nu,\boldsymbol{\Omega}'\to\boldsymbol{\Omega})$ 的计算是量子辐射理论研究的重要问题。由此导出的自发辐射功率密度 $S_\nu(\boldsymbol{r},\boldsymbol{\Omega},t)$、总线性吸收系数 $\mu_a(\boldsymbol{r},\nu)$、宏观转移截面 $\mu_s(\nu'\to\nu,\boldsymbol{\Omega}'\to\boldsymbol{\Omega}|\boldsymbol{r})$ 是建立光子输运方程必需的物理量，在解辐射输运问题时一般假设它们是已知的（以后将详细讨论它们的计算方法）。

3.3 介质不动时的辐射输运方程（流体静止坐标系中的辐射输运方程）

所谓流体静止坐标系是指建立在随流体运动的流体元上的坐标系，由于观察者随流体元一起运动，在他看来，流体元（因而坐标系）是静止的。

辐射输运方程实质是体积为 $\mathrm{d}\boldsymbol{r}$ 流体元内光子数守恒的数学表述，它由以下 6 项组成，即

处在状态区间 $\mathrm{d}\nu\mathrm{d}\boldsymbol{r}\mathrm{d}\Omega$ 内光子数 $f_\nu\mathrm{d}\nu\mathrm{d}\boldsymbol{r}\mathrm{d}\Omega$ 的时间变化率① =

状态区间 $\mathrm{d}\nu\mathrm{d}\Omega$ 内光子数的净流进体积元 $\mathrm{d}\boldsymbol{r}$ 的速率② +

物质在状态区间 $\mathrm{d}\nu\mathrm{d}\boldsymbol{r}\mathrm{d}\Omega$ 内发射光子的发射率③ −

物质对状态区间 $\mathrm{d}\nu\mathrm{d}\boldsymbol{r}\mathrm{d}\Omega$ 内的光子的吸收率④ +

物质将别的任何状态的光子散射进状态区间 $\mathrm{d}\nu\mathrm{d}\boldsymbol{r}\mathrm{d}\Omega$ 的速率⑤ −

物质将处在状态区间 $\mathrm{d}\nu\mathrm{d}\boldsymbol{r}\mathrm{d}\Omega$ 内的光子散射到别的任何状态的速率⑥

注意：光子的发射和散射具有诱导效应（称为受激辐射），并且诱导项与自发项之比等于一个量子态上的光子占有数 $n_\nu(\boldsymbol{r},\boldsymbol{\Omega},t)$，即总发射和总散射正比于 $(1+n_\nu)$，则以上各项的数学表达式分别为

$$① = \frac{\partial}{\partial t}[f_\nu(\boldsymbol{r},\boldsymbol{\Omega},t)\mathrm{d}\nu\mathrm{d}\boldsymbol{r}\mathrm{d}\Omega] = \frac{\partial f_\nu}{\partial t}[\mathrm{d}\nu\mathrm{d}\boldsymbol{r}\mathrm{d}\Omega]$$

$$② = -\nabla\cdot[c\boldsymbol{\Omega}f_\nu\mathrm{d}\nu\mathrm{d}\Omega]\mathrm{d}\boldsymbol{r} = -\mathrm{d}\boldsymbol{r}\mathrm{d}\nu\mathrm{d}\Omega c\boldsymbol{\Omega}\cdot\nabla f_\nu$$

$$③ = q_\nu(1+n_\nu)\mathrm{d}\boldsymbol{r}\mathrm{d}\nu\mathrm{d}\Omega$$

$$④ = c\mu_a f_\nu\mathrm{d}\boldsymbol{r}\mathrm{d}\nu\mathrm{d}\Omega$$

$$⑤ = c\mathrm{d}\boldsymbol{r}\mathrm{d}\nu\mathrm{d}\Omega\int_0^\infty\mathrm{d}\nu'\int_{4\pi}\mathrm{d}\Omega'\mu_S(\nu'\to\nu,\boldsymbol{\Omega}\cdot\boldsymbol{\Omega}')f_{\nu'}(1+n_\nu)$$

$⑥ = c\mathrm{d}\boldsymbol{r}\mathrm{d}\nu\mathrm{d}\Omega\int_0^{\infty}\mathrm{d}\nu'\int_{4\pi}\mathrm{d}\Omega'\mu_S(\nu\to\nu',\boldsymbol{\Omega}\cdot\boldsymbol{\Omega}')f_\nu(1+n_{\nu'})$

式中：$n_\nu=\dfrac{c^3f_\nu}{2\nu^2}$，$n_{\nu'}=\dfrac{c^3f_{\nu'}}{2\nu'^2}$为一个量子态上的光子占有数。

以上6个数学表达式中，除第②个外，物理意义均十分清楚。现对第②个表达式稍许解释一下。因为 $c\boldsymbol{\Omega}f_\nu(\boldsymbol{r},\boldsymbol{\Omega},t)\mathrm{d}\nu\mathrm{d}\Omega$ 表示单位时间通过 $\boldsymbol{r}$ 处与 $\boldsymbol{\Omega}$ 垂直的单位面积（处于 $\mathrm{d}\nu\mathrm{d}\Omega$ 状态）的光子数，设包围体积元 $\mathrm{d}\boldsymbol{r}$ 的曲面为 S，则$\oint\mathrm{d}\boldsymbol{S}\cdot\boldsymbol{\Omega}cf_\nu(\boldsymbol{r},\boldsymbol{\Omega},t)\mathrm{d}\nu\mathrm{d}\Omega$ 表示单位时间经曲面 S 净流出体积元 $\mathrm{d}\boldsymbol{r}$（处于 $\mathrm{d}\nu\mathrm{d}\Omega$ 状态）的光子数，而根据散度的定义，有

$$\frac{\oint\mathrm{d}\boldsymbol{S}\cdot\boldsymbol{\Omega}cf_\nu(\boldsymbol{r},\boldsymbol{\Omega},t)}{\mathrm{d}\boldsymbol{r}}=\nabla\cdot(\boldsymbol{\Omega}cf_\nu)\qquad(\mathrm{d}\boldsymbol{r}\to 0)$$

故单位时间经曲面 S 净流出体积元 $\mathrm{d}\boldsymbol{r}$ 的（$\mathrm{d}\nu\mathrm{d}\Omega$ 状态）光子数为

$$\oint\mathrm{d}\boldsymbol{S}\cdot\boldsymbol{\Omega}cf_\nu(\boldsymbol{r},\boldsymbol{\Omega},t)\mathrm{d}\nu\mathrm{d}\Omega=\nabla\cdot(\boldsymbol{\Omega}cf_\nu)\mathrm{d}\boldsymbol{r}\mathrm{d}\nu\mathrm{d}\Omega=c\boldsymbol{\Omega}\cdot\nabla f_\nu\mathrm{d}\boldsymbol{r}\mathrm{d}\nu\mathrm{d}\Omega$$

净流进体积元 $\mathrm{d}\boldsymbol{r}$ 的光子数即是该量前加一负号。

将以上6个表达式代入光子数守恒方程，消除 $\mathrm{d}\nu\mathrm{d}\boldsymbol{r}\mathrm{d}\Omega$，得光子相空间分布函数 f_ν 满足的辐射输运方程为

$$\begin{aligned}\frac{\partial f_\nu}{\partial t}+c\boldsymbol{\Omega}\cdot\nabla f_\nu(\boldsymbol{r},\boldsymbol{\Omega},t)=&\,q_\nu(\boldsymbol{r},\boldsymbol{\Omega},t)(1+n_\nu(\boldsymbol{r},\boldsymbol{\Omega},t))-c\mu_a f_\nu+\\ &c\int_0^{\infty}\mathrm{d}\nu'\int_{4\pi}\mathrm{d}\Omega'\{\mu_S(\nu'\to\nu,\boldsymbol{\Omega}\cdot\boldsymbol{\Omega}')f_{\nu'}(\boldsymbol{r},\boldsymbol{\Omega}',t)(1+n_\nu(\boldsymbol{r},\boldsymbol{\Omega},t))-\\ &\mu_S(\nu\to\nu',\boldsymbol{\Omega}\cdot\boldsymbol{\Omega}')f_\nu(\boldsymbol{r},\boldsymbol{\Omega},t)(1+n_{\nu'}(\boldsymbol{r},\boldsymbol{\Omega}',t))\}\end{aligned}\tag{3.3.1}$$

利用$I_\nu=h\nu cf_\nu$，$S_\nu=h\nu q_\nu$，$n_\nu=c^2I_\nu/(2h\nu^3)$，由式(3.3.1)可得光子辐射强度I_ν满足的辐射输运方程

$$\begin{aligned}&\frac{1}{c}\frac{\partial I_\nu}{\partial t}+\boldsymbol{\Omega}\cdot\nabla I_\nu=S_\nu\left(1+\frac{c^2I_\nu}{2h\nu^3}\right)-\mu_a I_\nu+\\ &\int_0^{\infty}\mathrm{d}\nu'\int_{4\pi}\mathrm{d}\Omega'\left\{\frac{\nu}{\nu'}\mu_S(\nu'\to\nu,\mu_L)I_{\nu'}\left(1+\frac{c^2I_\nu}{2h\nu^3}\right)-\mu_S(\nu\to\nu',\mu_L)I_\nu\left(1+\frac{c^2I_{\nu'}}{2h\nu'^3}\right)\right\}\end{aligned}\tag{3.3.2}$$

式中：$\mu_L=\boldsymbol{\Omega}\cdot\boldsymbol{\Omega}'$为光子散射前后方向夹角的余弦。

式(3.3.2)中含有3个相互独立的物质光辐射特性参数，即自发辐射功率密度 $S_\nu(\boldsymbol{r},\boldsymbol{\Omega},t)$、总线性吸收系数 $\mu_a(\boldsymbol{r},\boldsymbol{\nu})$ 和宏观转移截面 $\mu_s(\nu'\to\nu,\mu_L|\boldsymbol{r})$。对不同的物质它们具有不同的数值。

辐射输运方程式(3.3.2)是普适的，对平衡和非平衡情况均适用。由于存在诱导效应，方程是非线性的。诱导发射效应的重要性在于，考虑它就导致 I_ν 的平衡分布为 Planck 分布；不考虑它，则平衡分布为 Wien 分布（低频情况下辐射能量密度与实验值不符合，偏小）。

习惯上，将输运方程式(3.3.2)右边与光子发射和吸收有关的两项改写一下。注意到

$$S_\nu\left(1+\frac{c^2 I_\nu}{2h\nu^3}\right)-\mu_a I_\nu=S_\nu-\mu_a\left[1-\frac{c^2}{2h\nu^3}\frac{S_\nu}{\mu_a}\right]I_\nu$$

引入另外两个参数μ'_a和B_ν(其物理意义待定)为

$$\begin{cases}\mu'_a\equiv\mu_a\left[1-\dfrac{c^2}{2h\nu^3}\dfrac{S_\nu}{\mu_a}\right]\\ B_\nu\equiv S_\nu/\mu'_a\end{cases}\tag{3.3.3}$$

则有

$$S_\nu\left(1+\frac{c^2 I_\nu}{2h\nu^3}\right)-\mu_a I_\nu=\mu'_a(B_\nu-I_\nu)\tag{3.3.4}$$

注意：上面引入的两个参数μ'_a和B_ν只是$S_\nu(\boldsymbol{r},\boldsymbol{\Omega},t)$和$\mu_a(\boldsymbol{r},\nu,t)$函数，这种参量变换只有形式上的意义，物理本质未变。

根据式(3.3.3)可知，$\mu'_a B_\nu=S_\nu$为单位时间单位体积内物质自发辐射的光能；而$\mu'_a I_\nu=\mu_a I_\nu-\dfrac{c^2 I_\nu}{2h\nu^3}S_\nu=\mu_a I_\nu-n_\nu S_\nu$为单位时间单位体积内物质吸收的光能减去单位时间单位体积内诱导发射的光能，它就是单位时间单位体积内物质等效吸收的光能。因此，把参数μ'_a称为有效线性吸收系数。至于B_ν的物理意义是什么，以后再讨论，目前只知道它是由S_ν/μ_a决定的一个新参量。

引入两个参数μ'_a和B_ν后，辐射输运方程式(3.3.2)的形式可简化为

$$\begin{aligned}&\frac{1}{c}\frac{\partial I_\nu}{\partial t}+\boldsymbol{\Omega}\cdot\nabla I_\nu=\mu'_a(B_\nu-I_\nu)+\\&\int_0^\infty \mathrm{d}\nu'\int_{4\pi}\mathrm{d}\Omega'\left\{\frac{\nu}{\nu'}\mu_s(\nu'\to\nu,\mu_L)\left(1+\frac{c^2 I_\nu}{2h\nu^3}\right)I_{\nu'}\right.\\&\left.-\mu_s(\nu\to\nu',\mu_L)\left(1+\frac{c^2 I_{\nu'}}{2h\nu'^3}\right)I_\nu\right\}\end{aligned}\tag{3.3.5}$$

3.4 完全非热动平衡状态下物质自发辐射功率密度和总线性吸收系数的计算

辐射输运方程式(3.3.2)中含有3个相互独立的物质的光辐射特性参数，即自发辐射功率密度$S_\nu(\boldsymbol{r},\boldsymbol{\Omega},t)$、总线性吸收系数$\mu_a(\boldsymbol{r},\nu)$和宏观转移截面$\mu_s(\nu'\to\nu,\mu_L|\boldsymbol{r})$。它们与物质的种类及其所处物理状态密切相关。要求解辐射输运方程，必须首先提供这些参数。物质的光辐射特性参数的计算问题本身就是一个独立的复杂物理问题，涉及高温辐射物理和量子辐射理论，包括辐射场量子化、原子的量子态波函数和能级的计算、量子态间跃迁速率计算，以及电子在量子态上的统计分布概率计算等一系列问题。

3.4.1 物质与辐射场构成的各种系统

高温等离子体系统由物质(离子和自由电子)和辐射场组成,它是一个量子力学多粒子体系。与实物粒子不同,光子本身不能通过自身之间的相互作用完成由非平衡态向平衡态的过渡。辐射场由非平衡态向平衡态的过渡是通过光子与物质相互作用时的能量交换而实现的,因而和辐射场与物质的状态密切有关。根据实物粒子和辐射场所处状态,把物质和辐射场构成的系统分成以下四类。

(1) 完全的非热动平衡系统。系统中的实物粒子(离子、电子)和光子(完全是指无论实物粒子还是光子)在各自量子态上的分布均不处于热力学平衡分布。此类系统有3个特征。

① 处在能量为 ε_n 的一个量子态上的束缚电子占有数 p_n 不服从局域 Fermi-Dirac 平衡分布,即

$$p_n \neq \frac{1}{e^{(\varepsilon_n-\mu)/kT}+1} (\mu \text{ 为电子的化学势})$$

要得到 p_n 必须建立和求解 p_n 满足的动理学方程。但系统中的自由电子则认为服从麦克斯韦分布。

② 处在能量为 $h\nu$ 的一个量子态上的光子占有数 n_ν 也不是局域 Bose-Einstein 平衡分布,即

$$n_\nu \neq \frac{1}{e^{h\nu/kT}-1}$$

要得到 n_ν 需要求解辐射输运方程$\left(\text{因为 } I_\nu = \frac{2h\nu^3}{c^2} n_\nu\right)$。

③ 物质的自发辐射功率密度 $S_\nu(\boldsymbol{r},\boldsymbol{\Omega},t)$ 和总线性吸收系数 $\mu_a(\boldsymbol{r},\nu,t)$ 之间没有联系,必须独立计算。

(2) 部分的局域热动平衡(Local Thermal Equilibrium, LTE)系统。系统中的实物粒子(离子、电子)(部分是是指实物粒子)在量子态上的分布处于局域热力学平衡分布,而光子在量子态上的分布却不处于热力学平衡分布。此类系统有3个特征。

① 实物粒子在能量为 ε_n 的量子态上的占据概率服从局域温度 $T(\boldsymbol{r})$ 表征的平衡分布,如束缚电子服从 Fermi-Dirac 分布,由电子则认为服从麦克斯韦分布。

② 处在能量为 $h\nu$ 的一个量子态上的光子占有数 n_ν 不服从 Bose-Einstein 平衡分布,要得到 n_ν 需要求解辐射输运方程。

③ 物质的自发辐射功率密度 $S_\nu(\boldsymbol{r},\boldsymbol{\Omega},t)$ 和总线性吸收系数 $\mu_a(\boldsymbol{r},\nu,t)$ 之间存在联系,只需计算 $\mu_a(\boldsymbol{r},\nu,t)$ 即可。

(3) 完全的局域平衡系统。整个系统(完全包括电子、离子、光子)具有统一的局域温度 $T(\boldsymbol{r})$(但温度存在空间分布)。所有粒子的分布函数都可以用局域温

度表征的平衡分布。此类系统有 3 个特征。

① 束缚电子在量子态上的占有概率 p_n 服从局域 Fermi - Dirac 平衡分布。

② 光子在量子态上的占有数服从 Bose - Einstein 平衡分布，为 $n_\nu = \frac{1}{e^{h\nu/kT(\boldsymbol{r})}-1}$（光子气的化学势 $\mu=0$），光辐射强度 $I_\nu = \frac{2h\nu^3}{c^2}n_\nu = \frac{2h\nu^3}{c^2}\frac{1}{e^{h\nu/kT(\boldsymbol{r})}-1}$ 就是黑体辐射强度。无论是实物粒子还是光子，它们在量子态上的分布完全由系统的（局域）温度所决定，不需要解任何粒子输运方程。

③ 物质的自发辐射功率密度 $S_\nu(\boldsymbol{r},\boldsymbol{\Omega},t)$ 和总线性吸收系数 $\mu_a(\boldsymbol{r},\nu,t)$ 之间存在联系，只需计算 $\mu_a(\boldsymbol{r},\nu,t)$ 即可。

(4) 完全的热动平衡系统。整个系统（完全包括电子、离子、光子）具有统一的与空间无关的温度，此时，所有粒子的分布都处于平衡态——玻色子服从玻色—爱因斯坦统计分布，费密子服从费密 - 狄拉克分布。

在实际工程问题中，后两种情况出现的可能性不大，即使出现，物理上的应用价值也不大。工程实际问题中遇到的有价值的等离子体系统一般是前两种，即完全的非热动平衡系统和部分的局域热动平衡系统。

在辐射输运问题中，一般假设系统处在部分的局域平衡状态，即实物粒子处在局域热动平衡态而辐射场则处在非平衡态。辐射场是否处于平衡分布，取决于辐射场与物质的能量交换速率的大小。一般说来，在光学厚的重物质中辐射场将呈现出平衡的普朗克分布，在光学薄的轻物质中则为非平衡辐射分布。

3.4.2 完全非热动平衡状态下物质的自发辐射功率密度和总线性吸收系数的计算

辐射输运方程式(3.3.2)可以改写为

$$\frac{1}{c}\frac{\partial I_\nu}{\partial t} + \boldsymbol{\Omega}\cdot\nabla I_\nu = S_\nu(\boldsymbol{r},\boldsymbol{\Omega},t)(1+n_\nu) - \mu_a\frac{2h\nu^3}{c^2}n_\nu + \text{散射项} \tag{3.4.1}$$

一般情况下，光子在状态为$(\boldsymbol{\nu},\boldsymbol{\Omega})$的一个量子态上的占有数 n_ν 只与光子的动量大小（或频率）有关而与光子的运动方向无关。将式(3.4.1)两边对方向积分，得谱能量密度 $E_\nu(\boldsymbol{r},t)$ 和谱辐射能量通量 $\boldsymbol{F}(\boldsymbol{r},t)$ 满足的方程

$$\begin{aligned}\frac{\partial E_\nu(\boldsymbol{r},t)}{\partial t} + \nabla\cdot\boldsymbol{F}(\boldsymbol{r},t) &= S_\nu(\boldsymbol{r},t)(1+n_\nu)\\ &-\mu_a(\boldsymbol{r},\nu,t)\frac{8\pi h\nu^3}{c^2}n_\nu(\boldsymbol{r},t) + \text{散射项}\end{aligned} \tag{3.4.2}$$

从式(3.4.1)可以看到，要解辐射输运方程，物质的自发辐射功率密度 $S_\nu(\boldsymbol{r},\boldsymbol{\Omega},t)$ 和总线性吸收系数 $\mu_a(\boldsymbol{r},\nu,t)$ 是必须知道的两个基本的物质辐射特性参数。在完全非热动平衡状态下，$S_\nu(\boldsymbol{r},\boldsymbol{\Omega},t)$ 和 $\mu_a(\boldsymbol{r},\nu,t)$ 之间没有联系，彼此独立，两者都决定于能量为 ε_n 的一个量子态上的束缚电子占有概率 p_n。注意：p_n 不服从局

域 Fermi - Dirac 平衡分布，因此两个辐射特性参数需要分别计算。

1. 自发辐射功率密度 $S_\nu(\boldsymbol{r},\boldsymbol{\Omega},t)$ 的计算

所谓自发辐射是指不需外加辐射场激励的电子辐射跃迁过程。物质的自发辐射包括自由电子的自发韧致辐射（free - free 辐射）、自由电子的自发复合辐射（free - bound 辐射或逆光电效应）和束缚电子的自发谱线发射（bound - bound 辐射）。

1）自由电子的自发韧致辐射（$f-f$ 发射）

$f-f$ 自发辐射过程为

$$\frac{1}{2}m_e u_2^2 \to h\nu + \frac{1}{2}m_e u_1^2$$

该过程要发生，对初态自由电子动能的要求为

$$\frac{1}{2}m_e u_2^2 \geqslant h\nu \tag{3.4.3}$$

即初态自由电子的速率必须满足

$$u_2 \geqslant \sqrt{2h\nu/m_e} \equiv u_{2\min} \tag{3.4.4}$$

否则过程不能发生（当 $u_2 = u_{2\min}$ 时，辐射末态自由电子完全无动能）。

在一个有效核电荷数为 Ze 的离子库仑场作用下，一个速率为 u_2 的自由电子发射频率为 ν 的光子导致的 $f-f$ 发射的双微分截面为

$$\frac{\mathrm{d}\sigma_{ff}}{\mathrm{d}\nu\mathrm{d}\Omega} = \frac{4}{3\sqrt{3}}\left(\frac{\mathrm{e}^2}{\hbar c}\right)^3 \frac{Z^2\hbar^2}{m_e^2 u_2^2}\frac{1}{\nu}\left[\frac{\mathrm{cm}^2}{\mathrm{ion}\cdot\mathrm{Hz}\cdot\mathrm{Sr}}\right] \tag{3.4.5}$$

设 N 为离子的数密度，则 $N\left(\frac{\mathrm{d}\sigma_{ff}}{\mathrm{d}\nu\mathrm{d}\Omega}\right)\mathrm{d}\nu\mathrm{d}\Omega$ = 一个速率为 u_2 的自由电子在单位距离自发发射频率在 ν 附近 $\mathrm{d}\nu$ 内、方向在 $\boldsymbol{\Omega}$ 附近立体角元 $\mathrm{d}\Omega$ 内的光子的概率。若自由电子服从温度为 T_e 的 Maxwell 速率分布，则电子速率处在 $u_2 \to u_2 + \mathrm{d}u_2$ 之间的概率为

$$f(u_2)\mathrm{d}u_2 = 4\pi u_2^2 \mathrm{d}u_2 \left(\frac{m_e}{2\pi k T_e}\right)^{3/2} \mathrm{e}^{-\frac{m_e u_2^2}{2kT_e}} \tag{3.4.6}$$

设 N_e 为自由电子的数密度，则速率处在 $u_2 \to u_2 + \mathrm{d}u_2$ 之间的自由电子数密度为 $N_e f(u_2)\mathrm{d}u_2$，自由电子通量为 $N_e f(u_2)u_2\mathrm{d}u_2$，单位时间单位体积速率处在 $u_2 \to u_2 + \mathrm{d}u_2$ 之间的自由电子自发发射的 $(\nu,\boldsymbol{\Omega})$ 附近 $\mathrm{d}\nu\mathrm{d}\Omega$ 间隔的光子的概率为

$$N_e f(u_2)\mathrm{d}u_2 u_2 N\left(\frac{\mathrm{d}\sigma_{ff}}{\mathrm{d}\nu\mathrm{d}\Omega}\right)\mathrm{d}\nu\mathrm{d}\Omega$$

上式乘以光子能量，则有单位时间单位体积速率处在 $u_2 \to u_2 + \mathrm{d}u_2$ 之间的自由电子自发发射的 $(\nu,\boldsymbol{\Omega})$ 附近 $\mathrm{d}\nu\mathrm{d}\Omega$ 间隔的光子能量为

$$N_e f(u_2)\mathrm{d}u_2 u_2 N\left(\frac{\mathrm{d}\sigma_{ff}}{\mathrm{d}\nu\mathrm{d}\Omega}\right)h\nu\mathrm{d}\nu\mathrm{d}\Omega$$

上式对自由电子速率积分，得单位时间单位体积内自由电子 $f-f$ 过程发射的 $(\nu,\boldsymbol{\Omega})$ 附近 $\mathrm{d}\nu\mathrm{d}\Omega$ 间隔的光子能量

$$S_{ff}(\boldsymbol{r},\nu,\boldsymbol{\Omega},t)\,\mathrm{d}\nu\mathrm{d}\Omega = NN_e\mathrm{d}\nu\mathrm{d}\Omega\int_{u_2>u_{2\min}} u_2 f(u_2)\,\mathrm{d}u_2 h\nu\left(\frac{\mathrm{d}\sigma_{ff}}{\mathrm{d}\nu\mathrm{d}\Omega}\right) \quad (3.4.7)$$

将式(3.4.5)、式(3.4.6)代入式(3.4.7),得

$$S_{ff}(\boldsymbol{r},\nu,\boldsymbol{\Omega},t) = \frac{8NN_e}{3}\frac{Z^2\mathrm{e}^6}{m_e^2c^3}\left(\frac{2\pi m_e}{3kT_e}\right)^{1/2}\frac{m_e}{kT_e}\int_{\sqrt{\frac{2h\nu}{m_e}}}^{\infty}u_2\,\mathrm{d}u_2\mathrm{e}^{-\frac{m_eu_2^2}{2kT_e}} \quad (3.4.8)$$

完成对电子速率的积分,得单位时间单位体积内 $f-f$ 过程发射的 $(\nu,\boldsymbol{\Omega})$ 附近单位间隔的光子能量为

$$S_{ff}(\boldsymbol{r},\nu,\boldsymbol{\Omega},t) = \frac{8NN_e(\boldsymbol{r},t)}{3}\frac{Z^2e^6}{m_e^2c^3}\left(\frac{2\pi m_e}{3kT_e}\right)^{1/2}\exp\left(-\frac{h\nu}{kT_e}\right),\nu\in[0,\infty] \quad (3.4.9)$$

对光子方向积分,得单位时间单位体积内通过 $f-f$ 过程自发发射的频率在 ν 附近单位间隔的光子能量为

$$S_{ff}(\boldsymbol{r},\nu,t) = \frac{32\pi}{3}\rho^2 n_i n_e(\boldsymbol{r},t)\frac{Z^2e^6}{m_ec^3}\left(\frac{2\pi}{3m_ek}\right)^{1/2}\frac{1}{T_e^{1/2}}\exp\left(-\frac{h\nu}{kT_e}\right) \quad (3.4.10)$$

式中:$n_i=N/\rho=N_A/\mu$,$n_e=N_e/\rho=Zn_i$ 分别为单位质量的物质内所含的离子数和自由电子数目,Z 为离子的平均电离度,ρ 为物质的质量密度,N_A 为阿伏伽德罗常数,μ 为物质的摩尔质量。

对光子频率积分,注意到 $\int_0^\infty \mathrm{d}\nu\,\mathrm{e}^{-\frac{h\nu}{kT_e}} = kT_e/h$,得单位时间单位体积内通过 $f-f$ 过程自发发射的光子能量为

$$S_{ff}(\boldsymbol{r},t) = \frac{32\pi}{3}\rho^2 n_i n_e(\boldsymbol{r},t)\frac{Z^2\mathrm{e}^6}{m_ec^3}\left(\frac{2\pi}{3m_ek}\right)^{1/2}\frac{kT_e^{1/2}}{h} \quad (3.4.11)$$

$S_{ff}(\boldsymbol{r},\nu,t)$ 和 $S_{ff}(\boldsymbol{r},t)$ 与物质的质量密度 $\rho(\boldsymbol{r},t)$、自由电子的温度 $T_e(\boldsymbol{r},t)$ 和离子的平均电离度 Z 有关。$T_e(\boldsymbol{r},t)$ 和 $\rho(\boldsymbol{r},t)$ 由辐射流体力学方程组计算。

取单位制①

$$\begin{cases}\rho=\rho'[pg/\mu\mathrm{m}^3]\\ n_i=n'_i[1/\mathrm{pg}]\\ n_e=n'_e[1/\mathrm{pg}]\\ T_e=T'_e[10^6\mathrm{K}]\\ I_n=I'_n[\mathrm{k}'\cdot\mathrm{erg}]=I'_n[10^6\mathrm{K}]\\ \nu=\nu'\left[\dfrac{k'}{h'\cdot 0.1\mathrm{ns}}\right]\end{cases} \quad (3.4.12\mathrm{a})$$

注意到

① 使式(3.4.13a)的指数项 $\exp(h\nu/kT)\to\exp(\nu'/T')$,频率 ν 必须采用此单位。如果频率 ν 采用单位 $\left[\frac{1}{0.1\mathrm{ns}}\right]$,即 $\nu=\nu'\left[\frac{1}{0.1\mathrm{ns}}\right]$,则式(3.4.13a)中指数项将变成 $\exp(h\nu/kT)\to\exp(h'\nu'/k'T')$。

$$
\begin{cases}
h = 6.624\times10^{-17}[\text{erg}\cdot0.1\text{ns}] = h'[\text{erg}\cdot0.1\text{ns}]\\
k = 1.38\times10^{-10}[\text{erg}/10^6\text{K}] = k'[\text{erg}/10^6\text{K}]\\
e^2 = 4.8^2\times10^{-20}[\text{esu}^2] = 4.8^2\times10^{-20}[\text{erg}\cdot\text{cm}] = 2.304\times10^{-15}[\text{erg}\cdot\mu\text{m}]\\
m_e = 9.1\times10^{-16}[\text{pg}] = m'_e[\text{pg}]\\
c = 3\times10^4[\mu\text{m}/0.1\text{ns}] = c'[\mu\text{m}/0.1\text{ns}]\\
a_0 = \dfrac{\hbar^2}{m_e e^2} = 5.3\times10^{-5}[\mu\text{m}] = a'_0[\mu\text{m}]\\
m_e c^2 = m'_e c'^2\left[\dfrac{\text{pg}\cdot\mu\text{m}^2}{0.01\text{ns}^2}\right] = m'_e c'^2[\text{erg}] = 8.18\times10^{-7}[\text{erg}]\\
1\text{MeV} = 1.6\times10^{-6}\text{erg}
\end{cases}
\tag{3.4.12b}
$$

有

$$
S_{ff}(\boldsymbol{r},\nu,t) = S_{ff}^0\rho'^2 n'_i n'_e \frac{Z'^2}{T'^{\ 1/2}_e}\exp\left(-\frac{v'}{T'_e}\right)\left[\frac{\text{erg}}{\mu\text{m}^3\cdot0.1\text{ns}\cdot\left[\dfrac{k'}{h'\cdot0.1\text{ns}}\right]}\right]
\tag{3.4.13a}
$$

$$
S_{ff}(\boldsymbol{r},t) = S_{ff}^0\rho'^2 n'_i n'_e Z'^2 T'^{\ 1/2}_e\left[\frac{\text{erg}}{\mu\text{m}^3\cdot0.1\text{ns}}\right]
\tag{3.4.13b}
$$

其中系数为

$$
S_{ff}^0 = \frac{32\pi}{3}\left(\frac{2\pi}{3m'_e k'}\right)^{1/2}\frac{e'^6}{m'_e c'^3}\left(\frac{k'}{h'}\right) = 1.42\times10^{-22}
\tag{3.4.13c}
$$

若取单位 $\rho=\rho'[\text{g/cm}^3]$，$n_i = n'_i[10^{24}/g]$，$n_e = n'_e[10^{24}/g]$，$T_e = T'_e[10^6K]$，则

$$
S_{ff}(\boldsymbol{r},t) = 1.42\times10^{26}\rho'^2 n'_i n'_e Z^2 T'^{\ 1/2}_e\left[\frac{10^{12}\text{erg}}{\text{cm}^3\cdot\mu\text{s}}\right]
\tag{3.4.13d}
$$

2）自由电子的自发复合辐射($f-b$ 发射)

自由电子的自发复合辐射过程为

$$
\frac{1}{2}m_e u^2 + I_n \to h\nu
$$

式中：$I_n = |\varepsilon_n| > 0$ 为处在能量为 $\varepsilon_n < 0$ 的束缚态的电子的电离能。该过程是光电效应的逆过程，即自由电子复合到能量为 $\varepsilon_n < 0$ 的束缚能级的一个量子态的同时，放出一个能量为 $h\nu$ 的光子。要使发射频率为 ν 的光子过程能够发生，能量守恒要求自由电子动能 $\frac{1}{2}m_e u^2 = h\nu - I_n \geqslant 0$。当发射光子的频率 ν 一定时，对束缚电子所处能级的要求就是 $I_n \equiv -\varepsilon_n \leqslant h\nu$，此式要求束缚电子所处的能级 n 不能太低，即 $n \geqslant n_{\min}$，最低能级 $n_{\min}$ 的电离能必须满足 $I_{n_{\min}} = h\nu$；反之，当复合能级 n 一定时，发射光子的频率 ν 则完全由自由电子的动能决定，即 $h\nu = \frac{1}{2}m_e u^2 + I_n$。

严格计算自由电子与多电子离子的复合辐射截面是复杂的。仅在类氢离子近似下,可得到截面的解析表达式。类氢离子中处在 n 束缚能级的电子的电离能为 $I_n = I_H(Z^*/n)^2$,其中 $I_H = e^2/2a_0 \approx 13.6\text{eV}$ 为 H 原子的电离能,Z^* 为离子的有效核电荷数(一般不是原子的核电荷数),能级 n 简并度为 $C_n = 2n^2$,自发复合到能级 n 的一个量子态(未对末态的量子态求和)辐射截面的解析表达式为

$$\sigma_{fb}^{(n)}(u) = \frac{64\pi^4}{3\sqrt{3}} \frac{Z^{*4}e^{10}}{h^4 m_e c^3 u^2 n^5} \frac{1}{\nu} = \frac{16}{3\sqrt{3}} \frac{e^2 I_n^2}{m_e^3 c^3 u^2 n} \frac{1}{\nu} \left[\frac{\text{面积}}{n\text{ 能级的一个量子态}}\right] \tag{3.4.14}$$

设 N 为离子数密度,N_e 为自由电子数密度,C_n 是一个离子 n 束缚能态的简并度,p_n 是能量为 $\varepsilon_n < 0$ 的一个量子态上电子的占据概率,则 $\sigma_{fb}^{(n)}(u) N C_n (1-p_n)$ 为一个速率为 u 的自由电子走单位长度复合到 n 能级的概率;$N_e f(u)\mathrm{d}u$ 为单位体积内速率在 u 附近 $\mathrm{d}u$ 范围内的自由电子数目。$uN_e f(u)\mathrm{d}u$ 为自由电子通量;单位时间单位体积内、速率在 u 附近 $\mathrm{d}u$ 范围内的自由电子通过 $f-b$ 过程自发复合到能量为 ε_n 的束缚能级时发射的$(\nu,\boldsymbol{\Omega})$附近 $\mathrm{d}\nu\mathrm{d}\Omega$ 间隔的光子能量为

$$S_{fb}^{(n)}(\boldsymbol{r},\nu,\boldsymbol{\Omega},t)\mathrm{d}\nu\mathrm{d}\Omega = uN_e f(u)\mathrm{d}u\,\sigma_{fb}^{(n)}(u) N C_n (1-p_n) h\nu \frac{\mathrm{d}\Omega}{4\pi} \tag{3.4.15}$$

由于能级 n 一定时,自由电子的一次复合发射的光子能量为 $h\nu = \frac{1}{2}m_e u^2 + I_n$,其中 $I_n = I_H\left(\frac{Z^*}{n}\right)^2$ 为束缚能级 n 的电离能,故 u 与 ν 不独立,则自由电子速率在 u 附近单位速度间隔内的概率为

$$f(u) = 4\pi u^2 \left(\frac{m_e}{2\pi kT_e}\right)^{3/2} \mathrm{e}^{-\frac{m_e u^2}{2kT_e}} = 4\pi u^2 \left(\frac{m_e}{2\pi kT_e}\right)^{3/2} \mathrm{e}^{-\frac{h\nu - I_n}{kT_e}} \tag{3.4.16}$$

$$u\mathrm{d}u = \frac{h}{m_e}\mathrm{d}\nu \tag{3.4.17}$$

将式(3.4.16)、式(3.4.17)代入式(3.4.15),得

$$S_{fb}^{(n)}(\boldsymbol{r},\nu,\boldsymbol{\Omega},t)\mathrm{d}\nu\mathrm{d}\Omega = N_e N C_n (1-p_n) \sigma_{fb}^{(n)}(u) \frac{h^2 u^2}{m_e} \left(\frac{m_e}{2\pi kT_e}\right)^{3/2} \mathrm{e}^{-\frac{h\nu - I_n}{kT_e}} \nu\mathrm{d}\nu\mathrm{d}\Omega \tag{3.4.18}$$

将自发复合辐射截面(式(3.4.14))代入得

$$S_{fb}^{(n)}(\boldsymbol{r},\nu,\boldsymbol{\Omega},t) = \frac{64\pi^4 N_e N}{3\sqrt{3}} \frac{Z^{*4}e^{10}}{h^2 m_e^2 c^3} \left(\frac{m_e}{2\pi kT_e}\right)^{3/2} \frac{1}{n^5} C_n (1-p_n) \mathrm{e}^{-\frac{h\nu - I_n}{kT_e}} \tag{3.4.19a}$$

或

$$S_{fb}^{(n)}(\boldsymbol{r},\nu,\boldsymbol{\Omega},t) = \frac{16}{3\sqrt{3}} N_e N \frac{h^2 e^2}{m_e^4 c^3} \left(\frac{m_e}{2\pi kT_e}\right)^{3/2} \frac{I_n^2}{n} C_n (1-p_n) \mathrm{e}^{-\frac{h\nu - I_n}{kT_e}} \tag{3.4.19b}$$

另一方面,只要 $h\nu \geqslant I_n$,即只要束缚电子的能级 $n \geqslant n_{\min}$($h\nu = I_{n_{\min}}$)都有可能产生频

率 ν 附近的光子，故对 $n \geqslant n_{\min}$ 范围求和可得单位时间单位体积内通过 $f-b$ 过程发射的 $(\nu,\boldsymbol{\Omega})$ 附近单位间隔的光子能量为

$$S_{fb}(\boldsymbol{r},\nu,\boldsymbol{\Omega},t) = \frac{64NN_e\pi^4}{3\sqrt{3}}\frac{Z^{*4}e^{10}}{h^2m_e^2c^3}\left(\frac{m_e}{2\pi kT_e}\right)^{3/2}\sum_{n\geqslant n_{\min}}^{n_0}\frac{1}{n^5}C_n(1-p_n)\mathrm{e}^{-\frac{h\nu-I_n}{kT_e}} \tag{3.4.20a}$$

或

$$S_{fb}(\boldsymbol{r},\nu,\boldsymbol{\Omega},t) = \frac{16NN_e}{3\sqrt{3}}\frac{h^2e^2}{m_e^4c^3}\left(\frac{m_e}{2\pi kT_e}\right)^{3/2}\sum_{n\geqslant n_{\min}}^{n_0}\left[\frac{I_n^2}{n}C_n(1-p_n)\right]\mathrm{e}^{-\frac{h\nu-I_n}{kT_e}} \tag{3.4.20b}$$

在类氢离子近似下，能级 n 简并度为 $C_n=2n^2$，式(3.4.20a)和式(3.4.20b)变为

$$S_{fb}(\boldsymbol{r},\nu,\boldsymbol{\Omega},t) = \frac{128NN_e\pi^4}{3\sqrt{3}}\frac{Z^{*4}e^{10}}{h^2m_e^2c^3}\left(\frac{m_e}{2\pi kT_e}\right)^{3/2}\sum_{n\geqslant n_{\min}}^{n_0}\frac{1}{n^3}(1-p_n)\mathrm{e}^{-\frac{h\nu-I_n}{kT_e}} \tag{3.4.21a}$$

或

$$S_{fb}(\boldsymbol{r},\nu,\boldsymbol{\Omega},t) = \frac{32}{3\sqrt{3}}\frac{h^2e^2}{m_e^4c^3}\left(\frac{m_e}{2\pi kT_e}\right)^{3/2}\rho^2nn_e\sum_{n\geqslant n_{\min}}^{n_0}nI_n^2(1-p_n)\mathrm{e}^{-\frac{h\nu-I_n}{kT_e}} \tag{3.4.21b}$$

式(3.4.21b)对方向积分，得单位时间单位体积内通过 $f-b$ 过程自发发射的频率在 ν 附近单位间隔的光子能量为

$$S_{fb}(\boldsymbol{r},\nu,t) = \frac{128\pi}{3\sqrt{3}}\frac{h^2e^2}{m_ec^3}\left(\frac{1}{2\pi m_ekT_e}\right)^{3/2}\rho^2n_in_e\sum_{n\geqslant n_{\min}}nI_n^2(1-p_n)\mathrm{e}^{-\frac{(h\nu-I_n)}{kT_e}} \tag{3.4.22a}$$

对光子频率积分，注意到 n 一定时，频率下限由 $h\nu \geqslant I_n$ 决定，$\int_{I_n/h}^{\infty}\mathrm{d}\nu\,\mathrm{e}^{-\frac{(h\nu-I_n)}{kT_e}} = \frac{kT_e}{h}$，得单位时间单位体积内通过 $f-b$ 过程自发发射的光子能量为①

$$S_{fb}(\boldsymbol{r},t) = \frac{128\pi}{3\sqrt{3}}\frac{h^2e^2}{m_ec^3}\left(\frac{1}{2\pi m_ek}\right)^{3/2}\frac{k}{h}\frac{1}{T_e^{1/2}}\rho^2n_in_e\sum_{n=1}^{n_0}nI_n^2(1-p_n) \tag{3.4.22b}$$

在单位制(式(3.4.12a)、式(3.4.12b))下，则有

$$S_{fb}(\boldsymbol{r},\nu,t) = S_{fb}^0\rho'^2n'_in'_e\frac{1}{T'^{3/2}_e}\sum_{n\geqslant n_{\min}}nI'^2_ne^{-\frac{(\nu'-I'_n)}{T'_e}}(1-p_n)$$

---

① 对 n 求和区间的说明：由 $h\nu \geqslant I_n = I_H\left(\frac{Z}{n}\right)^2$，得 $n \geqslant Z\sqrt{\frac{I_H}{h\nu}} = n_{\min}$，由于自由电子的速率可以为无限大，故发射光子的频率可以为无限大，n 的最小值可以为 1，而 n 的最大值取为 n_0。

$$\left(\frac{\text{erg}}{\mu\text{m}^3 \cdot 0.1\text{ns} \cdot \left[\frac{\text{k}'}{\text{h}' \cdot 0.1\text{ns}}\right]}\right) \tag{3.4.23a}$$

$$S_{fb}(\boldsymbol{r},t) = S_{fb}^0 \rho'^2 n'_i n'_e \frac{1}{T'^{1/2}_e} \sum_{n=1}^{n_0} n I'^2_n (1 - p_n) \left[\frac{\text{erg}}{\mu\text{m}^3 \cdot 0.1\text{ns}}\right] \tag{3.4.23b}$$

其中常数

$$S_{fb}^0 = \frac{128\pi h'^2 e'^2}{3\sqrt{3}\, m'_e c'^3} \left(\frac{1}{2\pi m'_e k'}\right)^{3/2} \frac{k'^3}{h'} = 1.80 \times 10^{-21} \tag{3.4.23c}$$

3）束缚电子的谱线辐射（$b-b$ 发射）

过程为

$$\varepsilon_n \rightarrow h\nu + \varepsilon_m$$

设有两个分立能级 ε_n（高能级）和 ε_m（低能级），每个能级都是简并能级，简并度（具有相同能量的量子态数目）分别为 C_n 和 C_m。能级 ε_n 包含的 C_n 个量子态是 $|n_\alpha\rangle$（$\alpha = 1, 2, \cdots, C_n$）；能级 ε_m 包含的 C_m 个量子态是 $|m_\beta\rangle$（$\beta = 1, 2, \cdots, C_m$）。

根据原子的偶极跃迁近似，单位时间从能量为 ε_n 的一个量子态 $|n_\alpha\rangle$ 跃迁到能量为 ε_m 的一个量子态 $|m_\beta\rangle$ 并发射能量为 $\hbar\omega = h\nu = \varepsilon_n - \varepsilon_m$ 的光子的概率为

$$A_{\alpha\beta} = \frac{4}{3}\frac{e^2\omega^3}{\hbar c^3} |\langle m_\beta | \boldsymbol{r} | n_\alpha\rangle|^2 = \frac{64\pi^4}{3}\frac{e^2\nu^3}{hc^3} |\langle m_\beta | \boldsymbol{r} | n_\alpha\rangle|^2 \tag{3.4.24}$$

对能量为 ε_n 的所有量子态 $|n_\alpha\rangle$（$\alpha = 1, 2, \cdots, C_n$）和能量为 ε_m 的所有量子态 $|m_\beta\rangle$（$\beta = 1, 2, \cdots, C_m$）求和，得单位时间从能级 ε_n 的所有量子态跃迁到能级 ε_m 的所有量子态的概率为

$$\sum_{\alpha=1}^{C_n} \sum_{\beta=1}^{C_m} A_{\alpha\beta} = \frac{64\pi^4}{3} \frac{\text{e}^2\nu^3}{hc^3} \sum_{\alpha=1}^{C_n} \sum_{\beta=1}^{C_m} |\langle m_\beta | \boldsymbol{r} | n_\alpha\rangle|^2 \tag{3.4.25}$$

定义单位时间从能级 ε_n 的一个量子态跃迁到能级 ε_m 的所有量子态的概率为

$$\boldsymbol{A}_{nm} = \frac{1}{C_n} \sum_{\alpha=1}^{C_n} \sum_{\beta=1}^{C_m} A_{\alpha\beta} \quad \text{（对末态求和，对初态取平均）} \tag{3.4.26a}$$

则

$$\boldsymbol{A}_{nm} = \frac{64\pi^4}{3} \frac{\text{e}^2\nu^3}{hc^3} \frac{1}{C_n} \sum_{\alpha=1}^{C_n} \sum_{\beta=1}^{C_m} |\langle m_\beta | \boldsymbol{r} | n_\alpha\rangle|^2 \tag{3.4.26b}$$

设 $\boldsymbol{r} = a_0 \boldsymbol{r}'$，$\boldsymbol{r}'$ 是个无量纲的位矢，$a_0 = \dfrac{\hbar^2}{m_e e^2} = 5.3 \times 10^{-9}$ cm 是 H 原子的第一 Bohr 半径，则单位时间从能级 ε_n 的一个量子态跃迁到能级 ε_m 的所有量子态的概率为

$$\boldsymbol{A}_{nm} = \frac{64\pi^4}{3} \frac{e^2\nu^3 a_0^2}{hc^3} \frac{1}{C_n} \sum_{\alpha=1}^{C_n} \sum_{\beta=1}^{C_m} |\langle m_\beta | \boldsymbol{r}' | n_\alpha\rangle|^2 \quad (n > m) \tag{3.4.27}$$

式中：$\langle m_\beta | \boldsymbol{r}' | n_\alpha\rangle$ 是两个能量分别为 ε_n 和 ε_m 的特定量子态之间的无量纲跃迁矩

阵元。

记从能级 ε_n 的一个量子态跃迁到能级 ε_m 的所有量子态间的无量纲跃迁矩阵元的模方为

$$|\boldsymbol{R}_{nm}|^2 = \frac{1}{C_n}\sum_{\alpha=1}^{C_n}\sum_{\beta=1}^{C_m} |\langle m_\beta | \boldsymbol{r}' | n_\alpha \rangle|^2 \qquad (对末态求和,对初态取平均) \tag{3.4.28}$$

故从能级 ε_n 的一个量子态跃迁到能级 ε_m 的所有量子态的跃迁速率为

$$\boldsymbol{A}_{nm} = \frac{64\pi^4}{3}\frac{e^2\nu^3 a_0^2}{hc^3}|\boldsymbol{R}_{nm}|^2 \qquad (n>m) \tag{3.4.29}$$

因为 $n>m$,故 A_{nm}是个下三角矩阵。根据细致平衡原理$\langle m_\beta|\boldsymbol{r}'|n_\alpha\rangle = \langle n_\alpha|\boldsymbol{r}'|m_\beta\rangle$,可得 $C_n|\boldsymbol{R}_{nm}|^2 = C_m|\boldsymbol{R}_{mn}|^2$,故由$|\boldsymbol{R}_{mn}|^2$ 矩阵的上三角部分可导出 $\boldsymbol{A}_{nm}$的下三角部分。对 H 原子,矩阵$|\boldsymbol{R}_{mn}(H)|^2(n>m)$已有造好的表格可直接引用。

对类 H 离子,玻尔半径变小,即 $a_0 \to \frac{1}{Z_n^*}a_0$,故

$$|\boldsymbol{R}_{nm}|^2 \to \frac{1}{Z_n^{*2}}|\boldsymbol{R}_{nm}(H)|^2 \tag{3.4.30}$$

即从能级 ε_n 的一个量子态跃迁到能级 ε_m 的所有量子态的跃迁速率为

$$A_{nm} = \frac{64\pi^4}{3}\frac{e^2\nu^3 a_0^2}{hc^3}\frac{1}{Z_n^{*2}}|\boldsymbol{R}_{nm}(H)|^2 \tag{3.4.31}$$

单位时间单位体积内 $b-b$ 过程自发发射的$(\nu,\boldsymbol{\Omega})$附近 $\mathrm{d}\nu\mathrm{d}\Omega$ 间隔的光子能量为

$$S_{bb}(\boldsymbol{r},\nu,\boldsymbol{\Omega},t)\,\mathrm{d}\nu\mathrm{d}\Omega = \sum_{n=1}^{n_0}\sum_{m=1}^{n-1} NC_n A_{nm} h\nu b(\nu)\,\mathrm{d}\nu\,\frac{\mathrm{d}\Omega}{4\pi}p_n(1-p_m) \tag{3.4.32}$$

式中:N 为离子数密度;C_n 为能级 ε_n 的简并度(具有相同能量 ε_n 的量子态数目);$\boldsymbol{A}_{nm}$是从能量是 ε_n 的一个量子态跃迁到能量是 ε_m 的所有量子态并放出能量为 $h\nu = \varepsilon_n - \varepsilon_m$的光子的跃迁概率;$p_n$ 为能量是 ε_n 的一个量子态上电子的占据概率;$b(\nu)$为色散(展宽)因子,$b(\nu)\mathrm{d}\nu$ 表示光子频率落在 $\nu\to\nu+\mathrm{d}\nu$ 范围的概率,$b(\nu)$满足归一化条件 $\int_0^\infty \mathrm{d}\nu\, b(\nu) = 1$。频率展宽的原因有 3 种,即自然展宽(不确定关系导致)、多普勒展宽(运动的原子发出的光子频率的多普勒效应导致)以及 Stark 展宽(Stark 效应引起的原子能级分裂)。

不考虑谱线频率展宽效应时,色散因子 $b(\nu)=\delta(\nu-\nu_{nm})$,其中 $\nu_{nm}\equiv\frac{\varepsilon_n-\varepsilon_m}{h}$。当发射光子的频率一定时,式(3.4.32)中进行求和的能级对(n,m)必须满足条件 $\nu_{nm}\equiv\frac{\varepsilon_n-\varepsilon_m}{h}=\nu$,否则,该对能级对 $S_{bb}(\boldsymbol{r},\nu,\boldsymbol{\Omega},t)$的贡献为 0。

将式(3.4.31)代入式(3.4.32),单位时间、单位体积内 $b-b$ 过程自发发射的$(\nu,\boldsymbol{\Omega})$附近单位间隔的光子能量为

$$S_{bb}(\boldsymbol{r},\nu,\boldsymbol{\Omega},t) = \frac{1}{4\pi}\cdot\frac{64\pi^4}{3}\frac{e^2a_0^2}{c^3}\rho(\boldsymbol{r},t)n_i$$

$$\sum_{n=1}^{n_0}\sum_{m=1}^{n-1}C_np_n(1-p_m)\frac{1}{Z_n^{*2}}|\boldsymbol{R}_{nm}(H)|^2\nu^4b(\nu) \qquad (3.4.33\text{a})$$

式中:H 原子从能级 ε_n 的一个量子态跃迁到能级 ε_m 的所有量子态间的无量纲跃迁矩阵元 $\boldsymbol{R}_{nm}(H)$ 的计算是关键。

式(3.4.33a)对方向积分,得单位时间单位体积内通过 $b-b$ 过程自发发射的频率在 ν 附近单位间隔的光子能量为

$$S_{bb}(\boldsymbol{r},\nu,t) = \frac{64\pi^4}{3}\cdot\frac{e^2a_0^2}{c^3}\rho(\boldsymbol{r},t)n_i\sum_{n=1}^{n_0}\sum_{m=1}^{n-1}$$

$$C_np_n(1-p_m)\frac{1}{Z_n^{*2}}|\boldsymbol{R}_{nm}(H)|^2\nu^4b(\nu) \qquad (3.4.33\text{b})$$

再对光子频率积分,得单位时间单位体积内通过 $b-b$ 过程自发发射的光子能量为

$$S_{bb}(\boldsymbol{r},\nu,t) = \frac{64\pi^4}{3}\cdot\frac{e^2a_0^2}{c^3}\rho(\boldsymbol{r},t)n_i\sum_{n=1}^{n_0}\sum_{m=1}^{n-1}C_np_n(1-p_m)$$

$$\frac{1}{Z_n^{*2}}|\boldsymbol{R}_{nm}(H)|^2\int_0^\infty\nu^4b(\nu)\,\mathrm{d}\nu \qquad (3.4.33\text{c})$$

在单位制(式(3.4.12a)、式(3.4.12b))下,并注意到

$$b(\nu) = \frac{b(\nu')\mathrm{d}\nu'}{\mathrm{d}\nu} = b(\nu')/\left[\frac{k'}{h'\cdot 0.1\text{ns}}\right]$$

式(3.4.33b)和式(3.4.33c)分别变为

$$S_{bb}(\boldsymbol{r},\nu,t) = S_{bb}^0\rho'(\boldsymbol{r},t)n'_i\sum_{n=1}^{n_0}\sum_{m=1}^{n-1}C_np_n(1-p_m)$$

$$\frac{|\boldsymbol{R}_{nm}(H)|^2}{Z_n^{*2}}\nu'^4b(\nu')\left(\frac{\text{erg}}{\mu\text{m}^3\cdot 0.1\text{ns}\cdot\left[\dfrac{k'}{h'\cdot 0.1\text{ns}}\right]}\right) \qquad (3.4.34\text{a})$$

$$S_{bb}(\boldsymbol{r},t) = S_{bb}^0\rho'(\boldsymbol{r},t)n'_i\sum_{n=1}^{n_0}\sum_{m=1}^{n-1}C_np_n(1-p_m)\frac{|\boldsymbol{R}_{nm}(H)|^2}{Z_n^{*2}}$$

$$\int_0^\infty\mathrm{d}\nu'\,\nu'^4b(\nu')\left(\frac{\text{erg}}{\mu\text{m}^3\cdot 0.1\text{ns}}\right) \qquad (3.4.34\text{b})$$

其中常数

$$S_{bb}^0 = \frac{64\pi^4e'^2a'^2_0}{3\quad c'^3}\left(\frac{k'}{h'}\right)^4 = 9.41\times10^{-9} \qquad (3.4.34\text{c})$$

不考虑色散效应时,注意到

$$b(\nu') = \delta(\nu-\nu_{nm})\frac{\mathrm{d}\nu}{\mathrm{d}\nu'} = \delta\{\nu' - |I'_{nm}|\}$$

式(3.4.34b)变为

$$S_{bb}(\boldsymbol{r},t) = S_{bb}^{0}\rho'(\boldsymbol{r},t)n'_i\sum_{n=1}^{n_0}\sum_{m=1}^{n-1}C_n p_n(1-p_m)$$

$$\frac{1}{Z_n^{*2}}|\boldsymbol{R}_{nm}|^2 I'^4_{nm}\left(\frac{\text{erg}}{\mu\text{m}^3\cdot 0.1\text{ns}}\right) \tag{3.4.34d}$$

由此可见,除自由电子的韧致辐射外,其余两种光子自发发射机制都与电子在束缚能级的一个量子态上子的占据概率 p_n 有关。在完全非热动平衡下 p_n 不是 Fermi - Dirac 分布,必须通过求解 p_n 满足原子动理学方程才能求得。同时,自发辐射源还依赖于与时空有关的质量密度 $\rho(\boldsymbol{r},t)$、自由电子的温度 $T_e(\boldsymbol{r},t)$,原子的平均电离度 $Z_n^* = Z_0 - \sum_n C_n p_n$。$\rho(\boldsymbol{r},t)$、$T_e(\boldsymbol{r},t)$ 需要通过求解辐射流体力学方程组决定。单位质量的离子数 $n_i(\boldsymbol{r},t) = N_A/\mu$ 已知。

每种自发辐射过程都伴随有诱导发射,考虑诱导发射,单位时间、单位体积内 3 种过程总发射的处在$(\nu,\boldsymbol{\Omega})$附近单位间隔的光子能量(总辐射功率密度)为

$$S_{\text{total}}(\boldsymbol{r},\nu,\boldsymbol{\Omega},t) = \begin{pmatrix} S_{ff}(\boldsymbol{r},\nu,\boldsymbol{\Omega},t) + S_{fb}(\boldsymbol{r},\nu,\boldsymbol{\Omega},t) + \\ S_{bb}(\boldsymbol{r},\nu,\boldsymbol{\Omega},t) \end{pmatrix} \cdot (1 + n_\nu(\boldsymbol{r},t)) \tag{3.4.35}$$

它与光子在量子态上的占据概率 n_ν 有关,n_ν 满足辐射输运方程。因此,在完全的非热动平衡状态下,需要耦合求解 p_n 满足的原子动理学方程、辐射流体力学方程组和辐射输运方程。而在部分局域热力学平衡条件下,p_n 服从 Fermi - Dirac 分布,它决定于物质的局域温度,此时可以省去求解原子动理学方程的工作。

2. 总线性吸收系数 $\mu_a(\boldsymbol{r},\nu,t)$ 的计算

将物质总辐射功率密度式(3.4.35)对光子运动方向的积分,得到 $S_\nu(\boldsymbol{r},t)(1+n_\nu)$,注意它不是物质的净辐射功率密度,必须在此基础上扣除物质对光子的吸收后,才能得到物质的净辐射功率密度——单位时间单位体积内物质净发射的频率处在 ν 附近单位间隔的光子能量,即

$$J_\nu(\boldsymbol{r},t) = S_\nu(\boldsymbol{r},t)(1+n_\nu) - \mu_a(\boldsymbol{r},\nu,t)\frac{8\pi h\nu^3}{c^2}n_\nu(\boldsymbol{r},t) \tag{3.4.36}$$

式中 $\mu_a(\boldsymbol{r},\nu,t)$ 为物质的总线性吸收系数(宏观总吸收截面),其物理意义为 t 时刻 $\boldsymbol{r}$ 处一个频率为 ν 的光子走单位路程被物质吸收的概率。式(3.4.36)就是辐射能量守恒方程式(3.4.2)右边的源项。

要得到物质的净辐射功率密度 $J_\nu(\boldsymbol{r},t)$,必须求物质的总线性吸收系数 $\mu_a(\boldsymbol{r},\nu,t)$,它为 3 种过程吸收系数之和,即

$$\mu_a(\boldsymbol{r},\nu,t) = \mu_{ff}(\boldsymbol{r},\nu,t) + \mu_{bf}(\boldsymbol{r},\nu,t) + \mu_{bb}(\boldsymbol{r},\nu,t)$$

1) 自由电子的逆韧致吸收系数($f-f$ 吸收系数)

过程为

$$h\nu+\frac{1}{2}m_e u_1^2\rightarrow\frac{1}{2}m_e u_2^2$$

设一个自由电子在电荷数为 Ze 的一个离子的库仑场中吸收一个能量为 $h\nu$ 的光子跃迁到更高能量的自由态的微观截面为 $\sigma_{ff}(\nu)$（逆韧致吸收微观截面），则 $f-f$吸收的线性吸收系数为

$$\mu_{ff}(\boldsymbol{r},\nu,t)=N(\boldsymbol{r},t)\sigma_{ff}(\nu)=\rho(\boldsymbol{r},t)n_i\sigma_{ff}(\nu) \tag{3.4.37}$$

式中：$N(\boldsymbol{r},t)=\rho(\boldsymbol{r},t)n_i$ 为与时空有关的离子数密度。如果自由电子速率服从温度为 T_e 的 Maxwell 速率分布，则有逆韧致吸收微观截面为

$$\sigma_{ff}(\nu)=\frac{4N_e}{3}\left(\frac{2\pi}{3m_e kT_e}\right)^{1/2}\frac{Z^2e^6}{hcm_e\nu^3}\left[\frac{\text{面积}}{\text{一个离子}}\right] \tag{3.4.38}$$

则

$$\mu_{ff}(\boldsymbol{r},\nu,t)=\frac{4}{3}\rho^2(\boldsymbol{r},t)n_i n_e\left(\frac{2\pi}{3m_e kT_e}\right)^{1/2}\frac{Z^2e^6}{hcm_e\nu^3} \tag{3.4.39a}$$

$$\mu_{ff}(\boldsymbol{r},\nu,t)\frac{8\pi h\nu^3}{c^2}=\frac{32\pi}{3}\rho^2(\boldsymbol{r},t)n_e n_i\left(\frac{2\pi}{3m_e kT_e}\right)^{1/2}\frac{Z^2e^6}{m_e c^3} \tag{3.4.39b}$$

在单位制（式（3.4.12a）、式（3.4.12b））下，注意到 $[\text{pg}]=\frac{[\text{erg}][0.1\text{ns}]^2}{\mu\text{m}^2}$，则有

$$\mu_{ff}(\boldsymbol{r},\nu,t)=\mu_{ff}^0\rho'^2n'_in'_e\frac{Z^2}{T_e'^{1/2}\nu'^3}\left[\frac{1}{\mu\text{m}}\right] \tag{3.4.40a}$$

$$\mu_{ff}(\boldsymbol{r},\nu,t)\frac{8\pi h\nu^3}{c^2}=C_{ff}^0\rho'^2n'_in'_e\frac{Z^2}{T_e'^{1/2}}$$

$$\left[\frac{\text{erg}}{\mu\text{m}^3\cdot 0.1\text{ns}\cdot\left[\frac{k'}{h'\cdot 0.1\text{ns}}\right]}\right] \tag{3.4.40b}$$

其中系数

$$\mu_{ff}^0=\frac{4}{3}\left(\frac{2\pi}{3m'_e k'}\right)^{1/2}\cdot\frac{e'^6}{h'c'm'_e}\cdot\frac{h'^3}{k'^3}=4.075\times10^{-24} \tag{3.4.40c}$$

$$C_{ff}^0=\frac{8\pi k'^4}{h'^3c'^2}\mu_{ff}^0=\frac{32\pi}{3}\left(\frac{2\pi}{3m'_e k'}\right)^{1/2}\frac{e'^6}{m'_e c'^3}\cdot\frac{k'}{h'}=1.42\times10^{-22} \tag{3.4.40d}$$

若单位取为 $\rho=\rho'[\text{g/cm}^3]$，$n_i=n'_i[10^{24}/\text{g}]$，$n_e=n'_e[10^{24}/\text{g}]$，$T_e=T'_e[10^6\text{K}]$，则

$$\mu_{ff}(\boldsymbol{r},\nu,t)=10^{28}\times\mu_{ff}^0\rho'^2n'_in'_e\frac{Z^2}{T_e'^{7/2}\chi^3}\left[\frac{1}{\text{cm}}\right] \tag{3.4.40e}$$

式中：$\chi=h\nu/kT_e=\nu'/T'_e$ 为无量纲数。

2）束缚电子对光子的光电吸收系数（$b-f$ 吸收系数）

过程为

$$h\nu-I_n\rightarrow\frac{1}{2}m_e u^2 \tag{3.4.41}$$

光电吸收，又称为 $b-f$ 吸收，指的是一个能量为 $h\nu$ 的光子被处于能量为 $\varepsilon_n<0$ 的一个量子态上的束缚电子吸收，束缚电子跃迁到能量 $\varepsilon>0$ 的量子态而光子消失的过程。此过程的微观截面（光电吸收微观截面）为 $\sigma_{bf}^{(n)}(\nu)$，单位是[面积/一个处于能量为 ε_n 的量子态的束缚电子]，则 $b-f$ 吸收的线性吸收系数为

$$\mu_{bf}(\boldsymbol{r},\nu,t) = \sum_{n\geqslant n*} N_n(\boldsymbol{r},t)\sigma_{bf}^{(n)}(\nu) \tag{3.4.42}$$

式中：$N_n=NC_np_n$ 为单位体积处于能量为 ε_n 的所有量子态上的束缚电子数目，N 为离子数密度，C_n 是 n 束缚能级的简并度，p_n 是电子在 n 束缚能级的一个量子态上的占据概率。

对固定频率的光子，所有满足爱因斯坦光电效应方程 $h\nu-I_n=\frac{1}{2}m_eu^2\geqslant 0$ 的能级 n，都可以发生光电吸收过程，故必须对 n 求和，n 的最小值 n^* 为能使光电效应发生的束缚电子所处的最低能态①。

在类氢离子近似下，光电吸收微观截面为

$$\sigma_{bf}^{(n)}(\nu)=\frac{16}{3\sqrt{3}}\frac{e^2h}{cm_e}\frac{1}{n}\frac{1}{h\nu}\left(\frac{I_n}{h\nu}\right)^2 \tag{3.4.43}$$

故有

$$\mu_{bf}(\boldsymbol{r},\nu,t) = \frac{32}{3\sqrt{3}}\frac{e^2}{h^2m_ec}\rho(\boldsymbol{r},t)n_i\sum_{n\geqslant n*}nI_n^2p_n\frac{1}{\nu^3} \tag{3.4.44a}$$

$$\mu_{bf}(\boldsymbol{r},\nu,t)\frac{8\pi h\nu^3}{c^2} = \frac{256\pi}{3\sqrt{3}}\frac{e^2}{hm_ec^3}\rho(\boldsymbol{r},t)n_i\sum_{n\geqslant n*}nI_n^2p_n \tag{3.4.44b}$$

在单位制(3.4.12a)、(3.4.12b)下，注意到 $[\mathrm{pg}]=\frac{[\mathrm{erg}][0.1\mathrm{ns}]^2}{\mu\mathrm{m}^2}$，有

$$\mu_{bf}(\boldsymbol{r},\nu,t) = \mu_{bf}^0\rho'(\boldsymbol{r},t)n'_i\sum_{n\geqslant n*}nI'^2_np_n\frac{1}{\nu'^3}\left[\frac{1}{\mu\mathrm{m}}\right] \tag{3.4.45a}$$

$$\mu_{bf}(\boldsymbol{r},\nu,t)\frac{8\pi h\nu^3}{c^2} = C_{bf}^0\rho'(\boldsymbol{r},t)n'_i\sum_{n\geqslant n*}nI'^2_np_n\left[\frac{\mathrm{erg}}{\mu\mathrm{m}^3\cdot 0.1\mathrm{ns}\cdot\left[\frac{k'}{h'\cdot 0.1\mathrm{ns}}\right]}\right] \tag{3.4.45b}$$

其中系数

$$\mu_{bf}^0=\frac{32}{3\sqrt{3}}\frac{e'^2}{h'^2m'_ec'}\frac{h'^3}{k'}=2.815\times 10^{-10} \tag{3.4.45c}$$

$$C_{bf}^0=\left(\frac{8\pi k'^4}{h'^3c'^2}\right)\mu_{bf}^0=\frac{256\pi}{3\sqrt{3}}\frac{e'^2}{h'm'_ec'^3}\left(\frac{k'^3}{h'}\right)=9.81\times 10^{-9} \tag{3.4.45d}$$

---

① 在类氢离子近似下，束缚能级 n 的能量为 $\varepsilon_n=-I_H\left(\frac{Z}{n}\right)^2$，其中 $I_H=\frac{m_ee^4}{2\hbar^2}=\frac{e^2}{2a_0}=13.6\mathrm{eV}$ 为氢原子的电离能，有 $h\nu=I_{n*}=I_H\left(\frac{Z}{n^{\cdot}}\right)^2$，即 $n^{\cdot}=Z\sqrt{\frac{I_H}{h\nu}}$，$I_n=I_H\left(\frac{Z}{n}\right)^2$ 为 n 束缚能级的电离能。

3）束缚电子对光子的谱线吸收系数（$b-b$ 吸收系数）

过程为

$$h\nu+\varepsilon_m \to \varepsilon_n$$

谱线吸收，又称为 $b-b$ 吸收，指的是一个光子被一个处于能量为 $\varepsilon_m<0$ 的量子态的束缚电子吸收而跃迁到能量为 $\varepsilon_n<0$ 更高量子态而光子消失的过程。此过程的微观截面为 $\sigma_{bb}^{(mn)}(\nu)$。

设有两个分立能级 ε_m（低能级）和 ε_n（高能级），每个能级的简并度分别为 C_m 和 C_n。能级 ε_m 包含的 C_m 个量子态是 $|m_\beta\rangle$（$\beta=1,2,\cdots,C_m$），能级 ε_n 包含的 C_n 个量子态是 $|n_\alpha\rangle$（$\alpha=1,2,\cdots,C_n$）。

记一个能量为 $h\nu$ 的光子被一个处于 $|m_\beta\rangle$ 量子态的束缚电子吸收跃迁到高能量子态 $|n_\alpha\rangle$ 的吸收截面为 $\sigma_{\beta\alpha}^{(a)}(\nu)$；而一个能量为 $h\nu$ 的光子使一个处于高能量子态 $|n_\alpha\rangle$ 的束缚电子受激发射光子跃迁到 $|m_\beta\rangle$ 态的受激发射截面为 $\sigma_{\alpha\beta}^{(e)}(\nu)$，根据细致平衡原理，有

$$\sigma_{\beta\alpha}^{(a)}(\nu)=\sigma_{\alpha\beta}^{(e)}(\nu) \tag{3.4.46}$$

注意到电子受激发射截面

$$\sigma_{\alpha\beta}^{(e)}(\nu)=\frac{\text{单位时间一个外来光子诱导电子发射}\ \nu\ \text{附近单位间隔光子的概率}}{\text{单位时间单位面积上通过的}\ \nu\ \text{附近单位间隔外来光子数（不计方向）}}=$$

$$\frac{n_\nu A_{\alpha\beta}b(\nu)}{4\pi cf_\nu}=\frac{\dfrac{c^3}{2\nu^2}f_\nu A_{\alpha\beta}b(\nu)}{4\pi cf_\nu}=\frac{1}{8\pi}\left(\frac{c}{\nu}\right)^2A_{\alpha\beta}b(\nu)$$

其中

$$A_{\alpha\beta}=\frac{4}{3}\frac{e^2\omega^3}{\hbar c^3}|\langle m_\beta|\boldsymbol{r}|n_\alpha\rangle|^2=\frac{64\pi^4}{3}\frac{e^2\nu^3}{hc^3}|\langle m_\beta|\boldsymbol{r}|n_\alpha\rangle|^2$$

为单位时间内从电子从态 $|n_\alpha\rangle$ 跃迁到态 $|m_\beta\rangle$ 的自发跃迁概率。$b(\nu)$ 为色散（展宽）因子，$b(\nu)\mathrm{d}\nu$ 表示光子频率落在 $\nu\to\nu+\mathrm{d}\nu$ 范围的概率，$b(\nu)$ 满足归一化条件 $\int_0^\infty \mathrm{d}\nu\ b(\nu)=1$。不考虑谱线频率展宽效应时，$b(\nu)=\delta(\nu-\nu_{nm})$，其中 $\nu_{nm}\equiv\dfrac{\varepsilon_n-\varepsilon_m}{h}$。所以有吸收截面

$$\sigma_{\beta\alpha}^{(a)}(\nu)=\sigma_{\alpha\beta}^{(e)}(\nu)=\frac{1}{8\pi}\left(\frac{c}{\nu}\right)^2A_{\alpha\beta}b(\nu) \tag{3.4.47}$$

再定义束缚电子从能量为 ε_m 的一个低能量子态的跃迁到能量为 ε_n 的所有高能量子态的微观截面为

$$\sigma_{mn}^{(a)}(\nu)\equiv\frac{1}{C_m}\sum_{\beta=1}^{C_m}\sum_{\alpha=1}^{C_n}\sigma_{\beta\alpha}^{(a)}(\nu)\quad\text{（对初态取平均，对末态求和）} \tag{3.4.48}$$

单位是[面积／一个处于能量为 ε_m 的量子态的束缚电子]。将式(3.4.47)代入式

(3.4.48)，得

$$\sigma_{mn}^{(a)}(\nu) = \frac{1}{C_m}\frac{1}{8\pi}\left(\frac{c}{\nu}\right)^2 b(\nu)\sum_{\beta=1}^{C_m}\sum_{\alpha=1}^{C_n}A_{\alpha\beta} = \frac{1}{8\pi}\left(\frac{c}{\nu}\right)^2\frac{C_n}{C_m}A_{nm}b(\nu) \quad (3.4.49)$$

其中

$$A_{nm} = \frac{1}{C_n}\sum_{\alpha=1}^{C_n}\sum_{\beta=1}^{C_m}A_{\alpha\beta}(\text{对初态取平均,对末态求和})$$

为单位时间从能级 ε_n 的一个量子态跃迁到能级 ε_m 的所有量子态的概率 A_{nm}，见式(3.4.26a)。由式(3.4.49)可见，吸收截面 $\sigma_{mn}^{(a)}(\nu)$ 完全由跃迁速率 A_{nm} 决定。对类 H 离子，跃迁速率 A_{nm} 由式(3.4.31)给出。

根据 $b-b$ 吸收的微观截面，可得 $b-b$ 吸收的线性吸收系数（宏观截面）为

$$\mu_{bb}(\boldsymbol{r},\nu,t) = \sum_{m,n}N_m(\boldsymbol{r},t)\sigma_{mn}^{(a)}(\nu)(1-p_n) \quad (3.4.50)$$

式中：$N_m = NC_m p_m$ 为单位体积处于能量为 ε_m 的所有量子态上的束缚电子数目；p_n 是束缚电子在能量为 ε_n 的一个量子态上的占据概率。求和是对那些满足能量条件 $h\nu=\varepsilon_n-\varepsilon_m$ 的能级对进行的。

将式(3.4.49)、式(3.4.31)代入式(3.4.50)，得

$$\mu_{bb}(\boldsymbol{r},\nu,t) = \frac{8\pi^3}{3}\frac{e^2a_0^2}{hc}\rho n_i\sum_{n=1}^{n_0}\sum_{m=1}^{n-1}C_n p_m(1-p_n)\frac{1}{Z_n^{*2}}|\boldsymbol{R}_{nm}(H)|^2\nu b(\nu) \quad (3.4.51a)$$

$$\mu_{bb}(\boldsymbol{r},\nu,t)\frac{8\pi h\nu^3}{c^2} = \frac{64\pi^4}{3}\frac{e^2a_0^2}{c^3}\rho n_i\sum_{n=1}^{n_0}\sum_{m=1}^{n-1}C_n p_m(1-p_n)\frac{1}{Z_n^{*2}}|\boldsymbol{R}_{nm}(H)|^2\nu^4 b(\nu) \quad (3.4.51b)$$

不考虑谱线频率展宽效应时，$b(\nu)=\delta(\nu-\nu_{nm})$，其中 $\nu_{nm}\equiv\dfrac{\varepsilon_n-\varepsilon_m}{h}$。当发射光子的频率一定时，式(3.4.51)中进行求和的能级对 (m,n) 必须满足条件 $\nu_{nm}\equiv\dfrac{\varepsilon_n-\varepsilon_m}{h}=\nu$，否则，该对能级对 $\mu_{bb}(\boldsymbol{r},\nu,t)$ 的贡献为0。

在单位制(3.4.12a)、(3.4.12b)下，注意到

$$b(\nu) = \frac{b(\nu')\mathrm{d}\nu'}{\mathrm{d}\nu} = b(\nu')/\left[\frac{k'}{h'\cdot 0.1\mathrm{ns}}\right]$$

有

$$\mu_{bb}(\boldsymbol{r},\nu,t) = \mu_{bb}^0\rho' n'_i\sum_{n=1}^{n_0}\sum_{m=1}^{n-1}C_n p_m(1-p_n)\frac{1}{Z_n^2}|\boldsymbol{R}_{nm}|^2\nu' b(\nu')\left[\frac{1}{\mu\mathrm{m}}\right] \quad (3.4.52a)$$

$$\mu_{bb}(\boldsymbol{r},\nu,t)\frac{8\pi h\nu^3}{c^2} = C_{bb}^0\rho' n'_i\sum_{n=1}^{n_0}\sum_{m=1}^{n-1}C_n p_m(1-p_n)\frac{1}{Z_n^2}|\boldsymbol{R}_{nm}|^2\nu'^4 b(\nu')$$

$$\left[\frac{\text{erg}}{\mu\text{m}^3\cdot 0.1\text{ns}\cdot\left(\frac{k'}{h'\cdot 0.1\text{ns}}\right)}\right] \quad (3.4.52\text{b})$$

其中系数

$$\mu_{bb}^0=\frac{1}{8\pi}\frac{64\pi^4}{3}\frac{e'^2a_0'^2}{h'c'}=2.70\times10^{-10} \quad (3.4.53\text{a})$$

$$C_{bb}^0=\mu_{bb}^0\left(\frac{8\pi k'^4}{c'^2h'^3}\right)=\frac{64\pi^4}{3}\frac{e'^2a_0'^2}{c'^3}\left(\frac{k'}{h'}\right)^4=9.41\times10^{-9} \quad (3.4.53\text{b})$$

综上所述，物质对光的线性吸收系数$\mu_{ff}(\boldsymbol{r},\nu,t)$、$\mu_{bf}(\boldsymbol{r},\nu,t)$、$\mu_{bb}(\boldsymbol{r},\nu,t)$的计算依赖于4个量——质量密度$\rho(\boldsymbol{r},t)$，自由电子的温度$T_e(\boldsymbol{r},t)$，$n$束缚能级的一个量子态上电子的占据概率$p_n$，H原子从能级$\varepsilon_n$的一个量子态跃迁到能级$\varepsilon_m$的所有量子态的无量纲跃迁矩阵元$|\boldsymbol{R}_{nm}|^2$。

$\rho(\boldsymbol{r},t)$、$T_e(\boldsymbol{r},t)$需要通过求解辐射流体力学方程组决定；若电子处于LTE状态，p_n服从Fermi－Dirac分布，由$\rho(\boldsymbol{r},t)$、$T_e(\boldsymbol{r},t)$决定；若电子处于非LTE状态，p_n需要求解p_n满足的动力学方程。离子的平均电离度$Z_n^*=Z_0-\sum\limits_n C_np_n$可由$p_n$决定。单位质量的自由电子数密度$n_e(\boldsymbol{r},t)=Z_n^*n_i(\boldsymbol{r},t)$，$n_i=N_A/\mu$。

3.4.3 完全非热动平衡下物质净发射光能的计算

辐射能量守恒方程式(3.4.2)右端第一项

$$J_\nu(\boldsymbol{r},t)=S_\nu(\boldsymbol{r},t)(1+n_\nu)-\mu_a(\boldsymbol{r},\nu,t)\frac{8\pi h\nu^3}{c^2}n_\nu(\boldsymbol{r},t)$$

表示单位时间单位体积内物质净发射的频率处在ν附近单位间隔的光子能量，即

$$\begin{aligned}J_\nu(\boldsymbol{r},t)=&(S_{ff}(\boldsymbol{r},\nu,t)+S_{fb}(\boldsymbol{r},\nu,t)+S_{bb}(\boldsymbol{r},\nu,t))(1+n_\nu(\boldsymbol{r},t))-\\&(\mu_{ff}(\boldsymbol{r},\nu,t)+\mu_{bf}(\boldsymbol{r},\nu,t)+\mu_{bb}(\boldsymbol{r},\nu,t))\frac{8\pi h\nu^3}{c^2}n_\nu(\boldsymbol{r},t)\end{aligned} \quad (3.4.54)$$

其中单位时间、单位体积内物质通过3种过程自发辐射的频率处在ν附近单位间隔的光子能量$S_{ff}(\boldsymbol{r},\nu,t)$、$S_{fb}(\boldsymbol{r},\nu,t)$、$S_{bb}(\boldsymbol{r},\nu,t)$分别由式(3.4.13a)、式(3.4.23a)、式(3.4.34a)给出，而$\mu_{ff}(\boldsymbol{r},\nu,t)\frac{8\pi h\nu^3}{c^2}$、$\mu_{bf}(\boldsymbol{r},\nu,t)\frac{8\pi h\nu^3}{c^2}$、$\mu_{bb}(\boldsymbol{r},\nu,t)\frac{8\pi h\nu^3}{c^2}$则分别由式(3.4.40b)、式(3.4.45b)、式(3.4.52b)给出。$J_\nu(\boldsymbol{r},t)$的计算需要知道光子在量子态上的分布函数$n_\nu(\boldsymbol{r},t)$的具体形式。

式(3.4.54)对光子的频率积分，可得t时刻单位时间$\boldsymbol{r}$处单位体积内物质净发射的光子能量，它就是电子能量方程中电子与辐射场的能量交换项，即

$$W_R(\boldsymbol{r},t)=\int\mathrm{d}\nu J_\nu(\boldsymbol{r},t)=W_R^{ff}(\boldsymbol{r},t)+W_R^{fb}(\boldsymbol{r},t)+W_R^{bb}(\boldsymbol{r},t) \quad (3.4.55)$$

其中

$$W_R^{ff}(\boldsymbol{r},t) = \int \mathrm{d}\nu\left(S_{ff}(\boldsymbol{r},\nu,t)(1+n_\nu) - \mu_{ff}(\boldsymbol{r},\nu,t)\frac{8\pi h\nu^3}{c^2}n_\nu(\boldsymbol{r},t)\right) \tag{3.4.56a}$$

$$W_R^{fb}(\boldsymbol{r},t) = \int \mathrm{d}\nu\left(S_{fb}(\boldsymbol{r},\nu,t)(1+n_\nu) - \mu_{bf}(\boldsymbol{r},\nu,t)\frac{8\pi h\nu^3}{c^2}n_\nu(\boldsymbol{r},t)\right) \tag{3.4.56b}$$

$$W_R^{bb}(\boldsymbol{r},t) = \int \mathrm{d}\nu\left(S_{bb}(\boldsymbol{r},\nu,t)(1+n_\nu) - \mu_{bb}(\boldsymbol{r},\nu,t)\frac{8\pi h\nu^3}{c^2}n_\nu(\boldsymbol{r},t)\right) \tag{3.4.56c}$$

如果 $W_R(\boldsymbol{r},t)>0$,表示物质发射的光能比其吸收的光能多,物质趋于冷却状态;如果 $W_R(\boldsymbol{r},t)<0$,表示物质吸收的光能比其发射的光能多,物质趋于被加热状态。

在光子自身达到局域自平衡的特殊情况下,光子在量子态上的分布概率 $n_\nu(\boldsymbol{r},t)$ 取决于由辐射场局域温度 $T_r(\boldsymbol{r},t)$ 决定的局域平衡 Planck 分布($T_r(\boldsymbol{r},t)$ 不同于电子的温度 $T_e(\boldsymbol{r},t)$),即

$$n_\nu(\boldsymbol{r},t) = \frac{1}{\mathrm{e}^{h\nu/kT_r(\boldsymbol{r},t)}-1} = \frac{1}{\mathrm{e}^{\nu'/T'_r}-1} \tag{3.4.57}$$

将式(3.4.57)、$S_{ff}(\boldsymbol{r},\nu,t)$ 的表达式(3.4.13a)、$\mu_{ff}(\boldsymbol{r},\nu,t)\frac{8\pi h\nu^3}{c^2}$ 的表达式(3.4.40b)代入式(3.4.56a)可得 t 时刻单位时间 $\boldsymbol{r}$ 处单位体积内由于 $f-f$ 过程物质净发射的光子能量为

$$W_R^{ff}(\boldsymbol{r},t) = S_{ff}^0\rho'^2 n'_i n'_e \frac{Z^2}{T'^{1/2}_e}\int \mathrm{d}\nu' \left[\exp(-\nu'/T'_e) + \frac{\exp(-\nu'/T'_e)}{\exp(\nu'/T'_r)-1} - \frac{1}{\exp(\nu'/T'_r)-1}\right] \tag{3.4.58}$$

单位是$\left(\frac{\mathrm{erg}}{\mu\mathrm{m}^3\cdot 0.1\mathrm{ns}}\right)$。注意到

$$\frac{1}{\exp(x)-1} = \sum_{j=1}^{\infty}\exp(-jx) \tag{3.4.59}$$

$$\int \mathrm{d}\nu' \exp(-\nu'/T'_e) = T'_e \tag{3.4.60}$$

$$\int_0^\infty \mathrm{d}\nu' \frac{\exp(-\nu'/T'_e)}{\exp(\nu'/T'_r)-1} = \int_0^\infty \mathrm{d}\nu' \sum_{j=1}^{\infty}\exp\left(-\frac{j\nu'}{T'_r}-\frac{\nu'}{T'_e}\right) = T'_r\sum_{j=1}^{\infty}\frac{1}{T'_r/T'_e+j} \tag{3.4.61}$$

$$\int_0^\infty \mathrm{d}\nu' \frac{1}{\exp(\nu'/T'_r)-1} = \sum_{j=1}^{\infty}\int_0^\infty \mathrm{d}\nu' \exp\left(-\frac{j\nu'}{T'_r}\right) = T'_r\sum_{j=1}^{\infty}\frac{1}{j} \tag{3.4.62}$$

故当 $T'_r \neq T'_e$ 时,有

$$\int d\nu'\left[\exp\left(-\frac{\nu'}{T'_e}\right)+\frac{\exp(-\nu'/T'_e)-1}{\exp(\nu'/T'_r)-1}\right]=$$

$$T'_e\left[1-\left(\frac{T'_r}{T'_e}\right)^2\sum_{j=1}^{\infty}\frac{1}{j(T'_r/T'_e+j)}\right] \tag{3.4.63}$$

当 $T'_r = T'_e$ 时,注意到

$$\int d\nu'\frac{\exp(-\nu'/T'_e)-1}{\exp(\nu'/T'_r)-1}=\int d\nu'\frac{\exp(-\nu'/T'_e)-1}{\exp(\nu'/T'_e)-1}=$$

$$-\int d\nu'\exp(-\nu'/T'_e)=-T'_e \tag{3.4.64}$$

故当 $T'_r = T'_e$ 时,有

$$\int d\nu'\left[\exp\left(-\frac{\nu'}{T'_e}\right)+\frac{\exp(-\nu'/T'_e)-1}{\exp(\nu'/T'_r)-1}\right]=T'_e-T'_r \tag{3.4.65}$$

故式(3.4.63)和式(3.4.65)可以合写为

$$\int d\nu'\left[\exp(-\nu'/T'_e)+\frac{\exp(-\nu'/T'_e)-1}{\exp(\nu'/T'_r)-1}\right]=$$

$$\begin{cases}T'_e\left[1-\dfrac{T'_r}{T'_e}\right] & (T'_r=T'_e)\\ T'_e\left[1-\left(\dfrac{T'_r}{T'_e}\right)^2\displaystyle\sum_{j=1}^{\infty}\frac{1}{j(T'_r/T'_e+j)}\right] & (T'_r\neq T'_e)\end{cases} \tag{3.4.66a}$$

定义函数

$$G(y)=\begin{cases}1 & (y=1)\\ \dfrac{1}{1-y}\left[1-y^2\displaystyle\sum_{j=1}^{\infty}\frac{1}{(y+j)j}\right] & (y\neq 1)\end{cases} \tag{3.4.66b}$$

则

$$\int d\nu'\left[\exp(-\nu'/T'_e)+\frac{\exp(-\nu'/T'_e)-1}{\exp(\nu'/T'_r)-1}\right]=T'_eG\left(\frac{T'_r}{T'_e}\right)\left[1-\frac{T'_r}{T'_e}\right] \tag{3.4.67}$$

将式(3.4.67)代入式(3.4.58),得

$$W_R^{ff}(\boldsymbol{r},t)=S_{ff}^0\rho'^2n'_in'_e(\boldsymbol{r},t)Z^2T'^{1/2}_eG\left(\frac{T'_r}{T'_e}\right)\left[\frac{T'_e-T'_r}{T'_e}\right]\left[\frac{\text{erg}}{\mu\text{m}^3\cdot 0.1\text{ns}}\right] \tag{3.4.68}$$

同理,将式(3.4.57)、式(3.4.23a)、式(3.4.45b)代入式(3.4.56b)得 t 时刻单位时间 $\boldsymbol{r}$ 处单位体积内由于 $f-b$ 过程物质净发射的光子能量为

$$W_R^{fb}(\boldsymbol{r},t)=S_{fb}^0\rho'^2n'_in'_e\frac{1}{T'^{3/2}_e}\int d\nu'\sum_{n\geqslant n_{\min}}nI'^2_n(1-p_n)\exp\left(\frac{I'_n}{T'_e}\right)$$

$$\left[\exp\left(-\frac{\nu'}{T'_e}\right)+\frac{\exp(-\nu'/T'_e)}{\exp(\nu'/T'_r)-1}\right]-C^0_{bf}\rho' n'_i\int d\nu' \sum_{n\geqslant n*} nI'^2_n p_n$$

$$\frac{1}{\exp(\nu'/T'_r)-1}\left[\frac{\text{erg}}{\mu\text{m}^3\cdot 0.1\text{ns}}\right] \tag{3.4.69}$$

当求和和积分交换顺序时，求和可从 $n=1\to n_0$，但 n 一定时，只有 $\nu'\geqslant I'_n$，才可发生相应得效应，故

$$W^{fb}_R(\boldsymbol{r},t) = S^0_{fb}\rho'^2 n'_i n'_e \frac{1}{T'^{3/2}_e}\sum_{n=1}^{n_0} nI'^2_n(1-p_n)\exp\left(\frac{I'_n}{T'_e}\right)\int_{I'_n}^{\infty} d\nu'$$

$$\left[\exp\left(-\frac{\nu'}{T'_e}\right)+\frac{\exp(-\nu'/T'_e)}{\exp(\nu'/T'_r)-1}\right]-$$

$$C^0_{bf}\rho' n'_i\sum_{n=1}^{n_0} nI'^2_n p_n\int_{I'_n}^{\infty} d\nu' \frac{1}{\exp(\nu'/T'_r)-1}\left[\frac{\text{erg}}{\mu\text{m}^3\cdot 0.1\text{ns}}\right]$$

$$\tag{3.4.70}$$

注意到

$$\int_{I'_n}^{\infty} d\nu' \exp(-\nu'/T'_e) = -T'_e\int_{I'_n}^{\infty} d\,[\exp(-\nu'/T'_e)] = T'_e\exp\left(-\frac{I'_n}{T'_e}\right)$$

$$\tag{3.4.71}$$

$$\int_{I'_n}^{\infty} d\nu' \frac{\exp(-\nu'/T'_e)}{\exp(\nu'/T'_r)-1} = \exp\left(-\frac{I'_n}{T'_e}\right)T'_r\sum_{j=1}^{\infty}\left[\frac{\exp(-jI'_n/T'_r)}{T'_r/T'_e+j}\right] \tag{3.4.72}$$

$$\int_{I'_n}^{\infty} d\nu' \frac{1}{\exp(\nu'/T'_r)-1} = T'_r\ln\left[\frac{1}{1-\exp(-I'_n/T'_r)}\right] \tag{3.4.73}$$

则式(3.4.70)变为

$$W^{fb}_R(\boldsymbol{r},t) = S^0_{fb}\rho'^2 n'_i n'_e \frac{1}{T'^{1/2}_e}\sum_{n=1}^{n_0} nI'^2_n(1-p_n)$$

$$\left[1+\left(\frac{T'_r}{T'_e}\right)\sum_{j=1}^{\infty}\frac{\exp(-jI'_n/T'_r)}{T'_r/T'_e+j}\right]-C^0_{bf}\rho' n'_i T'_r\sum_{n=1}^{n_0} nI'^2_n p_n$$

$$\ln\left[\frac{1}{1-\exp(-I'_n/T'_r)}\right]\left[\frac{\text{erg}}{\mu\text{m}^3\cdot 0.1\text{ns}}\right] \tag{3.4.74}$$

将式(3.4.57)、式(3.4.34a)、式(3.4.52b)代入式(3.4.56c)得 t 时刻单位时间 $\boldsymbol{r}$ 处单位体积内由于 $b-b$ 过程物质净发射的光子能量为

$$W^{bb}_R(\boldsymbol{r},t) = S^0_{bb}\rho'(\boldsymbol{r},t)n'_i\sum_{n=1}^{n0}\sum_{m=1}^{n-1} C_n p_n(1-p_m)\frac{1}{Z^{*2}_n}|\boldsymbol{R}_{nm}|^2\int d\nu'\,\nu'^4 b(\nu')$$

$$\left[1+\frac{1}{\exp(\nu'/T'_r)-1}\right]-C^0_{bb}\rho' n'_i\sum_{n=1}^{n0}\sum_{m=1}^{n-1} C_n p_m(1-p_n)$$

$$\frac{1}{Z^2_n}|\boldsymbol{R}_n m|^2\int d\nu'\,\nu'^4 b(\nu')\frac{1}{\exp(\nu'/T'_r)-1}\quad\left[\frac{\text{erg}}{\mu\text{m}^3\cdot 0.1\text{ns}}\right] \tag{3.4.75}$$

不考虑色散效应时，$b(\nu)=\delta(\nu-\nu_{nm})$，注意到$\delta(ax)=\delta(x)/a$，有

$$b(\nu')=\frac{b(\nu)\mathrm{d}\nu}{\mathrm{d}\nu'}=\delta(\nu-\nu_{nm})\frac{\mathrm{d}\nu}{\mathrm{d}\nu'}=\delta\left(\nu-\frac{|I_{nm}|}{h}\right)\frac{\mathrm{d}\nu}{\mathrm{d}\nu'}=\delta\{\nu'-|I'_{nm}|\}\tag{3.4.76}$$

则式(3.4.75)变为

$$W_R^{bb}(\boldsymbol{r},t)=S_{bb}^0\rho'(\boldsymbol{r},t)n'_i\sum_{n=1}^{n_0}\sum_{m=1}^{n-1}C_np_n(1-p_m)\frac{1}{Z_n^{\bullet 2}}|\boldsymbol{R}_{nm}|^2I'^4_{nm}\left[1+\frac{1}{\exp(|I'_{nm}|/T'_r)-1}\right]-C_{bb}^0\rho'n'_i\sum_{n=1}^{n_0}\sum_{m=1}^{n-1}C_np_m(1-p_n)\frac{1}{Z_n^{\bullet 2}}|\boldsymbol{R}_{nm}|^2\frac{I'^4_{nm}}{\exp(|I'_{nm}|/T'_r)-1}\left[\frac{\mathrm{erg}}{\mu\mathrm{m}^3\cdot 0.1\mathrm{ns}}\right]\tag{3.4.77}$$

注意到两个系数$S_{bb}^0=9.41\times10^{-9}$和$C_{bb}^0=9.41\times10^{-9}$相等，有

$$W_R^{bb}(\boldsymbol{r},t)=S_{bb}^0\rho'n'_i\sum_{n=1}^{n_0}\sum_{m=1}^{n-1}C_n\frac{1}{Z_n^{\bullet 2}}|\boldsymbol{R}_{nm}|^2I'^4_{nm}\left[\frac{p_n(1-p_m)\exp(|I'_{nm}|/T'_r)}{\exp(|I'_{nm}|/T'_r)-1}-\frac{p_m(1-p_n)}{\exp(|I'_{nm}|/T'_r)-1}\right]\tag{3.4.78}$$

可见，在完全非热动平衡条件下，要求t时刻单位时间$\boldsymbol{r}$处单位体积内物质净发射的光子能量，必须求出能量为ε_n的一个量子态上的束缚电子占有数p_n，在完全非热动平衡条件下，p_n不是用电子局域温度$T_e(\boldsymbol{r},t)$表征的Fermi－Dirac统计分布。

3.4.4 完全非热动平衡状态下束缚电子在量子态上占据概率的动理学方程

在完全非热动平衡条件下，束缚电子在能量为ε_n的一个量子态上的占有数p_n不服从局域温度$T_e(\boldsymbol{r},t)$表征的Fermi－Dirac统计分布，必须通过求解p_n满足的动理学方程才能求得。下面用平均离子模型来建立这个方程。

考虑平均离子的能量为ε_n的一个能级，能级的简并度为C_n，该能级的一个量子态上束缚电子的占据概率为p_n。若N为离子数密度，则单位体积内处在能级ε_n上的束缚电子数目NC_np_n的时间变化率由光子与离子相互作用引起的6个变化因素（图3－1）和自由电子与离子相互作用引起的6个变化因素（图3－2）决定，即

$$\frac{\mathrm{d}}{\mathrm{d}t}(NC_np_n)=\mathrm{I}-\mathrm{II}+\mathrm{III}-\mathrm{IV}+\mathrm{V}-\mathrm{VI}+\mathrm{VII}-\mathrm{VIII}+\mathrm{IX}-\mathrm{X}+\mathrm{XI}-\mathrm{XII}$$

前6项由光子与离子相互作用引起，后6项则由自由电子与离子相互作用引起。

在类氢离子近似下（图3－1、图3－2），各项的表达式分别如下。

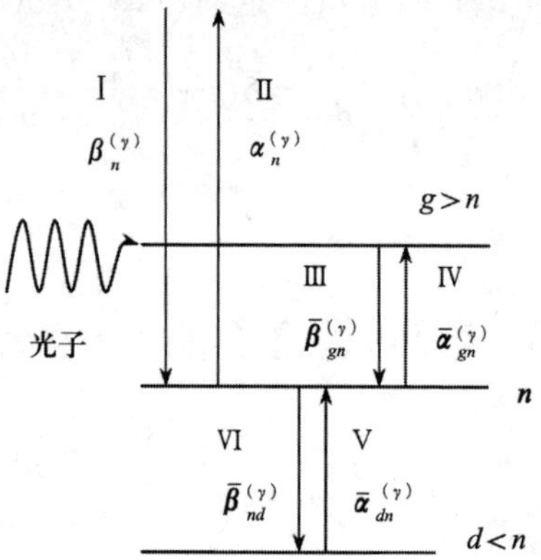

图3-1　光子导致有级 n 上电子占据概率 p_n 变化的6个因素

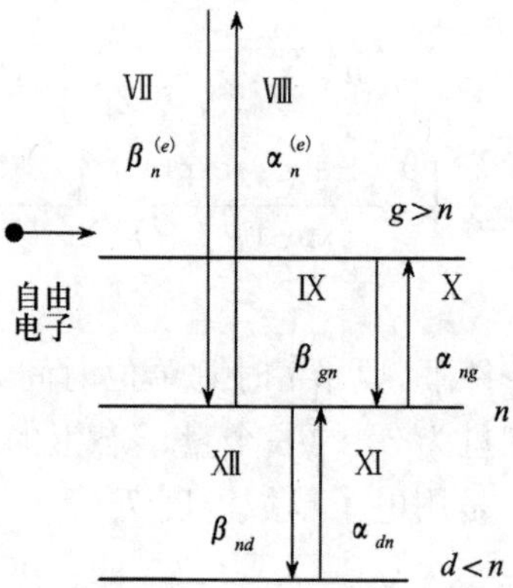

图3-2　自由电子导致能级 n 上电子占据概率 p_n 变化的6个因素

Ⅰ $=N_eNC_n(1-p_n)\beta_n^{(\gamma)}$ 为自由电子光电复合跃迁引起的单位体积内处在能级 ε_n 上的束缚电子数目的增加率。

Ⅱ $=NC_np_n\alpha_n^{(\gamma)}$ 为 n 能级光电效应引起的单位体积内处在能级 ε_n 上的束缚电子数目的减少率。

Ⅲ $=\sum\limits_{g>n}^{n_0}NC_gp_g(1-p_n)\bar{\beta}_{gn}^{(\gamma)}$ 为高能级束缚电子自发和受激发射引起的单位体积内处在能级 ε_n 上的束缚电子数目的增加率。

Ⅳ $=\sum\limits_{g>n}NC_np_n(1-p_g)\bar{\alpha}_{ng}^{(\gamma)}$ 为 n 能级束缚电子吸收光子跃迁到高能级引起的单位体积内处在能级 ε_n 上的束缚电子数目减少率。

Ⅴ $=\sum\limits_{d<n}NC_dp_d(1-p_n)\bar{\alpha}_{dn}^{(\gamma)}$ 为低能级束缚电子吸收光子跃迁到 n 能级引起的单位体积内处在能级 ε_n 上的束缚电子数目增加率。

Ⅵ $=\sum\limits_{d<n}NC_np_n(1-p_d)\bar{\beta}_{nd}^{(\gamma)}$ 为 n 能级束缚电子自发和受激发射跃迁到低能级

引起的单位体积内处在能级 ε_n 上的束缚电子数目的减少率。

Ⅶ $= N_e^2 N C_n(1-p_n)\beta_n^{(e)}$ 为自由电子之间的碰撞使其一个复合到 n 能级(三体复合)引起的单位体积内处在能级 ε_n 上的束缚电子数目的增加率。

Ⅷ $= N_e N C_n p_n \alpha_n^{(e)}$ 为自由电子与 n 能级电子碰撞电离引起的单位体积内处在能级 ε_n 上的束缚电子数目的减少率。

Ⅸ $= \sum_{g>n} N_e N C_g p_g (1-p_n)\beta_{gn}$ 为自由电子与高能级束缚电子碰撞使之跃迁至 n 能级(碰撞退激发)引起的单位体积内处在能级 ε_n 上的束缚电子数目的增加率。

Ⅹ $= \sum_{g>n} N_e N C_n p_n (1-p_g)\alpha_{ng}$ 为自由电子与 n 能级电子碰撞使之激发到高能级(碰撞激发)引起的单位体积内处在能级 ε_n 上的束缚电子数目的减少率。

Ⅺ $= \sum_{d<n} N_e N C_d p_d (1-p_n)\alpha_{dn}$ 为自由电子与低能级束缚电子碰撞使之跃迁至 n 能级(碰撞激发)引起的单位体积内处在能级 ε_n 上的束缚电子数目的增加率。

Ⅻ $= \sum_{d<n} N_e N C_n p_n (1-p_d)\beta_{nd}$ 为自由电子与 n 能级电子碰撞使之退激发到低能级(碰撞退激发)引起的单位体积内处在能级 ε_n 上的束缚电子数目的减少率。

综合考虑这些因素,得单位体积内处在能级 ε_n 上的束缚电子数目 $NC_n p_n$ 的时间变化率为

$$\begin{aligned}
\frac{\mathrm{d}}{\mathrm{d}t}(NC_n p_n) = {} & N_e N C_n (1-p_n)\beta_n^{(\gamma)} - NC_n p_n \alpha_n^{(\gamma)} + \\
& \sum_{g>n}^{n_0} [NC_g p_g (1-p_n)\bar{\beta}_{gn}^{(\gamma)} - NC_n p_n (1-p_g)\bar{\alpha}_{ng}^{(\gamma)}] + \\
& \sum_{d<n} [NC_d p_d (1-p_n)\bar{\alpha}_{dn}^{(\gamma)} - NC_n p_n (1-p_d)\bar{\beta}_{nd}^{(\gamma)}] + \\
& N_e^2 N C_n (1-p_n)\beta_n^{(e)} - N_e N C_n p_n \alpha_n^{(e)} + \\
& \sum_{g>n} [N_e N C_g p_g (1-p_n)\beta_{gn} - N_e N C_n p_n (1-p_g)\alpha_{ng}] + \\
& \sum_{d<n} [N_e N C_d p_d (1-p_n)\alpha_{dn} - N_e N C_n p_n (1-p_d)\beta_{nd}]
\end{aligned} \tag{3.4.79}$$

其中,方程中的光电复合系数为

$$\beta_n^{(\gamma)} = \frac{8}{3\sqrt{3\pi m_e}}\left(\frac{2}{kT_e}\right)^{3/2}\frac{he^2 I_n^2}{m_e^2 c^3 n}\mathrm{e}^{\frac{I_n}{kT_e}}\left[E_1\left(\frac{I_n}{kT_e}\right) + \int_{I_n/h}^{\infty}\mathrm{d}\nu\,\mathrm{e}^{-\frac{h\nu}{kT_e}}\frac{n_\nu}{\nu}\right][\mathrm{cm^3/s}] \tag{3.4.80}$$

$$E_1(y) = \int_y^{\infty}\mathrm{d}x\,\frac{\mathrm{e}^{-x}}{x}$$

式中:$I_n = |\varepsilon_n| > 0$ 为 n 束缚态电子电离能;n_ν 为量子态上的光子占有数;T_e 为自由电子的温度;N_e 为自由电子的数密度。

光电吸收速率为

$$\alpha_n^{(\gamma)} = \frac{128\pi}{3\sqrt{3}} \frac{e^2}{c^3 m_e n} \left(\frac{I_n}{h}\right)^2 \int_{I_n/h}^{\infty} \mathrm{d}\nu \frac{n_\nu}{\nu} [1/\mathrm{s}] \tag{3.4.81}$$

谱线发射速率为

$$\bar{\beta}_{gd}^{(\gamma)} = \int \mathrm{d}\nu A_{gd}(1 + n_\nu)\delta(\nu - I_{dg}/h) [1/\mathrm{s}] \tag{3.4.82}$$

其中

$$A_{gd} = \frac{64\pi^4}{3} \frac{e^2 \nu_{gd}^3 a_0^2}{hc^3} \frac{1}{Z_g^2} |\boldsymbol{R}_{gd}|^2 \tag{3.4.83}$$

为从高能级 ε_g 的一个量子态跃迁到低能级 ε_d 的任意一个量子态的跃迁速率，且

$$|\boldsymbol{R}_{gd}|^2 = \frac{1}{C_g} \sum_{\alpha=1}^{C_g} \sum_{\beta=1}^{C_d} |\langle m_\beta | \boldsymbol{r}' | n_\alpha \rangle|^2 \tag{3.4.84}$$

是从高能级 ε_g 的一个量子态跃迁到低能级 ε_d 的任意一个量子态间的无量纲跃迁矩阵元。满足细致平衡，$C_g |\boldsymbol{R}_{gd}|^2 = C_d |\boldsymbol{R}_{dg}|^2$，对 H 原子，$|\boldsymbol{R}_{dg}|^2$（$d \leqslant g$）（矩阵的上三角部分）已有造好的表格可直接引用。将式(3.4.83)代入式(3.4.82)，整理得

$$\bar{\beta}_{gd}^{(\gamma)} = \frac{1}{Z_g^2} |\boldsymbol{R}_{gd}|^2 \gamma_{gd}^{(1)} \tag{3.4.85a}$$

其中

$$\gamma_{gd}^{(1)} = \frac{64\pi^4}{3} \frac{e^2 a_0^2}{hc^3} \int \mathrm{d}\nu \nu^3 (1 + n_\nu) \delta(\nu - \nu_{gd}) \quad [1/\mathrm{s}] \tag{3.4.85b}$$

$$\nu_{gd} = \frac{\varepsilon_g - \varepsilon_d}{h} = \frac{I_d - I_g}{h} > 0 \tag{3.4.85c}$$

谱线吸收速率为

$$\bar{\alpha}_{dg}^{(\gamma)} = \frac{C_g}{C_d} \int n_\nu A_{gd} \delta(\nu - I_{dg}/h) \mathrm{d}\nu \tag{3.4.86}$$

其中 A_{gd} 由式(3.4.83)给出。将式(3.4.83)代入式(3.4.86)，整理得

$$\bar{\alpha}_{dg}^{(\gamma)} = \frac{C_g}{C_d} \frac{1}{Z_g^2} |\boldsymbol{R}_{gd}|^2 \gamma_{dg}^{(2)} \tag{3.4.87a}$$

其中

$$\gamma_{dg}^{(2)} = \frac{64\pi^4}{3} \frac{e^2 a_0^2}{hc^3} \int \mathrm{d}\nu \nu^3 n_\nu \delta(\nu - \nu_{gd}) \quad [1/\mathrm{s}] \tag{3.4.87b}$$

$$\nu_{gd} = \frac{\varepsilon_g - \varepsilon_d}{h} = \frac{I_d - I_g}{h} > 0 \tag{3.4.87c}$$

自由电子—自由电子碰撞三体复合系数为

$$\beta_n^{(e)} = \exp(I_n/kT_e) \frac{h^3 c^3}{2} \left(\frac{m_e c^2}{2\pi k T_e}\right)^{3/2} \frac{1}{m_e^3 c^6} \alpha_n^{(e)} \left[\frac{\mathrm{cm}^6}{\mathrm{s}}\right] \tag{3.4.88}$$

自由电子—束缚电子碰撞电离系数为

$$\alpha_n^{(e)} = \frac{\pi e^4}{\sqrt{\pi m_e}}\left(\frac{2}{kT_e}\right)^{3/2}\left(\frac{kT_e}{I_n}\exp(-I_n/kT_e) - E_1\left(\frac{I_n}{kT_e}\right)\right)\left[\frac{\text{cm}^3}{\text{s}}\right] \quad (3.4.89)$$

$$E_1(y) = \int_y^\infty \mathrm{d}x\,\frac{\mathrm{e}^{-x}}{x}$$

自由电子—束缚电子碰撞激发系数为

$$\alpha_{dg} = 3\sqrt{\frac{m_e}{8}}\left(\frac{1}{\pi kT_e}\right)^{3/2}\frac{h^2c^3e^2}{I_{nd}^2}\frac{W_{dg}}{Z_d^{*\,2}}\left[\frac{kT_e}{I_{gd}}\mathrm{e}^{-\frac{I_{gd}}{kT_e}} - E_1\left(\frac{I_{gd}}{kT_e}\right)\right]\left[\frac{\text{cm}^3}{\text{s}}\right]$$

其中

$$(3.4.90)$$

$$W_{\text{dg}} = \frac{64\pi^4e^2I_{gd}^3a_0^2}{3\quad h^4c^3}|\boldsymbol{R}_{\text{dg}}|^2 \quad [1/\text{s}] \quad (3.4.91)$$

为单位时间一个束缚电子从低能级 ε_d 的一个量子态的跃迁到高能级 ε_g 的所有量子态的跃迁概率。

自由电子—束缚电子碰撞退激发系数为

$$\beta_{gd} = \frac{C_d}{C_g}\mathrm{e}^{\frac{I_{gd}}{kT_e}}\alpha_{dg} \quad (3.4.92)$$

式(3.4.79)两边同除以 NC_n 得能级 ε_n 上的一个量子态的占据概率 p_n 满足的动理学方程为

$$\begin{aligned}\frac{\mathrm{d}p_n}{\mathrm{d}t} =\ & N_e(1-p_n)\beta_n^{(\gamma)} - p_n\alpha_n^{(\gamma)} + \sum_{g>n}^{n_0}\left[\frac{C_g}{C_n}p_g(1-p_n)\bar{\beta}_{gn}^{(\gamma)} - p_n(1-p_g)\bar{\alpha}_{ng}^{(\gamma)}\right] + \\ & \sum_{d<n}\left[\frac{C_d}{C_n}p_d(1-p_n)\bar{\alpha}_{dn}^{(\gamma)} - p_n(1-p_d)\bar{\beta}_{nd}^{(\gamma)}\right] + N_e^2(1-p_n)\beta_n^{(e)} - N_ep_n\alpha_n^{(e)} + \\ & \sum_{g>n}N_e\left[\frac{C_g}{C_n}p_g(1-p_n)\beta_{gn} - p_n(1-p_g)\alpha_{ng}\right] + \\ & \sum_{d<n}N_e\left[\frac{C_d}{C_n}p_d(1-p_n)\alpha_{dn} - p_n(1-p_d)\beta_{nd}\right]\end{aligned} \quad (3.4.93)$$

将式(3.4.85a)、式(3.4.87a)、式(3.4.90)、式(3.4.92)代入式(3.4.93),得

$$\begin{aligned}\frac{\mathrm{d}p_n}{\mathrm{d}t} =\ & N_e(1-p_n)\beta_n^{(\gamma)} - p_n\alpha_n^{(\gamma)} + \sum_{g>n}^{n_0}\frac{C_g}{C_n}\frac{1}{Z_g^2}|\boldsymbol{R}_{gn}|^2 \\ & [p_g(1-p_n)\gamma_{gn}^{(1)} - p_n(1-p_g)\gamma_{ng}^{(2)}] + \sum_{d<n}\frac{1}{Z_n^2}|\boldsymbol{R}_{nd}|^2 \\ & [p_d(1-p_n)\gamma_{\text{dn}}^{(2)} - p_n(1-p_{\text{d}})\gamma_{nd}^{(1)}] + N_e^2(1-p_n)\beta_n^{(e)} - \\ & N_ep_n\alpha_n^{(e)} + N_e\sum_{g>n}\alpha_{ng}[p_g(1-p_n)\mathrm{e}^{\frac{I_{gn}}{kT_e}} - p_n(1-p_g)] + \\ & N_e\sum_{d<n}\frac{C_d}{C_n}\alpha_{dn}[p_d(1-p_n) - p_n(1-p_d)\mathrm{e}^{\frac{I_{nd}}{kT_e}}]\end{aligned} \quad (3.4.94)$$

该方程与自由电子温度 T_e、物质的质量密度 ρ、离子的平均电离度 Z'(单位质量物

质内自由电子数目 $n_e = n_i Z'$)、n 能级能量 ε_n(电离能 $I_n = -\varepsilon_n$)、光子在量子态上的占有数 n_ν 有关。根据离子球模型,在 ρ、T_e 给定的情况下,联立 p_n 满足的方程和 n 能级能量 ε_n 方程,可同时求解出 p_n、ε_n、Z'。

3.5 部分局域热动平衡状态下物质自发辐射功率密度和总线性吸收系数的计算

3.5.1 部分局域热动平衡下物质的净辐射功率密度

系统处在部分局域热动平衡状态,指的是物质部分(实物粒子)处于由局域温度决定的热动平衡而辐射场部分为非平衡分布。部分局域热动平衡系统具有以下特点。

(1) 束缚电子在能量为 ε_n 的一个量子态上的占有数 p_n 服从局域平衡 Fermi - Dirac分布 $p_n = \dfrac{1}{e^{(\varepsilon_n-\mu)/kT_e}+1}$, μ 为电子的化学势, $T_e(\boldsymbol{r},t)$ 为电子局域温度。

(2) 光子在能量为 $\varepsilon = h\nu$ 的一个量子态的占有数 n_ν(或光辐射强度 $I_\nu = \dfrac{2h\nu^3}{c^2} n_\nu$)需要求解辐射输运方程才能得到。

(3) 物质的自发辐射功率密度 $S_\nu(\boldsymbol{r},\boldsymbol{\Omega},t)$ 和总线性吸收系数 $\mu_a(\boldsymbol{r},\nu,t)$ 之间存在联系。

1. 部分的局域平衡状态下 $S_\nu(\boldsymbol{r},\boldsymbol{\Omega},t)$ 和 $\mu_a(\boldsymbol{r},\nu,t)$ 的关系

系统在完全非热动平衡状态下,物质自发辐射功率密度 $S_\nu(\boldsymbol{r},\boldsymbol{\Omega},t)$ 和总线性吸收系数 $\mu_a(\boldsymbol{r},\nu,t)$ 之间没有联系,但在部分局域热动平衡状态下, $S_\nu(\boldsymbol{r},\boldsymbol{\Omega},t)$ 和 $\mu_a(\boldsymbol{r},\nu,t)$ 之间存在一定的关系,由其中一个可以推出另一个。

可以证明,只要系统中电子在能量为 ε_n 的一个量子态上的占有概率 p_n 服从以下用局域温度 $T(\boldsymbol{r})$ 表征的Fermi - Dirac平衡分布

$$p_n = \frac{1}{e^{(\varepsilon_n-\mu)/kT_e}+1} \qquad (\mu \text{ 为电子的化学势}) \tag{3.5.1}$$

就有

$$\frac{S_\nu(\boldsymbol{r},\boldsymbol{\Omega},t)}{\mu_a(\boldsymbol{r},\nu,t)} = \frac{2h\nu^3}{c^2} e^{-\frac{h\nu}{kT_e(\boldsymbol{r},t)}} \tag{3.5.2}$$

证明:

考虑电子的两个能级——高能级 ε_n 和低能级 ε_m(可以是连续的自由能级也可以是分立的束缚能级),它们的简并度(具有相同能量的量子态数目)分别为 C_n 和 C_m。记单位时间电子从高能级 ε_n 的一个量子态向低能级 ε_m 的任意一个量子态自发跃迁发射能量为 $h\nu = \varepsilon_n - \varepsilon_m$ 光子的概率为 A_{nm}(对高能级的量子态取平均,对低能级的所有量子态求和所得),则单位时间单位体积内自发发射的状态处

在$(\nu,\boldsymbol{\Omega})$附近 $\mathrm{d}\nu\mathrm{d}\Omega$ 间隔的光子能量为(参见式(3.4.32))

$$S_\nu(\boldsymbol{r},\boldsymbol{\Omega},t)\mathrm{d}\nu\mathrm{d}\Omega = \sum_n\sum_m NC_nA_{nm}h\nu b(\nu)\mathrm{d}\nu\frac{\mathrm{d}\Omega}{4\pi}p_n(1-p_m) \tag{3.5.3}$$

式中:N为离子数密度;C_n 为能级 ε_n 的简并度(具有相同能量 ε_n 的量子态数目);p_n 为能量是 ε_n 的一个量子态上电子的占据概率;$b(\nu)$ 为色散(展宽)因子;$b(\nu)\mathrm{d}\nu$ 表示光子频率落在 $\nu\to\nu+\mathrm{d}\nu$ 范围的概率,$b(\nu)$ 满足归一化条件$\int_0^\infty \mathrm{d}\nu\, b(\nu)=1$。求和是对满足能量条件 $h\nu=\varepsilon_n-\varepsilon_m$ 的能级对进行的。

单位时间单位体积内电子自发发射的处在$(\nu,\boldsymbol{\Omega})$附近单位间隔的光子能量为

$$S_\nu(\boldsymbol{r},\boldsymbol{\Omega},t) = \frac{1}{4\pi}\sum_n\sum_m NC_nA_{nm}h\nu b(\nu)p_n(1-p_m) \tag{3.5.4}$$

下面计算线性吸收系数。记处于低能级 ε_m 的一个量子态的电子吸收能量为 $h\nu=\varepsilon_n-\varepsilon_m$ 的光子跃迁到高能级 ε_n 的任意一个量子态的吸收截面为 $\sigma_{mn}^{(a)}(\nu)$,则线性吸收系数(宏观截面)为(参见式(3.4.50))

$$\mu_a(\boldsymbol{r},\nu,t) = \sum_n\sum_m NC_mp_m\sigma_{mn}^{(a)}(\nu)(1-p_n) \tag{3.5.5}$$

式中:N 为离子数密度;C_m 为能级 ε_m 的简并度(具有相同能量 ε_m 的量子态数目);p_n 为能量是 ε_n 的一个量子态上电子的占据概率,求和是对满足能量条件 $h\nu=\varepsilon_n-\varepsilon_m$的能级对进行的。

根据式(3.4.49),有

$$\sigma_{mn}^{(a)}(\nu)=\frac{1}{8\pi}\left(\frac{c}{\nu}\right)^2\frac{C_n}{C_m}A_{nm}b(\nu)$$

由此可得

$$A_{nm}b(\nu)=8\pi\left(\frac{\nu}{c}\right)^2\frac{C_m}{C_n}\sigma_{mn}^{(a)}(\nu) \tag{3.5.6}$$

将式(3.5.6)代入式(3.5.4),有

$$S_\nu(\boldsymbol{r},\boldsymbol{\Omega},t) = \frac{2h\nu^3}{c^2}\sum_n\sum_m NC_m\sigma_{mn}^{(a)}(\nu)p_n(1-p_m) \tag{3.5.7}$$

式(3.5.7)与式(3.5.5)相比,有

$$\frac{S_\nu(\boldsymbol{r},\boldsymbol{\Omega},t)}{\mu_a(\boldsymbol{r},\nu,t)} = \frac{2h\nu^3}{c^2}\frac{\sum_n\sum_m NC_m\sigma_{mn}^{(a)}(\nu)p_n(1-p_m)}{\sum_n\sum_m NC_m\sigma_{mn}^{(a)}(\nu)p_m(1-p_n)} \tag{3.5.8}$$

这就是 $S_\nu(\boldsymbol{r},\boldsymbol{\Omega},t)$和$\mu_a(\boldsymbol{r},\nu,t)$之间存在的一个普适关系式,比值由电子在各个能级量子态上的分布概率决定。因为未涉及电子在量子态上分布概率的具体形式,无论电子是否处于部分局域热动平衡状态,该关系式都成立。

如果系统不是处于部分局域热动平衡状态,即电子在能量为 ε_n 的一个量子态的占据概率偏离费密—狄拉克平衡分布,必须通过建立其动理学方程才能求得。但是,如果系统处于部分局域热动平衡状态,则电子在能量为 ε_n 的一个量子态上

的占据概率就服从费密—狄拉克分布，即

$$p_n = \frac{1}{e^{(\varepsilon_n-\mu)/kT_e(r)}+1}, p_m = \frac{1}{e^{(\varepsilon_m-\mu)/kT_e(r)}+1} \tag{3.5.9}$$

故

$$\frac{p_n(1-p_m)}{p_m(1-p_n)} = e^{-\frac{\varepsilon_n-\varepsilon_m}{kT_e}} = e^{-\frac{h\nu}{kT_e}} \tag{3.5.10}$$

所以，有

$$\frac{S_\nu(\boldsymbol{r},\boldsymbol{\Omega},t)}{\mu_a(\boldsymbol{r},\nu,t)} = \frac{2h\nu^3}{c^2}e^{-\frac{h\nu}{kT_e}}\frac{\sum\limits_n\sum\limits_m NC_m\sigma_{mn}^{(a)}(\nu)p_m(1-p_n)}{\sum\limits_n\sum\limits_m NC_m\sigma_{mn}^{(a)}(\nu)p_m(1-p_n)} = \frac{2h\nu^3}{c^2}e^{-\frac{h\nu}{kT_e}} \tag{3.5.11a}$$

对方向积分，有

$$\frac{S_\nu(\boldsymbol{r},t)}{\mu_a(\boldsymbol{r},\nu,t)\frac{8\pi h\nu^3}{c^2}} = e^{-\frac{h\nu}{kT_e}} \tag{3.5.11b}$$

证毕。

千万注意，如果系统不是处于部分局域热动平衡状态，就没有这种关系。我们可以验证上节我们导出的结果在系统处于部分局域热动平衡状态下满足式(3.5.11b)。

系统处于部分局域热动平衡状态下，正是因为 $S_\nu(\boldsymbol{r},\boldsymbol{\Omega},t)$ 和 $\mu_a(\boldsymbol{r},\nu,t)$ 之间存在关系式(3.5.2)，使得通过 $\mu_a(\boldsymbol{r},\nu,t)$ 就可求得 $S_\nu(\boldsymbol{r},\boldsymbol{\Omega},t)$。而根据等效吸收系数的定义，有

$$\mu'_a = \mu_a\left(1-\frac{c^2}{2h\nu^3}\frac{S_\nu}{\mu_a}\right) = \mu_a\left(1-e^{-\frac{h\nu}{kT_e(r)}}\right)$$

等效吸收系数仅由物质的辐射不透明度 $\mu_a(\boldsymbol{r},\nu,t)$ 和物质局域温度 $T_e(\boldsymbol{r},t)$ 决定。

$$B_\nu = \frac{S_\nu/\mu_a}{1-\frac{c^2}{2h\nu^3}\frac{S_\nu}{\mu_a}} = \frac{2h\nu^3}{c^2}\frac{1}{\exp(h\nu/kT_e)-1}$$

即系统处于部分局域热动平衡状态下，$B_\nu(T_e)$ 就是黑体辐射强度，它仅由物质的局域温度决定。$B_\nu(T_e)$ 表示单位时间从单位黑体面积上发射的频率方向在(ν，$\boldsymbol{\Omega}$)附近单位间隔内的光子能量。

要得到等效吸收系数 μ'_a 和自发辐射源 $S_\nu(\boldsymbol{r},\boldsymbol{\Omega},t)$，关键在于求辐射不透明度 $\mu_a(\boldsymbol{r},\nu,t)$，它包括3种过程的贡献，其计算涉及到在部分局域热动平衡下电子在各个能态的占据概率，电子从一个低能态向某个高能态跃迁的微观截面数据。

单位时间单位体积内物质净发射的频率处在 ν 附近单位间隔的光子能量为

$$J_\nu(\boldsymbol{r},t) = S_\nu(\boldsymbol{r},t)(1+n_\nu) - \mu_a(\boldsymbol{r},\nu,t)\frac{8\pi h\nu^3}{c^2}n_\nu(\boldsymbol{r},t)$$

在部分局域热动平衡状态下，利用关系式(3.5.11b)，可得净输出光能

$$J_\nu(\boldsymbol{r},t)=\mu_a(\boldsymbol{r},\nu,t)\frac{8\pi h\nu^3}{c^2}\exp\left(-\frac{h\nu}{kT_e}\right)\left\{1+n_\nu\left[1-\exp\left(\frac{h\nu}{kT_e}\right)\right]\right\} \tag{3.5.12}$$

如果光子也达到局域温度为 $T_r(\boldsymbol{r},t)$ 的 Planck 分布

$$n_\nu(\boldsymbol{r},t)=\frac{1}{\exp(h\nu/kT_r(\boldsymbol{r},t))-1}$$

则有

$$J_\nu(\boldsymbol{r},t)=\frac{8\pi h\nu^3}{c^2}\mu_a(\boldsymbol{r},\nu,t)\left\{1-\frac{\exp(h\nu/kT_e)-1}{\exp(h\nu/kT_r)-1}\right\}\mathrm{e}^{-h\nu/kT_e} \tag{3.5.13}$$

若辐射局域温度 $T_r(\boldsymbol{r},t)$ 与电子的局域温度 $T_e(\boldsymbol{r},t)$ 处处相等，即系统处于完全局域热动平衡状态，则净输出光能 $J_\nu(\boldsymbol{r},t)=0$。要使系统有净光能输出，系统最多是处于部分局域热动平衡状态，即电子与辐射场不可能有统一的局域温度。当然，对极快速发生的物理过程，最有可能发生的情况是，电子和光子处于完全非热动平衡状态，此时，必须解占据概率的动力学方程来求 p_n，解光子的输运方程来求 n_ν。

2. 部分局域热动平衡下的 Kirchhoff 定律

该定律讲的是总辐射功率密度 $S_\nu\left(1+\frac{c^2I_\nu}{2h\nu^3}\right)$ 和总线性吸收系数 μ_a 之间存在的联系。在部分局域热动平衡条件下，利用式(3.5.2)得部分局域热动平衡条件下的 Kirchhoff 定律

$$\frac{S_\nu(r,\boldsymbol{\Omega},t)}{\mu_a}\left(1+\frac{c^2I_\nu}{2h\nu^3}\right)=\frac{2h\nu^3}{c^2}\mathrm{e}^{-h\nu/kT_e}\left(1+\frac{c^2I_\nu}{2h\nu^3}\right)=B_\nu+(I_\nu-B_\nu)\mathrm{e}^{-h\nu/kT_e} \tag{3.5.14}$$

此时，光辐射强度 I_ν 不等于黑体的光辐射强度 B_ν。

在完全局域热动平衡下，光子的辐射强度等于黑体的光辐射强度，即 $I_\nu=B_\nu$，此时，Kirchhoff 定律变为通常所熟悉的 Kirchhoff 定律，即

$$\frac{S_\nu(r,\boldsymbol{\Omega},t)}{\mu_a}\left(1+\frac{c^2I_\nu}{2h\nu^3}\right)=B_\nu(T_e) \tag{3.5.15}$$

3. 部分局域热动平衡下物质的净辐射功率密度

在部分局域热动平衡条件下，根据 Kirchhoff 定律式(3.5.14)，单位时间单位体积内物质净发射的处在$(\nu,\boldsymbol{\Omega})$附近单位间隔的光子能量(净辐射功率密度)

$$J_\nu(\boldsymbol{r},\boldsymbol{\Omega},t)=S_\nu(\boldsymbol{r},\boldsymbol{\Omega},t)\left(1+\frac{c^2I_\nu(\boldsymbol{r},\boldsymbol{\Omega},t)}{2h\nu^3}\right)-\mu_aI_\nu(\boldsymbol{r},\boldsymbol{\Omega},t)$$

变为

$$J_\nu(\boldsymbol{r},\boldsymbol{\Omega},t)=\mu_a(1-\mathrm{e}^{-h\nu/kT_e})(B_\nu-I_\nu)=\mu'_a(\nu)(B_\nu-I_\nu) \tag{3.5.16}$$

其中

$$B_\nu(T_e)=\frac{2h\nu^3}{c^2}\frac{1}{\exp(h\nu/kT_e)-1}$$

为黑体辐射强度。式(3.5.16)右边第一项

$$\mu'_a(\boldsymbol{r},\nu,t)B_\nu = S_\nu(\boldsymbol{r},\boldsymbol{\Omega},t) \tag{3.5.17}$$

为单位时间单位体积内物质自发发射的光能。式(3.5.16)右边第二项

$$\mu'_a(\boldsymbol{r},\nu,t)I_\nu(\boldsymbol{r},\boldsymbol{\Omega},t) = \mu_a(\boldsymbol{r},\nu,t)I_\nu(\boldsymbol{r},\boldsymbol{\Omega},t) - \frac{c^2 I_\nu(\boldsymbol{r},\boldsymbol{\Omega},t)}{2h\nu^3}S_\nu(\boldsymbol{r},\boldsymbol{\Omega},t) \tag{3.5.18}$$

为单位时间单位体积内物质等效吸收的光能,等于物质吸收的光能减去物质诱导发射的光能。

式(3.5.16)对方向积分,就得单位时间单位体积内物质净发射的处在 ν 附近单位间隔的光子能量

$$J_\nu(\boldsymbol{r},t) = c\mu'_a(\boldsymbol{r},\nu,t)\left[\frac{4\pi}{c}B_\nu(T_e) - E_\nu\right] \tag{3.5.19}$$

其中用到辐射能量谱密度

$$E_\nu(\boldsymbol{r},t) = \frac{1}{c}\int \mathrm{d}\Omega I_\nu(\boldsymbol{r},\boldsymbol{\Omega},t)$$

如果光子也达到局域温度为 $T_r(\boldsymbol{r},t)$ 的 Planck 分布

$$n_\nu(\boldsymbol{r},t) = \frac{1}{\exp(h\nu/kT_r(\boldsymbol{r},t)) - 1} \tag{3.5.20}$$

则可得光辐射强度

$$I_\nu = \frac{2h\nu^3}{c^2}n_\nu = \frac{2h\nu^3}{c^2}\frac{1}{\exp(h\nu/kT_r(\boldsymbol{r},t)) - 1} \tag{3.5.21}$$

和辐射能量谱密度

$$E_\nu(\boldsymbol{r},t) = \frac{1}{c}\int \mathrm{d}\Omega I_\nu(\boldsymbol{r},\boldsymbol{\Omega},t) = \frac{8\pi h\nu^3}{c^3}\frac{1}{\exp(h\nu/kT_r) - 1} \tag{3.5.22}$$

将式(3.5.22)代入式(3.5.19)得单位时间单位体积内物质净发射的处在 ν 附近单位间隔的光子能量为

$$J_\nu(\boldsymbol{r},t) = \mu'_a(\boldsymbol{r},\nu,t)\frac{8\pi h\nu^3}{c^2}\left[\frac{1}{\exp(h\nu/kT_e) - 1} - \frac{1}{\exp(h\nu/kT_r) - 1}\right] \tag{3.5.23}$$

或

$$J_\nu(\boldsymbol{r},t) = \mu_a(\boldsymbol{r},\nu,t)\frac{8\pi h\nu^3}{c^2}\exp(-h\nu/kT_e)\left[1 - \frac{\exp(h\nu/kT_e) - 1}{\exp(h\nu/kT_r) - 1}\right] \tag{3.5.24}$$

与以上结果(式(3.5.13))一致。

式(3.5.19)再对频率积分,就得到单位时间单位体积内物质净辐射的光子能量

$$W_R(\boldsymbol{r},t) = \int \mathrm{d}\nu J_\nu(\boldsymbol{r},t) = c\int \mathrm{d}\nu \mu'_a(\boldsymbol{r},\nu,t)\left[\frac{4\pi}{c}B_\nu(T_e) - E_\nu(\boldsymbol{r},t)\right] \tag{3.5.25}$$

其中右边第一项为物质自发辐射功率密度，第二项为物质对光能等效吸收的功率密度。辐射场对物质的加热项就是 $-W_R$。

定义 Planck 平均吸收系数

$$\mu'_P = \frac{\int \mathrm{d}\nu \mu'_a(\nu) B_\nu}{\int \mathrm{d}\nu B_\nu} = \frac{\int \mathrm{d}\nu \mu'_a(\nu) B_\nu}{\sigma T_e^4/\pi} \tag{3.5.26}$$

其中

$$B_\nu = \frac{2h\nu^3}{c^2}\frac{1}{\exp(h\nu/kT_e)-1}, \int \mathrm{d}\nu B_\nu(T_e) = \frac{c}{4\pi}aT_e^4 = \frac{\sigma T_e^4}{\pi}$$

则单位时间单位体积内物质净辐射的光子能量式(3.5.25)变为

$$W_R(\boldsymbol{r},t) = c\mu'_P\left[\frac{4\sigma}{c}T_e^4(\boldsymbol{r},t) - E_R(\boldsymbol{r},t)\right] = ac\mu'_P[T_e^4(\boldsymbol{r},t) - T_r^4(\boldsymbol{r},t)] \tag{3.5.27}$$

其中用到辐射能量密度

$$E_R = \int \mathrm{d}\nu E_\nu(\boldsymbol{r},t) = \int \mathrm{d}\nu \frac{8\pi h\nu^3}{c^3}\frac{1}{\exp(h\nu/kT_r)-1} = aT_r^4 \tag{3.5.28}$$

式(3.5.27)经常用在辐射流体力学三温模型中，用于计算电子流体与辐射场的能量交换。

3.5.2 部分局域热动平衡下的辐射不透明度的计算，平均离子模型

系统处于部分局域热动平衡状态下，因为 $S_\nu(\boldsymbol{r},\boldsymbol{\Omega},t)$ 和 $\mu_a(\boldsymbol{r},\nu,t)$ 之间存在关系式(3.5.2)，故自发辐射功率密度 $S_\nu(\boldsymbol{r},\boldsymbol{\Omega},t)$ 可以通过辐射不透明度 $\mu_a(\boldsymbol{r},\nu,t)$ 来计算。下面讨论部分局域热动平衡下辐射不透明度 $\mu_a(\boldsymbol{r},\nu,t)$ 的计算。

$\mu_a(\boldsymbol{r},\nu,t)$ 由三项构成，即

$$\mu_a(\boldsymbol{r},\nu,t) = \mu_{ff}(\boldsymbol{r},\nu,t) + \mu_{bf}(\boldsymbol{r},\nu,t) + \mu_{bb}(\boldsymbol{r},\nu,t)$$

前面我们在完全非局域热动平衡条件下，采用类氢离子近似，曾得到如下结果。

$f-f$ 吸收的线性吸收系数为

$$\mu_{ff}(\boldsymbol{r},\nu,t) = \frac{4}{3}\rho^2(\boldsymbol{r},t)n_i n_e\left(\frac{2\pi}{3m_e kT_e}\right)^{1/2}\frac{Z^2e^6}{hcm_e\nu^3}$$

式中：$\rho(\boldsymbol{r},t)$ 为与时空有关的物质质量密度；n_i、n_e 分别为单位质量物质内的离子数目和自由电子数目，$n_e = n_i(Z_0 - \sum_{n=1}^{n_0} C_n p_n)$，$Z_0$ 为自由电子感受到的离子核电荷数；T_e 为自由电子的温度。

$b-f$ 吸收的线性吸收系数为

$$\mu_{bf}(\boldsymbol{r},\nu,t) = \frac{32}{3\sqrt{3}}\frac{e^2}{h^2 m_e c}\rho(\boldsymbol{r},t)n_i\sum_{n\geqslant n*} nI_n^2 p_n\frac{1}{\nu^3}$$

式中：$I_n = I_H\left(\frac{Z}{n}\right)^2$ 为 n 束缚能级的电离能，$I_H = \frac{m_e e^4}{2\hbar^2} = \frac{e^2}{2a_0} = 13.6\text{eV}$ 为氢原子的电离能；n^* 为能使光电效应发生的束缚电子所处的最低能态，即该态电离能 $I_{n^*} = h\nu$；p_n 为 n 束缚能级的一个量子态上电子的占据概率。

$b-b$ 吸收的线性吸收系数为

$$\mu_{bb}(\boldsymbol{r},\nu,t) = \frac{8\pi^3}{3}\frac{e^2a_0^2}{hc}\rho n_i \sum_{n=1}^{n_0}\sum_{m=1}^{n-1} C_n p_m(1-p_n)\frac{1}{Z_n^{*2}}|\boldsymbol{R}_{nm}(H)|^2 \nu b(\nu)$$

取单位制

$$\rho = \rho'(\text{pg}/\mu\text{m}^3),\ n_i = n'_i(1/\text{pg}),\ n_e = n'_e(1/\text{pg}),\ T_e = T'_e(10^6\text{K})$$

$$I_n = I'_n(10^6\text{K}),\ \nu = \nu'\left[\frac{k'}{h'\cdot 0.1\text{ns}}\right]$$

则有 $f-f$ 吸收的线性吸收系数为

$$\mu_{ff}(\boldsymbol{r},\nu,t) = \mu_{ff}^0 \rho'^2 n'_i n'_e \frac{Z^2}{T_e'^{1/2}\nu'^3}\left[\frac{1}{\mu m}\right]$$

其中无量纲系数为

$$\mu_{ff}^0 = \frac{4}{3}\left(\frac{2\pi}{3m'_e k'}\right)^{1/2}\frac{e'^6}{h'c'm'_e}\left(\frac{h'^3}{k'^3}\right) = 4.075\times10^{-24}$$

$b-f$ 吸收的线性吸收系数为

$$\mu_{bf}(\boldsymbol{r},\nu,t) = \mu_{bf}^0 \rho'(\boldsymbol{r},t) n'_i \sum_{n\geqslant n^*} nI_n'^2 p_n \frac{1}{\nu'^3}\left[\frac{1}{\mu\text{m}}\right]$$

其中无量纲系数为

$$\mu_{bf}^0 = \frac{32}{3\sqrt{3}}\frac{e'^2}{h'^2 m'_e c'}\frac{h'^3}{k'} = 2.815\times10^{-10}$$

$b-b$ 吸收的线性吸收系数为

$$\mu_{bb}(\boldsymbol{r},\nu,t) = \mu_{bb}^0 \rho' n'_i \sum_{n=1}^{n_0}\sum_{m=1}^{n-1} C_n p_m(1-p_n)\frac{1}{Z_n^2}|\boldsymbol{R}_{nm}|^2 \nu' b(\nu')\left[\frac{1}{\mu\text{m}}\right]$$

其中无量纲系数为

$$\mu_{bb}^0 = \frac{1}{8\pi}\frac{64\pi^4}{3}\frac{e'^2 a_0'^2}{h'c'} = 2.70\times10^{-10}$$

由此可见，在物质的电子温度 $T_e = T'_e(10^6\text{K})$、密度 $\rho = \rho'(\text{pg}/\mu\text{m}^3)$ 给定的条件下，一旦计算出束缚电子在量子态上的占据概率 p_n，则可得出一个离子的平均电离度 $Z' = (Z_0 - \sum_{n=1}^{n_0} C_n p_n)$。再根据单位质量物资的离子数 $n'_i = N_A/\bar{\mu}'$（$\bar{\mu}'$ 为以 pg 为单位的摩尔质量），可得单位质量物质的自由电子数 $n'_e = Z'n'_i$，物质辐射不透明度的问题即可解决。$|\boldsymbol{R}_{nm}|^2$ 是 H 原子无量纲跃迁矩阵，已有造好的表格可直接引用。

在完全非局域热动平衡下，采用平均离子模型（AA 模型），可得到 p_n 满足的动理学方程组。在部分局域热动平衡下,p_n 完全由物质的温度和质量密度确定。

平均离子模型(AA 模型)计算 p_n 的基本思想和计算方法如下。

在高温等离子体中,尽管存在有各种不同电离度的离子(0 度电离离子、1 度电离离子、2 度电离离子、……),m 度电离的离子中的 Z_0-m 个束缚电子(Z_0 为原子序数)又可处在不同的电子组态(组态确定,表示 Z_0-m 个束缚电子各就各位,该离子的能量也就定了),但正体 AA 模型认为,系统中只有一种原子序数为 Z_0 的平均离子,一个平均离子的 ε_j 能级上平均占有 n_j 个束缚电子,$n_j\in[0,C_j]$(C_j 为 ε_j 能级的简并度,即 ε_j 能级所包涵的量子态数),则一个平均离子的 ε_j 能级的一个量子态上束缚电子的占据概率为 $p_j=n_j/C_j\in[0,1]$。从而一个离子的束缚电子数为 $\sum\limits_j n_j=\sum\limits_j C_jp_j$,一个离子贡献的自由电子数(平均电离度)为 $Z'=Z_0-\sum\limits_j C_jp_j$。

可见,在物质质量密度一定的情况下,采用 AA 模型求得一个平均离子的 ε_j 能级的一个量子态上束缚电子的占据概率 p_j,则平均电离度 $Z'=Z_0-\sum\limits_j C_jp_j$、单位体积内的自由电子数 $N_e=NZ'$、单位体积处在 ε_j 能级的束缚电子数 $N_j=NC_jp_j$ 就可求出。

因为假设物质处在局域热动平衡状态,即 p_j 服从 Fermi – Dirac 统计

$$p_j=\frac{1}{\mathrm{e}^{(\varepsilon_j-\mu)/kT(\boldsymbol{r})}+1}=\frac{1}{\mathrm{e}^{\alpha+\varepsilon_j/kT(\boldsymbol{r})}+1}\tag{3.5.29}$$

式中:ε_j 为第 j 个束缚电子能级的能量;$\alpha=-\mu/kT(\boldsymbol{r})$;$\mu\in(-\infty,\infty)$ 为电子的化学势。对于多电子离子,考虑束缚电子 – 束缚电子相互作用、束缚电子和自由电子的相互作用、自由电子势能修正后,第 j 个束缚电子能级的能量为

$$\begin{cases}\varepsilon_j=-I_H\left(\dfrac{Z_j^*}{j}\right)^2+\dfrac{Z'e^2}{2a_0}\left(\dfrac{a_0}{R}\right)\left[3.6-\left(\dfrac{a_0}{R}\right)^2\dfrac{\langle r_j^2\rangle}{a_0^2}\right]\\ Z_j^*=Z_0+p_j\sigma_{jj}-\sum\limits_{k=1}^{j_{\max}}2k^2p_k\sigma_{jk}\\ Z'=Z_0-\sum\limits_{k=1}^{j_{\max}}2k^2p_k\\ \dfrac{4\pi R^3}{3}=N^{-1}=\dfrac{1}{\rho n_i}\\ \dfrac{\langle r_j^2\rangle}{a_0^2}=\dfrac{j^4}{(Z_j^*)^2}\left[\dfrac{7}{4}+\dfrac{5}{4j^2}\right]\end{cases}\tag{3.5.30}$$

式中:$I_H=\dfrac{m_ee^4}{2\hbar^2}=\dfrac{e^2}{2a_0}=13.6\text{eV}$ 为氢原子的电离能;$Z_j^*=Z_0+p_j\sigma_{jj}-\sum\limits_{k=1}^{j_{\max}}2k^2p_k\sigma_{jk}$ 为 j 壳层电子感受到的有效核电荷数;$Z'=Z_0-\sum\limits_{k=1}^{j_{\max}}2k^2p_k$ 为离子的平均电离度;$a_0=\dfrac{\hbar^2}{m_ee^2}=5.3\times10^{-9}\text{cm}$ 为氢原子的第一玻尔半径;$\dfrac{4\pi R^3}{3}=N^{-1}=\dfrac{1}{\rho n_i}$ 为一个离

子所占体积(由物质密度决定),R则为离子球半径;$\sigma_{jk}(j,k=1\to 10)$为屏蔽常数矩阵,有表可查。

根据(3.5.29)可知j壳层一个量子态上电子占据概率$p_j=p_j(\varepsilon_j,\alpha,T)$,而根据式(3.5.30)可知,第$j$个束缚电子能级的能量$\varepsilon_j=\varepsilon_j(\rho,p_k)$,故$p_j$由$(\alpha,\rho,T)$决定

$$p_j=\frac{1}{e^{\alpha+\varepsilon_j/kT(\boldsymbol{r})}+1}=p_j(\alpha,\rho,T) \tag{3.5.31}$$

故在物质温度密度(ρ,T)已知时,由$\alpha\to p_j$。

另一方面,可以得到$\alpha=\alpha(p_j,\rho,T)$,这是因为自由电子处在能量为$\varepsilon_f=\frac{1}{2}m_e v^2$的一个量子态上的概率服从 Fermi - Dirac 统计

$$p_f=\frac{1}{e^{\alpha+\varepsilon_f/kT(\boldsymbol{r})}+1} \tag{3.5.32}$$

单位体积自由电子能量在$\varepsilon_f\to\varepsilon_f+d\varepsilon_f$内的量子态个数为

$$g_f(\varepsilon_f)d\varepsilon_f=\frac{2d\boldsymbol{p}}{h^3}=\frac{8\pi m_e^{3/2}\sqrt{2}\sqrt{\varepsilon_f}d\varepsilon_f}{h^3} \tag{3.5.33}$$

单位体积能量在$\varepsilon_f\to\varepsilon_f+d\varepsilon_f$内的自由电子数为

$$p_f g_f(\varepsilon_f)d\varepsilon_f=\frac{8\pi m_e^{3/2}\sqrt{2}}{h^3}\frac{\sqrt{\varepsilon_f}d\varepsilon_f}{e^{\alpha+\varepsilon_f/kT}+1}=4\pi\left(\frac{2m_e kT}{h^2}\right)^{3/2}\frac{\sqrt{x}dx}{e^{\alpha+x}+1}$$

上式积分得单位体积内的自由电子数

$$\rho n_e=\int_0^\infty p_f g_f(\varepsilon_f)d\varepsilon_f=4\pi\left(\frac{2m_e kT}{h^2}\right)^{3/2}F_{1/2}(\alpha) \tag{3.5.34}$$

其中

$$F_{1/2}(\alpha)\equiv\int_0^\infty\frac{\sqrt{x}dx}{e^{\alpha+x}+1}$$

注意到

$$n_e=Z'n_i \tag{3.5.35}$$

式中:$Z'=Z_0-\sum_{k=1}^{n_0}2k^2p_k$为离子的平均电离度。将式(3.5.35)代入式(3.5.34),有

$$\rho Z'n_i=4\pi\left(\frac{2m_e kT}{h^2}\right)^{3/2}F_{1/2}(\alpha) \tag{3.5.36}$$

这就是α与(ρ,T,p_j)的关系,由此可得$\alpha=\alpha(p_j,\rho,T)$,故在温度密度$(\rho,T)$已知时,由$p_j\to\alpha$。

综上所述,在等离子体的温度和质量密度已知时,可通过式(3.5.30)、式(3.5.31)、式(3.5.36)用迭代方法求出(p_j,α)。

至于$\alpha=\alpha(p_j,\rho,T)$的具体函数关系可通过以下考虑得到。对自由电子(非简

并电子)，其分布函数近似为经典 Boltzmann 分布，此时 Fermi - Dirac 统计式(3.5.32)中的

$$e^{\alpha} \gg 1$$

于是，有

$$F_{1/2}(\alpha) \equiv \int_0^{\infty} \frac{\sqrt{x}\,dx}{e^{\alpha+x}+1} \approx e^{-\alpha}\int_0^{\infty} e^{-x}\sqrt{x}\,dx \tag{3.5.37}$$

注意到 Γ 函数的定义和性质

$$\Gamma(n) = \int_0^{\infty} e^{-x}x^{n-1}dx \qquad (n>0) \tag{3.5.38}$$

$$\Gamma(n+1) = n\Gamma(n),\Gamma(1)=1,\Gamma(1/2)=\sqrt{\pi} \tag{3.5.39}$$

故式(3.5.37)变为

$$F_{1/2}(\alpha) \approx e^{-\alpha}\Gamma(3/2) = e^{-\alpha}\frac{1}{2}\Gamma(1/2) = e^{-\alpha}\frac{\sqrt{\pi}}{2} \tag{3.5.40}$$

将式(3.5.40)代入式(3.5.36)得 $\alpha=\alpha(p_j,\rho,T)$ 的具体函数

$$\alpha = \ln\frac{2}{\rho Z' n_i}\left(\frac{2\pi m_e kT}{h^2}\right)^{3/2} \tag{3.5.41}$$

式中：$Z' = Z_0 - \sum_{k=1}^{j_{\max}} 2k^2 p_k$ 为离子的平均电离度。在温度密度(ρ,T) 已知时，通过 p_j 由此式可求出 α。

在温度密度(ρ,T)已知时，迭代求解(α,p_j)的计算框图如图 3-3 所示。

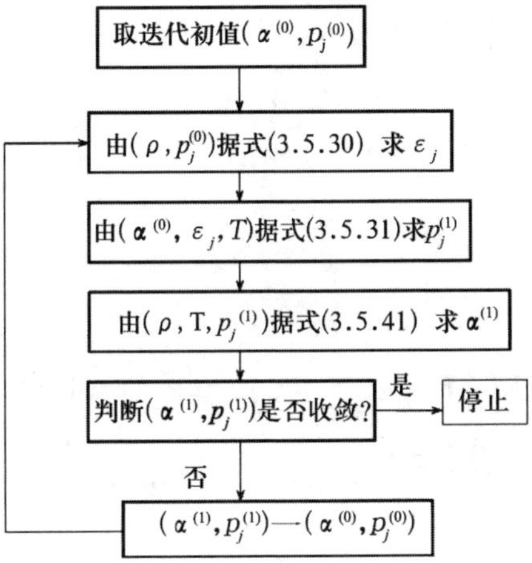

图 3-3 计算框图

一旦束缚电子在离子的 ε_n 能级的一个量子态上的占据概率 p_n 确定后，则平均电离度 $Z' = Z_0 - \sum_j C_j p_j$、单位质量物质内的自由电子数 $n_e = n_i Z'$、j 壳层电子感受

到的有效核电荷数 $Z_j^* = Z_0 + p_j\sigma_{jj} - \sum_{k=1}^{j_{\max}} 2k^2 p_k \sigma_{jk}$ 就可求出，辐射不透明度就可计算了。束缚能级的个数 $j_{\max}$ 可由 $\varepsilon_{j_{\max}} = -I_H\left(\frac{Z_{j_{\max}}^*}{j_{\max}}\right)^2 + \frac{Z'e^2}{2R}\left[3.6 - \frac{\langle r_{j_{\max}}^2 \rangle}{R^2}\right] \leqslant 0$ 决定。

取单位制为

$$R = R'(\mu\text{m}), \rho = \rho'(pg/\mu\text{m}^3), \ n_i = n'_i(1/\text{pg}), \ T = T'(10^6\text{K})$$
$$I_H = I'_H(k' \cdot \text{erg}) = I'_H(10^6\text{K}), \varepsilon_j = \varepsilon'_j(k' \cdot \text{erg}) = \varepsilon'_j(10^6\text{K})$$

注意到

$$k = k'(\text{erg}/10^6\text{K}) = 1.38 \times 10^{-10}(\text{erg}/10^6\text{K})$$
$$h = h'(\text{erg} \cdot 0.1\text{ns}) = 6.624 \times 10^{-17}(\text{erg} \cdot 0.1\text{ns})$$
$$m_e = m'_e(\text{pg}) = 9.1 \times 10^{-16}(\text{pg}), a_0 = \frac{\hbar^2}{m_e e^2} = a'_0(\mu\text{m}) = 5.3 \times 10^{-5}(\mu\text{m})$$
$$e^2 = e'^2(\text{erg} \cdot \text{cm}) = 2.304 \times 10^{-15}(\text{erg} \cdot \mu\text{m}), 1(\text{eV}) = 1.6 \times 10^{-12}(\text{erg})$$
$$(\text{pg}) = \frac{(\text{erg})(0.1\text{ns})^2}{\mu\text{m}^2}, 10^6\text{K} = 86.1735\text{eV}$$

则式(3.5.30)变为

$$\begin{cases} \varepsilon'_j = -I'_H\left(\frac{Z_j^*}{j}\right)^2 + Z'I'_H\left(\frac{a'_0}{R'}\right)\left[3.6 - \left(\frac{a'_0}{R'}\right)^2 \frac{\langle r_j'^2 \rangle}{a_0'^2}\right] \\ Z_j^* = Z_0 + p_j\sigma_{jj} - \sum_{k=1}^{j_{\max}} 2k^2 p_k \sigma_{jk} \\ Z' = Z_0 - \sum_{k=1}^{j_{\max}} 2k^2 p_k \\ \frac{4\pi R'^3}{3} = \frac{1}{\rho' n'_i} \\ \frac{\langle r_j'^2 \rangle}{a_0'^2} = \frac{j^4}{(Z_j^*)^2}\left[\frac{7}{4} + \frac{5}{4j^2}\right] \end{cases} \tag{3.5.42}$$

其中

$$I'_H = \frac{13.6\text{eV}}{10^6\text{K}} = 0.1578, R' = \left(\frac{3}{4\pi\rho' n'_i}\right)^{1/3}, \left(\frac{a'_0}{R'}\right) = 8.5436 \times 10^{-5}(\rho' n')^{1/3},$$
$$\left(\frac{a'_0}{R'}\right)^2 = \left(\frac{4\pi}{3}\right)^{2/3} a_0'^2 (\rho' n')^{2/3} = 7.2992 \times 10^{-9}(\rho' n')^{2/3}$$

式(3.5.31)变为

$$p_j = \frac{1}{e^{\alpha + \varepsilon'_j/T'} + 1} \tag{3.5.43}$$

式(3.5.41)变为

$$\alpha = \ln \frac{2}{\rho' Z' n'_i}\left(\frac{2\pi m'_e k' T'}{h'^2}\right)^{3/2} = \ln\left[4.82 \times 10^{12} \frac{T'^{3/2}}{\rho' Z' n'_i}\right] \tag{3.5.44}$$

3.6 光子散射宏观转移截面的计算

光子散射宏观转移截面为

$$\mu_s(\nu'\to\nu,\boldsymbol{\Omega}'\to\boldsymbol{\Omega}|\boldsymbol{r})\equiv\sum_i N^{(i)}(\boldsymbol{r})\sigma_s^{(i)}(\nu'\to\nu,\boldsymbol{\Omega}'\to\boldsymbol{\Omega}) \tag{3.6.1}$$

这里,求和是对光子散射体的类型进行的。对高温稠密等离子体,引起光子散射的诸散射体中,自由电子对光子的Compton散射最重要(原因是:自由电子数量多,束缚电子对光子的散射当吸收处理)。当光子能量远小于电子的静止能量时,Compton散射变为相干的Thomson散射。

一个能量为$h\nu'$的光子与一个自由电子发生Compton散射时,利用能量、动量守恒,可得散射光子的能量与散射θ的关系为

$$h\nu=\frac{h\nu'}{1+\alpha(1-\mu_L)} \tag{3.6.2}$$

式中:$\mu_L=\boldsymbol{\Omega}\cdot\boldsymbol{\Omega}'=\cos\theta$为光子散射前后之方向夹角余弦;$\alpha=\dfrac{h\nu'}{m_ec^2}$为入射光子能量与电子静止能量之比(电子静止能量$m_ec^2\approx 0.511\text{MeV}$),Compton散射的双微分散射截面由Klein - Nishina公式给出,即

$$\begin{aligned}\frac{\mathrm{d}\sigma_s^{(c)}}{\mathrm{d}\nu\mathrm{d}\boldsymbol{\Omega}}&\equiv\sigma_s^{(c)}(\nu'\to\nu,\boldsymbol{\Omega}'\to\boldsymbol{\Omega})=\frac{1}{2}r_e^2\left(\frac{\nu}{\nu'}\right)^2\left(\frac{\nu'}{\nu}+\frac{\nu}{\nu'}-\sin^2\theta\right)\\&\delta\left(\nu-\frac{\nu'}{1+\alpha(1-\mu_L)}\right)=\frac{1}{2}r_e^2\,\frac{1+\mu_L^2}{[1+\alpha(1-\mu_L)]^2}\\&\left\{1+\frac{\alpha^2(1-\mu_L)^2}{(1+\mu_L^2)[1+\alpha(1-\mu_L)]}\right\}\delta\left(\nu-\frac{\nu'}{1+\alpha(1-\mu_L)}\right)\end{aligned} \tag{3.6.3}$$

式中:$r_e=\dfrac{e^2}{m_ec^2}\approx 2.82\text{fm}$为电子的经典半径;$\delta(\cdots)$中的宗量表示散射过程中能量、动量守恒。

在一般的高温等离子体中,光子能量最多在KeV量级,故$h\nu'\ll m_ec^2\approx 0.511\text{MeV}$,即$\alpha\ll 1$。$\alpha\to 0$时,Compton散射的双微分散射截面(式(3.6.3))变成相干非变频散射的Thomson双微分散射截面,即

$$\begin{aligned}&\frac{\mathrm{d}\sigma_s^{(Th)}}{\mathrm{d}\nu\mathrm{d}\boldsymbol{\Omega}}\equiv\sigma_s^{(Th)}(\nu'\to\nu,\boldsymbol{\Omega}'\to\boldsymbol{\Omega})=\\&\frac{1}{2}r_e^2(1+\mu_L^2)\delta(\nu-\nu')=\frac{3}{16\pi}\sigma_{Th}(1+\mu_L^2)\delta(\nu-\nu')\end{aligned} \tag{3.6.4}$$

式中:$\sigma_{Th}=\dfrac{8\pi}{3}r_e^2=0.6652\times 10^{-24}(\text{cm}^2)$为自由电子对光子的Thomson散射微观截面;$r_e=\dfrac{\mathrm{e}^2}{m_ec^2}$为电子经典半径。式(3.6.4)两边乘以电子数密度N_e,得Thomson散射的宏观转移截面为

$$\mu_s(\nu \to \nu', \mu_L) = \frac{3}{16\pi}\mu_{Th}\delta(\nu - \nu')(1 + \mu_L^2) \tag{3.6.5}$$

式中：$\mu_{Th} = N_e \sigma_{Th}$ 为 Thomson 散射的宏观截面。

在仅考虑 Thomson 相干非变频散射的情况下，辐射输运方程中右端的散射项可以大大地简化，辐射输运方程式(3.3.2)成为

$$\frac{1}{c}\frac{\partial I_\nu}{\partial t} + \boldsymbol{\Omega} \cdot \nabla I_\nu = S_\nu\left(1 + \frac{c^2 I_\nu}{2h\nu^3}\right) - (\mu_a + \mu_{Th})I_\nu + \frac{3}{16\pi}\mu_{Th}\int_{4\pi} \mathrm{d}\boldsymbol{\Omega}'(1 + \mu_L^2)I_\nu(\boldsymbol{\Omega}')$$

或

$$\frac{1}{c}\frac{\partial I_\nu}{\partial t} + \boldsymbol{\Omega} \cdot \nabla I_\nu = \mu'_a(B_\nu - I_\nu) - \mu_{Th}I_\nu(\boldsymbol{\Omega}) + \frac{3\mu_{Th}}{16\pi}\int_{4\pi} \mathrm{d}\Omega'(1 + \mu_L^2)I_\nu(\boldsymbol{\Omega}') \tag{3.6.6}$$

其中

$$\begin{cases} \mu'_a = \mu_a\left(1 - \dfrac{c^2}{2h\nu^3}\dfrac{S_\nu}{\mu_a}\right) \\ B_\nu = S_\nu / \mu'_a \end{cases} \tag{3.6.7}$$

在部分局域热动平衡条件下，电子在量子态的分布服从 Fermi - Dirac 分布，自发辐射源 $S_\nu(\boldsymbol{r}, \boldsymbol{\Omega}, t)$ 和吸收吸收 $\mu_a(\boldsymbol{r}, \nu, t)$ 满足下列关系，即

$$\frac{S_\nu}{\mu_a} = \frac{2h\nu^3}{c^2}\mathrm{e}^{-\frac{h\nu}{kT(r)}} \tag{3.6.8}$$

故

$$\mu'_a = \mu_a(1 - \mathrm{e}^{-\frac{h\nu}{kT(r)}})$$

$$B_\nu = B(\nu, T) = \frac{2h\nu^3}{c^2}\frac{1}{\mathrm{e}^{h\nu/kT} - 1}$$

此时，$B_\nu = B(\nu, T)$ 就是黑体的辐射强度。否则，对于完全非热动平衡系统（电子在量子态的占据概率完全偏离了其平衡分布——Fermi - Dirac分布），μ'_a、B_ν 应由式(3.6.7)计算，其中(S_ν, μ_a)需根据电子在量子态上的占据概率另行计算，必须通过建立电子在量子态的占据概率的动理学方程才能求得。

从辐射输运方程可以看出，在完全热动平衡下，辐射强度将与时间、空间和方向坐标无关，此时散射项抵消（因为 $\int_{4\pi} \mathrm{d}\Omega'(1 + \mu_L^2) = 16\pi/3$），光辐射强度就是 Planck 黑体辐射强度

$$I_\nu = B(\nu, T) = \frac{2h\nu^3}{c^2}\frac{1}{\mathrm{e}^{h\nu/kT} - 1} \tag{3.6.9}$$

完全由体系的温度 T 决定，就不需要解辐射输运方程了。

若不考虑辐射的诱导效应，那么，在完全热动平衡下，光辐射强度就满足 Wein 分布

$$I_\nu = \frac{S_\nu}{\mu_a} = \frac{2h\nu^3}{c^2} e^{-\frac{h\nu}{kT(r)}} \tag{3.6.10}$$

它仅在高频端与 Planck 分布相符合,由此可见诱导辐射项的重要性。

3.7 部分局域热动平衡条件下辐射输运方程的解

3.7.1 辐射输运方程的 $P-1$ 近似解

设辐射场为弱各向异性(光厚介质),此时,可将辐射强度与光子方向有关的部分按球谐函数展开,并取 $P-1$ 近似,有

$$I_\nu(\boldsymbol{r},\boldsymbol{\Omega},t) = \frac{1}{4\pi} I_\nu^{(0)}(\boldsymbol{r},t) + \frac{3}{4\pi} \boldsymbol{\Omega} \cdot \boldsymbol{I}_\nu^{(1)}(\boldsymbol{r},t) \tag{3.7.1}$$

注意到

$$\int_{4\pi} \mathrm{d}\Omega = 4\pi, \int_{4\pi} \boldsymbol{\Omega} \cdot \boldsymbol{A}\mathrm{d}\Omega = 0, \int_{4\pi} \boldsymbol{\Omega}\mathrm{d}\Omega = 0, \int_{4\pi} \boldsymbol{\Omega}[\boldsymbol{\Omega} \cdot \boldsymbol{A}]\mathrm{d}\Omega = \frac{4\pi}{3}\boldsymbol{A}$$

式(3.7.1) 两边对方向积分, 有

$$\int \mathrm{d}\Omega I_\nu(\boldsymbol{r},\boldsymbol{\Omega},t) = \frac{1}{4\pi}\int \mathrm{d}\Omega I_\nu^{(0)}(\boldsymbol{r},t) + \frac{3}{4\pi}\int \mathrm{d}\Omega \boldsymbol{\Omega} \cdot \boldsymbol{I}_\nu^{(1)}(\boldsymbol{r},t) = I_\nu^{(0)}(\boldsymbol{r},t) \tag{3.7.2}$$

式(3.7.1) 两边乘以 $\boldsymbol{\Omega}$ 再对方向积分, 有

$$\int \mathrm{d}\Omega \boldsymbol{\Omega} I_\nu(\boldsymbol{r},\boldsymbol{\Omega},t) = \frac{1}{4\pi}\int \mathrm{d}\Omega \boldsymbol{\Omega} I_\nu^{(0)}(\boldsymbol{r},t) + \frac{3}{4\pi}\int \mathrm{d}\Omega \boldsymbol{\Omega}[\boldsymbol{\Omega} \cdot \boldsymbol{I}_\nu^{(1)}(\boldsymbol{r},t)] = \boldsymbol{I}_\nu^{(1)}(\boldsymbol{r},t) \tag{3.7.3}$$

根据辐射谱能量密度 $E_\nu(\boldsymbol{r},t)$(t 时刻 $\boldsymbol{r}$ 处单位体积内包含的频率在 ν 附近单位间隔光子的能量)的定义

$$E_\nu(\boldsymbol{r},t) = \frac{1}{c}\int_{4\pi} I_\nu(\boldsymbol{r},\boldsymbol{\Omega},t)\mathrm{d}\Omega \tag{3.7.4}$$

辐射谱能通量 $\boldsymbol{F}_\nu(\boldsymbol{r},t)$ 的定义

$$\boldsymbol{F}_\nu(\boldsymbol{r},t) = \int_{4\pi} \mathrm{d}\Omega \boldsymbol{\Omega} I_\nu(\boldsymbol{r},\boldsymbol{\Omega},t) \tag{3.7.5}$$

它是一个矢量,其物理意义是,设有一个面积元 $\mathrm{d}\boldsymbol{S} = \boldsymbol{n}\mathrm{d}S$,面积大小为 $\mathrm{d}S$,法线方向单位矢量为 $\boldsymbol{n}$,则 $\boldsymbol{F}_\nu \cdot \mathrm{d}\boldsymbol{S}$ 为单位时间通过以 $\boldsymbol{n}$ 为法线的面积元 $\mathrm{d}\boldsymbol{S}$ 的频率在 ν 附近单位间隔的光子能量。可见,两个展开系数分别为

$$\begin{cases} I_\nu^{(0)}(\boldsymbol{r},t) = cE_\nu(\boldsymbol{r},t) \\ \boldsymbol{I}_\nu^{(1)}(\boldsymbol{r},t) = \boldsymbol{F}_\nu(\boldsymbol{r},t) \end{cases} \tag{3.7.6}$$

故辐射强度的 $P-1$ 近似展开式(3.7.1) 实际就是辐射能量谱密度 $E_\nu(\boldsymbol{r},t)$ 和辐射能谱通量 $\boldsymbol{F}_\nu(\boldsymbol{r},t)$ 的组合,即

$$I_\nu(\boldsymbol{r},\boldsymbol{\Omega},t) = \frac{c}{4\pi}E_\nu(\boldsymbol{r},t) + \frac{3}{4\pi}\boldsymbol{\Omega} \cdot \boldsymbol{F}_\nu(\boldsymbol{r},t) \tag{3.7.7}$$

注意到$\int_{4\pi}\boldsymbol{\Omega\Omega}\mathrm{d}\Omega=\frac{4\pi}{3}\boldsymbol{I},\int_{4\pi}\boldsymbol{\Omega\Omega\Omega}\cdot\boldsymbol{A}\mathrm{d}\boldsymbol{\Omega}=0$,在辐射强度的 $P-1$ 近似式(3.7.7)下有辐射谱压强张量

$$\boldsymbol{p}_\nu\equiv\frac{1}{c}\int\boldsymbol{\Omega\Omega}I_\nu\mathrm{d}\boldsymbol{\Omega}=\frac{1}{3}E_\nu\boldsymbol{I}\tag{3.7.8}$$

它由辐射能量谱密度 $E_\nu(\boldsymbol{r},t)$完全确定。

将辐射强度的 $P-1$ 近似式(3.7.7) 代入辐射输运方程式(3.6.6),即

$$\frac{1}{c}\frac{\partial I_\nu}{\partial t}+\boldsymbol{\Omega}\cdot\nabla I_\nu=\mu'_a(B_\nu-I_\nu)-\mu_{Th}I_\nu(\boldsymbol{\Omega})+\frac{3\mu_{Th}}{16\pi}\int_{4\pi}\mathrm{d}\Omega'(1+\mu_L^2)I_\nu(\boldsymbol{\Omega}')$$

两边分别作积分$\int_{4\pi}\mathrm{d}\Omega(\ )$,$\frac{1}{c}\int_{4\pi}\boldsymbol{\Omega}\mathrm{d}\Omega(\ )$,注意到以下积分关系式

$$\int_{4\pi}\mathrm{d}\Omega=4\pi,\int_{4\pi}\boldsymbol{\Omega}\mathrm{d}\Omega=0,\int_{4\pi}\boldsymbol{\Omega}\cdot\boldsymbol{A}\mathrm{d}\Omega=0,\int_{4\pi}\boldsymbol{\Omega}[\boldsymbol{\Omega}\cdot\boldsymbol{A}]\mathrm{d}\Omega=\frac{4\pi}{3}\boldsymbol{A}$$

$$\int_{4\pi}\boldsymbol{\Omega\Omega}\mathrm{d}\Omega=\frac{4\pi}{3}\boldsymbol{I},\int_{4\pi}\boldsymbol{\Omega\Omega\Omega}\mathrm{d}\Omega=0,\int_{4\pi}(\boldsymbol{\Omega}\cdot\boldsymbol{\Omega}')(\boldsymbol{\Omega}\cdot\boldsymbol{\Omega}')\boldsymbol{\Omega}\mathrm{d}\Omega=0$$

$$\int_{4\pi}[\boldsymbol{\Omega}\cdot\boldsymbol{A}][\boldsymbol{\Omega}\cdot\boldsymbol{B}]\mathrm{d}\Omega=\frac{4\pi}{3}\boldsymbol{A}\cdot\boldsymbol{B},\int_{4\pi}(\boldsymbol{\Omega}\cdot\boldsymbol{\Omega}')(\boldsymbol{\Omega}\cdot\boldsymbol{\Omega}')(\boldsymbol{\Omega}\cdot\boldsymbol{A})\mathrm{d}\Omega=0$$

与辐射能量谱密度 $E_\nu(\boldsymbol{r},t)$、辐射能谱通量 $\boldsymbol{F}_\nu(\boldsymbol{r},t)$及辐射谱压强张量 $\boldsymbol{p}_\nu(\boldsymbol{r},t)$的定义式(3.7.4)、式(3.7.5)和式(3.7.8), 可得 $E_\nu(\boldsymbol{r},t)$、$\boldsymbol{F}_\nu(\boldsymbol{r},t)$ 满足的封闭方程组为

$$\frac{\partial E_\nu}{\partial t}+\nabla\cdot\boldsymbol{F}_\nu=c\mu'_\alpha\left[\frac{4\pi}{c}B_\nu(T)-E_\nu\right]\tag{3.7.9}$$

$$\frac{\partial}{\partial t}(\boldsymbol{F}_\nu/c^2)+\nabla\cdot\boldsymbol{p}_\nu=-c\mu_{tr}(\boldsymbol{F}_\nu c^2)\qquad(\mu_{tr}\equiv\mu'_a+\mu_{Th})\tag{3.7.10}$$

该方程组实际上是物质中存在的辐射场能量、动量守恒方程,因为($\boldsymbol{F}_\nu/c^2$)就是辐射动量谱密度。辐射能量守恒方程式(3.7.9)中 ,不含散射项,故相干散射不影响光子能量守恒。辐射动量守恒方程式(3.7.10) 多出散射项的贡献($\mu_{tr}\equiv\mu'_a+\mu_{Th}$)。

方程式(3.7.9)、式(3.7.10) 构成辐射输运方程式(3.6.6) 的扩散近似。只要辐射强度与光子方向的 $P-1$ 近似成立,这组扩散近似方程就与辐射输运方程等价。要定解必须给出 $E_\nu(\boldsymbol{r},t)$、$\boldsymbol{F}_\nu(\boldsymbol{r},t)$的初始条件、边界条件以及物质的不透明度参数。

注意到单位时间单位体积内物质的净辐射功率密度(单位时间单位体积物质发射的光能减出其吸收部分的差值)为

$$\iint\mathrm{d}\nu\mathrm{d}\Omega J(\boldsymbol{r},\nu,\boldsymbol{\Omega},t)=\iint\mathrm{d}\nu\mathrm{d}\Omega\mu'_a(\nu)(B_\nu-I_\nu)=$$

$$c\int\mathrm{d}\nu\mu'_a(\nu)\left[\frac{4\pi}{c}B_\nu-E_\nu\right]$$

那么,能量守恒方程式(3.7.9)的右端项就是单位时间单位体积内物质净发射出

来的频率在 ν 附近单位间隔的光能，即物质自发发射的光辐射功率密度 $4\pi\mu'_a B(\nu,T)$ 减去物质等效吸收掉的辐射功率密度 $c\mu'_a E_\nu$；而动量守恒方程式(3.7.10)的右端项表示单位时间内被物质吸收的辐射动量谱密度(或辐射能谱通量)，与物质对光子的等效吸收系数和散射宏观截面密切相关。

在数值求解 $P-1$ 近似方程组时，除非时间步长特别小，否则 $\frac{1}{c^2}\frac{\partial F_\nu}{\partial t}$ 项会引起计算格式的不稳定，可通过引入限流因子 g 而略去式(3.7.10)中的 $\frac{1}{c^2}\frac{\partial \boldsymbol{F}_\nu}{\partial t}$ 项，此时有

$$\boldsymbol{F}_\nu = -g\frac{c}{\mu_{tr}}\nabla\cdot\boldsymbol{p}_\nu = -g\frac{c}{3\mu_{tr}}\nabla E_\nu = -gD_\nu\nabla E_\nu \tag{3.7.11a}$$

故谱辐射能通量与谱辐射能量密度的关系满足限流扩散方程，其中扩散系数为

$$D_\nu = \frac{c}{3\mu_{tr}} = \frac{c}{3(\mu'_a+\mu'_{Th})} \tag{3.7.11b}$$

光子能量由能量密度高的地方往能量密度低的地方迁移。严格来讲，辐射扩散的数学处理只有在光学厚(即吸收系数很大，扩散系数小)的介质中才适用，否则，会出现非物理的超流现象(即当吸收系数很小而扩散系数很大时，由辐射能通量的扩散方程 $\boldsymbol{F}_\nu = -D_\nu\nabla E_\nu$ 计算出的辐射谱能通量的数值大于能通量的最大允许值 cE_ν)，故采用辐射能流的扩散方程计算辐射谱能通量时，引入的限流因子 g 可取为

$$g = \left[1 + D_\nu\frac{|\nabla E_\nu|}{cE_\nu}\right]^{-1} = \begin{cases} 1 & (D_\nu \ll 1) \\ \dfrac{cE_\nu}{D_\nu|\nabla E_\nu|} & (D_\nu \gg 1)\end{cases} \tag{3.7.12}$$

即在光学厚(扩散系数小)时并没有对辐射谱能流进行限制；而在光学薄(扩散系数大)时，辐射谱能流的绝对值也不会超过其物理容许值 cE_ν。

当辐射能谱通量采用限流扩散方程式(3.7.11)计算时，辐射谱能量密度 $E_\nu(\boldsymbol{R},t)$ 满足的方程式(3.7.9)变为

$$\frac{\partial E_\nu}{\partial t} - \nabla\cdot(gD_\nu\nabla E_\nu) = c\mu'_a\left[\frac{4\pi}{c}B_\nu(T) - E_\nu\right] \tag{3.7.13}$$

或

$$\frac{1}{c\mu'_a}\frac{\partial E_\nu}{\partial t} - \frac{1}{\mu'_a}\nabla\cdot\left(\frac{g}{3\mu_{tr}}\nabla E_\nu\right) = \frac{4\pi}{c}B_\nu(T) - E_\nu \tag{3.7.14}$$

注意到 $1/\mu'_a = \lambda_\nu$ 为频率为 ν 的光子的平均自由程，$1/c\mu'_a = \lambda_\nu/c = \Delta t(\lambda_\nu)$ 为频率为 ν 的光子走一个平均自由程所需要的时间，若在 $\Delta t(\lambda_\nu)$ 这段时间内 $E_\nu(\boldsymbol{r},t)$ 的变化很小，一个平均自由程 $1/\mu'_a = \lambda_\nu$ 内物质的状态无显著改变(要求 $\Delta t(\lambda_\nu) \ll 1, \mu'_a \gg 1$，即光厚介质)，那么，式(3.7.14)左边近似为0，从而右边也为0，即

$$\frac{4\pi}{c}B_\nu(T) - E_\nu \approx 0 \tag{3.7.15}$$

由式(3.7.15) 可解出辐射能量谱密度

$$E_\nu(\boldsymbol{r},t)=\frac{4\pi}{c}B_\nu(T)=\frac{8\pi h\nu^3}{c^3}\frac{1}{\mathrm{e}^{h\nu/kT}-1} \tag{3.7.16}$$

它完全由流体物质的局域温度 T 决定,从而根据式(3.7.11)可得 辐射能谱通量

$$\boldsymbol{F}_\nu(\boldsymbol{r},t)=-gD_\nu\nabla E_\nu(\boldsymbol{r},t)=-g\frac{4\pi}{3\mu_{tr}}\nabla B_\nu(T)=-g\frac{4\pi}{3\mu_{tr}}\frac{\partial B_\nu(T)}{\partial T}\nabla T \tag{3.7.17}$$

由式(3.7.8)得辐射谱压强张量

$$\boldsymbol{p}_\nu(\boldsymbol{r},t)=\frac{1}{3}E_\nu(\boldsymbol{r},t)\boldsymbol{I}=\frac{4\pi}{3c}B_\nu(T)\boldsymbol{I} \tag{3.7.18}$$

这3个辐射量均完全由流体物质的温度 $T(\boldsymbol{r},t)$决定。式(3.7.16)、式(3.7.17)代入式(3.7.7),可得辐射强度

$$I_\nu(\boldsymbol{r},\boldsymbol{\Omega},t)=B_\nu(T)-g\frac{1}{\mu_{tr}}\frac{\partial B_\nu(T)}{\partial T}\boldsymbol{\Omega}\cdot\nabla T \tag{3.7.19}$$

式(3.7.19) 就是流体静止坐标系下辐射输运方程的 $P-1$ 近似解,其中在部分局域热动平衡下

$$B_\nu(T)=\frac{2h\nu^3}{c^2}\frac{1}{\mathrm{e}^{h\nu/kT}-1} \tag{3.7.20}$$

就是黑体辐射强度。由此可见,物质内的光辐射强度 I_ν 完全决定于物质的局域温度分布和物质的辐射不透明度 $\mu_{tr}=\mu'_a+\mu_{Th}$, I_ν 一般不等于黑体辐射强度 B_ν,仅当物质的吸收吸收 $\mu_{tr}=\mu'_a+\mu_{Th}\to\infty$ (绝对黑体)时,物质内的光辐射强度 I_ν 才等于黑体辐射强度 B_ν。

将辐射谱能量密度式(3.7.16)对光子频率积分,注意到

$$\int_0^\infty \mathrm{d}x\,\frac{x^3}{\mathrm{e}^x-1}=6\sum_{n=1}^\infty\frac{1}{n^4}=6\frac{\pi^4}{90}=\frac{\pi^4}{15}$$

可得辐射能量密度

$$E_R(\boldsymbol{r},t)=\frac{8\pi}{c^3}\frac{(kT)^4}{h^3}\int\mathrm{d}x\,\frac{x^3}{\mathrm{e}^x-1}=\frac{8\pi^5k^4}{15c^3h^3}T^4=aT^4(\boldsymbol{r},t) \tag{3.7.21}$$

式中:$a=\dfrac{8\pi^5k^4}{15h^3c^3}=7.56\times10^{-3}\left[\dfrac{10^{12}\,\mathrm{erg}}{(10^6K)^4\mathrm{cm}^3}\right]$;$c=3\times10^4(\mathrm{cm/\mu s})$为真空中的光速。

将辐射能(谱)通量式(3.7.17)对光子频率积分,得到辐射能通量(辐射能流)

$$\boldsymbol{F}_R(\boldsymbol{r},t)=\int\mathrm{d}\nu\boldsymbol{F}_\nu(\boldsymbol{r},t)=-g\frac{4\pi}{3}\left[\int\mathrm{d}\nu\frac{1}{\mu_{tr}(\nu)}\frac{\partial B_\nu(T)}{\partial T}\right]\nabla T(\boldsymbol{r},t) \tag{3.7.22}$$

式中:g 为灰色辐射能流限流因子(与光子频率无关)。定义 Rosseland 光子平均自由程

$$\lambda_R = \frac{\int d\nu \frac{1}{\mu_{tr}(\nu)} \frac{\partial B_\nu(T)}{\partial T}}{\int d\nu \frac{\partial B_\nu(T)}{\partial T}} = \frac{15}{4\pi^4}\int dx \frac{1}{\mu_{tr}(x)} \frac{x^4 e^x}{(e^x - 1)^2} \tag{3.7.23}$$

则式(3.7.22)变为

$$\boldsymbol{F}_R(\boldsymbol{r},t) = -g\frac{4\pi}{3}\lambda_R \frac{\partial}{\partial T}\left[\int d\nu B(\nu,T)\right] \nabla T(\boldsymbol{r},t) \tag{3.7.24}$$

注意到

$$\int d\nu B(\nu,T) = \frac{ac}{4\pi}T^4 = \frac{1}{\pi}\sigma T^4$$

最后有

$$\boldsymbol{F}_R(\boldsymbol{r},t) = -g\frac{1}{3}c\lambda_R \nabla(aT^4) \tag{3.7.25}$$

灰色辐射能流限流因子 g(与光子频率无关)可取为

$$g = \left[1 + \frac{\lambda_R}{3}\frac{|\nabla(aT^4)|}{aT^4}\right]^{-1} = \left[1 + \frac{4\lambda_R}{3}\frac{|\nabla T|}{T}\right]^{-1} = \begin{cases} 1 & (\lambda_R \ll 1) \\ \dfrac{3T}{4\lambda_R|\nabla T|} & (\lambda_R \gg 1) \end{cases} \tag{3.7.26}$$

从而在光薄时的最大能流为

$$|\boldsymbol{F}_R| = g\frac{4}{3}ac\lambda_R T^3|\nabla T| = \frac{3T}{4\lambda_R|\nabla T|}\frac{4}{3}$$
$$ac\lambda_R T^3|\nabla T| = acT^4 = cE_R$$

不会超过其物理容许值 cE_R。

将辐射谱压强张量式(3.7.18)对光子频率积分,得到辐射压强张量

$$\boldsymbol{p}_R(\boldsymbol{r},t) = \frac{1}{3}\int d\nu E_\nu(\boldsymbol{r},t)\boldsymbol{I} = \frac{1}{3}aT^4\boldsymbol{I} \tag{3.7.27}$$

以上对光子频率积分得到的辐射场物理量 E_R、$\boldsymbol{F}_R$、$\boldsymbol{p}_R$ 完全由物质的温度场分布 $T(\boldsymbol{r},t)$ 和光子的 Rosseland 平均自由程 λ_R(与物质的温度 $T(\boldsymbol{r},t)$、密度 $\rho(\boldsymbol{r},t)$ 有关)决定,而物质的温度、密度场分布 $T(\boldsymbol{r},t)$,$\rho(\boldsymbol{r},t)$ 必须由计及辐射场的流体力学方程决定。

辐射输运方程的 $P-1$ 近似解仅在光厚条件下成立。

3.7.2 一维空间几何下辐射输运方程的解

对以吸收为主的介质,可以忽略光子的散射项,介质静止坐标系下光子输运方程式(3.6.6)变为

$$\frac{1}{c}\frac{\partial I_\nu}{\partial t} + \boldsymbol{\Omega}\cdot\nabla I_\nu = \mu'_a(B_\nu - I_\nu) \tag{3.7.28}$$

式中:$B_\nu = \dfrac{2h\nu^3}{c^2}\dfrac{1}{e^{h\nu/kT(\boldsymbol{R},t)} - 1}$为黑体辐射强度。解此辐射输运方程得出辐射强度 I

($\boldsymbol{\nu},\boldsymbol{\Omega}$),然后根据定义式(3.7.4)、式(3.7.5)和式(3.7.8)就可得辐射谱能量密度 $E_\nu(\boldsymbol{r},t)$、辐射谱能通量 $\boldsymbol{F}_\nu(\boldsymbol{r},t)$ 和辐射谱压强张量 $\boldsymbol{p}_\nu(\boldsymbol{r},t)$。

首先讨论一维平几何情况,然后将结论推广到球几何情况。设求解空间区域为 $R\in[0,R_s]$(图3-4),其中 R_s 表示求解区域的右边界,一维平几何情况下的定常辐射迁移方程为①

$$\mu\frac{\mathrm{d}I_\nu}{\mathrm{d}R}=\mu'_a(\nu)(B_\nu(T)-I_\nu) \tag{3.7.29}$$

式中:$\mu=\cos\theta=\boldsymbol{\Omega}\cdot\boldsymbol{e}_R$,$\boldsymbol{e}_R$ 为求解区域右边界的法向单位矢量。方程式(3.7.29)要定解需要给定边界条件 $I_\nu(R_s,\mu)$,$I_\nu(0,\mu)$。常见的有自由边界条件 $I_\nu(R_s,\mu<0)=0$,$I_\nu(0,\mu>0)=0$,或者反射边界条件 $I_\nu(0,\mu>0)=I_\nu(0,\mu<0)$。

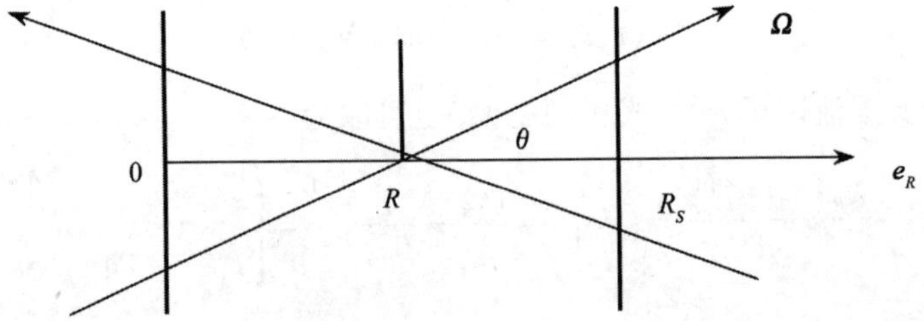

图3-4 一维辐射输运示意图

对空间区域$[0,R_s]$内的任一点 R,引入从 R 到区域右边界 R_s 的光学厚度 $\tau_\nu(R)$,即

$$\tau_\nu(R)=\int_R^{R_s}\mu'_a(\nu)\mathrm{d}R',\ \mathrm{d}\tau_\nu=-\mu'_a(\nu)\mathrm{d}R \tag{3.7.30}$$

光学厚度 $\tau_\nu(R)$ 实际上是$[R,R_s]$范围内包含的光子自由程数目。由于 $\tau_\nu(R)$ 与空间坐标 R 一一对应,这样就把空间坐标 R 换成了光学厚度 $\tau_\nu(R)$,则定常辐射输运方程式(3.7.29)变为

$$\frac{\mathrm{d}I_\nu}{\mathrm{d}\tau_\nu}-\frac{1}{\mu}I_\nu=-\frac{1}{\mu}B_\nu(T) \tag{3.7.31}$$

注意到线性微分方程 $\frac{\mathrm{d}y(t)}{\mathrm{d}t}+p(t)y(t)=q(t)$ 的解析解为

$$y(t)=\mathrm{e}^{-\int p(t)\mathrm{d}t}\left[\int\mathrm{d}t\,q(t)\,\mathrm{e}^{\int p(t)\mathrm{d}t}+c\right]$$

则式(3.7.31)的通解为

$$I_\nu(\tau_\nu,\mu)=c\mathrm{e}^{\tau_\nu/\mu}-\mathrm{e}^{\tau_\nu/\mu}\int^{\tau_\nu}\mathrm{d}\tau'_\nu\frac{B_\nu(T)}{\mu}\mathrm{e}^{-\tau'_\nu/\mu} \tag{3.7.32}$$

① 由于光速极快,在光子传播一个自由程这段极短时间内,一般物质状态都不会随时间有明显变化,因而,由物质状态决定的辐射强度可认为在该段时间间隔内不随时间变化。在多数辐射与流体力学耦合问题中,由于流体状态的变化率比较慢,定常条件总能满足。

其中待定参数 c 由辐射强度的边界条件决定。记

$$\tau_{\nu 0} = \int_0^{R_s} \mu'_a(\nu)\mathrm{d}R', \tau_{\nu s} = \int_{R_s}^{R_s} \mu'_a(\nu)\mathrm{d}R' = 0 \tag{3.7.33}$$

当 $\mu > 0$ 时，辐射强度的边界条件取 $\tau_\nu(R=0)=\tau_{\nu 0}$ 时的边界值 $I_\nu(\tau_{\nu 0},\mu>0)$，则

$$c = I_\nu(\tau_{\nu 0},\mu > 0)\mathrm{e}^{-\tau_{\nu 0}/\mu} + \int^{\tau_{\nu 0}} \mathrm{d}\tau'_\nu \frac{B_\nu(T)}{\mu}\mathrm{e}^{-\tau'_\nu/\mu} \tag{3.7.34}$$

故

$$I_\nu(\tau_\nu,\mu > 0) = I_\nu(\tau_{\nu 0},\mu > 0)\mathrm{e}^{-(\tau_{\nu 0}-\tau_\nu)/\mu} + \int_{\tau_\nu}^{\tau_{\nu 0}}\mathrm{d}\tau'_\nu \frac{B_\nu(T)}{\mu}\mathrm{e}^{-(\tau'_\nu-\tau_\nu)/\mu} \tag{3.7.35}$$

注意到

$$\mathrm{d}\tau'_\nu = -\mu'_a(\nu)\mathrm{d}R'$$

$$\tau_{\nu_0}(0) - \tau_\nu(R) = \int_0^{R_s}\mu'_a(\nu)\mathrm{d}R' - \int_R^{R_s}\mu'_a(\nu)\mathrm{d}R' = \int_0^R\mu'_a(\nu)\mathrm{d}R'$$

$$\tau'_\nu(R') - \tau_\nu(R) = \int_{R'}^{R_s}\mu'_a(\nu)\mathrm{d}R'' - \int_R^{R_s}\mu'_a(\nu)\mathrm{d}R'' = \int_{R'}^R\mu'_a(\nu)\mathrm{d}R''$$

代入到式(3.7.35)得空间位置 R 处的正向辐射强度为

$$I_\nu(R,\mu > 0) = I_\nu(0,\mu > 0)\exp\left[-\int_0^R\mu'_a(\nu)\mathrm{d}R'/\mu\right] + \int_0^R\mu'_a(\nu)B_\nu(T)\exp\left[-\int_{R'}^R\mu'_a(\nu)\mathrm{d}R''/\mu\right]\mathrm{d}R'/\mu \tag{3.7.36}$$

式(3.7.36)的物理意义很清楚，即处在空间区域 $[0,R_s]$ 中的某点 R 处的正向辐射强度等于两项之和，第一项为 $R=0$ 处的正向辐射强度经指数衰减后到达 R 处的贡献；第二项为区域 $[0,R]$ 中的某点 R' 处 $\mathrm{d}R'$ 内的 自发辐射功率面密度 $B_\nu(R')\mathrm{d}R'$ 与 $[R',R]$ 范围的衰减系数之积的累计。

特别地，$\mu=1$ 时空间位置 R 处的正向辐射强度为

$$I_\nu(R,\mu = 1) = I_\nu(0,\mu = 1)\exp\left[-\int_0^R\mu'_a(\nu)\mathrm{d}R'\right] + \int_0^R\mu'_a(\nu)B_\nu(T)\exp\left[-\int_{R'}^R\mu'_a(\nu)\mathrm{d}R''\right]\mathrm{d}R' \tag{3.7.37}$$

当 $\mu<0$ 时，边界条件取 $\tau_{\nu s}=\tau_\nu(R_s)=0$ 时的边界值 $I_\nu(\tau_{\nu s},\mu<0)$，则由式(3.7.32)，得参数 c 为

$$c = I_\nu(\tau_{\nu s},\mu < 0)\mathrm{e}^{-\tau_{\nu s}/\mu} + \int^{\tau_{\nu s}}\mathrm{d}\tau'_\nu \frac{B_\nu(T)}{\mu}\mathrm{e}^{-\tau'_\nu/\mu} \tag{3.7.38}$$

代入通解式(3.7.32)得

$$I_\nu(\tau_\nu,\mu<0)=I_\nu(\tau_{\nu s},\mu<0)\mathrm{e}^{(\tau_\nu-\tau_{\nu s})/\mu}-$$

$$\int_{\tau_{\nu s}}^{\tau_\nu}\mathrm{d}\tau'_\nu\frac{B_\nu(T)}{\mu}\mathrm{e}^{(\tau_\nu-\tau'_\nu)/\mu} \tag{3.7.39}$$

或

$$I_\nu(\tau_\nu,\mu<0)=I_\nu(\tau_{\nu s},\mu<0)\mathrm{e}^{-(\tau_\nu-\tau_{\nu s})/|\mu|}+$$

$$\int_{\tau_{\nu s}}^{\tau_\nu}\mathrm{d}\tau'_\nu\frac{B_\nu(T)}{|\mu|}\mathrm{e}^{-(\tau_\nu-\tau'_\nu)/|\mu|} \tag{3.7.40}$$

注意到

$$\mathrm{d}\tau'_\nu=-\mu'_a(\nu)\mathrm{d}R'$$

$$\tau_\nu(R)-\tau_{\nu S}(R_s)=\int_R^{R_s}\mu'_a(\nu)\mathrm{d}R'$$

$$\tau_\nu(R)-\tau'_\nu(R')=\int_R^{R_s}\mu'_a(\nu)\mathrm{d}R''-\int_{R'}^{R_s}\mu'_a(\nu)\mathrm{d}R''=\int_R^{R'}\mu'_a(\nu)\mathrm{d}R''$$

代入到式(3.7.39)、式(3.7.40)有空间位置 R 处的负向辐射强度为

$$I_\nu(R,\mu<0)=I_\nu(R_s,\mu<0)\exp\left[\int_R^{R_s}\mu'_a(\nu)\mathrm{d}R'/\mu\right]-$$

$$-\int_R^{R_s}\mu'_a(\nu)\mathrm{d}R'\frac{B_\nu(T)}{\mu}\exp\left[\int_R^{R'}\mu'_a(\nu)\mathrm{d}R''/\mu\right] \tag{3.7.41}$$

或

$$I_\nu(R,\mu<0)=I_\nu(R_s,\mu<0)\exp\left[-\int_R^{R_s}\mu'_a(\nu)\mathrm{d}R'/|\mu|\right]+$$

$$\int_R^{R_s}\mu'_a(\nu)B_\nu(T)\exp\left[-\int_R^{R'}\mu'_a(\nu)\mathrm{d}R''/|\mu|\right]\mathrm{d}R'/|\mu| \tag{3.7.42}$$

特别地，当 $\mu=-1$ 时空间位置 R 处的负向辐射强度为

$$I_\nu(R,-1)=I_\nu(R_s,-1)\exp\left[-\int_R^{R_s}\mu'_a(\nu)\mathrm{d}R'\right]+$$

$$\int_R^{R_s}\mu'_a(\nu)B_\nu(T)\exp\left[-\int_R^{R'}\mu'_a(\nu)\mathrm{d}R''\right]\mathrm{d}R' \tag{3.7.43}$$

根据辐射谱能流矢量的定义

$$\boldsymbol{F}_\nu=\int I_\nu\boldsymbol{\Omega}\mathrm{d}\Omega$$

它在 $\boldsymbol{e}_R$ 方向的分量为

$$F_\nu=\boldsymbol{F}_\nu\cdot\boldsymbol{e}_R=2\pi\int I_\nu\mu\mathrm{d}\mu=2\pi\int_{\mu>0}I_\nu\mu\mathrm{d}\mu+$$

$$2\pi\int_{\mu<0} I_\nu \mu \mathrm{d}\mu = f_\nu^+ - f_\nu^- \tag{3.7.44}$$

其中从左至右的正向能流为

$$f_\nu^+(R) = 2\pi\int_0^1 \mu \mathrm{d}\mu\, I_\nu(R,\mu>0) \tag{3.7.45}$$

从右至左的负向能流为

$$f_\nu^-(R) = -2\pi\int_{-1}^0 \mu \mathrm{d}\mu\, I_\nu(R,\mu<0) \tag{3.7.46}$$

式(3.7.35)和式(3.7.39)给出了辐射强度与角度的依赖关系,原则上将它们分别代入式(3.7.45)和式(3.7.46)就可知道空间点 R 处的正负向辐射能流,再由式(3.7.44)算出它们的差值就得空间点 R 处的净辐射能流。

下面求 一个空间网格左右边界正向辐射能流之间的关系 。

将式(3.7.35)代入式(3.7.45)得 R 处的正向辐射能流

$$f_\nu^+(R) = 2\pi\int_0^1 \mu \mathrm{d}\mu\, I_\nu(\tau_{\nu0},\mu>0)\mathrm{e}^{-(\tau_{\nu0}-\tau_\nu)/\mu} + 2\pi\int_0^1 \mathrm{d}\mu\int_{\tau_\nu}^{\tau_{\nu0}} \mathrm{d}\tau'_\nu B_\nu(\tau'_\nu)\mathrm{e}^{-(\tau'_\nu-\tau_\nu)/\mu} \tag{3.7.47}$$

当 $R=R_s$ 时,可由左边界的正向辐射强度求出右边界的正向辐射能流

$$f_\nu^+(R_s) = 2\pi\int_0^1 \mu \mathrm{d}\mu\, I_\nu(\tau_{\nu0},\mu>0)\mathrm{e}^{-(\tau_{\nu0}-\tau_{\nu s})/\mu} + 2\pi\int_0^1 \mathrm{d}\mu\int_{\tau_{\nu s}}^{\tau_{\nu0}} \mathrm{d}\tau'_\nu B_\nu(\tau'_\nu)\mathrm{e}^{-(\tau'_\nu-\tau_{\nu s})/\mu} \tag{3.7.48}$$

将求解区域限制在 $R\in[R_{j-1},R_j]$ 范围,则由式(3.7.48)可得出由左边界的正向辐射强度求右边界的正向辐射能流的公式

$$f_\nu^+(R_j) = 2\pi\int_0^1 \mu \mathrm{d}\mu\, I_\nu(\tau_{\nu,j-1},\mu>0)\mathrm{e}^{-(\tau_{\nu,j-1}-\tau_{\nu,j})/\mu} + 2\pi\int_0^1 \mathrm{d}\mu\int_{\tau_{\nu,j}}^{\tau_{\nu,j-1}} \mathrm{d}\tau'_\nu B_\nu(\tau'_\nu)\mathrm{e}^{-(\tau'_\nu-\tau_{\nu,j})/\mu} \tag{3.7.49}$$

在 $R'\in[R_{j-1},R_j]$ 范围,即在 $\tau_\nu(R') = \int_{R'}^{R_S}\mu'_a(\nu)\mathrm{d}R' \in [\tau_\nu(R_j),\tau_\nu(R_{j-1})]$ 范围内将 $B_\nu(\tau'_\nu)$ 在 $\tau_{\nu,j}=\tau_\nu(R_j)$ 处进行台劳展开

$$B_\nu(\tau'_\nu) = B_\nu(\tau_{\nu,j}) + \left(\frac{\partial B_\nu}{\partial \tau'_\nu}\right)_j(\tau'_\nu - \tau_{\nu,j}) \tag{3.7.50}$$

式中:$\tau'_\nu\in[\tau_{\nu,j},\tau_{\nu,j-1}]$,则式(3.7.49)第二项变为

$$\text{II} = 2\pi\int_0^1 \mathrm{d}\mu\int_{\tau_{\nu,j}}^{\tau_{\nu,j-1}} \mathrm{d}\tau'_\nu\Big[B_\nu(\tau_{\nu,j}) + \left(\frac{\partial B_{\nu\partial}\tau'}{\nu}\right)_j(\tau'_\nu-\tau_{\nu,j})\Big]\mathrm{e}^{-(\tau'_\nu-\tau_{\nu,j})/\mu} \tag{3.7.51}$$

注意到积分

$$\int_{\tau_{\nu,j}}^{\tau_{\nu,j-1}} d\tau'_\nu e^{-\tau'_\nu/\mu} = \mu(e^{-\tau_{\nu,j}/\mu} - e^{-\tau_{\nu,j-1}/\mu})$$

$$\int_{\tau_{\nu,j}}^{\tau_{\nu,j-1}} d\tau'_\nu \tau'_\nu e^{-\tau'_\nu/\mu} = \mu(\tau_{\nu,j} e^{-\tau_{\nu,j}/\mu} - \tau_{\nu,j-1} e^{-\tau_{\nu,j-1}/\mu}) + \mu^2(e^{-\tau_{\nu,j}/\mu} - e^{-\tau_{\nu,j-1}/\mu})$$

即

$$\int_{\tau_{\nu,j}}^{\tau_{\nu,j-1}} d\tau'_\nu e^{-(\tau'_\nu - \tau_{\nu,j})/\mu} = \mu(1 - e^{-\Delta\tau_{j-1/2}/\mu}) \qquad (\Delta\tau_{j-1/2} \equiv \tau_{\nu,j-1} - \tau_{\nu,j}) \tag{3.7.52}$$

$$\int_{\tau_{\nu,j}}^{\tau_{\nu,j-1}} d\tau'_\nu \tau'_\nu e^{-(\tau'_\nu - \tau_{\nu,j})/\mu} = \mu(\tau_{\nu,j} - \tau_{\nu,j-1} e^{-\Delta\tau_{j-1/2}/\mu}) + \mu^2(1 - e^{-\Delta\tau_{j-1/2}/\mu}) \tag{3.7.53}$$

将式(3.7.52)、式(3.7.53)代入式(3.7.51),可得

$$\mathrm{II} = \pi B_\nu(\tau_{\nu,j})\left(1 - 2\int_0^1 d\mu\, \mu e^{-\Delta\tau_{j-1/2}/\mu}\right) + \frac{2\pi}{3}\left(\frac{\partial B_\nu}{\partial \tau'_\nu}\right)_j \left(1 - 3\Delta\tau_{\nu,j-1/2}\int_0^1 d\mu\, \mu e^{-\Delta\tau_{j-1/2}/\mu} - 3\int_0^1 d\mu\, \mu^2 e^{-\Delta\tau_{j-1/2}/\mu}\right) \tag{3.7.54}$$

利用指数积分

$$E_n(y) = \int_1^\infty e^{-yu}\frac{du}{u^n} = y^{n-1}\int_y^\infty e^{-x}\frac{dx}{x^n} = \int_0^1 e^{-y/w} w^{n-2} dw$$

式(3.7.54)变为

$$\mathrm{II} = \pi B_\nu(\tau_{\nu,j})(1 - 2E_3(\Delta\tau_{j-1/2})) + \frac{2\pi}{3}\left(\frac{\partial B_\nu}{\partial \tau'_\nu}\right)_j (1 - 3\Delta\tau_{j-1/2}E_3(\Delta\tau_{j-1/2}) - 3E_4(\Delta\tau_{j-1/2})) \tag{3.7.55}$$

再看式(3.7.49)右边第一项。取左边界辐射强度随角度线性变化

$$I_\nu(\tau_{\nu,j-1}, \mu > 0) = B_\nu(\tau_{\nu,j-1}) + \begin{pmatrix} I_\nu(\tau_{\nu,j-1}, \mu = 1) \\ - B_\nu(\tau_{\nu,j-1}) \end{pmatrix} \mu, \mu \in [0,1] \tag{3.7.56}$$

则式(3.7.49)右边第一项为

$$\mathrm{I} = 2\pi B_\nu(\tau_{\nu,j-1})E_3(\Delta\tau_{j-1/2}) + 2\pi[I_\nu(\tau_{\nu,j-1})_{\mu=1} - B_\nu(\tau_{\nu,j-1})]E_4(\Delta\tau_{j-1/2}) \tag{3.7.57}$$

另一方面,将式(3.7.56)代入到从左至右的正向能流定义式(3.7.45),得

$$f_\nu^+(R_{j-1}) = 2\pi\int_0^1 \mu d\mu\, I_\nu(R_{j-1}, \mu > 0) =$$

$$\pi B_\nu(\tau_{\nu,j-1}) + \frac{2\pi}{3}[I_\nu(\tau_{\nu,j-1})_{\mu=1} - B_\nu(\tau_{\nu,j-1})]$$

即

$$\frac{2\pi}{3}(I_\nu(\tau_{\nu,j-1})_{\mu=1} - B_\nu(\tau_{\nu,j-1}))$$
$$= f_\nu^+(R_{j-1}) - \pi B_\nu(\tau_{\nu,j-1}) \tag{3.7.58}$$

将式(3.7.58)代入式(3.7.57)得

$$\mathrm{I} = \pi B_\nu(\tau_{\nu,j-1})(2E_3(\Delta\tau_{j-1/2}) - 3E_4(\Delta\tau_{j-1/2})) + 3f_\nu^+(R_{j-1})E_4(\Delta\tau_{j-1/2}) \tag{3.7.59}$$

将式(3.7.55)、式(3.7.59)代入式(3.7.49),得

$$f_\nu^+(R_j) = 3f_\nu^+(R_{j-1})E_4(\Delta\tau_{j-1/2}) + \pi B_\nu(\tau_{\nu,j-1})(2E_3(\Delta\tau_{j-1/2}) - 3E_4(\Delta\tau_{j-1/2})) + \pi B_\nu(\tau_{\nu,j})(1 - 2E_3(\Delta\tau_{j-1/2})) + \frac{2\pi}{3}\left(\frac{\partial B_\nu}{\partial \tau'_\nu}\right)_j (1 - 3\Delta\tau_{j-1/2}E_3(\Delta\tau_{j-1/2}) - 3E_4(\Delta\tau_{j-1/2})) \tag{3.7.60}$$

其中①

$$E_3(\Delta\tau_{j-1/2}) = \int_0^1 e^{-\Delta\tau_{j-1/2}/w} w\,dw \approx \frac{1}{2}e^{-\frac{3}{2}\Delta\tau_{j-1/2}}$$

$$E_4(\Delta\tau_{j-1/2}) = \int_0^1 e^{-\Delta\tau_{j-1/2}/w} w^2\,dw \approx \frac{1}{3}e^{-\frac{3}{2}\Delta\tau_{j-1/2}}$$

故有由空间网格 $R \in [R_{j-1}, R_j]$ 左边界的正向辐射能流求右边界的正向辐射能流的实用递推公式为

$$f_\nu^+(R_j) = f_\nu^+(R_{j-1})\exp\left(-\frac{3}{2}\Delta\tau_{j-1/2}\right) + \pi B_\nu(\tau_{\nu,j})\left[1 - \exp\left(-\frac{3}{2}\Delta\tau_{j-1/2}\right)\right] + \frac{2\pi}{3}\left(\frac{\partial B_\nu}{\partial \tau'_\nu}\right)_j \left[1 - \left(1 + \frac{3}{2}\Delta\tau_{j-1/2}\right)\exp\left(-\frac{3}{2}\Delta\tau_{j-1/2}\right)\right]$$
$$(j = 1, 2, \cdots J-1, J) \tag{3.7.61}$$

式中:$\Delta\tau_{j-1/2} \equiv \tau_{\nu,j-1} - \tau_{\nu,j} = \int_{R_{j-1}}^{R_j} \mu'_a(\nu)\,dR'$ 系频率为 ν 的光子在第 j 个空间网格 $R \in [R_{j-1}, R_j]$ 内的自由程个数。

下面求 一个空间网格 $R \in [R_j, R_{j+1}]$ 左右边界负向辐射能流之间的关系。

---

① 设在 $\mu \in (0,1)$ 区间内,光子方向处在 $\mu \to \mu + d\mu$ 范围内的概率为 $f(\mu)d\mu = A\mu d\mu$,则 μ 的平均值可取 $\bar{\mu} = \int_0^1 \mu f(\mu)d\mu = 2/3$。

将式(3.7.39)代入式(3.7.46)得 R 处的负向辐射能流为

$$f_\nu^-(R) = -2\pi\int_{-1}^{0}\mu d\mu\, I_\nu(\tau_{\nu s},\mu<0)e^{(\tau_\nu-\tau_{\nu s})/\mu} + 2\pi\int_{-1}^{0}d\mu\int_{\tau_{\nu s}}^{\tau_\nu}d\tau'_\nu B_\nu(\tau')e^{(\tau_\nu-\tau'_\nu)/\mu} \quad (3.7.62)$$

当 $R=0$ 时，可由区域 $R\in[0,R_s]$ 右边界的负向辐射强度求出左边界的负向辐射能流为

$$f_\nu^-(0) = -2\pi\int_{-1}^{0}\mu d\mu\, I_\nu(\tau_{\nu s},\mu<0)e^{(\tau_{\nu 0}-\tau_{\nu s})/\mu} + 2\pi\int_{-1}^{0}d\mu\int_{\tau_{\nu s}}^{\tau_{\nu 0}}d\tau'_\nu B_\nu(\tau'_\nu)e^{(\tau_{\nu 0}-\tau'_\nu)/\mu} \quad (3.7.63)$$

将求解区域限制在 $R\in[R_j,R_{j+1}]$ 范围，则可由右边界的负向辐射强度求出左边界的负向辐射能流，即

$$f_\nu^-(R_j) = -2\pi\int_{-1}^{0}\mu d\mu\, I_\nu(\tau_{\nu,j+1},\mu<0)e^{\Delta\tau_{j+1/2}/\mu} + 2\pi\int_{-1}^{0}d\mu\int_{\tau_{\nu,j+1}}^{\tau_{\nu,j}}d\tau'_\nu B_\nu(\tau'_\nu)e^{(\tau_{\nu,j}-\tau'_\nu)/\mu} \quad (3.7.64)$$

式中：$\Delta\tau_{j+1/2}\equiv\tau_{\nu,j}-\tau_{\nu,j+1}=\int_{R_j}^{R_{j+1}}\mu'_{a\nu}(R)dR$ 为网格 $R\in[R_j,R_{j+1}]$ 的光学厚度。在 $R'\in[R_j,R_{j+1}]$ 范围，也即 $\tau_\nu(R')=\int_{R'}^{R_S}\mu'_{a\nu}(R)dR\in[\tau_\nu(R_{j+1}),\tau_\nu(R_j)]$ 范围内将 $B_\nu(\tau'_\nu)$ 在 $\tau_{\nu,j}=\tau_\nu(R_j)$ 处进行台劳展开

$$B_\nu(\tau'_\nu)=B_\nu(\tau_{\nu,j})+\left(\frac{\partial B_\nu}{\partial\tau'_\nu}\right)_j(\tau'_\nu-\tau_{\nu,j}) \quad (3.7.65)$$

式中：$\tau'_\nu\in[\tau_{\nu,j+1},\tau_{\nu,j}]$，则式(3.7.64)右边第二项变为

$$\mathrm{II} = 2\pi\int_{-1}^{0}d\mu\int_{\tau_{\nu,j+1}}^{\tau_{\nu,j}}d\tau'_\nu\left(B_\nu(\tau_{\nu,j})+\left(\frac{\partial B_\nu}{\partial\tau'_\nu}\right)_j(\tau'_\nu-\tau_{\nu,j})\right)e^{(\tau_{\nu,j}-\tau'_\nu)/\mu} \quad (3.7.66)$$

注意到积分

$$\int_{\tau_{\nu,j+1}}^{\tau_{\nu,j}}d\tau'_\nu e^{-\tau'_\nu/\mu}=\mu(e^{-\tau_{\nu,j+1}/\mu}-e^{-\tau_{\nu,j}/\mu})$$

$$\int_{\tau_{\nu,j+1}}^{\tau_{\nu,j}}d\tau'_\nu\tau'_\nu e^{-\tau'_\nu/\mu}=\mu(\tau_{\nu,j+1}e^{-\tau_{\nu,j+1}/\mu}-\tau_{\nu,j}e^{-\tau_{\nu,j}/\mu})+\mu^2(e^{-\tau_{\nu,j+1}/\mu}-e^{-\tau_{\nu,j}/\mu})$$

即

$$\int_{\tau_{\nu,j+1}}^{\tau_{\nu,j}}d\tau'_\nu e^{\frac{\tau_{\nu,j}-\tau'_\nu}{\mu}}=\mu(e^{\Delta\tau_{j+1/2}/\mu}-1)\quad(\Delta\tau_{j+1/2}\equiv\tau_{\nu,j}-\tau_{\nu,j+1}) \quad (3.7.67)$$

$$\int_{\tau_{\nu,j+1}}^{\tau_{\nu,j}}d\tau'_\nu\tau'_\nu e^{\frac{\tau_{\nu,j}-\tau'_\nu}{\mu}}=\mu(\tau_{\nu,j+1}e^{\Delta\tau_{j+1/2}/\mu}-\tau_{\nu,j})+\mu^2(e^{\Delta\tau_{j+1/2}/\mu}-1) \quad (3.7.68)$$

将式(3.7.67)、式(3.7.68)代入式(3.7.66),可得

$$\text{II} = \pi B_\nu(\tau_{\nu,j})\left(1 - 2\int_0^1 \mathrm{d}\mu'\,\mu' \mathrm{e}^{-\Delta\tau_{j+1/2}/\mu'}\right) - \frac{2\pi}{3}\left(\frac{\partial B_\nu}{\partial \tau'_\nu}\right)_j$$

$$\left(1 - 3\Delta\tau_{j+1/2}\int_0^1 \mathrm{d}\mu'\,\mu' \mathrm{e}^{-\Delta\tau_{j+1/2}/\mu'} - 3\int_0^1 \mathrm{d}\mu'\,\mu'^2 \mathrm{e}^{-\Delta\tau_{j+1/2}/\mu'}\right) \quad (3.7.69)$$

利用指数积分,式(3.7.69) 变为

$$\text{II} = \pi B_\nu(\tau_{\nu,j})[1 - 2E_3(\Delta\tau_{j+1/2})] - \frac{2\pi}{3}\left(\frac{\partial B_\nu}{\partial \tau'_\nu}\right)_j$$

$$[1 - 3\Delta\tau_{j+1/2}E_3(\Delta\tau_{j+1/2}) - 3E_4(\Delta\tau_{j+1/2})] \quad (3.7.70)$$

再看式(3.7.64)右边第一项。取网格 $R \in [R_j, R_{j+1}]$ 右边界辐射强度随角度线性变化

$$I_\nu(R_{j+1}, \mu<0) = B_\nu(R_{j+1}) - (I_\nu(R_{j+1})_{\mu=-1} - B_\nu(R_{j+1}))\mu, \quad \mu \in [-1, 0] \quad (3.7.71)$$

则式(3.7.64)第一项为

$$I = 2\pi B_\nu(\tau_{\nu,j+1})E_3(\Delta\tau_{j+1/2}) + 2\pi(I_\nu(R_{j+1})_{\mu=-1} - B_\nu(\tau_{\nu,j+1}))E_4(\Delta\tau_{j+1/2}) \quad (3.7.72)$$

另一方面,将式(3.7.71)代入到从右至左的负向能流定义式(3.7.46),得

$$\frac{2\pi}{3}(I_\nu(R_{j+1})_{\mu=-1} - B_\nu(R_{j+1})) = f_\nu^-(R_{j+1}) - \pi B_\nu(R_{j+1}) \quad (3.7.73)$$

将式(3.7.73)代入式(3.7.72),得

$$I = f_\nu^-(R_{j+1})3E_4(\Delta\tau_{j+1/2}) + \pi B_\nu(\tau_{\nu,j+1})$$

$$[2E_3(\Delta\tau_{j+1/2}) - 3E_4(\Delta\tau_{j+1/2})] \quad (3.7.74)$$

将式(3.7.70)、式(3.7.74)代入式(3.7.64),得

$$f_\nu^-(R_j) = 3f_\nu^-(R_{j+1})E_4(\Delta\tau_{j+1/2}) + \pi B_\nu(\tau_{\nu,j+1})$$

$$[2E_3(\Delta\tau_{j+1/2}) - 3E_4(\Delta\tau_{j+1/2})] + \pi B_\nu(\tau_{\nu,j})$$

$$[1 - 2E_3(\Delta\tau_{j+1/2})] - \frac{2\pi}{3}\left(\frac{\partial B_\nu}{\partial \tau'_\nu}\right)_j [1 - 3\Delta\tau_{j+1/2}$$

$$E_3(\Delta\tau_{j+1/2}) - 3E_4(\Delta\tau_{j+1/2})] \quad (3.7.75)$$

其中

$$E_3(\Delta\tau_{j+1/2}) = \int_0^1 \mathrm{e}^{-\Delta\tau_{j+1/2}/w} w\,\mathrm{d}w \approx \frac{1}{2}\mathrm{e}^{-\frac{3}{2}\Delta\tau_{j+1/2}}$$

$$E_4(\Delta\tau_{j+1/2}) = \int_0^1 \mathrm{e}^{-\Delta\tau_{j+1/2}/w} w^2\,\mathrm{d}w \approx \frac{1}{3}\mathrm{e}^{-\frac{3}{2}\Delta\tau_{j+1/2}}$$

故由空间网格 $R \in [R_j, R_{j+1}]$ 右边界的负向辐射能流求左边界的负向辐射能流的

实用递推公式为

$$f_\nu^-(R_j)=f_\nu^-(R_{j+1})\exp\left(-\frac{3}{2}\Delta\tau_{j+1/2}\right)+$$

$$\pi B_\nu(\tau_{\nu,j})\left[1-\exp\left(-\frac{3}{2}\Delta\tau_{j+1/2}\right)\right]-\frac{2\pi}{3}\left(\frac{\partial B_\nu}{\partial\tau'_\nu}\right)_j$$

$$\left[1-\left(1+\frac{3}{2}\Delta\tau_{j+1/2}\right)\exp\left(-\frac{3}{2}\Delta\tau_{j+1/2}\right)\right]$$

$$(j=J-1,J-2,J-3,\cdots1,0) \tag{3.7.76}$$

式中：$\Delta\tau_{j+1/2}\equiv\tau_{\nu,j}-\tau_{\nu,j+1}=\int_{R_j}^{R_{j+1}}\mu'_{a\nu}(R)\,\mathrm{d}R$ 系频率为 ν 的光子在第 $j+1$ 个空间网格 $R\in[R_j,R_{j+1}]$ 内的自由程个数，称为网格的光学厚度。

求出 $\boldsymbol{e}_R$ 方向各空间网格点 R_j 处的正负向能流后，则空间离散点 R_j 处的净辐射能流为

$$F_\nu(R_j)=f_\nu^+(R_j)-f_\nu^-(R_j)\qquad(j=0,1,2,\cdots,J) \tag{3.7.77}$$

必须指出，计算各网格点上的净辐射能流的公式(3.7.61)、式(3.7.76)和式(3.7.77)不论对光厚介质还是对光薄介质，都是成立的。例如，对光学厚介质，由于物质对光子的等效吸收系数很大，故各空间网格内所含光子自由程个数(光学厚度)$\Delta\tau_{j\pm1/2}\gg1$，即 $\exp(-3\Delta\tau_{j\pm1/2}/2)\approx0$，则由式(3.7.61)、式(3.7.76)有

$$f_\nu^+(R_j)=\pi B_\nu(\tau_{\nu,j})+\frac{2\pi}{3}\left(\frac{\partial B_\nu}{\partial\tau'_\nu}\right)_j$$

$$f_\nu^-(R_j)=\pi B_\nu(\tau_{\nu,j})-\frac{2\pi}{3}\left(\frac{\partial B_\nu}{\partial\tau'_\nu}\right)_j$$

从而由式(3.7.77)得空间离散点 $R_j(j=0,1,2,\cdots,J)$ 处的净辐射能流为

$$F_\nu(R_j)=\frac{4\pi}{3}\left(\frac{\partial B_\nu}{\partial\tau'_\nu}\right)=-\frac{4\pi}{3\mu'_a(\nu)}\left(\frac{\partial B_\nu}{\partial R}\right)\bigg|_{R_j}=$$

$$-\frac{4\pi}{3\mu'_a(\nu)}\left(\frac{\partial B_\nu}{\partial T}\boldsymbol{e}_R\cdot\nabla T\right)\bigg|_{R_i} \tag{3.7.78a}$$

即

$$\boldsymbol{F}_\nu=-\frac{4\pi}{3\mu'_a(\nu)}\frac{\partial B_\nu}{\partial T}\nabla T=-\frac{4\pi}{3\mu'_a(\nu)}\nabla B_\nu(T) \tag{3.7.78b}$$

这就是辐射能流的扩散近似($P-1$ 近似)式(3.7.17)。因此，仅当物质是光厚介质时，计算辐射能流时才可使用扩散近似，否则，对光薄介质，扩散近似就不能使用。

对于一维球对称几何情况，只需在各网格点能流前乘上相应的几何因子 R^2 即可。

根据辐射能量谱密度的定义和辐射强度计算式(3.7.35)和式(3.7.39)，假设

系统左右边界没有入射的辐射强度，则有空间任意点 $R \in [R_0, R_s]$ 辐射能量谱密度为

$$E_\nu(R) = \frac{1}{c}\int_{4\pi} I_\nu(R,\mu)\,\mathrm{d}\Omega = \frac{2\pi}{c}\left[\int_0^1 I_\nu(R,\mu>0)\,\mathrm{d}\mu + \int_{-1}^0 I_\nu(R,\mu<0)\,\mathrm{d}\mu\right] =$$

$$\frac{2\pi}{c}\left[\int_0^1 \mathrm{d}\mu \int_{\tau_\nu}^{\tau_{\nu 0}} \mathrm{d}\tau'_\nu \frac{B_\nu(T')}{\mu} \mathrm{e}^{-(\tau'_\nu-\tau_\nu)/\mu} - \int_{-1}^0 \mathrm{d}\mu \int_{\tau_{\nu s}}^{\tau_\nu} \mathrm{d}\tau'_\nu \frac{B_\nu(T')}{\mu} \mathrm{e}^{(\tau_\nu-\tau'_\nu)/\mu}\right] =$$

$$\frac{2\pi}{c}\left[\int_{\tau_\nu}^{\tau_{\nu 0}} \mathrm{d}\tau'_\nu B_\nu(\tau'_\nu) \int_0^1 \frac{\mathrm{d}\mu}{\mu} \mathrm{e}^{-(\tau'_\nu-\tau_\nu)/\mu} + \int_{\tau_{\nu s}}^{\tau_\nu} \mathrm{d}\tau'_\nu B_\nu(\tau'_\nu) \int_0^1 \frac{\mathrm{d}\mu}{\mu} \mathrm{e}^{-(\tau_\nu-\tau'_\nu)/\mu}\right]$$

利用指数函数 $E_1(y) = \int_0^1 \mathrm{e}^{-y/w} \frac{\mathrm{d}w}{w}$，则有

$$E_\nu(R) = \frac{2\pi}{c}\left[\int_{\tau_\nu}^{\tau_{\nu 0}} \mathrm{d}\tau'_\nu B_\nu(\tau'_\nu) E_1(\tau'_\nu - \tau_\nu) + \int_{\tau_{\nu s}}^{\tau_\nu} \mathrm{d}\tau'_\nu B_\nu(\tau'_\nu) E_1(\tau_\nu - \tau'_\nu)\right]$$

若不计正、负向辐射强度与方向余弦 μ 的依赖关系，则有辐射的谱能量密度

$$E_\nu(R) = \frac{2\pi}{c}\left[\int_0^1 I_\nu(R,\mu>0)\,\mathrm{d}\mu + \int_{-1}^0 I_\nu(R,\mu<0)\,\mathrm{d}\mu\right] =$$

$$\frac{2\pi}{c}\left[\int_0^1 I_\nu^+(R)\,\mathrm{d}\mu + \int_{-1}^0 I_\nu^-(R)\,\mathrm{d}\mu\right] = \frac{2\pi}{c}[I_\nu^+(R) + I_\nu^-(R)] =$$

$$\frac{2}{c}[f_\nu^+(R) + f_\nu^-(R)]$$

其中

$$\text{正向能流} f_\nu^+(R) = 2\pi\int_0^1 \mu\mathrm{d}\mu\, I_\nu(R,\mu>0) = 2\pi\int_0^1 \mu\mathrm{d}\mu\, I_\nu^+(R) = \pi I_\nu^+(R)$$

$$\text{负向能流} f_\nu^-(R) = -2\pi\int_{-1}^0 \mu\mathrm{d}\mu\, I_\nu(R,\mu<0) = -2\pi\int_{-1}^0 \mu\mathrm{d}\mu\, I_\nu^-(R) = \pi I_\nu^-(R)$$

对光厚介质

$$f_\nu^+(R_j) = \pi B_\nu(\tau_{\nu,j}) + \frac{2\pi}{3}\left(\frac{\partial B_\nu}{\partial \tau'_\nu}\right)_j,\quad f_\nu^-(R_j) = \pi B_\nu(\tau_{\nu,j}) - \frac{2\pi}{3}\left(\frac{\partial B_\nu}{\partial \tau'_\nu}\right)_j$$

故有辐射谱能量密度

$$E_\nu(R_j) = \frac{4\pi}{c} B_\nu(R_j)$$

对光子频率积分，注意到

$$\int_0^\infty B_\nu(T)\,\mathrm{d}\nu = \frac{\sigma \cdot T^4}{\pi}$$

式中：$\sigma = \frac{\pi^4}{15}\frac{2\pi k^4}{h^3 c^2}$ 为 Stefan – Boltzmann 常数，则辐射能量密度为

$$E_R(R_j) = \frac{4\pi}{c}\frac{\sigma T_j^4}{\pi} = aT_j^4$$

其中

$$a = 4\sigma/c = \frac{8\pi^5 k^4}{15h^3c^3} = 7.56 \times 10^{-3}\left[\frac{10^{12}\,\mathrm{erg}}{(10^6\mathrm{K})^4\mathrm{cm}^3}\right]$$

3.7.3 辐射能流的灰体近似

注意到

$$B_\nu(T) = \frac{2h\nu^3}{c^2}\frac{1}{e^{h\nu/kT}-1}, \quad B(T) = \int_0^\infty B_\nu(T)\mathrm{d}\nu = \frac{\sigma \cdot T^4}{\pi} \tag{3.7.79}$$

其中 $\sigma = \frac{\pi^4 2\pi k^4}{15\,h^3c^2}$,式(3.7.61)、式(3.7.76)、式(3.7.77)两边对频率积分,则有

$$f_j^+ = f_{j-1}^+ Z_{j-1/2}^+ + \sigma T_j^4(1 - A_{j-1/2}) + \frac{2}{3}\left(\frac{\partial(\sigma T^4)}{\partial\tau}\right)_j W_{j-1/2} \tag{3.7.80}$$

$$f_j^- = f_{j+1}^- Z_{j+1/2}^- + \sigma T_j^4(1 - A_{j+1/2}) - \frac{2}{3}\left(\frac{\partial(\sigma T^4)}{\partial\tau}\right)_j W_{j+1/2} \tag{3.7.81}$$

$$F_j = f_j^+ - f_j^-$$

其中

$$f_j^\pm = \int_0^\infty \mathrm{d}\nu\, f_\nu^\pm(R_j) \tag{3.7.82}$$

$$Z_{j\mp1/2}^\pm = \frac{1}{F_{j\mp1}^\pm}\int \mathrm{d}\nu f_{\nu,j\mp1}^{\pm}\exp\left(-\frac{3}{2}\Delta\tau_{\nu,j\mp1/2}\right) \tag{3.7.83}$$

$$A_{j\mp1/2} = \frac{1}{\sigma T_j^4/\pi}\int \mathrm{d}\nu B_{\nu,j}\exp\left(-\frac{3}{2}\Delta\tau_{\nu,j\mp1/2}\right) \tag{3.7.84}$$

$$\left(\frac{\partial(\sigma T^4)}{\partial\tau}\right)_j W_{j\mp1/2} = \pi\int \mathrm{d}\nu\left(\frac{\partial B_\nu}{\partial\tau_\nu}\right)_j \begin{bmatrix} 1-\left(1+\frac{3}{2}\Delta\tau_{\nu,j\mp1/2}\right) \\ \exp\left(-\frac{3}{2}\Delta\tau_{\nu,j\mp1/2}\right)\end{bmatrix} \tag{3.7.85}$$

$$\Delta\tau_{\nu,j-1/2} = \int_{R\,j-1}^{R_j}\mu'_a(\nu)\mathrm{d}R' ,\ \Delta\tau_{\nu,j+1/2} = \int_{R_j}^{R_{j+1}}\mu'_{a\nu}(R)\mathrm{d}R$$

从式(3.7.84)、式(3.7.85)可以看出,$A_{j\mp1/2}$、$W_{i\mp1/2}$只依赖当地的温度和密度,不依赖于未知的光辐射能流的频谱分布,故可以根据流体密度和温度准确地计算出来 。实际计算时可取

$$A_{j\mp1/2} = \exp\left[-\frac{3}{2}\frac{\Delta R_{j\mp1/2}}{\lambda_{j\mp1/2}^P}\right] \tag{3.7.86}$$

$$W_{j\mp1/2} = 1 - \left(1 + \frac{3}{2}\frac{\Delta R_{j\mp1/2}}{\lambda_{j\mp1/2}^P}\right)A_{j\mp1/2} \tag{3.7.87}$$

$$\left(\frac{\partial(\sigma T^4)}{\partial\tau}\right)_j = -\left(\frac{1}{\mu^R}\frac{\partial(\sigma T^4)}{\partial R}\right)_j = \frac{\sigma T_{j-1/2}^4 - \sigma T_{j+1/2}^4}{\frac{1}{2}\left[\frac{\Delta R_{j-1/2}}{\lambda_{j-1/2}^R} + \frac{\Delta R_{j+1/2}}{\lambda_{j+1/2}^R}\right]} \tag{3.7.88}$$

而从式(3.7.83)中可以看出 $Z_{j\mp1/2}^{\pm}$与各网格中点未知的正负向光辐射能流的频谱分布$f_{\nu}^{\pm}(R_{j\mp1/2})$有关,其计算值要根据实际情况仔细考虑 。在光厚条件下,可取

$$Z_{j\mp1/2}^{\pm}=A_{j\mp1/2}=\exp\left[-\frac{3}{2}\frac{\Delta R_{j\mp1/2}}{\lambda_{j\mp1/2}^{P}}\right]\approx 0,W_{j\mp1/2}\approx 1$$

$$\left(\frac{\partial(\sigma T^4)}{\partial\tau}\right)_j=-\left(\frac{1}{\mu^R}\frac{\partial(\sigma T^4)}{\partial R}\right)_j$$

式(3.7.80)、式(3.7.81)变为

$$f_j^+=\sigma T_j^4+\frac{2}{3}\left(\frac{\partial(\sigma T^4)}{\partial\tau}\right)_j$$

$$f_j^-=\sigma T_j^4-\frac{2}{3}\left(\frac{\partial(\sigma T^4)}{\partial\tau}\right)_j$$

$$f_j=f_j^+-f_j^-=-\frac{4}{3\mu^R}\frac{\partial(\sigma T^4)}{\partial R}\bigg|_{R_j}=-\frac{1}{3}c\lambda_R(R_j)\nabla(aT^4)\big|_{R_j}\tag{3.7.89}$$

即空间某点的辐射能流 F_j 趋近扩散近似式(3.7.25)。

3.7.4 辐射能流的多群近似

将光子频率$\nu\in[\nu_L,\nu_H]$分成G个细群,其中第g群的范围为$[\nu_{g-1},\nu_g]$,将式(3.7.61)和式(3.7.76)作积分$\int_{g-1}^{g}\mathrm{d}\nu$,考虑到$\nu\in[\nu_{g-1},\nu_g]$时,有

$$\Delta\tau_{\nu,j-1/2}=\int_{R_{j-1}}^{R_j}\mu'_a(\nu)dR=\mu'^{\,j-1/2}_{a,g}\Delta R_{j-1/2}\equiv\Delta\tau_{g,j-1/2}\tag{3.7.90}$$

$$\Delta\tau_{\nu,j+1/2}=\int_{R_j}^{R_{j+1}}\mu'_a(\nu)dR=\mu'^{\,j+1/2}_{a,g}\Delta R_{j+1/2}\equiv\Delta\tau_{g,j+1/2}\tag{3.7.91}$$

得

$$\begin{aligned}f_g^+(R_j)&=f_g^+(R_{j-1})\mathrm{e}^{-\frac{3}{2}\Delta\tau_{g,j-1/2}}+\\&\pi B_g(R_j)[1-\mathrm{e}^{-\frac{3}{2}\Delta\tau_{g,j-1/2}}]-\frac{2\pi}{3\mu'_{a,g}(R_j)}\left(\frac{\partial B_g}{\partial R}\right)_j\\&\left[1-\left(1+\frac{3}{2}\Delta\tau_{g,j-1/2}\right)\mathrm{e}^{-\frac{3}{2}\Delta\tau_{g,j-1/2}}\right]\end{aligned}\tag{3.7.92}$$

$$(j=1,2,\cdots J-1,J;g=1,2,\cdots,G)$$

$$\begin{aligned}f_g^-(R_j)&=f_g^-(R_{j+1})\mathrm{e}^{-\frac{3}{2}\Delta\tau_{g,j+1/2}}+\\&\pi B_g(R_j)[1-\mathrm{e}^{-\frac{3}{2}\Delta\tau_{g,j+1/2}}]+\frac{2\pi}{3\mu'_{a,g}(R_j)}\left(\frac{\partial B_g}{\partial R}\right)_j\left[1-\left(1+\frac{3}{2}\Delta\tau_{g,j+1/2}\right)\mathrm{e}^{-\frac{3}{2}\Delta\tau_{g,j+1/2}}\right]\end{aligned}\tag{3.7.93}$$

$$(j=J-1,J-2,J-3,\cdots,1,0;g=1,2,\cdots,G)$$

其中

$$\frac{1}{\mu'_{a,g}(R_j)} = \frac{1}{B_g}\int_{g-1}^{g} \frac{B_\nu \mathrm{d}\nu}{\mu'_a(\nu,\rho_j,T_j)} \tag{3.7.94}$$

为物质对第 g 群光子的等效吸收系数的倒数(即平均自由程),且

$$B_g(T) \equiv \int_{g-1}^{g} \mathrm{d}\nu\, B_\nu(T) = \int_{g-1}^{g} \mathrm{d}\nu \frac{2h\nu^3}{c^2}\frac{1}{\mathrm{e}^{h\nu/kT}-1} =$$

$$\frac{2\pi k^4}{h^3c^2}\cdot\frac{T^4}{\pi}\int_{x_{g-1}}^{x_g}\frac{x^3\mathrm{d}x}{\mathrm{e}^x-1} = \frac{2\pi k^4}{h^3c^2}\cdot\frac{T^4}{\pi}[\sigma(x_g)-\sigma(x_{g-1})] \tag{3.7.95}$$

这里,$x_g = \dfrac{h\nu_g}{kT}$,而

$$\sigma(y) = \int_0^y \frac{u^3\mathrm{d}u}{\mathrm{e}^u-1} = \begin{cases} y^3\left(\dfrac{1}{3}-\dfrac{y}{8}+\dfrac{y^2}{62.4}\right) & (y \leqslant 2) \\ 6.4939-\mathrm{e}^{-y}(y^3+3y^2+6y+7.28) & (y>2) \end{cases} \tag{3.7.96}$$

$$\sigma(0) = 0$$

$$\sigma(\infty) = \pi^4/15 = 6.4939$$

实际计算时,在式(3.7.97)和式(3.7.98)中取

$$\begin{cases} B_g(R_j) = \dfrac{1}{2}[B_g(R_{j-1/2})+B_g(R_{j+1/2})] \\ \dfrac{1}{\mu'_{a,g}(R_j)}\left(\dfrac{\partial B_g}{\partial R}\right) = \dfrac{B_{g,j+1/2}-B_{g,j-1/2}}{\dfrac{1}{2}[\mu'_{a,g}(R_{j+1/2})\Delta R_{j+1/2}+\mu'_{a,g}(R_{j-1/2})\Delta R_{j-1/2}]} \end{cases}$$

即将辐射能流 $f_g^{\pm}(R_j)$ 取在网格的节点上,群吸收系数 $(\mu'_a)_g(\rho,T)$ 和 $B_g(T)$ 取在网格的中心,$\Delta R_{j-1/2} = R_j - R_{j-1}$ 为第 j 个网格的长度。

$\boldsymbol{e}_R$ 方向空间离散点 $R_j(j=0,1,2,\cdots,J)$ 处第 g 群光子的净辐射能流为

$$F_g(R_j) = f_g^+(R_j) - f_g^-(R_j) \tag{3.7.97}$$

$\boldsymbol{e}_R$ 方向空间离散点 $R_j(j=0,1,2,\cdots J)$ 处的净(灰色)辐射能流为

$$F(R_j) = \sum_{g=1}^{G} F_g(R_j) \tag{3.7.98}$$

在光厚介质 情况下,$\Delta\tau_{g,j\pm1/2} = \mu'^{\,j\pm1/2}_{a_g g}\Delta R_{j\pm1/2} >> 1$,计算辐射能流的递推计算公式(3.7.92)、式(3.7.93)变为

$$f_g^+(R_j) = \frac{\pi}{2}[B_g(R_{j-1/2})+B_g(R_{j+1/2})] +$$

$$\frac{4\pi}{3}\left(\frac{B_{g,j-1/2}-B_{g,j+1/2}}{\mu'_{a,g}(R_{j+1/2})\Delta R_{j+1/2}+\mu'_{a,g}(R_{j-1/2})\Delta R_{j-1/2}}\right)$$

$$(j=1,2,\cdots J-1,J;g=1,2,\cdots,G) \tag{3.7.99}$$

$$f_g^-(R_j)=\frac{\pi}{2}[B_g(R_{j-1/2})+B_g(R_{j+1/2})]-$$

$$\frac{4\pi}{3}\left(\frac{B_{g,j-1/2}-B_{g,j+1/2}}{\mu'_{a,g}(R_{j+1/2})\Delta R_{j+1/2}+\mu'_{a,g}(R_{j-1/2})\Delta R_{j-1/2}}\right)$$

$$(j=J-1,J-2,J-3,\cdots,1,0;g=1,2,\cdots,G) \tag{3.7.100}$$

$$F_g(R_j)=f_g^+(R_j)-f_g^-(R_j)=$$

$$\frac{8\pi}{3}\left(\frac{B_{g,j-1/2}-B_{g,j+1/2}}{\mu'_{a,g}(R_{j+1/2})\Delta R_{j+1/2}+\mu'_{a,g}(R_{j-1/2})\Delta R_{j-1/2}}\right)$$

这就是辐射能流的扩散近似($P-1$ 近似)式(3.7.78),即

$$F_\nu(R_j)=-\frac{4\pi}{3\mu'_a(\nu)}\left(\frac{\partial B_\nu}{\partial R}\right)\bigg|_{R_j}$$

3.8 考虑介质运动时实验室坐标系下的辐射量和辐射输运方程

上面在流体静止坐标系中建立和求解辐射输运方程,得到的是随流体元一起运动的观察者看到的辐射量。一般来讲,在实验室坐标系中流体元具有速度 $\boldsymbol{u}$,有时速度还很大,那么,处在实验室的观察者所看到的上述辐射量是多少呢?或者说,实验室坐标系观察到的辐射量与流体静止坐标系中观察到的同一辐射量之间的关系如何呢?这个问题可以用 Lorentz 相对论变换来解决。

3.8.1 辐射量的 Lorentz 变换

设有两个惯性系 O 和 O',其坐标轴分别互相平行,O'相对于 O 以速度 $\boldsymbol{V}$ 运动,在 $t=t'=0$ 时两坐标系原点相重合。我们要问,在惯性系 O'中发射一个光子,其位置、频率、方向及时刻分别为($\boldsymbol{r}',\nu',\boldsymbol{\Omega}',t'$),那么,在 O 系的观察者看来,该光子的位置、频率、方向及时刻($\boldsymbol{r},\nu,\boldsymbol{\Omega},t$)分别是多少?更一般地说,两个坐标系对同一物理事件进行描述时,物理量之间的关系如何?

这个问题早就由 Lorentz 相对论变换得到了解决。Lorentz 相对论变换是指在不同参考系上观察同一事件的物理量(四维矢量)之间的变换关系

$$[\boldsymbol{F}']_{4\times1}=[\boldsymbol{T}]_{4\times4}[\boldsymbol{F}]_{4\times1} \tag{3.8.1}$$

或者

$$[\boldsymbol{F}]_{4\times1}=[\boldsymbol{T}]^{-1}_{4\times4}[\boldsymbol{F}']_{4\times1} \tag{3.8.2}$$

式中:$[\boldsymbol{F}]_{4\times1}$,$[\boldsymbol{F}']_{4\times1}$为 4 行列向量;$[\boldsymbol{T}]_{4\times4}$是指一 4 行 4 列的变换矩阵。若 O'相对于 O 的运动速度 $\boldsymbol{V}$ 平行于 x 轴,则有

$$
[\boldsymbol{T}]_{4\times4}=\begin{bmatrix}\lambda & 0 & 0 & \mathrm{i}\lambda V/c\\ 0 & 1 & 0 & 0\\ 0 & 0 & 1 & 0\\ -\mathrm{i}\lambda V/c & 0 & 0 & \lambda\end{bmatrix} \tag{3.8.3}
$$

式中：$\lambda=\dfrac{1}{\sqrt{1-V^2/c^2}}$为相对论因子，而$[\boldsymbol{T}]_{4\times4}^{-1}=[\boldsymbol{T}]_{4\times4}^{T}=[\boldsymbol{T}]_{4\times4}|_{V\to -V}$。

在相对论力学和电动力学中，这样的四维矢量有很多，常见的有四维坐标$x_\mu=(x,y,z,\mathrm{i}ct)$；四维哈米顿算子$\dfrac{\partial}{\partial x_\mu}=\left(\dfrac{\partial}{\partial x},\dfrac{\partial}{\partial y},\dfrac{\partial}{\partial z},\dfrac{\partial}{\partial(\mathrm{i}ct)}\right)$，四维动量$p_\mu=(p_x,p_y,p_z,\mathrm{i}\varepsilon/c)$（$\varepsilon$为总能量），四维电流密度$j_\mu=(j_x,j_y,j_z,\mathrm{i}c\rho)$（$\rho$为电荷密度），四维电磁矢势$A_\mu=(A_x,A_y,A_z,\mathrm{i}\varphi/c)$（$\varphi$为电势），四维电磁力密度$f_\mu=(f_x,f_y,f_z,\mathrm{i}W/c)$（$\boldsymbol{f}$为洛伦兹力密度，$W$为电磁功率密度）。

由于光子动量为$\boldsymbol{p}=\dfrac{h\nu}{c}\boldsymbol{\Omega}=\hbar\boldsymbol{k}$，能量为$\varepsilon=h\nu=\hbar\omega$，则光子的四维动量为

$$
p_\mu=(p_x,p_y,p_z,\mathrm{i}\varepsilon/c)=\frac{h}{c}(\nu\Omega_x,\nu\Omega_y,\nu\Omega_z,\mathrm{i}\nu)=\hbar(k_x,k_y,k_z,\mathrm{i}\omega/c)
$$

可见，光子频率ν和方向$\boldsymbol{\Omega}$构成四维矢量$(\nu\Omega_x,\nu\Omega_y,\nu\Omega_z,\mathrm{i}\nu)$，光子的波矢量$\boldsymbol{k}$和圆频率$\omega$也构成四维矢量$k_\mu=(k_x,k_y,k_z,\mathrm{i}\omega/c)$。

若坐标系O'相对于另一坐标系O的运动速度$\boldsymbol{V}$平行于x轴，取O坐标系的四维坐标$[\boldsymbol{F}]_{4\times1}=[x,y,z,\mathrm{i}ct]^{\mathrm{T}}$按式(3.8.1)和式(3.8.3)作洛伦兹变换，则有O'中的对应量为

$$
\begin{cases}x'=\lambda(x-Vt)\\ y'=y\\ z'=z\\ t'=\lambda(t-Vx/c^2)\end{cases} \tag{3.8.4}
$$

或按式(3.8.2)反变换得

$$
\begin{cases}x=\lambda(x'+Vt')\\ y=y'\\ z=z'\\ t=\lambda(t'+Vx'/c^2)\end{cases} \tag{3.8.5}
$$

这就是两个坐标系下时空坐标的 Lorentz 变换。

若坐标系O'相对于另一坐标系O的运动速度为$\boldsymbol{V}$，则两个坐标系下时空坐标的一般形式的 Lorentz 变换为

$$
\begin{cases}\boldsymbol{r}'=\boldsymbol{r}+\boldsymbol{V}\left[(\lambda-1)\dfrac{\boldsymbol{V}\cdot\boldsymbol{r}}{V^2}-\lambda t\right]\\ t'=\lambda\left[t-\dfrac{\boldsymbol{V}\cdot\boldsymbol{r}}{c^2}\right]\end{cases} \tag{3.8.6}
$$

只需将带撇的量与不带撇的量互换，并将O'坐标系运动速度$\boldsymbol{V}$反号，就可得到四

维坐标 $x_\mu=(\boldsymbol{r},\mathrm{i}ct)$ 的逆变换关系式为

$$\begin{cases}\boldsymbol{r}=\boldsymbol{r}'+\boldsymbol{V}\left[(\lambda-1)\dfrac{\boldsymbol{V}\cdot\boldsymbol{r}'}{V^2}+\lambda t'\right]\\ t=\lambda\left[t'+\dfrac{\boldsymbol{V}\cdot\boldsymbol{r}'}{c^2}\right]\end{cases}\tag{3.8.7}$$

取光子的四维矢量$(\nu\boldsymbol{\Omega},\mathrm{i}\nu)\leftrightarrow(\boldsymbol{r},\mathrm{i}ct)$作变换,得 O 坐标系与 O'坐标系对应量的关系为

$$\begin{cases}\nu\boldsymbol{\Omega}=\nu'\boldsymbol{\Omega}'+\boldsymbol{V}\nu'\left[(\lambda-1)\dfrac{\boldsymbol{\Omega}'\cdot\boldsymbol{V}}{V^2}+\dfrac{\lambda}{c}\right]\\ \nu=\lambda\nu'\left(1+\dfrac{\boldsymbol{\Omega}'\cdot\boldsymbol{V}}{c}\right)\end{cases}\tag{3.8.8}$$

或

$$\begin{cases}\nu=\lambda D'\nu',\quad \left(D'=1+\dfrac{\boldsymbol{\Omega}'\cdot\boldsymbol{V}}{c}\right)\\ \boldsymbol{\Omega}=\dfrac{1}{\lambda D'}\left[\boldsymbol{\Omega}'+\dfrac{\lambda}{\lambda+1}(1+\lambda D')\dfrac{\boldsymbol{V}}{c}\right]\end{cases}\tag{3.8.9}$$

式(3.8.8)的逆变换为

$$\begin{cases}\nu'\boldsymbol{\Omega}'=\nu\boldsymbol{\Omega}+\boldsymbol{V}\nu\left[(\lambda-1)\dfrac{\boldsymbol{\Omega}\cdot\boldsymbol{V}}{V^2}-\dfrac{\lambda}{c}\right]\\ \nu'=\lambda\nu\left(1-\dfrac{\boldsymbol{\Omega}\cdot\boldsymbol{V}}{c}\right)\end{cases}\tag{3.8.10}$$

由此可见,在相对于坐标系 O 运动的坐标系 O' 上发射的一个频率方向为$(\nu',\boldsymbol{\Omega}')$的光子,在坐标系 O 上的观察者看来,光子方向为 $\boldsymbol{\Omega}$,而频率为

$$\nu=\frac{\nu'}{\lambda\left(1-\dfrac{\boldsymbol{\Omega}\cdot\boldsymbol{V}}{c}\right)}\tag{3.8.11}$$

这就是多普勒效应的普遍表示式。如果在坐标系 O 的观察者看来,光子的方向 $\boldsymbol{\Omega}$ 和坐标系 O'的速度 $\boldsymbol{V}$ 均指向 O 系的观察者,即 $\boldsymbol{\Omega}\cdot\boldsymbol{V}=V>0$,则该观察者看到的光子频率上升为

$$\nu=\frac{\nu'}{\lambda\left(1-\dfrac{\boldsymbol{\Omega}\cdot\boldsymbol{V}}{c}\right)}=\frac{\nu'}{\lambda\left(1-\dfrac{V}{c}\right)}\approx\nu'\left(1+\frac{V}{c}\right)\tag{3.8.12}$$

若光子方向 $\boldsymbol{\Omega}$ 与 O'的运动速度 $\boldsymbol{V}$ 反向,即 $\boldsymbol{\Omega}\cdot\boldsymbol{V}=-V<0$,则坐标系 O 上的观察者看到的光子频率降低为

$$\nu=\frac{\nu'}{\lambda\left(1-\dfrac{\boldsymbol{\Omega}\cdot\boldsymbol{V}}{c}\right)}=\frac{\nu'}{\lambda\left(1+\dfrac{V}{c}\right)}\approx\nu'\left(1-\frac{V}{c}\right)\tag{3.8.13}$$

这就是纵向多普勒效应,频率的改变为 V/c 量级。

在坐标系 O 的观察者看来,若该光子的方向 $\boldsymbol{\Omega}$ 和 $\boldsymbol{V}$ 垂直,即 $\boldsymbol{\Omega}\cdot\boldsymbol{V}=0$,则该观察者看到的光子频率变小为

$$\nu=\frac{\nu'}{\lambda}=\nu'\left(1-\frac{V^2}{c^2}\right)^{1/2}\approx\nu'\left(1-\frac{1}{2}\frac{V^2}{c^2}\right) \tag{3.8.14}$$

这就是横向多普勒效应,频率的改变总是变低,频率的改变量 $\Delta\nu=\nu-\nu'$ 为$(V/c)^2$量级。

横向多普勒效应——在垂直于光源运动方向上观察辐射时,观察到的辐射频率(运动光源辐射频率)总是小于光源的辐射频率(静止光源辐射的频率)——被 Ives - Stilwell 实验所证实,它是相对论时钟延缓效应的实验证据之一。

3.8.2 Lorentz 变换不变量

所谓 Lorentz 不变量就是通过 2 个不同参考系的 Lorentz 变换后保持不变的物理量。很容易证明,四维矢量$[\boldsymbol{F}]_{4\times1}$的模的平方$[\boldsymbol{F}]^{\mathrm{T}}\cdot[\boldsymbol{F}]$就是 Lorentz 不变量,这是因为

$$[\boldsymbol{F}']_{4\times1}=[\boldsymbol{T}]_{4\times4}\cdot[\boldsymbol{F}]_{4\times1},[\boldsymbol{F}']^{T}=[\boldsymbol{F}]^{T}\cdot[\boldsymbol{F}]^{T}$$

因为$[\boldsymbol{T}]^{\mathrm{T}}=[T]^{-1}$,所以,有

$$[\boldsymbol{F}']^{\mathrm{T}}\cdot[\boldsymbol{F}']=[\boldsymbol{F}]^{\mathrm{T}}\cdot[\boldsymbol{T}]^{\mathrm{T}}\cdot[\boldsymbol{T}]\cdot[\boldsymbol{F}]=[\boldsymbol{F}]^{\mathrm{T}}\cdot[\boldsymbol{F}] \tag{3.8.15}$$

同理,可以证明,2 个四维矢量$[\boldsymbol{F}]_{4\times1}$、$[\boldsymbol{G}]_{4\times1}$的标量积$[\boldsymbol{F}]^{\mathrm{T}}\cdot[\boldsymbol{G}]$也是 Lorentz 不变量。

光子的四维动量$\left(\boldsymbol{p},\mathrm{i}\frac{\varepsilon}{c}\right)$是四维矢量,故$(\nu\boldsymbol{\Omega},i\nu)$也是四维矢量,而$\left(\nabla,\frac{\partial}{\partial(\mathrm{i}ct)}\right)$亦是四维矢量,所以这两个矢量的标量积是 Lorentz 不变量,即

$$\nu\left(\frac{1}{c}\frac{\partial}{\partial t}+\boldsymbol{\Omega}\cdot\nabla\right)=\nu'\left(\frac{1}{c}\frac{\partial}{\partial t'}+\boldsymbol{\Omega}'\cdot\nabla'\right) \tag{3.8.16}$$

可以证明:$\mathrm{d}\boldsymbol{r}\mathrm{d}t$ 和相体积 $\mathrm{d}\boldsymbol{r}\mathrm{d}\boldsymbol{p}$ 也为 Lorentz 不变量,注意到 $\mathrm{d}\boldsymbol{p}=p^2\mathrm{d}p\mathrm{d}\Omega$,即 $\nu^2\mathrm{d}\nu\mathrm{d}\boldsymbol{r}\mathrm{d}\Omega$ 也为 Lorentz 不变量

$$\nu^2\mathrm{d}\nu\mathrm{d}\boldsymbol{r}\mathrm{d}\Omega=\nu'^2\mathrm{d}\nu'\mathrm{d}\boldsymbol{r}'\mathrm{d}\Omega' \tag{3.8.17}$$

对于确定的光子群$f_\nu\mathrm{d}\nu\mathrm{d}\boldsymbol{r}\mathrm{d}\Omega$,在两个坐标系里观察,其数目应是相同的,是 Lorentz 不变量,即

$$f_\nu\mathrm{d}\nu\mathrm{d}\boldsymbol{r}\mathrm{d}\Omega=f_{\nu'}\mathrm{d}\nu'\mathrm{d}\boldsymbol{r}'\mathrm{d}\Omega' \tag{3.8.18}$$

由式(3.8.17)、式(3.8.18)可知f_ν/ν^2 为 Lorentz 不变量,即

$$f_\nu/\nu^2=f_{\nu'}/\nu'^2 \tag{3.8.19}$$

进而由 $I_\nu=h\nu cf_\nu$ 可知 I_ν/ν^3 是 Lorentz 不变量,即

$$I_\nu/\nu^3=I_{\nu'}/\nu'^3 \tag{3.8.20}$$

由式(3.8.16)、式(3.8.20)进一步推出

$$\frac{1}{\nu^2}\left(\frac{1}{c}\frac{\partial I_\nu}{\partial t}+\boldsymbol{\Omega}\cdot\nabla I_\nu\right)=\frac{1}{\nu'^2}\left(\frac{1}{c}\frac{\partial I_{\nu'}}{\partial t'}+\boldsymbol{\Omega}'\cdot\nabla' I_{\nu'}\right) \tag{3.8.21}$$

另外,可以证明,$\mathrm{d}\boldsymbol{p}/\varepsilon$ 是 Lorentz 不变量,对光子则有 $\nu\mathrm{d}\nu\mathrm{d}\Omega$ 是 Lorentz 不变量,即

$$\nu \mathrm{d}\nu \mathrm{d}\Omega = \nu' \mathrm{d}\nu' \mathrm{d}\Omega' \tag{3.8.22}$$

因为 Lorentz 不变量 $\mathrm{d}\boldsymbol{p}/\varepsilon = \mathrm{d}\boldsymbol{p}\mathrm{d}\boldsymbol{r}/\varepsilon\mathrm{d}\boldsymbol{r}$,由 $\mathrm{d}\boldsymbol{r}\mathrm{d}\boldsymbol{p}$ 是 Lorentz 不变量进一步推出 $\nu\mathrm{d}\boldsymbol{r}$ 是 Lorentz 不变量

$$\nu \mathrm{d}\boldsymbol{r} = \nu' \mathrm{d}\boldsymbol{r}' \tag{3.8.23}$$

3.8.3 辐射输运方程的协变性

我们知道,O 坐标系下辐射输运方程为

$$\frac{1}{c}\frac{\partial I_\nu}{\partial t} + \boldsymbol{\Omega} \cdot \nabla I_\nu = S_\nu\left(1 + \frac{c^2 I_\nu}{2h\nu^3}\right) - \mu_a I_\nu +$$
$$\int_0^\infty \mathrm{d}\nu' \int_{4\pi} \mathrm{d}\Omega' \left\{\frac{\nu}{\nu'}\mu_s(\nu' \to \nu, \boldsymbol{\Omega}' \to \boldsymbol{\Omega}) I_{\nu'}\left(1 + \frac{c^2 I_\nu}{2h\nu^3}\right) - \right.$$
$$\left.\mu_s(\nu \to \nu', \boldsymbol{\Omega} \to \boldsymbol{\Omega}') I_\nu\left(1 + \frac{c^2 I_{\nu'}}{2h\nu'^3}\right)\right\} \tag{3.8.24}$$

那么,在 O'坐标系下,辐射输运方程是什么? 力学相对性原理早就告诉过我们如下结论:任何惯性坐标系都是等价的,即在任何惯性坐标系辐射输运方程的形式均相同,只要 O'坐标系相对于 O 坐标系没有加速度,那么,在 O'坐标系下的辐射输运方程与 O 坐标系下的方程在形式上是一样的。辐射输运方程是 Lorentz 变换不变的,即辐射输运方程是协变的方程,即不论你在流体静止坐标系还是在实验室坐标系建立辐射输运方程,所得方程的形式都相同。

事实上,注意到

$$\frac{1}{\nu^2}\left(\frac{1}{c}\frac{\partial I_\nu}{\partial t} + \boldsymbol{\Omega} \cdot \nabla I_\nu\right) = \text{Lorentz 不变量}$$

$S_\nu(\boldsymbol{r}, \boldsymbol{\Omega}, t)\mathrm{d}\boldsymbol{r}\mathrm{d}\nu\mathrm{d}\Omega\mathrm{d}t$ 为所在空间、频率、方向和时间范围内自发发射的光子能量,$S_\nu(\boldsymbol{r}, \boldsymbol{\Omega}, t)\mathrm{d}\boldsymbol{r}\mathrm{d}\nu\mathrm{d}\Omega\mathrm{d}t/h\nu$ 则为所在空间、频率、方向和时间范围内自发发射的光子数,它应该是守恒的 Lorentz 不变量。因为 $\mathrm{d}\boldsymbol{r}\mathrm{d}t$、$\nu\mathrm{d}\nu\mathrm{d}\Omega$ 是 Lorentz 不变量,故

$$S_\nu(\boldsymbol{r}, \boldsymbol{\Omega}, t)/\nu^2 = \text{Lorentz 不变量}$$

同理,$\mu_a I_\nu(\boldsymbol{r}, \boldsymbol{\Omega}, t)\mathrm{d}\boldsymbol{r}\mathrm{d}\nu\mathrm{d}\Omega\mathrm{d}t/h\nu$ 为所在空间、频率、方向和时间范围内被吸收的光子数,是守恒的 Lorentz 不变量,因为 $\mathrm{d}\boldsymbol{r}\mathrm{d}t$、$\nu\mathrm{d}\nu\mathrm{d}\Omega$、$I_\nu/\nu^3$ 是 Lorentz 不变量,故 $\nu\mu_a$ 是 Lorentz 不变量,即

$$\mu_a(\nu) I_\nu/\nu^2 = \text{Lorentz 不变量}$$

因为 $c\mathrm{d}t\mathrm{d}\boldsymbol{r}\mathrm{d}\nu\mathrm{d}\Omega \int_0^\infty \mathrm{d}\nu' \int_{4\pi} \mathrm{d}\Omega' \mu_s(\nu' \to \nu, \boldsymbol{\Omega}' \to \boldsymbol{\Omega}) f_{\nu'}(1 + n_\nu)$ 表示 O 坐标系内 $\mathrm{d}t$ 时间内在体积 $\mathrm{d}\boldsymbol{r}$ 内各种能量方向的光子散射到 $\mathrm{d}\nu\mathrm{d}\Omega$ 范围的光子数,是 Lorentz 不变量(光子数在不同参考系下相同)。上式可写为

$$c\mathrm{d}t\mathrm{d}\boldsymbol{r}\,\frac{\nu}{\nu}\mathrm{d}\nu\mathrm{d}\Omega \int_0^\infty \frac{\nu'}{\nu'}\mathrm{d}\nu' \int_{4\pi} \mathrm{d}\Omega' \mu_s(\nu' \to \nu, \boldsymbol{\Omega}' \to \boldsymbol{\Omega}) \left(\frac{\nu'}{\nu'}\right)^2 f_{\nu'}(1 + n_\nu)$$

注意到 f_ν/ν^2、$\nu\mathrm{d}\nu\mathrm{d}\Omega$、$\mathrm{d}\boldsymbol{r}\mathrm{d}t$ 均为 Lorentz 不变量,据此可导出

$$\frac{\nu'}{\nu}\mu_s(\nu'\to\nu,\boldsymbol{\Omega}'\to\boldsymbol{\Omega}) = \text{Lorentz 不变量}$$

注意:此式中带撇的频率方向是指 O 坐标系散射后的状态,不是指另一参考系中的量。

同理,$c\mathrm{d}t\mathrm{d}\boldsymbol{r}\mathrm{d}\nu\mathrm{d}\Omega\int_0^\infty \mathrm{d}\nu'\int_{4\pi}\mathrm{d}\Omega'\mu_s(\nu\to\nu',\boldsymbol{\Omega}\cdot\boldsymbol{\Omega}')f_\nu(1+n_{\nu'})$ 表示 O 坐标系内 $\mathrm{d}t$ 时间内在 $\mathrm{d}\boldsymbol{r}\mathrm{d}\nu\mathrm{d}\Omega$ 范围的光子散射到各种能量方向的光子数,为 Lorentz 不变量,即

$$c\mathrm{d}t\mathrm{d}\boldsymbol{r}\,\frac{\nu}{\nu}\mathrm{d}\nu\mathrm{d}\Omega\int_0^\infty \frac{\nu'}{\nu'}\mathrm{d}\nu'\int_{4\pi}\mathrm{d}\Omega'\mu_s(\nu\to\nu',\boldsymbol{\Omega}\cdot\boldsymbol{\Omega}')\left(\frac{\nu}{\nu}\right)^2 f_\nu(1+n_{\nu'})$$

注意到 f_ν/ν^2、$\nu\mathrm{d}\nu\mathrm{d}\Omega$、$\mathrm{d}\boldsymbol{r}\mathrm{d}t$ 均为 Lorentz 不变量,可导出

$$\frac{\nu}{\nu'}\mu_s(\nu\to\nu',\boldsymbol{\Omega}\to\boldsymbol{\Omega}') = \text{Lorentz 不变量}$$

注意:此式中带撇的频率方向是指某坐标系散射后的状态,不是指另一参考系中的量。

另外,$\nu\mathrm{d}\nu\mathrm{d}\Omega$、$I_\nu/\nu^3$ 均为 Lorentz 不变量,很容易证明辐射输运方程是 Lorentz 变换不变的,即是协变的方程。

任何惯性坐标系下辐射输运方程的形式均相同,无疑方程中的所有物理参数都应是各自坐标系下的物理量,这在数学描述上也许没有实质上的意义,不过在物理上却有十分重要的意义。

首先,物理参数的计算和测量在某些参考系下容易做到一些,例如,物质对光子的线性吸收系数、物质的能量发射率等光辐射与物质相互作用的参数在流体静止坐标系中就容易得到测量和计算(实际所用的光子与物质相互作用参数都是在流体静止坐标系中测量和计算的),而在别的参考系(在该参考系流体有运动速度)就没有相应的测量和计算值,这就需要根据流体静止坐标系中的量通过 Lorentz 变换才能求出,但这样求出的值会与流体的运动速度有关。例如,我们利用流体静止坐标系下的吸收截面、转移截面、能量发射率通过 Lorentz 变换求出实验室坐标系下的相应量,此时 Lorentz 变换的作用重大。

其次,光子的线性吸收系数、能量发射率在流体静止坐标系(O'坐标系)中可能与光子的运动方向无关,是各向同性的,而在另外的坐标系中则与光子的运动方向有关,变成各向异性。例如,O'坐标系(流体静止坐标系)中光子的线性吸收系数 $\mu'_a(\nu')$ 仅与光子的频率有关而与光子的运动方向无关,由于 $\nu\mu_a$ 是守恒量,它在 O 坐标系(实验室坐标系)的形式为

$$\mu_a(\nu) = \frac{\nu'}{\nu}\mu'_a(\nu')$$

而

$$\nu = \lambda\nu'\left(1+\frac{\boldsymbol{\Omega}'\cdot\boldsymbol{V}}{c}\right)$$

或其逆为

$$\nu' = \lambda\nu\left(1 - \frac{\boldsymbol{\Omega}\cdot\boldsymbol{V}}{c}\right)$$

故

$$\begin{aligned}\mu_a(\nu) \approx (1 - \frac{\boldsymbol{\Omega}\cdot\boldsymbol{V}}{c})\mu'_a(\nu - \nu\frac{\boldsymbol{\Omega}\cdot\boldsymbol{V}}{c}) = \\ (1 - \frac{\boldsymbol{\Omega}\cdot\boldsymbol{V}}{c})\left[\mu'_a(\nu) - \nu\frac{\partial\mu'_a(\nu)}{\partial\nu}\frac{\boldsymbol{\Omega}\cdot\boldsymbol{V}}{c}\right] = \\ \mu'_a(\nu) - \left[\mu'_a(\nu) + \nu\frac{\partial\mu'_a(\nu)}{\partial\nu}\right]\frac{\boldsymbol{\Omega}\cdot\boldsymbol{V}}{c}\end{aligned}$$

这样,实验室坐标系中光子的线性吸收系数除了与频率有关外,还与流体元运动速度和光子的运动方向有关。

再次,在用辐射输运方程解决实际问题时,往往要对输运方程采用各种近似,作近似处理后的方程往往不再具有协变性,即在两个不同参考系下输运方程的形式不完全相同,这就需要利用 Lorentz 变换,把一个坐标系中做过近似处理的输运方程变换为另一坐标系中去,以考虑流体介质的运动对输运过程的影响。这对在实验室坐标系下求解各种简化条件下的辐射输运方程(如部分局域热动平衡下的输运方程)是非常有意义的。

3.8.4 部分局域热动平衡下实验室坐标系中的辐射输运方程

前面导出了在部分局域热动平衡下,流体静止坐标系(O'坐标系)中的辐射输运方程为

$$\begin{aligned}\left(\frac{1}{c}\frac{\partial}{\partial t_0} + \boldsymbol{\Omega}_0\cdot\nabla_0\right)I_0(\nu_0,\boldsymbol{\Omega}_0) = \mu'_{a0}[B_0(\nu_0) - I_0] - \mu_{Th0}I_0(\nu_0,\boldsymbol{\Omega}_0) + \\ \frac{3}{16\pi}\mu_{Th0}\int_{4\pi}\mathrm{d}\boldsymbol{\Omega}'_0[1 + (\boldsymbol{\Omega}_0\cdot\boldsymbol{\Omega}'_0)^2]I_0(\nu_0,\boldsymbol{\Omega}'_0)\end{aligned} \tag{3.8.25}$$

这里,我们将流体静止坐标系的辐射量以"0"作标识,而带撇的量表示该坐标系中散射后的量。式中:$B(\nu_0) = \frac{2h\nu_0{}^3}{c^2}\frac{1}{\mathrm{e}^{h\nu_0/kT} - 1}$是黑体辐射强度。

采用了一些近似的输运方程式(3.8.25)不具有协变性,即两个惯性系下方程的形式并不相同。现在通过洛伦兹变换来导出实验室坐标系(O 坐标系)下的辐射输运方程,看介质运动对输运方程的影响。根据式(3.8.9),O'坐标系在 O 坐标系中的速度为 $\boldsymbol{u}$ 时,O 坐标系中光子频率 ν、方向 $\boldsymbol{\Omega}$ 与 O'坐标系光子频率 ν_0 方向 $\boldsymbol{\Omega}_0$ 的变换关系为

$$\begin{cases}\nu = \lambda\nu_0 D_0 \quad (D_0 = 1 + \dfrac{\boldsymbol{\Omega}_0\cdot\boldsymbol{u}}{c}) \\ \boldsymbol{\Omega} = \dfrac{1}{\lambda D_0}\left[\boldsymbol{\Omega}_0 + \dfrac{\lambda}{\lambda + 1}(1 + \lambda D_0)\dfrac{\boldsymbol{u}}{c}\right]\end{cases} \tag{3.8.26}$$

其逆变换为

$$\begin{cases}\nu_0 = \lambda \nu D \quad \left(D = 1 - \dfrac{\boldsymbol{\Omega} \cdot \boldsymbol{u}}{c}\right) \\ \boldsymbol{\Omega}_0 = \dfrac{1}{\lambda D}\left[\boldsymbol{\Omega} - \dfrac{\lambda}{\lambda + 1}(1 + \lambda D)\dfrac{\boldsymbol{u}}{c}\right]\end{cases} \tag{3.8.27}$$

利用 $\nu \mathrm{d}\nu \mathrm{d}\Omega$ 守恒，不难证明

$$\begin{cases}\mathrm{d}\boldsymbol{\Omega}'_0 = \mathrm{d}\boldsymbol{\Omega}'/(\lambda D')^2 \qquad \left(D' = 1 - \dfrac{\boldsymbol{\Omega}' \cdot \boldsymbol{u}}{c}\right) \\ \boldsymbol{\Omega}_0 \cdot \boldsymbol{\Omega}'_0 = 1 - \dfrac{1}{\lambda^2 DD'}(1 - \boldsymbol{\Omega} \cdot \boldsymbol{\Omega}')\end{cases} \tag{3.8.28}$$

由 $\dfrac{1}{\nu^2}\left(\dfrac{1}{c}\dfrac{\partial I_\nu}{\partial t} + \boldsymbol{\Omega} \cdot \nabla I_\nu\right)$、$I_\nu/\nu^3$、$B(\nu)/\nu^3$、$\nu\mu_a$、$\mu_a(\nu)I_\nu/\nu^2$、$\mu_a(\nu)B_\nu/\nu^2$ 为洛伦兹不变量，可得

$$\left(\frac{1}{c}\frac{\partial}{\partial t_0} + \boldsymbol{\Omega}_0 \cdot \nabla_0\right)I_0(\nu_0, \boldsymbol{\Omega}_0) = (\lambda D)^2\left(\frac{1}{c}\frac{\partial I_\nu}{\partial t} + \boldsymbol{\Omega} \cdot \nabla I_\nu\right)$$

$$\mu'_{a0}[B_0(\nu_0) - I_0] - \mu_{Th0}I_0(\nu_0, \boldsymbol{\Omega}_0) = (\lambda D)^2[\mu'_a[B(\nu) - I] - \mu_{Th}I(\nu, \boldsymbol{\Omega})]$$

$$\mu_{Th0} = \frac{\nu}{\nu_0}\mu_{Th} = \frac{1}{\lambda D}\mu_{Th}$$

$$I_{\nu0}(\boldsymbol{\Omega}_0) = (\lambda D)^3 I_\nu(\boldsymbol{\Omega}), D \equiv \left(1 - \frac{\boldsymbol{\Omega} \cdot \boldsymbol{u}}{c}\right)$$

$$I_{\nu0}(\boldsymbol{\Omega}'_0) = (\lambda D')^3 I_\nu(\boldsymbol{\Omega}'), D' \equiv \left(1 - \frac{\boldsymbol{\Omega}' \cdot \boldsymbol{u}}{c}\right)$$

最后得到的部分局域热动平衡下实验室坐标系中的输运方程为

$$\left(\frac{1}{c}\frac{\partial}{\partial t} + \boldsymbol{\Omega} \cdot \nabla\right)I(\boldsymbol{R}, \boldsymbol{\Omega}, \nu, t) = \mu'_a(\boldsymbol{R}, \boldsymbol{\Omega}, \nu, t)[B(\boldsymbol{\Omega}, \nu, T) - I] -$$
$$\mu_{Th}(\boldsymbol{R}, \boldsymbol{\Omega}, t)I + \frac{3}{16\pi}\mu_{Th}\int_{4\pi}\mathrm{d}\boldsymbol{\Omega}'\left[1 + \left(1 - \frac{1 - \mu_L}{\lambda^2 DD'}\right)^2\right]\frac{\lambda D'}{(\lambda D)^3}I(\boldsymbol{R}, \boldsymbol{\Omega}', \nu, t) \tag{3.8.29}$$

其中

$$\mu_L = \boldsymbol{\Omega} \cdot \boldsymbol{\Omega}'$$

值得注意的是，把方程变为实验室坐标系中的输运方程的同时，将辐射与物质相互作用的参数也变到实验室坐标系中去了，因为实验室坐标系中流体物质有速度，这些参数一般是不知道的（既没有实验测量，也没有理论计算值），必须通过洛伦兹变换来利用流体静止坐标系下的量。另一方面，流体静止坐标系下，$B_0(\nu_0) = \dfrac{2h\nu_0{}^3}{c^2}\dfrac{1}{\mathrm{e}^{h\nu_0/kT} - 1}$ 与频率的函数关系很明确，有解析的表达式，但在实验室坐标系中 $B(\nu)$ 与频率的关系就不是以上形式了。

下面我们看如何利用流体静止坐标系下的辐射参量来表示实验室坐标系中的

相应参量。略去 $O\left(\frac{u^2}{c^2}\right)$ 项（$\lambda=1$），方程中的一些辐射参数用流体静止坐标系中的量表示为

（1）$\mu'_a(\nu)=\mu'_{a0}(\nu)-\frac{\boldsymbol{u}\cdot\boldsymbol{\Omega}}{c}\left[\mu'_{a0}(\nu)+\nu\frac{\partial\mu'_{a0}(\nu)}{\partial\nu}\right]$ （$\nu\mu_a$ 为洛伦兹不变量）

式中：流体静止坐标系下的 $\mu'_{a0}(\nu)=\mu_{a0}(\nu)(1-\mathrm{e}^{-h\nu/kT})$ 与频率的函数关系是已知的。

（2）$B(\nu)=B_0(\nu)+\frac{\boldsymbol{u}\cdot\boldsymbol{\Omega}}{c}\left[3B_0(\nu)-\nu\frac{\partial B_0(\nu)}{\partial\nu}\right]$ （$B(\nu)/\nu^3$ 为洛伦兹不变量）

式中：$B_0(\nu)=\frac{2h\nu^3}{c^2}\frac{1}{\mathrm{e}^{h\nu/kT}-1}$ 与频率的函数关系已知，它就是黑体辐射强度。

（3）$\mu_{Th}(\boldsymbol{\Omega})=\lambda D\mu_{Th0}\approx\mu_{Th0}\left(1-\frac{\boldsymbol{u}\cdot\boldsymbol{\Omega}}{c}\right)$ （$\nu\mu_{th}(\nu)$ 为洛伦兹不变量）

式中：$\mu_{Th0}=N_e\sigma_{Th0}$，$N_e$ 为电子数密度，σ_{Th0} 为 Thomson 散射截面，$\sigma_{Th0}=\frac{8\pi}{3}r_e^2=0.665205\times10^{-24}(\mathrm{cm}^2)$，$r_e=\frac{\mathrm{e}^2}{m_ec^2}=2.82\times10^{-13}\mathrm{cm}$ 为电子经典半径。

（4）$\left[1+\left(1-\frac{1-\mu_L}{DD'}\right)^2\right]D'=(1+\mu_L^2)+2\mu_L(\mu_L-1)\frac{\boldsymbol{u}\cdot\boldsymbol{\Omega}}{c}+(\mu_L^2-2\mu_L-1)\frac{\boldsymbol{u}\cdot\boldsymbol{\Omega}'}{c}$

（5）$\left[1+\left(1-\frac{1-\mu_L}{DD'}\right)^2\right]\frac{D'}{D^3}=2\frac{D'}{D^3}+\frac{(1-\mu_L)^2}{D^5D'}-\frac{2(1-\mu_L)}{D^4}=$

$$(1+\mu_L^2)+(\mu_L^2-2\mu_L-1)\frac{\boldsymbol{\Omega}'\cdot\boldsymbol{u}}{c}+(5\mu_L^2-2\mu_L+3)\frac{\boldsymbol{\Omega}\cdot\boldsymbol{u}}{c}$$

最后得到部分局域热动平衡下实验室坐标系中的输运方程为

$$\begin{aligned}\left(\frac{1}{c}\frac{\partial}{\partial t}+\boldsymbol{\Omega}\cdot\nabla\right)I(\boldsymbol{R},\boldsymbol{\Omega},\nu,t)=&\left[\mu'_{a0}(\nu)-\frac{\boldsymbol{u}\cdot\boldsymbol{\Omega}}{c}\left(\mu'_{a0}(\nu)+\nu\frac{\partial\mu'_{a0}(\nu)}{\partial\nu}\right)\right]\\&\left[B_0(\nu)+\frac{\boldsymbol{u}\cdot\boldsymbol{\Omega}}{c}\left(3B_0(\nu)-\nu\frac{\partial B_0(\nu)}{\partial\nu}\right)-I\right]-\\&\mu_{Th0}\left(1-\frac{\boldsymbol{u}\cdot\boldsymbol{\Omega}}{c}\right)I+\frac{3}{16\pi}\mu_{Th0}\left(1-\frac{\boldsymbol{u}\cdot\boldsymbol{\Omega}}{c}\right)\\&\int_{4\pi}\mathrm{d}\boldsymbol{\Omega}'\left[(1+\mu_L^2)+(\mu_L^2-2\mu_L-1)\frac{\boldsymbol{\Omega}'\cdot\boldsymbol{u}}{c}+\right.\\&\left.(5\mu_L^2-2\mu_L+3)\frac{\boldsymbol{\Omega}\cdot\boldsymbol{u}}{c}\right]I(\boldsymbol{R},\boldsymbol{\Omega}',\nu,t)\end{aligned}$$

（3.8.30）

其中,实验室坐标系中的辐射参数已利用流体静止坐标系下的辐射参量表示了出来。

由此可见,实验室坐标系中的输运方程是及其复杂的。我们在实验室坐标系下建立输运方程的目的大都是解此方程以得出实验室坐标系下的辐射能量密度,辐射能流密度以及辐射压强张量。我们要问,能不能先在流体静止坐标系下解辐射输运方程,得出流体静止坐标系下辐射能量密度,辐射能流密度以及辐射压强张量,然后通过洛伦兹变换将这些物理量变到实验室坐标系中去呢?回答是肯定的。下面就来回答这个问题。

3.8.5 实验室坐标系中辐射量与流体静止坐标系中辐射量之间的关系

设实验室坐标系为 O 坐标系,实验室坐标系中流体元的速度为 $\boldsymbol{u}$,随流体元一起运动的坐标系为 O' 坐标系(流体静止坐标系)。前面我们在 O' 坐标系建立了辐射输运方程,在部分局域热动平衡和非变频散射下写出了其简化形式,用 $P-1$ 近似对方程进行了求解,并求出了 O' 坐标系的辐射量—辐射能量密度、辐射能通量以及辐射压强张量。下面利用 Lorentz 变换,根据 O' 坐标系的辐射量来导出 O 坐标系的相应量。为了方便,将 O' 坐标系(流体静止坐标系)的辐射量以"0"作标识。利用 $\nu\mathrm{d}\nu\mathrm{d}\Omega$ 和 I_ν/ν^3 的 Lorentz 变换不变性,以及

$$\nu = \lambda\nu_0 D_0, D_0 = 1 + \frac{\boldsymbol{\Omega}_0 \cdot \boldsymbol{u}}{c}$$

$$\boldsymbol{\Omega} = \frac{1}{\lambda D_0}\left[\boldsymbol{\Omega}_0 + \frac{\lambda}{\lambda+1}(1+\lambda D_0)\frac{\boldsymbol{u}}{c}\right]$$

有 O 坐标系的辐射能量密度为

$$E_R(\boldsymbol{r},t) = \frac{1}{c}\int_0^\infty \mathrm{d}\nu \int_{4\pi} I_\nu(\boldsymbol{r},\boldsymbol{\Omega},t)\mathrm{d}\Omega =$$

$$\lambda^2 E_R(\boldsymbol{r}_0,t_0) + \frac{2\lambda^2}{c^2}\boldsymbol{u}\cdot\boldsymbol{F}_R(\boldsymbol{r}_0,t_0) + \frac{\lambda^2}{c^2}\boldsymbol{uu}:\boldsymbol{p}_R(\boldsymbol{r}_0,t_0) \tag{3.8.31}$$

其中用了辐射能通量的定义和辐射压强张量的定义,以及两并矢乘积的公式 $(\boldsymbol{ab}):(\boldsymbol{cd}) = (\boldsymbol{b}\cdot\boldsymbol{c})(\boldsymbol{a}\cdot\boldsymbol{d})$。可见,实验室坐标系中的辐射能量密度由流体静止坐标系中的 3 个辐射量决定,时空坐标在不同坐标系中不同,但是指同一个事件。

O 坐标系的辐射能流(辐射能通量)为

$$\boldsymbol{F}_R(\boldsymbol{r},t) = \int_0^\infty \mathrm{d}\nu \int_{4\pi} \mathrm{d}\Omega\boldsymbol{\Omega} I_\nu(\boldsymbol{r},\boldsymbol{\Omega},t) =$$

$$\lambda\boldsymbol{F}_R{}^0 + \lambda\boldsymbol{p}_R^0\cdot\boldsymbol{u} + \lambda^2 E_R^0\boldsymbol{u} + \frac{\lambda^2(2\lambda+1)}{\lambda+1}\boldsymbol{F}_R{}^0\cdot\frac{\boldsymbol{uu}}{c^2} + \frac{\lambda^3}{\lambda+1}\boldsymbol{u}\left(\boldsymbol{p}_R^0:\frac{\boldsymbol{uu}}{c^2}\right) \tag{3.8.32}$$

O 坐标系的辐射压强张量为

$$\boldsymbol{p}(\boldsymbol{r},t) = \frac{1}{c}\int_0^\infty \mathrm{d}\nu \int_{4\pi} \mathrm{d}\Omega \boldsymbol{\Omega}\boldsymbol{\Omega} I_\nu(\boldsymbol{r},\boldsymbol{\Omega},t) =$$

$$\boldsymbol{p}_R^0 + \lambda^2 E_R^0 \frac{\boldsymbol{u}\boldsymbol{u}}{c^2} + \frac{\lambda}{c^2}[\boldsymbol{F}_R^0\boldsymbol{u} + \boldsymbol{u}\boldsymbol{F}_R^0] + \frac{2\lambda^3}{\lambda+1}\left(\frac{\boldsymbol{F}_R^0 \cdot \boldsymbol{u}}{c^2}\right)\frac{\boldsymbol{u}\boldsymbol{u}}{c^2} +$$

$$\frac{\lambda^2}{\lambda+1}\left(\frac{(\boldsymbol{p}_R^0 \cdot \boldsymbol{u})\boldsymbol{u} + \boldsymbol{u}(\boldsymbol{p}_R^0 \cdot \boldsymbol{u})}{c^2}\right) + \frac{\lambda^4}{(\lambda+1)^2}\frac{(\boldsymbol{p}_R^0 : \boldsymbol{u}\boldsymbol{u})}{c^2}\frac{\boldsymbol{u}\boldsymbol{u}}{c^2} \tag{3.8.33}$$

忽略 u^2/c^2 项,注意到 $\lambda \approx \lambda^2 \approx 1$,则有

$$E_R(\boldsymbol{r},t) \approx E_R^0 + \frac{2}{c^2}\boldsymbol{u} \cdot \boldsymbol{F}_R^0 \tag{3.8.34}$$

$$\boldsymbol{F}_R(\boldsymbol{r},t) = \boldsymbol{F}_R^0 + \boldsymbol{p}_R^0 \cdot \boldsymbol{u} + E_R^0\boldsymbol{u} \tag{3.8.35}$$

$$\boldsymbol{p}_R(\boldsymbol{r},t) = \boldsymbol{p}_R^0 + \frac{1}{c^2}(\boldsymbol{F}_R^0\boldsymbol{u} + \boldsymbol{u}\boldsymbol{F}_R^0) \tag{3.8.36}$$

这些量之间关系的一个主要用途是:可以先在流体静止坐标系中求解辐射输运方程,求出辐射量,再通过上述变换关系求出实验室坐标系的对应量。

第4章 辐射流体力学方程组

在核爆炸、激光惯性约束核聚变、高能强流粒子束与物质相互作用、高速碰撞、X射线辐照材料等物理过程中,物质中一般会产生高温高压非平衡条件,变成等离子体(可压缩的流体)。我们知道,可压缩流体的运动行为遵循流体动力学规律,其密度、宏观速度以及温度随时空的变化满足质量、动量和能量守恒方程。

但是,在高温高压非平衡条件下,流体物质既发射光子(物质的能量转化为辐射场能量)又吸收光子(辐射场能量转化为物质的能量),而物质对光子的发射与吸收并不平衡,因而,高温流体物质中一般有辐射场存在。一方面,光辐射场对流体力学运动行为起着重要的作用(例如,辐射光子能流将加热流体物质使物质温度升高,内能增加,辐射压强会推动流体物质运动使物质动能增加),即物质的力学状态直接受到辐射场的影响;另一方面,有关辐射场的物理量随时空的变化需要求解辐射输运方程才能得到,而辐射输运问题与物质的力学状态(温度密度)密切相关,即流体物质的温度密度对处于其中的辐射场分布及辐射输运将产生重要的影响。因此,在高温高压条件下,辐射输运问题与物质的流体力学运动问题是相互依存、彼此耦合的,流体力学方程组中必须含有辐射场的贡献。

计及辐射能量密度、辐射能流和辐射压强对流体运动影响的流体力学方程组称为辐射流体力学方程组。鉴于流体的宏观运动速度可能很大,因此在推导辐射流体力学方程组时一般应考虑相对论效应。

4.1 描写流体运动的两种方法

物质的流体力学运动的基本方程组是在连续介质的假设下得出的,即假设流体介质由许许多多连续的流体质团所构成。所谓流体质团,是指一个宏观上充分小、微观上充分大的流体微元,其内部包含着足够多的流体粒子,因而可以定义流体质团的质量密度、温度、宏观流速等流体力学变量。流体质团的运动满足一切应遵循的物理定律。

4.1.1 描述流体流动的 Euler 方法和 Lagrange 方法

描述物质流体力学运动通常有两种方法:一是 Euler 方法(或 Euler 观点);二是 Lagrange 方法(或 Lagrange 观点)。

Euler 方法研究流体运动采用的是场的观点,它所研究的并不是运动流体本身,而是充满流体的实空间(场)。此空间(场)可以全部被流体充斥,也可以部分被流体充斥。用数学语言说就是,Euler 方法研究的是 t 时刻实验室坐标空间某固定点 $\boldsymbol{R}$ 处流体的各种流动量 $L(\boldsymbol{R},t)$(它可以为压强 p、密度 ρ、流速 $\boldsymbol{u}$ 等)的变化规律。也就是说,Euler 观点下的独立变量为 $(\boldsymbol{R},t)$,流体的任何力学量 L 均是实空间坐标 $\boldsymbol{R}$ 和时间 t 的函数,即

$$L = L(\boldsymbol{R},t) \tag{4.1.1}$$

如果我们把所研究的(充满流体的)实空间分成许多的空间网格,把所研究的流体物质分成一个个流体质团,则 Euler 观点认为空间网格是固定不动的,空间网格的形状也是保持不变的,而流体质团则是运动的,它可以从一个空间网格运动到另外一个空间网格。一个空间网格上某时刻由一个流体质团所占据,另一时刻则被运动到该网格处的另一个流体质团所占据。

与 Euler 方法不同,Lagrange 方法则研究运动流体本身。该方法将所研究的流体在初始时刻的位形分成一个个流体质团(所有质团构成所研究的流体),从中任意选定一个流体质团,研究该质团对应的流体力学变量(如流体质团在实空间的位置 $\boldsymbol{R}$、流速 $\boldsymbol{u}$、内能、压强等)随时间的变化规律。如果每个流体质团对应的力学量随时间的变化规律弄清楚了,那么,整个流体的运动规律也就清楚了。由此可见,对流体运动的 Lagrange 描述方法类似于力学中对多粒子系统的描述方法,不过,流体质团的几何形状是随时间变化的。

因此,与 Euler 方法相比,Lagrange 方法不存在固定在空间不动的网格。要说有网格,那网格就是流体质团的形状在实空间的位形映射,质团的运动就是网格的运动。网格(或质团)在运动过程中会随时改变形状,形状的改变遵从质量守恒定律。

流体一般由许多的流体质团连续地构成,那么,在 Lagrange 方法中如何来区分不同的流体质团呢?在 Lagrange 方法中,不同的流体质团一般用初始时刻流体质团在实空间的不同位置来区分。在给定的实验室坐标系下,设某流体质团初始时刻 $\tau=\tau_0$ 的初始空间位置坐标为 $\boldsymbol{r}$(不同的 $\boldsymbol{r}$ 就标识不同的流体质团),那么,由于质团的运动,该流体质团在以后任意时刻 τ 所处的空间位置坐标 $\boldsymbol{R}$ 应是 $\boldsymbol{r}$ 和时间 τ 的函数,即

$$\boldsymbol{R} = \boldsymbol{R}(\boldsymbol{r},\tau) \tag{4.1.2}$$

显然,该流体质团初始时刻 $\tau=\tau_0$ 的空间位置坐标 $\boldsymbol{r}$ 满足

$$\boldsymbol{r} = \boldsymbol{R}(\boldsymbol{r},\tau = \tau_0) \tag{4.1.3}$$

由式(4.1.3)可见,$\boldsymbol{r}$ 具有双重意义,它既用来标识不同的流体质团,又标识流体质团 $\boldsymbol{r}$ 在初始时刻在实空间的位置坐标 $\boldsymbol{R}(\boldsymbol{r},\tau_0)$。

在 Lagrange 方法中,除了流体质团 $\boldsymbol{r}$ 在实验室坐标系中的空间位置坐标 $\boldsymbol{R}=\boldsymbol{R}(\boldsymbol{r},\tau)$ 以外,流体质团 $\boldsymbol{r}$ 对应的任何其他力学量 L 均为 $\boldsymbol{r}$ 和 τ 的函数,即

$$L = L(\boldsymbol{r},\tau) \tag{4.1.4}$$

从数学上看,对流体运动的两种描写方法的区别在于独立变量的取法不同。在

Euler观点下，独立变量是$(\boldsymbol{R},t)$，流体的任何力学量L是$(\boldsymbol{R},t)$的函数，即$L=L(\boldsymbol{R},t)$；而在Lagrange观点下，独立变量则是$(\boldsymbol{r},\tau)$，流体质团对应的任何力学量L(包括流体质团$\boldsymbol{r}$在实验室坐标系中的空间位置坐标$\boldsymbol{R}=\boldsymbol{R}(\boldsymbol{r},\tau)$)均为独立变量$(\boldsymbol{r},\tau)$的函数，即$L=L(\boldsymbol{r},\tau)$。

两种描述方法可以通过独立变量$(\boldsymbol{R},t)$与$(\boldsymbol{r},\tau)$的下列变换关系相互转换，即

$$\begin{cases} t = t(\boldsymbol{r},\tau) = \tau \\ \left.\dfrac{\partial \boldsymbol{R}(\boldsymbol{r},\tau)}{\partial \tau}\right|_{\boldsymbol{r}} = \boldsymbol{u}(\boldsymbol{r},\tau), \quad \text{初始条件为}\ \boldsymbol{R}(\boldsymbol{r},\tau=\tau_0) = \boldsymbol{r} \end{cases} \tag{4.1.5}$$

现在让我们紧盯住某一特定的流体质团$\boldsymbol{r}$来考察该流体质团对应的力学量的时间微商在两种观点之间的关系。从Lagrange观点来看，τ时刻该特定流体质团$\boldsymbol{r}$对应的流体力学量为$L_{\text{lag}}(\boldsymbol{r},\tau)$；而从Euler观点来看，该特定流体质团$\boldsymbol{r}$则是在$t(\boldsymbol{r},\tau)=\tau$时刻处在实空间$\boldsymbol{R}(\boldsymbol{r},\tau)$处，对应的流体力学量为$L_{\text{euler}}(\boldsymbol{R}(\boldsymbol{r},\tau),t(\boldsymbol{r},\tau))$。不论Lagrange观点下的力学量$L_{\text{lag}}(\boldsymbol{r},\tau)$还是Euler观点下力学量$L_{\text{euler}}(\boldsymbol{R}(\boldsymbol{r},\tau),t(\boldsymbol{r},\tau))$，它们所描述的均是同一流体质团在同一时刻的力学量，只不过看问题的观点不同而已，故有

$$L_{\text{lag}}(\boldsymbol{r},\tau) = L_{\text{euler}}(\boldsymbol{R}(\boldsymbol{r},\tau),t(\boldsymbol{r},\tau)) \tag{4.1.6}$$

对固定的流体质团($\boldsymbol{r}$固定)，它所对应的力学量随时间的变化为

$$\frac{\partial L_{\text{lag}}(\boldsymbol{r},\tau)}{\partial \tau} = \frac{\partial L_{\text{euler}}(\boldsymbol{R},t)}{\partial t}\frac{\partial t(\boldsymbol{r},\tau)}{\partial \tau} + \frac{\partial L_{\text{euler}}(\boldsymbol{R},t)}{\partial \boldsymbol{R}} \cdot \frac{\partial \boldsymbol{R}(\boldsymbol{r},\tau)}{\partial \tau} \tag{4.1.7}$$

利用独立变量之间的变换关系式(4.1.5)，式(4.1.7)变为

$$\frac{\partial}{\partial \tau}L_{\text{lag}}(\boldsymbol{r},\tau) = \frac{\partial}{\partial t}L_{\text{euler}}(\boldsymbol{R},t) + \boldsymbol{u} \cdot \frac{\partial}{\partial \boldsymbol{R}}L_{\text{euler}}(\boldsymbol{R},t) \equiv \frac{\mathrm{d}}{\mathrm{d}t}L_{\text{euler}}(\boldsymbol{R},t) \tag{4.1.8}$$

式中：$\boldsymbol{u}=(\partial \boldsymbol{R}/\partial \tau)|_{\boldsymbol{r}}$为固定流体质团$\boldsymbol{r}$在实验室坐标系下的速度，而

$$\frac{\mathrm{d}}{\mathrm{d}t}(\ ) \equiv \frac{\partial}{\partial t}(\ ) + \boldsymbol{u} \cdot \frac{\partial}{\partial \boldsymbol{R}}(\ ) \tag{4.1.9}$$

是Euler观点下流体力学变量的时间全导数，称为随体微商。可见，Euler观点中流体质团$\boldsymbol{r}$对应的流动量$L_{\text{euler}}(\boldsymbol{R}(\boldsymbol{r},\tau),t(\boldsymbol{r},\tau))$的时间变化率由两项组成：第一项为流动量$L_{\text{euler}}(\boldsymbol{R}(\boldsymbol{r},\tau),t(\boldsymbol{r},\tau))$的当地时间微商或局域时间微商($\boldsymbol{R}$固定)；第二项称为$L_{\text{euler}}(\boldsymbol{R}(\boldsymbol{r},\tau),t(\boldsymbol{r},\tau))$的迁移微商，它是质团$\boldsymbol{r}$的空间位置$\boldsymbol{R}$的迁移(变化)而引起的流动量$L_{\text{euler}}(\boldsymbol{R}(\boldsymbol{r},\tau),t(\boldsymbol{r},\tau))$的时间变化率。

若流体中所有物理量的局域时间微商等于零，则称为定常流动；若所有点处流体的物理量之值相等，则称为均匀流动；若$\dfrac{\mathrm{d}\rho}{\mathrm{d}t}=0$($\rho$为密度)，则称为不可压缩流体；若考虑流体质团之间的摩擦等耗散过程的影响，则称为黏性流体，否则就称为理想流体。

关系式(4.1.8)就是流体质团$\boldsymbol{r}$对应的流体力学量的时间微商在两种观点之

间的关系式。该关系式告诉我们：Euler 观点中与某固定质团 $\boldsymbol{r}$ 相联系的流动量 $L_{\text{euler}}(\boldsymbol{R}(\boldsymbol{r},\tau),t(\boldsymbol{r},\tau))$ 的时间全导数 $\frac{\mathrm{d}}{\mathrm{d}t}L_{\text{euler}}(\boldsymbol{R},t)$ 就是 Lagrange 观点中某固定质团 $\boldsymbol{r}$ 的流动量 $L_{\text{lag}}(\boldsymbol{r},\tau)$ 的时间偏导数 $\frac{\partial L_{\text{lag}}(\boldsymbol{r},\tau)}{\partial \tau}$。

关系式(4.1.8)实际上告诉了我们如何得到 Lagrange 观点下流体力学方程的方法。

(1) 用 Euler 观点(独立变量为 $(\boldsymbol{R},t)$)建立流动量 $L(\boldsymbol{R},t)$ 满足的流体力学方程，并将方程中的时间偏导数用随体微商替换，$\frac{\partial}{\partial t}(\ )\Rightarrow\frac{\mathrm{d}}{\mathrm{d}t}(\ )-\boldsymbol{u}\cdot\frac{\partial}{\partial \boldsymbol{R}}(\ )$，将所建立的流体力学方程写成随体微商的形式。

(2) 将 Euler 观点下随体微商形式的方程中所有流动量 $L(\boldsymbol{R},t)$ 的独立变量由 $(\boldsymbol{R},t)$ 换成 $(\boldsymbol{r},\tau)$，即将 $L(\boldsymbol{R},t)\Rightarrow L(\boldsymbol{r},\tau)$，再将 $\frac{\mathrm{d}}{\mathrm{d}t}(\ )\Rightarrow\frac{\partial}{\partial \tau}(\ )$，即可得到 Lagrange 观点下流动量 $L(r,\tau)$ 满足的流体力学方程。

4.1.2 积分变换公式

1. $$\int_V \nabla A(\boldsymbol{R},t)\mathrm{d}V = \int_S A(\boldsymbol{R},t)\mathrm{d}\boldsymbol{S} \tag{4.1.10}$$

式中：$\mathrm{d}V$ 为实空间的体积元；$\mathrm{d}\boldsymbol{S}$ 为方向为局部表面的外法线方向的有向面积元；V 为实空间的体积；S 为包围体积 V 的封闭曲面；A 为某物理量(标量)。

2. 奥高公式

$$\int_V \nabla\cdot\boldsymbol{A}\mathrm{d}V = \int_S \boldsymbol{A}\cdot\mathrm{d}\boldsymbol{S} \tag{4.1.11}$$

符号意义与式(4.1.10)相同，$A(\boldsymbol{R},t)$ 为某物理量(矢量)。

3. 斯托克斯公式

$$\int_V \nabla\times\boldsymbol{A}\mathrm{d}V = \int_S \boldsymbol{n}\times\boldsymbol{A}\mathrm{d}S \tag{4.1.12}$$

符号意义与式(4.1.10)相同，$\boldsymbol{A}(\boldsymbol{R},t)$ 为某物理量(矢量)，$\boldsymbol{n}$ 为面积元 $\mathrm{d}S$ 处曲面的外法线单位矢量。

4. 随流体运动的体积元之体积分的随体微商

首先考虑实验室空间一随流体运动的体积元 $\delta\tau$(大小随时间变化)，其质量密度为 ρ(大小随时间变化)，宏观流速为 $\boldsymbol{u}$(随时间变化)，但包含的质量 $\delta m=\rho\delta\tau$ 不随时间变化(质量守恒)，即

$$\frac{\mathrm{d}(\delta m)}{\mathrm{d}t} = \delta\tau\frac{\mathrm{d}\rho}{\mathrm{d}t}+\rho\frac{\mathrm{d}(\delta\tau)}{\mathrm{d}t} = 0 \tag{4.1.13}$$

另一方面，根据质量守恒方程，有

$$\frac{\mathrm{d}\rho}{\mathrm{d}t} + \rho\, \nabla \cdot \boldsymbol{u} = 0 \tag{4.1.14}$$

将式(4.1.14)代入式(4.1.13),得随流体运动的体积元 $\delta\tau$ 的相对变化率为

$$\lim_{\delta\tau\to 0} \frac{1}{\delta\tau} \frac{\mathrm{d}(\delta\tau)}{\mathrm{d}t} = \nabla \cdot \boldsymbol{u} \tag{4.1.15}$$

即运动流体元的体积的相对变化率等于其宏观流速的散度 $\nabla \cdot \boldsymbol{u}$。根据关系式(4.1.15),可以导出流动量 A 对运动流体元体积分的随体微商为

$$\frac{\mathrm{d}}{\mathrm{d}t}\int_\tau A\mathrm{d}\tau = \int_\tau \left[\frac{\partial A}{\partial t} + (\boldsymbol{u}\cdot\nabla)A + A \lim_{\delta\tau\to 0}\frac{1}{\delta\tau}\frac{\mathrm{d}(\delta\tau)}{\mathrm{d}t}\right]\mathrm{d}\tau =$$

$$\int_\tau \left[\frac{\mathrm{d}A}{\mathrm{d}t} + A\,\nabla\cdot\boldsymbol{u}\right]\mathrm{d}\tau = \int_\tau\left[\frac{\partial A}{\partial t} + \nabla\cdot(A\boldsymbol{u})\right]\mathrm{d}\tau \tag{4.1.16}$$

即

$$\int_\tau \frac{\mathrm{d}A}{\mathrm{d}t}\mathrm{d}\tau = \frac{\mathrm{d}}{\mathrm{d}t}\int_\tau A\mathrm{d}\tau - \int_\tau A\,\nabla\cdot\boldsymbol{u}\mathrm{d}\tau \tag{4.1.17}$$

同理,根据关系式(4.1.15),可以导出流动量 $\boldsymbol{A}$(矢量)对运动流体元体积分的随体微商为

$$\frac{\mathrm{d}}{\mathrm{d}t}\int_\tau \boldsymbol{A}\mathrm{d}\tau = \int_\tau\left[\frac{\partial \boldsymbol{A}}{\partial t} + \nabla\cdot(\boldsymbol{A}\boldsymbol{u})\right]\mathrm{d}\tau = \int_\tau\left[\frac{\mathrm{d}\boldsymbol{A}}{\mathrm{d}t} + \boldsymbol{A}\,\nabla\cdot\boldsymbol{u}\right]\mathrm{d}\tau \tag{4.1.18}$$

$$\int_\tau \frac{\mathrm{d}\boldsymbol{A}}{\mathrm{d}t}\mathrm{d}\tau = \frac{\mathrm{d}}{\mathrm{d}t}\int_\tau \boldsymbol{A}\mathrm{d}\tau - \int_\tau \boldsymbol{A}\,\nabla\cdot\boldsymbol{u}\mathrm{d}\tau \tag{4.1.19}$$

式(4.1.17)、式(4.1.19)在化微分方程为差分方程时非常有用。例如,将质量守恒方程

$$\frac{\mathrm{d}\rho}{\mathrm{d}t} + \rho\,\nabla\cdot\boldsymbol{u} = 0$$

化为差分方程时,两边对运动流体元(可以形变的体积元)积分得

$$\int_\tau \frac{\mathrm{d}\rho}{\mathrm{d}t}\mathrm{d}\tau + \int_\tau \rho\,\nabla\cdot\boldsymbol{u}\mathrm{d}\tau = 0$$

利用式(4.1.17),上式变为

$$\frac{\mathrm{d}}{\mathrm{d}t}\int_\tau \rho\mathrm{d}\tau - \int_\tau \rho\,\nabla\cdot\boldsymbol{u}\mathrm{d}\tau + \int_\tau \rho\,\nabla\cdot\boldsymbol{u}\mathrm{d}\tau = 0$$

即

$$\frac{\mathrm{d}}{\mathrm{d}t}\int_\tau \rho\mathrm{d}\tau = 0$$

此式说明运动流体元内的质量是守恒的,此即质量守恒定律。

又如,取 $\boldsymbol{A} = \rho\boldsymbol{O}$($\rho$ 是流体的质量密度),代入式(4.1.18),得

$$\frac{\mathrm{d}}{\mathrm{d}t}\int_\tau \rho\boldsymbol{O}\mathrm{d}\tau = \int_\tau\left[\frac{\mathrm{d}}{\mathrm{d}t}(\rho\boldsymbol{O}) + \rho\boldsymbol{O}\,\nabla\cdot\boldsymbol{u}\right]\mathrm{d}\tau = \int_\tau\left[\rho\frac{\mathrm{d}\boldsymbol{O}}{\mathrm{d}t} + \boldsymbol{O}\frac{\mathrm{d}\rho}{\mathrm{d}t} + \rho\boldsymbol{O}\,\nabla\cdot\boldsymbol{u}\right]\mathrm{d}\tau$$

利用质量守恒方程式(4.1.14),有

$$\int_{\tau}\rho\frac{\mathrm{d}\boldsymbol{O}}{\mathrm{d}t}\mathrm{d}\tau = \frac{\mathrm{d}}{\mathrm{d}t}\int_{\tau}\rho\boldsymbol{O}\mathrm{d}\tau \tag{4.1.20}$$

这是一个非常重要的对易关系,将流体力学微分方程化为差分方程的时非常有用。

4.2 实验室坐标系中的流体力学变量和辐射场物理量

4.2.1 描述流体粒子的运动论理论和流体力学变量

高温物质一般处于等离子体状态,等离子体中粒子的运动可采用运动论层次的描述,即用粒子的分布函数满足的输运方程来描述粒子在相空间(坐标动量空间)的分布随时间的演化。

在实际问题中,这种运动论层次的细致描述不但麻烦,而且也不必要。因此,更多采用流体力学层次的描述,即抹去粒子随动量分布的细节,研究流体的内能、密度和宏观流速随时空的变化,这些流体力学变量实际上是粒子分布函数的各阶动量矩。

流体系统中一般含有多种组分的实物粒子(指静止质量非0的粒子,如电子、中子、各种离子等),它们的质量、电量各不相同。由于实物粒子在高温状态下具有很高的运动速度,故必须考虑相对论效应。现考虑系统中任意一种组分的实物粒子,单个粒子的静止质量为 m_0,总能量为 ε($\varepsilon=\varepsilon_k+m_0c^2$ 为粒子动能与静止能量之和),分布函数为 $f(\boldsymbol{r},\boldsymbol{p},t)$,其物理意义是,$f(\boldsymbol{r},\boldsymbol{p},t)\mathrm{d}\boldsymbol{r}\mathrm{d}\boldsymbol{p}$ 表示 t 时刻位置处在 $\boldsymbol{r}$ 附近 $\mathrm{d}\boldsymbol{r}$ 内、动量处在 $\boldsymbol{p}$ 附近 $\mathrm{d}\boldsymbol{p}$ 内的粒子数。根据实物粒子分布函数,可得

粒子数密度

$$N(\boldsymbol{r},t) = \int \mathrm{d}\boldsymbol{p}f(\boldsymbol{r},\boldsymbol{p},t) \tag{4.2.1}$$

粒子能量密度

$$E_t(\boldsymbol{r},t) = \int \mathrm{d}\boldsymbol{p}\varepsilon f(\boldsymbol{r},\boldsymbol{p},t) = E_m(\boldsymbol{r},t) + N(\boldsymbol{r},t)m_0c^2 \tag{4.2.2}$$

式中:$E_m(\boldsymbol{r},t) = \int \mathrm{d}\boldsymbol{p}\varepsilon_k f(\boldsymbol{r},\boldsymbol{p},t)$ 为粒子的动能密度。

粒子动量通量(即胁强张量)

$$\boldsymbol{P}_m(\boldsymbol{r},t) = \int \mathrm{d}\boldsymbol{p}\boldsymbol{v}\boldsymbol{p}f(\boldsymbol{r},\boldsymbol{p},t) \tag{4.2.3}$$

这里:$\boldsymbol{v}=\boldsymbol{p}c^2/\varepsilon$ 为与粒子动量对应的粒子速度;$\boldsymbol{P}_m(\boldsymbol{r},t)\cdot\hat{\boldsymbol{n}}$ = 单位时间通过法线方向为 $\hat{\boldsymbol{n}}$ 的单位面积的粒子动量。

粒子压强

$$p_m(\boldsymbol{r},t) = \int \mathrm{d}\boldsymbol{p}(\boldsymbol{v}\cdot\hat{\boldsymbol{n}})(\boldsymbol{p}\cdot\hat{\boldsymbol{n}})f(\boldsymbol{r},\boldsymbol{p},t) = (\boldsymbol{P}_m(\boldsymbol{r},t)\cdot\hat{\boldsymbol{n}})\cdot\hat{\boldsymbol{n}} \tag{4.2.4}$$

式中：$\hat{\boldsymbol{n}}$ 为空间任意指向的一个单位矢量。可见流体物质的压强 $p_m(\boldsymbol{r},t)$ 表示单位时间通过法线方向为 $\hat{\boldsymbol{n}}$ 的单位面积的粒子动量在 $\hat{\boldsymbol{n}}$ 方向的分量，它就是粒子作用在法线方向为 $\hat{\boldsymbol{n}}$ 的一个单位面积上的力在 $\hat{\boldsymbol{n}}$ 方向的分量。

在流体静止坐标系中，一般实物粒子的分布函数 $f^0(\boldsymbol{r},\boldsymbol{p},t)$ 仅与粒子的动量大小有关而与动量的方向无关，则流体静止坐标系中粒子的压强为

$$p_m^0(\boldsymbol{r},t) = \int \mathrm{d}\boldsymbol{p}(\boldsymbol{v}\cdot\hat{\boldsymbol{n}})(\boldsymbol{p}\cdot\hat{\boldsymbol{n}})f^0(\boldsymbol{r},p,t) = \frac{4\pi}{3}\int p^3\mathrm{d}pvf^0(\boldsymbol{r},p,t)$$

它与 $\hat{\boldsymbol{n}}$ 的选取无关，也就是说，在流体静止坐标系中，如果实物粒子的分布函数 $f^0(\boldsymbol{r},\boldsymbol{p},t)$ 与粒子动量的方向无关，则流体的压强是各向同性的。这与我们的日常实际经验和实验规律一致。

虽然在流体静止坐标系中，粒子的分布函数 $f^0(\boldsymbol{r},\boldsymbol{p},t)$ 仅与粒子的动量大小有关而与动量的方向无关，流体的压强是各向同性的，而且流体的性质也是在流体静止坐标系中进行计算和测量的，但是，我们研究问题一般是在实验室坐标系中进行的，该坐标系中流体元具有宏观运动速度 $\boldsymbol{u}$。我们要问：实验室坐标系中流体的物理量与流体静止坐标系中的物理量之间存在何种关系？这个问题可借助两坐标系间物理量的 Lorentz 变换来回答。

现取两个坐标系 O（实验室坐标系，以下简称 O 系）和 O'（流体静止坐标系，以下简称 O'系），O'系以速度 $\boldsymbol{u}$（流体元的宏观流速）相对于 O 系运动，O'系中的物理量以标志“0”作标识，根据两坐标系间四维矢量的 Lorentz 变换关系，可得粒子四维坐标矢量 $(\boldsymbol{r},\mathrm{i}ct)$ 的 Lorentz 变换关系为

$$\begin{cases}\boldsymbol{r} = \boldsymbol{r}_0 + \boldsymbol{u}\left[(\lambda-1)\dfrac{\boldsymbol{u}\cdot\boldsymbol{r}_0}{u^2} + \lambda t_0\right]\\[2ex] t = \lambda\left[t_0 + \dfrac{\boldsymbol{u}\cdot\boldsymbol{r}_0}{c^2}\right]\end{cases} \tag{4.2.5}$$

其中

$$\lambda = \frac{1}{\sqrt{1-u^2/c^2}} \tag{4.2.6}$$

为相对论因子。同理可得，粒子四维动量矢量 $(\boldsymbol{p},\mathrm{i}\varepsilon/c)$ 的 Lorentz 变换关系为

$$\begin{cases}\boldsymbol{p} = \boldsymbol{p}_0 + \boldsymbol{u}\left[(\lambda-1)\dfrac{\boldsymbol{u}\cdot\boldsymbol{p}_0}{u^2} + \lambda\dfrac{\varepsilon_0}{c^2}\right]\\[2ex] \varepsilon = \lambda[\varepsilon_0 + \boldsymbol{u}\cdot\boldsymbol{p}_0]\end{cases} \tag{4.2.7}$$

可以证明，$\mathrm{d}\boldsymbol{p}/\varepsilon$ 和 $\varepsilon\mathrm{d}\boldsymbol{r}$ 均为 Lorentz 不变量，即

$$\mathrm{d}\boldsymbol{p}/\varepsilon = \mathrm{d}\boldsymbol{p}_0/\varepsilon_0,\ \varepsilon\mathrm{d}\boldsymbol{r} = \varepsilon_0\mathrm{d}\boldsymbol{r}_0 \tag{4.2.8}$$

故相空间体积 $\mathrm{d}\boldsymbol{r}\mathrm{d}\boldsymbol{p} = \mathrm{d}\boldsymbol{r}_0\mathrm{d}\boldsymbol{p}_0$ 也是 Lorentz 不变量。再注意到相空间体积 $\mathrm{d}\boldsymbol{r}\mathrm{d}\boldsymbol{p}$ 内的粒子数 $\mathrm{d}\boldsymbol{r}\mathrm{d}\boldsymbol{p}f(\boldsymbol{r},\boldsymbol{p},t)$ 不论在哪个参考系观测应该相同，故粒子分布函数也是 Lorentz 不变量，即

$$f(\boldsymbol{r},\boldsymbol{p},t) = f_0(\boldsymbol{r}_0,\boldsymbol{p}_0,t_0) \tag{4.2.9}$$

利用关系式(4.2.7)~式(4.2.9)，假设 O'系中分布函数 $f_0(\boldsymbol{r}_0,\boldsymbol{p}_0,t_0)$与粒子动量的方向无关,则对单一粒子组分系统,$O$ 系中的流体物质的6个物理量均可用 O'系中的粒子的数密度 N^0、能量密度 E_t^0、压强 p_m^0 以及流体元的宏观流速 $\boldsymbol{u}$ 表示出来,即

粒子数密度

$$\mathrm{PD} \equiv \int \mathrm{d}\boldsymbol{p} f(\boldsymbol{p}) = \int \frac{\varepsilon}{\varepsilon_0}\mathrm{d}\boldsymbol{p}_0\, f_0(p_0) = \lambda N^0 \tag{4.2.10}$$

粒子动量密度

$$\mathrm{PMD} \equiv \int \mathrm{d}\boldsymbol{p}\boldsymbol{p} f(\boldsymbol{p}) = \int \frac{\varepsilon}{\varepsilon_0}\mathrm{d}\boldsymbol{p}_0\boldsymbol{p} f_0(p_0) = \frac{\lambda^2}{c^2}(E_t^0 + p_m^0)\boldsymbol{u} \tag{4.2.11}$$

粒子能量密度

$$\mathrm{PED} \equiv \int \mathrm{d}\boldsymbol{p}\varepsilon f(\boldsymbol{p}) = \int \frac{\varepsilon}{\varepsilon_0}\mathrm{d}\boldsymbol{p}_0\varepsilon f_0(p_0) = \lambda^2(E_t^0 + p_m^0) - p_m^0 \tag{4.2.12}$$

粒子通量

$$\mathrm{PF} \equiv \int \mathrm{d}\boldsymbol{p}\boldsymbol{v} f(\boldsymbol{p}) = \int \frac{\varepsilon}{\varepsilon_0}\mathrm{d}\boldsymbol{p}_0\boldsymbol{v} f_0(p_0) = \lambda N^0\boldsymbol{u} \tag{4.2.13}$$

粒子动量通量

$$\mathrm{PMF} \equiv \int \mathrm{d}\boldsymbol{p}\boldsymbol{v}\boldsymbol{p} f(\boldsymbol{p}) = \int \frac{\varepsilon}{\varepsilon_0}\mathrm{d}\boldsymbol{p}_0\boldsymbol{v}\boldsymbol{p} f_0(p_0) = p_m^0\boldsymbol{I} + \frac{\lambda^2}{c^2}(E_t^0 + p_m^0)\boldsymbol{u}\boldsymbol{u} \tag{4.2.14}$$

粒子能量通量

$$\mathrm{PEF} \equiv \int \mathrm{d}\boldsymbol{p}\boldsymbol{v}\varepsilon f(\boldsymbol{p}) = \int \frac{\varepsilon}{\varepsilon_0}\mathrm{d}\boldsymbol{p}_0\varepsilon\boldsymbol{v} f_0(p_0) = \lambda^2(E_t^0 + p_m^0)\boldsymbol{u} \tag{4.2.15}$$

对多组分系统,系统中存在多种类型的粒子,注意到 O'系中系统的总能量密度

$$E_t^0(\boldsymbol{r}_0,t_0) = \int \mathrm{d}\boldsymbol{p}_0\varepsilon_0 f_0(\boldsymbol{r}_0,p_0,t_0) \tag{4.2.16}$$

和系统的压强

$$p_m^0(\boldsymbol{r}_0,t_0) = \int \mathrm{d}\boldsymbol{p}_0(\boldsymbol{v}_0\cdot\hat{\boldsymbol{n}})(\boldsymbol{p}_0\cdot\hat{\boldsymbol{n}}) f_0(\boldsymbol{r}_0,p_0,t_0) \tag{4.2.17}$$

均具有可加性,可知 O 系中系统的粒子动量密度、能量密度、动量通量和能量通量也具有可加性。故只需将式(4.2.11)、式(4.2.12)、式(4.2.14)、式(4.2.15)中的粒子能量密度 E_t^0 和压强 p_m^0 理解为 O'系中各类粒子的贡献之和就可以得到 O 系中多组分系统的相应物理量。

但要注意的是,在 O'系中,多组分粒子系统的质量密度

$$\rho^0(\boldsymbol{r},t) = \sum_i m_i^0 N_i^0(\boldsymbol{r},t) = \sum_i \rho_i^0(\boldsymbol{r},t) \tag{4.2.18}$$

具有可加性，而粒子的数密度 N^0 就没有可加性（因为各组分粒子的静止质量不同）。将 O 系中单一组分的粒子数密度和粒子通量

$$\begin{cases} \mathrm{PD}_i \equiv \lambda N_i^0 \\ \mathrm{PF}_i \equiv \lambda N_i^0 \boldsymbol{u} \end{cases} \tag{4.2.19}$$

两边乘上该组分粒子 O' 系中的静止质量，再求和，利用质量密度的可加性，可得

$$\begin{cases} \sum_i m_i^0 \times \mathrm{PD}_i \equiv \lambda \sum_i m_i^0 N_i^0 = \lambda\rho^0 \\ \sum_i m_i^0 \times \mathrm{PF}_i \equiv \lambda \sum_i m_i^0 N_i^0 \boldsymbol{u} = \lambda\rho^0 \boldsymbol{u} \end{cases} \tag{4.2.20}$$

由此可见，如果我们在 O 系中对每个组分的粒子得出了粒子数守恒方程（即 $\mathrm{PD}_i \equiv \lambda N_i^0$，$\mathrm{PF}_i \equiv \lambda N_i^0 \boldsymbol{u}$ 满足的微分方程），将方程两边乘以该组分粒子的静止质量再求和，可得质量守恒方程。

4.2.2 实验室系中辐射量与流体静止系中辐射量的关系

高温流体物质内一般存在辐射场，在流体力学方程中必须考虑它们的贡献和影响。实验室坐标系（以下简称 O 系）中定义光子分布函数 $f_\nu(\boldsymbol{r},\boldsymbol{\Omega},t)$，$f_\nu(\boldsymbol{r},\boldsymbol{\Omega},t)\mathrm{d}\nu\mathrm{d}\boldsymbol{r}\mathrm{d}\Omega$ 为 t 时刻 $\boldsymbol{r}\to\boldsymbol{r}+\mathrm{d}\boldsymbol{r}$ 内所包含的频率在 $\nu\to\nu+\mathrm{d}\nu$ 之间方向处于 $\boldsymbol{\Omega}$ 邻近立体角元 $\mathrm{d}\Omega$ 内的光子数，则 O 系中辐射量的定义为

辐射能量密度

$$\mathrm{RED} = \int_0^\infty \mathrm{d}\nu \int_{4\pi} \mathrm{d}\Omega h\nu f_\nu(\boldsymbol{r},\boldsymbol{\Omega},t) = E_R(\boldsymbol{r},t) \tag{4.2.21}$$

辐射能量通量

$$\mathrm{REF} = \int_0^\infty \mathrm{d}\nu \int_{4\pi} \mathrm{d}\Omega h\nu c\boldsymbol{\Omega} f_\nu(\boldsymbol{r},\boldsymbol{\Omega},t) = \boldsymbol{F}_R(\boldsymbol{r},t) \tag{4.2.22}$$

辐射动量密度

$$\mathrm{RMD} = \int_0^\infty \mathrm{d}\nu \int_{4\pi} \mathrm{d}\Omega \left(\frac{h\nu\boldsymbol{\Omega}}{c}\right) f_\nu(\boldsymbol{r},\boldsymbol{\Omega},t) = \frac{1}{c^2}\boldsymbol{F}_R(\boldsymbol{r},t) \tag{4.2.23}$$

辐射动量通量

$$\mathrm{RMF} = \int_0^\infty \mathrm{d}\nu \int_{4\pi} \mathrm{d}\Omega (c\boldsymbol{\Omega}) \left(\frac{h\nu\boldsymbol{\Omega}}{c}\right) f_\nu(\boldsymbol{r},\boldsymbol{\Omega},t) = \boldsymbol{p}_R(\boldsymbol{r},t) \tag{4.2.24}$$

利用 Lorentz 变换，可将 O 系中辐射场的宏观物理量用 O' 系中辐射场的宏观物理量表示出来。O' 系在 O 系中的速度为流体元的宏观速度 $\boldsymbol{u}$。为方便，我们将 O' 系的辐射量以“0”作标识。

利用两坐标系间 $\nu\mathrm{d}\nu\mathrm{d}\Omega$ 和 I_ν/ν^3 的 Lorentz 变换不变性（请自行证明），有

$$\nu\mathrm{d}\nu\mathrm{d}\Omega = \nu_0\mathrm{d}\nu_0\mathrm{d}\Omega_0 \tag{4.2.25}$$

$$I_\nu/\nu^3 = I_{\nu_0}/\nu_0^3 \tag{4.2.26}$$

两个坐标系下光子频率和方向的 Lorentz 变换关系为

$$\nu = \lambda\nu_0 D_0;\ (D_0 = 1 + \frac{\boldsymbol{\Omega}_0 \cdot \boldsymbol{u}}{c}) \tag{4.2.27}$$

$$\boldsymbol{\Omega} = \frac{1}{\lambda D_0}\left[\boldsymbol{\Omega}_0 + \frac{\lambda}{\lambda+1}(1+\lambda D_0)\frac{\boldsymbol{u}}{c}\right] \tag{4.2.28}$$

O'系辐射能通量的定义为

$$E_R^0(\boldsymbol{r}_0, t_0) = \frac{1}{c}\int_0^\infty \mathrm{d}\nu_0 \int_{4\pi} \mathrm{d}\Omega_0 I_{\nu 0}(\boldsymbol{r}_0, \boldsymbol{\Omega}_0, t_0) \tag{4.2.29}$$

O'系辐射能通量的定义为

$$\boldsymbol{F}_R^0(\boldsymbol{r}_0, t_0) = \int_0^\infty \mathrm{d}\nu_0 \int_{4\pi} \mathrm{d}\Omega_0 \boldsymbol{\Omega}_0 I_{\nu 0}(\boldsymbol{r}_0, \boldsymbol{\Omega}_0, t_0) \tag{4.2.30}$$

O'系辐射压强张量的定义为

$$\boldsymbol{p}_R^0(\boldsymbol{r}_0, t_0) = \frac{1}{c}\int_0^\infty \mathrm{d}\nu_0 \int_{4\pi} \mathrm{d}\Omega_0 (\boldsymbol{\Omega}_0\boldsymbol{\Omega}_0) \boldsymbol{I}_{\nu 0}(\boldsymbol{r}_0, \boldsymbol{\Omega}_0, t_0) \tag{4.2.31}$$

以及两并矢乘积的公式$(\boldsymbol{ab}):(\boldsymbol{cd}) = (\boldsymbol{b}\cdot\boldsymbol{c})(\boldsymbol{a}\cdot\boldsymbol{d})$,有

O 系的辐射能量密度(忽略 u^2/c^2 项)

$$\mathrm{RED} = E_R(\boldsymbol{r}, t) = \frac{1}{c}\int_0^\infty \mathrm{d}\nu \int_{4\pi} \mathrm{d}\Omega I_\nu(\boldsymbol{r}, \boldsymbol{\Omega}, t) =$$
$$\lambda^2 E_R^0(\boldsymbol{r}_0, t_0) + \frac{2\lambda^2}{c^2}\boldsymbol{u}\cdot\boldsymbol{F}_R^0(\boldsymbol{r}_0, t_0) \tag{4.2.32}$$

可见,O 系中的辐射能量密度由 O'系中的 3 个辐射量决定,时空坐标在不同坐标系中不同,但是指同一个事件。

O 坐标系的辐射能流(辐射能通量)

$$\mathrm{REF} = \boldsymbol{F}_R(\boldsymbol{r}, t) = \int_0^\infty \mathrm{d}\nu \int_{4\pi} \mathrm{d}\Omega \boldsymbol{\Omega} I_\nu(\boldsymbol{r}, \boldsymbol{\Omega}, t) = \lambda\boldsymbol{F}_R^0 + \lambda\boldsymbol{p}_R^0\cdot\boldsymbol{u} + \lambda^2 E_R^0\boldsymbol{u} \tag{4.2.33}$$

O 坐标系的辐射动量密度

$$\mathrm{RMD} = \frac{1}{c^2}\boldsymbol{F}_R(\boldsymbol{r}, t) = \frac{1}{c^2}\int_0^\infty \mathrm{d}\nu \int_{4\pi} \mathrm{d}\Omega \boldsymbol{\Omega} I_\nu(\boldsymbol{r}, \boldsymbol{\Omega}, t) =$$
$$\frac{\lambda}{c^2}\boldsymbol{F}_R^0 + \frac{\lambda}{c^2}\boldsymbol{p}_R^0\cdot\boldsymbol{u} + \frac{\lambda^2}{c^2}E_R^0\boldsymbol{u} \tag{4.2.34}$$

O 坐标系的辐射压强张量(辐射动量通量)

$$\mathrm{RMF} = \boldsymbol{p}_R(\boldsymbol{r},t) = \frac{1}{c}\int_0^{\infty}\mathrm{d}\nu\int_{4\pi}\mathrm{d}\boldsymbol{\Omega}\boldsymbol{\Omega}\boldsymbol{\Omega}I_\nu(\boldsymbol{r},\boldsymbol{\Omega},t) = \boldsymbol{p}_R^0 + \lambda^2 E_R^0\frac{\boldsymbol{u}\boldsymbol{u}}{c^2} + \frac{\lambda}{c^2}[\boldsymbol{F}_R^0\boldsymbol{u} + \boldsymbol{u}\boldsymbol{F}_R^0] \quad (4.2.35)$$

宏观辐射量之间的这些变换关系的一个主要用途是：我们可以在流体静止坐标系（O'系）中求解辐射输运方程得出辐射量后，再通过上述变换关系求出实验室坐标系（O 系）的辐射量。这样就避免了流体运动的影响，不必在实验室坐标系中求解形式及其复杂的辐射输运方程了。

特别地，如果在流体静止坐标系（O'系）中，辐射场与物质达到局域热力学平衡（LTE），则光子分布函数可由 Bose－Einstein 统计得出来，即

$$f_\nu^0(\boldsymbol{r}_0,\Omega_0,t_0) = \frac{2\nu^2}{c^3}\frac{1}{\exp(h\nu/kT)-1}$$

光辐射强度（辐射光强）$I_\nu(\boldsymbol{r},\boldsymbol{\Omega},t)$就是 Planck 黑体辐射强度，即

$$I_\nu^0(\boldsymbol{r}_0,\Omega_0,t_0) = h\nu c f_\nu^0(\boldsymbol{r}_0,\Omega_0,t_0) = \frac{2h\nu^3}{c^2}\frac{1}{\mathrm{e}^{h\nu/kT(r_0)}-1}$$

而

$$E_R^0(\boldsymbol{r}_0,t_0) = \frac{1}{c}\int_0^{\infty}\mathrm{d}\nu_0\int_{4\pi}\mathrm{d}\Omega_0 I_{\nu0}(\boldsymbol{r}_0,\boldsymbol{\Omega}_0,t_0) = aT^4$$

$$\boldsymbol{F}_R^0(\boldsymbol{r}_0,t_0) = \int_0^{\infty}\mathrm{d}\nu_0\int_{4\pi}\mathrm{d}\Omega_0\boldsymbol{\Omega}_0 I_{\nu0}(\boldsymbol{r}_0,\boldsymbol{\Omega}_0,t_0) = 0$$

$$\boldsymbol{p}_R^0(\boldsymbol{r}_0,t_0) = \frac{1}{c}\int_0^{\infty}\mathrm{d}\nu_0\int_{4\pi}\mathrm{d}\Omega_0(\boldsymbol{\Omega}_0\boldsymbol{\Omega}_0)I_{\nu0}(\boldsymbol{r}_0,\boldsymbol{\Omega}_0,t_0) = \frac{1}{3}E_R^0(\boldsymbol{r}_0,t_0)\boldsymbol{I}$$

式中：常数 $a=\frac{4\sigma}{c}=\frac{8\pi^5k^4}{15h^3c^3}=7.56\times10^{-3}\left[\frac{10^{12}\,\mathrm{erg}}{(10^6\mathrm{K})^4\mathrm{cm}^3}\right]$，$\sigma$ 为 Stefan－Boltzmann 常数，$c=3\times10^4$（cm/μs）为真空中的光速。

4.3 Euler 观点下的相对论辐射流体力学方程组

4.3.1 Euler 观点下的相对论辐射流体力学方程组及其随体微商形式

考察固定在实验室坐标系中的一个任意空间体积元 V，S 是包围 V 的封闭曲面。写出该固定在实验室坐标系中的空间体积元中质量、动量（包括实物粒子和辐射场的动量）及能量（包括粒子和辐射场的能量）的守恒方程，即得 Euler 观点下的相对论辐射流体力学方程组。

取时空独立变量为$(\boldsymbol{R},t)$，设 $D(\boldsymbol{R},t)$是某一流体力学变量的密度，Q 是单位时间单位体积中产生力学量 D 的源，$\boldsymbol{F}(\boldsymbol{R},t)$是 $D(\boldsymbol{R},t)$的通量（单位时间通过单位面积的力学量 D），则由物理量 D 在空间固定体积 V（由外表面 S 所围成）内的守

恒性质可得

$$\frac{\partial}{\partial t}\int_V D\mathrm{d}\boldsymbol{R} + \oint_S \boldsymbol{F}\cdot\mathrm{d}\boldsymbol{S} = \int_V Q\mathrm{d}\boldsymbol{R} \tag{4.3.1}$$

左边第一项为体积元 V 内力学量 D 的时间变化率,第二项为单位时间通过 V 的表面 S 流出体积元 V 内力学量,右边项为单位时间外源在体积元 V 内提供的力学量。利用奥高公式(4.1.7),将面积分化为体积分

$$\oint_S \boldsymbol{F}\cdot\mathrm{d}\boldsymbol{S} = \int_V (\nabla\cdot\boldsymbol{F})\mathrm{d}\boldsymbol{R}$$

再注意到固定在实验室坐标系中的空间体积元 V 与时间无关,有

$$\int_V \left(\frac{\partial D}{\partial t} + \nabla\cdot\boldsymbol{F} - Q\right)\mathrm{d}\boldsymbol{R} = 0$$

由空间体积元 V 的任意性,得力学量 D 的守恒方程的微分形式为

$$\frac{\partial D}{\partial t} + \nabla\cdot\boldsymbol{F} = Q \tag{4.3.2}$$

1. 质量守恒方程

前面讲过,如果我们在实验室坐标系(简称 O 系)中对每个组分的粒子得出了粒子数守恒方程(即 $\mathrm{PD}_i \equiv \lambda N_i^0$, $\mathrm{PF}_i \equiv \lambda N_i^0\boldsymbol{u}$ 满足的微分方程),将方程两边乘以该组分粒子的静止质量再求和,便可得 O 系的质量守恒方程。

在式(4.3.2)中,取粒子数密度 $D=\lambda N_i^0$(式(4.2.10)),粒子通量 $\boldsymbol{F}=\lambda N_i^0\boldsymbol{u}$(式(4.2.13)),粒子源 $Q=0$,则有 O 系中粒子数守恒方程

$$\frac{\partial}{\partial t}(\lambda N_i^0) + \nabla\cdot(\lambda N_i^0\boldsymbol{u}) = 0 \tag{4.3.3}$$

将方程两边乘以该组分粒子的静止质量再求和,注意到 $\rho^0 = \sum_i m_i^0 N_i^0$ 为 O' 系中流体的质量密度,则 O 系中的质量守恒方程

$$\frac{\partial}{\partial t}(\lambda\rho^0) + \nabla\cdot(\lambda\rho^0\boldsymbol{u}) = 0 \tag{4.3.4}$$

此方程是 Euler 观点下的相对论质量守恒方程。注意到

$$\frac{\partial}{\partial t}(\ ) = \frac{\mathrm{d}}{\mathrm{d}t}(\ ) - \boldsymbol{u}\cdot\nabla(\ )$$

则有相对论质量守恒方程的另外两种形式

$$\frac{1}{\lambda\rho^0}\frac{\mathrm{d}}{\mathrm{d}t}(\lambda\rho^0) + \nabla\cdot\boldsymbol{u} = 0 \tag{4.3.5}$$

或

$$\lambda\rho^0\frac{\mathrm{d}}{\mathrm{d}t}\left(\frac{1}{\lambda\rho^0}\right) - \nabla\cdot\boldsymbol{u} = 0 \tag{4.3.6}$$

取 $\lambda\approx 1$ 得 Euler 观点下非相对论质量守恒方程的 3 种不同形式

$$\frac{\partial \rho^0}{\partial t} + \nabla \cdot (\rho^0 \boldsymbol{u}) = 0 \tag{4.3.7}$$

或

$$\frac{1}{\rho^0}\frac{\mathrm{d}\rho^0}{\mathrm{d}t} + \nabla \cdot \boldsymbol{u} = 0 \tag{4.3.8}$$

或

$$\rho^0 \frac{\mathrm{d}}{\mathrm{d}t}\left(\frac{1}{\rho^0}\right) - \nabla \cdot \boldsymbol{u} = 0 \tag{4.3.9}$$

2. 动量守恒方程

在式(4.3.2)中,取

$$\begin{cases} D = \mathrm{PMD} + \mathrm{RMD} \\ \boldsymbol{F} = \mathrm{PMF} + \mathrm{RMF} \\ Q = \boldsymbol{f} \end{cases}$$

式中:PMD 为粒子动量密度,由式(4.2.11)给出;RMD 为辐射动量密度,由式(4.2.34)给出;PMF 为粒子动量通量,由式(4.2.14)给出;RMF $= \boldsymbol{p}_R(\boldsymbol{r},t)$ 为辐射动量通量,由(4.2.35)给出;$\boldsymbol{f}$ 是作用在单位体积流体上的外力(如磁流体中电磁力密度为 $\boldsymbol{f} = \rho_e \boldsymbol{E} + \frac{1}{c}\boldsymbol{j} \times \boldsymbol{B}$)。注意到流体静止坐标系中,实物粒子的总能量密度为粒子的动能密度(内能密度)与粒子的静止能量密度之和,即 $E_t^0 = E_m^0 + \rho^0 c^2$,则有 Euler 观点下的相对论动量守恒方程

$$\frac{\partial}{\partial t}\left[\frac{\lambda^2}{c^2}(E_m^0 + \rho^0 c^2 + p_m^0 + E_R^0)\boldsymbol{u} + \frac{\lambda}{c^2}(\boldsymbol{F}_R^0 + \boldsymbol{p}_R^0 \cdot \boldsymbol{u})\right] + \nabla p_m^0 +$$
$$\nabla \cdot \left[\frac{\lambda^2}{c^2}(E_m^0 + \rho^0 c^2 + p_m^0 + E_R^0)\boldsymbol{u}\boldsymbol{u} + \boldsymbol{p}_R^0 + \frac{\lambda}{c^2}(\boldsymbol{F}_R^0 \boldsymbol{u} + \boldsymbol{u}\boldsymbol{F}_R^0)\right] = \boldsymbol{f} \tag{4.3.10}$$

式中:带上标“0”的量是流体静止坐标系中的量;不带上标“0”的量则是实验室坐标系中的量。

可以证明(见下),在流体力学框架下,对任意物理量 $\boldsymbol{Q}$(既可以为矢量,也可以为标量),有

$$\frac{\partial \boldsymbol{Q}}{\partial t} = \lambda\rho^0 \frac{\mathrm{d}}{\mathrm{d}t}\left(\frac{\boldsymbol{Q}}{\lambda\rho^0}\right) - \nabla \cdot (\boldsymbol{u}\boldsymbol{Q}) \tag{4.3.11}$$

利用式(4.3.11)可将式(4.3.10)写成随体微商形式

$$\lambda\rho^0 \frac{\mathrm{d}}{\mathrm{d}t}\left[\frac{\lambda^2(E_m^0 + \rho^0 c^2 + p_m^0 + E_R^0)\boldsymbol{u} + \lambda(\boldsymbol{F}_R^0 + \boldsymbol{p}_R^0 \cdot \boldsymbol{u})}{\lambda\rho^0 c^2}\right] +$$
$$\nabla p_m^0 + \nabla \cdot \left[\boldsymbol{p}_R^0 + \frac{\lambda}{c^2}(\boldsymbol{F}_R^0 - \boldsymbol{p}_R^0 \cdot \boldsymbol{u})\boldsymbol{u}\right] = \boldsymbol{f} \tag{4.3.12}$$

略去$(u/c)^2$项，取$\lambda^2 \approx 1$，则有非相对论动量守恒方程

$$\frac{\partial}{\partial t}\left[\rho^0 \boldsymbol{u} + \frac{(E_m^0 + p_m^0 + E_R^0)\boldsymbol{u} + \boldsymbol{p}_R^0 \cdot \boldsymbol{u} + \boldsymbol{F}_R^0}{c^2}\right] + \nabla p_m^0 + \nabla \cdot \left(\rho^0 \boldsymbol{u}\boldsymbol{u} + \boldsymbol{p}_R^0 + \frac{\boldsymbol{F}_R^0 \boldsymbol{u} + \boldsymbol{u}\boldsymbol{F}_R^0}{c^2}\right) = \boldsymbol{f} \tag{4.3.13}$$

或

$$\rho^0 \frac{\mathrm{d}}{\mathrm{d}t}\left[\boldsymbol{u} + \frac{(E_m^0 + p_m^0 + E_R^0)\boldsymbol{u} + \boldsymbol{F}_R^0 + \boldsymbol{p}_R^0 \cdot \boldsymbol{u}}{\rho^0 c^2}\right] + \nabla p_m^0 + \nabla \cdot \left(\boldsymbol{p}_R^0 + \frac{1}{c^2}\boldsymbol{F}_R^0 \boldsymbol{u}\right) = \boldsymbol{f} \tag{4.3.14}$$

如果流体静止坐标系中的辐射强度为

$$I_{\nu_0}(\boldsymbol{r}_0, \boldsymbol{\Omega}_0, t_0) = \frac{c}{4\pi} E_{\nu_0}^0(\boldsymbol{r}_0, t_0) + \frac{3}{4\pi}\boldsymbol{\Omega}_0 \cdot \boldsymbol{F}_{\nu_0}^0(\boldsymbol{r}_0, t_0) \tag{4.3.15}$$

将此代入辐射压强张量的定义式(4.2.31)，并注意到

$$\int_{4\pi} \boldsymbol{\Omega}\boldsymbol{\Omega}\mathrm{d}\Omega = \frac{4\pi}{3}\boldsymbol{I}, \qquad \int_{4\pi} \boldsymbol{\Omega}\boldsymbol{\Omega}\boldsymbol{\Omega}\mathrm{d}\Omega = 0$$

则辐射压强张量

$$\boldsymbol{p}_R^0 = \frac{1}{3} E_R^0 \boldsymbol{I} = p_R^0 \boldsymbol{I} \tag{4.3.16}$$

是个对角张量，其中$\boldsymbol{I}$为3阶单位张量，且$\nabla \cdot \boldsymbol{p}_R^0 = \nabla p_R^0$，此时式(4.3.13)、式(4.3.14)变为

$$\frac{\partial}{\partial t}\left[\rho^0 \boldsymbol{u} + \frac{(E_m^0 + p_m^0 + E_R^0 + p_R^0)\boldsymbol{u} + \boldsymbol{F}_R^0}{c^2}\right] + \nabla(p_m^0 + p_R^0) + \nabla \cdot \left(\rho^0 \boldsymbol{u}\boldsymbol{u} + \frac{\boldsymbol{F}_R^0 \boldsymbol{u} + \boldsymbol{u}\boldsymbol{F}_R^0}{c^2}\right) = \boldsymbol{f} \tag{4.3.17}$$

$$\rho^0 \frac{\mathrm{d}}{\mathrm{d}t}\left[\boldsymbol{u} + \frac{(E_m^0 + p_m^0 + E_R^0 + p_R^0)\boldsymbol{u} + \boldsymbol{F}_R^0}{\rho^0 c^2}\right] + \nabla(p_m^0 + p_R^0) + \nabla \cdot \left(\frac{1}{c^2}\boldsymbol{F}_R^0 \boldsymbol{u}\right) = \boldsymbol{f} \tag{4.3.18}$$

如果考虑流体的黏性，应在式(4.3.17)、式(4.3.18)左边加上黏性压强张量$q\boldsymbol{I}$的散度项(q称为人为黏性，其取法后面介绍)，此时，$p_m^0 \to p_m^0 + q$。

令物质和辐射场的总压强

$$p^0 = p_m^0 + p_R^0 + q \tag{4.3.19}$$

并略去u/c^2项，则非相对论动量守恒方程式(4.3.17)、式(4.3.18)变为

$$\frac{\partial}{\partial t}\left(\rho^0 \boldsymbol{u} + \frac{\boldsymbol{F}_R^0}{c^2}\right) + \nabla p^0 + \nabla \cdot \left(\rho^0 \boldsymbol{u}\boldsymbol{u} + \frac{\boldsymbol{F}_R^0 \boldsymbol{u} + \boldsymbol{u}\boldsymbol{F}_R^0}{c^2}\right) = \boldsymbol{f} \tag{4.3.20}$$

$$\rho^0 \frac{\mathrm{d}}{\mathrm{d}t}(\boldsymbol{u} + \frac{\boldsymbol{F}_R^0}{\rho^0 c^2}) + \nabla p^0 + \nabla \cdot (\boldsymbol{F}_R^0 \boldsymbol{u}/c^2) = \boldsymbol{f} \tag{4.3.21}$$

式中:$\boldsymbol{f}$ 为外力密度。对磁流体,$\boldsymbol{f}$ 为电磁力密度,即

$$\boldsymbol{f}(\boldsymbol{r},t) = \rho_e \boldsymbol{E} + \frac{1}{c}\boldsymbol{j} \times \boldsymbol{B} \tag{4.3.22}$$

其中

$$\rho_e(\boldsymbol{r},t) = \sum_{i=1}^{S} q^{(i)} N^{(i)}(\boldsymbol{r},t) \tag{4.3.23}$$

为磁流体的电荷密度,而

$$\boldsymbol{j}(\boldsymbol{r},t) = \sum_{i=1}^{S} q^{(i)} N^{(i)}(\boldsymbol{r},t)\boldsymbol{u}^{(i)}(\boldsymbol{r},t) \tag{4.3.24}$$

为磁流体的电流密度。

3. 能量守恒方程

在式(4.3.2)中,取

$$\begin{cases} D = \mathrm{PED} + \mathrm{RED} \\ \boldsymbol{F} = \mathrm{PEF} + \mathrm{REF} \\ Q = W \end{cases}$$

式中:$\mathrm{PED} \equiv \lambda^2(E_t^0 + p_m^0) - p_m^0$ 为粒子能量密度,由式(4.2.12)给出;$\mathrm{RED} = E_R(\boldsymbol{r},t)$ 为辐射能量密度,由式(4.2.32)给出;$\mathrm{PEF} \equiv \lambda^2(E_t^0 + p_m^0)\boldsymbol{u}$ 为粒子能量通量,由式(4.2.15)给出;$\mathrm{REF} = \boldsymbol{F}_R(\boldsymbol{r},t)$ 为辐射能量通量,由式(4.2.33)给出;W 为能源项,包括单位时间单位体积流体自身产生的能量(如裂变聚变放能)、单位时间外界在单位体积流体内沉积的能量(如激光能量沉积、焦耳热能)和外力的功率密度 $\boldsymbol{f} \cdot \boldsymbol{u}$,即

$$W(\boldsymbol{r},t) = \rho^0 w + \boldsymbol{f} \cdot \boldsymbol{u} \tag{4.3.25}$$

式中:w 为单位时间单位质量流体内产生的能源(不包括外力做功),则有 Euler 观点下的相对论能量守恒方程为

$$\frac{\partial}{\partial t}\left[\lambda^2(E_m^0 + \rho^0 c^2 + p_m^0 + E_R^0) - p_m^0 + \frac{2\lambda^2}{c^2}\boldsymbol{u} \cdot \boldsymbol{F}_R^0\right] + \nabla \cdot [\lambda^2(E_m^0 + \rho^0 c^2 + p_m^0 + E_R^0)\boldsymbol{u} + \lambda(\boldsymbol{F}_R^0 + \boldsymbol{p}_R^0 \cdot \boldsymbol{u})] = W \tag{4.3.26}$$

质量守恒方程式(4.3.4)乘 c^2 得

$$\frac{\partial}{\partial t}(\lambda\rho^0 c^2) + \nabla \cdot (\lambda\rho^0 c^2 \boldsymbol{u}) = 0 \tag{4.3.27}$$

将式(4.3.26)减去式(4.3.27),得

$$\frac{\partial}{\partial t}\left[\lambda(\lambda - 1)\rho^0 c^2 + \lambda^2(E_m^0 + p_m^0 + E_R^0) - p_m^0 + \frac{2\lambda^2}{c^2}\boldsymbol{u} \cdot \boldsymbol{F}_R^0\right] +$$

$$\nabla \cdot [\lambda(\lambda-1)\rho^0 c^2 \boldsymbol{u} + \lambda^2(E_m^0 + p_m^0 + E_R^0)\boldsymbol{u} + \lambda(\boldsymbol{F}_R^0 + \boldsymbol{p}_R^0 \cdot \boldsymbol{u})] = W \tag{4.3.28}$$

利用式(4.3.11),得 Euler 观点下的相对论能量守恒方程的随体微商形式

$$\lambda\rho^0 \frac{\mathrm{d}}{\mathrm{d}t}\left[\frac{\lambda(\lambda-1)\rho^0 c^2 + \lambda^2(E_m^0 + p_m^0 + E_R^0) - p_m^0}{\lambda\rho^0} + \frac{2\lambda^2}{\lambda\rho^0 c^2}\boldsymbol{u} \cdot \boldsymbol{F}_R^0\right] + \nabla \cdot \left[p_m^0 \boldsymbol{u} + \lambda(\boldsymbol{F}_R^0 + \boldsymbol{p}_R^0 \cdot \boldsymbol{u}) - \frac{2\lambda^2}{c^2}(\boldsymbol{u} \cdot \boldsymbol{F}_R^0)\boldsymbol{u}\right] = W \tag{4.3.29}$$

在非相对论近似下,注意到 $\lambda^2 \approx 1, \lambda(\lambda-1) \approx \frac{1}{2}\frac{u^2}{c^2}$,则式(4.3.28)、式(4.3.29)变为

$$\frac{\partial}{\partial t}\left[\frac{1}{2}\rho^0 u^2 + E_m^0 + E_R^0\right] + \nabla \cdot \left[\left(\frac{1}{2}\rho^0 u^2 + E_m^0 + p_m^0 + E_R^0\right)\boldsymbol{u} + \boldsymbol{F}_R^0 + \boldsymbol{p}_R^0 \cdot \boldsymbol{u}\right] = W \tag{4.3.30}$$

$$\rho^0 \frac{\mathrm{d}}{\mathrm{d}t}\left[\frac{1}{2}u^2 + \frac{E_m^0 + E_R^0}{\rho^0}\right] + \nabla \cdot [p_m^0 \boldsymbol{u} + \boldsymbol{F}_R^0 + \boldsymbol{p}_R^0 \cdot \boldsymbol{u}] = W \tag{4.3.31}$$

设 $\boldsymbol{p}_R^0 = p_R^0 \boldsymbol{I}$,并考虑流体的人为粘性压强张量 $q\boldsymbol{I}$,记物质和辐射场的总压强为

$$p^0 = p_m^0 + p_R^0 + q$$

可得非相对论能量守恒方程

$$\frac{\partial}{\partial t}\left[\frac{1}{2}\rho^0 u^2 + E_m^0 + E_R^0\right] + \nabla \cdot \left[\left(\frac{1}{2}\rho^0 u^2 + E_m^0 + E_R^0 + p^0\right)\boldsymbol{u} + \boldsymbol{F}_R^0\right] = W \tag{4.3.32}$$

或

$$\rho^0 \frac{\mathrm{d}}{\mathrm{d}t}\left[\frac{1}{2}u^2 + \frac{E_m^0 + E_R^0}{\rho^0}\right] + \nabla \cdot [p^0 \boldsymbol{u} + \boldsymbol{F}_R^0] = W \tag{4.3.33}$$

综上所述,在 $\boldsymbol{p}_R^0 = p_R^0 \boldsymbol{I}$,并考虑流体的人为黏性压强张量 $q\boldsymbol{I}$ 的情况下,有 Euler 观点下的非相对论辐射流体力学方程组

$$\begin{cases}\dfrac{\partial \rho^0}{\partial t} + \nabla \cdot (\rho^0 \boldsymbol{u}) = 0 \\ \dfrac{\partial}{\partial t}\left[\rho^0 \boldsymbol{u} + \dfrac{\boldsymbol{F}_R^0}{c^2}\right] + \nabla p^0 + \nabla \cdot \left[\rho^0 \boldsymbol{u}\boldsymbol{u} + \dfrac{\boldsymbol{F}_R^0 \boldsymbol{u} + \boldsymbol{u}\boldsymbol{F}_R^0}{c^2}\right] = \boldsymbol{f} \\ \dfrac{\partial}{\partial t}\left[\dfrac{1}{2}\rho^0 u^2 + E_m^0 + E_R^0\right] + \nabla \cdot \left[\left(\dfrac{1}{2}\rho^0 u^2 + E_m^0 + E_R^0\right)\boldsymbol{u} + p^0 \boldsymbol{u} + \boldsymbol{F}_R^0\right] = \rho^0 w + \boldsymbol{f} \cdot \boldsymbol{u}\end{cases}$$

或其随体微商形式

$$\begin{cases}\rho^0 \dfrac{\mathrm{d}}{\mathrm{d}t}\left(\dfrac{1}{\rho^0}\right) - \nabla \cdot \boldsymbol{u} = 0 \\ \rho^0 \dfrac{\mathrm{d}}{\mathrm{d}t}\left[\boldsymbol{u} + \dfrac{\boldsymbol{F}_R^0}{\rho^0 c^2}\right] + \nabla p^0 + \nabla \cdot \left[\dfrac{\boldsymbol{F}_R^0}{c^2}\boldsymbol{u}\right] = \boldsymbol{f} \\ \rho^0 \dfrac{\mathrm{d}}{\mathrm{d}t}\left[\dfrac{1}{2}u^2 + \dfrac{E_m^0 + E_R^0}{\rho^0}\right] + \nabla \cdot [p^0 \boldsymbol{u} + \boldsymbol{F}_R^0] = \rho^0 w + \boldsymbol{f} \cdot \boldsymbol{u}\end{cases}$$

其中有关辐射场的物理量由辐射输运方程提供。

去掉各量的上标“0”，默认物质和辐射场的物理量都是指流体静止坐标系中的物理量（流体元速度 $\boldsymbol{u}$ 除外，外力 $\boldsymbol{f}$ 与坐标系无关），再引入物质和辐射场的比内能（单位质量物质或辐射场的内能）

$$e_m = E_m/\rho,\ e_R = E_R/\rho \tag{4.3.34}$$

则能量守恒方程式(4.3.33)变为

$$\frac{\mathrm{d}}{\mathrm{d}t}\left(\frac{1}{2}u^2 + e_m + e_R\right) + \frac{1}{\rho}\nabla \cdot (p\boldsymbol{u} + \boldsymbol{F}_R) = \frac{W}{\rho} \tag{4.3.35}$$

由式(4.3.25)可知，$W = \rho w + \boldsymbol{f} \cdot \boldsymbol{u}$，故

$$W/\rho = w + \boldsymbol{f} \cdot \boldsymbol{u}/\rho$$

式中：w 为单位时间单位质量流体物质中的能源；$\boldsymbol{f} \cdot \boldsymbol{u}/\rho$ 为外力在单位时间为单位质量流体所做的功。由式(4.3.35)可见，这些能量既可转化为流体物质的动能，也可转化为流体物质的内能（物质内能和辐射内能）。在动量守恒方程式(4.3.21)两边点乘流体元运动速度 $\boldsymbol{u}$，略去 u/c^2 项，得

$$\frac{\mathrm{d}}{\mathrm{d}t}\left(\frac{1}{2}u^2\right) + \frac{1}{\rho}\boldsymbol{u} \cdot \nabla p = \frac{\boldsymbol{f} \cdot \boldsymbol{u}}{\rho} \tag{4.3.36}$$

可见，外力（澈体力）作功只会转化为流体物质的动能而不会转化为内能，物质和辐射压强（表面力）作功的一部分 $\boldsymbol{u} \cdot \nabla p$ 也可转化为流体物质的动能，将能量守恒方程式(4.3.35)减去方程式(4.3.36)，消去动能项，则能量守恒方程变为

$$\frac{\mathrm{d}}{\mathrm{d}t}(e_m + e_R) + p\frac{1}{\rho}\nabla \cdot \boldsymbol{u} + \frac{1}{\rho}\nabla \cdot \boldsymbol{F}_R = \frac{W - \boldsymbol{f} \cdot \boldsymbol{u}}{\rho} \equiv w \tag{4.3.37}$$

可见，物质和辐射压强（表面力）作功的另一部分 $p\nabla \cdot \boldsymbol{u}$ 和外能源 w 转化为物质的内能。利用质量守恒方程式(4.3.9)，最后得内能守恒方程

$$\frac{\mathrm{d}}{\mathrm{d}t}(e_m + e_R) + p\frac{\mathrm{d}}{\mathrm{d}t}\left(\frac{1}{\rho}\right) + \frac{1}{\rho}\nabla \cdot \boldsymbol{F}_R = w \tag{4.3.38}$$

此方程已不含流体的动能项。

归纳如下，在 Euler 观点下，任何流动量 L 是独立变量$(\boldsymbol{R}, t)$的函数，非相对论辐射流体方程组的随体微商形式为

$$\rho\frac{\mathrm{d}}{\mathrm{d}t}\left(\frac{1}{\rho}\right) - \nabla \cdot \boldsymbol{u} = 0 \tag{4.3.39}$$

$$\frac{\mathrm{d}}{\mathrm{d}t}\left(\boldsymbol{u}+\frac{\boldsymbol{F}_R}{\rho c^2}\right)+\frac{1}{\rho}\nabla p+\frac{1}{\rho}\nabla\cdot\left(\frac{\boldsymbol{F}_R}{c^2}\boldsymbol{u}\right)=\frac{\boldsymbol{f}}{\rho} \tag{4.3.40}$$

$$\frac{\mathrm{d}}{\mathrm{d}t}(e_m+e_R)+p\frac{\mathrm{d}}{\mathrm{d}t}\left(\frac{1}{\rho}\right)+\frac{1}{\rho}\nabla\cdot\boldsymbol{F}_R=w \tag{4.3.41}$$

对磁流体,外力密度为电磁力密度

$$\boldsymbol{f}=\rho_e\boldsymbol{E}+\frac{1}{c}(\boldsymbol{j}\times\boldsymbol{B})$$

能源为焦耳热量

$$w=\boldsymbol{j}\cdot\boldsymbol{E}/\rho$$

由于辐射流体方程组并没有对实物粒子和光子在量子态上的分布作出限制,因此无论对平衡态还是非平衡态,该方程组都是成立的。

式(4.3.11)的证明:

因为

$$\frac{\partial\boldsymbol{Q}}{\partial t}=\frac{\partial}{\partial t}\left[\lambda\rho^0\frac{\boldsymbol{Q}}{\lambda\rho^0}\right]=\lambda\rho^0\frac{\partial}{\partial t}\left(\frac{\boldsymbol{Q}}{\lambda\rho^0}\right)+\frac{\boldsymbol{Q}}{\lambda\rho^0}\frac{\partial}{\partial t}(\lambda\rho^0)$$

注意到

$$\frac{\partial}{\partial t}\left(\frac{\boldsymbol{Q}}{\lambda\rho^0}\right)=\frac{\mathrm{d}}{\mathrm{d}t}\left(\frac{\boldsymbol{Q}}{\lambda\rho^0}\right)-\boldsymbol{u}\cdot\nabla\left(\frac{\boldsymbol{Q}}{\lambda\rho^0}\right),\quad \frac{\partial}{\partial t}(\lambda\rho^0)=-\nabla\cdot(\lambda\rho^0\boldsymbol{u})$$

故

$$\frac{\partial\boldsymbol{Q}}{\partial t}=\lambda\rho^0\frac{\mathrm{d}}{\mathrm{d}t}\left(\frac{\boldsymbol{Q}}{\lambda\rho^0}\right)-\lambda\rho^0\boldsymbol{u}\cdot\nabla\left(\frac{\boldsymbol{Q}}{\lambda\rho^0}\right)-\frac{\boldsymbol{Q}}{\lambda\rho^0}\nabla\cdot(\lambda\rho^0\boldsymbol{u})$$

再利用公式

$$\nabla\cdot(\boldsymbol{f}\boldsymbol{g})=(\boldsymbol{f}\cdot\nabla)\boldsymbol{g}+\boldsymbol{g}\nabla\cdot\boldsymbol{f}$$

所以

$$\frac{\partial\boldsymbol{Q}}{\partial t}=\lambda\rho^0\frac{\mathrm{d}}{\mathrm{d}t}\left(\frac{\boldsymbol{Q}}{\lambda\rho^0}\right)-\nabla\cdot\left(\lambda\rho^0\boldsymbol{u}\frac{\boldsymbol{Q}}{\lambda\rho^0}\right)$$

证毕。

辐射流体方程式(4.3.39)~式(4.3.41)中,与辐射场有关的量(辐射能量密度 E_R、辐射能流 $\boldsymbol{F}_R$ 和辐射压强 p_R)由辐射输运方程提供,外力密度 $\boldsymbol{f}$ 与外能源 w 由外界提供,剩下的有流体质量密度 ρ、流体元宏观速度 $\boldsymbol{u}$、流体压强 p_m 以及流体物质的比内能 e_m 共 4 个物理量。而辐射流体力学方程组只有 3 个方程,因而方程组是不封闭的,需要补充物质的状态方程才可封闭。

如果知道物质的比内能 e_m 与压强 p_m 和物质密度 ρ 的关系式(物态方程)

$$e_m=e_m(\rho,p_m)=\frac{p_m}{(\gamma-1)\rho} \tag{4.3.42}$$

则方程组封闭。其中,$\gamma=c_p/c_v$ 为定压比热与定容比热比,称为多方指数,也称绝热指数。定容比热值 c_v 通常决定于分子或原子的内部自由度。因为不知道流体静止坐标系中物质粒子的分布函数,状态方程式(4.3.42)中压强不能由实物粒子的分布函数计算,只能借助实验来提供。

如果流体物质处于局域热力学平衡态,则可补充物质的2个状态方程

$$e_m = e_m(\rho, T) \tag{4.3.43}$$

$$p_m = p_m(\rho, T) \tag{4.3.44}$$

这样,3个辐射流体力学方程加上2个状态方程就有了5个方程,此时,流体物质的力学量也正好为5个——$(\rho, \boldsymbol{u}, T, p_m, e_m)$,方程组也封闭。此时,内能守恒方程可由温度方程代替。

在局域热力学平衡条件下,由热力学第一定律

$$\mathrm{d}Q = T\mathrm{d}s = \mathrm{d}e_m + p_m \mathrm{d}v$$

式中:$s = s(T, v)$是单位质量流体物质的熵;$v = 1/\rho$ 为比容(单位质量流体物质所占的体积),可得

$$\frac{\mathrm{d}e_m}{\mathrm{d}t} = T\frac{\mathrm{d}s}{\mathrm{d}t} - p_m\frac{\mathrm{d}v}{\mathrm{d}t} = T\left[\left(\frac{\partial s}{\partial T}\right)_v \frac{\mathrm{d}T}{\mathrm{d}t} + \left(\frac{\partial s}{\partial v}\right)_T \frac{\mathrm{d}v}{\mathrm{d}t}\right] - p_m\frac{\mathrm{d}v}{\mathrm{d}t} \tag{4.3.45}$$

再由定容比热的定义

$$c_v = T\left(\frac{\partial s}{\partial T}\right)_v = \left(\frac{\partial e_m}{\partial T}\right)_v$$

和热力学关系

$$\left(\frac{\partial s}{\partial v}\right)_T = \left(\frac{\partial p_m}{\partial T}\right)_v$$

式(4.3.45)变为

$$\frac{\mathrm{d}e_m}{\mathrm{d}t} = c_v\frac{\mathrm{d}T}{\mathrm{d}t} + \left[T\left(\frac{\partial p_m}{\partial T}\right)_\rho - p_m\right]\frac{\mathrm{d}v}{\mathrm{d}t} \tag{4.3.46}$$

可见,物质内能变化由流体分子热运动动能的变化和分子间势能变化两部分组成,对理想气体,势能变化项为0。将式(4.3.46)代入物质的内能方程式(4.3.41),得物质温度方程

$$c_v\frac{\mathrm{d}T}{\mathrm{d}t} + \frac{\mathrm{d}e_R}{\mathrm{d}t} + \left[T\left(\frac{\partial p_m}{\partial T}\right)_\rho + p_R + q\right]\frac{\mathrm{d}v}{\mathrm{d}t} + \frac{1}{\rho}\nabla\cdot\boldsymbol{F}_R = w \tag{4.3.47}$$

关于物态方程的说明:

如果物质处于局域热力学平衡状态,与物质温度有关的粒子分布函数服从F-D或B-E统计,即粒子处在能量为 ε 的一个量子态上的概率为

$$n(\varepsilon) = \frac{1}{\mathrm{e}^{(\varepsilon-\mu)/kT} \pm 1} = \frac{1}{\lambda \mathrm{e}^{\varepsilon/kT} \pm 1} \quad (\lambda = \mathrm{e}^{-\mu/kT}) \tag{4.3.48}$$

则状态方程可以通过 $n(\varepsilon)$来近似计算。注意到物质内能密度的定义为

$$E_m(\boldsymbol{r},t) = \int \mathrm{d}\boldsymbol{p}\,\frac{p^2}{2m}f(\boldsymbol{r},\boldsymbol{p},t) = \int \mathrm{d}v\,\frac{1}{2}mv^2 f(v) = \int \mathrm{d}\varepsilon\,\varepsilon f(\varepsilon) \quad (4.3.49)$$

其中

$$f(\varepsilon)\mathrm{d}\varepsilon = \begin{cases} \dfrac{2\times 4\pi p^2\mathrm{d}p}{h^3}n(\varepsilon) = \dfrac{8\pi m\sqrt{2m\varepsilon}\,\mathrm{d}\varepsilon}{h^3}\dfrac{1}{\lambda \mathrm{e}^{\varepsilon/kT}+1} & (\text{Fermion}) \\ \dfrac{4\pi p^2\mathrm{d}p}{h^3}n(\varepsilon) = \dfrac{4\pi m\sqrt{2m\varepsilon}\,\mathrm{d}\varepsilon}{h^3}\dfrac{1}{\lambda \mathrm{e}^{\varepsilon/kT}-1} & (\text{Boson}) \end{cases}$$

(4.3.50)

为单位体积能量处在 $\varepsilon\to\varepsilon+\mathrm{d}\varepsilon$ 范围的粒子数。常数 λ 由粒子数密度 N 决定

$$\begin{cases} N = \dfrac{8\pi m\sqrt{2m}}{h^3}\displaystyle\int_0^\infty \dfrac{\sqrt{\varepsilon}\,\mathrm{d}\varepsilon}{\lambda \mathrm{e}^{\varepsilon/kT}+1} & (\text{Fermion}) \\ N = \dfrac{4\pi m\sqrt{2m}}{h^3}\displaystyle\int_0^\infty \dfrac{\sqrt{\varepsilon}\,\mathrm{d}\varepsilon}{\lambda \mathrm{e}^{\varepsilon/kT}-1} & (\text{Boson}) \end{cases} \quad (4.3.51)$$

将式(4.3.50)代入式(4.3.49)可以计算简并实物粒子的内能密度 $E_m(\boldsymbol{r},t)$ 和物质压强

$$p_m(\boldsymbol{r},t) = \frac{2}{3}E_m(\boldsymbol{r},t)$$

其中积分只能近似计算。

然而,当 $\lambda = \mathrm{e}^{-\mu/kT}\gg 1$ 时,不论 F－D 统计还是 B－E 统计,它们都趋向经典的 M－B 统计,此时,常数 λ 可通过式(4.3.51)解析计算出来,即

$$\begin{cases} \lambda = \dfrac{16\pi m\sqrt{2m}}{Nh^3}\dfrac{\sqrt{\pi}}{4}(kT)^{3/2} & (\text{Fermion}) \\ \lambda = \dfrac{8\pi m\sqrt{2m}}{Nh^3}\dfrac{\sqrt{\pi}}{4}(kT)^{3/2} & (\text{Boson}) \end{cases} \quad (4.3.52)$$

计算时用了积分公式

$$\int_0^\infty \exp(-bz^2)\,\mathrm{d}z = \frac{1}{2}\sqrt{\frac{\pi}{b}},\quad \int_0^\infty \exp(-bz^2)\,z^2\mathrm{d}z = \frac{1}{4}\sqrt{\frac{\pi}{b^3}},$$

$$\int_0^\infty \exp(-bz^2)\,z^4\mathrm{d}z = \frac{3}{8}\sqrt{\frac{\pi}{b^5}}$$

将式(4.3.52)代入式(4.3.50)可知,当 $\lambda\gg 1$ 时,无论对玻色子还是费密子,粒子的分布都是由物质局域温度决定的经典 Maxwell 布(理想气体非简并经典分布,量子统计的经典极限)

$$f(\varepsilon)\mathrm{d}\varepsilon = \frac{2N}{\sqrt{\pi}(kT)^{3/2}}\sqrt{\varepsilon}\,\mathrm{e}^{-\varepsilon/kT}\mathrm{d}\varepsilon \quad (4.3.53)$$

此时物质的内能密度式(4.3.49)变为

$$E_m(\boldsymbol{r},t) = \int \mathrm{d}\varepsilon\varepsilon f(\varepsilon) = \frac{3}{2}NkT = \frac{3}{2}\frac{\rho RT}{\mu}$$

式中:$R = N_A k$ 为普适气体常数;μ 为物质的摩尔质量。物质的比内能只是温度的函数,即

$$e_m(\boldsymbol{r},t) = \frac{3}{2}\frac{RT}{\mu} \tag{4.3.54}$$

物质的压强都是(理想气体压强)

$$p_m(\boldsymbol{r},t) = \frac{2}{3}E_m(\boldsymbol{r},t) = NkT = \frac{\rho RT}{\mu} \tag{4.3.55}$$

式(4.3.54)和式(4.3.55)是真实物质状态方程的粗糙近似,可用于不那么精确的计算。如果需要精确计算,就要采用更为精确的物质状态方程的实验拟合数据。

注意:

(1) 式(4.3.54)给出的物质比内能只适用于自由度$f=3$的单原子气体,对多自由度的双原子气体,物质的比内能和压强应为

$$\begin{cases} e_m(\boldsymbol{r},t) = \dfrac{RT}{(\gamma-1)\mu} \\ p_m(\boldsymbol{r},t) = (\gamma-1)\rho e_m \end{cases}$$

其中比热比为

$$\gamma = \frac{f+2}{f}, \quad \frac{1}{\gamma-1} = \frac{f}{2}$$

(2) 如果物质发生了电离,每个原子平均有 Z' 个电子离化(Z'为原子的平均电离度),则物质内能密度就要包括电子成分和离子成分的贡献,摩尔质量 μ 应代之以平均摩尔质量 $\bar{\mu} = \mu/(1+Z')$,此时物质的比内能和压强应为

$$\begin{cases} e_m(\boldsymbol{r},t) = Z'\dfrac{RT}{(\gamma-1)\mu} \\ p_m(\boldsymbol{r},t) = (\gamma-1)\rho e_m \end{cases} \tag{4.3.56}$$

值得指出:

(1) 导出辐射流体力学方程式(4.3.39)~式(4.3.41)时并没有对辐射场和物质处于什么状态作出限制,实物粒子和光子的分布可以处在平衡态,也可以处于非平衡态;物质内能方程式(4.3.41)化为温度方程式(4.3.47)的前提是物质处于局域热力学平衡态,否则无法定义温度。

(2) 能量守恒方程中仅含有辐射能流,实物粒子的热传导能流没有出现,产生这一结果的原因是因为我们在流体静止坐标系中假设了实物粒子的分布函数$f(\boldsymbol{r},\boldsymbol{p},t)$仅与粒子的动量大小有关而与动量的方向无关,此假设必然导致实物粒子的

热传导能流项为0。如果这一假设不成立，则能量守恒方程中应包含实物粒子热传导能流的贡献，即 $\boldsymbol{F}_R \Rightarrow \boldsymbol{F}_R + \boldsymbol{F}_m$。

4.3.2 描述高温等离子体流体运动的三温模型

把辐射流体力学方程式(4.3.39)～式(4.3.41)用于描述高温等离子体流体的运动，如果等离子体中电子和离子成分的温度不同（辐射场的温度与物质的温度也不同，三温模型），那么，对每种组分都有相应的内能密度和压强，能量守恒方程式(4.3.41)也要变成3个。注意到物理量的可加性

$$p = p_e + p_i + p_r + q, \quad e_m = e_e + e_i, \quad \boldsymbol{F}_R = \boldsymbol{F}_e + \boldsymbol{F}_i + \boldsymbol{F}_r$$

3种组分的能量守恒方程分别为

$$\frac{\mathrm{d}e_e}{\mathrm{d}t} + p_e \frac{\mathrm{d}}{\mathrm{d}t}\left(\frac{1}{\rho}\right) + \frac{1}{\rho} \nabla \cdot \boldsymbol{F}_e = w - w_{e-i} - w_R \tag{4.3.57}$$

$$\frac{\mathrm{d}e_i}{\mathrm{d}t} + (p_i + q) \frac{\mathrm{d}}{\mathrm{d}t}\left(\frac{1}{\rho}\right) + \frac{1}{\rho} \nabla \cdot \boldsymbol{F}_i = w_{e-i} \tag{4.3.58}$$

$$\frac{\mathrm{d}e_r}{\mathrm{d}t} + p_r \frac{\mathrm{d}}{\mathrm{d}t}\left(\frac{1}{\rho}\right) + \frac{1}{\rho} \nabla \cdot \boldsymbol{F}_r = w_R \tag{4.3.59}$$

其中方程右端的源项的意义如下：

w 是单位时间在单位质量流体物质内的能源，w 加在电子流体方程上的原因是，按照单位体积内质量的大小，分配给电子组分的份额为

$$\frac{\rho^{(i)}}{\rho} = \frac{\rho^{(i)}}{\rho^{(e)} + \rho^{(i)}} \approx \frac{\rho^{(i)}}{\rho^{(i)}} = 1$$

所以，w 基本被电子组分接收。

$w_{e-i}(\boldsymbol{r},t)$ 为电子离子的能量交换项，表示单位时间单位质量流体内通过 $e-i$ 小角度库仑碰撞由电子交给离子的能量，如果电子流体和离子流体各自处于局域热力学平衡，粒子随能量的分布服从由局域温度决定的麦克斯韦分布，则有电子—离子的能量交换项为

$$w_{e-i}(\boldsymbol{r},t) = -w_{i-e}(\boldsymbol{r},t) = \frac{4n_i n_e \sqrt{2\pi} Z'^2 e^4 \ln\Lambda}{\rho m_e m_i} \frac{kT_e - kT_i}{(kT_i/m_i + kT_e/m_e)^{3/2}} \tag{4.3.60}$$

或

$$w_{e-i}(\boldsymbol{r},t) \approx \frac{3m_e}{\rho m_i} n_e \nu_{ei} (kT_e - kT_i) = \frac{3m_e}{\rho m_i} \frac{n_e}{\tau_{ei}} (kT_e - kT_i)$$

式中：$\nu_{ei} = \dfrac{8\pi}{3} \dfrac{Z' n_e e^4 \ln\Lambda_{ei}}{\sqrt{2\pi m_e}(kT_e)^{3/2}}$ 为电子—离子碰撞频率；$\tau_{ei} = 1/\nu_{ei}$ 为电子—离子平均碰撞时间。

取 kT_e 以 eV 为单位,离子数密度 n_i 以 cm^{-3} 为单位,则电子—离子平均碰撞时间为

$$\tau_{ei} \approx 3.5 \times 10^5 \frac{(kT_e)^{3/2}}{Z'^2 n_i \ln\Lambda_{ei}} (\mathrm{s})$$

库仑对数可取

$$\ln\Lambda_{ei} = \ln\frac{3\lambda_D kT_e}{Z' e^2} \approx \begin{cases} 23.4 - 1.15\log n_e + 3.45\log(kT_e) & (kT_e \leqslant 50\mathrm{eV}) \\ 25.3 - 1.15\log n_e + 2.3\log(kT_e) & (kT_e > 50\mathrm{eV}) \end{cases}$$

w_R 是电子与辐射场的能量交换项,表示单位时间单位质量的物质(主要是电子)交给辐射场的净辐射光能

$$w_R = \frac{W_R(\boldsymbol{r},t)}{\rho}$$

而

$$W_R(\boldsymbol{r},t) = \iint \mathrm{d}\nu \mathrm{d}\Omega J_\nu(\boldsymbol{r},\boldsymbol{\Omega},t) = \iint \mathrm{d}\nu \mathrm{d}\Omega \left(S_\nu \left(1 + \frac{c^2 I_\nu}{2h\nu^3} \right) - \mu_a I_\nu \right) \quad (4.3.61)$$

表示 t 时刻单位时间 $\boldsymbol{r}$ 处单位体积流体物质(电子)交给辐射场的净辐射光能(净辐射功率密度),它包括 3 种辐射过程(及其逆过程)的贡献。视系统处于完全非局域热动平衡状态还是处于部分局域热动平衡状态,W_R 的计算有两种方式。在完全非局域热动平衡状态下,W_R 的计算需要求解束缚电子占据概率方程;在部分局域热动平衡状态下,单位时间单位体积内物质净辐射的光子能量 W_R 的计算式为

$$W_R(\boldsymbol{r},t) = \int \mathrm{d}\nu\, J_\nu(\boldsymbol{r},t) = ac\mu'_P(T_e^4(\boldsymbol{r},t) - T_r^4(\boldsymbol{r},t))$$

其中

$$\mu'_P = \frac{\int \mathrm{d}\nu \mu'_a(\nu) B_\nu}{\int \mathrm{d}\nu\, B_\nu} = \frac{\int \mathrm{d}\nu\, \mu'_a(\nu) B_\nu}{\sigma T_e^4/\pi}$$

为 Planck 平均吸收系数,而

$$J_\nu(\boldsymbol{r},t) = c\mu'_a(\boldsymbol{r},\nu,t)\left(\frac{4\pi}{c} B_\nu(T_e) - E_\nu\right) =$$

$$\mu_a(\boldsymbol{r},\nu,t) \frac{8\pi h\nu^3}{c^2} \exp(-h\nu/kT_e)\left[1 - \frac{\exp(h\nu/kT_e) - 1}{\exp(h\nu/kT_r) - 1}\right]$$

为单位时间单位体积内物质净发射的处在 ν 附近单位间隔的光子能量,且

$$E_R = \int \mathrm{d}\nu\, E_\nu(\boldsymbol{r},t) = \int \mathrm{d}\nu \frac{8\pi h\nu^3}{c^3} \frac{1}{\exp(h\nu/kT_r) - 1} = aT_r^4$$

为辐射能量密度,而

$$E_\nu(\boldsymbol{r},t) = \frac{1}{c}\int \mathrm{d}\boldsymbol{\Omega}\, I_\nu(\boldsymbol{r},\boldsymbol{\Omega},t)$$

为辐射能量谱密度。

若3组分系统均处于局域热力学平衡状态,利用热力学关系式(4.3.46),则3组分系统的能量守恒方程可以化为三温系统的温度方程

$$c_v^{(e)}\frac{\mathrm{d}T_e}{\mathrm{d}t} + T_e\left(\frac{\partial p_e}{\partial T_e}\right)_\rho \frac{\mathrm{d}v}{\mathrm{d}t} + \frac{1}{\rho}\nabla\cdot\boldsymbol{F}_e = w - w_{e-i} - w_R \tag{4.3.62}$$

$$c_v^{(i)}\frac{\mathrm{d}T_i}{\mathrm{d}t} + \left[T_i\left(\frac{\partial p_i}{\partial T_i}\right)_\rho + q\right]\frac{\mathrm{d}v}{\mathrm{d}t} + \frac{1}{\rho}\nabla\cdot\boldsymbol{F}_i = w_{e-i} \tag{4.3.63}$$

$$c_v^{(r)}\frac{\mathrm{d}T_r}{\mathrm{d}t} + T_r\left(\frac{\partial p_r}{\partial T_r}\right)_\rho \frac{\mathrm{d}v}{\mathrm{d}t} + \frac{1}{\rho}\nabla\cdot\boldsymbol{F}_r = w_R \tag{4.3.64}$$

在光子达到局域自平衡的特殊情况下,光子在能量为 $h\nu$ 的量子态上的占据数 $n_\nu(\boldsymbol{r},t)$ 取决于由辐射场局域温度 $T_r(\boldsymbol{r},t)$ ($\neq T_e(\boldsymbol{r},t)$)决定的局域平衡 Planck 分布

$$n_\nu(\boldsymbol{r},t) = \frac{1}{\mathrm{e}^{h\nu/kT_r(\boldsymbol{r},t)} - 1}$$

$$E_r = \int_0^\infty \mathrm{d}\nu\,\frac{8\pi h\nu^3}{c^3}n_\nu(\boldsymbol{r},t) = \int_0^\infty \mathrm{d}\nu\,\frac{8\pi h\nu^3}{c^3}\frac{1}{\mathrm{e}^{h\nu/kT_r(\boldsymbol{r},t)} - 1} = aT_r^4$$

式中:常数 $a = \dfrac{8\pi^5 k^4}{15h^3c^3} = 7.56\times10^{-3}\left[\dfrac{10^{12}\,\mathrm{erg}}{(10^6\,\mathrm{K})^4\,\mathrm{cm}^3}\right]$;$c = 3\times10^4$ (cm/μs)为真空中的光速。此时,辐射比内能、辐射压强、辐射能流分别为

$$e_r = aT_r^4/\rho \tag{4.3.65}$$

$$p_r = \frac{1}{3}E_r = \frac{1}{3}aT_r^4 \tag{4.3.66}$$

$$\boldsymbol{F}_r = -\frac{\lambda_R c}{3}\nabla(aT_r^4) = -\kappa(\rho,T_r)\nabla T_r \quad (\text{对光厚介质}) \tag{4.3.67}$$

其中

$$\kappa(\rho,T_r) = \frac{4}{3}\lambda_R acT_r^3 \tag{4.3.68}$$

称为辐射热传导系数,$\lambda_R(\rho,T_r)$为光子平均自由程,或称光(辐射)平均自由程。显然,辐射比内能式(4.3.65)、辐射压强式(4.3.66)满足以下热力学关系式

$$\frac{\mathrm{d}e_r}{\mathrm{d}t} = C_v^{(r)}\frac{\mathrm{d}T_r}{\mathrm{d}t} + \left[T_r\left(\frac{\partial p_r}{\partial T_r}\right)_\rho - p_r\right]\frac{\mathrm{d}v}{\mathrm{d}t} \tag{4.3.69}$$

式中:$C_v^{(r)} = \dfrac{4aT_r^3}{\rho}$为光子流体的定容比热。

式(4.3.62)、式(4.3.63)中,$\boldsymbol{F}_e$,$\boldsymbol{F}_i$ 分别为电子、离子的热传导能流,在热传导的经典理论中分别取

$$\boldsymbol{F}_e = -\kappa_e(\rho, T_e)\nabla T_e,\ \boldsymbol{F}_i = -\kappa_i(\rho, T_i)\nabla T_i \tag{4.3.70}$$

Spitzer 利用 Lorentz 气体模型导出的电子热传导系数为

$$\kappa_e = \frac{5n_e k^2 T_e}{m_e \nu_{ei}} = \frac{15\pi}{16}\left(\frac{2}{\pi}\right)^{3/2} \frac{k(kT_e)^{5/2}}{\sqrt{m_e} Z' e^4 \ln\Lambda_{ei}} \tag{4.3.71}$$

式中:$\nu_{ei} = \frac{8\pi}{3}\frac{Z' n_e e^4 \ln\Lambda_{ei}}{\sqrt{2\pi m_e}(kT_e)^{3/2}}$为电子离子碰撞频率。更为实用的热传导系数公式为

$$\kappa_e = \delta_e(T, Z')20\left(\frac{2}{\pi}\right)^{3/2} \frac{k(kT_e)^{5/2}}{m_e^{1/2} Z' e^4 \ln\Lambda_{ei}} \tag{4.3.72}$$

$$\kappa_i = \delta_i(T, Z')20\left(\frac{2}{\pi}\right)^{3/2} \frac{k(kT_i)^{5/2}}{m_i^{1/2} Z' e^4 \ln\Lambda_{ii}} \tag{4.3.73}$$

其中参数 $\delta(T, Z')$ 是温度和离子电荷(平均电离度)的函数,Spitzer 给出了一个列表:

Z'	1	2	3	4	∞
$\delta(T, Z')$	0.0943	0.146	0.206	0.313	0.4

库仑对数 $\ln\Lambda_{ei} = \ln\frac{3\lambda_D kT_e}{Z' e^2}$,$\lambda_D = \sqrt{\frac{kT_e}{4\pi\sum_{\beta=1}^{S} n_\beta q_\beta^2}} = \sqrt{\frac{kT_e}{4\pi n_e e^2(1+Z')}}$为德拜长度。

对 Euler 观点下辐射流体方程组的随体微商形式(式(4.3.39)、式(4.3.40)、式(4.3.47))作数值求解时,需要对时空变量进行离散化处理,化微分方程为差分方程。一般做法是先把时间分成一个个小的时间段(时间步长),再把初始时刻的流体位形分成许多小质团。化微分方程为差分方程时,一般采用积分方法,即将 Euler 观点下辐射流体方程组的随体微商形式在一个随流体运动的体积元 ΔV(它是随时间变化的)内积分。可以证明,对任意物理量 $\boldsymbol{O}$(既可以为矢量也可以为标量),有下列对易对应关系式成立,即

$$\int_{\Delta V} \mathrm{d}\boldsymbol{R}\lambda\rho\frac{\mathrm{d}\boldsymbol{O}}{\mathrm{d}t} = \frac{\partial}{\partial t}\int_{\Delta V}\mathrm{d}\boldsymbol{R}\lambda\rho\boldsymbol{O} \tag{4.3.74}$$

证明:前面我们曾证明(式(4.3.11)),在流体力学框架下,对任意物理量 $\boldsymbol{Q}$(既可以为矢量,也可以为标量),有

$$\frac{\partial \boldsymbol{Q}}{\partial t} = \lambda\rho\frac{\mathrm{d}}{\mathrm{d}t}\left(\frac{\boldsymbol{Q}}{\lambda\rho}\right) - \nabla\cdot(\boldsymbol{u}\boldsymbol{Q}) \tag{4.3.75}$$

取 $\boldsymbol{Q} = \lambda\rho\boldsymbol{O}$,得

$$\lambda\rho\frac{\mathrm{d}\boldsymbol{O}}{\mathrm{d}t} = \frac{\partial(\lambda\rho\boldsymbol{O})}{\partial t} + \nabla\cdot(\lambda\rho\boldsymbol{u}\boldsymbol{O})$$

上式两边对运动体积元 ΔV 积分，得

$$\int_{\Delta V} \mathrm{d}\boldsymbol{R}\lambda\rho \frac{\mathrm{d}\boldsymbol{O}}{\mathrm{d}t} = \int_{\Delta V} \mathrm{d}\boldsymbol{R} \frac{\partial(\lambda\rho\boldsymbol{O})}{\partial t} + \oint_S \mathrm{d}\boldsymbol{S}\cdot(\lambda\rho\boldsymbol{u}\boldsymbol{O}) \tag{4.3.76}$$

S 是包围随流体运动的体积元 ΔV 的封闭曲面。当 ΔV 很小时，ΔV 的表面 S 逼近于 ΔV 中的一点 c，并注意到流体元宏观流速散度的本来意义（式(4.1.15)），即

$$\frac{1}{\Delta V}\frac{\mathrm{d}(\Delta V)}{\mathrm{d}t} = \nabla\cdot\boldsymbol{u} \tag{4.3.77}$$

则式 (4.3.76) 右边第一项为

$$\int_{\Delta V} \mathrm{d}\boldsymbol{R} \frac{\partial(\lambda\rho\boldsymbol{O})}{\partial t} = \Delta V\left[\frac{\partial}{\partial t}(\lambda\rho\boldsymbol{O})\right]_c = \left[\frac{\partial}{\partial t}(\Delta V\lambda\rho\boldsymbol{O})\right]_c - (\lambda\rho\boldsymbol{O})_c\frac{\partial(\Delta V)}{\partial t} =$$

$$\frac{\partial}{\partial t}\left(\int_{\Delta V}\mathrm{d}\boldsymbol{R}\lambda\rho\boldsymbol{O}\right) - \Delta V(\lambda\rho\boldsymbol{O})_c\,\nabla\cdot\boldsymbol{u} = \frac{\partial}{\partial t}\left(\int_{\Delta V}\mathrm{d}\boldsymbol{R}\lambda\rho\boldsymbol{O}\right) - \oint_S \mathrm{d}\boldsymbol{S}\cdot\boldsymbol{u}\lambda\rho\boldsymbol{O}$$

即

$$\int_{\Delta V} \mathrm{d}\boldsymbol{R} \frac{\partial(\lambda\rho\boldsymbol{O})}{\partial t} = \frac{\partial}{\partial t}\left(\int_{\Delta V}\mathrm{d}\boldsymbol{R}\lambda\rho\boldsymbol{O}\right) - \oint_S \mathrm{d}\boldsymbol{S}\cdot\boldsymbol{u}\lambda\rho\boldsymbol{O} \tag{4.3.78}$$

将式(4.3.78)代入式(4.3.76)，得

$$\int_{\Delta V}\mathrm{d}\boldsymbol{R}\lambda\rho\frac{\mathrm{d}\boldsymbol{O}}{\mathrm{d}t} = \frac{\partial}{\partial t}\int_{\Delta V}\mathrm{d}\boldsymbol{R}\lambda\rho\boldsymbol{O}$$

证毕。

例如，将能量守恒方程

$$\frac{\mathrm{d}}{\mathrm{d}t}(e_m + e_R) + p\frac{\mathrm{d}}{\mathrm{d}t}\left(\frac{1}{\rho}\right) + \frac{1}{\rho}\nabla\cdot\boldsymbol{F}_R = w$$

在运动的流体元 ΔV 内积分，得

$$\int_{\Delta V}\mathrm{d}\boldsymbol{R}\rho\frac{\mathrm{d}}{\mathrm{d}t}(e_m + e_R) + \int_{\Delta V}\mathrm{d}\boldsymbol{R}\rho p\frac{\mathrm{d}}{\mathrm{d}t}\left(\frac{1}{\rho}\right) + \int_{\Delta V}\mathrm{d}\boldsymbol{R}\rho\frac{1}{\rho}\nabla\cdot\boldsymbol{F}_R = \int_{\Delta V}\mathrm{d}\boldsymbol{R}\rho w$$

利用式(4.3.74)，得

$$\frac{\partial}{\partial t}\int_{\Delta V}\mathrm{d}\boldsymbol{R}\rho(e_m + e_R) + (p)_c\frac{\partial}{\partial t}\int_{\Delta V}\mathrm{d}\boldsymbol{R} + \oint_S\mathrm{d}\boldsymbol{S}\cdot\boldsymbol{F}_R = \int_{\Delta V}\mathrm{d}\boldsymbol{R}\rho w$$

即

$$\frac{\partial}{\partial t}[(\rho e_m + \rho e_R)_c\Delta V] + (p)_c\frac{\partial\Delta V}{\partial t} + \oint_S\mathrm{d}\boldsymbol{S}\cdot\boldsymbol{F}_R = (\rho w)_c\Delta V \tag{4.3.79}$$

式(4.3.79)的物理意义十分明确，即 ΔV 内物质内能和辐射能的时间变化率加上 ΔV 内压力对外做功功率加上 ΔV 内朝外辐射出去的功率等于单位时间外能源在 ΔV 内提供的能量。

根据质量守恒 $\rho_c \Delta V = \Delta m$ 是个常量，式(4.3.79)变为

$$\frac{\partial}{\partial t}(e_m + e_R)_c + p_c \frac{\partial}{\partial t}\left(\frac{1}{\rho_c}\right) + \frac{1}{\Delta m}\oint_S \mathrm{d}\boldsymbol{S} \cdot \boldsymbol{F}_R = w_c$$

它就是能量守恒方程的 Lagrange 形式，即

$$\frac{\partial}{\partial \tau}(e_m + e_R) + p \frac{\partial}{\partial \tau}\left(\frac{1}{\rho}\right) + \frac{1}{\rho} \nabla \cdot \boldsymbol{F}_R = w(\boldsymbol{r},\tau)$$

4.4 Lagrange 观点下的辐射流体力学方程组

4.4.1 辐射流体力学方程组从 Euler 观点到 Lagrange 观点的转化

在 Lagrange 观点下，独立变量取$(\boldsymbol{r},\tau)$，任何流动量 L 均为独立变量$(\boldsymbol{r},\tau)$的函数，即 $L = L(\boldsymbol{r},\tau)$，包括流体元的空间位置 $\boldsymbol{R} = \boldsymbol{R}(\boldsymbol{r},\tau)$。

前面讲过，从 Euler 观点下的随体微商形式的辐射流体力学方程式(4.3.39)～式(4.3.41)（独立变量为$(\boldsymbol{R},t)$）得到 Lagrange 观点下辐射流体力学方程组（独立变量为$(\boldsymbol{r},\tau)$）的方法如下：

首先将所有流体力学变量 $L(\boldsymbol{R},t)$的独立变量由$(\boldsymbol{R},t)$换成$(\boldsymbol{r},\tau)$，即将 $L(\boldsymbol{R},t) \Rightarrow L(\boldsymbol{r},\tau)$。

其次，再将随体时间微商$\frac{\mathrm{d}}{\mathrm{d}t}(\ ) \Rightarrow \frac{\partial}{\partial \tau}(\ )$，即可得到 Lagrange 观点下流体力学变量 $L(\boldsymbol{r},\tau)$满足的流体力学方程组

$$\frac{\partial}{\partial \tau}\left(\frac{1}{\rho}\right) - \frac{1}{\rho} \nabla \cdot \boldsymbol{u} = 0 \tag{4.4.1}$$

$$\frac{\partial}{\partial \tau}\left(\boldsymbol{u} + \frac{\boldsymbol{F}_R}{\rho c^2}\right) + \frac{1}{\rho} \nabla p + \frac{1}{\rho} \nabla \cdot \left(\frac{\boldsymbol{F}_R}{c^2}\boldsymbol{u}\right) = \frac{\boldsymbol{f}}{\rho} \tag{4.4.2}$$

$$\frac{\partial}{\partial \tau}(e_m + e_R) + p \frac{\partial}{\partial \tau}\left(\frac{1}{\rho}\right) + \frac{1}{\rho} \nabla \cdot \boldsymbol{F}_R = w \tag{4.4.3}$$

式中：流体力学变量 ρ、$\boldsymbol{u}$、p、e_m、e_R、w、$\boldsymbol{F}_R$ 等均是$(\boldsymbol{r},\tau)$的函数。值得注意的是：

（1）在 Euler 观点下，流体质团在实空间的位置 $\boldsymbol{R}$ 为独立变量，而在 Lagrange 观点下 $\boldsymbol{R}$ 则是因变量，$\boldsymbol{R} = \boldsymbol{R}(\boldsymbol{r},\tau)$。因此，与 Euler 观点相比，Lagrange 观点下多出流体质团空间位置 $\boldsymbol{R}(\boldsymbol{r},\tau)$满足的流线方程$\frac{\partial \boldsymbol{R}(\boldsymbol{r},\tau)}{\partial \tau} = \boldsymbol{u}(\boldsymbol{r},\tau)$。

（2）Lagrange 观点下，任何流动量均是独立变量$(\boldsymbol{r},\tau)$的函数，而方程式(4.4.1)～式(4.4.3)中出现的标量（压强）的梯度、矢量（流体元速度、辐射能流）和张量的散度均是在 Euler 空间坐标 $\boldsymbol{R}$ 中取的，而 $\boldsymbol{R}$ 并不是独立变量，而是$(\boldsymbol{r},\tau)$的函数。因此，必须把这些量变换到 Lagrange 空间 $\boldsymbol{r}$ 中去。

4.4.2 Lagrange 坐标空间矢量(张量)散度的计算

下面讨论标量(压强)的梯度、矢量(流体元速度、辐射能流)和张量的散度在 Lagrange 空间 $\boldsymbol{r}$ 如何表示。

在直角坐标系下,在 $\boldsymbol{R}=(X_1,X_2,X_3)$ 空间任意一个标量 $L=L(\boldsymbol{r},\tau)=L(x_1,x_2,x_3,\tau)$ 的梯度为

$$\nabla_{\boldsymbol{R}}L(\boldsymbol{r},\tau)=\boldsymbol{e}_\alpha\frac{\partial L(\boldsymbol{r},\tau)}{\partial X_\alpha}=\boldsymbol{e}_\alpha\frac{\partial x_\beta}{\partial X_\alpha}\frac{\partial L(\boldsymbol{r},\tau)}{\partial x_\beta}\qquad(\alpha,\beta=1,2,3)$$

上面采用了求和约定,出现双指标时表示对该指标求和。上式中梯度的分量为

$$\frac{\partial L(\boldsymbol{r},\tau)}{\partial X_\alpha}=\frac{\partial x_\beta}{\partial X_\alpha}\frac{\partial L(\boldsymbol{r},\tau)}{\partial x_\beta}\tag{4.4.4}$$

即

$$\begin{cases}\dfrac{\partial L(\boldsymbol{r},\tau)}{\partial X_1}=\dfrac{\partial x_\beta}{\partial X_1}\dfrac{\partial L(\boldsymbol{r},\tau)}{\partial x_\beta}=\left[\left(\dfrac{\partial x_1}{\partial X_1}\right)\dfrac{\partial L(\boldsymbol{r},\tau)}{\partial x_1}+\left(\dfrac{\partial x_2}{\partial X_1}\right)\dfrac{\partial L(\boldsymbol{r},\tau)}{\partial x_2}+\left(\dfrac{\partial x_3}{\partial X_1}\right)\dfrac{\partial L(\boldsymbol{r},\tau)}{\partial x_3}\right]\\ \dfrac{\partial L(\boldsymbol{r},\tau)}{\partial X_2}=\dfrac{\partial x_\beta}{\partial X_2}\dfrac{\partial L(\boldsymbol{r},\tau)}{\partial x_\beta}=\left[\left(\dfrac{\partial x_1}{\partial X_2}\right)\dfrac{\partial L(\boldsymbol{r},\tau)}{\partial x_1}+\left(\dfrac{\partial x_2}{\partial X_2}\right)\dfrac{\partial L(\boldsymbol{r},\tau)}{\partial x_2}+\left(\dfrac{\partial x_3}{\partial X_2}\right)\dfrac{\partial L(\boldsymbol{r},\tau)}{\partial x_3}\right]\\ \dfrac{\partial L(\boldsymbol{r},\tau)}{\partial X_3}=\dfrac{\partial x_\beta}{\partial X_3}\dfrac{\partial L(\boldsymbol{r},\tau)}{\partial x_\beta}=\left[\left(\dfrac{\partial x_1}{\partial X_3}\right)\dfrac{\partial L(\boldsymbol{r},\tau)}{\partial x_1}+\left(\dfrac{\partial x_2}{\partial X_3}\right)\dfrac{\partial L(\boldsymbol{r},\tau)}{\partial x_2}+\left(\dfrac{\partial x_3}{\partial X_3}\right)\dfrac{\partial L(\boldsymbol{r},\tau)}{\partial x_3}\right]\end{cases}\tag{4.4.5}$$

取 $L(\boldsymbol{r},\tau)=X_\lambda(\boldsymbol{r},\tau)$,代入式(4.4.4),有

$$\frac{\partial X_\lambda(\boldsymbol{r},\tau)}{\partial X_\alpha}=\frac{\partial x_\beta}{\partial X_\alpha}\frac{\partial X_\lambda(\boldsymbol{r},\tau)}{\partial x_\beta}\tag{4.4.6}$$

注意到$\dfrac{\partial X_\lambda(\boldsymbol{r},\tau)}{\partial X_\alpha}=\delta_{\lambda\alpha}$,故上式变为

$$\delta_{\lambda\alpha}=\frac{\partial x_\beta}{\partial X_\alpha}\frac{\partial X_\lambda}{\partial x_\beta}=\frac{\partial x_1}{\partial X_\alpha}\frac{\partial X_\lambda}{\partial x_1}+\frac{\partial x_2}{\partial X_\alpha}\frac{\partial X_\lambda}{\partial x_2}+\frac{\partial x_3}{\partial X_\alpha}\frac{\partial X_\lambda}{\partial x_3}\qquad(\lambda=1,2,3)\tag{4.4.7}$$

当 $\alpha=1$ 时,分别取 $\lambda=1,2,3$,得

$$\begin{cases}1=\left(\dfrac{\partial x_1}{\partial X_1}\right)\dfrac{\partial X_1}{\partial x_1}+\left(\dfrac{\partial x_2}{\partial X_1}\right)\dfrac{\partial X_1}{\partial x_2}+\left(\dfrac{\partial x_3}{\partial X_1}\right)\dfrac{\partial X_1}{\partial x_3}\\ 0=\left(\dfrac{\partial x_1}{\partial X_1}\right)\dfrac{\partial X_2}{\partial x_1}+\left(\dfrac{\partial x_2}{\partial X_1}\right)\dfrac{\partial X_2}{\partial x_2}+\left(\dfrac{\partial x_3}{\partial X_1}\right)\dfrac{\partial X_2}{\partial x_3}\\ 0=\left(\dfrac{\partial x_1}{\partial X_1}\right)\dfrac{\partial X_3}{\partial x_1}+\left(\dfrac{\partial x_2}{\partial X_1}\right)\dfrac{\partial X_3}{\partial x_2}+\left(\dfrac{\partial x_3}{\partial X_1}\right)\dfrac{\partial X_3}{\partial x_3}\end{cases}\tag{4.4.8}$$

由方程式(4.4.8)可解出3个未知量

$$\left(\frac{\partial x_1}{\partial X_1}\right),\left(\frac{\partial x_2}{\partial X_1}\right),\left(\frac{\partial x_3}{\partial X_1}\right)$$

将这3个未知量的表达式代入式(4.4.5)的第一个方程,可得

$$\frac{\partial L(\boldsymbol{r},\tau)}{\partial X_1}=\frac{1}{J}\left|\frac{\partial(L,X_2,X_3)}{\partial(x_1,x_2,x_3)}\right|\equiv D_{X_1}(L) \tag{4.4.9}$$

其中

$$J=\left|\frac{\partial(X_1,X_2,X_3)}{\partial(x_1,x_2,x_3)}\right| \tag{4.4.10}$$

为 Jacobi 行列式。

同理,在式(4.4.7)中,当 $\alpha=2$ 时,分别取 $\lambda=1,2,3$,得到一个类似式(4.4.8)的方程组,由此可解出3个未知量

$$\left(\frac{\partial x_1}{\partial X_2}\right),\left(\frac{\partial x_2}{\partial X_2}\right),\left(\frac{\partial x_3}{\partial X_2}\right)$$

将这3个未知量的表达式代入式(4.4.5)的第二个方程,可得

$$\frac{\partial L(\boldsymbol{r},\tau)}{\partial X_2}=\frac{1}{J}\left|\frac{\partial(X_1,L,X_3)}{\partial(x_1,x_2,x_3)}\right|\equiv D_{X_2}(L) \tag{4.4.11}$$

同理可得

$$\frac{\partial L(\boldsymbol{r},\tau)}{\partial X_3}=\frac{1}{J}\left|\frac{\partial(X_1,X_2,L)}{\partial(x_1,x_2,x_3)}\right|\equiv D_{X_3}(L) \tag{4.4.12}$$

利用式(4.4.9)、式(4.4.11)、式(4.4.12)可把 $\boldsymbol{R}$ 空间标量的梯度变换成 $\boldsymbol{r}$ 空间的梯度

$$\nabla_{\boldsymbol{R}}L(\boldsymbol{r},\tau)=\boldsymbol{e}_\alpha\frac{\partial L(\boldsymbol{r},\tau)}{\partial X_\alpha}=\boldsymbol{e}_1D_{X_1}[L(\boldsymbol{r},\tau)]+\boldsymbol{e}_2D_{X_2}[L(\boldsymbol{r},\tau)]+\boldsymbol{e}_3D_{X_3}[L(\boldsymbol{r},\tau)] \tag{4.4.13}$$

下面再看矢量 $\boldsymbol{L}(\boldsymbol{r},\tau)$ 的散度在 Lagrange 空间 $\boldsymbol{r}$ 如何表示。因为

$$\nabla_{\boldsymbol{R}}\cdot\boldsymbol{L}(\boldsymbol{r},\tau)=\frac{\partial L_\alpha(\boldsymbol{r},\tau)}{\partial X_\alpha}\qquad(\alpha=1,2,3) \tag{4.4.14}$$

按上面同样的方法,可得

$$\frac{\partial L_1(\boldsymbol{r},\tau)}{\partial X_1}=D_{X_1}(L_1(\boldsymbol{r},\tau)),\quad\frac{\partial L_2(\boldsymbol{r},\tau)}{\partial X_2}=D_{X_2}(L_2(\boldsymbol{r},\tau)),$$
$$\frac{\partial L_3(\boldsymbol{r},\tau)}{\partial X_3}=D_{X_3}(L_3(\boldsymbol{r},\tau)) \tag{4.4.15}$$

将式(4.4.15)代入式(4.4.14),得矢量的散度在 Lagrange 空间 $\boldsymbol{r}$ 的表示

$$\nabla_{\boldsymbol{R}}\cdot\boldsymbol{L}(\boldsymbol{r},\tau)=D_{X_1}[L_1(\boldsymbol{r},\tau)]+D_{X_2}[L_2(\boldsymbol{r},\tau)]+D_{X_3}[L_3(\boldsymbol{r},\tau)] \tag{4.4.16}$$

最后看张量的散度$\nabla_{R}\cdot(\boldsymbol{AB})$在 Lagrange 空间$\boldsymbol{r}$如何表示。因为张量的散度$\nabla_{R}\cdot(\boldsymbol{AB})$是个矢量，它有 3 个分量，其中$\boldsymbol{e}_{\alpha}$方向的分量为

$$[\nabla_{R}\cdot(\boldsymbol{AB})]_{\alpha}=\boldsymbol{e}_{\alpha}\cdot[\nabla_{R}\cdot(\boldsymbol{AB})]=$$
$$\boldsymbol{e}_{\alpha}\cdot\left[\boldsymbol{e}_{\beta}\cdot\boldsymbol{e}_{\lambda}\boldsymbol{e}_{\mu}\frac{\partial(A_{\lambda}B_{\mu})}{\partial X_{\beta}}\right]=\frac{\partial(A_{\beta}B_{\alpha})}{\partial X_{\beta}}=\nabla_{R}\cdot(\boldsymbol{A}B_{\alpha})\qquad(4.4.17)$$

它是矢量$(\boldsymbol{A}B_{\alpha})$的散度，按照式(4.4.16)，有张量的散度$\nabla_{R}\cdot(\boldsymbol{AB})$在$\boldsymbol{e}_{\alpha}$方向的分量为

$$[\nabla_{R}\cdot(\boldsymbol{AB})]_{\alpha}=D_{X_1}[A_1(\boldsymbol{r},\tau)B_{\alpha}]+D_{X_2}[A_2(\boldsymbol{r},\tau)B_{\alpha}]+D_{X_3}[A_3(\boldsymbol{r},\tau)B_{\alpha}]\qquad(4.4.18)$$

分别取$\alpha=1,2,3$，便可得张量的散度$\nabla\cdot(\boldsymbol{AB})$的 3 个分量在 Lagrange 空间$\boldsymbol{r}$的表示。

将式(4.4.16)用于流体质团的速度矢量，有

$$\nabla_{R}\cdot\boldsymbol{u}(\boldsymbol{r},\tau)=D_{X_1}[u_1(\boldsymbol{r},\tau)]+D_{X_2}[u_2(\boldsymbol{r},\tau)]+D_{X_3}[u_3(\boldsymbol{r},\tau)]=$$
$$\frac{1}{J}\frac{\partial(u_1,X_2,X_3)}{\partial(x_1,x_2,x_3)}+\frac{1}{J}\frac{\partial(X_1,u_2,X_3)}{\partial(x_1,x_2,x_3)}+\frac{1}{J}\frac{\partial(X_1,X_2,u_3)}{\partial(x_1,x_2,x_3)}\qquad(4.4.19)$$

因为

$$\boldsymbol{u}(\boldsymbol{r},\tau)=\frac{\partial\boldsymbol{R}(\boldsymbol{r},\tau)}{\partial\tau}\qquad(4.4.20)$$

所以

$$u_{\alpha}(\boldsymbol{r},\tau)=\frac{\partial X_{\alpha}(\boldsymbol{r},\tau)}{\partial\tau}\quad(\alpha=1,2,3)\qquad(4.4.21)$$

将式(4.4.21)代入式(4.4.19)的右端项中，得

$$\nabla\cdot\boldsymbol{u}(\boldsymbol{r},\tau)=\frac{1}{J}\left|\frac{\partial\left(\frac{\partial X_1}{\partial\tau},X_2,X_3\right)}{\partial(x_1,x_2,x_3)}\right|+\frac{1}{J}\left|\frac{\partial\left(X_1,\frac{\partial X_2}{\partial\tau},X_3\right)}{\partial(x_1,x_2,x_3)}\right|+\frac{1}{J}\left|\frac{\partial\left(X_1,X_2,\frac{\partial X_3}{\partial\tau}\right)}{\partial(x_1,x_2,x_3)}\right|=$$
$$\frac{1}{J}\frac{\partial}{\partial\tau}\left|\frac{\partial(X_1,X_2,X_3)}{\partial(x_1,x_2,x_3)}\right|=\frac{1}{J}\frac{\partial J}{\partial\tau}\qquad(4.4.22)$$

以上利用了行列式的求导规则。将式(4.4.22)代入质量守恒方程式(4.4.1)，可得

$$\frac{\partial(\ln(\rho J))}{\partial\tau}=0$$

即在 Lagrange 观点下的质量守恒方程变为

$$\rho J=\rho_0J_0=\rho_0=\text{const}\qquad(4.4.23)$$

其中用到τ_0时刻的雅可比行列式

$$J_0=\left|\frac{\partial(X_1,X_2,X_3)}{\partial(x_1,x_2,x_3)}\right|_{\tau_0}=\left|\frac{\partial(x_1,x_2,x_3)}{\partial(x_1,x_2,x_3)}\right|=1$$

式(4.4.23)两边同乘 d$\boldsymbol{r}$,注意到 $J\mathrm{d}\boldsymbol{r}=\mathrm{d}\boldsymbol{R}$,质量守恒方程即为

$$\rho \mathrm{d}\boldsymbol{R} = \rho_0 \mathrm{d}\boldsymbol{r} \tag{4.4.24}$$

式中:ρ_0、ρ 分别为 τ_0、τ 时刻的密度;d$\boldsymbol{r}$,d$\boldsymbol{R}$ 分别为 t_0、t 时刻的流体质团在实验室坐标系下的体积。因而, Lagrange 观点下辐射流体力学方程式(4.4.1)~式(4.4.3)为

$$\begin{cases} \dfrac{\partial \boldsymbol{R}}{\partial \tau} = \boldsymbol{u} \\ \rho \mathrm{d}\boldsymbol{R} = \rho_0 \mathrm{d}\boldsymbol{r} \\ \dfrac{\partial}{\partial \tau}\left(\boldsymbol{u} + \dfrac{\boldsymbol{F}_R}{\rho c^2}\right) + \dfrac{1}{\rho}\nabla p + \dfrac{1}{\rho}\nabla \cdot \left(\dfrac{\boldsymbol{F}_R}{c^2}\boldsymbol{u}\right) = \dfrac{\boldsymbol{f}}{\rho}, \quad p = p_m + p_R + q \\ \dfrac{\partial}{\partial \tau}(e_m + e_R) + p\dfrac{\partial}{\partial \tau}\left(\dfrac{1}{\rho}\right) + \dfrac{1}{\rho}\nabla \cdot \boldsymbol{F}_R = w \end{cases} \tag{4.4.25}$$

式中:流体力学变量 ρ、$\boldsymbol{u}$、p、e_m、e_R、w、$\boldsymbol{F}_R$ 等均是$(\boldsymbol{r},\tau)$的函数。若物质处于局域热力学平衡态,则能量守恒方程可以化为物质的温度方程

$$c_v\frac{\partial T}{\partial \tau} + \frac{\partial e_R}{\partial \tau} + \left[T\left(\frac{\partial p_m}{\partial T}\right)_\rho + p_R + q\right]\frac{\partial}{\partial \tau}\left(\frac{1}{\rho}\right) + \frac{1}{\rho}\nabla \cdot \boldsymbol{F}_R = w$$

此时,方程组有 4 个,待求量也有 5 个 ρ、$\boldsymbol{u}$、$\boldsymbol{R}$、T,方程组封闭。其中,$c_v(\rho,T)$ 和 $T\left(\dfrac{\partial p_m}{\partial T}\right)_\rho$ 由状态方程提供

$$\begin{cases} p_m = p_m(\rho,T) \\ c_v = c_v(\rho,T) \end{cases} \tag{4.4.26}$$

而辐射能密度 $E_R=\rho e_R$、辐射压强 p_R 和辐射能流 $\boldsymbol{F}_R$ 由辐射输运方程提供,在局部热动平衡成立的条件下,则由式(4.3.65)~式(4.3.67)计算;单位质量物质的能量释放率 w 由中子输运和核反应计算提供,或者由激光能量沉积提供;人为黏性 q 由 4.7 节提供的式子计算。

在结束本节之前,我们还要强调一下流体的 Euler 描述和 Lagrange 描述之间的区别。

Euler 观点下的辐射流体力学方程组实际上是固定在实验室坐标空间的一个小体积元(非流体元)内物理量的守恒方程,该体积元是与流体分离的、不动的、不随时间改变的。流体元可以从一个空间体积元运动到另一个空间体积元。

Lagrange 观点下的辐射流体力学方程组则是随流体运动的一个体积元内物理量的守恒方程,该体积元实际上就是运动流体元,它在空间的位置不固定;另一方面,由于该流体元边界上具有处处不同的宏观流速,故体积元(流体元)可以压缩或膨胀,体积元的大小是随时间变化的。

4.5 曲线坐标系下 Lagrange 空间梯度和散度计算

对流体的 Lagrange 描述，选取的独立变量是($\boldsymbol{r},t$)，任何流动量均是($\boldsymbol{r},t$)的函数。上面列出的 Lagrange 观点下辐射流体力学方程组中，标量(压强)的梯度以及矢量(流体元速度、辐射能流)和张量的散度均是在 Euler 空间坐标 $\boldsymbol{R}$ 中取的，而 $\boldsymbol{R}$ 并不是独立变量，而是($\boldsymbol{r},t$)的函数。因此，必须把这些量变换到 Lagrange 空间 $\boldsymbol{r}$ 中去。前面我们在直角坐标系下讨论了这种变换。

这种变换与坐标系的选取是有关系的。在直角坐标系下，由于坐标系上的单位矢量是固定在空间不动的，并不随质点位置的改变而改变方向，因此，变换关系就相对简单。但是，在曲线坐标系下(如球坐标系)，由于坐标系上的单位矢量是在空间是运动的，随质点位置的改变而改变方向，质点位置不同，坐标系上的单位矢量的取向就不同，此时，单位矢量对空间坐标的导数不为 0。因此，变换关系就相对复杂。另外，正是由于坐标系上的单位矢量是在空间是运动的，随时间变化的，故计算某一矢量 $\boldsymbol{A}(\boldsymbol{r},\tau)$ 的时间导数时，应注意单位矢量对时间的导数不为零。

4.5.1 球坐标系下标量梯度、矢量和张量的散度

下面在球坐标系 $\boldsymbol{R}=(R,\Theta,\Phi)$ 下给出标量的梯度，矢量和张量的散度从 Euler 空间 $\boldsymbol{R}$ 到 Lagrange 空间 $\boldsymbol{r}$ 的变换公式。

设 $\boldsymbol{R}=(R,\Theta,\Phi)$，$\boldsymbol{r}=(r,\theta,\varphi)$，在球坐标系下，一个标量 $A=A(\boldsymbol{r},\tau)$ ($\boldsymbol{r}=(r,\theta,\varphi)$) 在 $\boldsymbol{R}=(R,\Theta,\Phi)$ 空间的梯度为

$$\nabla_{\boldsymbol{R}}A = \boldsymbol{e}_R\frac{\partial A}{\partial R}+\frac{\boldsymbol{e}_\Theta}{R}\frac{\partial A}{\partial \Theta}+\frac{\boldsymbol{e}_\Phi}{R\sin\Theta}\frac{\partial A}{\partial \Phi}$$

其中

$$\begin{cases}\dfrac{\partial(A)}{\partial R}=\dfrac{\partial r}{\partial R}\dfrac{\partial(A)}{\partial r}+\dfrac{\partial\theta}{\partial R}\dfrac{\partial(A)}{\partial\theta}+\dfrac{\partial\varphi}{\partial R}\dfrac{\partial(A)}{\partial\varphi}\\[2ex]\dfrac{\partial(A)}{\partial\Theta}=\dfrac{\partial r}{\partial\Theta}\dfrac{\partial(A)}{\partial r}+\dfrac{\partial\theta}{\partial\Theta}\dfrac{\partial(A)}{\partial\theta}+\dfrac{\partial\varphi}{\partial\Theta}\dfrac{\partial(A)}{\partial\varphi}\\[2ex]\dfrac{\partial(A)}{\partial\Phi}=\dfrac{\partial r}{\partial\Phi}\dfrac{\partial(A)}{\partial r}+\dfrac{\partial\theta}{\partial\Phi}\dfrac{\partial(A)}{\partial\theta}+\dfrac{\partial\varphi}{\partial\Phi}\dfrac{\partial(A)}{\partial\varphi}\end{cases}$$

仿照直角坐标系下得到式(4.4.9)～式(4.4.12)，即

$$\frac{\partial(A)}{\partial X_1},\frac{\partial(A)}{\partial X_2},\frac{\partial(A)}{\partial X_3}$$

的办法，可得

$$\begin{cases}\dfrac{\partial(A)}{\partial R}=\dfrac{1}{K}\dfrac{\partial(A,\Theta,\Phi)}{\partial(r,\theta,\varphi)}\equiv D_R(A)\\ \dfrac{\partial(A)}{\partial\Theta}=\dfrac{1}{K}\dfrac{\partial(R,A,\Phi)}{\partial(r,\theta,\varphi)}\equiv D_\Theta(A)\\ \dfrac{\partial(A)}{\partial\Phi}=\dfrac{1}{K}\dfrac{\partial(R,\Theta,A)}{\partial(r,\theta,\varphi)}\equiv D_\Phi(A)\end{cases}\tag{4.5.1}$$

其中

$$K=\frac{\partial(R,\Theta,\Phi)}{\partial(r,\theta,\varphi)}\equiv\begin{vmatrix}\dfrac{\partial R}{\partial r} & \dfrac{\partial R}{\partial\theta} & \dfrac{\partial R}{\partial\varphi}\\ \dfrac{\partial\Theta}{\partial r} & \dfrac{\partial\Theta}{\partial\theta} & \dfrac{\partial\Theta}{\partial\varphi}\\ \dfrac{\partial\Phi}{\partial r} & \dfrac{\partial\Phi}{\partial\theta} & \dfrac{\partial\Phi}{\partial\varphi}\end{vmatrix}\tag{4.5.2}$$

(1) 标量 $A=A(r,\theta,\varphi,\tau)$ 梯度 ∇A 的变换公式

标量 $A=A(r,\theta,\varphi,\tau)$ 的梯度

$$\nabla_R A=\boldsymbol{e}_R\frac{\partial(A)}{\partial R}+\frac{\boldsymbol{e}_\Theta}{R}\frac{\partial(A)}{\partial\Theta}+\frac{\boldsymbol{e}_\Phi}{R\sin\Theta}\frac{\partial(A)}{\partial\Phi}$$

变换为

$$\nabla_R A\Rightarrow\boldsymbol{e}_R D_R(A)+\frac{\boldsymbol{e}_\Theta}{R}D_\Theta(A)+\frac{\boldsymbol{e}_\Phi}{R\sin\Theta}D_\Phi(A)\tag{4.5.3}$$

(2) 矢量 $\boldsymbol{A}$ 的散度 $\nabla\cdot\boldsymbol{A}$ 的变换公式

$\boldsymbol{A}=\boldsymbol{e}_R A_R+\boldsymbol{e}_\Theta A_\Theta+\boldsymbol{e}_\Phi A_\Phi$ 的散度

$$\nabla\cdot\boldsymbol{A}=\frac{1}{R^2}\frac{\partial}{\partial R}(R^2A_R)+\frac{1}{R\sin\Theta}\frac{\partial}{\partial\Theta}(\sin\Theta A_\Theta)+\frac{1}{R\sin\Theta}\frac{\partial}{\partial\Phi}(A_\Phi)$$

的变换为

$$\nabla\cdot\boldsymbol{A}\Rightarrow\frac{1}{R^2}D_R(R^2A_R)+\frac{1}{R\sin\Theta}D_\Theta(\sin\Theta A_\Theta)+\frac{1}{R\sin\Theta}D_\Phi(A_\Phi)\tag{4.5.4}$$

(3) 张量 $\boldsymbol{AB}$ 的散度 $\nabla\cdot(\boldsymbol{AB})$ 的变换

张量 $\boldsymbol{AB}$ 的散度 $\nabla\cdot(\boldsymbol{AB})$ 是个矢量,有 3 个分量,其变换公式为

$\boldsymbol{e}_R$ 分量

$$\frac{1}{R^2}D_R(R^2A_RB_R)+\frac{1}{R\sin\Theta}D_\Theta(\sin\Theta A_\Theta B_R)+\frac{1}{R\sin\Theta}D_\Phi(A_\Phi B_R)-\frac{A_\Theta B_\Theta+A_\Phi B_\Phi}{R}\tag{4.5.5}$$

$\boldsymbol{e}_\Theta$ 分量

$$\frac{1}{R^2}D_R(R^2A_RB_\Theta)+\frac{1}{R\sin\Theta}D_\Theta(\sin\Theta A_\Theta B_\Theta)+\frac{1}{R\sin\Theta}D_\Phi(A_\Phi B_\Theta)+\frac{A_\Theta B_R-\cot\Theta A_\Phi B_\Phi}{R}\tag{4.5.6}$$

$\boldsymbol{e}_\Phi$ 分量

$$\frac{1}{R^2}D_R(R^2A_RB_\Phi)+\frac{1}{R\sin\Theta}D_\Theta(\sin\Theta A_\Theta B_\Phi)+\frac{1}{R\sin\Theta}D_\Phi(A_\Phi B_\Phi)+\frac{A_\Phi B_R+\cot\Theta A_\Phi B_\Theta}{R} \tag{4.5.7}$$

(4) 矢量 $\boldsymbol{A}$ 对时间的偏导数 $\frac{\partial \boldsymbol{A}}{\partial \tau}$ 的变换关系

矢量 $\boldsymbol{A}=\boldsymbol{e}_RA_R+\boldsymbol{e}_\Theta A_\Theta+\boldsymbol{e}_\Phi A_\Phi$ 对时间的偏导数为

$$\frac{\partial \boldsymbol{A}}{\partial \tau}=\boldsymbol{e}_R\frac{\partial A_R}{\partial \tau}+\boldsymbol{e}_\Theta\frac{\partial A_\Theta}{\partial \tau}+\boldsymbol{e}_\Phi\frac{\partial A_\Phi}{\partial \tau}+A_R\frac{\partial \boldsymbol{e}_R}{\partial \tau}+A_\Theta\frac{\partial \boldsymbol{e}_\Theta}{\partial \tau}+A_\Phi\frac{\partial \boldsymbol{e}_\Phi}{\partial \tau}$$

注意到

$$\frac{\partial \boldsymbol{e}_R}{\partial R}=\frac{\partial \boldsymbol{e}_\Theta}{\partial R}=\frac{\partial \boldsymbol{e}_\Phi}{\partial R}=0$$

$$\frac{\partial \boldsymbol{e}_R}{\partial \Theta}=\boldsymbol{e}_\Theta,\frac{\partial \boldsymbol{e}_\Theta}{\partial \Theta}=-\boldsymbol{e}_R,\frac{\partial \boldsymbol{e}_\Phi}{\partial \Theta}=0$$

$$\frac{\partial \boldsymbol{e}_R}{\partial \Phi}=\sin\Theta\boldsymbol{e}_\Phi,\frac{\partial \boldsymbol{e}_\Theta}{\partial \Phi}=\cos\Theta\boldsymbol{e}_\Phi,\frac{\partial \boldsymbol{e}_\Phi}{\partial \Phi}=-\sin\Theta\boldsymbol{e}_R-\cos\Theta\boldsymbol{e}_\Theta$$

则有

$$\frac{\partial \boldsymbol{e}_R}{\partial \tau}=\frac{\partial \boldsymbol{e}_R}{\partial R}\frac{\partial R}{\partial \tau}+\frac{\partial \boldsymbol{e}_R}{\partial \Theta}\frac{\partial \Theta}{\partial \tau}+\frac{\partial \boldsymbol{e}_R}{\partial \Phi}\frac{\partial \Phi}{\partial \tau}=\boldsymbol{e}_\Theta\frac{\partial \Theta}{\partial \tau}+\sin\Theta\boldsymbol{e}_\Phi\frac{\partial \Phi}{\partial \tau}$$

$$\frac{\partial \boldsymbol{e}_\Theta}{\partial \tau}=\frac{\partial \boldsymbol{e}_\Theta}{\partial R}\frac{\partial R}{\partial \tau}+\frac{\partial \boldsymbol{e}_\Theta}{\partial \Theta}\frac{\partial \Theta}{\partial \tau}+\frac{\partial \boldsymbol{e}_\Theta}{\partial \Phi}\frac{\partial \Phi}{\partial \tau}=-\boldsymbol{e}_R\frac{\partial \Theta}{\partial \tau}+\cos\Theta\boldsymbol{e}_\Phi\frac{\partial \Phi}{\partial \tau}$$

$$\frac{\partial \boldsymbol{e}_\Phi}{\partial \tau}=\frac{\partial \boldsymbol{e}_\Phi}{\partial R}\frac{\partial R}{\partial \tau}+\frac{\partial \boldsymbol{e}_\Phi}{\partial \Theta}\frac{\partial \Theta}{\partial \tau}+\frac{\partial \boldsymbol{e}_\Phi}{\partial \Phi}\frac{\partial \Phi}{\partial \tau}=-\sin\Theta\boldsymbol{e}_R\frac{\partial \Phi}{\partial \tau}-\cos\Theta\boldsymbol{e}_\Theta\frac{\partial \Phi}{\partial \tau}$$

于是,有

$$\begin{aligned}\frac{\partial \boldsymbol{A}}{\partial \tau}=\boldsymbol{e}_R\frac{\partial A_R}{\partial \tau}+A_R\left(\boldsymbol{e}_\Theta\frac{\partial \Theta}{\partial \tau}+\sin\Theta\boldsymbol{e}_\Phi\frac{\partial \Phi}{\partial \tau}\right)+\\ \boldsymbol{e}_\Theta\frac{\partial A_\Theta}{\partial \tau}+A_\Theta\left(-\boldsymbol{e}_R\frac{\partial \Theta}{\partial \tau}+\cos\Theta\boldsymbol{e}_\Phi\frac{\partial \Phi}{\partial \tau}\right)+\\ \boldsymbol{e}_\Phi\frac{\partial A_\Phi}{\partial \tau}+A_\Phi\left(-\sin\Theta\boldsymbol{e}_R\frac{\partial \Phi}{\partial \tau}-\cos\Theta\boldsymbol{e}_\Theta\frac{\partial \Phi}{\partial \tau}\right)\end{aligned}$$

即

$$\begin{aligned}\frac{\partial \boldsymbol{A}}{\partial \tau}=\boldsymbol{e}_R\left(\frac{\partial A_R}{\partial \tau}-A_\Theta\frac{\partial \Theta}{\partial \tau}-A_\Phi\sin\Theta\frac{\partial \Phi}{\partial \tau}\right)+\boldsymbol{e}_\Theta\left(\frac{\partial A_\Theta}{\partial \tau}+A_R\frac{\partial \Theta}{\partial \tau}-A_\Phi\cos\Theta\frac{\partial \Phi}{\partial \tau}\right)+\\ \boldsymbol{e}_\Phi\left(\frac{\partial A_\Phi}{\partial \tau}+A_R\sin\Theta\frac{\partial \Phi}{\partial \tau}+A_\Theta\cos\Theta\frac{\partial \Phi}{\partial \tau}\right)\end{aligned} \tag{4.5.8}$$

对矢量 $\boldsymbol{R}=\boldsymbol{e}_R R$,利用以上关系,有

$$\frac{\partial \boldsymbol{R}}{\partial \tau}=\boldsymbol{e}_R\left(\frac{\partial R}{\partial \tau}\right)+\boldsymbol{e}_\Theta\left(R\frac{\partial \Theta}{\partial \tau}\right)+\boldsymbol{e}_\Phi\left(R\sin\Theta\frac{\partial \Phi}{\partial \tau}\right) \tag{4.5.9}$$

再注意到

$$\boldsymbol{u}=\boldsymbol{e}_R u_R+\boldsymbol{e}_\Theta u_\Theta+\boldsymbol{e}_\Phi u_\Phi \tag{4.5.10}$$

故质点运动轨迹方程 $\frac{\partial \boldsymbol{R}}{\partial \tau}=\boldsymbol{u}$ 的 3 个分量变为

$$\begin{cases}\dfrac{\partial R}{\partial \tau}=u_R\\ R\dfrac{\partial \Theta}{\partial \tau}=u_\Theta\\ R\sin\Theta\dfrac{\partial \Phi}{\partial \tau}=u_\Phi\end{cases}\qquad \begin{cases}\dfrac{\partial R}{\partial \tau}=u_R\\ \dfrac{\partial \Theta}{\partial \tau}=\dfrac{u_\Theta}{R}\\ \dfrac{\partial \Phi}{\partial \tau}=\dfrac{u_\Phi}{R\sin\Theta}\end{cases} \tag{4.5.11}$$

利用式(4.5.11)消去式(4.5.8)中的 $\frac{\partial R}{\partial \tau},\frac{\partial \Theta}{\partial \tau},\frac{\partial \Phi}{\partial \tau}$,得

$$\begin{aligned}\frac{\partial \boldsymbol{A}}{\partial \tau}=&\boldsymbol{e}_R\left(\frac{\partial A_R}{\partial \tau}-\frac{1}{R}A_\Theta u_\Theta-\frac{1}{R}A_\Phi u_\Phi\right)+\\&\boldsymbol{e}_\Theta\left(\frac{\partial A_\Theta}{\partial \tau}+\frac{1}{R}A_R u_\Theta-\frac{1}{R}\cot\Theta A_\Phi u_\Phi\right)+\\&\boldsymbol{e}_\Phi\left(\frac{\partial A_\Phi}{\partial \tau}+\frac{1}{R}A_R u_\Phi+\frac{1}{R}\cot\Theta A_\Theta u_\Phi\right)\end{aligned} \tag{4.5.12}$$

这就是矢量 $\boldsymbol{A}$ 对时间的偏导数 $\frac{\partial \boldsymbol{A}}{\partial \tau}$ 的变换关系。

(5) 流体质团速度的散度的变换

流体质点的运动速度 $\boldsymbol{u}$ 的散度 $\nabla\cdot\boldsymbol{u}$ 的变换关系为(式(4.4.22))

$$\nabla\cdot\boldsymbol{u}=\frac{1}{J}\frac{\partial J}{\partial \tau} \tag{4.5.13}$$

式中:J 为 Jacobi 行列式,即

$$\mathrm{d}\boldsymbol{R}=J\mathrm{d}\boldsymbol{r} \tag{4.5.14}$$

或

$$R^2\mathrm{d}R\sin\Theta\mathrm{d}\Theta\mathrm{d}\Phi=Jr^2\mathrm{d}r\sin\theta\mathrm{d}\theta\mathrm{d}\varphi \tag{4.5.15}$$

$$R^2\sin\Theta K=Jr^2\sin\theta$$

将以上 5 种变换关系代入式(4.4.25),就得到球坐标系 $\boldsymbol{R}=(R,\Theta,\Phi)$ 下的纯 Lagrange 形式的辐射流体力学方程组。其中利用散度 $\nabla\cdot\boldsymbol{u}$ 的变换关系式(4.5.13),质量守恒方程

$$\rho\frac{\mathrm{d}}{\mathrm{d}t}\left(\frac{1}{\rho}\right)-\nabla\cdot\boldsymbol{u}=0$$

就化为

$$\rho d\boldsymbol{R} = \rho_0 d\boldsymbol{r} \tag{4.5.16}$$

该式在前面已经导出过。质点的轨迹运动方程$\dfrac{\partial \boldsymbol{R}}{\partial t}=\boldsymbol{u}$在球坐标系下的3个分量就是式(4.5.11)所列。

4.5.2 柱坐标系下标量的梯度、矢量和张量的散度

下面在柱坐标系 $\boldsymbol{R}=(R,\Theta,Z)$ 下给出标量的梯度，矢量和张量的散度从 Euler 空间 $\boldsymbol{R}$ 到 Lagrange 空间 $\boldsymbol{r}$ 的变换公式。

设 $\boldsymbol{R}=(R,\Theta,Z)$，$\boldsymbol{r}=(r,\theta,z)$。在柱坐标系下，$\boldsymbol{R}=(R,\Theta,Z)$ 空间一个标量 $A=A(\boldsymbol{r},\tau)$ $(\boldsymbol{r}=(r,\theta,z))$ 的梯度为

$$\nabla_{\boldsymbol{R}}A(\boldsymbol{r},\tau) = \boldsymbol{e}_R\frac{\partial A(\boldsymbol{r},\tau)}{\partial R}+\boldsymbol{e}_\Theta\frac{1}{R}\frac{\partial A(\boldsymbol{r},\tau)}{\partial \Theta}+\boldsymbol{e}_Z\frac{\partial A(\boldsymbol{r},\tau)}{\partial Z}$$

注意到 $\boldsymbol{R}=\boldsymbol{R}(\boldsymbol{r},\tau)$ 是 $\boldsymbol{r}=(r,\theta,z)$ 的函数，故 (R,Θ,Z) 均是 (r,θ,z) 的函数，因而

$$\begin{cases}\dfrac{\partial(A(\boldsymbol{r},\tau))}{\partial R}=\dfrac{\partial r}{\partial R}\dfrac{\partial(A)}{\partial r}+\dfrac{\partial \theta}{\partial R}\dfrac{\partial(A)}{\partial \theta}+\dfrac{\partial z}{\partial R}\dfrac{\partial(A)}{\partial z}\\ \dfrac{\partial(A(\boldsymbol{r},\tau))}{\partial \Theta}=\dfrac{\partial r}{\partial \Theta}\dfrac{\partial(A)}{\partial r}+\dfrac{\partial \theta}{\partial \Theta}\dfrac{\partial(A)}{\partial \theta}+\dfrac{\partial z}{\partial \Theta}\dfrac{\partial(A)}{\partial z}\\ \dfrac{\partial(A(\boldsymbol{r},\tau))}{\partial Z}=\dfrac{\partial r}{\partial Z}\dfrac{\partial(A)}{\partial r}+\dfrac{\partial \theta}{\partial Z}\dfrac{\partial(A)}{\partial \theta}+\dfrac{\partial z}{\partial Z}\dfrac{\partial(A)}{\partial z}\end{cases}$$

仿照直角坐标系下得到式(4.4.9)～式(4.4.12)，即

$$\frac{\partial(A)}{\partial X_1},\frac{\partial(A)}{\partial X_2},\frac{\partial(A)}{\partial X_3}$$

的办法，可得

$$\begin{cases}\dfrac{\partial(A)}{\partial R}=\dfrac{1}{K}\dfrac{\partial(A,\Theta,Z)}{\partial(r,\theta,z)}\equiv D_R(A)\\ \dfrac{\partial(A)}{\partial \Theta}=\dfrac{1}{K}\dfrac{\partial(R,A,Z)}{\partial(r,\theta,z)}\equiv D_\Theta(A)\\ \dfrac{\partial(A)}{\partial Z}=\dfrac{1}{K}\dfrac{\partial(R,\Theta,A)}{\partial(r,\theta,z)}\equiv D_Z(A)\end{cases} \tag{4.5.17}$$

其中

$$K=\frac{\partial(R,\Theta,Z)}{\partial(r,\theta,z)}\equiv\begin{vmatrix}\dfrac{\partial R}{\partial r} & \dfrac{\partial R}{\partial \theta} & \dfrac{\partial R}{\partial z}\\ \dfrac{\partial \Theta}{\partial r} & \dfrac{\partial \Theta}{\partial \theta} & \dfrac{\partial \Theta}{\partial z}\\ \dfrac{\partial Z}{\partial r} & \dfrac{\partial Z}{\partial \theta} & \dfrac{\partial Z}{\partial z}\end{vmatrix} \tag{4.5.18}$$

故在柱坐标系 $\boldsymbol{r}=(r,\theta,z)$ 下：

(1) 标量 $A=A(r,\theta,z,\tau)$ 的梯度 ∇A 的变换公式为

$$\nabla_{\boldsymbol{R}} A(r,\theta,z,\tau) = \boldsymbol{e}_R D_R(A) + \boldsymbol{e}_\Theta \frac{1}{R} D_\Theta(A) + \boldsymbol{e}_Z D_Z(A) \tag{4.5.19}$$

(2) 矢量 $\boldsymbol{A}(r,\theta,z,\tau)=A_R(r,\theta,z,\tau)\boldsymbol{e}_R + A_\Theta(r,\theta,z,\tau)\boldsymbol{e}_\Theta + A_Z(r,\theta,z,\tau)\boldsymbol{e}_Z$ 的散度为

$$\nabla_{\boldsymbol{R}} \cdot \boldsymbol{A} = \frac{1}{R} D_R(RA_R) + \frac{1}{R} D_\Theta(A_\Theta) + D_Z(A_Z) \tag{4.5.20}$$

(3) 张量 $\boldsymbol{AB}$ 的散度 $\nabla_{\boldsymbol{R}} \cdot (\boldsymbol{AB})$ 是个矢量,有 3 个分量。其中

$\boldsymbol{e}_R$ 分量为

$$\frac{1}{R} D_R(RA_R B_R) + \frac{1}{R} D_\Theta(A_\Theta B_R) + D_Z(A_Z B_R) - \frac{A_\Theta B_\Theta}{R}$$

$\boldsymbol{e}_\Theta$ 分量为

$$\frac{1}{R} D_R(RA_R B_\Theta) + \frac{1}{R} D_\Theta(A_\Theta B_\Theta) + D_Z(A_Z B_\Theta) + \frac{A_\Theta B_R}{R} \tag{4.5.21}$$

$\boldsymbol{e}_Z$ 分量为

$$\frac{1}{R} D_R(RA_R B_Z) + \frac{1}{R} D_\Theta(A_\Theta B_Z) + D_Z(A_Z B_Z)$$

(4) 矢量 $\boldsymbol{A}$ 对时间的偏导数 $\frac{\partial \boldsymbol{A}}{\partial t}$ 的变换关系

矢量 $\boldsymbol{A}=\boldsymbol{e}_R A_R + \boldsymbol{e}_\Theta A_\Theta + \boldsymbol{e}_Z A_Z$ 对时间的偏导数为

$$\frac{\partial \boldsymbol{A}}{\partial t} = \boldsymbol{e}_R \frac{\partial A_R}{\partial t} + A_R \frac{\partial \boldsymbol{e}_R}{\partial t} + \boldsymbol{e}_\Theta \frac{\partial A_\Theta}{\partial t} + A_\Theta \frac{\partial \boldsymbol{e}_\Theta}{\partial t} + \boldsymbol{e}_Z \frac{\partial A_Z}{\partial t} + A_Z \frac{\partial \boldsymbol{e}_Z}{\partial t} \tag{4.5.22}$$

注意到

$$\frac{\partial \boldsymbol{e}_R}{\partial R} = \frac{\partial \boldsymbol{e}_\Theta}{\partial R} = \frac{\partial \boldsymbol{e}_Z}{\partial R} = 0$$

$$\frac{\partial \boldsymbol{e}_R}{\partial \Theta} = \boldsymbol{e}_\Theta, \frac{\partial \boldsymbol{e}_\Theta}{\partial \Theta} = -\boldsymbol{e}_R, \frac{\partial \boldsymbol{e}_Z}{\partial \Theta} = 0$$

$$\frac{\partial \boldsymbol{e}_R}{\partial Z} = \frac{\partial \boldsymbol{e}_\Theta}{\partial Z} = \frac{\partial \boldsymbol{e}_Z}{\partial Z} = 0$$

则有

$$\begin{aligned}
\frac{\partial \boldsymbol{e}_R}{\partial t} &= \frac{\partial \boldsymbol{e}_R}{\partial R}\frac{\partial R}{\partial t} + \frac{\partial \boldsymbol{e}_R}{\partial \Theta}\frac{\partial \Theta}{\partial t} + \frac{\partial \boldsymbol{e}_R}{\partial Z}\frac{\partial Z}{\partial t} = \boldsymbol{e}_\Theta \frac{\partial \Theta}{\partial t} \\
\frac{\partial \boldsymbol{e}_\Theta}{\partial t} &= \frac{\partial \boldsymbol{e}_\Theta}{\partial R}\frac{\partial R}{\partial t} + \frac{\partial \boldsymbol{e}_\Theta}{\partial \Theta}\frac{\partial \Theta}{\partial t} + \frac{\partial \boldsymbol{e}_\Theta}{\partial Z}\frac{\partial Z}{\partial t} = -\boldsymbol{e}_R \frac{\partial \boldsymbol{\Phi}}{\partial t} \\
\frac{\partial \boldsymbol{e}_Z}{\partial t} &= \frac{\partial \boldsymbol{e}_Z}{\partial R}\frac{\partial R}{\partial t} + \frac{\partial \boldsymbol{e}_Z}{\partial \Theta}\frac{\partial \Theta}{\partial t} + \frac{\partial \boldsymbol{e}_Z}{\partial Z}\frac{\partial Z}{\partial t} = 0
\end{aligned} \tag{4.5.23}$$

于是,有

$$\frac{\partial \boldsymbol{A}}{\partial t} = \boldsymbol{e}_R\left(\frac{\partial A_R}{\partial t} - A_\Theta \frac{\partial \Theta}{\partial t}\right) + \boldsymbol{e}_\Theta\left(A_R \frac{\partial \Theta}{\partial t} + \frac{\partial A_\Theta}{\partial t}\right) + \boldsymbol{e}_Z \frac{\partial A_Z}{\partial t} \tag{4.5.24}$$

对位置矢量 $\boldsymbol{R} = R\boldsymbol{e}_R + Z\boldsymbol{e}_Z$,利用以上关系,有

$$\frac{\partial \boldsymbol{R}}{\partial t} = \boldsymbol{e}_R\left(\frac{\partial R}{\partial t}\right) + e_\Theta\left(R \frac{\partial \Theta}{\partial t}\right) + \boldsymbol{e}_Z \frac{\partial Z}{\partial t} \tag{4.5.25}$$

再注意到

$$\boldsymbol{u} = \boldsymbol{e}_R u_R + \boldsymbol{e}_\Theta u_\Theta + \boldsymbol{e}_Z u_Z \tag{4.5.26}$$

故质点运动轨迹方程 $\frac{\partial \boldsymbol{R}}{\partial t} = \boldsymbol{u}$ 的 3 个分量变为

$$\begin{cases} \dfrac{\partial R}{\partial t} = u_R \\ R \dfrac{\partial \Theta}{\partial t} = u_\Theta \\ \dfrac{\partial Z}{\partial t} = u_Z \end{cases} \tag{4.5.27}$$

则就是柱坐标系下质点运动轨迹方程的分量形式。利用式(4.5.27)消去式(4.5.24)中的 $\frac{\partial \Theta}{\partial t}$,得

$$\frac{\partial \boldsymbol{A}}{\partial t} = \boldsymbol{e}_R\left(\frac{\partial A_R}{\partial t} - \frac{A_\Theta u_\Theta}{R}\right) + \boldsymbol{e}_\Theta\left(\frac{A_R u_\Theta}{R} + \frac{\partial A_\Theta}{\partial t}\right) + \boldsymbol{e}_Z\left(\frac{\partial A_Z}{\partial t}\right) \tag{4.5.28}$$

这就是柱坐标系下矢量 $\boldsymbol{A}$ 对时间的偏导数的变换关系。

4.6 一维球对称几何下辐射流体力学方程组的 Lagrange 形式

在一维球对称几何情况下,空间坐标只有一个,任何矢量也只有径向分量,即

$$\boldsymbol{A}(\boldsymbol{r},t) = A_R(r,t)\boldsymbol{e}_R \tag{4.6.1}$$

例如,$\boldsymbol{u}(\boldsymbol{r},t) = u(r,t)\boldsymbol{e}_R$,$\boldsymbol{F}_R(\boldsymbol{r},t) = F_R(r,t)\boldsymbol{e}_R$,$\boldsymbol{R}(\boldsymbol{r},t) = R(r,t)\boldsymbol{e}_R$,此时,有

$$K = \frac{\partial(R,\Theta,\Phi)}{\partial(r,\theta,\varphi)} \Rightarrow \frac{\partial R}{\partial r}, D_R(\,) = \frac{1}{K}\frac{\partial((\,),\Theta,\Phi)}{\partial(r,\theta,\varphi)} \Rightarrow \frac{\partial r}{\partial R}\frac{\partial(\,)}{\partial r}$$

$$\mathrm{d}\boldsymbol{R} = 4\pi R^2 \mathrm{d}R, \mathrm{d}\boldsymbol{r} = 4\pi r^2 \mathrm{d}r$$

矢量 $\boldsymbol{A}(\boldsymbol{r},t) = A_R(r,t)\boldsymbol{e}_R$ 的时间导数式(4.5.12)成为

$$\frac{\partial \boldsymbol{A}}{\partial t} \Rightarrow \frac{\partial A_R}{\partial t}\boldsymbol{e}_R \tag{4.6.2}$$

质点轨迹方程式(4.5.11)成为

$$u(r,t) = \frac{\partial R(r,t)}{\partial t} \tag{4.6.3}$$

标量 $A = A(\boldsymbol{r},t) = A(r,t)$ 的梯度式(4.5.3)成为

$$\nabla A \Rightarrow \boldsymbol{D}(A) = \boldsymbol{e}_R D_R(A) = \boldsymbol{e}_R \frac{\partial r}{\partial R}\frac{\partial A}{\partial r} \tag{4.6.4}$$

矢量 $\boldsymbol{A} = \boldsymbol{e}_R A_R$ 的散度式(4.5.4) 成为

$$\nabla \cdot \boldsymbol{A} \Rightarrow \frac{1}{R^2} D_R(R^2 A_R) = \frac{1}{R^2}\frac{\partial r}{\partial R}\frac{\partial (R^2 A_R)}{\partial r} \tag{4.6.5}$$

张量 $\boldsymbol{AB} = A_R B_R \boldsymbol{e}_R \boldsymbol{e}_R$ 的散度为

$$\nabla \cdot (\boldsymbol{AB}) \Rightarrow \frac{1}{R^2} D_R(R^2 A_R B_R)\boldsymbol{e}_R = \frac{1}{R^2}\frac{\partial r}{\partial R}\frac{\partial (R^2 A_R B_R)}{\partial r}\boldsymbol{e}_R \tag{4.6.6}$$

一维球对称几何情况下 Lagrange 观点下的辐射流体力学方程(取时间变量 $\tau = t$)为

$$\begin{cases} \dfrac{\partial R}{\partial t} = u \\ 4\pi\rho R^2 \mathrm{d}R = 4\pi\rho_0 r^2 \mathrm{d}r \\ \dfrac{\partial}{\partial t}\left(u + \dfrac{F_R}{\rho c^2}\right) + \dfrac{1}{\rho}\dfrac{\partial r}{\partial R}\dfrac{\partial p}{\partial r} - \dfrac{1}{\rho R^2}\dfrac{\partial r}{\partial R}\dfrac{\partial}{\partial r}\left(R^2 \dfrac{uF_R}{c^2}\right) = 0 \\ c_v \dfrac{\partial T}{\partial t} + \dfrac{\partial e_R}{\partial t} + \left[T\left(\dfrac{\partial p_m}{\partial T}\right)_\rho + p_R + q\right]\dfrac{\partial v}{\partial t} + \dfrac{1}{\rho R^2}\dfrac{\partial r}{\partial R}\dfrac{\partial}{\partial r}(R^2 F_R) = w \end{cases} \tag{4.6.7}$$

式中:$p = p_m + p_R + q$ 为总压强。求解以上方程组需要补充物质的 2 个状态方程

$$e_m = e_m(\rho,T),\ p_m = p_m(\rho,T)$$

和辐射场物理量。在完全局部热动平衡(辐射场局域温度等于物质的局域温度)情况下,辐射能量密度、辐射压强及辐射能流由式(4.3.65)~式(4.3.67)给出。其中辐射能流 $\boldsymbol{F}_R$ 的大小变为

$$F_R = -K(\rho,T)\frac{\partial r}{\partial R}\frac{\partial T}{\partial r}$$

式中:辐射热传导系数 $K(\rho,T) = \frac{4}{3}alcT^3$,$l$ 为光辐射平均自由程。由质量守恒方程 $4\pi\rho R^2 \mathrm{d}R = 4\pi\rho_0 r^2 \mathrm{d}r$ 可得

$$\frac{\partial r}{\partial R} = \frac{\rho R^2}{\rho_0 r^2}$$

故

$$F_R = -K(\rho,T)\frac{\rho R^2}{\rho_0 r^2}\frac{\partial T}{\partial r} \tag{4.6.8}$$

4.7 人为黏性 q 的取法

由方程式(4.6.7)所描述的流场往往会产生激波。从数学上讲,激波就是流体力学变量(ρ,u,p,e,T)的跳跃面或间断面。对这样的物理量"截然"间断,想不作任何处理地采用差分方法计算出来是困难的。当然,实际上的流体,即使气体也是有一定黏性的,只不过黏性很弱而已。在这种微弱黏性影响下,激波并不以间断面出现,而是有一定的宽度,但宽度只有分子平均自由程的量级。差分法所用的空间网格无法达到这种精细的尺度,为此,Von Neumann 和 Richtmeyer 于 1950 年提出了人为黏性法,并给出黏性项的二次形式。Longley 和 Ludford 于 1953 年给出了黏性项的线性形式。Landshoff 于 1955 年给出了黏性项的复合形式。Wilkings 于 1980 年又提出了黏性项的多维张量形式等。

对于平面一维的完全气体问题,根据激波的 Hugoniot 关系,激波两侧的状态量有以下的渐近关系

$$p_2 \approx p_1 + \frac{\gamma+1}{4}\rho_1(\Delta u)^2 + \rho_1|\Delta u|\cdot\left[\left(\frac{\gamma+1}{4}\right)^2(\Delta u)^2 + c_{S1}^2\right]^{1/2} \tag{4.7.1}$$

式中:$\Delta u = u_2 - u_1$;(p_2,ρ_2,u_2)(波后)和(p_1,ρ_1,u_1)(波前,未受扰区)分别是激波两侧的压强、密度和流速;$c_{S1} = (\gamma p_1/\rho_1)^{1/2}$是当地声速;$\gamma = c_p/c_v$ 为定压比热与定容比热的比值,称为比热比。

(1) 当$(\Delta u)^2 \gg c_{S1}^2$时,式(4.7.1)近似为

$$p_2 \approx p_1 + \frac{\gamma+1}{2}\rho_1(\Delta u)^2 \tag{4.7.2}$$

这时,比较合理的人为黏性项应为$\left(\frac{\partial u}{\partial x}\right)$的二次形式,即

$$q_V = \begin{cases} (b\Delta x)^2\rho\left(\frac{\partial u}{\partial x}\right)^2 & \left(\frac{\partial u}{\partial x} < 0\right) \\ 0 & \left(\frac{\partial u}{\partial x} \geqslant 0\right) \end{cases} \tag{4.7.3}$$

式中:b 是调节参数;Δx 是网格步长。q_V 写成分段形式以保证激波区外不产生人为黏性效应。

(2) 当$(\Delta u)^2 \ll c_{S1}^2$时,式(4.7.1)近似为

$$p_2 \approx p_1 + \rho_1 c_{s1}|\Delta u| \tag{4.7.4}$$

这时,人为黏性项取$\left(\frac{\partial u}{\partial x}\right)$的线性形式更合理,即

$$q_l = \begin{cases} -b\rho\Delta x\frac{\partial u}{\partial x} & \left(\frac{\partial u}{\partial x} < 0\right) \\ 0 & \left(\frac{\partial u}{\partial x} \geqslant 0\right) \end{cases} \tag{4.7.5}$$

(3) 一般情况,比较恰当的是 Landshoff 所建议的复合形式

$$q_{lV} = q_V + q_l \tag{4.7.6}$$

此外,Brode 于 1954 年提出,将式(4.7.3)的分段形式改写为

$$q_V = \frac{\rho(b\Delta x)^2}{2}\frac{\partial u}{\partial x}\left(\frac{\partial u}{\partial x} - \left|\frac{\partial u}{\partial x}\right|\right) \tag{4.7.7}$$

还有人根据速度与压力梯度同时很大的地方必然含有激波,建议黏性项取以下形式

$$q_w = \rho(b\Delta x)^2 \left|\frac{\partial u}{\partial x}\left(-\frac{\partial p}{\partial x}\frac{\partial v}{\partial x}\right)^{1/2}\right| \qquad (v = 1/\rho) \tag{4.7.8}$$

4.8 状态参数的拟合公式

要求解辐射流体力学方程组,应补充状态方程 $p_m = p_m(\rho, T)$, $c_v = c_v(\rho, T)$,也即应提供各种状态(ρ, T)下的参数 p_m、c_v 和 $T\left(\frac{\partial p_m}{\partial T}\right)_\rho$。另外,还需提供各种状态下的辐射平均自由程 $l = l(\rho, T)$,才能由温度场的梯度通过式(4.3.67)计算辐射流。

对实际问题,状态参数的拟合公式由高温段和低温段两端光滑连接而成

$$\begin{cases} p_m = (1 - c_1)p_m^{(1)} + c_1 p_m^{(2)} \\ c_v = (1 - c_1)c_v^{(1)} + c_1 c_v^{(2)} \end{cases} \tag{4.8.1}$$

式中:高温段的权重为

$$c_1 = \begin{cases} 0 & (T \leqslant T_1) \\ \dfrac{T - T_1}{T_2} & (T_1 < T < T_1 + T_2) \\ 1 & (T \geqslant T_1 + T_2) \end{cases} \tag{4.8.2}$$

高温段采用理想气体状态方程

$$\begin{cases} e_m^{(2)} = (Z' + 1)\dfrac{RT}{(\gamma - 1)\mu} = \dfrac{\Gamma T}{(\gamma - 1)} \\ p_m^{(2)} = (\gamma - 1)\rho e_m^{(2)} = \rho \Gamma T \end{cases}$$

式中:Z'为平均电离度;$\gamma = \frac{f+2}{f}$为比热比;f 为粒子的自由度;$R = N_A k$ 为普适气体常数,$R = 83.1441(10^{12}\,\mathrm{erg/mol\cdot 10^6 K})$;$\mu$ 为物质的摩尔质量;$\Gamma = \frac{R}{\mu}(Z' + 1)$。

对自由度 $f = 3$ 的粒子,$\gamma = 5/3$,则有高温段的状态方程

$$\begin{cases} p_m^{(2)} = \Gamma \rho T \\ c_v^{(2)} = \dfrac{3}{2}\Gamma \end{cases} \tag{4.8.3}$$

例如,对 Li^6D 的材料,一个 Li^6D 分子有 $Z'=4$ 个电子,两个原子核,故

$$\Gamma = \frac{6R}{\mu} = \frac{6\times 83.1441(10^{12}\text{erg/mol}\cdot 10^6\text{K})}{8\text{g/mol}} = 62(10^{12}\text{erg/g}\cdot 10^6\text{K})$$

取温度 T 的单位为 10^6K,密度 ρ 的单位为 g/cm^3,压强 p_m 单位为 Mb(1Mb = 10^{12} erg/cm^3,1bar = 10^6erg/cm^3 = 10^5N/m^2 = 10^5Pa),定容比热 c_v 的单位为 10^{12} erg/(g · 10^6K),则对 Li^6D 的材料,高温段有

$$\begin{cases} p_m^{(2)} = 62\rho T(10^{12}\text{erg/cm}^3) \\ c_v^{(2)} = 93(10^{12}\text{erg/g}\cdot 10^6\text{K}) \end{cases} \tag{4.8.4}$$

低温段是个三项式

$$\begin{cases} p_m^{(1)} = 0.4779\rho^2 - 0.3786\rho + 54.89\rho^{0.96}T^{1.16} \\ c_v^{(1)} = (206.48\rho^{-0.05} - 93.844)T^{0.16} \end{cases} \tag{4.8.5}$$

光子平均自由程 l(单位为 cm)为

$$l = \begin{cases} 0.0618415T^{1.72778}/\rho^{1.30169} & (T \leqslant 8.1235) \\ 0.934445T^{0.515078}/\rho^{1.18071} & (8.1235 < T \leqslant 21.295) \\ 5/\rho & (T > 21.2955) \end{cases} \tag{4.8.6}$$

式(4.8.6)中最后一段为光子电子汤姆逊散射自由程 $1/(\rho\sigma_0 n_e)$,这里 $\sigma_0 = \frac{8\pi}{3}r_e^2$ 为电子的汤姆逊截面,其数值为 $\sigma_0 = 0.665274(10^{-24}\text{cm}^2)$,$n_e = \frac{Z'N_A}{\mu}$ 为单位质量物质中的电子数。对 Li^6D,一个分子有 4 个电子,$Z'=4$,$\mu = 8$g/mol,故

$$\sigma_0 n_e = \sigma_0 \frac{Z'N_A}{\mu} = 0.2(\text{cm}^2/\text{g})$$

4.9 一维辐射流体力学方程组的数值解法

4.9.1 方程组的形式与定解条件

对于一维球对称系统,Lagrange 观点下的辐射流体力学方程式(4.6.7)的具体形式为

$$\frac{\partial R}{\partial t} = u \tag{4.9.1}$$

$$\frac{\partial R}{\partial r} = \frac{\rho_0 r^2}{\rho R^2} \tag{4.9.2}$$

$$\frac{\partial u}{\partial t} = -\frac{R^2}{\rho_0 r^2}\frac{\partial}{\partial r}\left(p_m + \frac{1}{3}aT^4 + q\right) \tag{4.9.3}$$

$$\left(c_v+\frac{4aT^3}{\rho}\right)\frac{\partial T}{\partial t}=-\left[T\left(\frac{\partial p_m}{\partial T}\right)_\rho+\frac{4}{3}aT^4+q\right]\frac{\partial v}{\partial t}-\frac{1}{\rho_0 r^2}\frac{\partial}{\partial r}(R^2F_R)+w \tag{4.9.4}$$

其中辐射能流的径向分量为

$$F_R=-K(\rho,T)\frac{\rho R^2}{\rho_0 r^2}\frac{\partial T}{\partial r}$$

人为黏性取

$$q=\begin{cases}(b\Delta r)^2\rho\left(\dfrac{\partial u}{\partial r}\right)^2 & \left(\dfrac{\partial u}{\partial r}<0\right)\\ 0 & \left(\dfrac{\partial u}{\partial r}\geqslant 0\right)\end{cases} \tag{4.9.5}$$

辐射热传导系数为

$$K(\rho,T)=\frac{4}{3}lcaT^3 \tag{4.9.6}$$

状态参数为

$$p_m=p_m(\rho,T),c_v=c_v(\rho,T),l=l(\rho,T) \tag{4.9.7}$$

方程组的定解条件如下:

(1) 待求量$\{\rho,u,T,R\}$的初始条件:$\begin{cases}R(r,t=0)=r\\ \rho(r,t=0)=\rho_0(r)\\ u(r,t=0)=0\\ T(r,t=0)=T_0(r)\end{cases}$

(2) $\{q,p_m,T\}$的外边界条件:$p_m(r_{\max},t)=q(r_{\max},t)=0,T(r_{\max},t)\approx 0$(或取最外网格中心点的值)。

(3) 球心条件,即$\{u,R,T\}$的内边界条件:$u(r=0,t)=0,R(r=0,t)=0,\left.\dfrac{\partial T}{\partial r}\right|_{r=0}=0$,即 $F_R(0,t)=0$。

(4) 交界面条件: $\{u,T,F_R\}$在介质交界面两侧连续。

采用的单位:长度(cm)、时间(μs)、质量(g)、w(10^{12} erg/g · μs),T(10^6K),F_R(10^{12} erg/cm^2 · μs),p_m(10^{12} erg/cm^3 = Mb),q(10^{12} erg/cm^3 = Mb),c_v(10^{12} erg/g · 10^6K)。

4.9.2 差分格式

1. 网格量的配置

如图 4-1 所示,在 Lagrange 时空坐标(r,t)平面内,采用正交不等步长差分分割。其中,空间区域用节点 $r_1,r_2,\cdots,r_{J+1}$分为 J 个网格,r_1 处为球心,r_{J+1}处为外边界;时间区域用时间节点 $t_n(n=0,1,2,\cdots)$离散,则空间步长为

$$\Delta r_{j+1/2}=r_{j+1}-r_j \tag{4.9.8}$$

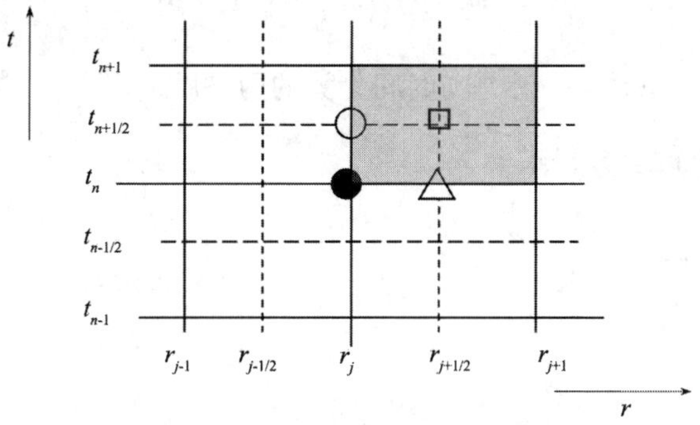

图 4－1　网格量的配置

时间步长为

$$\Delta t_{n+1/2} = t_{n+1} - t_n \tag{4.9.9}$$

网格量作非一致的配置，具体如下：

(1) 流体质团速度 u 的离散值取在空间网格整点、时间网格半点上，$u(r_j, t_{n+1/2}) = u_j^{n+1/2}$（图 4－1 中空心圆圈）。

(2) 质团位置 R 和辐射流 F_R 的离散值取在时、空网格的整点上，$R(r_j, t_n) = R_j^n$（图 4－1 中实心圆圈）。

(3) 外能源 w 和人为黏性 q 取在时、空网格的中心点，$w(r_{j+1/2}, t_{n+1/2}) = w_{j+1/2}^{n+1/2}$（图 4－1 中方框）。

(4) 密度温度(ρ, T)及状态参数 $c_v, p_m, T\left(\dfrac{\partial p_m}{\partial T}\right)_\rho$ 取在空间网格半点、时间网格整点上（图 4－1 中三角），$T(r_{j+1/2}, t_n) = T_{j+1/2}^n$，$\rho(r_{j+1/2}, t_n) = \rho_{j+1/2}^n$。

以上这种非一致的网格量配置，目的是为了尽可能达到统一的差分离散逼近精度以及循环可解。

2. 流线差分方程

由质点运动轨迹方程式(4.9.1)得

$$\frac{R_j^{n+1} - R_j^n}{\Delta t_{n+1/2}} = u_j^{n+1/2} \tag{4.9.10}$$

即

$$R_j^{n+1} = R_j^n + \Delta t_{n+/2} \cdot u_j^{n+1/2} \tag{4.9.11}$$

初始条件 $R_j^0 = r_j$。

3. 质量守恒方程的差分格式

将质量守恒方程式(4.9.2)两边对第 j 个空间网格积分，得

$$\rho_{j+1/2}^{n+1}((R_{j+1}^{n+1})^3 - (R_j^{n+1})^3) = \rho_{0,j+1/2}(r_{j+1}^3 - r_j^3) \tag{4.9.12}$$

即

$$\rho_{j+1/2}^{n+1} = 3 \cdot DM/((R_{j+1}^{n+1})^3 - (R_j^{n+1})^3) \tag{4.9.13}$$

其中 $DM = \frac{1}{3}\rho_{0,j+1/2}(r_{j+1}^3 - r_j^3)$ 是与时间无关的网格质量。

4. 人为黏性的差分格式

$$q_{j+1/2}^{n+1/2} = \begin{cases} b^2\rho_{j+1/2}^{n+1/2}(u_{j+1}^{n+1/2} - u_j^{n+1/2})^2, & (u_{j+1}^{n+1/2} < u_j^{n+1/2}) \\ 0, & (\text{否则}) \end{cases} \tag{4.9.14}$$

其中

$$\rho_{j+1/2}^{n+1/2} = \frac{1}{2}(\rho_{j+1/2}^{n+1} + \rho_{j+1/2}^{n}) \tag{4.9.15}$$

5. 动量守恒方程的差分格式

令

$$A = \frac{R^2}{\rho_0 r^2}\frac{\partial p}{\partial r} \qquad (p = p_m + p_R + q) \tag{4.9.16}$$

则动量守恒方程为

$$\frac{\partial u_j}{\partial t} = -A_j \tag{4.9.17}$$

由式(4.9.16)得 $\frac{\partial p}{\partial r} = \frac{A}{R^2}\rho_0 r^2$，两边作积分 $\int_{r_{j-1/2}}^{r_{j+1/2}}(\,)\mathrm{d}r$，得

$$\begin{aligned} p_{j+1/2} - p_{j-1/2} &= \frac{A_j}{R_j^2}\left[\rho_{0,j-1/2}\int_{r_{j-1/2}}^{r_j} r^2\mathrm{d}r + \rho_{0,j+1/2}\int_{r_j}^{r_{j+1/2}} r^2\mathrm{d}r\right] = \\ &\frac{A_j}{R_j^2}\left[\frac{1}{3}\rho_{0,j-1/2}(r_j^3 - r_{j-1/2}^3) + \frac{1}{3}\rho_{0,j+1/2}(r_{j+1/2}^3 - r_j^3)\right] \end{aligned}$$

定义与时间无关的跨网格边界质量

$$\mathrm{DMJ}_j = \begin{cases} \frac{1}{3}\rho_{0,j+1/2}(r_{j+1/2}^3 - r_j^3) & (j = 1) \\ \frac{1}{3}\rho_{0,j-1/2}(r_j^3 - r_{j-1/2}^3) + \frac{1}{3}\rho_{0,j+1/2}(r_{j+1/2}^3 - r_j^3) & (j = 2 \to J) \\ \frac{1}{3}\rho_{0,j-1/2}(r_j^3 - r_{j-1/2}^3) & (j = J+1) \end{cases} \tag{4.9.18}$$

则

$$A_j = \frac{R_j^2(p_{j+1/2} - p_{j-1/2})}{\mathrm{DMJ}_j}$$

因而，动量守恒方程式(4.9.17)成为

$$\frac{\partial u_j}{\partial t} = -\frac{R_j^2}{\mathrm{DMJ}_j}(p_{j+1/2} - p_{j-1/2}) \tag{4.9.19}$$

其差分格式为

$$u_j^{n+1/2} = u_j^{n-1/2} - \Delta t_n \frac{(R_j^n)^2}{\mathrm{DMJ}_j}(p_{j+1/2}^n - p_{j-1/2}^n) \tag{4.9.20}$$

其中

$$p = p_m + \frac{1}{3}aT^4 + q \tag{4.9.21}$$

可见,式(4.9.20)中包含的黏性 q 若采用式(4.9.14)计算,在时间上差半步。

6. 辐射能流的计算格式

温度方程式(4.9.4)中含有辐射能流,先讨论它的离散格式。令

$$F = K(\rho,T)\frac{\rho R^2}{\rho_0 r^2}\frac{\partial T}{\partial r} \qquad \left(K(\rho,T) = \frac{4}{3}lcaT^3\right) \tag{4.9.22}$$

式中:F 是辐射能流 F_R 的负值。由式(4.9.22)得

$$\frac{\partial T}{\partial r} = \frac{F}{K(\rho,T)}\frac{\rho_0 r^2}{\rho R^2} \tag{4.9.23}$$

将此式在空间范围$[r_{j-1/2}, r_{j+1/2}]$积分,得

$$\begin{aligned} T_{j+1/2} - T_{j-1/2} &= \frac{F_j}{R_j^2}\left(\int_{r_{j-1/2}}^{r_j}\frac{\rho_0 r^2}{K(\rho,T)\rho}\mathrm{d}r + \int_{r_j}^{r_{j+1/2}}\frac{\rho_0 r^2}{K(\rho,T)\rho}\mathrm{d}r\right) = \\ &\frac{F_j}{R_j^2}\left[\frac{1}{3}\cdot\frac{\rho_{0,j-1/2}(r_j^3 - r_{j-1/2}^3)}{K(\rho_{j-1/2},T_j)\rho_{j-1/2}} + \frac{1}{3}\cdot\frac{\rho_{0,j+1/2}(r_{j+1/2}^3 - r_j^3)}{K(\rho_{j+1/2},T_j)\rho_{j+1/2}}\right] \end{aligned} \tag{4.9.24}$$

令

$$\xi_j = \frac{1}{3}\cdot\frac{1}{R_j^2}\left[\frac{\rho_{0,j-1/2}(r_j^3 - r_{j-1/2}^3)}{K(\rho_{j-1/2},T_j)\rho_{j-1/2}} + \frac{\rho_{0,j+1/2}(r_{j+1/2}^3 - r_j^3)}{K(\rho_{j+1/2},T_j)\rho_{j+1/2}}\right] \tag{4.9.25}$$

则式(4.9.24)变为

$$F_j^n = (T_{j+1/2}^n - T_{j-1/2}^n)/\xi_j^n \tag{4.9.26}$$

当 $j=1$ 时,有

$$F_1^n = 0(\text{球心条件})$$

当 $j=J+1$ 时,有

$$F_{J+1}^n = (T_{J+1}^n - T_{J+1/2}^n)/\xi_{J+1}^n \tag{4.9.27}$$

此时,式 (4.9.25)中只保留第一项,即

$$\xi_{J+1} = \frac{1}{3}\cdot\frac{1}{R_{J+1}^2}\left[\frac{\rho_{0,J+1/2}(r_{J+1}^3 - r_{J+1/2}^3)}{K(\rho_{J+1/2},T_{J+1})\rho_{J+1/2}}\right]$$

导热系数 $K(\rho,T)$ 中的温度为界面温度,取

$$\begin{cases} T_j = \dfrac{1}{2}(T_{j-1/2} + T_{j+1/2}) \\ T_{J+1} = T_{J+1/2} \end{cases} \tag{4.9.28}$$

这样做的好处是避免因为界面两侧温度相差悬殊时，光子自由程在界面两侧相差很大（因而导热系数相差很大）而导致热流不能从热介质传入冷介质的问题。

7. 能量守恒方程的差分格式

令

$$\begin{cases} C = c_v + 4aT^3/\rho \\ \mathrm{TDP} = T\left(\dfrac{\partial p_m}{\partial T}\right)_\rho + \dfrac{4}{3}aT^4 \end{cases} \tag{4.9.29}$$

注意到式(4.9.22)，则温度方程式(4.9.4)变为

$$C\frac{\partial T}{\partial t} = -(\mathrm{TDP} + q)\frac{\partial v}{\partial t} + \frac{1}{\rho_0 r^2}\frac{\partial}{\partial r}(R^2F) + w$$

在网格 $\Delta r_{j+1/2} = r_{j+1} - r_j$，$\Delta t_{n+1/2} = t_{n+1} - t_n$ 中心点 $(r_{j+1/2}, t_{n+1/2})$ 上建立温度方程的格分格式，有

$$\begin{aligned} &\frac{1}{2}(C_{j+1/2}^n + C_{j+1/2}^{n+1})\frac{T_{j+1/2}^{n+1} - T_{j+1/2}^n}{\Delta t_{n+1/2}} = \frac{1}{(\rho_0 r^2)_{j+1/2}\Delta r_{j+1/2}} \times \\ &\left[\frac{1}{2}(R_{j+1}^{n+1})^2 F_{j+1}^{n+1} + \frac{1}{2}(R_{j+1}^n)^2 F_{j+1}^n - \frac{1}{2}(R_j^{n+1})^2 F_j^{n+1} - \frac{1}{2}(R_j^n)^2 F_j^n\right] - \\ &\frac{1}{2}(\mathrm{TDP}_{j+1/2}^{n+1} + \mathrm{TDP}_{j+1/2}^n + 2q_{j+1/2}^{n+1/2})\frac{v_{j+1/2}^{n+1} - v_{j+1/2}^n}{\Delta t_{n+1/2}} + w_{j+1/2}^{n+1/2} \end{aligned} \tag{4.9.30}$$

注意到 $F_{j+1}^{n+1} = (T_{j+3/2}^{n+1} - T_{j+1/2}^{n+1})/\xi_{j+1}^{n+1}$，$F_j^{n+1} = (T_{j+1/2}^{n+1} - T_{j-1/2}^{n+1})/\xi_j^{n+1}$，式(4.9.30)是一个 t_{n+1} 时刻3个相邻网格温度 $T_{j+3/2}^{n+1}$、$T_{j+1/2}^{n+1}$、$T_{j-1/2}^{n+1}$ 耦合在一起的方程。经整理后可得

$$AA_j T_{j-1/2}^{n+1} + BB_j T_{j+1/2}^{n+1} + CC_j T_{j+3/2}^{n+1} = DD_j \quad (j = 1, 2, \cdots, J) \tag{4.9.31}$$

其中系数

$$\begin{cases} AA_j = -\mathrm{DTM}(R_j^{n+1})^2/\xi_j^{n+1} \quad (j = 1, AA_j = 0) \\ CC_j = -\mathrm{DTM}(R_{j+1}^{n+1})^2/\xi_{j+1}^{n+1} \quad (j = J, CC_j = 0) \\ BB_j = C_{j+1/2}^n + C_{j+1/2}^{n+1} - AA_j - CC_j \\ DD_j = (C_{j+1/2}^n + C_{j+1/2}^{n+1})T_{j+1/2}^n + \mathrm{DTM}[(R_{j+1}^n)^2 F_{j+1}^n - (R_j^n)^2 F_j^n] - \\ (\mathrm{TDP}^{n+1} + \mathrm{TDP}^n + 2q^{n+1/2})_{j+1/2}(v_{j+1/2}^{n+1} - v_{j+1/2}^n) + 2\Delta t_{n+1/2} w_{j+1/2}^{n+1/2} \end{cases} \tag{4.9.32}$$

$$T_{1/2}^{n+1} = T_{J+3/2}^{n+1} = 0$$

$$\mathrm{DTM} = \Delta t_{n+1/2}/(\rho_{0,j+1/2} r_{j+1/2}^2 \Delta r_{j+1/2})$$

由于 C^{n+1}、TDP^{n+1} 均与待求量 T^{n+1} 有关，故方程式(4.9.31)的系数均与待求量 T^{n+1} 有关，所以需迭代求解。式中 t_{n+1} 时刻的 R^{n+1}、v^{n+1} 已知。另一方面，方程式(4.9.31)的系数矩阵为三对角矩阵，故每次迭代时可用追赶法求解。方程式

(4.9.31)是在温度边界条件取为 $T_{J+1}=T_{J+1/2}$（即外边界处辐射流为零）时的形式。

式(4.9.31)可以写为

$$AA_{k+1}T_{k+1/2}^{n+1}+BB_{k+1}T_{k+3/2}^{n+1}+CC_{k+1}T_{k+5/2}^{n+1}=DD_{k+1}\qquad(k=0,1,2,\cdots,J-1)$$

令

$$x_{k-1/2}^{n+1}=T_{k+1/2}^{n+1}(k=1,2,\cdots,J)$$

则有

$$AA_{k+1}x_{k-1/2}^{n+1}+BB_{k+1}x_{k+1/2}^{n+1}+CC_{k+1}x_{k+3/2}^{n+1}=DD_{k+1}\quad(k=0,1,2,\cdots,J-1)$$

$$(T_{1/2}^{n+1}=0,T_{J+3/2}^{n+1}=0)\rightarrow(x_{-1/2}^{n+1}=0,x_{J+1/2}^{n+1}=0)$$

(1) 追的过程：计算

$$W_k=\frac{-CC_k^{n+1}}{BB_k^{n+1}+AA_k^{n+1}W_{k-1}}\qquad(k=1,2,\cdots,J-1;W_0=0)\quad(4.9.33)$$

$$V_k=\frac{DD_k^{n+1}-AA_k^{n+1}V_{k-1}}{BB_k^{n+1}+A_k^{n+1}W_{k-1}}\qquad(k=1,2,\cdots,J;V_0=0)\quad(4.9.34)$$

(2) 赶的过程：

$$x_{J-1/2}^{n+1}=V_J$$

$$x_{k-1/2}^{n+1}=W_kx_{k+1/2}^{n+1}+V_k\quad(k=J-1,J-2,\cdots,1)$$

$$T_{k+1/2}^{n+1}=x_{k-1/2}^{n+1}(k=J,J-1,J-2,\cdots,1)$$

8. 各量的计算顺序

初始分布

$$\Rightarrow u_j^{n+1/2}\Rightarrow R_j^{n+1}\Rightarrow\rho_{j+1/2}^{n+1}\Rightarrow q_{j+1/2}^{n+1/2}\Rightarrow T_{j+1/2}^{n+1}\Rightarrow p_{j+1/2}^{n+1}\Rightarrow n+1\rightarrow n\Rightarrow u_j^{n+1/2}$$

4.9.3 差分格式的稳定性条件

所谓格式稳定是指用该格式计算时，物理量的初始误差随时间步的推进不能越积累越大，这就给空间和时间网格步长作出了限制。

(1) 黏性 $q=0$ 时动量方程的稳定性条件为

$$C_S\Delta t\leqslant\Delta R$$

式中：$C_S=\sqrt{(\partial p_m/\partial\rho)_T}$为等温声速，$p_m\approx\rho\Gamma T$，故

$$\Delta t_h\leqslant\min\left[\frac{\Delta R}{C_S}\right]=\min\left[\frac{\Delta r\cdot\rho_0r^2/\rho R^2}{\sqrt{p_m/\rho}}\right]\qquad(4.9.35)$$

(2) 黏性 $q\neq0$ 时动量方程的稳定性条件为

$$\Delta t_h\leqslant\min\left[\frac{\Delta r\cdot\rho_0r^2/\rho R^2}{4b\Delta r\cdot(-\partial u/\partial r)}\right]=\min_{(j)}\left[\frac{\Delta R_{j+1/2}}{(u_j-u_{j-1})\cdot4b}\right]\quad(4.9.36)$$

(3) 辐射限流条件。不考虑流体力学运动和外能源 w，只考虑由于辐射能流

引起的温度变化，则能量守恒方程式(4.9.4)变为

$$\left(c_v + \frac{4aT^3}{\rho}\right)\frac{\partial T}{\partial t} = -\frac{1}{\rho_0 r^2}\frac{\partial}{\partial r}(R^2 F_R) = -\frac{1}{\rho}\nabla\cdot\boldsymbol{F}_R$$

即

$$\frac{\Delta T}{T} = -\frac{1}{\left(c_v T + \dfrac{4aT^4}{\rho}\right)}\frac{\Delta t}{\rho}\nabla\cdot\boldsymbol{F}_R = -\frac{\Delta t\ \nabla\cdot\boldsymbol{F}_R}{c_v\rho T + 4aT^4}$$

选择一适当的时间步长，使得各网格的温度的相对变化不超过5%，即

$$\left|\frac{\Delta T}{T}\right| = \min_{(j)}\left|\frac{\Delta t\ \nabla\cdot\boldsymbol{F}_R}{c_V\rho T + 4aT^4}\right|_j \leqslant \delta = 5\%$$

则对时间步长的要求为

$$\Delta t_r \leqslant \delta\min_{(j)}\left|\frac{c_v\rho T + 4aT^4}{\nabla\cdot\boldsymbol{F}_R}\right|_j = \delta\min_{(j)}\left|\frac{c_v\rho T + 4aT^4}{\dfrac{\rho}{\rho_0 r^2}\dfrac{\partial}{\partial r}(R^2 F_R)}\right|_j =$$

$$\delta\min_{(j)}\left|\frac{c_{vj+1/2}\rho_{j+1/2}T_{j+1/2} + 4aT_{j+1/2}^4}{\dfrac{\rho_{j+1/2}}{\rho_{0_{j+1/2}}r_{j+1/2}^2\Delta r_{j+1/2}}(R_{j+1}^2 F_{j+1} - R_j^2 F_j)}\right|$$

即

$$\Delta t_r \leqslant \delta\min_{(j)}\left|\frac{\mathrm{DM}(c_{vj+1/2}\rho_{j+1/2}T_{j+1/2} + 4aT_{j+1/2}^4)}{\rho_{j+1/2}(R_{j+1}^2 F_{j+1} - R_j^2 F_j)}\right| \tag{4.9.37}$$

其中

$$\mathrm{DM} = \rho R^2\Delta R = \rho_0 r^2\Delta r$$

实际计算时，为节省计算量，同时又保证计算精度和稳定性，一般采用变步长技术。即在前一步计算完，下一步开始前，通过程序自动按

$$\Delta t = \min(\Delta t_r, \Delta t_h)$$

确定下一个时间步长。

4.10 计算检验

检验计算稳定性和计算精度是否合乎要求的另一种办法是能量守恒检验。如果计算格式稳定，时间步长和空间步长取得合理，那么，每一步计算后体系演化到该时刻时能量应该是守恒的。

计算出某时刻各流动量之后，可将各网格所含的能量求和，从总能量守恒的观点来检验计算结果，以一维球对称情况为例来说明。

包含流体动能的能量守恒方程的随体微商形式为(参见式(4.3.33))

$$\rho^0 \frac{\mathrm{d}}{\mathrm{d}t}\left[\frac{1}{2}u^2 + \frac{E_m^0 + E_R^0}{\rho^0}\right] + \nabla \cdot (p^0 \boldsymbol{u} + \boldsymbol{F}_R^0) = W \tag{4.10.1}$$

去掉上标,写成 Lagrange 形式,有

$$\frac{\mathrm{d}}{\mathrm{d}t}\left(\frac{1}{2}u^2 + e_m + e_R\right) + \frac{1}{\rho} \nabla \cdot (p\boldsymbol{u} + \boldsymbol{F}_R) = w \tag{4.10.2}$$

其中

$$e_m = E_m/\rho, \quad e_R = \frac{aT^4}{\rho}, \quad p = p_m + p_R + q$$

对于一维球对称系统,式(4.10.2)成为

$$\frac{\mathrm{d}}{\mathrm{d}t}\left(\frac{1}{2}u^2 + e_m + e_R\right) + \frac{1}{\rho_0 r^2}\frac{\partial}{\partial r}[R^2(pu + F_R)] = w \tag{4.10.3}$$

将物质内能方程化为温度方程,即利用

$$\frac{\mathrm{d}e_m}{\mathrm{d}t} = c_v \frac{\mathrm{d}T}{\mathrm{d}t} + \left[T\left(\frac{\partial p_m}{\partial T}\right)_\rho - p_m\right]\frac{\mathrm{d}v}{\mathrm{d}t} \tag{4.10.4}$$

式(4.10.3)变为

$$\frac{\mathrm{d}}{\mathrm{d}t}\left(\frac{1}{2}u^2 + aT^4 v\right) + \left\{c_v \frac{\mathrm{d}T}{\mathrm{d}t} + \left[T\left(\frac{\partial p_m}{\partial T}\right)_\rho - p_m\right]\frac{\mathrm{d}v}{\mathrm{d}t}\right\} + \frac{1}{\rho_0 r^2}\frac{\partial}{\partial r}[R^2(pu + F_R)] = w \tag{4.10.5}$$

对式(4.10.5)在全空间直到 t_n 时刻作积分 $\int_0^{t_n}\mathrm{d}t\int_0^{r_J}\rho_0 r^2\mathrm{d}r$, 得

左边第一项 $=E_1^n - E_1^0=$ 流体动能和辐射内能的增加,其中

$$E_1^n = \int_0^{r_J}\mathrm{d}r\rho_0 r^2\left(\frac{1}{2}u^2 + aT^4 v\right)\bigg|_{t=t_n} = \sum_{j=1}^{J}\mathrm{DM}_j\left[\frac{1}{2}(u_{j-1/2}^n)^2 + a(T_{j-1/2}^n)^4 v_{j-1/2}^n\right] \tag{4.10.6}$$

$$E_1^0 = \int_0^{r_J}\mathrm{d}r\rho_0 r^2\left(\frac{1}{2}u^2 + aT^4 v\right)\bigg|_{t=0} = \sum_{j=1}^{J}\mathrm{DM}_j\left[\frac{1}{2}(u_{j-1/2}^0)^2 + a(T_{j-1/2}^0)^4 v_{j-1/2}^0\right] \tag{4.10.7}$$

$$\mathrm{DM}_j = \frac{1}{3}(\rho_0)_{j-1/2}(r_j^3 - r_{j-1}^3) \tag{4.10.8}$$

为流体网格的质量(差一 4π 因子)。

左边第二项为

$$E_2^n = \int_0^{r_J}\rho_0 r^2\mathrm{d}r\int_{t_{n-1}}^{t_n}\mathrm{d}t\left[c_v\frac{\mathrm{d}T}{\mathrm{d}t} + \left(T\frac{\partial p_m}{\partial T} - p_m\right)\frac{\mathrm{d}v}{\mathrm{d}t}\right] + E_2^{n-1}$$

其中

$$E_2^{n-1} = \int_0^{r_J}\rho_0 r^2\mathrm{d}r\int_0^{t_{n-1}}\mathrm{d}t\left[c_v\frac{\mathrm{d}T}{\mathrm{d}t} + \left(T\frac{\partial p_m}{\partial T} - p_m\right)\frac{\mathrm{d}v}{\mathrm{d}t}\right], \ E_2^0 = 0$$

即

$$E_2^n = \sum_{j=0}^{J} \mathrm{DM}_j \left[(c_v)_{j-1/2}^{n-1/2} (T_{j-1/2}^n - T_{j-1/2}^{n-1}) + \left(T \frac{\partial p_m}{\partial T} - p_m \right)_{j-1/2}^{n-1/2} (v_{j-1/2}^n - v_{j-1/2}^{n-1}) \right] + E_2^{n-1}$$

(4.10.9)

此式可从 $E_2^0=0$ 起累加计算出 E_2^n,它是流体物质总内能的增加。

左边第三项为

$$E_3^n = \int_{t_{n-1}}^{t_n} \mathrm{d}t \int_0^{r_J} \mathrm{d}r \frac{\partial}{\partial r} [R^2 (pu + F_R)] + E_3^{n-1}$$

其中

$$E_3^{n-1} = \int_0^{t_{n-1}} \mathrm{d}t \int_0^{r_J} \mathrm{d}r \frac{\partial}{\partial r} [R^2 (pu + F_R)] , E_3^0 = 0$$

注意到球心处流体宏观速度和辐射能流为 0,故有

$$\text{左边第三项} = E_3^n = [R^2 (pu + F_R)]_J^{n-1/2} \Delta t_{n-1/2} + E_3^{n-1} \quad (4.10.10)$$

此式可从 $E_3^0=0$ 起累加计算出 E_3^n,它是流体对外作功和辐射出去的能量。

右端项为

$$E_4^n = \int_0^{r_J} \rho_0 r^2 \mathrm{d}r \int_{t_{n-1}}^{t_n} \mathrm{d}t \cdot w + E_4^{n-1}$$

其中

$$E_4^{n-1} = \int_0^{r_J} \rho_0 r^2 \mathrm{d}r \int_0^{t_{n-1}} \mathrm{d}t \cdot w, \ E_4^0 = 0$$

$$E_4^n = \sum_{j=1}^{J} \mathrm{DM}_j w_{j-1/2}^{n-1/2} \Delta t_{n-1/2} + E_4^{n-1} \quad (4.10.11)$$

此式可从 $E_4^0=0$ 起累加计算出 E_4^n,它是外源提供的能量。

因而,得能量守恒式为

$$E_1^n + E_2^n + E_3^n = E_4^n + E_1^0 \quad (4.10.12)$$

上式的物理意义很鲜明:流体动能的增加 + 辐射内能的增加 + 流体物质内能的增加 + 流体对外作功 + 辐射出去的能量 = 外源提供的能量。

能量守恒式也可由温度方程导出。不含动能项的能量守恒方程式(4.3.41)为

$$\frac{\mathrm{d}}{\mathrm{d}t}(e_m + e_R) + p \frac{\mathrm{d}}{\mathrm{d}t}\left(\frac{1}{\rho}\right) + \frac{1}{\rho} \nabla \cdot \boldsymbol{F}_R = w \quad (4.10.13)$$

物质内能变化可化为温度变化,利用

$$\frac{\mathrm{d}e_m}{\mathrm{d}t} = c_v \frac{\mathrm{d}T}{\mathrm{d}t} + \left[T\left(\frac{\partial p_m}{\partial T}\right)_\rho - p_m \right] \frac{\mathrm{d}v}{\mathrm{d}t} \qquad (v = 1/\rho \text{ 为比容})$$

在一维球对称几何下,式(4.10.13)变为

$$\frac{\mathrm{d}}{\mathrm{d}t}(aT^4 v) + c_v \frac{\mathrm{d}T}{\mathrm{d}t} + \left[T\left(\frac{\partial p_m}{\partial T}\right)_\rho - p_m\right]\frac{\mathrm{d}v}{\mathrm{d}t} + p\frac{\mathrm{d}v}{\mathrm{d}t} - \frac{1}{\rho_0 r^2}\frac{\partial}{\partial r}(R^2 F) = w \tag{4.10.14}$$

其中已用 $e_R = aT^4/\rho = aT^4 v, F = -F_R$，$F$ 的数值计算公式见式(4.9.26)。

对式(4.10.14)在时空网格作积分 $\int_{t_{n-1}}^{t_n}\mathrm{d}t\int_{r_{j-1}}^{r_j}\rho_0 r^2 \mathrm{d}r$，得

$$\begin{aligned}&[(aT^4 v)_{j-1/2}^{n} - (aT^4 v)_{j-1/2}^{n-1}]\cdot \mathrm{DM}_j + c_{vj-1/2}^{n-1/2}(T_{j-1/2}^{n} - T_{j-1/2}^{n-1})\cdot \mathrm{DM}_j + \\ &\left(T\frac{\partial p_m}{\partial T} - p_m\right)_{j-1/2}^{n-1/2}(v_{j-1/2}^{n} - v_{j-1/2}^{n-1})\cdot \mathrm{DM}_j + p_{j-1/2}^{n-1/2}(v_{j-1/2}^{n} - v_{j-1/2}^{n-1})\cdot \mathrm{DM}_j - \\ &[(R^2F)_j^{n-1/2} - (R^2F)_{j-1}^{n-1/2}]\Delta t_{n-1/2} = w_{j-1/2}^{n-1/2}\Delta t_{n-1/2}\cdot \mathrm{DM}_j\end{aligned} \tag{4.10.15}$$

将上式求和 $\sum_{n=1}^{n}\sum_{j=1}^{J}()$，即得

$$E_R^n + E_1^n + E_2^n + E_3^n = E_4^n + E_R^0 \tag{4.10.16}$$

其中

$$E_R^n = \sum_{j=1}^{J}(aT^4 v)_{j-1/2}^{n}\cdot \mathrm{DM}_j \tag{4.10.17}$$

$$E_R^0 = \sum_{j=1}^{J}(aT^4 v)_{j-1/2}^{0}\cdot \mathrm{DM}_j \tag{4.10.18}$$

$$E_1^n = \sum_{j=1}^{J}p_{j-1/2}^{n-1/2}(v_{j-1/2}^{n} - v_{j-1/2}^{n-1})\cdot \mathrm{DM}_j + E_1^{n-1} \tag{4.10.19}$$

$$E_2^n = \sum_{j=1}^{J}\left[c_{v,j-1/2}^{n-1/2}(T_{j-1/2}^{n} - T_{j-1/2}^{n-1}) + \left(T\frac{\partial p_m}{\partial T} - p_m\right)_{j-1/2}^{n-1/2}(v_{j-1/2}^{n} - v_{j-1/2}^{n-1})\right]\cdot \mathrm{DM}_j + E_2^{n-1} \tag{4.10.20}$$

$$E_3^n = [-(R^2F)_J^{n-1/2}\cdot \Delta t_{n-1/2}] + E_3^{n-1} \tag{4.10.21}$$

$$E_4^n = \sum_{j=1}^{J}w_{j-1/2}^{n-1/2}\cdot \mathrm{DM}_j\cdot \Delta t_{n-1/2} + E_4^{n-1} \tag{4.10.22}$$

$$E_1^0 = E_2^0 = E_3^0 = E_4^0 = 0$$

$$\mathrm{DM}_j = \frac{1}{3}(\rho_0)_{j-1/2}(r_j^3 - r_{j-1}^3) \tag{4.10.23}$$

为流体网格的质量(差一 4π 因子)。式(4.10.16)与式(4.10.12)是等价的，因为不含动能项的能量守恒方程式(4.3.41)可通过含动能的能量守恒方程式(4.3.33)导出。

第5章　中子输运和燃耗

在核能的释放和核技术应用中，中子起着非常关键的作用。裂变能的利用依靠的是中子的链式反应。聚变能的利用也要依靠中子来生成聚变燃料氚。在核武器设计、核电站设计以及其他存在核能释放的装置设计中，中子与物质相互作用和中子在材料中输运问题的研究具有重要意义。中子输运理论研究中子在介质中的运动规律，本章介绍中子在介质中输运的数值模拟。

中子与介质原子核的相互作用可以用碰撞来描述。中子在介质中的平均自由程远大于与核相互作用的力程，在相邻两次碰撞之间，中子作匀速直线运动（自由飞行）。因此，中子输运方程在空间上是局域的，即若空间某一点的中子分布函数及其导数为已知时，便可一步一步地求出其余各点的分布函数值。由于实际问题中中子数密度比介质原子数密度小得多，因而，可以忽略中子之间的相互作用，所以中子输运方程是线性的。但对我们的情况，需要考虑介质性质的变化。首先，由于介质处于高速运动之中，所以要考虑介质运动对中子输运和中子与原子核相互作用的影响；其次，除了介质密度不断改变之外，介质的成分由于大量核反应的发生处于变化之中，也即要考虑介质的燃耗问题。

中子在介质内的运动是一种随机过程。中子在运动过程中，要同介质原子核发生碰撞，结果或是中子的能量降低了，或是运动方向改变了，或是被吸收了，或是由于发生核反应而放出次级粒子。经过多次碰撞的结果，中子也可能逸出系统之外。某个中子究竟在何时何地与介质原子核发生碰撞，碰撞的类型以及碰撞后出射粒子的能量和运动方向，都是不能确切知道的，但它们都遵循一定的概率分布。对于我们需处理的极短时间内的动态过程，可以忽略中子裂变反应中产生的缓发中子，因而，中子下一次碰撞的位置、碰撞后的能量和运动方向，只取决于这次碰撞的情况，而与中子以前的碰撞历史无关。这种随机过程称为马尔可夫过程，反映在输运方程中，就是只含有中子分布函数对时间的一阶导数（以后分布函数的发展决定于现在的情况及其变化率）。

由于中子在介质内的运动是一种随机过程，我们就必须用统计的方法来描述这种运动情况，从而得到大量中子的平均行为。在粒子输运的数值模拟中，为了统计地描述大量粒子上述运动，可以跟踪一个个粒子，模拟它们在介质内的随机运动，再把结果进行统计处理，这就是蒙特卡罗方法；也可以把粒子按其状态分类，研究空间位置 $\boldsymbol{r}$ 处小体积元 $\mathrm{d}\boldsymbol{r}$ 内、速度在 $\boldsymbol{v}$ 到 $\boldsymbol{v}+\mathrm{d}\boldsymbol{v}$ 间隔内的平均粒子数随时间的变化情况，这就是数值差分方法。

5.1 中子输运方程和核数变化方程

5.1.1 基本概念和物理量

1. 描述中子分布的一些物理量

1) 中子角密度 $n(\boldsymbol{r},\boldsymbol{v},t)$

中子角密度是中子在相空间中的分布密度,其物理意义是,$n(\boldsymbol{r},\boldsymbol{v},t)\mathrm{d}\boldsymbol{r}\mathrm{d}\boldsymbol{v}$ 表示 t 时刻在空间点 $\boldsymbol{r}$ 处小体积元 $\mathrm{d}\boldsymbol{r}$ 内、速度处在 $\boldsymbol{v}$ 附近 $\mathrm{d}\boldsymbol{v}$ 范围的平均中子数目。在中子输运理论中,往往用中子能量 E 和运动方向 $\boldsymbol{\Omega}$ 来代替速度 $\boldsymbol{v}=v\boldsymbol{\Omega}$,因而中子角密度用 $n(\boldsymbol{r},\boldsymbol{\Omega},E,t)$ 表示。

2) 中子角通量 $\phi(\boldsymbol{r},\boldsymbol{\Omega},E,t)$

$$\phi(\boldsymbol{r},\boldsymbol{\Omega},E,t) = v\cdot n(\boldsymbol{r},\boldsymbol{\Omega},E,t) \tag{5.1.1}$$

中子角通量表示 $\boldsymbol{r}$ 处单位体积中,能量处在 E 附近单位能量间隔内、运动方向处在方向 $\boldsymbol{\Omega}$ 附近单位立体角内的中子在 t 时刻单位时间内所走的总(径迹)长度,它也等于单位时间内通过空间点 $\boldsymbol{r}$ 处垂直于方向 $\boldsymbol{\Omega}$ 的单位面积的上述能量方向间隔内的中子数。注意:中子角通量是一个标量。

3) 中子角流密度 $\boldsymbol{j}(\boldsymbol{r},\boldsymbol{\Omega},E,t)$

$$\boldsymbol{j}(\boldsymbol{r},\boldsymbol{\Omega},E,t) = \phi(\boldsymbol{r},\boldsymbol{\Omega},E,t)\boldsymbol{\Omega} = n(\boldsymbol{r},\boldsymbol{\Omega},E,t)\boldsymbol{v} \tag{5.1.2}$$

中子角流密度 $\boldsymbol{j}(\boldsymbol{r},\boldsymbol{\Omega},E,t)$ 是一个矢量,其数值等于中子角通量,方向沿中子运动方向 $\boldsymbol{\Omega}$。中子角流密度的物理意义为

$$\boldsymbol{j}(\boldsymbol{r},\boldsymbol{\Omega},E,t)\cdot\mathrm{d}\boldsymbol{S} = \phi(\boldsymbol{r},\boldsymbol{\Omega},E,t)\boldsymbol{\Omega}\cdot\hat{\boldsymbol{n}}\mathrm{d}S$$

表示单位时间内通过空间点 $\boldsymbol{r}$ 处一个有向面积元 $\mathrm{d}\boldsymbol{S}=\hat{n}\mathrm{d}S$ 的、能量处在 E 附近单位能量间隔、方向处在 $\boldsymbol{\Omega}$ 附近单位立体角内的中子数。若中子运动方向就是 $\mathrm{d}\boldsymbol{S}$ 的法线方向,即 $\boldsymbol{\Omega}=\hat{\boldsymbol{n}}$,且面积元为单位面积 $\mathrm{d}S=1$,则单位时间内通过空间点 $\boldsymbol{r}$ 处法线方向为 $\boldsymbol{\Omega}$ 的一个单位面积元的(E 附近单位能量间隔,$\boldsymbol{\Omega}$ 附近单位立体角内)中子数就是中子角通量 $\phi(\boldsymbol{r},\boldsymbol{\Omega},E,t)$。

4) 中子能谱通量 $\phi(\boldsymbol{r},E,t)$ 和中子总通量 $\phi(\boldsymbol{r},t)$

中子能谱通量定义为

$$\phi(\boldsymbol{r},E,t) = \int_{4\pi}\phi(\boldsymbol{r},\boldsymbol{\Omega},E,t)\mathrm{d}\Omega \tag{5.1.3}$$

中子总通量定义为

$$\phi(\boldsymbol{r},t) = \int_0^\infty \phi(\boldsymbol{r},E,t)\mathrm{d}E \tag{5.1.4}$$

根据中子角通量的物理意义可知,中子能谱通量 $\phi(\boldsymbol{r},E,t)$ 表示单位时间内通过空间点 $\boldsymbol{r}$ 处法线方向为任意方向的一个单位面积元的(E 附近单位能量间隔)中子

数,而中子总通量 $\phi(\boldsymbol{r},t)$ 则表示单位时间内通过空间点 $\boldsymbol{r}$ 处法线方向任意的单位面积元的中子数,中子总通量也称中子注量(Fluence)。

2. 核反应

原子核和原子核,或者原子核与其他粒子(如中子、光子等)之间的相互作用所引起的各种变化叫做核反应。核反应一般表示为

$$a + A \rightarrow B + b + Q$$

式中:$\boldsymbol{a}$ 为入射粒子,$\boldsymbol{A}$ 为靶核,$\boldsymbol{b}$ 为出射粒子,$\boldsymbol{B}$ 为剩余核,$\boldsymbol{Q}$ 为反应能(放能为正)。上述反应式可简写为 $A(a,b)B$。按出射粒子的不同,核反应可分为核散射和核转变两大类。

核散射是指出射粒子和入射粒子相同的反应,又分为弹性散射和非弹性散射两种。弹性散射是指散射前后系统的总动能相等,原子核内部能量不发生变化(无核内激发)的过程。中子弹性散射的表示式为 $A(n,n)A$;非弹性散射是指散射前后系统的总动能不相等、原子核内部能量发生变化、剩余核处于激发态的核反应过程。中子非弹性散射的表示式为 $A(n,n')A^*$。

核转变是指出射粒子和入射粒子不同的反应。中子引起的核转变常见的有 $A(n,\gamma)B$(辐射俘获)、$A(n,2n)B$、$A(n,p)B$ 等。中子与轻核的几种核反应为

$$n + \mathrm{D} \rightarrow p + 2n - 2.22\mathrm{MeV} \tag{5.1.5}$$

$$n + {}_2^3\mathrm{He} \rightarrow \mathrm{T} + p + 0.764\mathrm{MeV} \tag{5.1.6}$$

$$n + {}_3^6\mathrm{Li} \rightarrow {}_2^4\mathrm{He} + \mathrm{T} + 4.78\mathrm{MeV} \tag{5.1.7}$$

$$n + {}_3^6\mathrm{Li} \rightarrow {}_2^4\mathrm{He} + p + 2\mathrm{n} - 3.70\mathrm{MeV} \tag{5.1.8}$$

$$n + {}_3^6\mathrm{Li} \rightarrow {}_2^4\mathrm{He} + \mathrm{D} + n' - 1.48\mathrm{MeV} \tag{5.1.9}$$

$$n + {}_3^7\mathrm{Li} \rightarrow {}_2^4\mathrm{He} + \mathrm{D} + 2n - 8.72\mathrm{MeV} \tag{5.1.10}$$

$$n + {}_3^7\mathrm{Li} \rightarrow {}_3^6\mathrm{Li} + 2n - 7.25\mathrm{MeV} \tag{5.1.11}$$

$$n + {}_3^7\mathrm{Li} \rightarrow {}_2^4\mathrm{He} + \mathrm{T} + n' - 2.47\mathrm{MeV} \tag{5.1.12}$$

$$n + {}_4^9\mathrm{Be} \rightarrow 2{}_2^4\mathrm{He} + 2n - 1.57\mathrm{MeV} \tag{5.1.13}$$

中子发生下列反应的概率较小,可以略去,即

$\mathrm{H}(n,\gamma)\mathrm{D}$, $\mathrm{D}(n,\gamma)\mathrm{T}$, $\mathrm{T}(n,2n)\mathrm{D}$, ${}_2^3\mathrm{He}(n,\gamma){}_2^4\mathrm{He}$,

${}^3\mathrm{He}(n,d)\mathrm{D}$, ${}^6\mathrm{Li}(n,n'){}^6\mathrm{Li}$, ${}^6\mathrm{Li}(n,p){}_2^6\mathrm{He}$, ${}^6\mathrm{Li}(n,\gamma){}^7\mathrm{Li}$, ${}^7\mathrm{Li}(n,n'){}^7\mathrm{Li}$

3. 反应截面

设一面积为 $\mathrm{d}A$ 的薄靶,其厚度 $\mathrm{d}l$ 甚小,入射粒子(中子或其它粒子)垂直靶面入射,通过靶子时入射粒子的能量可以认为不变,则单位时间在靶内发生的核反应数为

$$N' \propto \phi N \mathrm{d}A \mathrm{d}l$$

式中:N 为单位体积内的靶核数;ϕ 为入射粒子角通量。令比例系数为 σ,则

$$\sigma = \frac{N'}{(\phi \mathrm{d}A)(N\mathrm{d}l)} = \frac{\text{单位时间内发生的核反应数}}{\text{单位时间内入射的中子数} \times \text{单位面积上的靶核数}}$$

式中：σ 称为核反应微观截面。σ 的物理意义是：一个中子入射到单位面积上只有一个靶核的靶上与靶核发生反应的概率。σ 具有面积的量纲。我们可以打个比方，对于单位面积内只含一个靶核的靶子，相当于存在着一个有效面积 σ，入射中子碰到这个面积上就会发生反应，不碰上该面积就不会发生核反应。微观截面 σ 一个很小的量，通常用靶恩(barn 或 b)作单位，$1\mathrm{b} = 10^{-24}\mathrm{cm}^2$。$\sigma$ 一般是入射粒子能量 E 的函数。

微观截面 σ 的重要之处在于，知道了它就知道单位时间内单位体积中发生的核反应数，即反应率为

$$R_n = \frac{N'}{\mathrm{d}A\mathrm{d}l} = \sigma N\phi = \Sigma\phi \tag{5.1.14}$$

式中：$\Sigma = \sigma N$ 称为宏观截面。宏观截面 Σ 的量纲为长度的倒数，常用 cm^{-1} 作单位。由于微观截面 σ 是中子相对于靶核的能量 E 的函数，单位体积内的靶核数 N 一般是时空坐标$(\boldsymbol{r},t)$的函数，故宏观截面 Σ 是$(\boldsymbol{r},E,t)$的函数，即

$$\Sigma(\boldsymbol{r},E,t) = \sigma(E)N(\boldsymbol{r},t)$$

宏观截面 $\Sigma(\boldsymbol{r},E,t)$ 的物理意义是：t 时刻空间点 $\boldsymbol{r}$ 处一个能量为 E 的中子在介质中走单位长度发生某种核反应的概率，单位为 cm^{-1}。

显然，核反应的类型不同，反应微观截面 σ 就不同。例如，中子与某种原子核弹性散射的微观截面为 σ_{el}，非弹性散射的微观截面为 σ_{in}，辐射俘获反应的微观截面为 σ_c，$(n,2n)$反应的微观截面为 σ_{2n}，$(n,3n)$反应的微观截面为 σ_{3n}，裂变反应的微观截面为 σ_f，则各种微观分截面之和称为中子与某种原子核反应的微观总截面，即

$$\sigma_t = \sigma_{el} + \sigma_{in} + \sigma_c + \sigma_f + \sigma_{2n} + \sigma_{3n} + \cdots = \sigma_{el} + \sigma_{in} + \sigma_a \tag{5.1.15}$$

而

$$\sigma_a = \sigma_c + \sigma_f + \sigma_{2n} + \sigma_{3n} + \cdots \tag{5.1.16}$$

称为某种原子核对中子的微观吸收截面，为了简单，反应式(5.1.6)、式(5.1.7)的截面也用 σ_c 表示。

4. 中子与核散射的运动学

如图 5-1 所示，设质量为 m 的中子(质量数 1)与质量为 M 的靶核(质量数 A)发生散射(包括分立能级的非弹性散射)。散射前靶核静止，中子在实验室坐标系下的入射速度为 $v'\boldsymbol{\Omega}'$，二体系统的质心速度为

$$\boldsymbol{v}_c = \frac{m}{m+M}v'\boldsymbol{\Omega}' \tag{5.1.17}$$

显然，质心速度与中子入射速度同方向。

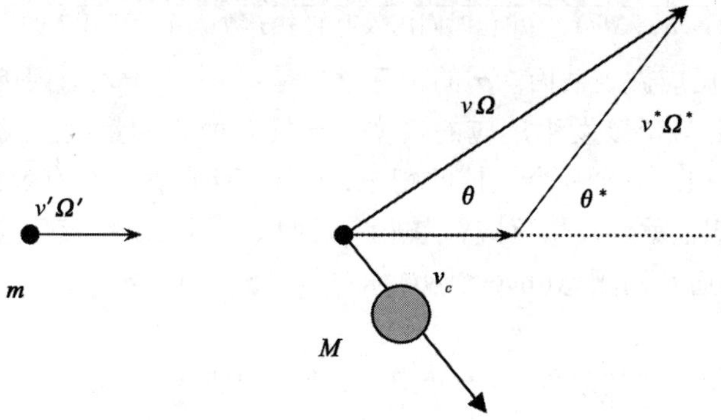

图 5-1　中子散射示意图

散射前,靶核在质心系下的速度为

$$0 - v_c\boldsymbol{\Omega}' = -\frac{m}{M+m}v'\boldsymbol{\Omega}' \tag{5.1.18a}$$

中子在质心系下的速度为

$$v'\boldsymbol{\Omega}' - v_c\boldsymbol{\Omega}' = \frac{M}{M+m}v'\boldsymbol{\Omega}' \tag{5.1.18b}$$

显然,散射前系统在质心系中的总动量为零。散射前系统在质心系中的动能为

$$\frac{1}{2}M\left(\frac{m}{M+m}\right)^2 v'^2 + \frac{1}{2}m\left(\frac{M}{M+m}\right)^2 v'^2 = \frac{1}{2}\frac{mM}{m+M}v'^2$$

若散射后靶核留在激发能为 Q_k 的第 k 个能级上,则质心系中的守恒条件要求

$$mv^*\boldsymbol{\Omega}^* - Mv_A^*\boldsymbol{\Omega}^* = 0 \tag{5.1.19}$$

$$\frac{1}{2}\frac{mM}{m+M}v'^2 = \frac{1}{2}mv^{*2} + \frac{1}{2}Mv_A^{*2} + Q_k \tag{5.1.20}$$

式中:带“*”号的量表示质心系中散射后的量,v'系实验室系中入射中子的速率。对弹性散射 $Q_k=0$。注意到 $M/m=A$,故式(5.1.19)和式(5.1.20)变为

$$\begin{cases} v^* = Av_A^* \\ \dfrac{A}{1+A}v'^2 = v^{*2} + Av_A^{*2} + \dfrac{2Q_k}{m} \end{cases}$$

由此可解得

$$\begin{cases} v^* = \dfrac{A}{A+1}\left[1 - \dfrac{A+1}{A}\dfrac{Q_k}{E'}\right]^{1/2} v' \\ v_A^* = \dfrac{1}{A+1}\left[1 - \dfrac{A+1}{A}\dfrac{Q_k}{E'}\right]^{1/2} v' \end{cases} \tag{5.1.21}$$

其中 $E' = \dfrac{1}{2}mv'^2$ 为实验室系入射中子动能。令

$$\begin{cases}\varepsilon_k = \dfrac{A+1}{A}Q_k \\ \tau = (1-\varepsilon_k/E')^{1/2}\end{cases} \tag{5.1.22}$$

则有

$$\begin{cases}v^* = \dfrac{A}{A+1}\tau v' \\ v_A^* = \dfrac{1}{A+1}\tau v'\end{cases} \tag{5.1.23}$$

显然,散射后将靶核留在激发能为 Q_k 的第 k 个能级上,入射粒子必须要超过一定的阈值才行。根据式(5.1.20),只有当

$$\frac{1}{2}\frac{mM}{m+M}v'^2 \geqslant Q_k$$

反应才可能发生(取等号时表示 C 系下散射后中子和靶核动能均为0),即当

$$E' \geqslant Q_k\left(\frac{A+1}{A}\right) \equiv \varepsilon_k \tag{5.1.24}$$

时,反应才可能发生。因此,我们说,ε_k 为实验室中将靶核激发到第 k 能级的非弹性散射所需要的入射中子动能的阈值。如果 L 系入射中子的动能小于这个值,反应则不可能发生。显然,对弹性散射,反应阈值为0。

根据图5-1,在实验室坐标系(L系)中,散射后出射中子速度为 $v\boldsymbol{\Omega} = \boldsymbol{v}_c + \boldsymbol{v}^*$,其大小可由余弦定理求得

$$v = (v^{*2} + v_c^2 + 2v^* v_c \cos\theta^*)^{1/2} \tag{5.1.25}$$

式中:θ^* 为质心系中的散射角。将式(5.1.17)和式(5.1.23)代入式(5.1.25),消去 v^*、v_c,可得

$$v^2 = \frac{v'^2}{(A+1)^2}[(A\tau)^2 + 1 + 2A\tau\mu_c]$$

式中:$\mu_c = \cos\theta^*$ 为质心系中的散射角余弦。故L系中出射中子动能 $E = \frac{1}{2}mv^2$ 与入射中子动能 $E' = \frac{1}{2}mv'^2$ 的关系为

$$\frac{E}{E'} = \frac{v^2}{v'^2} = \frac{(A\tau)^2 + 2A\tau\mu_c + 1}{(A+1)^2} \tag{5.1.26}$$

或

$$\mu_c = \frac{E}{E'}\frac{(A+1)^2}{2A\tau} - \frac{(A\tau)^2+1}{2A\tau} \tag{5.1.26a}$$

由式(5.1.26)可见,在 $\mu_c = 1$(前冲)时,散射后出射中子动能 E 达极大值,而在 $\mu_c = -1$(反弹)时散射后出射中子动能 E 达极小值,即

$$E_{\max} = \left(\frac{A\tau + 1}{A + 1}\right)^2 E' \equiv \beta_\tau E' \tag{5.1.27}$$

$$E_{\min} = \left(\frac{A\tau - 1}{A + 1}\right)^2 E' \equiv \alpha_\tau E' \tag{5.1.28}$$

所以散射后出射中子动能 E 的变化范围为

$$\alpha_\tau E' \leqslant E \leqslant \beta_\tau E' \tag{5.1.29}$$

我们可求出 L 系中散射角余弦 $\mu_L = \cos\theta$ 与出射中子能量的关系。根据

$$\boldsymbol{v}^* = \boldsymbol{v} - \boldsymbol{v}_c$$

和余弦定理,可得

$$v^{*2} = v^2 + v_c^2 - 2vv_c\mu_L$$

即

$$\mu_L = \frac{v^2 + v_c^2 - v^{*2}}{2vv_c} \tag{5.1.30}$$

将式(5.1.17)和式(5.1.23)代入式(5.1.30),消去 v^*、v_c,可得

$$\mu_L = \frac{v^2(A+1)^2 + v'^2 - (A\tau)^2 v'^2}{2v(A+1)v'}$$

注意到 $E' = \frac{1}{2}mv'^2$,$E = \frac{1}{2}mv^2$,所以 μ_L 与散射前后中子能量和核激发能的关系为

$$\mu_L = \frac{E(A+1)^2 - (A\tau)^2 E' + E'}{2(A+1)\sqrt{EE'}}$$

将 $\tau = \left[1 - \frac{A+1}{A}\frac{Q_k}{E'}\right]^{1/2}$ 代入,得

$$\mu_L = \frac{A+1}{2}\sqrt{\frac{E}{E'}} - \frac{A-1}{2}\sqrt{\frac{E'}{E}} + \frac{AQ_k}{2\sqrt{EE'}} \equiv \mu_L(E', E, Q_k) \tag{5.1.31}$$

由式(5.1.31)可解出 L 系出射中子能量 E 与入射中子能量 E' 和散射角余弦 μ_L 的关系为

$$\sqrt{E} = \frac{\sqrt{E'}}{A+1}\left[\mu_L \pm \sqrt{\mu_L^2 + (A\tau)^2 - 1}\right] \tag{5.1.32}$$

可见,当

$$(A\tau)^2 \leqslant 1$$

时,式(5.1.32)右端根号前的正负号都可以取,因此会发生出射中子能量的双值效应,即在 L 系的一个出射角上,有两种不同能量的中子出射。双值效应出现的条件为

$$E' \leqslant \frac{A}{A-1}Q_k \tag{5.1.33}$$

当$(A\tau)^2>1$时，即当$E'>AQ_k/(A-1)$时，式(5.1.32)右端根号前只能取正号才有意义，此时双值效应消失。结合阈能条件，可知出现出射中子能量双值效应的入射中子能量范围为

$$\frac{A+1}{A}Q_k \leqslant E' \leqslant \frac{A}{A-1}Q_k \tag{5.1.34}$$

对于中子与重核的分立能级非弹性散射，能发生双值效应的入射中子能量E'值很接近阈能，这种非弹性散射的概率很小，在实际应用中可忽略双值效应的影响。这时，出射中子能量与入射中子能量和实验室散射角余弦的关系为

$$E = \frac{E'}{(A+1)^2}\left[\mu_L + \sqrt{\mu_L^2 + (A\tau)^2 - 1}\right]^2 \equiv E(E',\mu_L,Q_k) \tag{5.1.35}$$

另外，可求出C系散射角余弦$\mu_c=\cos\theta^*$和L系中散射角余弦$\mu_L=\cos\theta$的关系。由图5-1可知

$$v\cos\theta = v_c + v^*\cos\theta^*$$

即

$$\mu_L = \frac{v_c}{v} + \frac{v^*}{v}\mu_c$$

将式(5.1.17)和式(5.1.23)代入上式，消去v^*、v_c，可得

$$\mu_L = \frac{v'}{v}\cdot\frac{1+A\tau\mu_c}{A+1}$$

由式(5.1.26)可得

$$\frac{v}{v'} = \frac{\sqrt{(A\tau)^2+2A\tau\mu_c+1}}{(A+1)}$$

则有

$$\mu_L = \frac{A\tau\mu_c+1}{(A^2\tau^2+2A\tau\mu_c+1)^{1/2}} \tag{5.1.36}$$

这就是实验室坐标系散射角余弦与质心系散射角余弦之间的关系。

5. 转移截面

对于确定的核素，由式(5.1.29)、式(5.1.31)和式(5.1.35)，可以写出激发k能级的非弹性散射微观转移截面(双微分截面)，即

$$\begin{aligned}\sigma_k^s(E',\boldsymbol{\Omega}'\to E,\boldsymbol{\Omega}) &= \sigma_k^s(E')g_k(E',\mu_L)\delta[E-E(E',\mu_L,Q_k)]\Delta(E-\alpha_c E')\Delta(\beta_c E'-E)\\ &= \sigma_k^s(E')g_k(E',\mu_L)\delta[\mu_L-\mu_L(E',E,Q_k)]\Delta(E-\alpha_c E')\Delta(\beta_c E'-E)\frac{\mathrm{d}\mu_L}{\mathrm{d}E}\\ &= \sigma_k^s(E')g_k(E',\mu_c)\delta[\mu_L-\mu_L(E',E,Q_k)]\Delta(E-\alpha_c E')\Delta(\beta_c E'-E)\frac{\mathrm{d}\mu_c}{\mathrm{d}E}\end{aligned} \tag{5.1.37}$$

式中：$g_k(E',\mu_L)$是能量为E'，运动方向为$\boldsymbol{\Omega}'$的中子与靶核A发生激发它至第k能

级的散射后，在与 $\boldsymbol{\Omega}'$ 成 $\theta(\mu_L=\cos\theta)$ 角的 $\boldsymbol{\Omega}$ 方向单位立体角内出现的概率，满足归一化条件

$$\int_{4\pi}\mathrm{d}\Omega g_k(E',\mu_L)=\int_{4\pi}2\pi\mathrm{d}\mu_L g_k(E',\mu_L)=1$$

而

$$\Delta(x)=\begin{cases}1 & (x\geqslant 0)\\ 0 & (x<0)\end{cases} \tag{5.1.38}$$

称为示性函数。式(5.1.37)中3种不同形式可视情况采用一种，一般是采用最后一种，其中

$$\frac{\mathrm{d}\mu_c}{\mathrm{d}E}=\frac{(A+1)^2}{2AE'\tau}$$

包括连续能级非弹性散射的总散射转移截面为

$$\sigma_s(E',\boldsymbol{\Omega}'\to E,\boldsymbol{\Omega})=\sum_{k=0}\sigma_k^s(E',\boldsymbol{\Omega}'\to E,\boldsymbol{\Omega})+\sigma_{\mathrm{con}}^s(E',\boldsymbol{\Omega}'\to E,\boldsymbol{\Omega}) \tag{5.1.39}$$

最后一项表示连续过程非弹性散射的转移截面。由于现在的评价核数据库(ENDF)里尚未给出非弹连续过程的角分布数据，故通常使用如下的近似，即

$$\sigma_{\mathrm{con}}^s(E',\boldsymbol{\Omega}'\to E,\boldsymbol{\Omega})=\sigma_{\mathrm{con}}^s(E')p_{\mathrm{con}}(E'\to E)f_{\mathrm{con}}(E',\mu_L)$$

式中：$p_{\mathrm{con}}(E'\to E)$ 是归一化的连续过程非弹散射中子能量分布；$f_{\mathrm{con}}(E',\mu_L)$ 是对所有终态能量积分的中子角分布，并且通常用各向同性分布代替它，如 $f_{\mathrm{con}}(E',\mu_L)=1/4\pi$。$(n,2n)$，$(n,3n)$ 等中子反应过程，其运动学一般是未知的，可以用连续非弹性散射的方法一样处理，并且通常也归入到求和式(5.1.39)中。

5.1.2 运动介质内的中子输运方程

由于中子与原子核相互作用的参数是在假设原子核静止的条件下得到的，因此，在推导中子输运方程时应该考虑这一点。

考虑处在 L 系下空间点 $\boldsymbol{r}$ 处（注意：$\boldsymbol{r}$ 为 Euler 坐标）的某流体元（流体质点），该流体质点在 L 系下有宏观流速 $\boldsymbol{u}(\boldsymbol{r},t)$，质量 m、密度 $\rho(\boldsymbol{r},t)$ 及体积 m/ρ。设流体元内含有的一群中子，在 L 系下中子为速度 $\boldsymbol{v}$。现研究该群中子随时间的变化率。根据中子数守恒条件有

① 流体元内单位时间状态为 $(E,\boldsymbol{\Omega})$ 的中子数的增加 +
② 单位时间通过流体元边界净流出流体元内的 $(E,\boldsymbol{\Omega})$ 状态的中子数 +
③ 单位时间在流体元内由于中子与流体物质的相互作用损失的 $(E,\boldsymbol{\Omega})$ 状态的中子数
④ 单位时间流体元内由源产生的 $(E,\boldsymbol{\Omega})$ 状态的中子数

(5.1.40)

其中

① $=\frac{\mathrm{D}}{\mathrm{D}t}\left(\frac{m}{\rho}n\right)$,这里 $n=n(\boldsymbol{r},\boldsymbol{\Omega},E,t)$ 为空间 $\boldsymbol{r}$ 处的中子角密度,$\frac{m}{\rho}n$ 为空间 $\boldsymbol{r}$ 处流体元内状态为 $(E,\boldsymbol{\Omega})$ 的中子数,随体微商 $\frac{\mathrm{D}}{\mathrm{D}t}\left(\frac{m}{\rho}n\right)$ 表示随介质运动的观察者算得的 $\boldsymbol{r}$ 处流体元内状态为 $(E,\boldsymbol{\Omega})$ 的中子数的变化率(注意:这里的 $(E,\boldsymbol{\Omega})$ 应理解为随流体质团运动的观察者看到的中子能量和方向,$n=n(\boldsymbol{r},\boldsymbol{\Omega},E,t)$ 为随流体质团运动的观察者测得的中子角密度)。

③ $=\frac{m}{\rho}\Sigma_t(\boldsymbol{r},E)v_r n(\boldsymbol{r},E,\boldsymbol{\Omega},t)$ 为单位时间在流体元内由于中子与流体物质的相互作用损失的 $(E,\boldsymbol{\Omega})$ 状态的中子数。其中,$\Sigma_t v_r n$ 为 t 时刻单位时间 $\boldsymbol{r}$ 处单位体积内由于各类相互作用损失的能量方向 $(E,\boldsymbol{\Omega})$ 附近单位间隔内的中子数,$\Sigma_t(\boldsymbol{r},E)$ 为中子的宏观总截面,v_r 为中子相对于流体元的速率(这里 E 为随流体质团运动的观察者看到的中子能量,v_r 为随流体质团运动的观察者看到的中子速率,$E=\frac{1}{2}mv_r^2$),即

$$\boldsymbol{v}_r = \boldsymbol{v} - \boldsymbol{u} = v_r\boldsymbol{\Omega}_r \tag{5.1.41}$$

式中:$\boldsymbol{v}$ 为中子在 L 系下的速度。

④ $=\frac{m}{\rho}Q$ 为单位时间流体元内由源产生的 $(E,\boldsymbol{\Omega})$ 状态的中子数,其中,$Q(\boldsymbol{r},E,\boldsymbol{\Omega},t)$ 为 t 时刻单位时间 $\boldsymbol{r}$ 处单位体积内由源产生的能量方向 $(E,\boldsymbol{\Omega})$ 附近单位间隔内的中子数。

下面重点分析第②项——单位时间通过流体元边界净流出流体元内的 $(E,\boldsymbol{\Omega})$ 状态的中子数(见图 5-2)。首先,单位时间内通过流体元 x 方向的左右界面在 x 方向净流出该流体元的中子数为

$$(\boldsymbol{v}_{r2}n_2 - \boldsymbol{v}_{r1}n_1)\cdot\boldsymbol{e}_x\Delta A = [(v_{x2}-u_{x2})n_2-(v_{x1}-u_{x1})n_1]\Delta A = \frac{m}{\rho}\left[\frac{n_2v_{x2}-n_1v_{x1}}{\Delta x}-\frac{n_2u_{x2}-n_1u_{x1}}{\Delta x}\right]$$

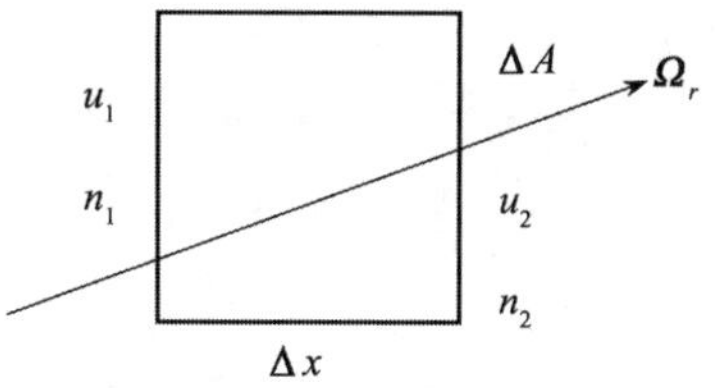

图 5-2 x 方向的中子流

式中:$\Delta A\cdot\Delta x=\frac{m}{\rho}$ 为所考虑的流体元的体积。当 $\Delta x\to 0$ 时,上式对应的微分式为

$$\frac{m}{\rho}\left[\frac{\partial(nv_x)}{\partial x}-\frac{\partial(u_xn)}{\partial x}\right]=\frac{m}{\rho}\cdot\frac{\partial[n(\boldsymbol{v}-\boldsymbol{u})]_x}{\partial x}$$

同样,单位时间内在 y 方向净流出该流体元的中子数

$$\frac{m}{\rho}\left[\frac{\partial(nv_y)}{\partial y}-\frac{\partial(u_y n)}{\partial y}\right]=\frac{m}{\rho}\cdot\frac{\partial[n(\boldsymbol{v}-\boldsymbol{u})]_y}{\partial y}$$

单位时间内在 z 方向净流出该流体元的中子数

$$\frac{m}{\rho}\left[\frac{\partial(nv_z)}{\partial z}-\frac{\partial(u_z n)}{\partial z}\right]=\frac{m}{\rho}\cdot\frac{\partial[n(\boldsymbol{v}-\boldsymbol{u})]_z}{\partial z}$$

写成矢量式,有单位时间内净流出该流体元的$(E,\boldsymbol{\Omega})$状态中子数为

$$② = \frac{m}{\rho}\nabla\cdot[n(\boldsymbol{v}-\boldsymbol{u})] \tag{5.1.42}$$

注意到流体元的质量 m 是守恒的,即得运动介质中的中子输运方程

$$\frac{\mathrm{D}}{\mathrm{D}t}\left(\frac{n}{\rho}\right)+\frac{1}{\rho}\nabla\cdot[n(\boldsymbol{v}-\boldsymbol{u})]+\frac{1}{\rho}\Sigma_t(\boldsymbol{r},E)v_r n(\boldsymbol{r},E,\boldsymbol{\Omega},t)=\frac{1}{\rho}Q(\boldsymbol{r},E,\boldsymbol{\Omega},t) \tag{5.1.43}$$

t 时刻单位时间、$\boldsymbol{r}$ 处单位体积内由源产生的能量方向$(E,\boldsymbol{\Omega})$附近单位间隔内的中子数 $Q(\boldsymbol{r},E,\boldsymbol{\Omega},t)$有 3 个来源,即散射源 Q_s、裂变源 Q_f 和独立外中子源 q,即

$$Q\equiv Q_s+Q_f+q \tag{5.1.44}$$

$$\begin{cases}Q_s(\boldsymbol{r},E,\Omega,t)=\int\Sigma_s(E',\boldsymbol{\Omega}'\to E,\boldsymbol{\Omega}|\boldsymbol{r})v'_r n(\boldsymbol{r},E',\Omega',t)\,\mathrm{d}\Omega'\mathrm{d}E'\\ Q_f(\boldsymbol{r},E,\Omega,t)=\dfrac{1}{4\pi}\chi(E)\int\nu(E')\Sigma_f(\boldsymbol{r},E')v'_r n(\boldsymbol{r},E',\Omega',t)\,\mathrm{d}\Omega'\mathrm{d}E'\end{cases}$$

式中:Σ_f 为中子裂变宏观截面;ν 为每次裂变释放出的平均中子数;$\chi(E)$为裂变中子能谱。上面处理中子的源和壑时,考虑了中子与原子核的相对运动速度。

式(5.1.43)可以变为

$$n\frac{\mathrm{D}}{\mathrm{D}t}\left(\frac{1}{\rho}\right)+\frac{1}{\rho}\frac{\mathrm{D}n}{\mathrm{D}t}+\frac{1}{\rho}(\boldsymbol{v}-\boldsymbol{u})\cdot\nabla n-\frac{n}{\rho}\nabla\cdot\boldsymbol{u}+\frac{1}{\rho}\Sigma_t v_r n=\frac{Q}{\rho}$$

注意到质量守恒方程

$$\frac{\mathrm{D}}{\mathrm{D}t}\left(\frac{1}{\rho}\right)-\frac{1}{\rho}\nabla\cdot\boldsymbol{u}=0$$

则有

$$\frac{1}{\rho}\frac{\mathrm{D}n}{\mathrm{D}t}+\frac{1}{\rho}(\boldsymbol{v}-\boldsymbol{u})\cdot\nabla n+\frac{1}{\rho}\Sigma_t v_r n=\frac{Q}{\rho} \tag{5.1.45}$$

(1) 若定义中子角通量 $\phi=v_r n$,此时在中子与原子核相互作用中考虑了介质运动的影响(因为方程右边项中用了 $\phi=v_r n$,它是相对于流体质团的中子通量),则式(5.1.43)成为

$$\frac{\mathrm{D}}{\mathrm{D}t}\left(\frac{\phi}{\rho v_r}\right)+\frac{1}{\rho}\nabla\cdot(\boldsymbol{\Omega}_r\phi)=\frac{1}{\rho}(Q-\Sigma_t\phi)\quad\left(\boldsymbol{\Omega}_r=\frac{\boldsymbol{v}-\boldsymbol{u}}{v_r}\right) \tag{5.1.46}$$

或由式(5.1.45),有

$$\frac{1}{\rho v_r}\frac{\mathrm{D}\phi}{\mathrm{D}t}+\frac{1}{\rho}\boldsymbol{\Omega}_r\cdot\nabla\phi=\frac{1}{\rho}(Q-\Sigma_t\phi)\ ,\ \left(\boldsymbol{\Omega}_r=\frac{\boldsymbol{v}-\boldsymbol{u}}{v_r}\right) \tag{5.1.47}$$

(2) 若在式(5.1.43)中定义中子角通量 $\phi=vn$,此时,在中子与原子核相互作用中忽略了介质运动的影响(因为方程右边项中用了 $\phi=vn$,它是 L 系下的中子通量),则式(5.1.43)成为

$$\frac{\mathrm{D}}{\mathrm{D}t}\left(\frac{\phi}{\rho v}\right)+\frac{1}{\rho}\nabla_r\cdot\left[\left(\boldsymbol{\Omega}-\frac{\boldsymbol{u}}{v}\right)\phi\right]=\frac{1}{\rho}(Q-\Sigma_t\phi)\ ,\left(\boldsymbol{\Omega}=\frac{\boldsymbol{v}}{v}\right) \tag{5.1.48a}$$

或由式(5.1.45),有

$$\frac{1}{\rho v}\frac{\mathrm{D}\phi}{\mathrm{D}t}+\frac{1}{\rho}\left(\boldsymbol{\Omega}-\frac{\boldsymbol{u}}{v}\right)\cdot\nabla\phi=\frac{1}{\rho}(Q-\Sigma_t\phi) \tag{5.1.48b}$$

式(5.1.46)和式(5.1.48a)可统一写为

$$\frac{\mathrm{D}}{\mathrm{D}t}\left(\frac{\phi}{\rho v}\right)+\frac{1}{\rho}\nabla\cdot\left[\left(\boldsymbol{\Omega}-\delta\frac{\boldsymbol{u}}{v}\right)\phi\right]=\frac{1}{\rho}(Q-\Sigma_t\phi) \tag{5.1.49}$$

式中:$\delta=0$ 时,中子与原子核相互作用考虑了介质运动的影响;$\delta=1$ 时,中子与原子核相互作用忽略了介质运动的影响;在离散纵标方法中可以考虑按以下条件判别 δ 的取值,即

$$\delta=\begin{cases}1 & \left(\dfrac{u}{v}\leqslant|\mu_{\min}|\right)\\[2ex] 0 & \left(\dfrac{u}{v}>|\mu_{\min}|\right)\end{cases} \tag{5.1.50}$$

也即 $\delta=1$ 时,中子与原子核相互作用可忽略介质运动的影响,因为此时 $u\leqslant|\mu_{\min}|v$(中子速度 v 是 u 的几倍甚至十几倍);而 $\delta=0$ 时,中子与原子核相互作用应考虑介质运动的影响,因为此时 $u>|\mu_{\min}|v$。

结论:式(5.1.49)就是我们要求解的中子输运方程,方程中的物理量均以质团的 Euler 坐标 $\boldsymbol{r}$(质团在实空间的位置)和时间 t 为独立变量,故中子输运方程是 Euler 观点下的中子输运方程,其中 $\frac{\mathrm{D}}{\mathrm{D}t}(\,)=\frac{\partial}{\partial t}(\,)+\boldsymbol{u}\cdot\nabla(\,)$ 为随体微商。

忽略了介质运动影响的式(5.1.48b)可写为

$$\frac{1}{v}\frac{\mathrm{D}\phi}{\mathrm{D}t}+\boldsymbol{\Omega}\cdot\nabla\phi-\frac{\boldsymbol{u}}{v}\cdot\nabla\phi=(Q-\Sigma_t\phi) \tag{5.1.51}$$

再注意到

$$\frac{\mathrm{D}}{\mathrm{D}t}(\,)=\frac{\partial}{\partial t}(\,)+\boldsymbol{u}\cdot\nabla(\,),$$

有

$$\frac{1}{v}\frac{\partial\phi}{\partial t}+\boldsymbol{\Omega}\cdot\nabla\phi=(Q-\Sigma_t\phi) \tag{5.1.52}$$

这就是介质静止时的中子输运方程（$\boldsymbol{u}=0$ 时，$\boldsymbol{v}=\boldsymbol{v}_r$，右端项就可以用 $\phi=vn$ 来计算）。

5.1.3 靶核核数的变化方程（核的燃耗方程）

中子与原子核反应，将会使某种核消亡、另外一种（或几种）核诞生，另外，轻核与轻核发生聚变反应也会导致某些核的消亡、另外几种核的诞生（即靶核有燃耗）。靶核数目的变化将会导致中子输运行为的变化（为什么?），从而也影响单位时间单位体积核聚变数目 R_{ij} 和聚变放能率 P_{ij} 随时间的改变。第 i 类核的变化由以下四种因素引起：

(1) 第 i 种核与中子核反应导致的第 i 种核的消耗；

(2) 第 i 种核与第 k 种核反应导致的第 i 种核的消耗；

(3) 中子与第 k 种核反应导致的第 i 种核的产生；

(4) 第 j 种与第 k 种核反应导致的第 i 种核的产生，即

$$(i)=-(n,i)-(i,k)+(n+k\rightarrow i)+(j+k\rightarrow i)$$

设 n_i 为单位质量物质中所含第 i 种核的数目，ρ 为物质的质量密度，q_i 为单位时间单位质量的物质中通过(3)、(4)两种过程产生第 i 种核的数目（源），h_i 为单位时间单位质量的物质中通过(1)、(2)两种过程消耗第 i 种核的数目（壑），则根据空间固定体积元中第 i 种核数目的平衡方程，有

$$\frac{\partial(\rho n_i)}{\partial t}+\nabla\cdot(\rho n_i\boldsymbol{u})=\rho q_i-\rho h_i \tag{5.1.53}$$

而根据质量守恒方程

$$\frac{\partial\rho}{\partial t}+\nabla\cdot(\rho\boldsymbol{u})=0 \tag{5.1.54}$$

得

$$\frac{\partial n_i}{\partial t}+\boldsymbol{u}\cdot\nabla n_i=q_i-h_i \tag{5.1.55}$$

用随体时间微商表示，则单位质量流体内第 i 种核数目的平衡方程为

$$\frac{\mathrm{d}n_i}{\mathrm{d}t}=q_i-h_i \tag{5.1.56}$$

根据前面的分析可知，单位质量的物质中单位时间第 i 类核消耗的数目 h_i 包括两项，分别对应中子与第 i 类核进行核反应的消耗和第 i 类核与第 k 类核进行核聚变反应的消耗，即

$$\begin{aligned}h_i&=\int\mathrm{d}E\sigma_a^i(E)n_i\phi(\boldsymbol{r},E,t)+\sum_k\frac{n_in_k}{1+\delta_{ik}}\rho\langle\sigma v\rangle_{ik}\\&=n_i\sum_{g=1}^{G}\sigma_{ag}^i\phi_g(\boldsymbol{r},t)+\rho n_i\sum_k\frac{n_k}{1+\delta_{ik}}\langle\sigma v\rangle_{ik}\end{aligned} \tag{5.1.57}$$

下标 k 包括所有能与 i 类核反应的核素类型，包括 i 类核本身（此时，$\delta=1$）。

单位质量的物质中单位时间产生第 i 种核的数目 q_i 亦包括两项，分别对应中子与第 k 类核进行核反应产生的第 i 类核和第 j 类核与第 k 类核进行核聚变反应产生的第 i 类核，即

$$q_i = \sum_k \int \mathrm{d}E\sigma_a^{k\to i}(E)n_k\phi(\boldsymbol{r},E,t) + \frac{1}{2}\sum_{j,k} n_j n_k \rho\langle\sigma v\rangle_{jk} =$$

$$\sum_k \sum_{g=1}^{G} \sigma_{ag}^{k\to i} n_k \phi_g(\boldsymbol{r},t) + \frac{1}{2}\sum_{j,k} n_j n_k \rho\langle\sigma v\rangle_{jk} \tag{5.1.58}$$

1. 轻材料区内核数变化

分别用 n_1、n_2、n_3、n_{e3}、n_4、n_6、n_7 表示单位质量介质中所含的 H、D、T、He^3、He^4、Li^6、Li^7 的核数，则由前面式(5.1.5)～式(5.1.12)所列的中子与轻核反应为

$n + \mathrm{D} \rightarrow p + 2n - 2.22\mathrm{MeV}$ ………………………………$\sigma_{2n}^{(2)}$

$n + {}_2^3\mathrm{He} \rightarrow \mathrm{T} + p + 0.764\mathrm{MeV}$ ……………………………$\sigma_c^{(e3)}$

$n + {}_3^6\mathrm{Li} \rightarrow {}_2^4\mathrm{He} + \mathrm{T} + 4.78\mathrm{MeV}$ ……………………………$\sigma_c^{(6)}$

$n + {}_3^6\mathrm{Li} \rightarrow {}_2^4\mathrm{He} + p + 2n - 3.70\mathrm{MeV}$ ……………………$\sigma_{2n}^{(6)}$

$n + {}_3^6\mathrm{Li} \rightarrow {}_2^4\mathrm{He} + \mathrm{D} + n' - 1.48\mathrm{MeV}$ ……………………$\sigma_{in}^{(6)}$

$n + {}_3^7\mathrm{Li} \rightarrow {}_2^4\mathrm{He} + \mathrm{D} + 2n - 8.72\mathrm{MeV}$ ……………………$\sigma_c^{(7)}$

$n + {}_3^7\mathrm{Li} \rightarrow {}_3^6\mathrm{Li} + 2n - 7.25\mathrm{MeV}$ ……………………………$\sigma_{2n}^{(7)}$

$n + {}_3^7\mathrm{Li} \rightarrow {}_2^4\mathrm{He} + \mathrm{T} + n' - 2.47\mathrm{Mev}$ ……………………$\sigma_{in}^{(7)}$

和轻核之间的聚变反应为

$$\mathrm{D} + \mathrm{T} \rightarrow {}^4\mathrm{He} + n \cdots\cdots \langle\sigma v\rangle_{23n} \tag{5.1.59}$$

$$\mathrm{D} + {}^3\mathrm{He} \rightarrow {}^4\mathrm{He} + p \cdots\cdots \langle\sigma v\rangle_{23p} \tag{5.1.60}$$

$$\mathrm{D} + \mathrm{D} \rightarrow {}^3\mathrm{He} + n \cdots\cdots \langle\sigma v\rangle_{22n} \tag{5.1.61}$$

$$\mathrm{D} + \mathrm{D} \rightarrow \mathrm{T} + p \cdots\cdots \langle\sigma v\rangle_{22p} \tag{5.1.62}$$

根据式(5.1.56)～式(5.1.58)可得各核数的变化方程为

$$\frac{\mathrm{d}n_7}{\mathrm{d}t} = -n_7\sum_{g=1}^{G}(\sigma_{cg}^{(7)} + \sigma_{ing}^{(7)} + \sigma_{2ng}^{(7)})\phi_g \tag{5.1.63}$$

$$\frac{\mathrm{d}n_6}{\mathrm{d}t} = -n_6\sum_{g=1}^{G}(\sigma_{cg}^{(6)} + \sigma_{ing}^{(6)} + \sigma_{2ng}^{(6)})\phi_g + n_7\sum_{g=1}^{G}\sigma_{2ng}^{(7)}\phi_g \tag{5.1.64}$$

$$\frac{\mathrm{d}n_4}{\mathrm{d}t} = n_6\sum_{g=1}^{G}(\sigma_{cg}^{(6)} + \sigma_{ing}^{(6)} + \sigma_{2ng}^{(6)})\phi_g + n_7\sum_{g=1}^{G}(\sigma_{cg}^{(7)} + \sigma_{ing}^{(7)})\phi_g + \rho n_2 n_3\langle\sigma v\rangle_{23n} + \rho n_2 n_{e3}\langle\sigma v\rangle_{23p} \tag{5.1.65}$$

$$\frac{\mathrm{d}n_{e3}}{\mathrm{d}t} = -n_{e3}\sum_{g=1}^{G}\sigma_{cg}^{(e3)}\phi_g + \frac{1}{2}\rho n_2^2\langle\sigma v\rangle_{22n} - \rho n_2 n_{e3}\langle\sigma v\rangle_{23p} \tag{5.1.66}$$

$$\frac{\mathrm{d}n_1}{\mathrm{d}t} = n_6 \sum_{g=1}^{G} \sigma_{2ng}^{(6)} \phi_g + n_2 \sum_{g=1}^{G} \sigma_{2ng}^{(2)} \phi_g + n_{e3} \sum_{g=1}^{G} \sigma_{cg}^{(e3)} \phi_g + \frac{1}{2}\rho n_2^2 \langle \sigma v \rangle_{22p} + \rho n_2 n_{e3} \langle \sigma v \rangle_{23p} \tag{5.1.67}$$

$$\frac{\mathrm{d}n_2}{\mathrm{d}t} = -n_2 \sum_{g=1}^{G} \sigma_{2ng}^{(2)} \phi_g + n_6 \sum_{g=1}^{G} \sigma_{ing}^{(6)} \phi_g + n_7 \sum_{g=1}^{G} \sigma_{cg}^{(7)} \phi_g - \rho n_2^2 (\langle \sigma v \rangle_{22p} + \langle \sigma v \rangle_{22n}) - \rho n_2 n_3 \langle \sigma v \rangle_{23n} - \rho n_2 n_{e3} \langle \sigma v \rangle_{23p} \tag{5.1.68}$$

$$\frac{\mathrm{d}n_3}{\mathrm{d}t} = n_6 \sum_{g=1}^{G} \sigma_{cg}^{(6)} \phi_g + n_7 \sum_{g=1}^{G} \sigma_{ing}^{(7)} \phi_g + n_{e3} \sum_{g=1}^{G} \sigma_{cg}^{(e3)} \phi_g + \frac{1}{2}\rho n_2^2 \langle \sigma v \rangle_{22p} - \rho n_2 n_3 \langle \sigma v \rangle_{23n} \tag{5.1.69}$$

其中

$$\phi_g = \int_{\Delta E_g} \phi(\boldsymbol{r}, E, t)\,\mathrm{d}E \tag{5.1.70}$$

$$\sigma_{ig} = \int_{\Delta E_g} \sigma_i(E) \phi(\boldsymbol{r}, E, t)\,\mathrm{d}E / \phi_g \tag{5.1.71}$$

式中:i 标记反应类型;ΔE_g 是能量离散化后第 g 个小能区。

2. Be 材料区内核数变化

中子与 Be 核反应方程为

$$n + {}_4^9\mathrm{Be} \rightarrow 2{}_2^4\mathrm{He} + 2n - 1.57\mathrm{MeV} \cdots\cdots\cdots\cdots\cdots\cdots \sigma_{2n}^{(9)} \tag{5.1.72}$$

单位质量物质内^{9}Be 和^{4}He 的核数 n_9 的 n_4 的变化遵从下列方程,即

$$\frac{\mathrm{d}n_9}{\mathrm{d}t} = -n_9 \sum_{g=1}^{G} \sigma_{2ng}^{(9)} \phi_g \tag{5.1.73}$$

$$\frac{\mathrm{d}n_4}{\mathrm{d}t} = 2n_9 \sum_{g=1}^{G} \sigma_{2ng}^{(9)} \phi_g \tag{5.1.74}$$

3. 可裂变材料区内核数变化

设$^{(i)}X$ 代表某种质量数为 i 的可裂变核,它与中子可能发生的核反应类型为

$$n + {}^{(i-1)}X \rightarrow {}^{(i)}X \cdots\cdots\cdots\cdots\cdots\cdots \sigma_c^{(i-1)} \tag{5.1.75}$$

$$n + {}^{(i)}X \rightarrow {}^{(i-1)}X + 2n \cdots\cdots\cdots\cdots\cdots\cdots \sigma_a^{(i)} \tag{5.1.76}$$

$$n + {}^{(i+1)}X \rightarrow {}^{(i)}X + 2n \cdots\cdots\cdots\cdots\cdots\cdots \sigma_{2n}^{(i+1)} \tag{5.1.77}$$

$$n + {}^{(i)}X \rightarrow Z_1 + Z_2 \cdots\cdots\cdots\cdots\cdots\cdots \sigma_f^{(i)} \tag{5.1.78}$$

则 t 时刻单位质量材料中所含第 i 种可裂变核数目 n_i 满足方程

$$\frac{\mathrm{d}n_i}{\mathrm{d}t} = \sum_{g=1}^{G} \phi_g (n_{i-1} \sigma_{cg}^{(i-1)} - n_i \sigma_{ag}^{(i)} + n_{i+1} \sigma_{2ng}^{(i+1)} - n_i \sigma_{fg}^{(i)}) \tag{5.1.79}$$

t 时刻单位质量材料中的裂变碎片(称为渣核)的数目 n_z 满足方程

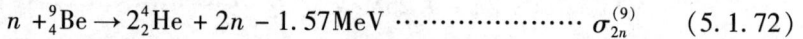

$$\frac{\mathrm{d}n_z}{\mathrm{d}t} = 2\sum_i n_i \sum_{g=1}^{G} \sigma_{fg}^{(i)} \phi_g \tag{5.1.80}$$

5.2 输运近似和多群中子输运方程

5.2.1 简单输运近似

讨论这一问题的目的是为了近似处理中子与核散射(不包括裂变)的各向异性问题。以介质静止时的中子输运方程式(5.1.52)为例,有

$$\frac{1}{v}\frac{\partial \phi}{\partial t} + \boldsymbol{\Omega} \cdot \nabla \phi + \Sigma_t \phi = Q_S + Q_f + q$$

注意到散射源

$$Q_S(\boldsymbol{r},E,\Omega,t) = \int\int \Sigma_S(\boldsymbol{r},E')f(E' \to E,\boldsymbol{\Omega}' \cdot \boldsymbol{\Omega})\phi(\boldsymbol{r},E',\Omega',t)\,\mathrm{d}\Omega'\mathrm{d}E'$$

故有中子输运方程

$$\left(\frac{1}{v}\frac{\partial}{\partial t} + \boldsymbol{\Omega} \cdot \nabla + \Sigma_t(\boldsymbol{r},E)\right)\phi = \int \Sigma_S(\boldsymbol{r},E')$$

$$f(E' \to E,\boldsymbol{\Omega}' \cdot \boldsymbol{\Omega})\phi(\boldsymbol{r},E',\boldsymbol{\Omega}',t)\,\mathrm{d}E'\mathrm{d}\Omega' + Q_f + q \tag{5.2.1a}$$

其中方程左端

$$\Sigma_t(\boldsymbol{r},E) = \rho(\boldsymbol{r})\sum_i n_i \sigma_t^i(E) \tag{5.2.1b}$$

为中子与介质相互作用的宏观总截面,这里 $\rho(\boldsymbol{r})$ 为介质的质量密度,n_i 为单位质量的介质中所含的 i 类核数目,由核数的变化方程决定;$\sigma_t^i(E)$ 为能量为 E 的中子与一个 i 类核相互作用的微观总截面,为各种反应道的微观截面之和。$\Sigma_t(\boldsymbol{r},E)$ 表示中子在介质中走单位长度与介质原子核相互作用的概率。

方程右端第一项中的散射转移宏观截面为

$$\Sigma_S(\boldsymbol{r},E')f(E' \to E,\boldsymbol{\Omega}' \cdot \boldsymbol{\Omega}) = \sum_i \sum_x \nu_x^i \rho(\boldsymbol{r}) n_i \sigma_x^i(E') f_x^i(E' \to E,\boldsymbol{\Omega}' \cdot \boldsymbol{\Omega}) \tag{5.2.1c}$$

式中:x 表示中子与介质中的 i 类核反应并有次级中子出射的反应类型(不包括裂变);ν_x^i 为中子与 i 类核发生 x 型反应时出射的次级中子数目;$\sigma_x^i(E')$ 为能量为 E' 的中子与一个 i 类核发生 x 型反应的微观截面;$f_x^i(E' \to E,\Omega' \cdot \Omega)$ 为能量为 E' 的中子与 i 类核发生 x 型反应出射中子的能量方向分布。

式(5.2.1a)右端各向同性的裂变中子源为

$$Q_f(\boldsymbol{r},E,\Omega,t) = \rho\sum_i n_i \chi_f^i(E)\int \mathrm{d}E'\ \nu_f^i(E')\sigma_f^i(E')\Phi(\boldsymbol{r},E',t) \tag{5.2.1d}$$

式中:$\chi_f^i(E)$ 为中子与 i 类核发生裂变反应产生的裂变中子能谱,它与入射中子能量 E' 无关;$\nu_f^i(E')$ 为能量为 E' 的中子与 i 类核发生裂变反应后出射的次级中子平

均数目；$\sigma_f^i(E')$ 为能量为 E' 的中子与一个 i 类核发生裂变反应的微观截面；$\Phi(\boldsymbol{r},E',t)=\frac{1}{4\pi}\int\phi(\boldsymbol{r},\boldsymbol{\Omega}',E',t)\mathrm{d}\Omega'$ 为角度积分中子通量。

将方程式(5.2.1a)右端的中子角通量 ϕ 和出射中子能量方向分布函数 f 用球谐函数展开，取到一阶项

$$\phi(\boldsymbol{r},\boldsymbol{\Omega}',E',t)=\frac{1}{4\pi}\{\phi^0(\boldsymbol{r},E',t)+3\boldsymbol{\Omega}'\cdot\boldsymbol{\phi}^1(\boldsymbol{r},E',t)\} \tag{5.2.2}$$

$$f(E'\to E,\boldsymbol{\Omega}'\cdot\boldsymbol{\Omega})=\frac{1}{4\pi}\{f_0(E'\to E)+3\boldsymbol{\Omega}'\cdot\boldsymbol{\Omega}f_1(E'\to E)\} \tag{5.2.3}$$

其中

$$\begin{cases}\phi^0(\boldsymbol{r},E',t)=\int\phi(\boldsymbol{r},E',\boldsymbol{\Omega}',t)\mathrm{d}\Omega'\\ \boldsymbol{\phi}^1(\boldsymbol{r},E',t)=\int\boldsymbol{\Omega}'\phi(\boldsymbol{r},E',\boldsymbol{\Omega}',t)\mathrm{d}\Omega'\end{cases} \tag{5.2.4}$$

$$\begin{cases}f_0(E'\to E)=\int f(E'\to E,\boldsymbol{\Omega}'\cdot\boldsymbol{\Omega})\mathrm{d}\Omega'\\ f_1(E'\to E)=\int\boldsymbol{\Omega}'\cdot\boldsymbol{\Omega}f(E'\to E,\boldsymbol{\Omega}'\cdot\boldsymbol{\Omega})\mathrm{d}\Omega'\end{cases} \tag{5.2.5}$$

将式(5.2.2)和式(5.2.3)代入式(5.2.1a)右边，注意到

$$\int\boldsymbol{\Omega}'\cdot\boldsymbol{A}\mathrm{d}\Omega'=0,\int\boldsymbol{\Omega}'(\boldsymbol{\Omega}'\cdot\boldsymbol{\Omega})\mathrm{d}\Omega'=\frac{4\pi}{3}\boldsymbol{\Omega},\int(\boldsymbol{\Omega}'\cdot\boldsymbol{A})(\boldsymbol{\Omega}'\cdot\boldsymbol{\Omega})\mathrm{d}\Omega'=\frac{4\pi}{3}\boldsymbol{\Omega}\cdot\boldsymbol{A} \tag{5.2.6}$$

则方程式(5.2.1a)的右边第一项变为

$$\frac{1}{4\pi}\int\Sigma_S(\boldsymbol{r},E')[f_0(E'\to E)-f_1(E'\to E)]\phi(\boldsymbol{r},\boldsymbol{\Omega}',E',t)\mathrm{d}E'\mathrm{d}\Omega'+$$
$$\int\Sigma_S(\boldsymbol{r},E')f_1(E'\to E)\delta(\boldsymbol{\Omega}-\boldsymbol{\Omega}')\phi(\boldsymbol{r},\boldsymbol{\Omega}',E',t)\mathrm{d}E'\mathrm{d}\Omega' \tag{5.2.7}$$

将式(5.2.7)代入式(5.2.1a)右边，得以下全输运近似方程

$$\left(\frac{1}{v}\frac{\partial}{\partial t}+\boldsymbol{\Omega}\cdot\nabla+\Sigma_t(\boldsymbol{r},E)\right)\phi=\frac{1}{4\pi}\int\Sigma_S(\boldsymbol{r},E')[f_0(E'\to E)-$$
$$f_1(E'\to E)]\phi(\boldsymbol{r},\boldsymbol{\Omega}',E',t)\ \mathrm{d}E'\mathrm{d}\Omega'+\int\Sigma_S(\boldsymbol{r},E')f_1(E'\to E)$$
$$\delta(\boldsymbol{\Omega}-\boldsymbol{\Omega}')\phi(\boldsymbol{r},\boldsymbol{\Omega}',E',t)\mathrm{d}E'\mathrm{d}\Omega'+Q_f+q \tag{5.2.8}$$

假设式(5.2.8)右端积分项中

$$\int\Sigma_S(\boldsymbol{r},E')f_1(E'\to E)\ \phi(\boldsymbol{r},\boldsymbol{\Omega}',E',t)\mathrm{d}E'\approx$$
$$\int\Sigma_S(\boldsymbol{r},E)f_1(E\to E')\phi(\boldsymbol{r},\boldsymbol{\Omega}',E,t)\mathrm{d}E'\equiv\Sigma_S(\boldsymbol{r},E)\bar{\mu}_0(E)\phi(\boldsymbol{r},\boldsymbol{\Omega}',E,t) \tag{5.2.9}$$

这里定义

$$\bar{\mu}_0(E) = \int f_1(E \to E')\,\mathrm{d}E' \tag{5.2.10}$$

(注:假设条件式(5.2.9)相当于认为中子在散射转移概率函数一阶矩$f_1(E'\to E)$的作用下,单位时间单位体积由较高能量转移到能量E附近单位间隔的中子数与处在能量E附近单位间隔内的中子转移到其他更低能量的中子数数大致相同。)

将式(5.2.9)代入式(5.2.8)右端积分项中,可得式(5.2.8)的右边为

$$\frac{1}{4\pi}\int \mathrm{d}E'\Sigma_S(\boldsymbol{r},E')[f_0(E'\to E) - \bar{\mu}_0(E')\delta(E'-E)]\int \mathrm{d}\boldsymbol{\Omega}'\phi(\boldsymbol{r},\boldsymbol{\Omega}',E',t) +$$
$$\Sigma_S(\boldsymbol{r},E)\bar{\mu}_0(E)\phi(\boldsymbol{r},\boldsymbol{\Omega},E,t) + Q_f + q$$

则全输运近似方程式(5.2.8)成为以下简单输运近似方程

$$\left(\frac{1}{v}\frac{\partial}{\partial t} + \boldsymbol{\Omega}\cdot\nabla + \Sigma_{tr}(\boldsymbol{r},E)\right)\phi = \int \Sigma_S(\boldsymbol{r},E')$$
$$[f_0(E'\to E) - \bar{\mu}_0(E')\delta(E'-E)]\,\Phi(\boldsymbol{r},E',t)\,\mathrm{d}E' + Q_f + q \tag{5.2.11}$$

其中

$$\Sigma_{tr}(\boldsymbol{r},E) = \Sigma_t(\boldsymbol{r},E) - \bar{\mu}_0(E)\Sigma_S(\boldsymbol{r},E) \tag{5.2.12}$$

$$\Phi(\boldsymbol{r},E',t) = \frac{1}{4\pi}\int \phi\,(\boldsymbol{r},\boldsymbol{\Omega}',E',t)\,\mathrm{d}\Omega' \tag{5.2.13}$$

下面看式(5.2.11)~式(5.2.13)中的$\Sigma_S(\boldsymbol{r},E')f_0(E'\to E)$,$\bar{\mu}_0(E)\Sigma_S(\boldsymbol{r},E)$和$\Sigma_{tr}(\boldsymbol{r},E)$的具体表达式是什么。

在散射转移宏观截面(裂变反应另计)的表达式(5.2.1c)右端的对反应类型求和中,注意到除分立能级的非弹性散射($x=d$)外(包括弹性散射),连续能级非弹性散射,$(n,2n)$反应,$(n,3n)$反应出射中子的能量方向分布概率$f_x^i(E'\to E,\boldsymbol{\Omega}'\cdot\boldsymbol{\Omega})$均为各项同性的,则式(5.2.1c)变为

$$\Sigma_S(\boldsymbol{r},E')f(E'\to E,\boldsymbol{\Omega}'\cdot\boldsymbol{\Omega}) =$$
$$\rho(\boldsymbol{r})\sum_i n_i\begin{bmatrix}\dfrac{1}{4\pi}\sigma_{in}^i(E')f_{in}^i(E'\to E) + \dfrac{1}{2\pi}\sigma_{2n}^i(E')f_{2n}^i(E'\to E) + \\ \dfrac{3}{4\pi}\sigma_{3n}^i(E')f_{3n}^i(E'\to E) + \displaystyle\sum_{k=0}\sigma_{d,k}^i(E')f_{d,k}^i(E'\to E,\mu_L)\end{bmatrix} \tag{5.2.14}$$

其中分立能级非弹性散射(包括弹性散射)的中子能量方向联合分布密度$f_{d,k}^i(E'\to E,\mu_L)$完全由角分布函数$g_{d,k}^i(E',\mu_c)$或$g_{d,k}^i(E',\mu_L)$决定,它们的关系为

$$f_{d,k}^i(E'\to E,\mu_L) = \begin{cases} g_{d,k}^i(E',\mu_L)\delta[E - E(E',\mu_L,Q_k)]\Delta(E-\alpha_\tau E')\Delta(\beta_\tau E'-E) \\ g_{d,k}^i(E',\mu_L)\delta[\mu_L - \mu_L(E',E,Q_k)]\dfrac{\mathrm{d}\mu_L}{\mathrm{d}E}\Delta(E-\alpha_\tau E')\Delta(\beta_\tau E'-E) \\ g_{d,k}^i(E',\mu_c)\dfrac{\mathrm{d}\mu_c}{\mathrm{d}\mu_L}\delta[\mu_c - \mu_c(E',E,Q_k)]\dfrac{\mathrm{d}\mu_c}{\mathrm{d}E}\Delta(E-\alpha_\tau E')\Delta(\beta_\tau E'-E) \end{cases} \tag{5.2.15}$$

它满足归一化条件 $\int \mathrm{d}E \int \mathrm{d}\Omega' f_{d,k}^{i}(E' \to E, \mu_L) = 1$。以上 3 种形式可视情况采用一种,其中

$$\Delta(x) = \begin{cases} 1 & (x \geqslant 0) \\ 0 & (x < 0) \end{cases}$$

称为示性函数,表示出射中子能量 E 的变化范围完全由入射中子能量决定,即

$$\alpha_\tau E' \leqslant E \leqslant \beta_\tau E', \quad \beta_\tau = \left(\frac{A\tau + 1}{A + 1}\right)^2, \quad \alpha_\tau = \left(\frac{A\tau - 1}{A + 1}\right)^2$$

$g_{d,k}^{i}(E', \mu_c)$ 为质心系中中子与靶核的分立能级非弹性散射(d 型反应)出射中子的角分布,表示能量 E'方向 $\boldsymbol{\Omega}'$的中子与 i 类靶核发生 d 型反应激发它至第 k 能级的散射后,在与质心速度方向(散射前靶核静止时质心速度方向就是中子入射方向 $\boldsymbol{\Omega}'$)成 $\theta_c(\mu_c = \cos\theta_c)$ 角的方向单位立体角内出现的概率,满足归一化条件

$$\int 2\pi\, g_{d,k}^{i}(E', \mu_c)\, \mathrm{d}\mu_c = 1$$

$E(E', \mu_L, Q_k)$ 由式(5.1.35)给出,$\mu_L(E', E, Q_k)$ 由式(5.1.31)给出,$E(E', \mu_c, Q_k)$ 由式(5.1.26a)给出,$\mu_c(E', E, Q_k)$ 由式(5.1.26b)给出,$\mu_L(E', \mu_c, Q_k)$ 由式(5.1.36)给出,而

$$\frac{\mathrm{d}\mu_c}{\mathrm{d}E} = \frac{(A + 1)^2}{2AE'\tau}, \quad \frac{\mathrm{d}\mu_L}{\mathrm{d}\mu_c} = \frac{(A\tau)^2 (A\tau + \tau\mu_c)}{(A^2\tau^2 + 2A\tau\mu_c + 1)^{3/2}}$$

将式(5.2.14)两边作积分 $\int (\,)\mathrm{d}\Omega'$,根据定义式(5.2.5),得

$$\Sigma_S(\boldsymbol{r}, E') f_0(E' \to E) = \rho \sum_i n_i \left[\begin{aligned} &\sigma_{in}^{i}(E') f_{in}^{i}(E' \to E) + 2\sigma_{2n}^{i}(E') f_{2n}^{i}(E' \to E) + \\ &3\sigma_{3n}^{i}(E') f_{3n}^{i}(E' \to E) + \sum_{k=0} \sigma_{d,k}^{i}(E') \int \mathrm{d}\Omega' f_{d,k}^{i}(E' \to E, \mu_L) \end{aligned}\right] \tag{5.2.16}$$

由此可见,中子与 i 类核各反应道的微观截面和出射中子的角分布是必不可少的基本数据。由式(5.2.15),注意到

$$\frac{\mathrm{d}\mu_c}{\mathrm{d}E} = \frac{(A + 1)^2}{2AE'\tau}$$

可得 d 型反应的能量方向分布函数的角度积分为

$$\int \mathrm{d}\Omega' f_{d,k}^{i}(E' \to E, \mu_L) = \frac{(A + 1)^2}{2AE'\tau} 2\pi \int \mathrm{d}\mu_c g_{d,k}^{i}(E', \mu_c) \delta[\mu_c - E(E', E, Q_k)] \Delta(E - \alpha_\tau E') \Delta(\beta_\tau E' - E)$$

倘若质心系中散射各向同性,$g_{d,k}^{i}(E', \mu_c) = \dfrac{1}{4\pi}$,则有

$$\int \mathrm{d}\Omega' f_{d,k}^i(E' \to E, \mu_L) = \frac{(A+1)^2}{4AE'\tau}\Delta(E - \alpha_\tau E')\Delta(\beta_\tau E' - E)$$

注意到$\beta_\tau - \alpha_\tau = \dfrac{4A\tau}{(A+1)^2}$,故有

$$\int \mathrm{d}\Omega' f_{d,k}^i(E' \to E, \mu_L) = \begin{cases} \dfrac{1}{(\beta_\tau - \alpha_\tau)E'} & (\alpha_\tau E' \leqslant E \leqslant \beta_\tau E') \\ 0 & (E < \alpha_\tau E', E > \beta_\tau E') \end{cases} \tag{5.2.17}$$

显然,$\int \mathrm{d}E \int \mathrm{d}\Omega' f_{d,k}^i(E' \to E, \mu_L) = 1$。式(5.2.16)和式(5.2.17)构成$\Sigma_S(\boldsymbol{r}, E')$ $f_0(E' \to E)$的计算公式。

式(5.2.14)两边作积分$\int (\ )\boldsymbol{\Omega}' \cdot \boldsymbol{\Omega} \mathrm{d}\Omega'$,根据定义(5.2.5),注意到$\int \boldsymbol{\Omega}' \cdot \boldsymbol{A} \mathrm{d}\Omega' = 0$,故只有对 d 型反应积分才不为 0,则有

$$\Sigma_S(\boldsymbol{r}, E') f_1(E' \to E) = \rho \sum_i n_i \sum_{k=0} \sigma_{d,k}^i(E') \int \mathrm{d}\Omega' \mu_L f_{d,k}^i(E' \to E, \mu_L) \tag{5.2.18}$$

根据定义式(5.2.10),有$\bar{\mu}_0(E') = \int f_1(E' \to E)\mathrm{d}E$,式(5.2.18)两边对$E$积分,得$\bar{\mu}_0(E')\Sigma_S(\boldsymbol{r}, E')$的计算式为

$$\Sigma_S(\boldsymbol{r}, E')\bar{\mu}_0(E') = \rho \sum_i n_i \sum_{k=0} \sigma_{d,k}^i(E') \bar{\mu}_{d,k}^i(E') \tag{5.2.19}$$

其中

$$\bar{\mu}_{d,k}^i(E') = \int \mathrm{d}E \int \mathrm{d}\Omega' \mu_L f_{d,k}^i(E' \to E, \mu_L)$$

为实验室坐标系下散射角余弦的平均值。由式(5.2.15),散射中子能量方向分布为

$$f_{d,k}^i(E' \to E, \mu_L) = g_{d,k}^i(E', \mu_L)\delta[E - E(E', \mu_L, Q_k)]\Delta(E - \alpha_\tau E')\Delta(\beta_\tau E' - E)$$

故有

$$\bar{\mu}_{d,k}^i(E') = 2\pi \int \mu_L \mathrm{d}\mu_L\, g_{d,k}^i(E', \mu_L) = 2\pi \int \mu_L \mathrm{d}\mu_c\, g_{d,k}^i(E', \mu_c) \tag{5.2.20}$$

将式(5.2.1b)、式(5.2.19)代入式(5.2.12)得$\Sigma_{tr}(\boldsymbol{r}, E)$的计算公式为

$$\Sigma_{tr}(\boldsymbol{r}, E) = \rho(\boldsymbol{r}) \sum_i n_i [\sigma_t^i(E) - \sum_{k=0} \sigma_{d,k}^i(E)\bar{\mu}_{d,k}^i(E)] \tag{5.2.21}$$

倘若质心系中散射各向同性,即$g_{d,k}^i(E', \mu_c) = \dfrac{1}{4\pi}$,再注意到

$$\mu_L = \frac{A\tau\mu_c + 1}{(A^2\tau^2 + 2A\tau\mu_c + 1)^{1/2}}$$

代入式(5.2.20)积分得实验室坐标系下 d 型散射散射角余弦的平均值为

$$\bar{\mu}_{d,k}^{i}(E') = \frac{2}{3A\tau} \tag{5.2.22}$$

显然,对中子与重核的散射,实验室坐标系下散射角余弦的平均值近似为 0。因为此时实验室坐标系近似为质心坐标系,质心系中散射各向同性意味着实验室坐标系散射各向同性。

5.2.2 简单输运近似下的多群中子输运方程

将整个中子能量范围 $E_{\min}\rightarrow E_{\max}$ 分为 G 个能群,第 g 群中子所在的能量间隔为 $\Delta E_g = E_{g-1} - E_g$(第 1 群为最高能群,$E_0 = E_{\max}, E_G = E_{\min}$)。将简单输运近似方程式(5.2.11)两边在 ΔE_g 范围内对 dE 积分,得到多组方程

$$\left(\frac{1}{v_g}\frac{\partial}{\partial t} + \boldsymbol{\Omega}\cdot\nabla + \Sigma_{tr}^{g}\right)\phi_g(\boldsymbol{r},\boldsymbol{\Omega},t) = \sum_{g'}\Sigma_{str}^{g'\rightarrow g}\Phi_{g'}(\boldsymbol{r},t) + Q_{fg} + q_g(\boldsymbol{r},\boldsymbol{\Omega},t) \tag{5.2.23}$$

式中:$\phi_g(\boldsymbol{r},\boldsymbol{\Omega},t) = \int_{\Delta E_g}\phi(\boldsymbol{r},\boldsymbol{\Omega},E,t)\mathrm{d}E$ 为第 g 群中子的角通量;$\Phi_g(\boldsymbol{r},t) = \frac{1}{4\pi}\int_{4\pi}\phi_g(\boldsymbol{r},\boldsymbol{\Omega},t)\mathrm{d}\Omega$ 为第 g 群中子的角度积分通量。第 g 群中子群速度的倒数为

$$\frac{1}{v_g} = \int_{\Delta E_g}\frac{1}{v}\phi(\boldsymbol{r},\boldsymbol{\Omega},E,t)\mathrm{d}E/\phi_g \tag{5.2.24}$$

第 g 群中子的宏观输运截面为

$$\Sigma_{tr}^{g} = \int_{\Delta E_g}\Sigma_{tr}(\boldsymbol{r},E)\phi(\boldsymbol{r},\boldsymbol{\Omega},E,t)\mathrm{d}E/\phi_g \tag{5.2.25}$$

第 g' 群中子向第 g 群转移的宏观截面为

$$\Sigma_{str}^{g'\rightarrow g} = \int_{g'}\mathrm{d}E'\int_{g}\mathrm{d}E\Sigma_S(\boldsymbol{r},E')[f_0(E'\rightarrow E) - \bar{\mu}_0(E')\delta(E'-E)]\Phi(\boldsymbol{r},E',t)/\Phi_{g'}(\boldsymbol{r},t) \tag{5.2.26}$$

第 g 群中子的裂变源为

$$Q_{fg}(\boldsymbol{r},t) = \rho\sum_{i} n_i\chi_{fg}^{i}\sum_{g'=1}^{G}(\nu\sigma)_{fg'}^{i}\Phi_{g'}(\boldsymbol{r},t) \tag{5.2.27}$$

其中

$$\chi_{fg}^{i} = \int_{g}\chi_f^{i}(E)\mathrm{d}E,\quad (\nu\sigma)_{fg'}^{i} = \int_{g'}\mathrm{d}E'\nu_f^{i}(E')\sigma_f^{i}(E')\Phi(\boldsymbol{r},E',t)/\Phi_{g'}(\boldsymbol{r},t)$$

第 g 群中子的独立源为

$$q_g(\boldsymbol{r},\boldsymbol{\Omega},t) = \int_{\Delta E_g}q(\boldsymbol{r},\boldsymbol{\Omega},E,t)\mathrm{d}E \tag{5.2.28}$$

中子群速度 v_g、中子的宏观输运群截面 Σ_{tr}^{g}，群与群之间的宏观转移截面 $\Sigma_{str}^{g'\to g}$ 以及 $(\nu\sigma)_{fg'}^{i}$ 等称为群常数。按以上方法平均出来的中子与原子核相互作用的群常数，不但与 $(\boldsymbol{r},t)$ 相关，而且也与中子的运动方向有关，这在实际计算上是做不到的（为什么?）。实用的平均群常数的近似方法将在 5.4.2 节介绍。

5.2.3 扩展输运近似

上面介绍的输运近似又称为简单输运近似，现将其推广到扩展输运近似。一般的中子输运方程为

$$\left(\frac{1}{v}\frac{\partial}{\partial t} + \boldsymbol{\Omega}\cdot\nabla + \Sigma_t(\boldsymbol{r},E)\right)\phi = Q_S + Q_f + q \tag{5.2.29}$$

其中散射和裂变中子源分别为

$$Q_S(\boldsymbol{r},E,\Omega,t) = \int \Sigma_S(E'\to E,\mu_L|\boldsymbol{r})\ \phi(\boldsymbol{r},E',\boldsymbol{\Omega}',t)\,\mathrm{d}E'\mathrm{d}\Omega'$$

$$Q_f(\boldsymbol{r},E,\Omega,t) = \frac{1}{4\pi}\chi(E)\int \nu(E')\Sigma_f(\boldsymbol{r},E')\phi(\boldsymbol{r},E',\Omega',t)\,\mathrm{d}\Omega'\mathrm{d}E'$$

先处理散射源项。将散射源中的转移截面用勒让德多项式展开

$$\Sigma_S(E'\to E,\quad \mu_L\mid \boldsymbol{r}) = \sum_{\ell=0}^{\infty}\frac{2\ell+1}{4\pi}\Sigma_{S\ell}\ (E'\to E\mid \boldsymbol{r})\mathrm{P}_\ell\ (\mu_L) \tag{5.2.30}$$

式中：$\mathrm{P}_\ell(\mu_L)$ 为勒让德多次式；$\mu_L = \boldsymbol{\Omega}'(\mu',\varphi')\cdot\boldsymbol{\Omega}(\mu,\varphi)$ 为实验室坐标系下中子散射角余弦。将式(5.2.30)代入(5.2.29)中的散射源项，利用加法定理

$$\mathrm{P}_\ell(\mu_L) = \mathrm{P}_\ell\ (\mu)\mathrm{P}_\ell\ (\mu') + 2\sum_{m=1}^{\ell}\frac{(\ell-m)!}{(\ell+m)!}\mathrm{P}_\ell^m(\mu)\mathrm{P}_\ell^m(\mu')\cos(\varphi-\varphi') \tag{5.2.31}$$

且假定中子角通量与方位角 φ' 无关，则在完成对 $\mathrm{d}\varphi'$ 积分后可得散射中子源为

$$Q_S = \int \mathrm{d}E'\int \mathrm{d}\mu'\sum_{\ell=0}^{\infty}\frac{2\ell+1}{2}\Sigma_{S\ell}\ (E'\to E\mid \boldsymbol{r})\mathrm{P}_\ell\ (\mu)\mathrm{P}_\ell\ (\mu')\phi(\boldsymbol{r},\mu',E',t) \tag{5.2.32}$$

在中子角通量与方位角 φ 无关时，它也可用勒让德多项式来展开

$$\phi(\boldsymbol{r},\mu,E,t) = \sum_{\ell=0}^{\infty}\frac{2\ell+1}{4\pi}\phi_\ell\ (\boldsymbol{r},E,t)\mathrm{P}_\ell\ (\mu) \tag{5.2.33}$$

其中展开系数

$$\phi_\ell\ (\boldsymbol{r},E,t) = 2\pi\int_{-1}^{1}\mathrm{P}_\ell\ (\mu)\ \phi(\boldsymbol{r},\mu,E,t)\,\mathrm{d}\mu \tag{5.2.34}$$

将式(5.2.33)代入式(5.2.32)，利用勒让德多次式正交性

$$\int_{-1}^{1}\mathrm{P}_\ell\ (\mu)\ \mathrm{P}_{\ell''}(\mu)\,\mathrm{d}\mu = \frac{2}{2\ell+1}\delta_{\ell\ell''} \tag{5.2.35}$$

完成对 $d\mu'$ 的积分,得散射源项

$$Q_S = \sum_{\ell=0}^{\infty} \frac{2\ell+1}{4\pi} P_\ell(\mu) \int dE' \Sigma_{S\ell}(E' \to E \mid \boldsymbol{r}) \phi_\ell(\boldsymbol{r}, E', t) \quad (5.2.36)$$

再将中子角通量展开式(5.2.33)代入输运方程式(5.2.29)左边的碰撞损失项,得

$$\frac{1}{v}\frac{\partial \phi}{\partial t} + \boldsymbol{\Omega} \cdot \nabla \phi + \sum_{\ell=0}^{\infty} \frac{2\ell+1}{4\pi} \Sigma_t(\boldsymbol{r}, E) \phi_\ell(\boldsymbol{r}, E, t) P_\ell(\mu) = Q_S + Q_f + q \quad (5.2.37)$$

式(5.2.37)在 ΔE_g 内对 dE 积分,得多群输运方程

$$\frac{1}{v_g}\frac{\partial \phi_g}{\partial t} + \boldsymbol{\Omega} \cdot \nabla \phi_g + \sum_{\ell=0}^{\infty} \frac{2\ell+1}{4\pi} P_\ell(\mu) \Sigma_{t\ell}^g(\boldsymbol{r}) \phi_{\ell g}(\boldsymbol{r}, t) = Q_{Sg} + Q_{fg} + q_g \quad (5.2.38)$$

其中

$$\phi_g(\boldsymbol{r}, \mu, t) = \int_{\Delta E_g} \phi(\boldsymbol{r}, \mu, E, t) dE \qquad (Q_{fg}, q_g \text{ 类似})$$

$$\phi_{\ell g}(\boldsymbol{r}, t) = \int_{\Delta E_g} \phi_\ell(\boldsymbol{r}, E, t) dE$$

$$\Sigma_{t\ell}^g = \int_{\Delta E_g} \Sigma_t(\boldsymbol{r}, E) \phi_\ell(\boldsymbol{r}, E, t) dE / \phi_{\ell g}(\boldsymbol{r}, t)$$

$$Q_{Sg} = \sum_{\ell=0}^{\infty} \frac{2\ell+1}{4\pi} P_\ell(\mu) \sum_{g'} \Sigma_{S\ell}^{g' \to g} \phi_{\ell g'}(\boldsymbol{r}, t) \quad (5.2.39)$$

$$\Sigma_{S\ell}^{g' \to g}(\boldsymbol{r}, t) = \int_{\Delta E_g} dE \int_{\Delta E_{g'}} dE' \Sigma_{S\ell}(E' \to E \mid \boldsymbol{r}) \phi_\ell(\boldsymbol{r}, E, t) / \phi_{\ell g'}(\boldsymbol{r}, t) \quad (5.2.40)$$

将式(5.2.39)代入式(5.2.38)可得多群输运方程为

$$\frac{1}{v_g}\frac{\partial \phi_g}{\partial t} + \boldsymbol{\Omega} \cdot \nabla \phi_g = \sum_{\ell=0}^{\infty} \frac{2\ell+1}{4\pi} P_\ell(\mu) \sum_{g'} \left[\Sigma_{S\ell}^{g' \to g}(\boldsymbol{r}) - \Sigma_{t\ell}^{g'}(\boldsymbol{r}) \delta_{g'g} \right] \phi_{\ell g'}(\boldsymbol{r}, t) + Q_{fg} + q_g \quad (5.2.41)$$

式(5.2.41)两边同时加上一项 $\Sigma_g^{SN} \phi_g$,其中 Σ_g^{SN} 为改进 S_N 方法计算收敛性的可选参数,注意到 ϕ_g 的展开式(5.2.33)并将无穷级数在 L 阶处截断,得

$$\frac{1}{v_g}\frac{\partial \phi_g}{\partial t} + \boldsymbol{\Omega} \cdot \nabla \phi_g + \Sigma_g^{SN} \phi_g = \sum_{\ell=0}^{L} \frac{2\ell+1}{4\pi} P_\ell(\mu) \sum_{g'} \Sigma_{S\ell}^{g' \to g}(SN) \phi_{\ell g'} + Q_{fg} + q_g \quad (5.2.42)$$

其中

$$\Sigma_{S\ell}^{g' \to g}(SN) \equiv \Sigma_{S\ell}^{g' \to g}(\boldsymbol{r}) - \Sigma_{t\ell}^{g'}(\boldsymbol{r}) \delta_{g'g} + \Sigma_g^{SN} \delta_{g'g} = \begin{cases} \Sigma_{S\ell}^{g' \to g}(\boldsymbol{r}) & (g' \neq g) \\ \Sigma_{S\ell}^{g \to g}(\boldsymbol{r}) - \Sigma_{t\ell}^{g}(\boldsymbol{r}) + \Sigma_g^{SN} & (g' = g) \end{cases} \quad (5.2.43)$$

如何选取可选参数 Σ_g^{SN}？一种特殊选择是：取 $L=0$，$\Sigma_g^{SN}=\Sigma_{tr}^{g}$，则式(5.2.42)就是简单输运近似式(5.2.23)。其他一些可选的近似如下：

(1) 与 P_N 相容的近似，$\Sigma_g^{SN}=\Sigma_{t0g}$； (5.2.44)

(2) 与 P_N 不相容的近似，$\Sigma_g^{SN}=\Sigma_{t,L+1,g}$； (5.2.45)

(3) 对角输运近似，$\Sigma_g^{SN}=\Sigma_{t,L+1,g}-\Sigma_{S,L+1}^{g\to g}$； (5.2.46)

(4) 扩展输运近似，$\Sigma_g^{SN}=\Sigma_{t,L+1,g}(\boldsymbol{r})-\sum_{g'}\Sigma_{S,L+1}^{g\to g'}(\boldsymbol{r})$； (5.2.47)

(5) $\Sigma_g^{SN}=\Sigma_{t,L+1,g}-\sum_{g'}\Sigma_{S,L+1}^{g'\to g}\phi_{L+1,g'}/\phi_{L+1,g}$。 (5.2.48)

以上各种近似的数学意义是什么呢？我们希望所选择的 Σ_g^{SN} 能使式(5.2.42)中右端求和项中截断掉的级数的第一项(即原级数的 $\ell=L+1$ 项)为最小，为此，令

$$B=\frac{2L+3}{4\pi}\mathrm{P}_{L+1}(\mu)\sum_{g'}\Sigma_{S,L+1}^{g'\to g}(SN)\phi_{L+1,g'} \tag{5.2.49}$$

式中：$\Sigma_{S,L+1}^{g'\to g}(SN)\equiv\Sigma_{S,L+1}^{g'\to g}(\boldsymbol{r})+(\Sigma_g^{SN}-\Sigma_{t,L+1}^{g'}(\boldsymbol{r}))\delta_{g'g}$。由 $B=0$，即得式(5.2.48)。

不过实际的计算中要求有良好的 $L+1$ 阶群通量 $\phi_{L+1,g'}$，这很难办到。如果采用以下近似，由其他群经散射进入 g 群的 $L+1$ 阶矩通量与经散射离开 g 群的 $L+1$ 阶矩通量近似相等，即

$$\sum_{g'}\Sigma_{S,L+1}^{g'\to g}(SN)\phi_{L+1,g'}\approx\sum_{g'}\Sigma_{S,L+1}^{g\to g'}(SN)\phi_{L+1,g}$$

则

$$B\approx\frac{2L+3}{4\pi}\mathrm{P}_{L+1}(\mu)\sum_{g'}\Sigma_{S,L+1}^{g\to g'}(SN)\phi_{L+1,g} \tag{5.2.50}$$

式中：$\Sigma_{S,L+1}^{g\to g'}(SN)\equiv\Sigma_{S,L+1}^{g\to g'}(\boldsymbol{r})+(\Sigma_{g'}^{SN}-\Sigma_{t,L+1}^{g}(\boldsymbol{r}))\delta_{gg'}$。要使 $B=0$，由于 $\phi_{L+1,g}(\boldsymbol{r},t)$ 一般不等于0，自然的选择为

$$\sum_{g'}\Sigma_{S,L+1}^{g\to g'}(SN)=\sum_{g'}\left[\Sigma_{S,L+1}^{g\to g'}(\boldsymbol{r})+(\Sigma_{g'}^{SN}-\Sigma_{t,L+1}^{g}(\boldsymbol{r}))\delta_{gg'}\right]=0$$

即

$$\sum_{g'}\Sigma_{S,L+1}^{g\to g'}(\boldsymbol{r})+\Sigma_g^{SN}-\Sigma_{t,L+1}^{g}(\boldsymbol{r})=0 \tag{5.2.51}$$

这便是扩展输运近似式(5.2.47)。

一般本群散射占主导地位，若认为这在 $L+1$ 阶散射矩中也正确，则在 B 中仅保留 $g'=g$ 的项时，由 $B=0$ 便得到对角输运近似式(5.2.47)。

5.2.4 输运方程在各种坐标系下的具体形式

中子角通量 $\phi(\boldsymbol{r},E,\boldsymbol{\Omega},t)$ 有3个空间变量 $\boldsymbol{r}$，1个能量变量 E，2个方向变量 $\boldsymbol{\Omega}$ 和1个时间变量 t 共7个自变量。中子输运方程中有一个空间流射项 $\boldsymbol{\Omega}\cdot\nabla\phi$，其中 ∇ 为坐标空间的梯度算子。要写出中子输运方程在不同坐标系下的具体形式，关键是写出空间流射项 $\boldsymbol{\Omega}\cdot\nabla\phi$ 的具体形式。在曲线坐标系下写出 $\boldsymbol{\Omega}\cdot\nabla\phi$ 的具

体形式，必须注意以下事实：中子角通量 $\phi(\boldsymbol{r},E,\boldsymbol{\Omega},t)$ 是空间变量 $\boldsymbol{r}$ 和方向变量 $\boldsymbol{\Omega}$ 的函数，虽然 $\boldsymbol{\Omega}$ 与 $\boldsymbol{r}$ 相互独立（它们分属速度空间和坐标空间），但是在具体坐标系下，必须用适当的参量来表示方向变量 $\boldsymbol{\Omega}$。而在曲线坐标系下表示 $\boldsymbol{\Omega}$ 的参量却是与 $\boldsymbol{r}$ 有关的，也就是说，即使中子运动方向 $\boldsymbol{\Omega}$ 不变，表示方向变量 $\boldsymbol{\Omega}$ 的参量却随空间变量 $\boldsymbol{r}$ 的变化而改变。

我们常用的曲线坐标系是球坐标系和柱坐标系（图 5－3、图 5－4）。在曲线坐标系下，表示方向变量 $\boldsymbol{\Omega}$ 的参量是什么，又有几个呢？在坐标系确定后，为表示方向变量 $\boldsymbol{\Omega}$，我们可以在粒子所在位置 $\boldsymbol{r}$ 处建立一个局域坐标系（$\boldsymbol{e}_r,\boldsymbol{e}_\theta,\boldsymbol{e}_\varphi$）或（$\boldsymbol{e}_r,\boldsymbol{e}_\varphi,\boldsymbol{e}_z$）（显然，坐标架的取向随 $\boldsymbol{r}$ 不同而不同），这样就可以用 $\boldsymbol{\Omega}$ 与这个局域坐标系的 3 个坐标轴之间的夹角（α,β,γ）来作为表示方向变量 $\boldsymbol{\Omega}$ 的参量，而（α,β,γ）中只有 2 个是独立的。

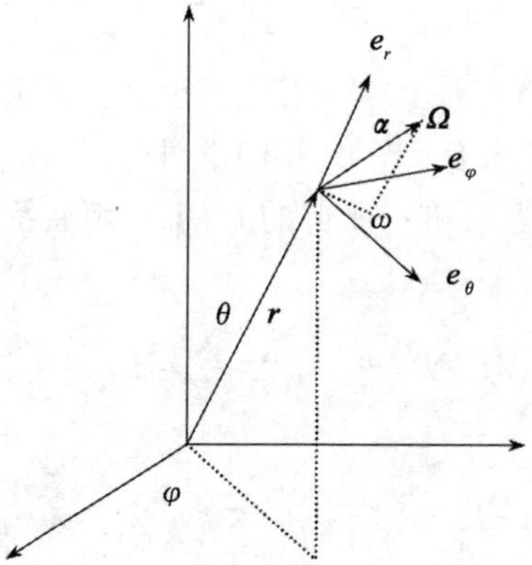

图 5－3　球坐标系

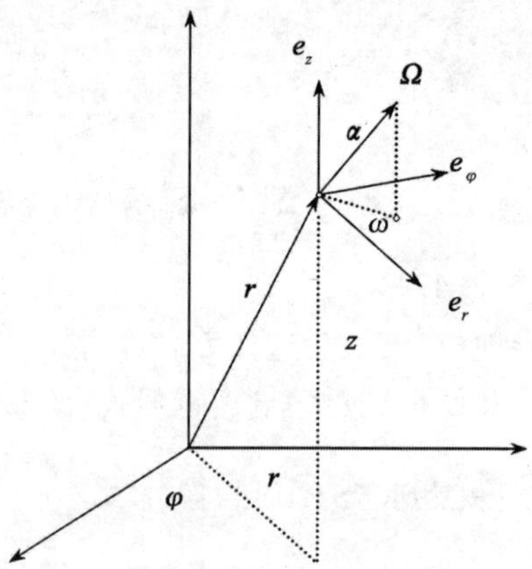

图 5－4　柱坐标系

具体来说，在球坐标系下，中子位置参量为 $\boldsymbol{r}=(r,\theta,\varphi)$，而表示中子运动方向

$\boldsymbol{\Omega}$ 的参量是什么呢？显然，可以用 $\boldsymbol{\Omega}$ 在局域坐标系$(\boldsymbol{e}_r,\boldsymbol{e}_\theta,\boldsymbol{e}_\varphi)$上的投影(3 个方向余弦)

$$(\Omega_r,\Omega_\theta,\Omega_\varphi) = (\boldsymbol{\Omega}\cdot\boldsymbol{e}_r,\boldsymbol{\Omega}\cdot\boldsymbol{e}_\theta,\boldsymbol{\Omega}\cdot\boldsymbol{e}_\varphi) = (\cos\alpha,\cos\beta,\cos\gamma) \tag{5.2.52}$$

来作为表示方向变量 $\boldsymbol{\Omega}$ 的参量。由于

$$\cos^2\alpha + \cos^2\beta + \cos^2\gamma = 1 \tag{5.2.53}$$

故表示方向变量 $\boldsymbol{\Omega}$ 的参量只有 2 个是独立的。在中子输运方程中，一般取(μ,ω)作为 2 个表示方向变量 $\boldsymbol{\Omega}$ 的独立参量，其中

$$\mu = \boldsymbol{\Omega}\cdot\boldsymbol{e}_r = \cos\alpha \tag{5.2.54}$$

ω 则是方向变量 $\boldsymbol{\Omega}$ 在$(\boldsymbol{e}_\theta,\boldsymbol{e}_\varphi)$平面上的投影与 $\boldsymbol{e}_\theta$ 之间的夹角。这样方向变量 $\boldsymbol{\Omega}$ 在局域坐标系$(\boldsymbol{e}_r,\boldsymbol{e}_\theta,\boldsymbol{e}_\varphi)$下的 3 个方向余弦

$$(\Omega_r,\Omega_\theta,\Omega_\varphi) = (\mu,\sqrt{1-\mu^2}\cos\omega,\sqrt{1-\mu^2}\sin\omega) \tag{5.2.55}$$

就完全由 2 个独立参量(μ,ω)决定。换句话说，在球坐标下，表示方向变量 $\boldsymbol{\Omega}$ 的 2 个独立参量是(μ,ω)。

值得注意的是，由于局域坐标系$(\boldsymbol{e}_r,\boldsymbol{e}_\theta,\boldsymbol{e}_\varphi)$的取向与粒子所在位置 $\boldsymbol{r}=(r,\theta,\varphi)$密切相关，$\boldsymbol{r}$ 不同，$(\boldsymbol{e}_r,\boldsymbol{e}_\theta,\boldsymbol{e}_\varphi)$的取向就不同，即使粒子在空间以固定方向 $\boldsymbol{\Omega}$ 流射，$\boldsymbol{\Omega}$ 本来与粒子所在位置 $\boldsymbol{r}$ 无关，但表示 $\boldsymbol{\Omega}$ 的参量(μ,ω)就会随 $\boldsymbol{r}=(r,\theta,\varphi)$的不同而不同(因为$(\boldsymbol{e}_r,\boldsymbol{e}_\theta,\boldsymbol{e}_\varphi)$的取向变了)，因而，中子输运方程中会出现方向变量$(\mu,\omega)$对坐标变量$(r,\theta,\varphi)$的导数项。

在直角坐标系下就不存在方向变量(μ,ω)对坐标变量(x,y,z)的导数项。因为直角坐标系下，局域坐标系$(\boldsymbol{e}_x,\boldsymbol{e}_y,\boldsymbol{e}_z)$的取向与粒子所在位置 $\boldsymbol{r}$ 无关，中子在空间以固定方向 $\boldsymbol{\Omega}$ 运动时，不论运动到何处，表示方向变量 $\boldsymbol{\Omega}$ 的参量(μ,ω)都不会改变。因此，直角坐标系下空间流射项 $\boldsymbol{\Omega}\cdot\nabla\varphi$ 的具体形式很容易写出来，即

$$\boldsymbol{\Omega}\cdot\nabla\phi(x,y,z,\mu,\omega) = \Omega_x\frac{\partial\phi}{\partial x} + \Omega_y\frac{\partial\phi}{\partial y} + \Omega_z\frac{\partial\phi}{\partial z} \tag{5.2.56}$$

其中

$$(\Omega_x,\Omega_y,\Omega_z) = (\boldsymbol{\Omega}\cdot\boldsymbol{e}_x,\boldsymbol{\Omega}\cdot\boldsymbol{e}_y,\boldsymbol{\Omega}\cdot\boldsymbol{e}_z) = (\sqrt{1-\mu^2}\cos\omega,\sqrt{1-\mu^2}\sin\omega,\mu) \tag{5.2.57}$$

$\mu=\boldsymbol{\Omega}\cdot\boldsymbol{e}_z$，$\omega$ 则是方向变量 $\boldsymbol{\Omega}$ 在$(\boldsymbol{e}_x,\boldsymbol{e}_y)$平面上的投影与 $\boldsymbol{e}_x$ 之间的夹角。

在球坐标系下(见图 5－3)，中子空间坐标为 $\boldsymbol{r}=(r,\theta,\varphi)$，表示运动方向 $\boldsymbol{\Omega}$ 的参量为(μ,ω)，其中 $\mu=\boldsymbol{\Omega}\cdot\boldsymbol{e}_r$，$\omega$ 是方向变量 $\boldsymbol{\Omega}$ 在$(\boldsymbol{e}_\theta,\boldsymbol{e}_\varphi)$平面上的投影与 $\boldsymbol{e}_\theta$ 之间的夹角。中子角通量 $\phi(\boldsymbol{r},\boldsymbol{\Omega})=\phi(r,\theta,\varphi,\mu,\omega)$与坐标和方向参量均有关，因此空间流射项

$$\boldsymbol{\Omega}\cdot\nabla\phi \equiv \frac{\mathrm{d}\phi}{\mathrm{d}s} = \frac{\mathrm{d}r}{\mathrm{d}s}\frac{\partial\phi}{\partial r} + \frac{\mathrm{d}\theta}{\mathrm{d}s}\frac{\partial\phi}{\partial\theta} + \frac{\mathrm{d}\varphi}{\mathrm{d}s}\frac{\partial\phi}{\partial\varphi} + \frac{\mathrm{d}\mu}{\mathrm{d}s}\frac{\partial\phi}{\partial\mu} + \frac{\mathrm{d}\omega}{\mathrm{d}s}\frac{\partial\phi}{\partial\omega} \tag{5.2.58}$$

其中 s 系中子沿运动方向 $\boldsymbol{\Omega}$ 的流射长度(见图 5-5)。按梯度的定义,有

$$\frac{\mathrm{d}r}{\mathrm{d}s} \equiv \boldsymbol{\Omega} \cdot \nabla r,\ \frac{\mathrm{d}\theta}{\mathrm{d}s} \equiv \boldsymbol{\Omega} \cdot \nabla \theta,\ \frac{\mathrm{d}\varphi}{\mathrm{d}s} \equiv \boldsymbol{\Omega} \cdot \nabla \varphi,\ \frac{\mathrm{d}\mu}{\mathrm{d}s} \equiv \boldsymbol{\Omega} \cdot \nabla \mu,\ \frac{\mathrm{d}\omega}{\mathrm{d}s} \equiv \boldsymbol{\Omega} \cdot \nabla \omega$$

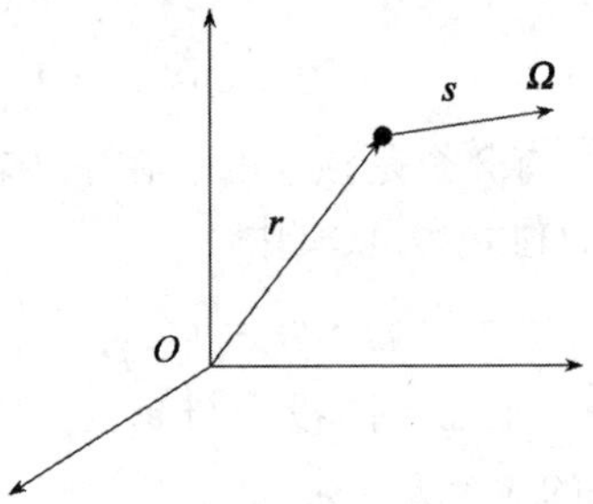

图 5-5 中子在空间流射

注意到球坐标系下,

$$\nabla = \boldsymbol{e}_r \frac{\partial}{\partial r} + \boldsymbol{e}_\theta \frac{1}{r}\frac{\partial}{\partial \theta} + \boldsymbol{e}_\varphi \frac{1}{r\sin\theta}\frac{\partial}{\partial \varphi} \tag{5.2.59}$$

$$(\Omega_r, \Omega_\theta, \Omega_\varphi) = (\boldsymbol{\Omega} \cdot \boldsymbol{e}_r, \boldsymbol{\Omega} \cdot \boldsymbol{e}_\theta, \boldsymbol{\Omega} \cdot \boldsymbol{e}_\varphi) = (\mu, \sqrt{1-\mu^2}\cos\omega, \sqrt{1-\mu^2}\sin\omega)$$

则有

$$\frac{\mathrm{d}r}{\mathrm{d}s} \equiv \boldsymbol{\Omega} \cdot \nabla r = \boldsymbol{\Omega} \cdot \boldsymbol{e}_r = \mu \tag{5.2.60}$$

$$\frac{\mathrm{d}\theta}{\mathrm{d}s} \equiv \boldsymbol{\Omega} \cdot \nabla \theta = \frac{\boldsymbol{\Omega} \cdot \boldsymbol{e}_\theta}{r} = \frac{\sqrt{1-\mu^2}\cos\omega}{r} \tag{5.2.61}$$

$$\frac{\mathrm{d}\varphi}{\mathrm{d}s} \equiv \boldsymbol{\Omega} \cdot \nabla \varphi = \frac{\boldsymbol{\Omega} \cdot \boldsymbol{e}_\varphi}{r\sin\theta} = \frac{\sqrt{1-\mu^2}\sin\omega}{r\sin\theta} \tag{5.2.62}$$

$$\frac{\mathrm{d}\mu}{\mathrm{d}s} \equiv \boldsymbol{\Omega} \cdot \nabla \mu = \Omega_r \frac{\partial \mu}{\partial r} + \Omega_\theta \frac{1}{r}\frac{\partial \mu}{\partial \theta} + \Omega_\varphi \frac{1}{r\sin\theta}\frac{\partial \mu}{\partial \phi} \tag{5.2.63}$$

$$\frac{\mathrm{d}\omega}{\mathrm{d}s} \equiv \boldsymbol{\Omega} \cdot \nabla \omega = \Omega_r \frac{\partial \omega}{\partial r} + \Omega_\theta \frac{1}{r}\frac{\partial \omega}{\partial \theta} + \Omega_\varphi \frac{1}{r\sin\theta}\frac{\partial \omega}{\partial \varphi} \tag{5.2.64}$$

式(5.2.63)、式(5.2.64)反映了表示 $\boldsymbol{\Omega}$ 的参量(μ,ω)随中子位置 $\boldsymbol{r}=(r,\theta,\varphi)$的不同而不同,这是曲线坐标系带来的复杂之处。注意到球坐标系下,表示 $\boldsymbol{\Omega}$ 的参量(μ,ω)为

$$\mu = \boldsymbol{\Omega} \cdot \boldsymbol{e}_r,\ \tan\omega = \frac{\boldsymbol{\Omega} \cdot \boldsymbol{e}_\varphi}{\boldsymbol{\Omega} \cdot \boldsymbol{e}_\theta},\ \frac{\partial \omega}{\partial x} = \frac{\partial \omega}{\partial \tan\omega}\frac{\partial \tan\omega}{\partial x} = \cos^2\omega \frac{\partial}{\partial x}\left(\frac{\boldsymbol{\Omega} \cdot \boldsymbol{e}_\varphi}{\boldsymbol{\Omega} \cdot \boldsymbol{e}_\theta}\right)$$

则式(5.2.63)、式(5.2.64)右端项中含有的(μ,ω)对(r,θ,φ)的导数项为

$$\left(\frac{\partial \mu}{\partial r}, \frac{\partial \mu}{\partial \theta}, \frac{\partial \mu}{\partial \varphi\varphi}\right) = \left(\frac{\partial(\boldsymbol{\Omega} \cdot \boldsymbol{e}_r)}{\partial r}, \frac{\partial(\boldsymbol{\Omega} \cdot \boldsymbol{e}_r)}{\partial \theta}, \frac{\partial(\boldsymbol{\Omega} \cdot \boldsymbol{e}_r)}{\partial \varphi}\right) \tag{5.2.65}$$

$$\left(\frac{\partial\omega}{\partial r},\frac{\partial\omega}{\partial\theta},\frac{\partial\omega}{\partial\varphi}\right)=\left(\cos^2\omega\frac{\partial}{\partial r}\left(\frac{\boldsymbol{\Omega}\cdot\boldsymbol{e}_\varphi}{\boldsymbol{\Omega}\cdot\boldsymbol{e}_\theta}\right),\cos^2\omega\frac{\partial}{\partial\theta}\left(\frac{\boldsymbol{\Omega}\cdot\boldsymbol{e}_\varphi}{\boldsymbol{\Omega}\cdot\boldsymbol{e}_\theta}\right),\cos^2\omega\frac{\partial}{\partial\varphi}\left(\frac{\boldsymbol{\Omega}\cdot\boldsymbol{e}_\varphi}{\boldsymbol{\Omega}\cdot\boldsymbol{e}_\theta}\right)\right) \tag{5.2.66}$$

注意到 $\boldsymbol{\Omega}$ 本身与粒子所在位置 $\boldsymbol{r}$ 无关,只是局域坐标系($\boldsymbol{e}_r,\boldsymbol{e}_\theta,\boldsymbol{e}_\varphi$)的取向随 $\boldsymbol{r}=(r,\theta,\varphi)$ 的不同而不同,故

$$\left(\frac{\partial\mu}{\partial r},\frac{\partial\mu}{\partial\theta},\frac{\partial\mu}{\partial\varphi}\right)=\left(\boldsymbol{\Omega}\cdot\frac{\partial\boldsymbol{e}_r}{\partial r},\boldsymbol{\Omega}\cdot\frac{\partial\boldsymbol{e}_r}{\partial\theta},\boldsymbol{\Omega}\cdot\frac{\partial\boldsymbol{e}_r}{\partial\varphi}\right) \tag{5.2.67}$$

$$\begin{cases}\dfrac{\partial}{\partial r}\left(\dfrac{\boldsymbol{\Omega}\cdot\boldsymbol{e}_\varphi}{\boldsymbol{\Omega}\cdot\boldsymbol{e}_\theta}\right)=\dfrac{1}{\Omega_\theta^2}\left[\boldsymbol{\Omega}\cdot\dfrac{\partial\boldsymbol{e}_\varphi}{\partial r}\Omega_\theta-\Omega_\varphi\boldsymbol{\Omega}\cdot\dfrac{\partial\boldsymbol{e}_\theta}{\partial r}\right]\\ \dfrac{\partial}{\partial\theta}\left(\dfrac{\boldsymbol{\Omega}\cdot\boldsymbol{e}_\varphi}{\boldsymbol{\Omega}\cdot\boldsymbol{e}_\theta}\right)=\dfrac{1}{\Omega_\theta^2}\left[\boldsymbol{\Omega}\cdot\dfrac{\partial\boldsymbol{e}_\varphi}{\partial\theta}\Omega_\theta-\Omega_\varphi\boldsymbol{\Omega}\cdot\dfrac{\partial\boldsymbol{e}_\theta}{\partial\theta}\right]\\ \dfrac{\partial}{\partial\varphi}\left(\dfrac{\boldsymbol{\Omega}\cdot\boldsymbol{e}_\varphi}{\boldsymbol{\Omega}\cdot\boldsymbol{e}_\theta}\right)=\dfrac{1}{\Omega_\theta^2}\left[\boldsymbol{\Omega}\cdot\dfrac{\partial\boldsymbol{e}_\varphi}{\partial\varphi}\Omega_\theta-\Omega_\varphi\boldsymbol{\Omega}\cdot\dfrac{\partial\boldsymbol{e}_\theta}{\partial\varphi}\right]\end{cases} \tag{5.2.68}$$

再注意到

$$\left(\frac{\partial e_r}{\partial r},\frac{\partial e_r}{\partial\theta},\frac{\partial e_r}{\partial\varphi}\right)=(0,\boldsymbol{e}_\theta,\sin\theta e_\varphi)$$

$$\left(\frac{\partial e_\theta}{\partial r},\frac{\partial e_\theta}{\partial\theta},\frac{\partial e_\theta}{\partial\varphi}\right)=(0,-\boldsymbol{e}_r,\cos\theta\boldsymbol{e}_\varphi)$$

$$\left(\frac{\partial e_\varphi}{\partial r},\frac{\partial e_\varphi}{\partial\theta},\frac{\partial e_\varphi}{\partial\varphi}\right)=(0,0,-(\sin\theta\boldsymbol{e}_r+\cos\theta\boldsymbol{e}_\theta))$$

则式(5.2.67)、式(5.2.68)变为

$$\left(\frac{\partial\mu}{\partial r},\frac{\partial\mu}{\partial\theta},\frac{\partial\mu}{\partial\varphi}\right)=(0,\Omega_\theta,\sin\theta\Omega_\varphi) \tag{5.2.69}$$

$$\begin{cases}\dfrac{\partial}{\partial r}\left(\dfrac{\boldsymbol{\Omega}\cdot\boldsymbol{e}_\varphi}{\boldsymbol{\Omega}\cdot\boldsymbol{e}_\theta}\right)=0\\ \dfrac{\partial}{\partial\theta}\left(\dfrac{\boldsymbol{\Omega}\cdot\boldsymbol{e}_\varphi}{\boldsymbol{\Omega}\cdot\boldsymbol{e}_\theta}\right)=\dfrac{\Omega_\varphi\Omega_r}{\Omega_\theta^2}\\ \dfrac{\partial}{\partial\varphi}\left(\dfrac{\boldsymbol{\Omega}\cdot\boldsymbol{e}_\varphi}{\boldsymbol{\Omega}\cdot\boldsymbol{e}_\theta}\right)=\dfrac{-\sin\theta\Omega_r\Omega_\theta-\cos\theta\Omega_\theta^2-\cos\theta\Omega_\varphi^2}{\Omega_\theta^2}\end{cases} \tag{5.2.70}$$

将式(5.2.70)代入式(5.2.66),得

$$\left(\frac{\partial\omega}{\partial r},\frac{\partial\omega}{\partial\theta},\frac{\partial\omega}{\partial\varphi}\right)=\left(0,\cos^2\omega\frac{\Omega_\varphi\Omega_r}{\Omega_\theta^2},\cos^2\omega\frac{-\sin\theta\Omega_r\Omega_\theta-\cos\theta(1-\Omega_r^2)}{\Omega_\theta^2}\right) \tag{5.2.71}$$

将式(5.2.69)、式(5.2.71)代入式(5.2.63)、式(5.2.64)右端项中,得

$$\frac{\mathrm{d}\mu}{\mathrm{d}s}=\frac{1}{r}(\Omega_\theta^2+\Omega_\varphi^2)=\frac{1-\mu^2}{r} \tag{5.2.72}$$

$$\frac{\mathrm{d}\omega}{\mathrm{d}s}=\frac{\cos^2\omega}{r}\frac{\Omega_\varphi\Omega_r}{\Omega_\theta}-\frac{\cos^2\omega}{r\sin\theta}\frac{\sin\theta\Omega_r\Omega_\theta\Omega_\varphi+\cos\theta\Omega_\varphi(1-\Omega_r^2)}{\Omega_\theta^2}$$

利用

$$(\Omega_r,\Omega_\theta,\Omega_\varphi)=(\boldsymbol{\Omega}\cdot\boldsymbol{e}_r,\boldsymbol{\Omega}\cdot\boldsymbol{e}_\theta,\boldsymbol{\Omega}\cdot\boldsymbol{e}_\varphi)=(\mu,\sqrt{1-\mu^2}\cos\omega,\sqrt{1-\mu^2}\sin\omega)$$

则有

$$\frac{\mathrm{d}\omega}{\mathrm{d}s}\equiv\boldsymbol{\Omega}\cdot\nabla\omega=-\frac{\sqrt{1-\mu^2}\cot\theta\sin\omega}{r}\tag{5.2.73}$$

将式(5.2.60)、式(5.2.61)、式(5.2.62)、式(5.2.72)、式(5.2.73)代入式(5.2.58),得球坐标系下空间流射项$\boldsymbol{\Omega}\cdot\nabla\phi(\boldsymbol{r},\boldsymbol{\Omega})=\boldsymbol{\Omega}\cdot\nabla\phi(r,\theta,\varphi,\mu,\omega)$的具体形式为

$$\boldsymbol{\Omega}\cdot\nabla\phi=\mu\frac{\partial\phi}{\partial r}+\frac{\sqrt{1-\mu^2}\cos\omega}{r}\frac{\partial\phi}{\partial\theta}+\frac{\sqrt{1-\mu^2}\sin\omega}{r\sin\theta}\frac{\partial\phi}{\partial\phi}+\frac{1-\mu^2}{r}\frac{\partial\phi}{\partial\mu}-\frac{\sqrt{1-\mu^2}\sin\omega\cot\theta}{r}\frac{\partial\phi}{\partial\omega}\tag{5.2.74}$$

守恒形式为

$$\boldsymbol{\Omega}\cdot\nabla\phi=\frac{\mu}{r^2}\frac{\partial(r^2\phi)}{\partial r}+\frac{\sqrt{1-\mu^2}\cos\omega}{r\sin\theta}\frac{\partial(\phi\sin\theta)}{\partial\theta}+\frac{\sqrt{1-\mu^2}\sin\omega}{r\sin\theta}\frac{\partial\phi}{\partial\varphi}+\frac{1}{r}\frac{\partial[(1-\mu^2)\phi]}{\partial\mu}-\frac{\cot\theta}{r}\frac{\partial(\phi\sqrt{1-\mu^2}\sin\omega)}{\partial\omega}$$

在二维(r,θ)几何下,表示方向变量$\boldsymbol{\Omega}$的参量为(μ,ω),故式(5.2.74)变为

$$\boldsymbol{\Omega}\cdot\nabla\phi=\mu\frac{\partial\phi}{\partial r}+\frac{\sqrt{1-\mu^2}\cos\omega}{r}\frac{\partial\phi}{\partial\theta}+\frac{1-\mu^2}{r}\frac{\partial\phi}{\partial\mu}-\frac{\sqrt{1-\mu^2}\sin\omega\cot\theta}{r}\frac{\partial\phi}{\partial\omega}$$

守恒形式为

$$\boldsymbol{\Omega}\cdot\nabla\phi=\frac{\mu}{r^2}\frac{\partial(r^2\phi)}{\partial r}+\frac{\sqrt{1-\mu^2}\cos\omega}{r\sin\theta}\frac{\partial(\phi\sin\theta)}{\partial\theta}+\frac{1}{r}\frac{\partial[(1-\mu^2)\phi]}{\partial\mu}-\frac{\cot\theta}{r}\frac{\partial(\phi\sqrt{1-\mu^2}\sin\omega)}{\partial\omega}$$

在一维球对称几何下,空间变量只有一个径向坐标r,表示方向变量$\boldsymbol{\Omega}$的参量也只有一个$\mu=\boldsymbol{\Omega}\cdot\boldsymbol{e}_r$,故式(5.2.74)变为

$$\boldsymbol{\Omega}\cdot\nabla\phi=\mu\frac{\partial\phi}{\partial r}+\frac{1-\mu^2}{r}\frac{\partial\phi}{\partial\mu}$$

其守恒形式为

$$\boldsymbol{\Omega}\cdot\nabla\phi=\frac{\mu}{r^2}\frac{\partial}{\partial r}(r^2\phi)+\frac{1}{r}\frac{\partial}{\partial\mu}[(1-\mu^2)\phi]\tag{5.2.75}$$

在柱坐标系下(图 5 -4),中子空间坐标为 $\boldsymbol{r}=(r,\varphi,z)$,表示中子运动方向 $\boldsymbol{\Omega}$ 的参量为(μ,ω),其中 $\mu=\boldsymbol{\Omega}\cdot\boldsymbol{e}_z$,$\omega$ 是 $\boldsymbol{\Omega}$ 在$(\boldsymbol{e}_r,\boldsymbol{e}_\varphi)$平面上的投影与 $\boldsymbol{e}_r$ 之间的夹角,$\tan\omega=\dfrac{\boldsymbol{\Omega}\cdot\boldsymbol{e}_\varphi}{\boldsymbol{\Omega}\cdot\boldsymbol{e}_r}$。此时,中子角通量 $\phi(\boldsymbol{r},\boldsymbol{\Omega})=\phi(r,\varphi,z,\mu,\omega)$ 与空间坐标和方向参量有关,因此空间流射项

$$\boldsymbol{\Omega}\cdot\nabla\phi\equiv\frac{\mathrm{d}\phi}{\mathrm{d}s}=\frac{\mathrm{d}r}{\mathrm{d}s}\frac{\partial\phi}{\partial r}+\frac{\mathrm{d}\varphi}{\mathrm{d}s}\frac{\partial\phi}{\partial\varphi}+\frac{\mathrm{d}z}{\mathrm{d}s}\frac{\partial\phi}{\partial z}+\frac{\mathrm{d}\mu}{\mathrm{d}s}\frac{\partial\phi}{\partial\mu}+\frac{\mathrm{d}\omega}{\mathrm{d}s}\frac{\partial\phi}{\partial\omega}\tag{5.2.76}$$

式中:s 系中子沿运动方向 $\boldsymbol{\Omega}$ 的流射长度(图 5 -5)。根据梯度定义,有

$$\frac{\mathrm{d}r}{\mathrm{d}s}\equiv\boldsymbol{\Omega}\cdot\nabla r,\quad\frac{\mathrm{d}\varphi}{\mathrm{d}s}\equiv\boldsymbol{\Omega}\cdot\nabla\varphi,\quad\frac{\mathrm{d}z}{\mathrm{d}s}\equiv\boldsymbol{\Omega}\cdot\nabla z,\quad\frac{\mathrm{d}\mu}{\mathrm{d}s}\equiv\boldsymbol{\Omega}\cdot\nabla\mu,\quad\frac{\mathrm{d}\omega}{\mathrm{d}s}\equiv\boldsymbol{\Omega}\cdot\nabla\omega$$

注意到柱坐标系下,有

$$\nabla=\boldsymbol{e}_r\frac{\partial}{\partial r}+\boldsymbol{e}_\varphi\frac{1}{r}\frac{\partial}{\partial\varphi}+\boldsymbol{e}_z\frac{\partial}{\partial z}\tag{5.2.77}$$

$$(\Omega_r,\Omega_\varphi,\Omega_z)=(\boldsymbol{\Omega}\cdot\boldsymbol{e}_r,\boldsymbol{\Omega}\cdot\boldsymbol{e}_\varphi,\boldsymbol{\Omega}\cdot\boldsymbol{e}_z)=(\sqrt{1-\mu^2}\cos\omega,\sqrt{1-\mu^2}\sin\omega,\mu)$$

则有

$$\frac{\mathrm{d}r}{\mathrm{d}s}\equiv\boldsymbol{\Omega}\cdot\nabla r=\boldsymbol{\Omega}\cdot\boldsymbol{e}_r=\sqrt{1-\mu^2}\cos\omega\tag{5.2.78}$$

$$\frac{\mathrm{d}\varphi}{\mathrm{d}s}\equiv\boldsymbol{\Omega}\cdot\nabla\varphi=\frac{\boldsymbol{\Omega}\cdot\boldsymbol{e}_\varphi}{r}=\frac{\sqrt{1-\mu^2}\sin\omega}{r}\tag{5.2.79}$$

$$\frac{\mathrm{d}z}{\mathrm{d}s}\equiv\boldsymbol{\Omega}\cdot\nabla z=\boldsymbol{\Omega}\cdot\boldsymbol{e}_z=\mu\tag{5.2.80}$$

$$\frac{\mathrm{d}\mu}{\mathrm{d}s}\equiv\boldsymbol{\Omega}\cdot\nabla\mu=\Omega_r\frac{\partial\mu}{\partial r}+\Omega_\varphi\frac{1}{r}\frac{\partial\mu}{\partial\varphi}+\Omega_z\frac{\partial\mu}{\partial z}\tag{5.2.81}$$

$$\frac{\mathrm{d}\omega}{\mathrm{d}s}\equiv\boldsymbol{\Omega}\cdot\nabla\omega=\Omega_r\frac{\partial\omega}{\partial r}+\Omega_\varphi\frac{1}{r}\frac{\partial\omega}{\partial\varphi}+\Omega_z\frac{\partial\omega}{\partial z}\tag{5.2.82}$$

式(5.2.81)、式(5.2.82)反映了表示方向 $\boldsymbol{\Omega}$ 的参量(μ,ω)随中子位置 $\boldsymbol{r}=(r,\varphi,z)$的不同而不同,这是曲线坐标系带来的复杂之处。注意到柱坐标系下,表示 $\boldsymbol{\Omega}$ 的参量(μ,ω)为

$$\mu=\boldsymbol{\Omega}\cdot\boldsymbol{e}_z,\quad\tan\omega=\frac{\boldsymbol{\Omega}\cdot\boldsymbol{e}_\varphi}{\boldsymbol{\Omega}\cdot\boldsymbol{e}_r},\quad\frac{\partial\omega}{\partial x}=\frac{\partial\omega}{\partial\tan\omega}\frac{\partial\tan\omega}{\partial x}=\cos^2\omega\frac{\partial}{\partial x}\left(\frac{\boldsymbol{\Omega}\cdot\boldsymbol{e}_\varphi}{\boldsymbol{\Omega}\cdot\boldsymbol{e}_r}\right)$$

则式(5.2.81)、式(5.2.82)右端项中含有的(μ,ω)对(r,φ,z)的导数项为

$$\left(\frac{\partial\mu}{\partial r},\frac{\partial\mu}{\partial\varphi},\frac{\partial\mu}{\partial z}\right)=\left(\frac{\partial(\boldsymbol{\Omega}\cdot\boldsymbol{e}_z)}{\partial r},\frac{\partial(\boldsymbol{\Omega}\cdot\boldsymbol{e}_z)}{\partial\varphi},\frac{\partial(\boldsymbol{\Omega}\cdot\boldsymbol{e}_z)}{\partial z}\right)\tag{5.2.83}$$

$$\left(\frac{\partial\omega}{\partial r},\frac{\partial\omega}{\partial\varphi},\frac{\partial\omega}{\partial z}\right)=\left(\cos^2\omega\frac{\partial}{\partial r}\left(\frac{\boldsymbol{\Omega}\cdot\boldsymbol{e}_\varphi}{\boldsymbol{\Omega}\cdot\boldsymbol{e}_r}\right),\cos^2\omega\frac{\partial}{\partial\varphi}\left(\frac{\boldsymbol{\Omega}\cdot\boldsymbol{e}_\varphi}{\boldsymbol{\Omega}\cdot\boldsymbol{e}_r}\right),\cos^2\omega\frac{\partial}{\partial z}\left(\frac{\boldsymbol{\Omega}\cdot\boldsymbol{e}_\varphi}{\boldsymbol{\Omega}\cdot\boldsymbol{e}_r}\right)\right)\tag{5.2.84}$$

注意到方向 $\boldsymbol{\Omega}$ 本身与粒子所在位置 $\boldsymbol{r}=(r,\varphi,z)$ 无关,只是局域坐标系 $(\boldsymbol{e}_r,\boldsymbol{e}_\varphi,\boldsymbol{e}_z)$ 的取向随 $\boldsymbol{r}=(r,\varphi,z)$ 的不同而不同,故

$$\left(\frac{\partial\mu}{\partial r},\frac{\partial\mu}{\partial\varphi},\frac{\partial\mu}{\partial z}\right)=\left(\boldsymbol{\Omega}\cdot\frac{\partial\boldsymbol{e}_z}{\partial r},\boldsymbol{\Omega}\cdot\frac{\partial\boldsymbol{e}_z}{\partial\varphi},\boldsymbol{\Omega}\cdot\frac{\partial\boldsymbol{e}_z}{\partial z}\right) \tag{5.2.85}$$

$$\begin{cases}\dfrac{\partial}{\partial r}\left(\dfrac{\boldsymbol{\Omega}\cdot\boldsymbol{e}_\varphi}{\boldsymbol{\Omega}\cdot\boldsymbol{e}_r}\right)=\dfrac{1}{\Omega_r^2}\left[\boldsymbol{\Omega}\cdot\dfrac{\partial\boldsymbol{e}_\varphi}{\partial r}\Omega_r-\Omega_\varphi\boldsymbol{\Omega}\cdot\dfrac{\partial\boldsymbol{e}_r}{\partial r}\right]\\ \dfrac{\partial}{\partial\varphi}\left(\dfrac{\boldsymbol{\Omega}\cdot\boldsymbol{e}_\varphi}{\boldsymbol{\Omega}\cdot\boldsymbol{e}_r}\right)=\dfrac{1}{\Omega_r^2}\left[\boldsymbol{\Omega}\cdot\dfrac{\partial\boldsymbol{e}_\varphi}{\partial\varphi}\Omega_r-\Omega_\varphi\boldsymbol{\Omega}\cdot\dfrac{\partial\boldsymbol{e}_r}{\partial\varphi}\right]\\ \dfrac{\partial}{\partial z}\left(\dfrac{\boldsymbol{\Omega}\cdot\boldsymbol{e}_\varphi}{\boldsymbol{\Omega}\cdot\boldsymbol{e}_r}\right)=\dfrac{1}{\Omega_r^2}\left[\boldsymbol{\Omega}\cdot\dfrac{\partial\boldsymbol{e}_\varphi}{\partial z}\Omega_r-\Omega_\varphi\boldsymbol{\Omega}\cdot\dfrac{\partial\boldsymbol{e}_r}{\partial z}\right]\end{cases} \tag{5.2.86}$$

再注意到

$$\left(\frac{\partial\boldsymbol{e}_r}{\partial r},\frac{\partial\boldsymbol{e}_r}{\partial\varphi},\frac{\partial\boldsymbol{e}_r}{\partial z}\right)=(0,\boldsymbol{e}_\varphi,0)$$

$$\left(\frac{\partial\boldsymbol{e}_\varphi}{\partial r},\frac{\partial\boldsymbol{e}_\varphi}{\partial\varphi},\frac{\partial\boldsymbol{e}_\varphi}{\partial z}\right)=(0,-\boldsymbol{e}_r,0)$$

$$\left(\frac{\partial\boldsymbol{e}_z}{\partial r},\frac{\partial\boldsymbol{e}_z}{\partial\varphi},\frac{\partial\boldsymbol{e}_z}{\partial z}\right)=(0,0,0)$$

则式(5.2.85)、式(5.2.86)变为

$$\left(\frac{\partial\mu}{\partial r},\frac{\partial\mu}{\partial\varphi},\frac{\partial\mu}{\partial z}\right)=(0,0,0) \tag{5.2.87}$$

$$\begin{cases}\dfrac{\partial}{\partial r}\left(\dfrac{\boldsymbol{\Omega}\cdot\boldsymbol{e}_\varphi}{\boldsymbol{\Omega}\cdot\boldsymbol{e}_r}\right)=0\\ \dfrac{\partial}{\partial\varphi}\left(\dfrac{\boldsymbol{\Omega}\cdot\boldsymbol{e}_\varphi}{\boldsymbol{\Omega}\cdot\boldsymbol{e}_r}\right)=-\dfrac{\Omega_r^2+\Omega_\varphi^2}{\Omega_r^2}\\ \dfrac{\partial}{\partial z}\left(\dfrac{\boldsymbol{\Omega}\cdot\boldsymbol{e}_\varphi}{\boldsymbol{\Omega}\cdot\boldsymbol{e}_r}\right)=0\end{cases} \tag{5.2.88}$$

将式(5.2.88)代入式(5.2.84),得

$$\left(\frac{\partial\omega}{\partial r},\frac{\partial\omega}{\partial\varphi},\frac{\partial\omega}{\partial z}\right)=\left(0,-\cos^2\omega\frac{\Omega_r^2+\Omega_\varphi^2}{\Omega_r^2},0\right) \tag{5.2.89}$$

将式(5.2.87)、式(5.2.89) 代入式(5.2.81)、式(5.2.82)右端项中,并利用

$$(\Omega_r,\Omega_\varphi,\Omega_z)=(\sqrt{1-\mu^2}\cos\omega,\sqrt{1-\mu^2}\sin\omega,\mu)$$

得

$$\frac{\mathrm{d}\mu}{\mathrm{d}s}\equiv\boldsymbol{\Omega}\cdot\nabla\mu=0 \tag{5.2.90}$$

$$\frac{\mathrm{d}\omega}{\mathrm{d}s}\equiv\boldsymbol{\Omega}\cdot\nabla\omega=-\frac{\cos^2\omega}{r}\Omega_\varphi\frac{\Omega_r^2+\Omega_\varphi^2}{\Omega_r^2}=-\frac{1}{r}\sqrt{1-\mu^2}\sin\omega \tag{5.2.91}$$

将式(5.2.78)、式(5.2.79)、式(5.2.80)、式(5.2.90)、式(5.2.91)代入式(5.2.76),得柱坐标系下中子流射项 $\boldsymbol{\Omega}\cdot\nabla\phi(\boldsymbol{r},\boldsymbol{\Omega})=\boldsymbol{\Omega}\cdot\nabla\phi(r,\varphi,z,\mu,\omega)$ 的具体形式

$$\boldsymbol{\Omega}\cdot\nabla\phi=\sqrt{1-\mu^2}\cos\omega\frac{\partial\phi}{\partial r}+\frac{\sqrt{1-\mu^2}\sin\omega}{r}\left(\frac{\partial\phi}{\partial\varphi}-\frac{\partial\phi}{\partial\omega}\right)+\mu\frac{\partial\phi}{\partial z} \tag{5.2.92}$$

守恒形式为

$$\boldsymbol{\Omega}\cdot\nabla\phi=\frac{\sqrt{1-\mu^2}\cos\omega}{r}\frac{\partial(r\phi)}{\partial r}+\frac{\sqrt{1-\mu^2}\sin\omega}{r}\frac{\partial\phi}{\partial\varphi}-\frac{1}{r}\frac{\partial(\phi\sqrt{1-\mu^2}\sin\omega)}{\partial\omega}+\mu\frac{\partial\phi}{\partial z}$$

在二维轴对称几何下,空间变量(r,z),表示方向变量 $\boldsymbol{\Omega}$ 的参量(μ,ω),式(5.2.92)变为

$$\boldsymbol{\Omega}\cdot\nabla\phi=\sqrt{1-\mu^2}\cos\omega\frac{\partial\phi}{\partial r}-\frac{\sqrt{1-\mu^2}\sin\omega}{r}\frac{\partial\phi}{\partial\omega}+\mu\frac{\partial\phi}{\partial z} \tag{5.2.93}$$

守恒形式为

$$\boldsymbol{\Omega}\cdot\nabla\phi=\frac{\sqrt{1-\mu^2}\cos\omega}{r}\frac{\partial(r\phi)}{\partial r}-\frac{1}{r}\frac{\partial(\phi\sqrt{1-\mu^2}\sin\omega)}{\partial\omega}+\mu\frac{\partial\phi}{\partial z}$$

在一维无限长轴对称几何下,空间变量 r,表示方向变量 $\boldsymbol{\Omega}$ 的参量(μ,ω),式(5.2.92)变为

$$\boldsymbol{\Omega}\cdot\nabla\phi=\sqrt{1-\mu^2}\cos\omega\frac{\partial\phi}{\partial r}-\frac{\sqrt{1-\mu^2}\sin\omega}{r}\frac{\partial\phi}{\partial\omega} \tag{5.2.94}$$

守恒形式为

$$\boldsymbol{\Omega}\cdot\nabla\phi=\frac{\sqrt{1-\mu^2}\cos\omega}{r}\frac{\partial(r\phi)}{\partial r}-\frac{\sqrt{1-\mu^2}\sin\omega}{r}\frac{\partial\phi}{\partial\omega}$$

5.3 中子输运方程和核数变化方程的数值解

5.3.1 一维中子输运方程的差分格式

1. 一维球对称系统中的方程形式

运动介质中的中子输运方程式(5.1.49)为

$$\frac{\mathrm{D}}{\mathrm{D}t}\left(\frac{\phi}{\rho v}\right)+\frac{1}{\rho}\nabla\cdot\left[\left(\boldsymbol{\Omega}-\delta\frac{\boldsymbol{u}}{v}\right)\phi\right]=\frac{1}{\rho}(Q-\Sigma_t\phi)$$

在简单输运近似下,以上方程的多群形式(第1群为高能群)为

$$\frac{\mathrm{D}}{\mathrm{D}t}\left(\frac{\phi_g}{\rho v_g}\right)+\frac{1}{\rho}\nabla\cdot(\boldsymbol{c}\phi_g)=\frac{1}{\rho}(Q_g-\Sigma_{tr}^{g}\phi_g)\qquad(g=1\to G)\quad(5.3.1)$$

其中

$$\boldsymbol{c}=\boldsymbol{\Omega}-\delta\frac{\boldsymbol{u}}{v_g}$$

$$Q_g=\sum_{g'=1}^{g}\Sigma_{str}^{g'\to g}\Phi_{g'}(\boldsymbol{r},t)+\chi_g\sum_{g'=1}^{G}\nu_{g'}\Sigma_{fg'}\Phi_{g'}(\boldsymbol{r},t)+q_g(\boldsymbol{r},\boldsymbol{\Omega},t)$$

$$\Phi_g(\boldsymbol{r},t)=\frac{1}{4\pi}\int_{4\pi}\phi_g(\boldsymbol{r},\boldsymbol{\Omega},t)\mathrm{d}\widehat{\Omega}$$

在一维球对称系统中,中子角通量只依赖于一个空间变量 R(Euler 坐标)和一个方向变量 $\mu=\cos\theta=\boldsymbol{\Omega}\cdot\hat{\boldsymbol{e}}_R$。虽然中子自由飞行时其运动方向 $\boldsymbol{\Omega}$ 不变,但在曲线坐标系中,描述运动方向的变量 μ 却随空间位置变化,即运动方向 $\boldsymbol{\Omega}$ 与径向 $\boldsymbol{e}_R$ 的夹角 θ 不断递减时,其余弦 $\mu=\boldsymbol{\Omega}\cdot\hat{\boldsymbol{e}}_R=\cos\theta$ 不断递增,因而,角通量 $\phi(R,\mu,E,t)$ 也有相应的改变,这反映在输运方程中存在对 μ 的导数项,故流项的计算应保留对 θ 的导数项

$$\frac{1}{\rho}\nabla\cdot(\boldsymbol{c}\phi\varphi_g)=\frac{1}{\rho R^2}\frac{\partial}{\partial R}(R^2c_R\phi_g)+\frac{1}{\rho R\sin\theta}\frac{\partial}{\partial\theta}(\sin\theta c_\theta\phi_g)$$

其中

$$(c_R,c_\theta)=(\boldsymbol{c}\cdot\boldsymbol{e}_R,\boldsymbol{c}\cdot\boldsymbol{e}_\theta)=\left(\mu-\delta\frac{u}{v_g},\sin\theta\right)$$

利用变换式 $\frac{1}{\sin\theta}\frac{\partial()}{\partial\theta}=\frac{\partial()}{\partial\mu}$,则有

$$\frac{1}{\rho}\nabla\cdot(\boldsymbol{c}\phi_g)=\frac{1}{\rho R^2}\frac{\partial}{\partial R}(R^2c_R\phi_g)+\frac{1}{\rho R}\frac{\partial}{\partial\mu}((1-\mu^2)\phi_g)$$

式中:$R=R(r,t)$ 称为 Euler 坐标,表示 t 时刻质团 r 在实空间的位置(r 为 Lagrange 坐标,它是 0 时刻质团 r 在实空间的位置,$r=R(r,0)$)。将 Euler 独立变量 (R,t) 换成 Lagrange 独立变量 (r,t),将任何物理量视为 (r,t) 的函数,将随体微商换成 Lagrange 观点下的时间偏导数,再考虑质量守恒方程 $\rho R^2\mathrm{d}R=\rho_0r^2\mathrm{d}r$,就得到中子输运方程式(5.3.1)在一维球坐标下的 Lagrange 形式

$$\frac{\partial}{\partial t}\left(\frac{\phi_g(r,\mu,t)}{\rho v_g}\right)+\frac{1}{\rho_0r^2}\frac{\partial}{\partial r}[R^2c_R\phi_g]+\frac{1}{\rho R}\frac{\partial}{\partial\mu}[(1-\mu^2)\phi_g]=\frac{1}{\rho}(Q_g-\Sigma_{tr}^{g}\phi_g)\qquad(5.3.2)$$

式中:$R=R(r,t)$ 表示 t 时刻质团 r 在实空间的位置,是一个待求函数,且

$$c_R(r,t)=\mu-\delta\frac{u(r,t)}{v_g}\qquad(5.3.3)$$

$$Q_g=\sum_{g'=1}^{g}\Sigma_{str}^{g'\to g}\Phi_{g'}(r,t)+\chi_g\sum_{g'=1}^{G}\nu_{g'}\Sigma_{fg'}\Phi_{g'}(r,t)+q_g(r,\mu,t)\qquad(5.3.4)$$

$$\Phi_g(r,t) = \frac{1}{2}\int_{-1}^{1}\phi_g(r,\mu,t)\mathrm{d}\mu \tag{5.3.5}$$

要使方程式(5.3.2)封闭还需补充定解条件以及$\mu = -1$时的输运方程。

（1）初始条件：

$$\phi_g(r,\mu,t = 0)\ \text{给定} \tag{5.3.6}$$

（2）边界条件：

球心条件 $\phi_g(0,\mu,t) = \phi_g(0, -\mu,t)$ （5.3.7）

外边界条件 $\phi_g(r_I,\mu,t) = 0(\mu \leqslant 0)$ （r_I为系统外边界半径）（5.3.8）

（3）$\mu = -1$时的方程：

$$\frac{\partial}{\partial t}\left[\frac{\phi_g(r, -1,t)}{\rho v_g}\right] - \frac{1}{\rho_0 r^2}\frac{\partial}{\partial r}\left[R^2\phi_g\left(1 + \delta\frac{u}{v_g}\right)\right] + \frac{2}{\rho R}\phi_g(r, -1,t) = \frac{Q_g - \Sigma_{tr}^g\phi_g}{\rho} \tag{5.3.9}$$

2. 离散方向的选取

采用精度较高的高斯求积公式计算式(5.3.5)对$\mathrm{d}\mu$的积分，即

$$\Phi_g(r,t) = \frac{1}{2}\sum_{j-1}^{N} w_j\phi_g(r,\mu_j,t) \tag{5.3.10}$$

式中：w_j为高斯求积系数，求积结点μ_j是N阶勒让德多项式$\mathrm{P}_N(\mu)$的N个零点。采用这N个离散方向求解中子输运方程的方法称为S_N法（也称离散纵标法），对于S_4法，有高斯求积系数

$$\begin{cases}\mu_1 = -0.86114, \mu_2 = -0.33998, \mu_3 = -\mu_2, \mu_4 = -\mu_1 \\ w_1 = 0.34785, w_2 = 0.65215, w_3 = w_2, w_4 = w_1\end{cases} \tag{5.3.11}$$

由式(5.3.5)和式(5.3.10)可知，当$\phi_g = 1$时，$\Delta\mu_j = w_j$，故μ_j的附近区域$\Delta\mu_j = \mu_{j+1/2} - \mu_{j-1/2}$由$\Delta\mu_j = w_j$确定，且

$$\mu_{1/2} = -1, \mu_{N+1/2} = 1 \tag{5.3.12}$$

3. 中子输运方程的差分格式

参见图5-6，将时间变量t用离散点$t_{k-1/2}(k=1,2,\cdots)$离散化，第k个时间段为$[t_{k-1/2},t_{k+1/2}]$；将空间变量r用离散点$r_i(i=0,1,2,\cdots,I)$离散化为I个区间，第i个区间为$[r_{i-1},r_i]$；将方向变量μ离散点$\mu_{j+1/2}(j=0,1,2,\cdots,N)$离散化为$N$个区间，第$j$个区间为$[\mu_{j-1/2},\mu_{j+1/2}]$。

将多群中子输运方程式(5.3.2)在第k个时间段、第i个r区间、第j个μ区间作以下积分

$$\int_{t_{k-1/2}}^{t_{k+1/2}}\mathrm{d}t\int_{r_{i-1}}^{r_i}4\pi\rho_0 r^2\mathrm{d}r\int_{\mu_{j-1/2}}^{\mu_{j+1/2}}\mathrm{d}\mu(\,)$$

其中对$\mathrm{d}\mu$的积分利用高斯求积公式的一项

$$\int_{\mu_{j-1/2}}^{\mu_{j+1/2}} f(\mu)\,\mathrm{d}\mu = f(\mu_j)\,\Delta\mu_j = w_j f(\mu_j) \tag{5.3.13}$$

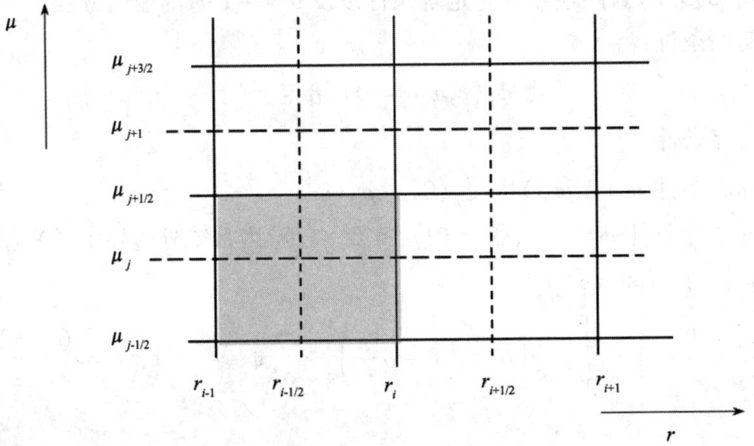

图 5-6 (r,μ)网格划分

忽略网格中心标记，记 $\phi=\phi_{i-1/2,j}^{k}$，$\phi^{k\pm1/2}=\phi_{i-1/2,j}^{k\pm1/2}$，$\phi_{j\pm1/2}=\phi_{i-1/2,j\pm1/2}^{k}$，$\phi_i=\phi_{i,j}^{k}$，得

$$\frac{w_j}{v_g\Delta t}(\phi^{k+1/2}V^{k+1/2}-\phi^{k-1/2}V^{k-1/2})+w_j(A_i c_{R_i}\phi_i-A_{i-1}c_{R_{i-1}}\phi_{i-1})+$$

$$(a_{j+1/2}\phi_{j+1/2}-a_{j-1/2}\phi_{j-1/2})=w_j V(Q-\Sigma_{tr}^{g}\phi) \tag{5.3.14}$$

$$(k=1,2,\cdots;i=1,2,\cdots,I;\ j=1,2,\cdots,N)$$

式中：$V=\frac{4\pi}{3}(R_i^3-R_{i-1}^3)$为第 i 个空间网格体积；$A_i=4\pi R_i^2$ 为第 i 个空间网格外界面的面积；$c_{R_i}=\mu_j-\delta\frac{u_i}{v_g}$，$c_{R_{i-1}}=\mu_j-\delta\frac{u_{i-1}}{v_g}$，$a_{j\pm1/2}=(A_i-A_{i-1})\frac{1-\mu_{j\pm1/2}^2}{2}$为待定系数。

为确定待定系数 $a_{j\pm1/2}$ 的值，考虑一静止的无限介质（流体速度 $\boldsymbol{u}=0$），介质中的中子通量 ϕ 是常数并且是各向同性的（在大球中心附近大约是这种情况），这时，$\frac{\partial}{\partial t}=0$，没有净流，中子守恒原则要求 $Q=\Sigma_{tr}\phi$，中子输运方程式(5.3.2)变为

$$\frac{1}{\rho_0 r^2}\frac{\partial}{\partial r}[R^2\mu\phi_g]+\frac{1}{\rho R}\frac{\partial}{\partial\mu}[(1-\mu^2)\phi_g]=0 \tag{5.3.15}$$

与得到式(5.3.14)同样的方法，将上式离散化得

$$w_j\mu_j(A_i\phi_i-A_{i-1}\phi_{i-1})+(a_{j+1/2}\phi_{j+1/2}-a_{j-1/2}\phi_{j-1/2})=0$$

因为中子通量 ϕ 是常数，必有

$$w_j\mu_j(A_i-A_{i-1})=a_{j-1/2}-a_{j+1/2} \tag{5.3.16}$$

并可证明（$\mu=\pm1$ 时，中子自由飞行中角度变量不变，方程无对 μ 的导数项）

$$a_{1/2}=a_{N+1/2}=0 \tag{5.3.17}$$

(因为式(5.3.2)对μ积分后,角度重分配项为零,这相当于

$$\sum_{j=1}^{N}(a_{j+1/2}\phi_{j+1/2}-a_{j-1/2}\phi_{j-1/2})=-a_{1/2}\phi_{1/2}+a_{N+1/2}\phi_{N+1/2}=0$$

由ϕ的任意性就得式(5.3.17))。所以确定系数$a_{j\pm1/2}$递推公式为

$$\begin{cases}a_{j+1/2}=a_{j-1/2}-\mu_j w_j(A_i-A_{i-1}) & (\mu_j<0,j\leqslant N/2)\\ a_{j-1/2}=a_{j+1/2}+\mu_j w_j(A_i-A_{i-1}) & (\mu_j>0,j>N/2)\end{cases}\tag{5.3.18}$$

易见,所有的$a_{j\pm1/2}$都是正的。实际上,更方便的是采用如下递推公式

$$\begin{cases}\bar{a}_{j+1/2}=\bar{a}_{j-1/2}-\mu_j w_j & (\mu_j<0)\\ \bar{a}_{j-1/2}=\bar{a}_{j+1/2}+\mu_j w_j & (\mu_j>0)\end{cases}\tag{5.3.19}$$

其中

$$a_{j\pm1/2}=\bar{a}_{j\pm1/2}(A_i-A_{i-1})\tag{5.3.20}$$

在离散差分方程式(5.3.14)中,对第k个固定的时间段$[t_{k-1/2},t_{k+1/2}]$,其起点时刻网格中心的$\phi^{k-1/2}$值始终是已知的(初始值),采用菱形公式

$$\phi^{k+1/2}=2\phi-\phi^{k-1/2}\tag{5.3.21}$$

将第k个时间段终点时刻的值$\phi^{k+1/2}$用中点时刻的值ϕ和起点时刻的值$\phi^{k-1/2}$表示出来,代入式(5.3.14)可得到ϕ与$\phi^{k-1/2}$的关系,即

$$\frac{w_j}{v_g\Delta t}[2\phi V^{k+1/2}-\phi^{k-1/2}(V^{k-1/2}+V^{k-1/2})]+w_j(A_i c_{R_i}\phi_i-A_{i-1}c_{R_{i-1}}\phi_{i-1})+$$
$$(a_{j+1/2}\phi_{j+1/2}-a_{j-1/2}\phi_{j-1/2})=w_j V(Q-\Sigma_{tr}^{g}\phi)\tag{5.3.22}$$

再采用菱形公式

$$\begin{cases}\phi_{i-1}=2\phi-\phi_i\\ \phi_{j+1/2}=2\phi-\phi_{j-1/2}\end{cases}(\mu_j<0)\text{ 或 }\begin{cases}\phi_i=2\phi-\phi_{i-1}\\ \phi_{j+1/2}=2\phi-\phi_{j-1/2}\end{cases}(\mu_j>0)\tag{5.3.23}$$

代入式(5.3.22)可得,当$\mu_j<0$时,有

$$\frac{w_j}{v_g\Delta t}[2V^{k+1/2}\phi-(V^{k-1/2}+V^{k-1/2})\phi^{k-1/2}]+w_j[-2A_{i-1}c_{R_{i-1}}\phi+(A_i c_{R_i}+A_{i-1}c_{R_{i-1}})\phi_i]+$$
$$[2a_{j+1/2}\phi-(a_{j-1/2}+a_{j-1/2})\phi_{j-1/2}]=w_j V(Q-\Sigma_{tr}^{g}\phi)\tag{5.3.24}$$

当$\mu_j>0$时,有

$$\frac{w_j}{v_g\Delta t}[2V^{k+1/2}\phi-(V^{k-1/2}+V^{k-1/2})\phi^{k-1/2}]+w_j[2A_i c_{R_i}\phi-(A_i c_{R_i}+A_{i-1}c_{R_{i-1}})\phi_{i-1}]+$$
$$[2a_{j+1/2}\phi-(a_{j-1/2}+a_{j-1/2})\phi_{j-1/2}]=w_j V(Q-\Sigma_{tr}^{g}\phi)\tag{5.3.25}$$

定义第i个空间网格的起点指标i'和终点指标i'',有

$$i'=\begin{cases}i & (\mu_j<0)\\ i-1 & (\mu_j>0)\end{cases},\quad i''=\begin{cases}i-1 & (\mu_j<0)\\ i & (\mu_j>0)\end{cases}\tag{5.3.26}$$

则式(5.3.24)和式(5.3.25)可以合写为

$$\frac{1}{v_g\Delta tV}[2V^{k+1/2}\phi-(V^{k-1/2}+V^{k-1/2})\phi^{k-1/2}]+\frac{1}{V}[\mp 2A_{i''}c_{Ri''}\phi\pm(A_ic_{Ri}+A_{i-1}c_{R_{i-1}})\phi_{i'}]+$$

$$\frac{1}{w_jV}[2a_{j+1/2}\phi-(a_{j-1/2}+a_{j-1/2})\phi_{j-1/2}]=Q-\Sigma_{tr}^{g}\phi$$

式中 ± 号的取法是;当 $\mu_j<0$ 时,取上面的符号;当 $\mu_j>0$ 时,取下面的符号。上式经整理得

$$\left[\frac{2}{v_g\Delta t}\frac{V^{k+1/2}}{V}\mp\frac{2}{V}A_{i''}c_{Ri''}+\frac{2a_{j+1/2}}{V_{w_j}}+\Sigma_{tr}^{g}\right]\phi=$$

$$Q+\frac{V^{k+1/2}+V^{k-1/2}}{v_g\Delta t\cdot V}\phi^{k-1/2}\mp\frac{A_ic_{Ri}+A_{i-1}c_{Ri-1}}{V}\phi_{i'}+\frac{a_{j+1/2}+a_{j-1/2}}{w_jV}\phi_{j-1/2}$$

上式右边第二项中的 $\phi^{k-1/2}$ 是第 k 个时间段起点时刻网格中心值,它始终是已知的(初始值),故上式实际上是第 k 个时间段中点时刻网格中心的值 ϕ 和网格的 2 个边界中点值 $\phi_{j-1/2}$,ϕ_i(或 ϕ_{i-1})之间的关系式。右边第三项的系数

$$\mp\frac{A_ic_{R_i}+A_{i-1}c_{R_{i-1}}}{V}=\mp\frac{A_i}{V}\left(\mu_j-\delta\frac{u_i}{v_g}\right)\mp\frac{A_{i-1}}{V}\left(\mu_j-\delta\frac{u_{i-1}}{v_g}\right)=$$

$$|\mu_j|\frac{A_i+A_{i-1}}{V}\pm\frac{\delta}{v_g}\frac{A_iu_i+A_{i-1}u_{i-1}}{V}$$

左边系数中,中间两项的和为

$$\mp\frac{2}{V}A_{i''}c_{Ri''}+\frac{2a_{j+1/2}}{w_jV}=\mp\frac{2}{V}A_{i''}\left(\mu_j-\delta\frac{u_{i''}}{v_g}\right)+\frac{a_{j+1/2}+a_{j-1/2}}{w_jV}+\frac{a_{j+1/2}-a_{j-1/2}}{w_jV}$$

另一方面,注意到 $a_{j+1/2}-a_{j-1/2}=-w_j\mu_j(A_i-A_{i-1})$(式(5.3.18)),则

$$\mp\frac{2}{V}A_{i''}c_{Ri''}+\frac{2a_{j+1/2}}{w_jV}=\frac{a_{j+1/2}+a_{j-1/2}}{w_jV}+|u_j|\frac{A_i+A_{i-1}}{V}\pm\delta\frac{2}{v_g}\frac{A_{i''}u_{i''}}{V}$$

若令

$$\begin{cases}C_1=\dfrac{2}{\Delta t\cdot v_g}\dfrac{V^{k+1/2}}{V}\\ C'_1=\dfrac{1}{\Delta t\cdot v_g}\dfrac{V^{k+1/2}+V^{k-1/2}}{V}=\dfrac{2}{\Delta t\cdot v_g}\\ C_2=|\mu_j|\dfrac{A_i+A_{i-1}}{V}\\ C'_2=\dfrac{2}{v_g}\dfrac{A_{i''}u_{i''}}{V}\\ C''_2=\dfrac{1}{v_g}\dfrac{A_iu_i+A_{i-1}u_{i-1}}{V}\\ C_3=\dfrac{\bar{a}_{j+1/2}+\bar{a}_{j-1/2}}{w_j}\dfrac{A_i-A_{i-1}}{V}\end{cases}\qquad(5.3.27)$$

则有

$$(C_1 + C_3 + C_2 \pm \delta \cdot C'_2 + \Sigma_{tr}^g)\phi = Q + C'_1\phi^{k-1/2} + (C_2 \pm \delta \cdot C''_2) \cdot \phi_{i'} + C_3\phi_{j-1/2} \tag{5.3.28}$$

再令

$$\begin{cases} C_{00} = 1/(C_1 + C_2 \pm \delta \cdot C'_2 + C_3 + \Sigma_{tr}^g) \\ C_{10} = C'_1 \cdot C_{00} \\ C_{20} = (C_2 \pm \delta \cdot C''_2) \cdot C_{00} \\ C_{30} = C_3 \cdot C_{00} \end{cases}$$

就得差分方程

$$\phi = C_{00}Q + C_{10}\phi^{k-1/2} + C_{20}\phi_{i'} + C_{30}\phi_{j-1/2} \tag{5.3.29}$$

将 $\mu = -1$ 时的方程式(5.3.9)在时空网格内作积分 $\int_{t_{k-1/2}}^{t_{k+1/2}} \mathrm{d}t \int_{r_{i-1}}^{r_i} 4\pi\rho_0 r^2 \mathrm{d}r$，得

$$\frac{\phi^{k+1/2}V^{k+1/2} - \phi^{k-1/2}V^{k-1/2}}{v_g\Delta t \cdot V} - \frac{1}{V}\left[A_i\left(1 + \delta\frac{u_i}{v_g}\right)\phi_i - A_{i-1}\left(1 + \delta\frac{u_{i-1}}{v_g}\right)\phi_{i-1}\right] + \frac{A_i - A_{i-1}}{V}\phi = (Q - \Sigma_{tr}^g\phi)$$

采用菱形公式

$$\phi^{k+1/2} = 2\phi - \phi^{k-1/2}, \phi_{i-1} = 2\phi - \phi_i, \phi_{j+1/2} = 2\phi - \phi_{j-1/2}$$

可得

$$\left[\frac{2V^{k+1/2}}{\Delta t \cdot v_g V} + \frac{2}{V}A_{i-1} + \delta\frac{2}{V}\frac{A_{i-1}u_{i-1}}{v_g}\right]\phi - \frac{(V^{k+1/2} + V^{k-1/2})}{\Delta t \cdot v_g V}\phi^{k-1/2} - \phi_i\left(\frac{A_i + A_{i-1}}{V} + \delta\frac{A_iu_i + A_{i-1}u_{i-1}}{Vv_g}\right) + \frac{A_i - A_{i-1}}{V}\phi = Q - \Sigma_{tr}^g\phi$$

整理上式得

$$\left[\frac{2}{\Delta t \cdot v_g}\frac{V^{k+1/2}}{V} + \frac{2}{V}\left(A_{i-1} + \delta\frac{A_{i-1}u_{i-1}}{v_g}\right) + \frac{A_i - A_{i-1}}{V} + \Sigma_{tr}^g\right]\phi = Q + \frac{V^{k+1/2} + V^{k-1/2}}{\Delta t \cdot v_g \cdot V}\phi^{k-1/2} + \frac{1}{V}\left[(A_i + A_{i-1}) + \frac{\delta}{v_g}(A_iu_i + A_{i-1}u_{i-1})\right]\phi_i$$

采用式(5.3.27)所定义的符号，上式可写为

$$(C_1 + \delta \cdot C'_2 + C_2 + \Sigma_{tr}^g)\phi = Q + C'_1\phi^{k-1/2} + (C_2 + \delta \cdot C''_2)\phi_i$$

与 $\mu_j < 0$ 时的差分格式(5.3.28)相比可知，该差分格式两边均少了系数为 C_3 的项，所以在解算 $\mu = -1(j = 1/2)$ 的输运方程时，只需令 $C_3 = 0$，就可使用统一的差分格式(5.3.29)。

如果将菱形公式(5.3.21)改为如下形式，即

$$\phi^{k+1/2}V^{k+1/2} = 2\phi V - \phi^{k-1/2}V^{k-1/2}$$

则只需将式(5.3.27)中的 C_1 和 C'_1 改为

$$C_1 = \frac{2}{\Delta t \cdot v_g}, \quad C'_1 = \frac{2}{\Delta t \cdot v_g} \frac{V^{k-1/2}}{V} \tag{5.3.30}$$

其他式子完全相同。

差分方程式(5.3.29)可用源迭代法求解,步骤如下。从初始条件和相关边界条件出发,在第 k 个时间区间中点时刻,相空间(r,μ)网格中点$(r_{i-1/2},\mu_j)$处的中子角通量为

$$\phi = C_{00}Q + C_{10}\phi^{k-1/2} + C_{20}\phi_i + C_{30}\phi_{j-1/2} (i = I \to 1; j = 1 \to N/2) \quad (\mu_j < 0)$$

$$\phi = C_{00}Q + C_{10}\phi^{k-1/2} + C_{20}\phi_{i-1} + C_{30}\phi_{j-1/2} (i = 1 \to I; j = N/2 + 1 \to N) \quad (\mu_j > 0)$$

由于源项

$$\begin{cases} Q_g = \sum_{g'=1}^{g} \Sigma_{str}^{g' \to g} \Phi_{g'}(r,t) + \chi_g \sum_{g'=1}^{G} \nu_{g'} \Sigma_{fg'} \Phi_{g'}(r,t) + q_g(r,\mu,t) \\ \Phi_g(r,t) = \frac{1}{2} \int_{-1}^{1} \phi_g(r,\mu,t) \mathrm{d}\mu \end{cases} \tag{5.3.31}$$

与待求量有关,故只能用迭代法求解。

第 0 步:赋初始条件。

第 1 步:假设源项 Q 的分布(源迭代初值)。

第 2 步:利用外边界条件,由 $\phi = C_{00}Q + C_{10}\phi^{k-1/2} + C_{20}\phi_i (i = I \to 1)$,从外向内递推求出 $\mu_{1/2} = -1$ 时每个空间网格中点的 ϕ,再有菱形公式算出网格内界面 $\phi_{i-1} = 2\phi - \phi_i (i = I \to 1)$,按此法一直算到球心处。

第 3 步:从 $j = 1(\mu_j < 0)$ 出发,交错使用递推公式 $\phi = C_{00}Q + C_{10}\phi^{k-1/2} + C_{20}\phi_i + C_{30}\phi_{j-1/2} (i = I \to 1; j = 1 \to N/2)$ 和 $\phi_{i-1} = 2\phi - \phi_i$ 计算出某一 j 值时第 i 个空间网格中心的 ϕ 和网格边界上的 $\phi_{i-1} = 2\phi - \phi_i$,再利用 $\phi_{j+1/2} = 2\phi - \phi_{j-1/2}$ 算出下一个 j 值所需的角边界分布。重复上述过程,一直算到 $j = N/2$。

第 4 步:利用球心条件 $\phi_{0,N+1-j} = \phi_{0,j} (j = 1 \to N/2)$ 得向外计算$(\mu_j > 0)$时的边界值,从 $j = N/2 + 1(\mu_j > 0)$ 出发,交错使用 $\phi = C_{00}Q + C_{10}\phi^{k-1/2} + C_{20}\phi_{i-1} + C_{30}\phi_{j-1/2} (i = 1 \to I, j = N/2 + 1 \to N)$ 和 $\phi_i = 2\phi - \phi_{i-1}$,计算出某一 j 值时第 i 个空间网格中心的 ϕ 和网格边界上 $\phi_i = 2\phi - \phi_{i-1}$,再利用 $\phi_{j+1/2} = 2\phi - \phi_{j-1/2}$ 算出下一 j 值所需的角边界分布。重复上述过程,一直算到 $j = N$。至此第 k 个时间步中点时刻各个网格中心处的通量值全部算出。

第 5 步:更新源项,返回第二步,重复以上过程直到源项收敛。

第 6 步:源迭代收敛后,由 $\phi^{k+1/2} = 2\phi - \phi^{k-1/2}$ 计算本时间步末网格中心的通量分布。作为下一时间步的初值。返回第一步,计算下一时间步。

5.3.2 负通量的处理与收敛条件

在中子输运差分方程

$$\phi = C_{00}Q + C_{10}\phi^{k-1/2} + C_{20}\phi_{i'} + C_{30}\phi_{j-1/2}$$

中略去介质运动的影响，则系数 C'_2、C''_2 均为 0，系数 C_1、C_2、C_3、C_{00} 全部为正。另外，由于除球心附近几个网格外，一般有 $C_2 \gg C_3$，因而用菱形公式外推计算 $\phi_{i''}$ 时，近似有

$$\phi_{i''} = 2\phi - \phi_{i'} = 2C_{00}Q + 2C_{10}\phi^{k-1/2} + (2C_{20} - 1)\phi_{i'}$$

取 $\overline{\phi} = \phi_{i'} \approx \phi^{k-1/2}$，则

$$\phi_{i''} \approx (2C_{10} + 2C_{20} - 1)\overline{\phi} + 2C_{00}Q \tag{5.3.32}$$

因为 $C_1 \approx C'_1$，$C_2 \gg C_3$，故有

$$2C_{10} + 2C_{20} - 1 \approx \frac{C_1 + C_2 - \Sigma_{tr}^g}{C_1 + C_2 + \Sigma_{tr}^g} \tag{5.3.33}$$

若要求

$$C_2 \approx \frac{2|\mu_j|}{\Delta r_i} > \Sigma_{tr}^g \tag{5.4.34}$$

则用式(5.3.32)计算时不会出现负通量。由式(5.3.34)即可得收敛性对空间步长的要求

$$\Delta r < \min_{g,j} \frac{2|\mu_j|}{\Sigma_{tr}^g} \tag{5.3.35}$$

对 S_4 方法，$\min\limits_j |\mu_j| = 0.34$，有

$$\Delta r < \min_g \frac{2}{3}\ell_{tr}^g$$

式中：$\ell_{tr}^g = 1/\Sigma_{tr}^g$ 为平均迁移自由程。此时，要求空间步长大致为半个平均迁移自由程。若在式(5.4.33)中要求

$$C_1 \approx \frac{2}{\Delta t \cdot v_g} > \Sigma_{tr}^g$$

则得对时间步长的要求

$$\Delta t < \min_{g,j} \frac{2}{v_g \Sigma_{tr}^g} \tag{5.3.36}$$

要求中子在 Δt 时间间隔内运动的路程不要超过 2 个平均迁移自由程。

负通量的出现将导致计算的不稳定，避免出现这种情况的最简单的方法是遇负置零。如果想更仔细一点，则应在出现负通量时将相应的菱形公式中以零代替那个负通量，再重新推导差分格式来作计算。

注：当外边界条件式(5.3.8)改为

$$\phi_g(r_I, \mu, t) = b\phi(r_{I-1/2}, \mu, t))(\mu < 1, 0 \leqslant b < 1)$$

此时，式(5.3.14)第二项 $w_j(A_i c_{R_i}\phi_i - A_{i-1}c_{R_{i-1}}\phi_{i-1})$ 应改为 $w_j[A_I c_{RI} b\phi - A_{I-1}c_{RI-1}(2\phi - b\phi)]$（对应最外层空间网格），同时 C_{00} 也要改为

$$C_{00} = 1/(C_1 + \delta_{i'I}b(C_2 - \delta \cdot C''_2) + C_2 \pm \delta \cdot C'_2 + C_3 + \Sigma_{tr}^g)$$

差分方程式(5.3.29)也应改为

$$\phi = C_{00}Q + C_{10}\phi^{k-1/2} + C_{20}(1-\delta_{i'I})\phi_{i'} + C_{30}\phi_{j-1/2}$$

其余不动(因为只当 $\mu_j<0$ 且 $i'=I$ 时,$\delta_{i'I}=1$,其余情况 $\delta_{i'I}=0$)。

5.3.3 核数方程的差分格式

核数方程的中心差分格式如下(未知量以 t_{k-1} 时刻之值代替)。

1. 轻材料区

$$n_7^k = \frac{2-\Delta t^k \sum_g (\sigma_{cg}^{(7)} + \sigma_{ing}^{(7)} + \sigma_{2ng}^{(7)})\phi_g}{2+\Delta t^k \sum_g (\sigma_{cg}^{(7)} + \sigma_{ing}^{(7)} + \sigma_{2ng}^{(7)})\phi_g} n_7^{k-1} \tag{5.3.37}$$

$$n_6^k = \frac{\left(2-\Delta t^k \sum_g (\sigma_{cg}^{(6)} + \sigma_{ing}^{(6)} + \sigma_{2ng}^{(6)})\phi_g\right)n_6^{k-1} + \Delta t^k (n_7^k + n_7^{k-1}) \sum_g \sigma_{2ng}^{(7)}\phi_g}{2+\Delta t^k \sum_g (\sigma_{cg}^{(6)} + \sigma_{ing}^{(6)} + \sigma_{2ng}^{(6)})\phi_g} \tag{5.3.38}$$

$$n_4^k = n_4^{k-1} + \Delta t^k \Big[(n_6^k + n_6^{k-1}) \sum_g (\sigma_{cg}^{(6)} + \sigma_{ing}^{(6)} + \sigma_{2ng}^{(6)})\phi_g/2 + \frac{n_7^k + n_7^{k-1}}{2} \sum_g (\sigma_{cg}^{(7)} + \sigma_{ing}^{(7)})\phi_g + \rho n_2^{k-1}(n_3^{k-1}\langle\sigma v\rangle_{23n} + n_{e3}^{k-1}\langle\sigma v\rangle_{23p}) \Big] \tag{5.3.39}$$

$$n_{e3}^k = \frac{(2-\Delta t^k \sum_g \sigma_{cg}^{(e3)}\phi_g) n_{e3}^{k-1} + \Delta t^k \rho n_2^{k-1}(n_2^{k-1}\langle\sigma v\rangle_{22n} - n_{e3}^{k-1}\langle\sigma v\rangle_{23p})}{2+\Delta t^k \sum_g \sigma_{cg}^{(e3)}\phi_g + \Delta t^k \rho n_2^{k-1}\langle\sigma v\rangle_{23p}} \tag{5.3.40}$$

$$n_1^k = n_1^{k-1} + \Delta t^k \cdot \Big[\frac{n_6^k + n_6^{k-1}}{2} \sum_g \sigma_{2ng}^{(6)}\phi_g + \frac{n_{e3}^k + n_{e3}^{k-1}}{2}\Big(\sum_g \sigma_{cg}^{(e3)}\phi_g + \rho n_2^{k-1}\langle\sigma v\rangle_{23p}\Big) + n_2^{k-1}\Big(\sum_g \sigma_{2ng}^{(2)}\phi_g + \frac{1}{2}\rho n_2^{k-1}\langle\sigma v\rangle_{22p}\Big)\Big] \tag{5.3.41}$$

$$n_2^k = \Big(\Big\{2-\Delta t^k \Big[\sum_g \sigma_{2ng}^{(2)}\phi_g + \rho(n_2^{k-1}(\langle\sigma v\rangle_{22p} + \langle\sigma v\rangle_{22n}) + n_3^{k-1}\langle\sigma v\rangle_{23n} + \frac{1}{2}(n_{e3}^k + n_{e3}^{k-1})\langle\sigma v\rangle_{23p})\Big]\Big\} n_2^{k-1} + \Delta t^k \cdot \Big[(n_6^k + n_6^{k-14})\sum_g \sigma_{ing}^{(6)}\phi_g + (n_7^k + n_7^{k-1})\sum_g \sigma_{cg}^{(7)}\phi_g\Big]\Big) \Big/ \Big\{2+\Delta t^k \Big[\sum_g \sigma_{2ng}^{(2)}\phi_g + \rho(n_2^{k-1}(\langle\sigma v\rangle >_{22p} + \langle\sigma v\rangle_{22n}) + n_3^{k-1}\langle\sigma v\rangle_{23n} + \frac{1}{2}(n_{e3}^k + n_{e3}^{k-1})\langle\sigma v\rangle_{23p})\Big]\Big\} \tag{5.3.42}$$

$$n_3^k = \Big\{\Big(2-\Delta t^k \rho \frac{n_2^k + n_2^{k-1}}{2}\langle\sigma v\rangle_{23n}\Big) n_3^{k-1} + \Delta t^k \Big[(n_6^k + n_6^{k-1})\sum_g \sigma_{cg}^{(6)}\phi_g +$$

$$(n_7^k + n_7^{k-1}) \sum_g \sigma_{ing}^{(7)} \phi_g + (n_{e3}^k + n_{e3}^{k-1}) \sum_g \sigma_{cg}^{(e3)} \phi_g +$$

$$\rho\left(\frac{n_2^k + n_2^{k-1}}{2}\right)^2 \langle \sigma v \rangle_{22p} \Big]\Big\} \Big/ \left(2 + \Delta t^k \cdot \rho \frac{n_2^k + n_2^{k-1}}{2} \langle \sigma v \rangle_{23n}\right) \tag{5.3.43}$$

若单位质量中的核数 n 以(10^{24}/g)为单位,微观截面 σ 以(10^{-24}cm^2)为单位,热核反应率参数$\langle \sigma v \rangle$以(cm^3/μs)为单位,则核数方程差分格式中的 Δt^k 应代以 $10^{-24}\Delta t^k$,$\langle \sigma v \rangle$应代以 $10^{42}\langle \sigma v \rangle$。另外,若在式(5.3.40)中令含$\langle \sigma v \rangle_{23n}$的项为0,则得到 $0 \to t_k$ 时间内总产生的氚核数。

2. Be 区

$$n_9^k = n_9^{k-1} \cdot \frac{2 - \Delta t^k \sum_g \sigma_{2ng}^{(9)} \phi_g}{2 + \Delta t^k \sum_g \sigma_{2ng}^{(9)} \phi_g} \tag{5.3.44}$$

$$n_4^k = n_4^{k-1} + \Delta t^k (n_9^k + n_9^{k-1}) \sum_g \sigma_{2ng}^{(9)} \phi_g \tag{5.3.45}$$

3. 重材料区

$$n_i^k = \Big[\Big(2 - \Delta t^k \sum_g \sigma_{ag}^{(i)} \phi_g\Big) n_i^{k-1} + (n_{i-1}^k + n_{i-1}^{k-1}) \Delta t^k \sum_g \sigma_{cg}^{(i-1)} \phi_g +$$

$$2\Delta t^k n_{i+1}^{k-1} \sum_g \sigma_{2ng}^{(i+1)} \phi_g \Big] \Big/ \Big(2 + \Delta t^k \sum_g \sigma_{ag}^{(i)} \phi_g\Big) \tag{5.3.46}$$

$$n_z^k = n_z^{k-1} + \Delta t^k \sum_i (n_i^k + n_i^{k-1}) \sum_g \sigma_{fg}^{(i)} \phi_g \tag{5.3.47}$$

5.4 有关计算的几个问题

5.4.1 中子数守恒检验

令 $\delta = 1$(相当于忽略了介质运动对中子与原子核相互作用的影响),则一维球坐标系下的中子输运方程

$$\frac{\partial}{\partial t}\left(\frac{\phi_g(r,\mu,t)}{\rho v_g}\right) + \frac{1}{\rho_0 r^2}\frac{\partial}{\partial r}[R^2 c_R \phi_g] + \frac{1}{\rho R}\frac{\partial}{\partial \mu}[(1-\mu^2)\phi_g] = \frac{1}{\rho}(Q_g - \Sigma_{tr}^g \phi_g)$$

$$c_R(r,t) = \mu - \delta \frac{u(r,t)}{v_g}$$

变为

$$\frac{\partial}{\partial t}\left(\frac{\phi_g}{\rho v_g}\right) - \frac{1}{v_g \rho_0 r^2}\frac{\partial}{\partial r}(R^2 \phi_g u) + \frac{\mu}{\rho_0 r^2}\frac{\partial}{\partial r}(R^2 \phi_g) +$$

$$\frac{1}{\rho R}\frac{\partial}{\partial \mu}[(1-\mu^2)\phi_g] = \frac{1}{\rho}(Q_g - \Sigma_{tr}^g \phi_g) \tag{5.4.1}$$

以算子 $\sum_g \int_0^{t_{k+1/2}} \mathrm{d}t \int_0^{r_I} 4\pi \rho_0 r^2 \mathrm{d}r \int_{-1}^{1} 2\pi \mathrm{d}\mu\ (\ )$ 作用于式(5.4.1)两边,得

左边第一项

$$①=\sum_i\int_{r_{i-1}}^{r_i}4\pi\rho_0 r^2\mathrm{d}r\int_0^{t_{k+1/2}}\mathrm{d}t\sum_g\frac{\partial}{\partial t}\left(\frac{4\pi\Phi_g(r,t)}{\rho v_g}\right)=$$

$$\sum_i\int_0^{t_{k+1/2}}\mathrm{d}t\frac{\partial}{\partial t}(V_i(t)N_i(t))=\sum_i V_i^{k+1/2}N_i^{k+1/2}-\sum_i V_iN_i(t=0)$$

即

$$①=A_1(t_{k+1/2})-A_1(0) \tag{5.4.2}$$

其中

$$A_1(t_{k+1/2})=\sum_i V_i^{k+1/2}N_i^{k+1/2}$$

$$A_1(0)=\sum_i V_i(t=0)N_i(t=0)$$

$$N_i(t)=\sum_g 4\pi\Phi_g(r_{i-1/2},t)/v_g \text{（}t\text{ 时刻第 }i\text{ 个网格中心处的中子数密度）} \tag{5.4.3}$$

$$\Phi_g=\frac{1}{4\pi}\int\mathrm{d}\Omega\,\phi_g(r_{i-1/2},\mu,t_k)=\frac{1}{2}\sum_{j=1}^N w_j\phi_g(r_{i-1/2},\mu_j,t_k) \tag{5.4.4}$$

$$V_i(t)=\frac{4\pi}{3}(R_i^3(t)-R_{i-1}^3(t))\text{（}t\text{ 时刻第 }i\text{ 个网格的体积）} \tag{5.4.5}$$

显然，$A_1(t)=\int_0^t\mathrm{d}t\cdot 4\pi\int_0^{r_I}\rho_0 r^2\mathrm{d}r\int_{-1}^1 2\pi\mathrm{d}\mu\sum_g\frac{\partial}{\partial t}\left[\frac{\phi_g(r,\mu,t)}{\rho v_g}\right]$为$0\to t$时间间隔内增加的中子数。

左边第二项

$$②=A_2(t_{k+1/2})=A_2(t_{k-1/2})+\int_{t_{k-1/2}}^{t_{k+1/2}}\mathrm{d}t\int_0^{r_I}\mathrm{d}r\int_{-1}^1 2\pi\mathrm{d}\mu\sum_g\frac{4\pi}{v_g}\frac{\partial}{\partial r}(R^2\phi_g u)$$

利用 $u_I(t)=\dfrac{\partial R_I(t)}{\partial t}$，可得

$$②=A_2(t_{k+1/2})=A_2(t_{k-1/2})+N_I\cdot\Delta V_{I+} \tag{5.4.6}$$

其中

$$A_2(t_{1/2})=0$$

$$N_I=\sum_g\int_{-1}^1 2\pi\mathrm{d}\mu\frac{\phi_g(r_I,\mu,t_k)}{v_g}=2\pi\sum_g\sum_j w_j\phi_g(r_I,\mu_j,t_k)/v_g \tag{5.4.7}$$

为外界面处的中子数密度，且

$$\Delta V_{I+}=\frac{4\pi}{3}[(R_I^{k+1/2})^3-(R_I^{k-1/2})^3] \tag{5.4.8}$$

为系统外界面在 Δt_k 时间内所扫过的体积。

$N_I\cdot\Delta V_{I+}$是 Δt_k 时间间隔内由于系统外表面的运动而引起的对中子泄漏的修

正项（系统膨胀而泄漏少了），而 $A_2(t_{k-1/2}) = \int_0^{t_{k-1/2}} \mathrm{d}t \int_0^{r_I} 4\pi\rho_0 r^2 \mathrm{d}r \int_{-1}^{1} 2\pi \mathrm{d}\mu \sum_g \frac{1}{v_g \rho_0 r^2}$ $\frac{\partial}{\partial r}(R^2\phi_g u)$ 是 $0 \to t_{k-1/2}$ 时间内由于系统外表面的运动而引起的对泄漏的修正项（系统膨胀而泄漏少了）。

左边第三项

$$③ = A_3(t_{k+1/2}) = A_3(t_{k-1/2}) + \int_{t_{k-1/2}}^{t_{k+1/2}} \mathrm{d}t \cdot \sum_g \int_{-1}^{1} 2\pi\mu \mathrm{d}\mu \int_0^{r_I} 4\pi \mathrm{d}r \frac{\partial[R^2\phi_g(r,\mu,t)]}{\partial r} =$$

$$A_3(t_{k-1/2}) + \Delta t_k \cdot 4\pi(R_I^k)^2 \sum_g \int_{-1}^{1} 2\pi\mu \mathrm{d}\mu \phi_g(r_I,\mu,t_k)$$

即

$$③ = A_3(t_{k+1/2}) = A_3(t_{k-1/2}) + 4\pi R_I^2 J_I \Delta t_k \tag{5.4.9}$$

其中

$$A_3(t_{1/2}) = 0$$

$$J_I = 2\pi \sum_g \sum_j \mu_j w_j \phi_g(r_I,\mu_j,t_k) \text{（外界面的中子流）} \tag{5.4.10}$$

$4\pi R_I^2 J_I \Delta t_k$ 为 Δt_k 时间间隔内由系统表面泄漏的中子数

$A_3(t_{k-1/2}) = \int_0^{t_{k-1/2}} \mathrm{d}t \cdot 4\pi \int_0^{r_I} \rho_0 r^2 \mathrm{d}r \int_{-1}^{1} 2\pi \mathrm{d}\mu \sum_g \frac{\mu}{\rho_0 r^2} \frac{\partial[R^2\phi_g(r,\mu,t)]}{\partial r}$ 为 $0 \to t_{k-1/2}$ 时间内由系统表面泄漏的中子数。

左边第四项

$$④ = A_4(t_{k+1/2}) = \int_0^{t_{k+1/2}} \mathrm{d}t\, 4\pi \int_0^{r_I} \rho_0 r^2 \mathrm{d}r \int_{-1}^{1} 2\pi \mathrm{d}\mu \sum_g \frac{1}{\rho R} \frac{\partial[(1-\mu^2)\phi_g(r,\mu,t)]}{\partial \mu} = 0$$

由于角度再分配导致的各角度区间中子数目变化的代数和为 0。

右边第一项

$$⑤ = A_5(t_{k+1/2}) = A_5(t_{k-1/2}) + \sum_g \int_{t_{k-1/2}}^{t_{k+1/2}} \mathrm{d}t \int_0^{r_I} 4\pi\rho_0 r^2 \mathrm{d}r \int_{-1}^{1} 2\pi \mathrm{d}\mu \frac{Q_g}{\rho}$$

即

$$⑤ = A_5(t_{k+1/2}) = A_5(t_{k-1/2}) + \Delta t_k \sum_g \sum_i 4\pi V_i Q_g \tag{5.4.11}$$

其中

$$A_5(t_{1/2}) = 0$$

$\Delta t_k \sum_g \sum_i 4\pi V_i Q_g$ 为 Δt_k 时间间隔内源（裂变、散射和外加独立源）产生的中子数。

$$V_i = \frac{4\pi}{3}(R_i^3 - R_{i-1}^3) \text{（网格体积）}$$

$$Q_g = \sum_{g'=1}^{g} \Sigma_{str}^{g'\to g}\Phi_{g'} + \chi_g \sum_{g'=1}^{G} (\nu\Sigma_f)_{g'}\Phi_{g'} + q_g \tag{5.4.12}$$

$$\Phi_{g'} = \frac{1}{2}\sum_{j=1}^{N} w_j \phi_{g'}(r_{i-1/2}, \mu_j, t_k)$$

$A_5(t_{k-1/2}) = \int_0^{t_{k-1/2}} \mathrm{d}t \int_0^{r_I} 4\pi\rho_0 r^2 \mathrm{d}r \int_{-1}^{1} 2\pi \mathrm{d}\mu \frac{Q_g}{\rho}$ 为 $0 \to t_{k-1/2}$ 时间内源(含裂变、散射和外加独立源)产生的总中子数(不包括 0 时刻已有的中子)。

右边第二项

$$⑥ = A_6(t_{k+1/2}) = A_6(t_{k-1/2}) + \Delta t_k \sum_i V_i \sum_g \Sigma_{tr}^g 4\pi\Phi_g(r_{i-1/2}, t_k) \tag{5.4.13}$$

其中

$A_6(t_{1/2}) = 0$

$\Delta t_k \sum_i V_i \sum_g \Sigma_{tr}^g 4\pi\Phi_g(r_{i-1/2}, t_k)$ 为 Δt_k 时间间隔内因碰撞(含散射)而消失的中子数。

$4\pi\Phi_g = \int_{4\pi} \mathrm{d}\Omega\phi_g(r_{i-1/2}, \mu, t_k) = 2\pi\sum_{j=1}^{N} w_j\phi_g(r_{i-1/2}, \mu_j, t_k)$ 为 t_k 时刻第 i 个空间网格第 g 群中子的总注量。

$A_6(t_{k-1/2}) = \sum_g \int_0^{t_{k-1/2}} \mathrm{d}t \int_0^{r_I} 4\pi\rho_0 r^2 \mathrm{d}r \int_{-1}^{1} 2\pi \mathrm{d}\mu \frac{\Sigma_{tr}^g \phi_g}{\rho}$ 为 $0 \to t_{k-1/2}$ 时间内系统中因碰撞(含散射)而消失的中子数。

中子数守恒要求

①-②+③+④=⑤-⑥

若令 $Y(t_{k+1/2}) = A_5(t_{k+1/2}) + A_1(0)$ 为 $0 \to t_{k+1/2}$ 时间内系统中源(含散射、裂变和外加独立中子源)产生的总中子数与初始中子数之和,则有中子守恒关系

$$\begin{cases} A_1(t_{k+1/2}) - A_2(t_{k+1/2}) + A_3(t_{k+1/2}) + A_6(t_{k+1/2}) = Y(t_{k+1/2}) \\ A_3(0) = A_2(0) = A_6(0) = 0 \\ Y(0) = A_1(0) = \sum_i V_i(t=0) N_i(t=0) \end{cases} \tag{5.4.14}$$

其中

$A_1(t_{k+1/2}) = \sum_i V_i^{k+1/2} N_i^{k+1/2}$ 为 $t_{k+1/2}$ 时刻现有的总中子数;

$A_2(t_{k+1/2})$((初始条件 $A_2(0) = 0$) 是 $0 \to t_{k+1/2}$ 时间内系统外表面运动引起的对泄漏的修正项(系统膨胀时减少向外的泄漏,系统压缩时则增加向外的泄漏));

$A_3(t_{k+1/2})$(初始条件 $A_3(0) = 0$) 为 $0 \to t_{k+1/2}$ 时间内由系统表面泄漏出去的中子数;

$A_6(t_{k+1/2})$(初始条件 $A_6(0) = 0$) 为 $0 \to t_{k+1/2}$ 时间内系统中因碰撞(含散射)而消失的中子数;

当然,守恒式两端同时减去散射消失和散射产生的中子数,也应保持守恒

关系。

5.4.2 中子群常数的平均方法

按照群的数目多少,中子群常数可分为少群参数(10 群以下,适用于较大量的摸规律的计算工作)、多群参数(10 ~30 群,适用于较精确的计算任务)和超多群参数(50 群以上,可作为制作多群或少群参数的原始数据)。

群间隔能量的选取应遵守以下 3 个原则:各种有阈核反应的阈能应选为群的间隔点(如 U^{238} 的裂变阈能为 1.4MeV);在共振峰附近、重要反应的截面峰值处适当地多分几群;尽量使多数核素的最大弹性能量损失小于能群宽度。这样,弹性散射的慢化过程就只与相邻两个群有关,可省掉许多计算工作。

按以上原则,对含轻材料的介质 18 群的群间隔能量可选定为(单位为 MeV)

14.1—12—10—8.3—7—5.5— 4.32— 3.34— 2.82—1.72—

1.4—0.9—0.4—0.3—0.2— 0.1— 0.017— 0.003—0.001

中子与轻材料原子核的有阈反应为(括号内的数字为反应阈能,单位为 MeV) $Li^7(n,2nd)He^4$ (9.97)、$Li^7(n,2n)Li^6$ (8.28)、$Li^6(n,2np)^4He$(4.32)、$D(n,2n)p$ (3.34)、$Li^7(n,n'T)^4He$ (2.28)、$Li^6(n,n'd)^4He$ (1.72)、^{238}U 的裂变反应(1.4)。

同时也应考虑在 $Li^6(n,T)^4He$ 反应截面峰值(在 0.25MeV 处)附近将能群划分得细一些。将上述群间隔能量向用作初始参数的 ENDF - IV 库中 175 群参数的群间隔点靠拢,得实际所用的 18 群间隔能量为

14.13—11.99—10.12—8.322—6.737— 5.658—4.396— 3.533—3.011—1.887 —1.338—1.025— 0.4234— 0.294— 0.2075—0.09891—0.02091—0.003345— 0.001058

选择群参数平均方法的主要考虑是:由于中子核反应的微观截面只是中子能量的函数,所以中子随能量的分布(能谱)在参数平均时应起主导作用,为使得到的微观群参数与($\boldsymbol{r},\boldsymbol{\Omega},t$)等参量无关,以便用于整个计算过程,因而一般都选用积分通量

$$\phi(E) = \iiint \phi(\boldsymbol{r},\boldsymbol{\Omega},E,t)\,\mathrm{d}\boldsymbol{r}\mathrm{d}\Omega\mathrm{d}t \tag{5.4.15}$$

作为平均参数的权重函数。权重函数的确定有两种方法。

(1) 若已有了精度较低的多群参数,则可用它针对实际系统算出一个阶梯慢化谱,再利用最小二乘法联成连续谱作为权重函数。

(2) 若手头除了超多群参数外没有其他群参数,则可采用均匀裸球堆中子能谱作为活性区平均参数的权重函数;采用带均匀无限反射层的双区反应堆的反射层中的中子能谱作为反射层介质平均参数的权重函数。

现分述如下。

1. 均匀裸球堆中积分中子谱的计算

以 ϕ_g、$\boldsymbol{J}_g$ 分别表示第 g 群的中子总通量和中子流，则中子守恒方程为

$$-\nabla\cdot\boldsymbol{J}_g-\Sigma_R^g\phi_g+\sum_{g'=1}^{g-1}\Sigma_s^{g'\to g}\phi_{g'}+\frac{\chi_g}{K_{\mathrm{eff}}}\sum_{g'=1}^{G}\nu\Sigma_f^{g'}\phi_{g'}=0 \tag{5.4.16}$$

其中

$$\Sigma_R^g=\Sigma_{tr}^g-\Sigma_s^{g\to g} \tag{5.4.17}$$

由均匀无限介质中的单群扩散理论可得①

$$\nabla^2\phi_g=-B^2\phi_g(B\text{ 为材料曲率，为待定常数})$$

$$\nabla\cdot\boldsymbol{J}_g=(c-1)\Sigma_{tr}^g\phi_g$$

其中 c 满足方程

$$\tan(B/c\Sigma_{tr}^g)=B/\Sigma_{tr}^g$$

由此可得

$$c\Sigma_{tr}^g=\frac{B}{\arctan(B/\Sigma_{tr}^g)}$$

故

$$\nabla\cdot\boldsymbol{J}_g=\left(\frac{B}{\arctan(B/\Sigma_{tr}^g)}-\Sigma_{tr}^g\right)\phi_g \tag{5.4.18}$$

将式（5.4.18）代入式(5.4.20)后对空间积分，注意到群常数与空间无关，得第 g 群积分通量（仍用 ϕ_g 表示）满足方程

$$\left[\frac{B}{\arctan(B/\Sigma_{tr}^g)}-\Sigma_{tr}^g+\Sigma_R^g\right]\phi_g=\sum_{g'=1}^{g-1}\Sigma_s^{g'\to g}\phi_{g'}+\frac{\chi_g}{K_{\mathrm{eff}}}\sum_{g'=1}^{G}\nu\Sigma_f^{g'}\phi_{g'} \tag{5.4.19}$$

解得第 g 群积分通量为

$$\phi_g=\frac{\displaystyle\sum_{g'=1}^{g-1}\Sigma_s^{g'\to g}\phi_{g'}+\frac{\chi_g}{K_{\mathrm{eff}}}\sum_{g'=1}^{G}\nu\Sigma_f^{g}\phi_{g'}}{\displaystyle\frac{B}{\arctan(B/\Sigma_{tr}^g)}-\Sigma_{tr}^g+\Sigma_R^g} \tag{5.4.20}$$

式中：Σ_{tr}^g、$\Sigma_s^{g'\to g}$、$\nu\Sigma_f^g$ 为超多群参数。系统临界时，$K_{\mathrm{eff}}=1$，球半径等于临界半径（B = 几何曲率），所以由式(5.4.20)求解积分中子谱的方法如下：

（1）取定 ϕ_g 的初值，使

$$\frac{1}{K_{\mathrm{eff}}}\sum_{g'=1}^{G}\nu\Sigma_f^{g'}\phi_{g'}=1\ (\text{只需 }\phi_g\text{ 的相对值}) \tag{5.4.21}$$

（2）给定 B 一个值，$g=1$ 开始由式(5.4.24)计算 ϕ_g。

---

① 因为 $\nabla^2\phi_g=-B^2\phi_g$，根据 $\boldsymbol{J}_g=-D_g\nabla\phi_g$ 和 $D_g=(c-1)\Sigma_{tr}^g/B^2$，可得 $\nabla\cdot\boldsymbol{J}_g=(c-1)\Sigma_{tr}^g\phi_g$。

(3) 不断修改 B 值,使计算出的 ϕ_g 满足以下临界条件,即

$$\sum_{g'=1}^{G} \nu\Sigma_f^{g'}\phi_{g'} = 1 \tag{5.4.22}$$

若 $\sum_{g'=1}^{G} \nu\Sigma_f^{g'}\phi_{g'} > 1$,则下步增大 B(即减小曲率半径),否则,下步减小 B 。最后得到的 ϕ_g 就是裸球堆的平衡中子能谱。

2. 无限均匀反射层介质中的中子能谱

因介质均匀,群参数与空间位置无关,又因是无限介质,所以 $\nabla \cdot \boldsymbol{J}_g$ 对整个空间积分为0,所以积分通量满足的方程为

$$-\Sigma_R^g\phi_g + \sum_{g'=1}^{g-1}\Sigma_s^{g'\to g}\phi_{g'} + \chi_g\sum_{g'=1}^{G}\nu\Sigma_f^{g'}\phi_{g'} + q_g = 0 \tag{5.4.23}$$

将方程式(5.4.23)的解分为两部分

$$\phi_g = N_g + AM_g \tag{5.4.24}$$

式中:N_g 由外中子源的贡献形成的中子能谱; M_g 是裂变源的贡献形成的中子能谱;A 是待定常数。N_g 满足方程

$$-\Sigma_R^g N_g + \sum_{g'=1}^{g-1}\Sigma_S^{g'\to g}N_{g'} + q_g = 0 \tag{5.4.25}$$

由式(5.4.23)减去式(5.4.25),得

$$-\Sigma_R^g AM_g + A\sum_{g'=1}^{g-1}\Sigma_S^{g'\to g}M_{g'} + \chi_g\sum_{g'=1}^{G}\nu\Sigma_f^{g'}(N_{g'} + AM_{g'}) = 0$$

选择 A 使下式成立,即

$$\sum_{g'=1}^{G}\nu\Sigma_f^{g'}(N_{g'} + AM_{g'}) = A \quad (A\text{ 相当于裂变率})$$

得 M_g 满足的方程和 A 的表达式为

$$-\Sigma_R^g M_g + \sum_{g'=1}^{g-1}\Sigma_S^{g'\to g}M_{g'} + \chi_g = 0 \tag{5.4.26}$$

$$A = \frac{Q_N}{1 - Q_M} \tag{5.4.27}$$

其中

$$Q_N = \sum_{g'=1}^{G}\nu\Sigma_f^{g'}N_{g'},\ Q_M = \sum_{g'=1}^{G}\nu\Sigma_f^{g'}M_{g'} \tag{5.4.28}$$

由方程式(5.4.25)和式(5.4.26)解得

$$\begin{cases} N_g = \left(\sum_{g'=1}^{g-1}\Sigma_s^{g'\to g}N_{g'} + q_g\right)/\Sigma_R^g \\ M_g = \left(\sum_{g'=1}^{g-1}\Sigma_s^{g'\to g}M_{g'} + \chi_g\right)/\Sigma_R^g \end{cases} \tag{5.4.29}$$

从第 $g=1$ 群开始，由式(5.4.29)计算得到 N_g、M_g，就可由式(5.4.27)和式(5.4.28)计算 A，进而由式(5.4.24)得到中子积分能谱 ϕ_g。

3. 外中子源的选取

(1) 反射层中的外中子源取芯部泄漏中子源。将式(5.4.23)用于 U^{238}，只考虑本群散射，裂变约为0，即反射层中的外中子源强为

$$q_g = \Sigma_R^g \phi_g(\text{芯}) / \sum_{g=1}^{G} \Sigma_R^g \phi_g(\text{芯}) \tag{5.4.30}$$

(2) 聚变材料中的独立中子源有两种：一种是从芯部泄漏的中子源，源强由式(5.4.30)计算；另一种是聚变中子源，当聚变中子能量正好落在某群内，该群源强 $q_g=1$，而其他群的源强则为0，即

$$q_g = \begin{cases} 1 & (E_n \in \Delta E_g) \\ 0 \end{cases} \tag{5.4.31}$$

(3) 若有与聚变材料紧挨着的裂变材料(内侧和外侧均可)，则裂变材料中的外中子源也取式(5.4.31)的形式。

5.4.3 几个物理量的计算

1. 时间常数

这里只讨论包含 t_k 时刻的时间间隔 $\Delta t_k = t_{k+1/2} - t_{k-1/2}$ 内的变化情况。令

$$\begin{cases} \phi_g(\boldsymbol{r},\boldsymbol{\Omega},t) = \phi_g^k(\boldsymbol{r},\boldsymbol{\Omega}) f(t) \\ n_g = \phi_g^k(\boldsymbol{r},\boldsymbol{\Omega}) / v_g \end{cases} \tag{5.4.32}$$

中子输运方程为

$$n_g \frac{\mathrm{d}f}{\mathrm{d}t} = [-\nabla \cdot (\boldsymbol{\Omega}\phi_g^k) - \Sigma_{tr}^g \phi_g^k + \sum_{g'} \Sigma_s^{g'\to g} \Phi_{g'}^k + \chi_g \sum_{g'} (\nu\Sigma_f)_{g'} \Phi_{g'}^k] f(t) + q_g \tag{5.4.33}$$

其中

$$\Phi_g^k = \frac{1}{4\pi}\int \phi_g(\boldsymbol{r},\boldsymbol{\Omega},t_k)\,\mathrm{d}\Omega = \frac{1}{4\pi}\int \phi_g^k(\boldsymbol{r},\boldsymbol{\Omega})\,\mathrm{d}\Omega$$

将式(5.4.33)对空间和方向积分、对能群求和，得

$$N\frac{\mathrm{d}f(t)}{\mathrm{d}t} = [-N_J - N_a + N_f] f(t) + q \tag{5.4.34}$$

其中

$$N = \sum_g \int n_g \,\mathrm{d}\Omega \mathrm{d}V = \sum_i V_i \sum_g 4\pi \Phi_{g,i-1/2}^k / v_g$$

$$N_J = A_I \sum_g J_{g,I}^k \qquad (A_I J_{g,I}^k = \int \mathrm{d}\Omega(\boldsymbol{\Omega}\phi_g^k) \cdot \mathrm{d}\boldsymbol{S})$$

$$N_a = 4\pi \sum_i V_i \sum_g (\Sigma_{tr}^g - \Sigma_s^g) \Phi_{g,i-1/2}^k \qquad (\Sigma_s^g = \sum_{g'} \Sigma_s^{g\to g'})$$

$$N_f = 4\pi \sum_i V_i \sum_g \nu\Sigma_{fg} \Phi_{g,i-1/2}^k$$

$$q = \sum_i V_i \sum_g 4\pi q_g$$

分别为 t_k 时刻系统中的总中子数、单位时间由外边界流出的总中子数、单位时间被吸收的总中子数、单位时间裂变释放的总中子数和独立源释放的总中子数。V_i 为网格体积,A_I 为系统外界面面积。令

$$K_{\text{eff}} = \frac{N_f}{N_J + N_a} \tag{5.4.35}$$

$$\ell = \frac{N}{N_J + N_a} \tag{5.4.36}$$

则式(5.4.34)成为

$$\frac{\mathrm{d}(Nf)}{\mathrm{d}t} = \frac{K_{\text{eff}} - 1}{\ell} Nf + q \tag{5.4.37}$$

式中:K_{eff}称为中子有效增殖系数;ℓ称为中子平均寿命。再令

$$\lambda_f = \frac{K_{\text{eff}} - 1}{\ell} = \frac{K_{\text{eff}} - 1}{\ell^* K_{\text{eff}}} \left(K_{\text{eff}} = \frac{1}{1 - \ell^* \lambda_f} \right) \tag{5.4.38}$$

$$N(t) = Nf(t) \tag{5.4.39}$$

则式(5.4.37)成为

$$\frac{\mathrm{d}N(t)}{\mathrm{d}t} = \lambda_f N(t) + q \tag{5.4.40}$$

式中:λ_f 称为裂变增殖时间常数;$\ell^* = \ell / K_{\text{eff}}$ 称为中子有效平均寿命。式(5.4.40)的解为

$$N(t) = N_0 e^{\lambda_f t} + \frac{q}{\lambda_f}(e^{\lambda_f t} - 1) \tag{5.4.41}$$

在 $\Delta t = t_k - t_{k-1}$时间内,式(5.4.41)可写为

$$N^k = N^{k-1} e^{\lambda_f \Delta t} + \frac{q}{\lambda_f}(e^{\lambda_f \Delta t} - 1) \tag{5.4.42}$$

式(5.4.42)需用求解超越方程的数值方法求解 λ_f。求解 λ_f 的更简单方法是利用式(5.4.40)的差分方程

$$\frac{N^k - N^{k-1}}{\Delta t} = \lambda_f \frac{N^k + N^{k-1}}{2} + q$$

求得

$$\lambda_f = \frac{2}{N^k + N^{k-1}} \left(\frac{N^k - N^{k-1}}{\Delta t} - q \right) \tag{5.4.43}$$

对于有聚变反应的系统,更能反应系统内总中子数变化规律的是系统时间常数 λ——系统内总中子数的变化指数

$$\frac{\mathrm{d}N(t)}{\mathrm{d}t} = \lambda N(t) \tag{5.4.44}$$

所以 λ 的算式为

$$\lambda = \frac{1}{\Delta t}\ln\frac{N^k}{N^{k-1}} \tag{5.4.45}$$

式(5.4.44)的差分格式为

$$\lambda = \frac{N^k - N^{k-1}}{\Delta t \cdot N^{k-1/2}}$$

与式(5.4.43)对比,即可看出 λ 和 λ_f 两者的差别在于,系统时间常数 λ 的计算式中不含源 q。

2. 放能计算

1) 核反应放能率

求解辐射流体力学方程组时,能量守恒方程中需要 t 时刻单位时间在单位质量的介质中释放并沉积在当地的能量 w,包括聚变能量沉积(不包括快中子的能量沉积)、裂变能量沉积和中子与核碰撞导致的能量沉积,即

$$w = w_T + w_f + w_n \tag{5.4.46}$$

式中:由聚变释放的放能率为

$$w_T = n_2\rho\left[\frac{1}{5}Q_{23n}n_3\langle\sigma v\rangle_{23n} + \frac{1}{2}Q_{22p}n_2\langle\sigma v\rangle_{22p} + \frac{1}{8}Q_{22n}n_2\langle\sigma v\rangle_{22n} + Q_{23p}n_{e3}\langle\sigma v\rangle_{23p}\right] \tag{5.4.47}$$

快速氚引起的聚变反应,氚核的动能影响只在 $\langle\sigma v\rangle_{23n}$ 中考虑乘一因子 η,氚核的动能对聚变产物动能的影响不计。

由裂变释放和由中子与介质原子核碰撞释放的放能率,可利用 ENDL 核数据库中的每次碰撞平均能量沉积数据来计算,即

$$E_L^g = \sum_{i=1}^{N}\sigma_i^g E_L^g(i)/\sigma_t^g$$

式中:i 为反应种类,且

$$w_f + w_n = \sum_{g=1}^{G} E_L^g \Sigma_t^g 4\pi\Phi_g/\rho \tag{5.4.48}$$

2) 当量

在 $0 \to t$ 时间内,由于核反应系统释放出的总能量(包括快中子的能量)为

$$W_T = c_1\int_0^t \mathrm{d}t\int \mathrm{d}V\,(w_f + w_T)\rho = c_1\sum_k \Delta t_k\sum_i V_i\rho_i(w_f + w_T) \tag{5.4.49}$$

式中:V_i 是网格体积,$c_1 = 2.39\times10^{-5}$ 是由 10^{12} erg 换算到吨(TNT)的单位换算常

数(1gTNT 炸药放能 4.185×10^{10} erg, 10^{12} erg 相当于 2.39×10^{-5} tTNT 炸药放能)。单位时间单位体积物质聚变放能为

$$\rho_i w_T = n_2\rho_i^2\left[Q_{23n}n_3\langle\sigma v\rangle_{23n} + \frac{1}{2}Q_{22p}n_2\langle\sigma v\rangle_{22p} + \frac{1}{2}Q_{22n}n_2\langle\sigma v\rangle_{22n} + Q_{23p}n_{e3}\langle\sigma v\rangle_{23p}\right] \tag{5.4.50}$$

考虑到重核一次裂变平均放能

$$E_f \approx 200\text{MeV} = 3.2044\times10^{-16}(10^{12}\text{erg})$$

则单位时间单位体积物质裂变放能为

$$\rho_i w_f = E_f\sum_{g=1}^{G}\Sigma_{fg}4\pi\Phi_g \tag{5.4.51}$$

3) t 时刻系统放能率

t 时刻单位时间内系统释放的能量为

$$\dot{W}_T = \frac{W_T(t^k) - W_T(t^{k-1})}{\Delta t} \tag{5.4.52}$$

3. 燃耗

解燃耗方程可得 t 时刻第 i 个网格中单位质量物质所含的第 j 种核素的原子核数目 $n_{j,i}$,则 t 时刻系统中第 j 种核素的总质量为

$$M_j(t) = m_j\sum_i n_{j,i}\rho_i V_i \tag{5.4.53}$$

式中:V_i 为网格体积;m_j 为第 j 种核素一个原子的质量。第 j 种核素燃耗的定义为

$$f_j(t) = 1 - M_j(t)/M_j(0) \tag{5.4.54}$$

若 $t=0$ 时刻的 $M_j(0)=0$,则第 j 种核素燃耗应改为下式计算,即

$$f_j(t) = (M_p(t) - M_j(t)/M_p(t)$$

式中:$M_p(t)$ 为 $0\to t$ 时间内总产生的第 j 种核素的质量。

第6章　中子扩散理论

中子输运方程实质是中子在粒子相空间的分布函数 $n(\boldsymbol{r},\boldsymbol{v},t)=n(\boldsymbol{r},E,\boldsymbol{\Omega},t)$ 满足的守恒方程，或中子角通量 $\phi(\boldsymbol{r},E,\boldsymbol{\Omega},t)=vn(\boldsymbol{r},E,\boldsymbol{\Omega},t)$ 满足的微分积分方程。求解中子输运方程得到中子角通量 $\phi(\boldsymbol{r},E,\boldsymbol{\Omega},t)$ 是一件工作量很大的繁重任务，特别是在多维空间几何情况下就显得更为困难。原因是，中子角通量 $\phi(\boldsymbol{r},E,\boldsymbol{\Omega},t)$ 中最多有 7 个独立变量，采用离散坐标的方法来数值求解中子输运方程，所需计算机存储量和计算量都很大。因此，需要对中子输运方程进行降维处理，以减小计算量。最常见的降维办法是假设一维空间几何(一维平几何和一维球对称几何)情况，此时，空间变量和相应的方向变量均变为 1 个，使维数大大降低，计算量大大减少。但是，这种简化是不能随便做的，必须符合实际的物理状况。如果系统本身就是二维或三维问题，则空间维数就不能够减下来，相应的方向维数也必是 2 维，而不是 1 维。

在空间维数不能降下来的前提下，如何使用降维方法来使计算量减小呢？此时，我们可以在方向变量上来动脑筋。如果通过对方向变量的积分消去方向变量，使中子输运方程变为中子扩散方程，就会使中子输运方程的求解大大简化。这样做，对于反应堆物理设计以及开展大规模地摸规律的中子输运计算是大有裨益的。

然而，扩散方程只是中子输运方程的近似，它不可能代替中子输运方程。这里面的近似程度如何？精度怎样？如何通过各种改进使扩散方程的计算结果尽可能地逼近解中子输运方程计算的结果？这些都是值得认真探索的问题。本节就对这个问题展开探讨。

6.1　中子扩散方程

6.1.1　多群中子扩散方程

将中子输运方程式(5.2.1)对中子方向 $\boldsymbol{\Omega}$ 积分，可得

$$\frac{1}{v}\frac{\partial\phi(\boldsymbol{r},E,t)}{\partial t}+\nabla\cdot\boldsymbol{J}+\Sigma\phi=\int\Sigma_0(E'\to E)\phi(\boldsymbol{r},E',t)\mathrm{d}E'+S(\boldsymbol{r},E,t) \tag{6.1.1}$$

式中：S 为独立中子源(如聚变中子源)；$\boldsymbol{J}(\boldsymbol{r},E,t)=\int_{4\pi}\mathrm{d}\boldsymbol{\Omega}\boldsymbol{\Omega}\phi(\boldsymbol{r},E,\boldsymbol{\Omega},t)$ 为中子流，且

$$\Sigma_0(E' \to E) = \int_{4\pi} d\Omega \Sigma(E' \to E, \mu_0) = \int_{4\pi} d\Omega \Sigma(E') f(E' \to E, \mu_0)$$

将式(6.1.1)多群化，且采用 Fick 定律，有

$$\begin{cases} \boldsymbol{J}_g(\boldsymbol{r},t) = -D_g \nabla \phi_g(\boldsymbol{r},t) \\ D_g = 1/(3\Sigma_{tr}^g) \end{cases} \tag{6.1.2}$$

得多群扩散方程

$$\frac{1}{v_g} \frac{\partial \phi_g(\boldsymbol{r},t)}{\partial t} - \nabla \cdot (D_g \nabla \phi_g) = Q_g \tag{6.1.3}$$

其中

$$\begin{cases} Q_g = \sum_{g'=1}^{G} (\Sigma_s^{g' \to g} + x_g \nu_f^{g'} \Sigma_f^{g'}) \phi_{g'} + S_g - \Sigma^g \phi_g \\ \Sigma^g = \rho \sum_i n_i \sigma_t^g(i) \\ \Sigma_s^{g' \to g} = \rho \sum_i n_i \sigma_s^{g' \to g}(i) \\ \nu_f^{g'} \Sigma_f^{g'} = \rho \sum_i n_i \nu_f^{g'}(i) \sigma_f^{g'}(i) \end{cases} \tag{6.1.4}$$

式中：n_i 为单位质量介质中含第 i 种核的数目；ρ 为介质质量密度；S_g 为独立中子源(如聚变中子)。

考虑介质的宏观运动速度 $\boldsymbol{u}$，由于

$$\frac{\partial}{\partial t} = \frac{d}{dt} - \boldsymbol{u} \cdot \nabla$$

其中

$$\frac{d}{dt} = \left.\frac{\partial}{\partial t}\right|_{\text{Lagrange}} \text{为随体导数}$$

则式(6.1.3)可以写为

$$\frac{1}{v_g} \frac{d\phi_g}{dt} - \nabla \cdot (D_g \nabla \phi_g) - \frac{\boldsymbol{u}}{v_g} \cdot \nabla \phi_g = Q_g \left(\text{一般} \frac{u}{v_g} \text{是个小量} \right) \tag{6.1.5}$$

式(6.1.5)可改写为

$$\frac{1}{\rho} \frac{d}{dt}\left(\frac{\phi_g}{v_g}\right) - \frac{1}{\rho} \nabla \cdot (D_g \nabla \phi_g) + \frac{\phi_g}{v_g} \frac{d}{dt}\left(\frac{1}{\rho}\right) -$$
$$\frac{\phi_g}{v_g} \frac{d}{dt}\left(\frac{1}{\rho}\right) - \frac{1}{\rho} \nabla \cdot \left(\boldsymbol{u} \frac{\phi_g}{v_g}\right) + \frac{\phi_g}{\rho v_g} \nabla \cdot \boldsymbol{u} = \frac{Q_g}{\rho}$$

利用连续性条件

$$\frac{d}{dt}\left(\frac{1}{\rho}\right) = \frac{1}{\rho} \nabla \cdot \boldsymbol{u} \tag{6.1.6}$$

得多群扩散方程的随体微商形式

$$\frac{\mathrm{d}}{\mathrm{d}t}\left(\frac{\phi_g}{\rho v_g}\right)-\frac{1}{\rho}\nabla\cdot\left[(D_g\nabla\phi_g)+\frac{\boldsymbol{u}}{v_g}\phi_g\right]=\widetilde{Q}_g \tag{6.1.7a}$$

式中单位质量介质中的中子源项为

$$\widetilde{Q}_g\equiv\frac{Q_g}{\rho}=\sum_{g'=1}^{G}H_{g'g}\phi_{g'}+S_g/\rho \tag{6.1.7b}$$

$$H_{g'g}=\sum_i n_i(\sigma_s^{g'\to g}(i)+x_g\nu_f^{g'}\sigma_f^{g'}(i)-\delta_{gg'}\sigma_t^{g'}(i)) \tag{6.1.7c}$$

式中:n_i 为单位质量物质内的 i 类核数目。

在一维球对称系统中,注意到

$$\nabla\phi=\frac{\partial\phi}{\partial r}\boldsymbol{e}_r,\quad \nabla\cdot\boldsymbol{J}=\frac{1}{r^2}\frac{\partial}{\partial r}(r^2J_r)$$

r 为 Euler 坐标,式(6.1.7a)成为

$$\frac{\mathrm{d}}{\mathrm{d}t}\left(\frac{\phi_g}{\rho v_g}\right)=\frac{1}{\rho r^2}\frac{\partial}{\partial r}\left[r^2\left(D_g\frac{\partial\phi_g}{\partial r}+\frac{u}{v_g}\phi_g\right)\right]+\widetilde{Q}_g \tag{6.1.8}$$

利用变换

$$\frac{\partial}{\partial r}=\frac{\rho r^2}{\rho_0R^2}\frac{\partial}{\partial R} \tag{6.1.9}$$

$$\frac{\mathrm{d}}{\mathrm{d}t}=\left.\frac{\partial}{\partial t}\right|_{\text{Lagrange}}$$

式中:R 为 Lagrange 坐标,得 Lagrange 形式下的多群扩散方程

$$\frac{\partial}{\partial t}\left(\frac{\phi_g}{\rho v_g}\right)=\frac{1}{\rho_0R^2}\frac{\partial}{\partial R}\left[r^2\left(D_g\frac{\rho r^2}{\rho_0R^2}\frac{\partial\phi_g}{\partial R}+\frac{u}{v_g}\phi_g\right)\right]+\widetilde{Q}_g \tag{6.1.10}$$

其中所有物理量均系 Lagrange 坐标和时间(R,t)的函数,包括 Euler 坐标 $r=r(R,t)$本身。式(6.1.10)就是最后所用的多组扩散方程。

6.1.2 定解条件

1. 初始条件

$$\phi_g(R,t=0)=\phi_g^{(0)}(R) \tag{6.1.11}$$

2. 球心条件

在球心 $R=0$ 处中子流为0,所以与式(6.1.3)对应的条件为

$$\left.D_g\frac{\rho r^2}{\rho_0R^2}\frac{\partial\phi_g}{\partial R}\right|_{R=0}=0$$

与式(6.1.7a)对应的条件为①

$$\left(D_g \frac{\rho r^2}{\rho_0 R^2}\frac{\partial \phi_g}{\partial R} + \frac{u}{v_g}\phi_g\right)_{R=0} = 0 \tag{6.1.12}$$

3. 交界面条件

在两种介质的交界面处,通量和流连续,与式(6.1.3)对应的条件为

$$\phi_g \text{ 和 } D_g \frac{\rho r^2}{\rho_0 R^2}\frac{\partial \phi_g}{\partial R} \text{ 连续}$$

与式(6.1.7a)对应的条件为

$$\phi_g \text{ 和}\left(D_g \frac{\rho r^2}{\rho_0 R^2}\frac{\partial \phi_g}{\partial R} + \frac{u}{v_g}\phi_g\right)\text{连续} \tag{6.1.13}$$

4. 外推边界条件

$$[\phi_g + d_g \boldsymbol{e}_s \cdot \nabla \phi_g]_{R=R_J} = 0$$

介质不运动时对应式(6.1.3)的条件为

$$\left[\phi_g + d_g \frac{\rho r^2}{\rho_0 R^2}\frac{\partial \phi_g}{\partial R}\right]_{R=R_J} = 0 \tag{6.1.14}$$

式中:$d_g = 0.7104/\Sigma_{tr}^g = 2.1312 D_g$ 为外推距离。考虑介质宏观运动时,相应的条件为

$$\left[\phi_g + \frac{d_g}{(1+2.1312u/v_g)}\frac{\rho r^2}{\rho_0 R^2}\frac{\partial \phi_g}{\partial R}\right]_{R=R_J} = 0 \tag{6.1.15}$$

注:条件式(6.1.12)、式(6.1.13)和式(6.1.15)是这样得到的:设介质宏观速度 $\boldsymbol{u}$ 随空间坐标缓慢变化,即 $|\nabla \cdot \boldsymbol{u}/v_g|$ 是个比 $|\boldsymbol{u}/v_g|$ 更高阶的小量,则

$$\frac{\boldsymbol{u}}{v_g}\cdot \nabla \phi_g = \nabla \cdot \left(\frac{\boldsymbol{u}}{v_g}\phi_g\right) - \frac{\phi_g}{v_g}\nabla \cdot \boldsymbol{u} \approx \nabla \cdot \left(\frac{\boldsymbol{u}}{v_g}\phi_g\right)$$

式(6.1.5)变为

$$\frac{1}{v_g}\frac{\mathrm{d}\phi_g}{\mathrm{d}t} - \nabla \cdot \left(D_g \nabla \phi_g + \frac{\boldsymbol{u}}{v_g}\phi_g\right) = Q_g \tag{6.1.16a}$$

此式与介质不运动时的式(6.1.3)对比可知,考虑介质宏观运动时的中子流为

$$\boldsymbol{J}_g(u) = -D_g \nabla \phi_g - \frac{\boldsymbol{u}}{v_g}\phi_g \tag{6.1.16b}$$

将式(6.1.16b)用于球心处中子流为0,就得条件式(6.1.12)。将式(6.1.16b)用

① 说明:由式(6.1.5) $\frac{1}{v_g}\frac{\mathrm{d}\phi_g}{\mathrm{d}t} - \nabla \cdot (D_g \nabla \phi_g) - \frac{\boldsymbol{u}}{v_g}\cdot \nabla \phi_g = Q_g$,因为 $\boldsymbol{u}\cdot \nabla \frac{\phi_g}{v_g} = \nabla \cdot \left(\frac{\boldsymbol{u}}{v_g}\phi_g\right) - \frac{\phi_g}{v_g} \nabla \cdot \boldsymbol{u} \approx \nabla \cdot \left(\frac{\boldsymbol{u}}{v_g}\phi_g\right)$,所以 $\boldsymbol{J}_{等效} = -D_g \nabla \phi_g - \frac{\boldsymbol{u}}{v_g}\phi_g$。由式(6.1.7a)的物理意义看也对。

于交界面处连续就得条件式(6.1.13)。将式(6.1.16b)代入外推边界条件

$$[\phi_g + d_g \boldsymbol{e}_s \cdot \nabla \phi_g]_{R=R_J} = [\phi_g - 2.1312 \boldsymbol{e}_s \cdot \boldsymbol{J}_g]_{R=R_J} = 0 \quad (6.1.17)$$

式中:$d_g = 0.7104/\Sigma_{tr}^g = 2.1312 D_g$;$\boldsymbol{e}_s$ 是边界的外法线方向,注意到

$$2.1312 \boldsymbol{J}_g(u) \cdot \boldsymbol{e}_s |_{R_J} = \left[-d_g \frac{\partial \phi_g}{\partial r} - 2.1312 \frac{u}{v_g} \phi_g \right]_{R_J}$$

代入式(6.1.17)即得边界条件

$$\left[-d_g \frac{\partial \phi_g}{\partial r} - 2.1312 \frac{u}{v_g} \phi_g \right]_{R_J} = \phi_g |_{R_J} \quad (6.1.18)$$

即

$$-d_g \frac{\rho r^2}{\rho_0 R^2} \frac{\partial \phi_g}{\partial R} \bigg|_{R_J} = \left(1 + 2.1312 \frac{u}{v_g}\right) \phi_g |_{R_J}$$

$$\left[\phi_g + \frac{d_g}{(1 + 2.1312 u/v_g)} \frac{\rho r^2}{\rho_0 R^2} \frac{\partial \phi_g}{\partial R} \right]_{R_J} = 0 \quad (6.1.19)$$

这就是式(6.1.15)。

6.1.3 差分方程

在多群扩散方程式(6.1.10)中,令

$$\begin{cases} F = D_g \dfrac{\rho r^2}{\rho_0 R^2} \dfrac{\partial \phi_g}{\partial R} \\ f = \dfrac{\phi_g}{v_g} \\ [Ff] = r^2 (F + uf) \\ M = \dfrac{1}{\rho_0 R^2} \dfrac{\partial}{\partial R} [Ff] \end{cases} \quad (6.1.20a)$$

则多群扩散方程式(6.1.10)变为

$$\frac{\partial}{\partial t}\left(\frac{f}{\rho}\right) = M + \widetilde{Q}_g \quad (6.1.20b)$$

如图6-1所示,在空间网格$[R_k, R_{k+1}]$的中心 $R_{k+1/2}(k = 0, 1, 2, \cdots, J-1)$处,将扩散方程式(6.1.20b)对时间作积分

$$\int_{t_n}^{t_{n+1}} \mathrm{d}t \frac{\partial}{\partial t}\left(\frac{f_{k+1/2}}{\rho_{k+1/2}}\right) = \int_{t_n}^{t_{n+1}} \mathrm{d}t\, M_{k+1/2} + \int_{t_n}^{t_{n+1}} \mathrm{d}t \widetilde{Q}_{g,k+1/2}$$

可得到 $R_{k+1/2}$、$t_{n+1/2}$处的差分方程

$$\frac{f_{k+1/2}^{n+1}}{\rho_{k+1/2}^{n+1}} - \frac{f_{k+1/2}^{n}}{\rho_{k+1/2}^{n}} = \Delta t^{n+1/2} (M_{k+1/2}^{n+1/2} + \widetilde{Q}_{g,k+1/2}^{n+1/2})$$

或

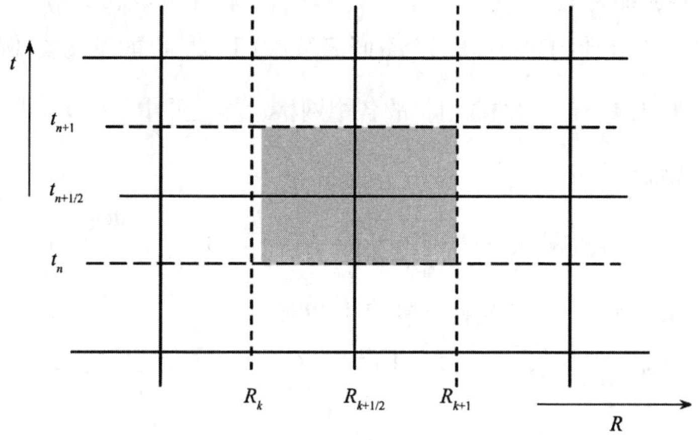

图 6－1 (R,t)网格划分

$$\frac{1}{\Delta t^{n+1/2}}\left[\frac{\phi^{n+1}_{g,k+1/2}}{\rho^{n+1}_{k+1/2}v_{g,k+1/2}}-\frac{\phi^{n}_{g,k+1/2}}{\rho^{n}_{k+1/2}v_{g,k+1/2}}\right]=(M^{n+1/2}_{k+1/2}+\widetilde{Q}^{n+1/2}_{g,k+1/2})\qquad(6.1.21)$$

式(6.1.21)中的 $M^{n+1/2}_{k+1/2}$可由积分

$$\int_k^{k+1}M\rho_0R^2\mathrm{d}R=\int_k^{k+1}\mathrm{d}[Ff]=[Ff]_{k+1}-[Ff]_k$$

得出，即

$$M^{n+1/2}_{k+1/2}\Delta m_{k+1/2}=[Ff]^{n+1/2}_{k+1}-[Ff]^{n+1/2}_{k}=\frac{1}{2}\{[Ff]^{n+1}_{k+1}-[Ff]^{n+1}_{k}+[Ff]^{n}_{k+1}-[Ff]^{n}_{k}\}$$

$$(k=0,1,2,\cdots,J-1)\qquad(6.1.22)$$

式中：$\Delta m_{k+1/2}=\frac{1}{3}\rho_{0,k+1/2}(R^3_{k+1}-R^3_k)$。$M^{n+1/2}_{k+1/2}$涉及到$(J+1)$个空间离散点处$[Ff]=r^2(F+uf)$的值，如何得到另外处理。

式(6.1.21)中的 $\widetilde{Q}^{n+1/2}_{g,k+1/2}$可根据式(6.1.7b) 得出。由式(6.1.7b)可知

$$\widetilde{Q}_g\equiv\frac{Q_g}{\rho}=\sum_{g'=1}^{G}H_{g'g}\phi_{g'}+\widetilde{S}_g\qquad(6.1.23)$$

式中：$\widetilde{S}_g=S_g/\rho$ 表示单位质量介质内的独立中子源。式(6.1.23)的离散形式为

$$\widetilde{Q}^{n+1/2}_{g,k+1/2}=\left[H_{gg}\phi_g+\sum_{g'<g}H_{g'g}\phi^{n+1}_{g'}+\sum_{g'>g}H_{g'g}\phi^{n}_{g'}+\widetilde{S}_g\right]_{k+1/2}=$$

$$\frac{1}{2}[H^{n+1/2}_{gg,k+1/2}\phi^{n+1}_{g,k+1/2}+H^{n+1/2}_{gg,k+1/2}\phi^{n}_{g,k+1/2}]+\sum_{g'<g}H^{n+1/2}_{g'g,k+1/2}\phi^{n+1}_{g',k+1/2}+$$

$$\sum_{g'>g}H^{n+1/2}_{g'g,k+1/2}\phi^{n}_{g',k+1/2}+\widetilde{S}^{n+1/2}_{g,k+1/2}\qquad(6.1.24)$$

下面讨论如何计算式(6.1.22)中涉及的$(J+1)$个空间离散点处$[Ff]=r^2(F+uf)$的值。在介质的交界面(每个空间离散点)上,D_g可能不连续,例如,在活性区与反射层中,D_g具有不同的数值。故各个网格边界上的中子流$F=D_g\dfrac{\rho r^2}{\rho_0 R^2}\dfrac{\partial\phi_g}{\partial R}$的数值计算格式就有讲究。

由式(6.1.20a)可知,$F=D_g\dfrac{\rho r^2}{\rho_0 R^2}\dfrac{\partial\phi_g}{\partial R}=D_g\dfrac{\partial\phi_g}{\partial r}$,即$\dfrac{\rho F}{\rho D_g}=\dfrac{\partial\phi_g}{\partial r}$,将$\dfrac{\rho F}{\rho D_g}=\dfrac{\partial\phi_g}{\partial r}$在区间$[r_{k-1/2},r_{k+1/2}]$$(k=1,2,\cdots,J-1)$对d$r$积分,得

$$\phi_{g,k+1/2}-\phi_{g,k-1/2}=F_k\Big[\int_{r_{k-1/2}}^{r_k}\frac{\rho}{\rho D_g}\mathrm{d}r+\int_{r_k}^{r_{k+1/2}}\frac{\rho}{\rho D_g}\mathrm{d}r\Big]=$$

$$F_k\Big[\frac{\rho_{k-1/2}}{(\rho D_g)_{k-1/2}}\cdot\frac{\Delta r_k}{2}+\frac{\rho_{k+1/2}}{(\rho D_g)_{k+1/2}}\cdot\frac{\Delta r_{k+1}}{2}\Big]$$

故有

$$F_k=\frac{\phi_{g,k+1/2}-\phi_{g,k-1/2}}{l_{k+1/2}+l_{k-1/2}}\qquad(k=1,2,\cdots,J-1)\tag{6.1.25}$$

其中

$$l_{k-1/2}=\frac{1}{(D_g)_{k-1/2}}\cdot\frac{\Delta r_k}{2},\qquad l_{k+1/2}=\frac{1}{(D_g)_{k+1/2}}\cdot\frac{\Delta r_{k+1}}{2}$$

另外,取

$$f_k=\left(\frac{\phi_g}{v_g}\right)_k\approx\frac{l_{k+1/2}}{(l_{k+1/2}+l_{k-1/2})}\left(\frac{\phi_g}{v_g}\right)_{k+1/2}+\frac{l_{k-1/2}}{(l_{k+1/2}+l_{k-1/2})}\left(\frac{\phi_g}{v_g}\right)_{k-1/2}$$
$$(k=1,2,\cdots,J-1)\tag{6.1.26}$$

故由$[Ff]_k=[r^2(F+uf)]|_k$,得

$$[Ff]_k=\frac{(r_k^2)}{l_{k+1/2}+l_{k-1/2}}\Big[\left(1+u_k\frac{l_{k+1/2}}{v_{g,l_{k+1/2}}}\right)\phi_{g,k+1/2}-\left(1-u_k\frac{l_{k-1/2}}{v_{g,k-1/2}}\right)\phi_{g,k-1/2}\Big]\tag{6.1.27}$$

令

$$\begin{cases}\alpha_k=\dfrac{r_k^2}{l_{k+1/2}+l_{k-1/2}}\left(1+u_k\dfrac{l_{k+1/2}}{v_{g,k+1/2}}\right)\\[2ex]\beta_k=\dfrac{r_k^2}{l_{k+1/2}+l_{k-1/2}}\left(1-u_k\dfrac{l_{k-1/2}}{v_{g,k-1/2}}\right)\end{cases}\tag{6.1.28}$$

得

$$[Ff]_k=\alpha_k\phi_{g,k+1/2}-\beta_k\phi_{g,k-1/2}\qquad(k=1,2,\cdots,J-1)\tag{6.1.29}$$

由球心条件式(6.1.12)可知,$[(F+uf)]|_{R=0}=0$,即球心处$[Ff]_{k=0}=0$,若利用上式计算$[Ff]_{k=0}$,可令

$$\alpha_0=\beta_0=0$$

因此,有

$$[Ff]_k = \alpha_k\phi_{g,k+1/2} - \beta_k\phi_{g,k-1/2} \qquad (k = 0,1,2,\cdots,J-1) \quad (6.1.30)$$

$k=J$ 外边界处的流不能用式(6.1.29)计算,可将$\frac{\rho F}{\rho D_g}=\frac{\partial\phi_g}{\partial r}$在半个边界网格区间$[r_{J-1/2},r_J]$对 d$r$ 积分,得

$$\phi_{g,J} - \phi_{g,J-1/2} = F_J\int_{r_{J-1/2}}^{r_J}\frac{\rho}{\rho D_g}\mathrm{d}r = F_J\frac{\rho_{J-1/2}}{(\rho D_g)_{J-1/2}}\frac{\Delta r_J}{2}$$

所以与式(6.1.25)对应的计算公式在 $k=J$ 时变为

$$F_J = \frac{1}{l_{J-1/2}}(\phi_{g,J} - \phi_{g,J-1/2}) \quad (6.1.31)$$

其中

$$l_{J-1/2} = \frac{1}{(D_g)_{J-1/2}}\frac{\Delta r_J}{2}$$

下面看$f_J=\left(\frac{\phi_g}{v_g}\right)_J=?$

注意到$F_J=\left[D_g\frac{\rho r^2}{\rho_0R^2}\frac{\partial\phi_g}{\partial R}\right]_J$,外推边界条件式(6.1.15)变为

$$\left[\phi_g + \frac{2.1312}{(1+2.1312u/v_g)}F\right]_{R=R_J} = 0$$

可见,外边界处的中子通量与外边界流的关系为

$$\phi_{g,J} + \frac{2.1312}{1+2.1312u_J/v_{g,J-1/2}}F_J = 0$$

令

$$l_{J+1/2} = \frac{2.1312}{1+2.1312u_J/v_{g,J-1/2}} \approx 2.1312\left(1-\frac{2u_J}{v_{g,J-1/2}}\right) \quad (6.1.32)$$

有

$$\phi_{g,J} + l_{J+1/2}F_J = 0 \quad (6.1.33)$$

联立式(6.1.31) 和式(6.1.33),可得

$$\phi_{g,J} = \frac{l_{J+1/2}}{l_{J+1/2}+l_{J-1/2}}\phi_{g,J-1/2} \quad (6.1.34)$$

$$F_J = \frac{-\phi_{g,J-1/2}}{l_{J+1/2}+l_{J-1/2}} \quad (6.1.35)$$

所以

$$f_J = \left(\frac{\phi_g}{v_g}\right)_J = \frac{\phi_{g,J}}{v_{g,J-1/2}} = \frac{l_{J+1/2}}{l_{J+1/2}+l_{J-1/2}}\frac{\phi_{g,J-1/2}}{v_{g,J-1/2}} \quad (6.1.36)$$

故由定义$[Ff]_k = [r^2(F+uf)]|_k$得外边界处

$$[Ff]_J = \frac{-r_J^2}{l_{J+1/2}+l_{J-1/2}}\left(1-u_J\frac{l_{J+1/2}}{v_{g,J-1/2}}\right)\phi_{g,J-1/2}$$

令

$$\begin{cases}\alpha_J = 0 \\ \beta_J = \dfrac{r_J^2}{l_{J+1/2}+l_{J-1/2}}\left(1-u_J\dfrac{l_{J-1/2}}{v_{g,J-1/2}}\right)\end{cases} \tag{6.1.37}$$

有

$$[Ff]_J = \alpha_J\phi_{g,J+1/2} - \beta_J\phi_{g,J-1/2} \tag{6.1.38}$$

此式与式(6.1.30)形式一致。

总结如下:差分网格$(J+1)$个边界处的$[Ff]$的计算公式为

$$[Ff]_k = \alpha_k\phi_{g,k+1/2} - \beta_k\phi_{g,k-1/2} \quad (k=0,1,2,\cdots,J) \tag{6.1.39a}$$

$$\begin{cases}\alpha_0 = 0 \\ \alpha_k = \dfrac{r_k^2}{l_{k+1/2}+l_{k-1/2}}\left(1+u_k\dfrac{l_{k+1/2}}{v_{g,k+1/2}}\right), \quad (k=1,2,\cdots,J-1) \\ \alpha_J = 0\end{cases} \tag{6.1.39b}$$

$$\begin{cases}\beta_0 = 0 \\ \beta_k = \dfrac{r_k^2}{l_{k+1/2}+l_{k-1/2}}\left(1-u_k\dfrac{l_{k-1/2}}{v_{g,k-1/2}}\right), \quad (k=1,2,\cdots,J-1,J)\end{cases} \tag{6.1.39c}$$

$$\begin{cases}l_{k-1/2} = \dfrac{1}{(D_g)_{k-1/2}}\dfrac{\Delta r_k}{2}, \quad (k=1,2,\cdots,J-1,J) \\ l_{J+1/2} = 2.1312\left(1-\dfrac{2u_J}{v_{g,J-1/2}}\right)\end{cases} \tag{6.1.39d}$$

将关系式(6.1.39a)代入式(6.1.22),得

$$M_{k+1/2}^{n+1/2} = \frac{1}{2\Delta m_{k+1/2}}\left[\begin{array}{l}\alpha_{k+1}^{n+1}\phi_{g,k+3/2}^{n+1} - \beta_{k+1}^{n+1}\phi_{g,k+1/2}^{n+1} - \alpha_k^{n+1}\phi_{g,k+1/2}^{n+1} + \beta_k^{n+1}\phi_{g,k-1/2}^{n+1} + \\ \alpha_{k+1}^{n}\phi_{g,k+3/2}^{n} - \beta_{k+1}^{n}\phi_{g,k+1/2}^{n} - \alpha_k^{n}\phi_{g,k+1/2}^{n} + \beta_k^{n}\phi_{g,k-1/2}^{n}\end{array}\right]$$
$$(k=0,1,2,\cdots,J-1) \tag{6.1.40}$$

式中:$\Delta m_{k+1/2} = \frac{1}{3}\rho_{0,k+1/2}(R_{k+1}^3 - R_k^3)$为第$(k+1)$个网格的质量,是守恒量。

综上所述,将式(6.1.40)、式(6.1.24)代入式(6.1.21),得差分方程的具体形式为

$$\frac{2}{\Delta t^{n+1/2}}\left[\frac{\phi_{g,k+1/2}^{n+1}}{\rho_{k+1/2}^{n+1}v_{g,k+1/2}}-\frac{\phi_{g,k+1/2}^{n}}{\rho_{k+1/2}^{n}v_{g,k+1/2}}\right]=\frac{1}{\Delta m_{k+1/2}}[\alpha_{k+1}^{n+1}\phi_{g,k+3/2}^{n+1}-\beta_{k+1}^{n+1}\phi_{g,k+1/2}^{n+1}]-$$

$$\alpha_{k}^{n+1}\phi_{g,k+1/2}^{n+1}+\beta_{k}^{n+1}\phi_{g,k-1/2}^{n+1}+\alpha_{k+1}^{n}\phi_{g,k+3/2}^{n}-\beta_{k+1}^{n}\phi_{g,k+1/2}^{n}-\alpha_{k}^{n}\phi_{g,k+1/2}^{n}+\beta_{k}^{n}\phi_{g,k-1/2}^{n}+$$

$$H_{gg,k+1/2}^{n+1/2}\phi_{g,k+1/2}^{n+1}+H_{gg,k+1/2}^{n+1/2}\phi_{g,k+1/2}^{n}+2\sum_{g'<g}H_{g'g,k+1/2}^{n+1/2}\phi_{g',k+1/2}^{n+1}+$$

$$2\sum_{g'>g}H_{g'g,k+1/2}^{n+1/2}\phi_{g',k+1/2}^{n}+2\tilde{S}_{g,k+1/2}^{n+1/2} \tag{6.1.41}$$

令

$$\begin{cases}A_{k}^{n+1}=\dfrac{\beta_{k}^{n+1}}{\Delta m_{k+1/2}}\\[2ex] a^{n}=\dfrac{\beta_{k}^{n}}{\Delta m_{k+1/2}}\end{cases} \tag{6.1.42}$$

$$\begin{cases}B_{k+1/2}^{n+1}=\dfrac{2}{\Delta t\cdot\rho_{k+1/2}^{n+1}v_{g,k+1/2}}+\dfrac{1}{\Delta m_{k+1/2}}(\alpha_{k}^{n+1}+\beta_{k+1}^{n+1})-H_{gg,k+1/2}^{n+1/2}\\[2ex] b^{n}=\dfrac{2}{\Delta t\cdot\rho_{k+1/2}^{n}v_{g,k+1/2}}-\dfrac{1}{\Delta m_{k+1/2}}(\alpha_{k}^{n}+\beta_{k+1}^{n})+H_{gg,k+1/2}^{n+1/2}\end{cases} \tag{6.1.43}$$

$$\begin{cases}C_{k+1}^{n+1}=\dfrac{\alpha_{k+1}^{n+1}}{\Delta m_{k+1/2}}\\[2ex] c^{n}=\dfrac{\alpha_{k+1}^{n}}{\Delta m_{k+1/2}}\end{cases} \tag{6.1.44}$$

$$\begin{cases}\tilde{F}^{n+1}=2\sum\limits_{g'<g}H_{g'g,k+1/2}^{n+1/2}\phi_{g',k+1/2}^{n+1}+2\sum\limits_{g'>g}H_{g'g,k+1/2}^{n+1/2}\phi_{g',k+1/2}^{n}+2\tilde{S}_{g,k+1/2}^{n+1/2}\\[2ex] G_{k+1}^{n+1}=a^{n}\phi_{g,k-1/2}^{n}+b^{n}\phi_{g,k+1/2}^{n}+c^{n}\phi_{g,k+3/2}^{n}+\tilde{F}^{n+1}\end{cases} \tag{6.1.45}$$

得 Lagrange 形式下的多群扩散方程式(6.1.10)的差分格式

$$-A_{k}^{n+1}\phi_{g,k-1/2}^{n+1}+B_{k+1/2}^{n+1}\phi_{g,k+1/2}^{n+1}-C_{k+1}^{n+1}\phi_{g,k+3/2}^{n+1}=G_{k+1}^{n+1}(k=0,1,\cdots,J-1) \tag{6.1.46}$$

$\alpha_k,\beta_k(k=0,1,2,\cdots,J)$对应空间网格间隔点 $r_k(k=0,1,2,\cdots,J)$,共有$(J+1)$个。J个系数$A_k(k=0\to J-1)$由J个$\beta_k(k=0,1,2,\cdots,J-1)$决定;$J$个系数$B_{k+1/2}(k=0\to J-1)$由$J$个$\alpha_k(k=0,1,2,\cdots,J-1)$和$J$个$\beta_k(k=1,2,\cdots,J)$决定;$J$个系数$C_{k+1}(k=0\to J-1)$分别由$J$个$\alpha_k(k=1,2,\cdots,J)$决定。当$k=0$时,第一个方程的系数$A$、$B$、$C$中,$A_0^{n+1}(\beta_0)=a^n(\beta_0)=0$,$B$由$(\alpha_0,\beta_1)$决定,$C$由$\alpha_1$决定;当$k=J-1$时,最后一个方程系数$A$、$B$、$C$中,$A$由$\beta_{J-1}$决定,$B$由$(\alpha_{J-1},\beta_J)$决定,$C_J^{n+1}(\alpha_J)=c^n(\alpha_J)=0$,因而式(6.1.46)的系数矩阵是三对角阵,线性代数方程式(6.1.46)可用追赶法求解($l_{k\pm1/2}$无量纲,α_k、β_k为面积的量纲,A、B、C量纲为$[L^2M^{-1}]$,ϕ_g量纲$[L^{-2}T^{-1}]$,所以方程各项量纲为$[M^{-1}T^{-1}]$)。

(1) 追的过程:计算

$$W_k = \frac{C_k^{n+1}}{B_{k-1/2}^{n+1} - A_{k-1}^{n+1} W_{k-1}} (k = 1,2,\cdots,J-1; W_0 = 0) \tag{6.1.47}$$

$$V_k = \frac{G_k^{n+1} + A_{k-1}^{n+1} V_{k-1}}{B_{k-1/2}^{n+1} - A_{k-1}^{n+1} W_{k-1}} (k = 1,2,\cdots,J; V_0 = 0) \tag{6.1.48}$$

(2) 赶的过程:

$$\begin{cases} \phi_{g,k-1/2}^{n+1} = W_k \phi_{g,k+1/2}^{n+1} + V_k \quad (k = J-1, J-2, \cdots, 1) \\ \phi_{g,J-1/2}^{n+1} = V_J \end{cases} \tag{6.1.49}$$

6.2 半经验的改进扩散理论

6.2.1 扩散方程与输运方程的关系

在导出扩散方程式(6.1.3)时,我们以 Fick 定律决定的扩散意义下的中子流

$$\boldsymbol{J}_{扩}(\boldsymbol{r},E,t) = -D(\boldsymbol{r},E,t)\,\nabla\,\phi(\boldsymbol{r},E,t)$$

代替了输运理论中的中子流

$$\boldsymbol{J}_{迁}(\boldsymbol{r},E,t) = \int \boldsymbol{\Omega}\phi\,(\boldsymbol{r},E,\boldsymbol{\Omega},t)\,\mathrm{d}\boldsymbol{\Omega}$$

两者在什么条件下是一致的呢?下面来讨论这个问题。

将中子输运方程式(5.2.1)两边乘以 $\boldsymbol{\Omega}$,再对方向积分,假设独立中子源是各向同性的,得到

$$\left(\frac{1}{v}\frac{\partial}{\partial t} + \Sigma\right)\boldsymbol{J}_{迁}(\boldsymbol{r},E,t) + \frac{1}{3}\,\nabla\,\phi(\boldsymbol{r},E,t) = \int \Sigma_1\,(\boldsymbol{r},E' \to E)\boldsymbol{J}_{迁}(\boldsymbol{r},E',t)\,\mathrm{d}E' \tag{6.2.1}$$

这里,在导出左边第二项时假设了中子角通量各向同性,即

$$\phi(\boldsymbol{r},E,\boldsymbol{\Omega},t) = \frac{1}{4\pi}\phi(\boldsymbol{r},E,t)$$

并利用了数学关系式

$$\int \boldsymbol{\Omega}\boldsymbol{\Omega}\,\mathrm{d}\Omega = \frac{4\pi}{3}\boldsymbol{I},\ \nabla\cdot(\boldsymbol{I}\phi) = \nabla\,\phi$$

若令 $\Sigma(\boldsymbol{r},E',\boldsymbol{\Omega}'\to E,\boldsymbol{\Omega}) = \Sigma(\boldsymbol{r},E')f(E',\boldsymbol{\Omega}'\to E,\boldsymbol{\Omega})$,则在方程式(6.1.1)中,有

$$\begin{cases} \Sigma_0(E' \to E) = \Sigma(\boldsymbol{r},E')f_0(E' \to E) \\ f_0(E' \to E) = \int f(E',\boldsymbol{\Omega}' \to E,\boldsymbol{\Omega})\,\mathrm{d}\boldsymbol{\Omega} \end{cases}$$

而在方程式(6.2.1)中,有

$$\begin{cases} \Sigma_1(\boldsymbol{r}, E' \to E) = \Sigma(\boldsymbol{r}, E') f_1(E' \to E) \\ f_1(E' \to E) = \int \mu_0 f(E', \boldsymbol{\Omega}' \to E, \boldsymbol{\Omega}) \mathrm{d}\boldsymbol{\Omega} \end{cases} \tag{6.2.2}$$

式中：$\mu_0 = \boldsymbol{\Omega} \cdot \boldsymbol{\Omega}' = \cos\theta$，$\boldsymbol{\Omega} = \mu_0 \boldsymbol{\Omega}' + \sqrt{1-\mu_0^2}\cos\varphi \cdot \boldsymbol{a} + \sqrt{1-\mu_0^2}\sin\varphi \boldsymbol{b}$，$\boldsymbol{a}$、$\boldsymbol{b}$ 是 $\perp \boldsymbol{\Omega}'$ 且相互垂直的两单位矢量（图 6-2）（若某种相互作用的 f 各向同性，即与 $\boldsymbol{\Omega}$ 无关，则这种 $f_1 = 0$）。

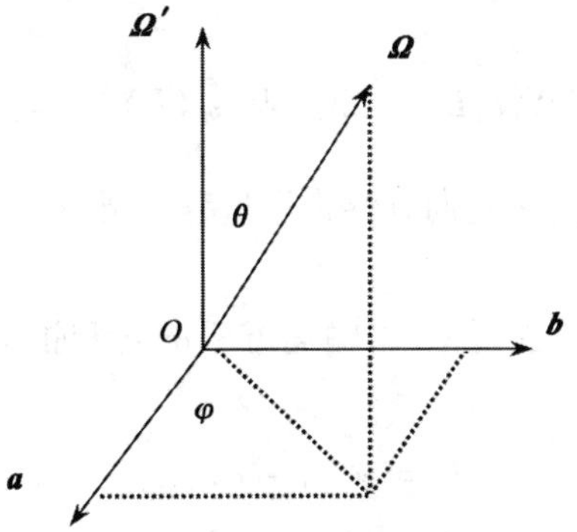

图 6-2　中子散射前后方向间的关系

由式(6.2.1)把 $\boldsymbol{J}_{迁}(\boldsymbol{r}, E, t)$ 形式地解出来，得

$$\boldsymbol{J}_{迁}(\boldsymbol{r}, E, t) = -\frac{1}{3}\left[\frac{1}{v}\frac{\partial}{\partial t} + \Sigma(\boldsymbol{r}, E) - \frac{\int \Sigma(\boldsymbol{r}, E') f_1(E' \to E) \boldsymbol{J}_{迁}(\boldsymbol{r}, E', t) \mathrm{d}E'}{\boldsymbol{J}_{迁}(\boldsymbol{r}, E, t)}\right]^{-1} \nabla \phi \tag{6.2.3}$$

可见，若令

$$D(\boldsymbol{r}, E) = \frac{1}{3}\left[\frac{1}{v}\frac{\partial}{\partial t} + \Sigma(\boldsymbol{r}, E) - \frac{\int \Sigma(\boldsymbol{r}, E') f_1(E' \to E) \boldsymbol{J}_{迁}(\boldsymbol{r}, E', t) \mathrm{d}E'}{\boldsymbol{J}_{迁}(\boldsymbol{r}, E, t)}\right]^{-1} \tag{6.2.4}$$

则

$$\boldsymbol{J}_{迁} = -D \nabla \phi = \boldsymbol{J}_{扩}$$

式(6.2.4)为扩散系数的选择与扩散理论的改进提供了理论依据。

6.2.2 扩散系数的选择

对单能定态问题，式(6.2.4)变为

$$D(\boldsymbol{r}) = \frac{1}{3}[\Sigma(\boldsymbol{r}) - \Sigma(\boldsymbol{r})\bar{\mu}_0]^{-1} \tag{6.2.5}$$

式中：$\bar{\mu}_0 = f_1$ 是 Lab 系次级中子出射角余弦的平均值。

对含能量的定态问题,假定一阶矩中子数平衡近似成立,即

$$\int \boldsymbol{\Sigma}(\boldsymbol{r},E')\, f_1(E' \to E)\boldsymbol{J}_{迁}(\boldsymbol{r},E',t)\mathrm{d}E' \approx$$

$$\int \boldsymbol{\Sigma}(\boldsymbol{r},E)\, f_1(E \to E')\boldsymbol{J}_{迁}(\boldsymbol{r},E,t)\mathrm{d}E' =$$

$$\boldsymbol{\Sigma}(\boldsymbol{r},E)\bar{\mu}_0(E)\boldsymbol{J}_{迁}(\boldsymbol{r},E,t)$$

式中:$\bar{\mu}_0(E) = \int f_1(E \to E')\mathrm{d}E'$, 则式(6.2.4)给出

$$D(\boldsymbol{r},E) = \frac{1}{3}[\Sigma(\boldsymbol{r},E) - \Sigma(\boldsymbol{r},E)\bar{\mu}_0(E)]^{-1} = 1/3\Sigma_{tr}(\boldsymbol{r},E) \quad (6.2.6)$$

式中:$\bar{\mu}_0(E)\Sigma(\boldsymbol{r},E)$实际上是各向异性作用过程的贡献 $\Sigma_S(\boldsymbol{r},E)\bar{\mu}_0(E)$(因为各向同性作用过程的$\bar{\mu}_0 = 0$)。

更进一步,注意到在单能近似下,输运方程的解和扩散理论的渐近结果一致,这时扩散系数为

$$D = \gamma^2(1 - c)/\Sigma_{tr} \quad (6.2.7)$$

式中:$c = (\nu\Sigma_f + \Sigma_S)/\Sigma_{tr}$是平均每次碰撞的次级中子数;$\gamma = \Sigma_{tr}L$ (L 为扩散长度)是超越方程

$$\frac{1}{\gamma} = \mathrm{th}\frac{1}{c\gamma} \quad (6.2.8)$$

的解。

当$c \approx 1$时,满足式(6.2.8)的$\gamma \gg 1$,故

$$\frac{1}{\gamma} = \mathrm{th}\frac{1}{c\gamma} \approx \frac{1}{c\gamma} - \frac{1}{3}\left(\frac{1}{c\gamma}\right)^3 \qquad (\gamma \gg 1)$$

由此解得

$$\gamma^2(1 - c) \approx \frac{1}{3c^2} \approx \frac{1}{3}$$

代入式(6.2.7)得扩散系数

$$D \approx 1/3\Sigma_{tr}$$

当$c > 1$时,令$B = \frac{\mathrm{i}}{L}$(B 称为材料曲率),则

$$1/\gamma \equiv 1/(\Sigma_{tr}L) = -\mathrm{i}B/\Sigma_{tr}$$

即

$$\gamma^2 = -\Sigma_{tr}^2/B^2$$

代入式(6.2.7)得

$$D = -(1 - c)\frac{\Sigma_{tr}}{B^2} = (c - 1)\frac{\Sigma_{tr}}{B^2} \quad (6.2.9)$$

材料曲率 B 可通过式(6.2.8)解出。利用公式 $\tan x = -\mathrm{i\,th}(\mathrm{i}x)$，注意到 $1/\gamma = -\mathrm{i}B/\Sigma_{tr}$，则式(6.2.8)变为

$$-\mathrm{i}B/\Sigma_{tr} = \mathrm{th}[-\mathrm{i}B/(c\Sigma_{tr})] = -\mathrm{i}\tan[B/(c\Sigma_{tr})]$$

即

$$\frac{B}{\Sigma_{tr}} = \tan\frac{B}{c\Sigma_{tr}} \tag{6.2.10}$$

由此可解出材料曲率 B，代入式(6.2.9)可求出扩散系数 D。例如，当 $c\approx 1$ 时，满足式(6.2.10)的解应有 $\frac{B}{\Sigma_{tr}} \ll 1$，故

$$\frac{B}{\Sigma_{tr}} = \tan\frac{B}{c\Sigma_{tr}} \approx \frac{B}{c\Sigma_{tr}} + \frac{1}{3}\left(\frac{B}{c\Sigma_{tr}}\right)^3$$

解出

$$B^2 \approx 3(c-1)(c\Sigma_{tr})^2$$

代入式(6.2.9)，可求出扩散系数

$$D \approx 1/(3c^2\Sigma_{tr}) \approx 1/(3\Sigma_{tr})$$

所以，按式(6.2.7)、式(6.2.8)计算扩散系数更合理。

不同 c 值下的 D（以 $l_{tr} = 1/\Sigma_{tr}$ 为单位）为

c	0.0	0.5	1.0	1.5	2.0	2.5	3.0
D	1.0	0.5454	1/3	0.2375	0.1840	0.1501	0.1267

可见，式(6.2.6)确定的扩散系数 $D(\boldsymbol{r},E) = 1/3\Sigma_{tr}(\boldsymbol{r},E)$ 只对 $c=1$ 的纯散射介质才是正确的。对含裂变材料的介质，一般 $c>1$；对吸收中子的介质，$c<1$。

6.2.3 限流问题

中子角流密度与中子角通量的一般关系为

$$\boldsymbol{J}(\boldsymbol{r},E,\boldsymbol{\Omega},t) = \boldsymbol{\Omega}\varphi(\boldsymbol{r},E,\boldsymbol{\Omega},t)$$

在一维球几何系统中，通过法线方向为 $\boldsymbol{e}_r$ 的单位面积的方向在 μ 附近单位间隔、能量在 E 的附近单位间隔的中子数目（沿 $\boldsymbol{e}_r$ 方向的角流密度）为

$$J(r,E,\mu,t) = \boldsymbol{e}_r\cdot\boldsymbol{\Omega}\varphi(r,E,\mu,t) = \mu\varphi(r,E,\mu,t)$$

不计方向，净中子流（通过法线方向为 $\boldsymbol{e}_r$ 的单位面积的能量在 E 的附近单位间隔中子数目）为

$$J(r,E,t) = \int 2\pi J(r,E,\mu,t)\,\mathrm{d}\mu = \int 2\pi\mu\varphi(r,E,\mu,t)\,\mathrm{d}\mu = J^+(r,E,t) - J^-(r,E,t)$$

其中

$$J^+(r,E,t) = \int_{\mu>0} 2\pi\mu\varphi(r,E,\mu,t)\,\mathrm{d}\mu$$

$$J^-(r,E,t) = -\int_{\mu<0} 2\pi\mu\varphi(r,E,\mu,t)\,\mathrm{d}\mu$$

分别为向外和向内的中子流。将中子角通量按角度展开,保留前 2 项得

$$\varphi(r,E,\mu,t) = \frac{1}{4\pi}\phi(r,E,t) + \frac{3}{4\pi}\mu\phi_1(r,E,t)$$

显然

$$\phi(r,E,t) = \int \mathrm{d}\Omega\varphi(r,E,\mu,t)\text{(中子通量)}$$

$$\phi_1(r,E,t) = \int \mathrm{d}\Omega\mu\varphi(r,E,\mu,t) \equiv J(r,E,t)\text{(净中子流)}$$

按扩散定律,有

$$J(r,E,t) = -D\frac{\partial\phi(r,E,t)}{\partial r}$$

所以

$$\varphi(r,E,\mu,t) = \frac{1}{4\pi}\phi(r,E,t) + \frac{3}{4\pi}\mu J(r,E,t) = \frac{1}{4\pi}\phi(r,E,t) - \frac{3}{4\pi}\mu D\frac{\partial\phi(r,E,t)}{\partial r}$$

向外和向内的中子流为

$$J^+(r,E,t) = \int_{\mu>0} 2\pi\mu\varphi(r,E,\mu,t)\,\mathrm{d}\mu = \frac{1}{4}\phi(r,E,t) - \frac{1}{2}D\frac{\partial\phi(r,E,t)}{\partial r}$$

$$J^-(r,E,t) = -\int_{\mu<0} 2\pi\mu\varphi(r,E,\mu,t)\,\mathrm{d}\mu = \frac{1}{4}\phi(r,E,t) + \frac{1}{2}D\frac{\partial\phi(r,E,t)}{\partial r}$$

即

$$\begin{cases} J^+(r) = \dfrac{1}{4}\phi(r) - \dfrac{D}{2}\dfrac{\mathrm{d}\phi}{\mathrm{d}r} \\ J^-(r) = \dfrac{1}{4}\phi(r) + \dfrac{D}{2}\dfrac{\mathrm{d}\phi}{\mathrm{d}r} \end{cases} \tag{6.2.11}$$

从物理上考虑,应有 $J^+(r)\geqslant 0, J^-(r)\geqslant 0$,这两条件相当于

$$\left|D\frac{\mathrm{d}\phi}{\mathrm{d}r}\right| \leqslant \frac{1}{2}\phi\text{(或只在交界面上用)} \tag{6.2.12}$$

在实际计算中,若式(6.2.12)不满足,则人为地用 $\eta\phi(r)(\eta\leqslant 1/2)$ 代替该点的流,或者局部调整扩散系数 D_g。

考虑介质运动时,方程式(6.2.12)给出的限流条件变为

$$\left|D_g\frac{\rho r^2}{\rho_0 R^2}\frac{\partial\phi_g}{\partial R} + \frac{u}{v_g}\phi_g\right| \leqslant \frac{\phi_g(r,t)}{2}$$

即

$$\left|\frac{[Ff]}{r^2}\right| \leqslant \frac{1}{2}\phi_g$$

注意到$[Ff]_k=\alpha_k\phi_{g,k+1/2}-\beta_k\phi_{g,k-1/2}$,离散化的限流条件为

$$-\frac{r_k^2}{4}(\phi_{g,k+1/2}+\phi_{g,k-1/2})\leqslant\alpha_k\phi_{g,k+1/2}-\beta_k\phi_{g,k-1/2}\leqslant\frac{r_k^2}{4}(\phi_{g,k+1/2}+\phi_{g,k-1/2})$$

即

$$\frac{\beta_k-r_k^2/4}{\alpha_k+r_k^2/4}\leqslant\frac{\phi_{g,k+1/2}}{\phi_{g,k-1/2}}\leqslant\frac{\beta_k+r_k^2/4}{\alpha_k-r_k^2/4}\tag{6.2.13}$$

或

$$\frac{\alpha_k-r_k^2/4}{\beta_k+r_k^2/4}\leqslant\frac{\phi_{g,k-1/2}}{\phi_{g,k+1/2}}\leqslant\frac{\alpha_k+r_k^2/4}{\beta_k-r_k^2/4}$$

它与式(6.1.49)配合应用。

6.2.4 外推长度

外推长度是指使

$$J^-(r,E,t)=-\int_{\mu<0}2\pi\mu\varphi(r,E,\mu,t)\,d\mu=\frac{1}{4}\phi(r,E,t)+\frac{1}{2}D\frac{\partial\phi(r,E,t)}{\partial r}=0$$

即

$$\phi(r,E,t)+d\frac{\partial\phi(r,E,t)}{\partial r}=0$$

时通量导数前的系数d,外推长度d与扩散系数D有关,一般$d=2D$。

因扩散系数D与每次碰撞的次级中子数c有关,所以外推长度d也与c有关,K. M. Case 的计算结果如下:

c	0.0	0.5	1.0	1.5	2.0	2.5	3.0
$d(l_{tr})$	1.0	0.9201	0.7104	0.5677	0.4723	0.4048	0.3145
$D(l_{tr})$	1.0	0.5454	1/3	0.2373	0.1840	0.1501	0.1267

从此表看出,只对$c=1$的纯散射介质才有

$$d_g=0.7104/\Sigma_{tr}^g=2.1312D_g$$

d、D均随c增大而逐渐变小,但D变得更小。

6.2.5 表面曲率

上表中的外推长度值d是根据半无限空间的表达式计算的,只适用于平面几何系统。当系统的曲率半径可和中子平均自由程相比拟时,外推边界条件应加以修正。据平几何与球几何积分输运方程的相似性,在外推边界条件式(6.1.14)、式(6.1.15)中应以$r\phi$代替ϕ,即

$$\left[r\phi_g+d_g\frac{\partial(r\phi_g)}{\partial r}\right]_{r=r_J}=0$$

整理得

$$\left[\phi_g + \frac{rd_g}{r + d_g}\frac{\partial \phi_g}{\partial r}\right]_{r=r_J} = 0 \tag{6.2.14}$$

或

$$\left[\phi_g + \frac{rd'_g}{r + d'_g}\frac{\partial \phi_g}{\partial r}\right]_{r=r_J} = 0\ ,\quad d'_g = d_g\left(1 - \frac{2u}{v_g}\right) \tag{6.2.15}$$

即原式中的 d_g 应以新的外推长度值 $\left(\frac{d_g r}{d_g + r}\right)$ 代替,所以式(6.1.32)也应作相应的改变。

6.3 渐近扩散理论

6.3.1 中子扩散方程和扩散系数

考虑散射、裂变、独立源均为各向同性的情况,多群中子输运方程为

$$\left[\frac{1}{v_g}\frac{\partial}{\partial t} + \boldsymbol{\Omega}\cdot\nabla + \Sigma_{tr}^g\right]\psi_g(\boldsymbol{r},\boldsymbol{\Omega},t) = \frac{1}{4\pi}Q_g \tag{6.3.1}$$

其中

$$Q_g = x_g\sum_{g'=1}^{G}(\nu\Sigma_f)_{g'}\phi_{g'}(\boldsymbol{r},t) + \sum_{g'}\Sigma_S^{g'\to g}\phi_{g'}(\boldsymbol{r},t) + S_g(\boldsymbol{r},t) \tag{6.3.2}$$

方程式(6.3.1)的0阶和1阶矩方程为

$$\frac{1}{v_g}\frac{\partial \phi_g}{\partial t} + \nabla\cdot\boldsymbol{J}_g + \Sigma_{tr}^g\phi_g = Q_g \tag{6.3.3}$$

$$\frac{1}{v_g}\frac{\partial \boldsymbol{J}_g}{\partial t} + \nabla\cdot\boldsymbol{\Phi}_g + \Sigma_{tr}^g\boldsymbol{J}_g = 0 \tag{6.3.4}$$

其中

$$\phi_g(\boldsymbol{r},t) = \int\psi_g(\boldsymbol{r},\boldsymbol{\Omega},t)\,\mathrm{d}\boldsymbol{\Omega}\quad (g\text{ 群中子通量})$$

$$\boldsymbol{J}_g(\boldsymbol{r},t) = \int\boldsymbol{\Omega}\psi_g(\boldsymbol{r},\boldsymbol{\Omega},t)\,\mathrm{d}\boldsymbol{\Omega}\quad (g\text{ 群中子净流})$$

$$\boldsymbol{\Phi}_g(\boldsymbol{r},t) = \int\boldsymbol{\Omega}\boldsymbol{\Omega}\psi_g(\boldsymbol{r},\boldsymbol{\Omega},t)\,\mathrm{d}\boldsymbol{\Omega}\quad (g\text{ 群中子压力张量})$$

令

$$\boldsymbol{P}_g(\boldsymbol{r},t) = \boldsymbol{\Phi}_g(\boldsymbol{r},t)/\phi_g(\boldsymbol{r},t) \tag{6.3.5}$$

$\boldsymbol{P}_g(\boldsymbol{r},t)$ 称为 Eddington 张量,假设它是空间的缓变函数,可以提到对空间的微分算符之外,即

$$\nabla\cdot\boldsymbol{\Phi}_g = \nabla\cdot(\boldsymbol{P}_g\phi_g) \approx \boldsymbol{P}_g\cdot\nabla\phi_g \tag{6.3.6}$$

在角分布是方位角对称的情况下(方位角指以矢径 $\boldsymbol{r}$ 为极轴的方位角。这时 $\nabla\phi_g$ 的方向与 $\hat{\boldsymbol{e}}_r=\frac{\boldsymbol{r}}{|\boldsymbol{r}|}$ 平行),式(6.3.6)可写为

$$\nabla\cdot\boldsymbol{\Phi}_g\approx\boldsymbol{P}_g\cdot\nabla\phi_g=\boldsymbol{\Phi}_g\cdot\nabla\phi_g/\phi_g(\boldsymbol{r},t)\equiv\widetilde{D}_g(\boldsymbol{r},t)\nabla\phi_g(\boldsymbol{r},t)$$

上式两边点乘 $\boldsymbol{e}_r$,注意到 $\nabla\phi_g=\frac{\partial\phi_g}{\partial r}\boldsymbol{e}_r$,$\boldsymbol{e}_r\cdot\nabla\phi_g=\frac{\partial\phi_g}{\partial r}$,得 $\widetilde{D}_g(\boldsymbol{r},t)$ 满足

$$\widetilde{D}_g(\boldsymbol{r},t)\frac{\partial\phi_g(\boldsymbol{r},t)}{\partial r}=\boldsymbol{e}_r\cdot\boldsymbol{\Phi}_g\cdot\boldsymbol{e}_r\frac{\partial\phi_g(\boldsymbol{r},t)}{\partial r}/\phi_g(\boldsymbol{r},t)$$

故

$$\widetilde{D}_g(\boldsymbol{r},t)=\boldsymbol{e}_r\cdot\boldsymbol{\Phi}_g\cdot\boldsymbol{e}_r/\phi_g(\boldsymbol{r},t)$$

将 $\boldsymbol{\Phi}_g(\boldsymbol{r},t)$ 的定义式代入上式,注意到 $\mu=\boldsymbol{\Omega}\cdot\hat{\boldsymbol{e}}_r$,得

$$\widetilde{D}_g(\boldsymbol{r},t)=\int\mathrm{d}\mu\mu^2\psi_g/\int\mathrm{d}\mu\psi_g(\boldsymbol{r},\mu,t)\tag{6.3.7}$$

因而,式(6.3.4)成为

$$\frac{1}{v_g}\frac{\partial}{\partial t}\boldsymbol{J}_g(\boldsymbol{r},t)+\widetilde{D}_g(\boldsymbol{r},t)\nabla\phi_g(\boldsymbol{r},t)+\Sigma_{tr}^g\boldsymbol{J}_g(\boldsymbol{r},t)=0\tag{6.3.8}$$

假定中子通量与中子净流随时间的相对变化率相等,即

$$\frac{1}{|\boldsymbol{J}_g|}\frac{\partial}{\partial t}|\boldsymbol{J}_g|\approx\frac{1}{\phi_g}\frac{\partial}{\partial t}\phi_g\qquad\left(\frac{\partial}{\partial t}\ln|\boldsymbol{J}_g|\approx\frac{\partial}{\partial t}\ln\phi_g\right)\tag{6.3.9}$$

代入式(6.3.8),得

$$\left[\frac{1}{v_g\boldsymbol{J}_g(\boldsymbol{r},t)}\frac{\partial\boldsymbol{J}_g(\boldsymbol{r},t)}{\partial t}+\Sigma_{tr}^g\right]\boldsymbol{J}_g(\boldsymbol{r},t)=-\widetilde{D}_g(\boldsymbol{r},t)\nabla\phi_g(\boldsymbol{r},t)$$

由此形式上解得

$$\boldsymbol{J}_g(\boldsymbol{r},t)=-\frac{\widetilde{D}_g(\boldsymbol{r},t)}{\frac{1}{v_g\boldsymbol{J}_g(\boldsymbol{r},t)}\frac{\partial\boldsymbol{J}_g(\boldsymbol{r},t)}{\partial t}+\Sigma_{tr}^g}\nabla\phi_g(\boldsymbol{r},t)=-\frac{\widetilde{D}_g(\boldsymbol{r},t)}{\Sigma_{tr}^g+\frac{1}{v_g}\frac{\partial\ln\phi_g(\boldsymbol{r},t)}{\partial t}}\nabla\phi_g(\boldsymbol{r},t)$$

即

$$\boldsymbol{J}_g(\boldsymbol{r},t)=-D_g(\boldsymbol{r},t)\nabla\phi_g(\boldsymbol{r},t)\tag{6.3.10}$$

其中

$$\begin{cases}D_g(\boldsymbol{r},t)=\widetilde{D}_g/\widetilde{\Sigma}_g\\ \widetilde{\Sigma}_g=\Sigma_{tr}^g+\frac{1}{v_g}\frac{\partial}{\partial t}\ln\phi_g\end{cases}\tag{6.3.11}$$

因而,式(6.3.3)成为

$$\nabla\cdot\boldsymbol{J}_g+\widetilde{\Sigma}_g\phi_g=Q_g\tag{6.3.12}$$

式(6.3.10)和式(6.3.16)就是两个待求函数 $\boldsymbol{J}_g(\boldsymbol{r},t)$,$\phi_g(\boldsymbol{r},t)$满足的方程组，其中扩散系数 $\widetilde{D}_g(\boldsymbol{r},t)$是唯一一个需要的未知参数。

下面推导 $\widetilde{D}_g(\boldsymbol{r},t)$的表达式。由式(6.3.7)可知,只要知道中子角通量 $\psi_g(\boldsymbol{r},\mu,t)$随角度 μ 变化的具体函数形式,通过积分便可求得。假定中子角通量可表成

$$\psi_g(\boldsymbol{r},\mu,t) = \phi_g(\boldsymbol{r},t)E_g(\boldsymbol{r},\mu,t) + J_g(\boldsymbol{r},t)O_g(\boldsymbol{r},\mu,t) \qquad (J_g = \boldsymbol{J}_g \cdot \boldsymbol{e}_r) \tag{6.3.13}$$

式中:E_g 是 μ 的偶函数;O_g 是 μ 的奇函数,两者满足如下归一化条件,即

$$\begin{cases} 2\pi \int_{-1}^{1} \mathrm{d}\mu E_g(\boldsymbol{r},\mu,t) = 1 \\ 2\pi \int_{-1}^{1} \mathrm{d}\mu\mu O_g(\boldsymbol{r},\mu,t) = 1 \end{cases} \tag{6.3.14}$$

下面求 E_g、O_g。假定

$$\frac{\partial}{\partial t}\ln\psi_g(\boldsymbol{r},\mu,t) \approx \frac{\partial}{\partial t}\ln\phi_g(\boldsymbol{r},t)$$

即

$$\frac{\partial}{\partial t}\psi_g \approx \psi_g \frac{\partial \ln\phi_g}{\partial t} \tag{6.3.15}$$

将式(6.3.15)代入多群中子输运方程式(6.3.1),得

$$\frac{\psi_g}{v_g}\frac{\partial \ln\phi_g(\boldsymbol{r},t)}{\partial t} + \boldsymbol{\Omega} \cdot \nabla \psi_g(\boldsymbol{r},\mu,t) + \Sigma_{tr}^{g}\psi_g(\boldsymbol{r},\mu,t) = \frac{1}{4\pi}Q_g$$

再利用 $\widetilde{\Sigma}_g$的定义式(6.3.11),可得

$$\widetilde{\Sigma}_g\psi_g(\boldsymbol{r},\mu,t) + \boldsymbol{\Omega} \cdot \nabla \psi_g(\boldsymbol{r},\mu,t) = \frac{Q_g}{4\pi} \tag{6.3.16}$$

式(6.3.16)对 $\mathrm{d}\boldsymbol{\Omega}$ 积分即为式(6.3.12)。将式(6.3.13)代入式(6.3.16),得

$$\widetilde{\Sigma}_g(\phi_g E_g + J_g O_g) + \boldsymbol{\Omega} \cdot \nabla(\phi_g E_g + J_g O_g) = \frac{Q_g}{4\pi}$$

假定 E_g 和 O_g 均是 $\boldsymbol{r}$ 的慢变常数,可以提到空间微分算符之外,且将 μ 的偶函数与奇函数所满足的方程分别写出,有

$$E_g\boldsymbol{\Omega} \cdot \nabla \phi_g(\boldsymbol{r},t) + \widetilde{\Sigma}_g O_g J_g(\boldsymbol{r},t) = 0 \tag{6.3.17}$$

$$O_g\boldsymbol{\Omega} \cdot \nabla J_g(\boldsymbol{r},t) + \widetilde{\Sigma}_g E_g \phi_g(\boldsymbol{r},t) = \frac{Q_g}{4\pi} \tag{6.3.18}$$

另一方面,式(6.3.10) 、式(6.3.11) 给出

$$\boldsymbol{J}_g(\boldsymbol{r},t) = -\frac{\widetilde{D}_g(\boldsymbol{r},t)}{\widetilde{\Sigma}_g(\boldsymbol{r},t)} \nabla \phi_g(\boldsymbol{r},t)$$

即

$$J_g(\boldsymbol{r},t) = -\frac{\widetilde{D}_g(\boldsymbol{r},t)}{\widetilde{\Sigma}_g(\boldsymbol{r},t)}\boldsymbol{e}_r \cdot \nabla \phi_g(\boldsymbol{r},t)$$

因为$\nabla \phi_g$为矢径方向,故有

$$J_g(\boldsymbol{r},t) = -\frac{\widetilde{D}_g}{\widetilde{\Sigma}_g}|\nabla \phi_g|$$

所以,式 (6.3.17)左边第一项中,有

$$\boldsymbol{\Omega} \cdot \nabla \phi_g = \mu|\nabla \phi_g| = -\mu\frac{\widetilde{\Sigma}_g}{\widetilde{D}_g}J_g$$

代入式(6.3.17)得E_g和O_g间的关系为

$$O_g(\boldsymbol{r},\mu,t) = \mu\frac{E_g(\boldsymbol{r},\mu,t)}{\widetilde{D}_g} \tag{6.3.19}$$

又注意到式(6.3.18)左边第一项中,有

$$\boldsymbol{\Omega} \cdot \nabla J_g = \mu\hat{e}_r \cdot \nabla J_g = \mu\,\nabla \cdot (J_g\hat{e}_r) = \mu\,\nabla \cdot \boldsymbol{J}_g$$

由式(6.3.12)可知,$\nabla \cdot \boldsymbol{J}_g = Q_g - \widetilde{\Sigma}_g\phi_g$,代入上式得

$$\boldsymbol{\Omega} \cdot \nabla J_g = \mu(Q_g - \Sigma_g\phi_g)$$

故式(6.3.18)成为

$$O_g\mu(Q_g - \widetilde{\Sigma}_g\phi_g) + \widetilde{\Sigma}_g E_g\phi_g = \frac{Q_g}{4\pi}$$

将式(6.3.19) 中的O_g表达式代入上式,有E_g满足的方程

$$\mu^2 E_g(Q_g - \widetilde{\Sigma}_g\phi_g)/\widetilde{D}_g + \widetilde{\Sigma}_g\phi_g E_g = \frac{Q_g}{4\pi}$$

从而

$$E_g = \frac{Q_g}{4\pi}\frac{1}{\mu^2 Q_g/\widetilde{D}_g + (1-\mu^2/\widetilde{D}_g)\widetilde{\Sigma}_g\phi_g}$$

或

$$E_g = \frac{1}{4\pi} \cdot \frac{Q_g/(\widetilde{\Sigma}_g\phi_g)}{\mu^2 Q_g/(\widetilde{\Sigma}_g\phi_g\widetilde{D}_g) + 1 - \mu^2/\widetilde{D}_g} \tag{6.3.20}$$

令

$$\tilde{c}_g(\boldsymbol{r},t) = \frac{Q_g}{\widetilde{\Sigma}_g\phi_g} = \frac{Q_g}{\Sigma_{tr}^g\phi_g + \dfrac{1}{v_g}\dfrac{\partial\phi_g}{\partial t}} \tag{6.3.21}$$

$$\gamma_g^2(\boldsymbol{r},t) = \frac{1-\tilde{c}_g}{\widetilde{D}_g} \tag{6.3.22}$$

则 E_g 满足的方程式(6.3.20)变为

$$E_g(\boldsymbol{r},\mu,t) = \frac{\tilde{c}_g}{4\pi(1-\gamma_g^2\mu^2)} \tag{6.3.23}$$

E_g 是 γ_g 因而是待求量扩散系数 $\widetilde{D}_g(\boldsymbol{r},t)$ 的函数。其中 $\tilde{c}_g(\boldsymbol{r},t) \equiv \dfrac{Q_g}{\widetilde{\Sigma}_g\phi_g}$ 为考虑时间虚吸收情况下每次碰撞所产生的平均次级中子数。

将式(6.3.23)代入归一化条件式(6.3.24),注意到

$$\int_{-1}^{1}\frac{\mathrm{d}(\gamma_g\mu)}{1-\gamma_g^2\mu^2} = \frac{1}{2}\ln\frac{1+\gamma_g\mu}{1-\gamma_g\mu}\bigg|_{-1}^{1} = \ln\frac{1+\gamma_g}{1-\gamma_g}$$

得 γ_g(因而 $\widetilde{D}_g(\boldsymbol{r},t)$)所满足的超越方程

$$\frac{\tilde{c}_g}{2\gamma_g}\ln\frac{1+\gamma_g}{1-\gamma_g} = 1$$

即

$$\ln\frac{1+\gamma_g}{1-\gamma_g} = \frac{2\gamma_g}{\tilde{c}_g} \tag{6.3.24}$$

因此,计算扩散系数 $D_g(\boldsymbol{r},t) = \widetilde{D}_g/\widetilde{\Sigma}_g$ 的步骤是:当 $\tilde{c}_g(\boldsymbol{r},t) = \dfrac{Q_g}{\widetilde{\Sigma}_g\phi_g}$ 已知时(其中 $\widetilde{\Sigma}_g = \Sigma_{tr}^g + \dfrac{1}{v_g}\dfrac{\partial}{\partial t}\ln\phi_g$),解超越方程式(6.3.24)得出 γ_g,再由式(6.3.22)就可得到待求量 $\widetilde{D}_g = \dfrac{1-\tilde{c}_g}{\gamma_g^2}$,进而得出扩散系数 $D_g(\boldsymbol{r},t) = \widetilde{D}_g/\widetilde{\Sigma}_g$。

另一方面,当由超越方程式(6.3.24)解出 γ_g 后,可由式(6.3.23)得出 $E_g(\boldsymbol{r},\mu,t)$,由式(6.3.19)得出 $O_g(\boldsymbol{r},\mu,t)$,它是待求量 $\widetilde{D}_g$ 的函数,进而由式(6.3.13)得出

$$\psi_g(\boldsymbol{r},\mu,t) = \phi_g(\boldsymbol{r},t)E_g(\boldsymbol{r},\mu,t) + J_g(\boldsymbol{r},t)O_g(\boldsymbol{r},\mu,t)$$

它是待求量 $\widetilde{D}_g$ 的函数。由 $\widetilde{D}_g(\boldsymbol{r},t)$ 的计算式(6.3.7)可得

$$\widetilde{D}_g(\boldsymbol{r},t) = \int \mathrm{d}\mu\mu^2\psi_g \Big/ \int \mathrm{d}\mu\psi_g(\boldsymbol{r},\mu,t)$$

注意到

$$2\pi\int_{-1}^{1}\mathrm{d}\mu E_g(\boldsymbol{r},\mu,t) = 1, 2\pi\int_{-1}^{1}\mathrm{d}\mu\begin{pmatrix}1\\ \mu^2\end{pmatrix}O_g(\boldsymbol{r},\mu,t) = 0$$

有

$$\widetilde{D}_g = 2\pi\int_{-1}^{1}\mu^2 E_g\mathrm{d}\mu = \frac{\tilde{c}_g}{2\gamma_g^3}\int_{-1}^{1}\frac{(\mu\gamma_g)^2 d(\mu\gamma_g)}{1-\gamma_g^2\mu^2} =$$

$$\frac{\tilde{c}_g}{2\gamma_g^3}\left[-\gamma_g\mu + \frac{1}{2}\ln\frac{1+\gamma_g\mu}{1-\gamma_g\mu}\right]_{-1}^{1} = \frac{1-\tilde{c}_g}{\gamma_g^2}$$

它与式(6.3.17)是一致的,没有提供另外的关系。

结论:待求量 $\widetilde{D}_g$ 与 γ_g 的关系是 $\widetilde{D}_g = \dfrac{1-\tilde{c}_g}{\gamma_g^2}$,$\gamma_g$ 是超越方程 $\ln\dfrac{1+\gamma_g}{1-\gamma_g} = \dfrac{2\gamma_g}{\tilde{c}_g}$的解,当 $\tilde{c}_g(\boldsymbol{r},t) = \dfrac{Q_g}{\widetilde{\Sigma}_g\phi_g}\left(\widetilde{\Sigma}_g = \Sigma_{tr}^g + \dfrac{1}{v_g}\dfrac{\partial}{\partial t}\ln\phi_g\right)$已知时,解超越方程可求出 γ_g,然后求出 $\widetilde{D}_g$,进而求出扩散系数 $D_g(\boldsymbol{r},t) = \widetilde{D}_g/\widetilde{\Sigma}_g$。

可见,得到超越方程的解是关键。超越方程的近似解讨论如下。

(1) 当 $\gamma_g\to 0$ 时,$\ln\dfrac{1+\gamma_g}{1-\gamma_g}\approx 2\gamma_g + \dfrac{2}{3}\gamma_g^3$,因而,超越方程变为$\dfrac{2\gamma_g}{\tilde{c}_g}\approx 2\gamma_g + \dfrac{2}{3}\gamma_g^3$,即$\dfrac{1}{\tilde{c}_g}\approx 1 + \dfrac{1}{3}\gamma_g^2$,$\tilde{c}_g\approx 1 - \dfrac{1}{3}\gamma_g^2$,$1-\tilde{c}_g\approx\dfrac{1}{3}\gamma_g^2$,$\widetilde{D}_g = \dfrac{1-\tilde{c}_g}{\gamma_g^2}\approx\dfrac{1}{3}$,$E_g = \dfrac{\tilde{c}_g}{4\pi(1-\gamma_g^2\mu^2)}\approx\dfrac{1}{4\pi}$,$\nabla\cdot\boldsymbol{J}_g\to 0$,这是纯散射介质情况。

(2) 当 $\gamma_g\to 1$ 时,$\tilde{c}_g\to 0$,$\widetilde{D}_g = \dfrac{1-\tilde{c}_g}{\gamma_g^2}\to 1$,$E_g\to\dfrac{1}{2\pi}\delta(\mu\pm 1)$,这是纯吸收介质情况。

6.3.2 外推边界条件

设外边界是自由边界,边界条件为

$$2\pi\int_{-1}^{0}\mu\psi(\boldsymbol{r}_{边},\mu,t)\mathrm{d}\mu = 0 \qquad (6.3.25)$$

注意到

$$J_g(\boldsymbol{r},t) = -\frac{\widetilde{D}_g}{\widetilde{\Sigma}_g}|\nabla\phi_g|,\ O_g(\boldsymbol{r},\mu,t) = \mu\frac{E_g(\boldsymbol{r},\mu,t)}{\widetilde{D}_g}$$

即

$$O_g J_g = -\frac{|\nabla\phi_g|}{\widetilde{\Sigma}_g}\mu E_g$$

代入式(6.3.13)得中子角通量

$$\psi_g(\boldsymbol{r},\mu,t) = \phi_g(\boldsymbol{r},t)E_g(\boldsymbol{r},\mu,t) - \frac{|\nabla \phi_g|}{\tilde{\Sigma}_g}\mu E_g(\boldsymbol{r},\mu,t)$$

再将上式代入边界条件式(6.3.25)，注意到 E_g 的表达式

$$E_g(\boldsymbol{r},\mu,t) = \frac{\tilde{c}_g}{4\pi(1-\gamma_g^2\mu^2)}$$

和

$$2\pi\int_{-1}^{0}\mu E_g\mathrm{d}\mu = \frac{\tilde{c}_g}{2\gamma_g^2}\int_{-1}^{0}\frac{\mu\gamma_g\mathrm{d}(\gamma_g\mu)}{1-\gamma_g^2\mu^2} = \frac{\tilde{c}_g}{2\gamma_g^2}\left[-\frac{1}{2}\ln(1-\gamma_g^2\mu^2)\right]_{-1}^{0} = \frac{\tilde{c}_g}{4\gamma_g^2}\ln(1-\gamma_g^2)$$

$$2\pi\int_{-1}^{0}\mu^2 E_g\mathrm{d}\mu = \frac{\tilde{c}_g}{2\gamma_g^3}\int_{-1}^{0}\frac{(\gamma_g\mu)^2\mathrm{d}(\gamma_g\mu)}{1-\gamma_g^2\mu^2} = \frac{\tilde{c}_g}{2\gamma_g^3}\left[-\gamma_g\mu+\frac{1}{2}\ln\frac{1+\gamma_g\mu}{1-\gamma_g\mu}\right]_{-1}^{0} =$$

$$\frac{\tilde{c}_g}{2\gamma_g^3}\left[-\gamma_g-\frac{1}{2}\ln\frac{1-\gamma_g}{1+\gamma_g}\right] = \frac{\tilde{c}_g}{2\gamma_g^2}\left(\frac{1}{\tilde{c}_g}-1\right)$$

此处已用 $\ln\frac{1+\gamma_g}{1-\gamma_g}=\frac{2\gamma_g}{\tilde{c}_g}$，则外边界条件式(6.3.25)变为

$$\left[\phi_g(\boldsymbol{r},t)\frac{\tilde{c}_g}{4\gamma_g^2}\ln(1-\gamma_g^2) - \frac{|\nabla\phi_g|}{\tilde{\Sigma}_g}\frac{\tilde{c}_g}{2\gamma_g^2}\left(\frac{1}{\tilde{c}_g}-1\right)\right]_{\boldsymbol{r}=\boldsymbol{r}_{边}} = 0$$

或

$$\left[\phi_g(\boldsymbol{r},t) - \frac{|\nabla\phi_g|}{\tilde{\Sigma}_g}\frac{2(1-\tilde{c}_g)}{\tilde{c}_g\ln(1-\gamma_g^2)}\right]_{\boldsymbol{r}=\boldsymbol{r}_{边}} = 0$$

即

$$\phi_g(\boldsymbol{r}_{边},t) + d_g|\nabla\phi_g|_{边} = 0 \tag{6.3.26}$$

$$d_g = \frac{-2(1-\tilde{c}_g)}{\tilde{c}_g\tilde{\Sigma}_g\ln(1-\gamma_g^2)} = \frac{2D_g\gamma_g^2}{\tilde{c}_g\ln(1-\gamma_g^2)^{-1}} \tag{6.3.27}$$

式中：d 为外推长度。此处已用 $D_g(\boldsymbol{r},t)=\tilde{D}_g/\tilde{\Sigma}_g$，$\tilde{D}_g=\frac{1-\tilde{c}_g}{\gamma_g^2}$。

由上面的讨论可知：

当 $\tilde{c}_g=1$ 时，$\gamma_g\to 0$，$-\ln(1-\gamma_g^2)\approx\gamma_g^2$，外推长度 $d_g=2D_g$，这相当于 Marshak 边界条件；

当 $\tilde{c}_g=0$ 时，$\gamma_g\to 1$，$-\tilde{c}_g\ln(1-\gamma_g^2)\xrightarrow{\gamma_g\to 1}-\tilde{c}_g\ln(1-\gamma_g)$，由超越方程式(6.3.24)可得 $-\ln(1-\gamma_g)\xrightarrow{\gamma_g\to 1}2/\tilde{c}_g-\ln 2$，从而，式(6.3.27)变为 $d_g\to\frac{2D_g\gamma_g^2}{\tilde{c}_g(2/\tilde{c}_g-\ln 2)}\to D_g$，这相当于 Mark 边界条件(此时，由式(6.3.26)可看出，边界上是直穿流，$J_g=\phi_g=-D_g|\nabla\phi_g|$)。

总之,考虑时间虚吸收时的渐近扩散方程组为

$$\begin{cases}\dfrac{1}{v_g}\dfrac{\partial}{\partial t}\phi_g(\boldsymbol{r},t) - \nabla\cdot(D_g\nabla\phi_g) + \Sigma_{tr}^g\phi_g = Q_g \\ \phi_g(\boldsymbol{r},t=0) = \phi_g^{(0)}(\boldsymbol{r}) \\ (\phi_g + d_g|\nabla\phi_g)|_{r_{边}} = 0\end{cases}$$

在交界面处 ϕ_g 和 $D_g\nabla\phi_g$ 连续。其中扩散系数 D_g 的计算公式群为

$$D_g(\boldsymbol{r},t) = \widetilde{D}_g/\widetilde{\Sigma}_g$$

$$\widetilde{\Sigma}_g = \Sigma_{tr}^g + \frac{1}{v_g}\frac{\partial}{\partial t}\ln\phi_g\left(\text{可以用 }\lambda_g(\boldsymbol{r},t)\text{ 代替}\frac{\partial}{\partial t}\ln\phi_g\right)$$

$$\widetilde{D}_g = \frac{1-\tilde{c}_g}{\gamma_g^2}$$

$$\ln\frac{1+\gamma_g}{1-\gamma_g} = \frac{2\gamma_g}{\tilde{c}_g}$$

$$\tilde{c}_g(\boldsymbol{r},t) = \frac{Q_g}{\widetilde{\Sigma}_g\phi_g}$$

外推长度为

$$d_g = \frac{2D_g\gamma_g^2}{\tilde{c}_g\ln(1-\gamma_g^2)^{-1}}$$

$\tilde{c}_g>1$ 时,γ_g 可用 B_g 替代,超越方程 $\ln\dfrac{1+\gamma_g}{1-\gamma_g}=\dfrac{2\gamma_g}{\tilde{c}_g}$也可以化为 B_g 的方程。因为 $\tilde{c}_g>1$ 时,设 $\gamma_g=\mathrm{i}B_g$,则有 $\gamma_g^2=-B_g^2$,故

$$\widetilde{D}_g = \frac{\tilde{c}_g-1}{B_g^2}$$

B_g 的方程为

$$\frac{1}{2}\ln\frac{1+\mathrm{i}B}{1-\mathrm{i}B} = \frac{\mathrm{i}B}{\tilde{c}_g}$$

注意到 $\dfrac{1}{2}\ln\dfrac{1+\mathrm{i}B_g}{1-\mathrm{i}B_g}=\mathrm{i}\arctan B_g$,故有 B_g 的方程为

$$\frac{B_g}{\tilde{c}_g} = \arctan B_g$$

由于参数 d_g、D_g 与 ϕ_g 有关,故计算它们要采用源迭代方法。过程如下:

(1) d_g、D_g 的迭代初值可先用经典扩散理论算出,进而求出 $\phi_g(\boldsymbol{r},t)$ 和$\lambda_g(\boldsymbol{r},t)$;

(2) 计算 $\widetilde{\Sigma}_g=\Sigma_{tr}^g+\dfrac{1}{v_g}\dfrac{\partial}{\partial t}\ln\phi_g\left(\text{用 }\lambda_g(\boldsymbol{r},t)\text{代替}\dfrac{\partial}{\partial t}\ln\phi_g\right)$;

(3) 计算 $\tilde{c}_g(\boldsymbol{r},t)=\dfrac{Q_g}{\tilde{\Sigma}_g\phi_g}$;

(4) 通过 $\dfrac{B_g}{\tilde{c}_g}=\arctan B_g$ 计算 B_g,进而得到 $\gamma_g=\mathrm{i}B_g$;

(5) 计算 $\tilde{D}_g=\dfrac{1-\tilde{c}_g}{\gamma_g^2}$;

(6) 计算新的 $D_g(\boldsymbol{r},t)=\tilde{D}_g/\tilde{\Sigma}_g$ 和 $d_g=\dfrac{2D_g\gamma_g^2}{\tilde{c}_g\ln(1-\gamma_g^2)^{-1}}$,直到源迭代收敛。

6.4 限流(渐近)扩散理论

假设中子净流为(限流条件)

$$\boldsymbol{J}_g(\boldsymbol{r},t)=\boldsymbol{f}_g(\boldsymbol{r},t)\phi_g(\boldsymbol{r},t) \tag{6.4.1}$$

并且 $\boldsymbol{f}_g(\boldsymbol{r},t)$ 是空间的缓变函数,可以提到空间微分算符之外,则

$$\nabla\cdot\boldsymbol{J}_g=\boldsymbol{f}_g\cdot\nabla\phi_g=-f_g|\nabla\phi_g| \tag{6.4.2}$$

因 $\boldsymbol{J}_g$ 与 $\nabla\phi_g$ 反向,故 $\boldsymbol{f}_g$ 应与 $\nabla\phi_g$ 也反向。将式(6.4.2)代入式(6.3.3),有

$$\frac{1}{v_g}\frac{\partial\phi_g}{\partial t}=Q_g-\Sigma_{tr}^g\phi_g+f_g|\nabla\phi_g|=c_g\Sigma_{tr}^g\phi_g-\Sigma_{tr}^g\phi_g+c_g\Sigma_{tr}^g\phi_g f_g R_g \tag{6.4.3}$$

其中

$$c_g=\frac{Q_g}{\Sigma_{tr}^g\phi_g} \tag{6.4.4}$$

$$R_g=\frac{|\nabla\phi_g|}{c_g\Sigma_{tr}^g\phi_g}=\frac{|\nabla\phi_g|}{Q_g} \tag{6.4.5}$$

式中:$c_g=\dfrac{Q_g}{\Sigma_{tr}^g\phi_g}$ 为每次碰撞产生的平均次级中子数,它与 $\tilde{c}_g$ 的关系是 $\tilde{c}_g=\dfrac{c_g\Sigma_{tr}^g}{\tilde{\Sigma}_g}$。

另一方面,利用假设式(6.3.9),$\boldsymbol{J}_g$ 的方程式(6.3.8)可以写成

$$\frac{1}{v_g}\frac{\boldsymbol{J}_g}{\phi_g}\frac{\partial\phi_g}{\partial t}+\Sigma_{tr}^g\boldsymbol{J}_g=-\tilde{D}_g\nabla\phi_g$$

利用式(6.4.3),上式左边为

$$\frac{1}{v_g}\frac{\boldsymbol{J}_g}{\phi_g}\frac{\partial\phi_g}{\partial t}+\Sigma_{tr}^g+\boldsymbol{J}_g=(c_g\Sigma_{tr}^g+c_g\Sigma_{tr}^g f_g R_g)\boldsymbol{J}_g$$

于是,$\boldsymbol{J}_g$ 的方程变为

$$c_g\Sigma_{tr}^g(1+f_gR_g)\boldsymbol{J}_g=-\tilde{D}_g\nabla\phi_g$$

即 $\boldsymbol{J}_g$ 的扩散形式为

$$\boldsymbol{J}_g(\boldsymbol{r},t) = -D_g(\boldsymbol{r},t)\nabla\phi_g(\boldsymbol{r},t) \tag{6.4.6}$$

其中

$$D_g = \frac{\widetilde{D}_g}{c_g\Sigma_{tr}^g(1+f_gR_g)} \tag{6.4.7}$$

另外，由式(6.4.1)、式(6.4.5)和式(6.4.6)可见f_g与D_g有关，即

$$f_g = \frac{J_g}{\phi_g} = \frac{D_g|\nabla\phi_g|}{\phi_g} = D_gc_g\Sigma_{tr}^gR_g \tag{6.4.8}$$

代入式(6.4.7)，得

$$(c_g\Sigma_{tr}^g)^2R_g^2D_g^2 + c_g\Sigma_{tr}^gD_g - \widetilde{D}_g = 0$$

解得扩散系数为

$$D_g = \frac{\sqrt{1+4R_g^2\widetilde{D}_g}-1}{2c_g\Sigma_{tr}^gR_g^2} \tag{6.4.9}$$

这就是限流（渐近）扩散理论中扩散系数的表达式。这里，$c_g = \dfrac{Q_g}{\Sigma_{tr}^g\phi_g}$，$R_g = \dfrac{|\nabla\phi_g|}{Q_g}$。它与6.3节渐近扩散理论导出的扩散系数

$$D_g(\boldsymbol{r},t) = \widetilde{D}_g/\widetilde{\Sigma}_g$$

有明显的差别，其中

$$\widetilde{D}_g = \frac{1-\tilde{c}_g}{\gamma_g^2},\quad \tilde{c}_g(\boldsymbol{r},t) = \frac{Q_g}{\widetilde{\Sigma}_g\phi_g},\quad \ln\frac{1+\gamma_g}{1-\gamma_g} = \frac{2\gamma_g}{\tilde{c}_g},\quad \widetilde{\Sigma}_g = \Sigma_{tr}^g + \frac{1}{v_g}\frac{\partial}{\partial t}\ln\phi_g$$

但是，当$R_g\to 0$时，用求极限的洛必达法则，式(6.4.9)右边的极限为

$$D_g \to \frac{\widetilde{D}_g}{c_g\Sigma_{tr}^g\sqrt{1+4R_g^2\widetilde{D}_g}} \to \frac{\widetilde{D}_g}{c_g\Sigma_{tr}^g} \tag{6.4.10}$$

对纯散射介质，$c_g = \dfrac{Q_g}{\Sigma_{tr}^g\phi_g} = 1$，$\widetilde{D}_g \approx \dfrac{1}{3}$，$D_g \approx \dfrac{1}{3\Sigma_{tr}^g}$，与经典扩散理论结果相同。另外，由式(6.4.5)，$R_g\to 0$意味着$|\nabla\phi_g|\to 0$，再由式(6.4.4)和式(6.4.3)可以看出

$$c_g\Sigma_{tr}^g \equiv \frac{Q_g}{\phi_g} \to \Sigma_{tr}^g + \frac{1}{v_g}\frac{\partial}{\partial t}\ln\phi_g \equiv \widetilde{\Sigma}_g$$

式(6.4.7)中的

$$D_g \to \frac{\widetilde{D}_g}{c_g\Sigma_{tr}^g} \to \frac{\widetilde{D}_g}{\widetilde{\Sigma}_g}$$

这就是6.3节渐近扩散理论导出的扩散系数。结论是：不管是否纯散射介质，当

$R_g \to 0$ 时,限流渐近扩散理论中扩散系数与渐近扩散理论给出的结果一致。

当 $R_g \to \infty$ 时,由式(6.4.5)可知 $c_g \to 0, \gamma_g \to 1, \widetilde{D}_g \to 1$。由式(6.4.9)得 $D_g \to \frac{1}{c_g \Sigma_{tr}^g R_g}$;由式(6.4.8)得 $f_g \to 1, J_g \to \phi_g$(净流与通量相等,正是纯吸收介质中直穿流的正确表示);由式(6.4.6)得 $J_g = D_g |\nabla \phi_g| \to \phi_g$,所以 $c_g R_g \Sigma_{tr}^g = \frac{1}{\phi_g} |\nabla \phi_g|$。另一方面,由式(6.4.4),$c_g \to 0$ 意味着 $Q_g \to 0$(独立源处除外) 只要介质与独立中子源不随时间改变,则肯定是定态的,于是,由式(6.3.8)可见,$|\nabla \phi_g| \to \Sigma_{tr}^g J_g \to \Sigma_{tr}^g \phi_g$,故 $D_g \to \frac{\phi_g}{|\nabla \phi_g|} \to 1/\Sigma_{tr}^g$。

最后指出,限流条件式(6.4.1)在某些情况下是不合适的。例如,在系统对称中心处 ϕ_g 可能很大,而 $\boldsymbol{J}_g \sim 0$;反之,在系统外边界上 ϕ_g 接近于0,而 $\boldsymbol{J}_g$ 可能很大。两种情况下,$\boldsymbol{J}_g$ 正比于 ϕ_g 的假设显然不成立。

6.5 扩散系数和外推长度的实用计算公式

扩散系数为

$$D_g = \frac{\widetilde{D}_g}{\widetilde{\Sigma}_g} = \frac{1 - \tilde{c}_g}{\gamma_g^2 \widetilde{\Sigma}_g}$$

因为 γ_g 满足超越方程 $\ln \frac{1+\gamma_g}{1-\gamma_g} = \frac{2\gamma_g}{\tilde{c}_g}$,$\gamma_g$ 是 $\tilde{c}_g$ 的函数($\tilde{c}_g = \frac{Q_g}{\widetilde{\Sigma}_g \phi_g}$),因而,扩散系数 D_g 是 $\tilde{c}_g$ 的函数。将其按变量 $\tilde{c}_g$ 展开,有扩散系数 D_g 的近似表达式

$$D_g = \begin{cases} \frac{(1-\tilde{c}_g)}{\widetilde{\Sigma}_g}\left[1 + 4\mathrm{e}^{-2/\tilde{c}_g} + 8\frac{\tilde{c}_g + 2}{\tilde{c}_g}\mathrm{e}^{-4/\tilde{c}_g} + \cdots\right] & (\tilde{c}_g \ll 1) \\ \frac{1}{3\widetilde{\Sigma}_g}\left[1 + \frac{4}{5}(1-\tilde{c}_g) + \frac{108}{175}(1-\tilde{c}_g)^2 + \cdots\right] & (|1-\tilde{c}_g| \ll 1) \\ \frac{4(\tilde{c}_g - 1)}{\pi^2 \tilde{c}_g^2 \widetilde{\Sigma}_g}\left[1 + \frac{8}{\pi^2}\left(\frac{1}{\tilde{c}_g}\right) + \frac{80}{\pi^4}\left(\frac{1}{\tilde{c}_g}\right)^2 + \cdots\right] & (\tilde{c}_g \gg 1) \end{cases} \tag{6.5.1}$$

实际计算中,可用下列近似计算扩散系数

$$D_g = \begin{cases} \frac{1-\tilde{c}_g}{\widetilde{\Sigma}_g} & (\tilde{c}_g \leqslant 0.3) \\ \frac{4}{\pi^2 \tilde{c}_g} \cdot \frac{\tilde{c}_g - 0.0854}{\tilde{c}_g + 0.1120} \cdot \frac{1}{\widetilde{\Sigma}_g} & (\tilde{c}_g > 0.3) \end{cases} \tag{6.5.2}$$

外推长度 $d_g = \dfrac{2D_g\gamma_g^2}{\tilde{c}_g \ln(1-\gamma_g^2)^{-1}}$的实用计算式为

$$d_g = \begin{cases} 1/\tilde{\tilde{\Sigma}}_g & (\tilde{c}_g \leqslant 0.3) \\ (1-0.425(\tilde{c}_g - 0.3))/\tilde{\tilde{\Sigma}}_g & (0.3 < \tilde{c}_g \leqslant 0.7) \\ 1/(0.7\tilde{c}_g + 0.7077)\tilde{\tilde{\Sigma}}_g & (0.7 < \tilde{c}_g \leqslant 4) \\ 2.414(\tilde{c}_g + 6.65)/\tilde{c}_g\tilde{\tilde{\Sigma}}_g(\tilde{c}_g + 18.47) & (\tilde{c}_g > 4) \end{cases} \tag{6.5.3}$$

当在式(6.5.2)、式(6.5.3)中以 Σ_{tr}^g代替 $\tilde{\tilde{\Sigma}}_g$,并且以 $c_g = \dfrac{\nu\Sigma_f^g + \Sigma_s^g}{\Sigma_{tr}^g}$计算 $\tilde{c}_g$,则就得经典的改进扩散近似理论中计算 D_g 和 d_g 的实用公式,算出的数据(特别是 D_g 的数据)与以上表格给出的数据相当符合。

6.6 计及散射各向异性的改进扩散理论

6.6.1 各向异性情况下扩散系数的计算公式

假设独立中子源是各向同性的,并且设中子角通量可分离变量写成

$$\varphi_g(\boldsymbol{r},\boldsymbol{\Omega},t) = \phi_g(\boldsymbol{r},t)\psi(\boldsymbol{\Omega}) \tag{6.6.1}$$

其中 $\psi(\boldsymbol{\Omega})$与 $\boldsymbol{\Omega}$ 有关,满足归一化条件

$$\int\psi(\boldsymbol{\Omega})\mathrm{d}\boldsymbol{\Omega} = 1 \tag{6.6.2}$$

则中子流可表示为

$$\boldsymbol{J}_g(\boldsymbol{r},t) \equiv \int \mathrm{d}\boldsymbol{\Omega}\boldsymbol{\Omega}\varphi_g(\boldsymbol{r},\boldsymbol{\Omega},t) = \phi_g(\boldsymbol{r},t)\int \mathrm{d}\boldsymbol{\Omega}\boldsymbol{\Omega}\psi(\boldsymbol{\Omega})$$

即

$$\boldsymbol{J}_g(\boldsymbol{r},t) = \phi_g(\boldsymbol{r},t)\boldsymbol{j}\ \text{(相当于限流条件)} \tag{6.6.3}$$

其中

$$\boldsymbol{j} = \int \boldsymbol{\Omega}\psi(\boldsymbol{\Omega})\mathrm{d}\boldsymbol{\Omega} \tag{6.6.4}$$

将输运方程

$$\frac{1}{v_g}\frac{\partial\varphi_g}{\partial t} + \boldsymbol{\Omega}\cdot\nabla\varphi_g + \Sigma_g\varphi_g = \sum_{g'}\sum_{l=0}\frac{2l+1}{4\pi}\Sigma_l^{g'\to g}(\boldsymbol{r})\phi_{g'} \int \mathrm{P}_l(\boldsymbol{\Omega}\cdot\boldsymbol{\Omega}')\ \psi(\boldsymbol{\Omega}')\mathrm{d}\boldsymbol{\Omega}' + \frac{S_g(\boldsymbol{r},t)}{4\pi} \tag{6.6.5}$$

对立体角积分,得

$$\frac{1}{v_g}\frac{\partial \phi_g}{\partial t} + \nabla \cdot \boldsymbol{J}_g + \Sigma_g \phi_g = \sum_{g'} \Sigma_0^{g' \to g} \phi_{g'} + S_g \equiv c_{\mathrm{eff}}^g \Sigma_g \phi_g \tag{6.6.6}$$

注意:为得到上面的多群输运方程,利用了展开式

$$\Sigma_g(\boldsymbol{r}, E' \to E, \mu_0) = \sum_{l=0} \frac{2l+1}{4\pi} \Sigma_l(\boldsymbol{r}, E' \to E) \mathrm{P}_l(\mu_0) \quad (\mu_0 = \boldsymbol{\Omega}' \cdot \boldsymbol{\Omega}) \tag{6.6.7}$$

并且令

$$\Sigma_l^{g' \to g}(\boldsymbol{r}) = \int_{\Delta E_g} \mathrm{d}E \int_{\Delta E_{g'}} \mathrm{d}E' \cdot \Sigma_l(\boldsymbol{r}, E' \to E) \phi(\boldsymbol{r}, E', t) / \phi_{g'}(\boldsymbol{r}, t)$$

在得到0阶矩方程时,利用了 Legendre 多项式的加法定理及正交性

$$\mathrm{P}_l(\mu_0) = \mathrm{P}_l(\mu)\mathrm{P}_l(\mu') + 2\sum_{m=1}^{l} \frac{(l-m)!}{(l+m)!} \mathrm{P}_l^m(\mu)\mathrm{P}_l^m(\mu') \cos m(\omega - \omega') \tag{6.6.8}$$

$$\int_{-1}^{1} \mathrm{P}_l(\mu)\, \mathrm{P}_{l'}(\mu)\, \mathrm{d}\mu = \frac{2\delta_{ll'}}{2l+1}$$

式中:$(\mu, \omega) = \boldsymbol{\Omega}$;$(\mu', \omega') = \boldsymbol{\Omega}'$;$\mathrm{P}_l^m$ 是连带 Legendre 多项式。

利用式(6.6.1),输运方程式(6.6.5)可写为

$$\psi(\boldsymbol{\Omega})\left(\frac{1}{v_g}\frac{\partial \phi_g}{\partial t} + \boldsymbol{\Omega} \cdot \nabla \phi_g + \Sigma_g \phi_g\right) = \sum_{g'} \sum_{l=0} \frac{2l+1}{4\pi} \Sigma_l^{g' \to g}(\boldsymbol{r}) \phi_{g'} \int \mathrm{P}_l(\boldsymbol{\Omega} \cdot \boldsymbol{\Omega}')\, \psi(\boldsymbol{\Omega}')\, \mathrm{d}\boldsymbol{\Omega}' + \frac{S_g(\boldsymbol{r}, t)}{4\pi} \tag{6.6.9}$$

式(6.6.6)两边乘以 $\psi(\boldsymbol{\Omega})$,并注意到式(6.6.3),得

$$\psi(\boldsymbol{\Omega})\left[\frac{1}{v_g}\frac{\partial \phi_g}{\partial t} + \boldsymbol{j} \cdot \nabla \phi_g + \Sigma_g \phi_g\right] \equiv \psi(\boldsymbol{\Omega}) c_{\mathrm{eff}}^g \Sigma_g \phi_g \tag{6.6.10}$$

式(6.6.9)减去式(6.6.10),最终输运方程式(6.6.5)可写为

$$\psi(\boldsymbol{\Omega})(\boldsymbol{\Omega} \cdot \nabla \phi_g - \boldsymbol{j} \cdot \nabla \phi_g + c_{\mathrm{eff}}^g \Sigma_g \phi_g) = \sum_{g'} \sum_{l=0} \frac{2l+1}{4\pi} \Sigma_l^{g' \to g}(\boldsymbol{r}) \phi_{g'} \int \mathrm{P}_l(\mu_0)\, \psi(\boldsymbol{\Omega}')\, \mathrm{d}\boldsymbol{\Omega}' + \frac{S_g(\boldsymbol{r}, t)}{4\pi} \tag{6.6.11}$$

定义

$$\boldsymbol{A}_g(\boldsymbol{r}, t) = -\nabla \phi_g(\boldsymbol{r}, t) / (c_{\mathrm{eff}}^g \Sigma_g \phi_g) \tag{6.6.12}$$

则式(6.6.11)成为

$$\psi(\boldsymbol{\Omega})(1 + \boldsymbol{j} \cdot \boldsymbol{A}_g - \boldsymbol{\Omega} \cdot \boldsymbol{A}_g) = \frac{1}{c_{\mathrm{eff}}^g \Sigma_g \phi_g} \left\{\sum_{g'} \sum_{l=0} \frac{2l+1}{4\pi} \Sigma_l^{g' \to g}(\boldsymbol{r}) \phi_{g'} \int \mathrm{P}_l(\mu_0)\, \psi(\boldsymbol{\Omega}')\, \mathrm{d}\boldsymbol{\Omega}' + \frac{S_g(\boldsymbol{r}, t)}{4\pi}\right\} \tag{6.6.13}$$

以 $\boldsymbol{A}_g$ 的方向为极轴定义中子运动方向,极角余弦为 $\mu=\boldsymbol{\Omega}\cdot\boldsymbol{A}_g/A_g$,方位角为 ω,式(6.6.13)对 dω 积分,得

$$2\pi\psi(\mu)(1+\boldsymbol{j}\cdot\boldsymbol{A}_g-\mu A_g)=\frac{1}{c_{\mathrm{eff}}^g\Sigma_g\phi_g}\left\{\sum_{g'}\sum_{l=0}\frac{2l+1}{2}\Sigma_l^{g'\to g}(\boldsymbol{r})\phi_{g'}\mathrm{P}_l(\mu)\psi_l+\frac{S_g(\boldsymbol{r},t)}{2}\right\}=$$

$$\frac{1}{c_{\mathrm{eff}}^g\Sigma_g\phi_g}\left\{\sum_{l=0}\frac{2l+1}{2}\mathrm{P}_l(\mu)\psi_l\left[\sum_{g'}\Sigma_l^{g'\to g}(\boldsymbol{r})\phi_{g'}+\delta_{l0}S_g(\boldsymbol{r},t)\right]\right\}=$$

$$\sum_{l=0}\frac{2l+1}{2}K_l\mathrm{P}_l(\mu)\psi_l \tag{6.6.14}$$

其中

$$\psi(\mu)=\frac{1}{2\pi}\int\psi(\boldsymbol{\Omega})\,\mathrm{d}\omega \tag{6.6.15}$$

$$\psi_l=\int\mathrm{P}_l(\mu')\psi(\boldsymbol{\Omega}')\,\mathrm{d}\boldsymbol{\Omega}'=2\pi\int_{-1}^{1}P_l(\mu')\psi(\mu')\mathrm{d}\mu'(\psi_0=1) \tag{6.6.16}$$

$$K_l=\frac{1}{c_{\mathrm{eff}}^g\Sigma_g\phi_g}\left[\sum_{g'}\Sigma_l^{g'\to g}(\boldsymbol{r})\phi_{g'}+\delta_{l0}S_g(\boldsymbol{r},t)\right]\quad(K_0=1) \tag{6.6.17}$$

$$c_{\mathrm{eff}}^g\Sigma_g\phi_g\equiv\sum_{g'}\Sigma_0^{g'\to g}\phi_{g'}+S_g$$

为了使方程式(6.6.6)中的中子流 $\boldsymbol{J}_g$ 与中子通量梯度的 $\nabla\phi_g$ 建立关系,设

$$\boldsymbol{j}=\alpha\boldsymbol{A}_g \tag{6.6.18}$$

式中:α 是待定的 $(\boldsymbol{r},E,t)$ 的函数

$$\boldsymbol{A}_g(\boldsymbol{r},t)=-\nabla\phi_g(\boldsymbol{r},t)/(c_{\mathrm{eff}}^g\Sigma_g\phi_g)$$

则

$$\boldsymbol{J}_g(\boldsymbol{r},t)=\phi_g(\boldsymbol{r},t)\boldsymbol{j}=\alpha\phi_g(\boldsymbol{r},t)\boldsymbol{A}_g=-\frac{\alpha}{c_{\mathrm{eff}}^g\Sigma_g}\nabla\phi_g(\boldsymbol{r},t)$$

即

$$\boldsymbol{J}_g=-D_g(\boldsymbol{r},t)\nabla\phi_g(\boldsymbol{r},t) \tag{6.6.19}$$

其中

$$D_g(\boldsymbol{r},t)=\frac{\alpha}{c_{\mathrm{eff}}^g\Sigma_g} \tag{6.6.20}$$

可见,只要将 α 求出,就可得到扩散系数,其中

$$c_{\mathrm{eff}}^g\Sigma_g\phi_g\equiv\sum_{g'}\Sigma_0^{g'\to g}\phi_{g'}+S_g$$

下面推导 α 满足的方程。利用式(6.6.18),式(6.6.14)可写为

$$2\pi\psi(\mu)(1+\alpha A_g^2-\mu A_g)=\sum_{l=0}\frac{2l+1}{2}K_l\mathrm{P}_l(\mu)\psi_l \tag{6.6.21}$$

令

$$x=(1+\alpha A_g^2)/A_g \tag{6.6.22}$$

则式 (6.6.21)变为

$$\psi(\mu) = \frac{1}{A_g}\sum_{l=0} \frac{2l+1}{4\pi}K_l\psi_l \frac{P_l(\mu)}{x-\mu}$$

利用归一化条件式(6.6.2)，即 $2\pi\int_{-1}^{1}\psi(\mu)d\mu = 1$，得

$$1 = \frac{1}{A_g}\sum_{l=0}(2l+1)K_l\psi_l Q_l(x) \tag{6.6.23}$$

这就是确定未知量 α(通过 x)的超越方程,其中 $Q_l(x)$ 是第二类 Legendre 函数

$$Q_l(x) = \frac{1}{2}\int_{-1}^{1}\frac{P_l(\mu)}{x-\mu}d\mu$$

以 $P_{l'}(\mu)$乘以式(6.6.21),且对整个立体角积分 $\int_{-1}^{1}(\ )P_{l'}(\mu)2\pi d\mu$，利用

$$\int_{-1}^{1}P_l(\mu)P_{l'}(\mu)d\mu = \frac{2}{2l+1}\delta_{ll'}, \psi_l = 2\pi\int_{-1}^{1}P_l(\mu')\psi(\mu')d\mu'$$

得

$$(1+\alpha A_g^2 - K_l)\psi_l = A_g\int_{-1}^{1}2\pi\,\mu P_l(\mu)\psi(\mu)d\mu$$

再利用 Legendre 函数的递推公式

$$(2l+1)\mu P_l(\mu) = lP_{l-1}(\mu) + (l+1)P_{l+1}(\mu)$$

可得计算 ψ_l 的递推公式

$$(2l+1)(1+\alpha A_g^2 - K_l)\psi_l = A_g(l\psi_{l-1} + (l+1)\psi_{l+1})(l = 1,2,\cdots) \tag{6.6.24}$$

其中 K_l 由式(6.6.17)给出。两个递推的初值为

$$\psi_0 = 2\pi\int_{-1}^{1}\psi(\mu')d\mu', \psi_1 = 2\pi\int_{-1}^{1}\mu'\psi(\mu')d\mu'$$

注意到 $\mu = \boldsymbol{\Omega}\cdot\boldsymbol{A}_g/A_g = \boldsymbol{\Omega}\cdot\boldsymbol{j}/(\alpha A_g)$,由式(6.6.2)、式(6.6.4)和式(6.6.18)可得

$$\psi_0 = 1, \psi_1 = \alpha A_g \tag{6.6.25}$$

总结:计算扩散系数的计算公式为

$$D_g(\boldsymbol{r},t) = \frac{\alpha}{c_{\text{eff}}^g\Sigma_g}$$

其中分母为

$$c_{\text{eff}}^g\Sigma_g \equiv \frac{1}{\phi_g}\Big[\sum_{g'}\Sigma_0^{g'\to g}\phi_{g'} + S_g\Big]$$

分子 α 满足超越方程

$$1 = \frac{1}{A_g}\sum_{l=0}(2l+1)K_l\psi_l Q_l(x)$$

其中

$$x = (1+\alpha A_g^2)/A_g, \boldsymbol{A}_g(\boldsymbol{r},t) = -\nabla\phi_g(\boldsymbol{r},t)/(c_{\text{eff}}^g\Sigma_g\phi_g)$$

$$K_l = \frac{1}{c_{\text{eff}}^g\Sigma_g\phi_g}\left[\sum_{g'}\Sigma_l^{g'\to g}(\boldsymbol{r})\phi_{g'} + \delta_{l0}S_g(\boldsymbol{r},t)\right]$$

$$\mathrm{Q}_l(x) = \frac{1}{2}\int_{-1}^{1}\frac{\mathrm{P}_l(\mu)}{x-\mu}\mathrm{d}\mu$$

$$(2l+1)(1+\alpha A_g^2 - K_l)\psi_l = A_g(l\psi_{l-1}+(l+1)\psi_{l+1}) \qquad (l=1,2,\cdots)$$

$$(\psi_0 = 1, \psi_1 = \alpha A_g)$$

由于通量 ϕ_g 和 α 互相依赖,故需要同时求解。迭代计算扩散系数 $D_g(\boldsymbol{r},t)$ 和 ϕ_g 的计算方法如下。

(1) 设 α 和通量分布 ϕ_g 的迭代初值。

(2) 计算分母 $c_{\text{eff}}^g\Sigma_g \equiv \frac{1}{\phi_g}[\sum_{g'}\Sigma_0^{g'\to g}\phi_{g'} + S_g]$。

(3) 计算分子 α,步骤如下。

① 计算 $\boldsymbol{A}_g(\boldsymbol{r},t) = -\nabla\phi_g(\boldsymbol{r},t)/(c_{\text{eff}}^g\Sigma_g\phi_g)$($c_{\text{eff}}^g\Sigma_g$ 已知)。

② 计算 $K_l = \frac{1}{c_{\text{eff}}^g\Sigma_g\phi_g}[\sum_{g'}\Sigma_l^{g'\to g}(\boldsymbol{r})\phi_{g'} + \delta_{l0}S_g(\boldsymbol{r},t)]$($c_{\text{eff}}^g\Sigma_g$ 已知)。

③ 计算 $\mathrm{Q}_l(x) = \frac{1}{2}\int_{-1}^{1}\frac{\mathrm{P}_l(\mu)}{x-\mu}\mathrm{d}\mu$。

④ 递推计算 $\psi_l(l=0,1,2,\cdots)$($\psi_0 = 1, \psi_1 = \alpha A_g$;$\alpha$ 的迭代初值和 A_g、K_l 已知)。

⑤ 解超越方程 $1 = \frac{1}{A_g}\sum_{l=0}(2l+1)K_l\psi_l\mathrm{Q}_l(x)$,求 x(ψ_l、K_l、A_g、Q_l 已知)。

⑥ 由 $x = (1+\alpha A_g^2)/A_g$ 解出新的 α。

(4) 计算扩散系数 $D_g(\boldsymbol{r},t) = \frac{\alpha}{c_{\text{eff}}^g\Sigma_g}$。

(5) 解扩散方程式(6.6.6)、式(6.6.19)得新的 ϕ_g。若 ϕ_g 收敛,停止。否则返回(2)。

6.6.2 各向异性情况下计算扩散系数的近似方法

1. 零阶近似

在未知量 α 满足的超越方程式(6.6.23)的右边求和只保留零阶项,注意到 $\psi_0 = 1, K_0 = 1$,得

$$1 = \frac{1}{A_g}\mathrm{Q}_0(x)$$

式中：$x \equiv (1+\alpha A_g^2)/A_g$。因

$$Q_0(x) = \frac{1}{2}\int_{-1}^{1}\frac{1}{x-\mu}\mathrm{d}\mu = \frac{1}{2}\ln\frac{x+1}{x-1}$$

得

$$A_g = \frac{1}{2}\ln\frac{x+1}{x-1} = \mathrm{th}^{-1}\frac{1}{x}$$

即

$$x = (\mathrm{th}A_g)^{-1} = \coth A_g = (1+\alpha A_g^2)/A_g$$

解出

$$\alpha = \frac{A_g\coth A_g - 1}{A_g^2} \tag{6.6.26}$$

其中

$$\boldsymbol{A}_g(\boldsymbol{r},t) = -\nabla\phi_g(\boldsymbol{r},t)/(c_{\mathrm{eff}}^g\Sigma_g\phi_g)$$

而

$$c_{\mathrm{eff}}^g\Sigma_g \equiv \frac{1}{\phi_g}\left[\sum_{g'}\Sigma_0^{g'\to g}\phi_{g'} + S_g\right]$$

扩散系数

$$D_g(\boldsymbol{r},t) = \frac{\alpha}{c_{\mathrm{eff}}^g\Sigma_g}$$

由于扩散系数 $D_g(\boldsymbol{r},t)$ 决定于 ϕ_g，而 ϕ_g 又依赖于 $D_g(\boldsymbol{r},t)$，故计算 $D_g(\boldsymbol{r},t)$ 和 ϕ_g 要采用迭代方法。计算方法如下。

(1) 假设通量分布的迭代初值 ϕ_g。

(2) 计算分母 $c_{\mathrm{eff}}^g\Sigma_g \equiv \frac{1}{\phi_g}[\sum_{g'}\Sigma_0^{g'\to g}\phi_{g'} + S_g]$。

(3) 计算分子 α。先计算 $\boldsymbol{A}_g(\boldsymbol{r},t) = -\nabla\phi_g(\boldsymbol{r},t)/(c_{\mathrm{eff}}^g\Sigma_g\phi_g)$（其中 $c_{\mathrm{eff}}^g\Sigma_g$ 已知），再计算 $\alpha = \frac{A_g\coth A_g - 1}{A_g^2}$。

(4) 计算扩散系数 $D_g(\boldsymbol{r},t) = \frac{\alpha}{c_{\mathrm{eff}}^g\Sigma_g}$。

(5) 解扩散方程式(6.6.6)、式(6.6.19)得新的 ϕ_g。若 ϕ_g 收敛，停止。否则，更新 ϕ_g 后返回(2)。

当 $A_g \ll 1$ 时（即通量梯度很小，为普通扩散理论情况），$\coth A_g \to \frac{1}{A_g} + \frac{1}{3}A_g$，故

$$\alpha \to \frac{1}{3},\ D_g \to \frac{1}{3c_{\mathrm{eff}}^g\Sigma_g}$$

对单速近似和 $S_g = 0$ 的情况，根据 $c_{\mathrm{eff}}^g\Sigma_g \equiv \frac{1}{\phi_g}[\sum_{g'}\Sigma_0^{g'\to g}\phi_{g'} + S_g]$，有 $c_{\mathrm{eff}} = \frac{\Sigma_0}{\Sigma}$，故

$$D = \frac{1}{3\Sigma_0}$$

当 $A_g \gg 1$ 时，$\coth A_g \to 1$，$\alpha \to \frac{1}{A_g}$，$\boldsymbol{j} = \alpha \boldsymbol{A}_g$ 成为单位矢量，由式(6.6.3)可知，$J_g \to \phi_g$ 为直穿流。

2. 一阶近似(有效输运近似)

将确定未知量 α 的超越方程式(6.6.21)的右边求和保留两项，即

$$(1 + \alpha A_g^2 - \mu A_g)\psi(\mu) = \frac{1}{4\pi}K_0 \mathrm{P}_0(\mu)\psi_0 + \frac{3}{4\pi}K_1 \mathrm{P}_1(\mu)\psi_1$$

其中，$\psi_0 = 1$，$K_0 = 1$，$\psi_1 = \alpha A_g$，$\mathrm{P}_0(\mu) = 1$，$\mathrm{P}_1(\mu) = \mu$，即

$$(1 + \alpha A_g^2 - \mu A_g)\psi(\mu) = \frac{1}{4\pi} + \frac{3}{4\pi}\alpha\mu A_g K_1$$

由式(6.6.17)，有

$$K_1 = \frac{1}{c_{\mathrm{eff}}^g \Sigma_g \phi_g}\sum_{g'} \Sigma_1^{g'\to g}(\boldsymbol{r})\phi_{g'}$$

$$\Sigma_1^{g'\to g}(\boldsymbol{r}) = \int_{\Delta E_g} \mathrm{d}E \int_{\Delta E_{g'}} \mathrm{d}E' \Sigma_1(\boldsymbol{r}, E' \to E)\phi(\boldsymbol{r}, E', t)/\phi_{g'}(\boldsymbol{r}, t)$$

其中

$$\Sigma_1(\boldsymbol{r}, E' \to E) = 2\pi\int \mu_0 \Sigma(\boldsymbol{r}, E' \to E, \mu_0)\,\mathrm{d}\mu_0 =$$

$$\Sigma(\boldsymbol{r}, E')2\pi\int \mu_0 f(E' \to E, \mu_0)\,\mathrm{d}\mu_0 \equiv \Sigma(\boldsymbol{r}, E')f_1(E' \to E)$$

故有

$$\Sigma_1^{g'\to g}(\boldsymbol{r}) = \int_{\Delta E_g} \mathrm{d}E \int_{\Delta E_{g'}} \mathrm{d}E' \Sigma(\boldsymbol{r}, E')f_1(E' \to E)\phi(\boldsymbol{r}, E', t)/\phi_{g'}(\boldsymbol{r}, t)$$

$$K_1 = \sum_{g'} \int_{\Delta E_g} \mathrm{d}E \int_{\Delta E_{g'}} \mathrm{d}E' \Sigma(\boldsymbol{r}, E')f_1(E' \to E)\phi(\boldsymbol{r}, E', t)/c_{\mathrm{eff}}^g \Sigma_g \phi_g =$$

$$\sum_{g'} \bar{\mu}_0^{g'\to g} \Sigma_0^{g'\to g}\phi_{g'}/c_{\mathrm{eff}}^g \Sigma_g \phi_g$$

其中

$$\bar{\mu}_0^{g'\to g} \Sigma_0^{g'\to g}\phi_{g'} = \int_{\Delta E_g} \mathrm{d}E \int_{\Delta E_{g'}} \mathrm{d}E' \Sigma(\boldsymbol{r}, E')f_1(E' \to E)\phi(\boldsymbol{r}, E', t)$$

引入

$$\tilde{\mu} = \frac{\sum_{g'} \bar{\mu}_0^{g'\to g}\Sigma_0^{g'\to g}\phi_{g'}}{\sum_{g'} \Sigma_0^{g'\to g}\phi_{g'}} = \frac{\int_0^{\infty} \mathrm{d}E' \int_g \mathrm{d}E f_1(E' \to E)\Sigma(\boldsymbol{r}, E')\phi(\boldsymbol{r}, E', t)}{\int_0^{\infty} \mathrm{d}E' \int_g \mathrm{d}E f_0(E' \to E)\Sigma(\boldsymbol{r}, E')\phi(\boldsymbol{r}, E', t)}$$

则有

$$K_1 = \tilde{\mu} \sum_{g'} \Sigma_0^{g' \to g} \phi_{g'} / c_{\text{eff}}^g \Sigma_g \phi_g \tag{6.6.27}$$

其中

$$c_{\text{eff}}^g \equiv \frac{1}{\Sigma_g \phi_g} \left[\sum_{g'} \Sigma_0^{g' \to g} \phi_{g'} + S_g \right]$$

由式(6.6.27)可见：

当 $S_g = 0$ 时，$\sum_{g'} \Sigma_0^{g' \to g} \phi_{g'} / (c_{\text{eff}}^g \Sigma_g \phi_g) \equiv 1, K_1 = \tilde{\mu}$；

当 $S_g \neq 0$ 时，$K_1 < \tilde{\mu}$，即总有 $K_1 < 1$。

我们将如下的近似称为有效输运近似。

(1) 定义 $\boldsymbol{A}_{tr}^g = \boldsymbol{A}_g / (1 - K_1)$，$\alpha_{tr} = \alpha(1 - K_1)$，$c_{tr} \Sigma_{tr}^g = c_{\text{eff}}^g \Sigma_g (1 - K_1)$，将扩散系数 $D_g(\boldsymbol{r}, t) = \dfrac{\alpha}{c_{\text{eff}}^g \Sigma_g}$ 修改为

$$D_g = \frac{\alpha_{tr}}{c_{tr} \Sigma_{tr}^g} \tag{6.6.28}$$

将 $\boldsymbol{A}_g(\boldsymbol{r}, t) = -\nabla \phi_g(\boldsymbol{r}, t) / (c_{\text{eff}}^g \Sigma_g \phi_g)$ 修改为 $\boldsymbol{A}_{tr}^g = -\nabla \phi_g / c_{tr} \Sigma_{tr}^g \phi_g$，而

$$\boldsymbol{j} = \alpha \boldsymbol{A}_g = \alpha_{tr} \boldsymbol{A}_{tr}^g (\text{不变})$$

由式(6.6.27)，得

$$1 - K_1 = 1 - \tilde{\mu} \sum_{g'} \Sigma_0^{g' \to g} \phi_{g'} / c_{\text{eff}}^g \Sigma_g \phi_g$$

因而

$$c_{tr} \Sigma_{tr}^g \equiv c_{\text{eff}}^g \Sigma_g (1 - K_1) = c_{\text{eff}}^g \Sigma_g - \tilde{\mu} \sum_{g'} \Sigma_0^{g' \to g} \phi_{g'} / \phi_g$$

注意到

$$c_{\text{eff}}^g \equiv \frac{1}{\Sigma_g \phi_g} \left[\sum_{g'} \Sigma_0^{g' \to g} \phi_{g'} + S_g \right]$$

有

$$c_{tr} \Sigma_{tr}^g = \sum_{g'} \Sigma_0^{g' \to g} \phi_{g'} / \phi_g + S_g / \phi_g - \tilde{\mu} \sum_{g'} \Sigma_0^{g' \to g} \phi_{g'} / \phi_g =$$
$$(1 - \tilde{\mu}) \sum_{g'} \Sigma_0^{g' \to g} \phi_{g'} / \phi_g + S_g / \phi_g$$

即

$$c_{tr} \Sigma_{tr}^g = \frac{1}{\phi_g} \left[S_g + (1 - \tilde{\mu}) \sum_{g'} \Sigma_0^{g' \to g} \phi_{g'} \right] \tag{6.6.29}$$

(2) 以上面定义的 A_{tr}^g 和 α_{tr} 取代方程式(6.6.21)中的 A_g 和 α，同时右端求和式只保留 0 阶项，得 α_{tr} 满足的方程

$$(1 + \alpha_{tr} A_{tr}^2 - \mu A_{tr}) \psi(\mu) = \frac{1}{4\pi}$$

即

$$\psi(\mu) = \frac{1}{4\pi(1 + \alpha_{tr}A_{tr}^2 - \mu A_{tr})}$$

上式对立体角积分,利用归一条件 $\int \psi(\boldsymbol{\Omega})\, d\boldsymbol{\Omega} = 1$,得

$$1 = \frac{1}{2}\int_{-1}^{1} \frac{d\mu}{(1 + \alpha_{tr}A_{tr}^2 - \mu A_{tr})}$$

令 $x = \dfrac{1 + \alpha_{tr}A_{tr}^2}{A_{tr}}$,有 α_{tr} 满足的方程

$$1 = \frac{1}{2A_{tr}}\int_{-1}^{1} d\mu \frac{1}{(x - \mu)} = \frac{1}{2A_{tr}}\ln\frac{x+1}{x-1} = \frac{1}{A_{tr}}\text{th}^{-1}\frac{1}{x}, \quad \left(\frac{1}{2}\ln\frac{x+1}{x-1} = \text{th}^{-1}\frac{1}{x}\right)$$

故

$$x = 1/\text{th}A_{tr} = \coth A_{tr}$$

因此,α_{tr} 的表达式为

$$\alpha_{tr} = (A_{tr}^g \coth A_{tr}^g - 1)/A_{tr}^2 \tag{6.6.30}$$

现将有效输运近似求扩散系数的公式罗列如下,即

$$D_g = \frac{\alpha_{tr}}{c_{tr}\Sigma_{tr}^g}$$

其中

$$\alpha_{tr} = (A_{tr}^g \coth A_{tr}^g - 1)/A_{tr}^2$$

$$\boldsymbol{A}_{tr}^g = -\nabla \phi_g / c_{tr}\Sigma_{tr}^g \phi_g$$

$$c_{tr}\Sigma_{tr}^g = \frac{1}{\phi_g}\left[S_g + (1 - \tilde{\mu})\sum_{g'} \Sigma_0^{g'\to g}\phi_{g'}\right]$$

$$\tilde{\mu} = \frac{\sum_{g'} \bar{\mu}_0^{g'\to g}\Sigma_0^{g'\to g}\phi_{g'}}{\sum_{g'} \Sigma_0^{g'\to g}\phi_{g'}}$$

迭代求扩散系数 $D_g = \dfrac{\alpha_{tr}}{c_{tr}\Sigma_{tr}^g}$ 和中子通量 ϕ_g 的计算方法如下。

① 假设通量分布 ϕ_g 的初值。

② 计算 $\tilde{\mu} = \dfrac{\sum_{g'} \bar{\mu}_0^{g'\to g}\Sigma_0^{g'\to g}\phi_{g'}}{\sum_{g'} \Sigma_0^{g'\to g}\phi_{g'}}$ 和 $c_{tr}\Sigma_{tr}^g = \dfrac{1}{\phi_g}\left[S_g + (1 - \tilde{\mu})\sum_{g'} \Sigma_0^{g'\to g}\phi_{g'}\right]$。

③ 计算 $\boldsymbol{A}_{tr}^g = -\nabla \phi_g/(c_{tr}\Sigma_{tr}^g\phi_g)$, $\alpha_{tr} = (A_{tr}^g \coth A_{tr}^g - 1)/A_{tr}^2$。

④ 计算扩散系数 $D_g = \dfrac{\alpha_{tr}}{c_{tr}\Sigma_{tr}^g}$。

⑤ 解扩散方程式(6.6.6)、式(6.6.19) 得新的 ϕ_g。若 ϕ_g 收敛,停止,否则,更新 ϕ_g 后返回 ②。

6.7 人造精确解(检验差分格式数学精度的检验)

6.7.1 动态问题

$$\frac{1}{v_g}\frac{\partial\phi_g}{\partial t} - \nabla\cdot(D_g\nabla\phi_g) + \Sigma_g\phi_g = \sum_{g'}\Sigma_0^{g'\to g}\phi_{g'} + S_g \tag{6.7.1a}$$

其中

$$\Sigma_0^{g'\to g} = \Sigma_{0s}^{g'\to g} + \chi_g\nu_f^{g'}\Sigma_f^{g'}$$

在一维球对称几何下,有

$$\frac{1}{v_g}\frac{\partial\phi_g}{\partial t} - \frac{1}{r^2}\frac{\partial}{\partial r}\left(r^2D_g\frac{\partial\phi_g}{\partial r}\right) + \Sigma_g\phi_g = \sum_{g'}\Sigma_0^{g'\to g}\phi_{g'} + S_g \tag{6.7.1b}$$

假设人造精确解为

$$\phi_g = \mathrm{e}^{-\Sigma_g v_g t}(a^2 - r^2) \quad (a > R, R\ \text{为球的外半径}) \tag{6.7.2}$$

且设 Σ_g、v_g 与 D_g 在空间连续,以满足 ϕ_g 与 $D_g\dfrac{\partial\phi_g}{\partial r}$的空间连续性条件。显然,式(6.7.2)假设的通量 ϕ_g 不满足方程式(6.7.1b),但满足下面的方程

$$\frac{1}{v_g}\frac{\partial\phi_g}{\partial t} - \frac{D_g}{r^2}\frac{\partial}{\partial r}\left(r^2\frac{\partial\phi_g}{\partial r}\right) + \Sigma_g\phi_g = \sum_{g'}\Sigma_0^{g'\to g}\phi_{g'} + S_g + P_g \tag{6.7.3}$$

将人造解式(6.7.2)代入式(6.7.3),注意到

$$\frac{\partial\phi_g}{\partial r} = -2r\mathrm{e}^{-\Sigma_g v_g t}, \quad -D_g\nabla^2\phi_g = 6D_g\mathrm{e}^{-\Sigma_g v_g t}, \frac{1}{v_g}\frac{\partial\phi_g}{\partial t} + \Sigma_g\phi_g = 0$$

可得

$$P_g + S_g = 6D_g\mathrm{e}^{-\Sigma_g v_g t} - \sum_{g'}\Sigma_0^{g'\to g}(a^2 - r^2)\mathrm{e}^{-\Sigma_{g'}v_{g'}t} \tag{6.7.4}$$

注意:此处 $\Sigma_0^{g'\to g} = \Sigma_{0s}^{g'\to g} + x_g\nu_f^{g'}\Sigma_f^{g'}$,即 Σ_0 非 Σ_{0s}。将 $P_g + S_g$ 作为独立中子源,用差分方法求解方程式(6.7.3),可得通量分布的差分计算值 $\phi_{g,k+1/2}^n \equiv \phi_g(r_{k+1/2}, t_n)$及动态时间参数的差分计算值 $\lambda_{n-1} = \lambda(t_{n-1})$,它们与精确解式(6.7.2)及

$$\lambda_{\text{精}} = \frac{1}{\Delta t}\ln\frac{\sum_g\int 4\pi r^2\mathrm{d}r\ \phi_g^n(r)/v_g}{\sum_g\int 4\pi r^2\mathrm{d}r\ \phi_g^{n-1}(r)/v_g} = \frac{1}{\Delta t}\ln\frac{\sum_g\frac{1}{v_g}\mathrm{e}^{-\Sigma_g v_g t_n}}{\sum_g\frac{1}{v_g}\mathrm{e}^{-\Sigma_g v_g t_{n-1}}} \sim \langle\Sigma_g v_g\rangle \tag{6.7.5}$$

对比,可判定差分方法的数学精度(式(6.7.5)的推导参见5.4.3节)。

用差分方法求解方程式(6.7.3)时,初始条件为

$$\phi_g(r,0) = a^2 - r^2$$

球心条件$\left.\frac{\partial \phi_g}{\partial r}\right|_{r=0}=0$与连续性条件自然满足。

外边界条件:由$\left[\phi_g + d_g \frac{\partial \phi_g}{\partial r}\right]_{r=R}=0$得

$$a^2 = R^2 + 2Rd_g \tag{6.7.6}$$

6.7.2 *K* 本征值问题

临界问题的静态提法为

$$-\nabla \cdot (D_g \nabla \phi_g) + \Sigma_g \phi_g = \sum_{g'} \Sigma_{0s}^{g' \to g} \phi_{g'} + \frac{\chi_g}{K_{\text{eff}}} \sum_{g'} \nu_f^{g'} \Sigma_f^{g'} \phi_{g'} \tag{6.7.7}$$

在一维球对称几何中,设D_g空间连续,且构造人为的精确解为

$$\phi_g = A(a^2 - r^2) \quad (a > R, a^2 = R^2 + 2Rd_g)(A\text{为规格化常数}) \tag{6.7.8}$$

人为的精确解一般不会满足式(6.7.7),但它满足的方程为

$$-D_g \nabla^2 \phi_g + \Sigma_g \phi_g = \sum_{g'} \Sigma_{0s}^{g' \to g} \phi_{g'} + \chi_g \sum_{g'} \nu_f^{g'} \Sigma_f^{g'} \phi_{g'} + P_g \tag{6.7.9}$$

将式(6.7.8)式代入式(6.7.9),注意到

$$-D_g \nabla^2 \phi_g = -D_g \frac{1}{r^2} \frac{\partial}{\partial r}\left(r^2 \frac{\partial \phi_g(r)}{\partial r}\right) = 6AD_g$$

可得附加源

$$P_g = 6D_g A + \Sigma_g A(a^2 - r^2) - A \sum_{g'} \Sigma_0^{g' \to g}(a^2 - r^2) \tag{6.7.10}$$

其中

$$\Sigma_0^{g' \to g} = \Sigma_{0s}^{g' \to g} + \chi_g \nu_f \Sigma_f^{g'}$$

用差分方法迭代求解方程式(6.7.9)的带源K本征值问题(即将χ_g改为χ_g/K)

$$-D_g \nabla^2 \phi_g^{(n+1)} + \Sigma_g \phi_g^{(n+1)} = \sum_{g'} \Sigma_{0s}^{g' \to g} \phi_{g'}^{(n+1)} + \frac{\chi_g}{K^{(n)}} Q_f^{(n)} + P_g$$

其中

$$Q_f = \sum_{g'} \nu_f^{g'} \Sigma_f^{g'} \phi_{g'}$$

求得通量的离散分布与本征值K(取$A=1$或$1/R^5$),收敛时应有

$$\frac{1}{K^{(n+1)}} Q_f^{n+1} = \frac{1}{K^{(n)}} Q_f^{n} \qquad (n\text{为迭代次数})$$

即

$$K^{(n+1)} = \frac{Q_f^{(n+1)}}{Q_f^{(n)}} K^{(n)}$$

它们与人造解式(6.7.8)和 $K_{精} = 1$ 对比,可知差分格式的数学精度。

取迭代初值 $K^{(0)} = 1$, $\phi_g^{(0)}$,使 $Q_f^{(0)} = \sum_{g'} \nu_f^{g'} \Sigma_f^{g'} \phi_{g'}^{(0)} = 1$,则

$$K^{(n+1)} = Q_f^{(n+1)} = \sum_{g'} \nu_f^{g'} \Sigma_f^{g'} \phi_{g'}^{(n+1)}$$

数值计算步骤如下。

(1) 取迭代初值 $K^{(0)} = 1$, $\phi_g^{(0)}$,使 $Q_f^{(n+1)} = \sum_{g'} \nu_f^{g'} \Sigma_f^{g'} \phi_{g'}^{(0)} = 1$。

(2) 由 $-D_g \nabla^2 \phi_g^{(1)} + \Sigma_g \phi_g^{(1)} = \sum_{g'} \Sigma_{0s}^{g' \to g} \phi_{g'}^{(1)} + \frac{\chi_g}{K^{(0)}} Q_f^{(0)} + P_g$ 计算 $\phi_g^{(1)}$。

(3) 计算 $K^{(1)} = Q_f^{(1)} = \sum_{g'} \nu_f^{g'} \Sigma_f^{g'} \phi_{g'}^{(1)}$。

(4) 判断 $K^{(1)}$ 是否收敛。若是,承认 $K^{(1)}$,$\phi_g^{(1)}$;否则,$K^{(1)} \to K^{(0)}$,$\phi_g^{(1)} \to \phi_g^{(0)}$,返回步骤(2)。

附录　电磁单位制

对电磁学理论来说，国际单位制不是一个好的单位制，因为它给电磁学理论带来了系数和量纲上的复杂性。

在国际单位制中，由于电流的单位（安培）是基本单位，因而电量的单位就事先被给定了，它是电流单位与时间单位（秒）的乘积，称为库仑，因此，在库仑定律中的比例系数就不能随意规定为1，而应该通过试验来测定，试验测定值为$1/4\pi\varepsilon_0$；而在高斯单位制中，电量的单位没有事先给定，它可以由库仑定律规定，既然如此，就可以规定库仑定律的比例系数为1，以此来定电量的单位——静库。

两种单位制的一个重要差别是，在高斯单位制中，电场强度$\boldsymbol{E}$、偶极矩密度$\boldsymbol{P}$，电位移矢量$\boldsymbol{D}$、磁感应强度$\boldsymbol{B}$、磁矩密度$\boldsymbol{M}$、磁场强度$\boldsymbol{H}$均有相同的量纲，这是高斯单位制的一个极大的好处；而在国际单位制中，$\boldsymbol{E}$和$\boldsymbol{B}$有不同的量纲，$\boldsymbol{E}$的量纲是$\boldsymbol{B}$的量纲与光速c量纲的乘积。可以这样说，高斯单位制中一个电磁学公式中出现光速c是为了保证$\boldsymbol{E}$和$\boldsymbol{B}$有相同的量纲；而在国际单位制中出现光速c则是为了保证$\boldsymbol{E}$和$\boldsymbol{B}$有不同的量纲。

（一）高斯单位制

基本单位（3个）

[长度] = [cm]

[时间] = [s]

[质量] = [g]

导出单位

[力] = [dyne] = [g · cm/s^2] 由牛顿第二定律决定。

[能量] = [erg] = [dyne · cm] = [g · cm^2/s^2]

[电荷 q] = [esu] = [$\sqrt{\text{dyne}\cdot\text{cm}^2}$] = [g$^{1/2}$ · cm$^{3/2}$/s] 由库仑定律 $|\boldsymbol{F}| = q_1q_2/r^2$ 决定。

[力] = [dyne] = [esu^2/cm^2]

[能量] = [erg] = [dyne · cm] = [esu^2/cm]

[电荷密度 ρ_e] = [esu/cm^3]

[电流密度 $\boldsymbol{j}$] = [$\dfrac{\text{esu}}{\text{cm}^2\cdot\text{s}}$]

[电场强度 $\boldsymbol{E}$] = [dyne/esu] = [esu/cm^2]由 $\boldsymbol{F}=q\boldsymbol{E}$,或 $E=Q/r^2$ 决定。

[电极化矢量 $\boldsymbol{P}$] = [esu/cm^2] = [dyne/esu]由 $\boldsymbol{P}=\rho_e\boldsymbol{R}$ 决定,与电场强度 $\boldsymbol{E}$ 单位相同。

[电位移矢量 $\boldsymbol{D}$] = [esu/cm^2] = [dyne/esu]由 $\boldsymbol{D}=\boldsymbol{E}+4\pi\boldsymbol{P}$ 决定,与电场强度 $\boldsymbol{E}$ 单位相同。

[电势 φ] = [erg/esu] = [esu/cm]由 $\Delta\varphi=-\int\boldsymbol{E}\cdot d\boldsymbol{l}$,或 $\varphi(r)=Q/r$ 决定。

[磁场强度 $\boldsymbol{H}$] 的单位由安培环路定律 $\oint\boldsymbol{H}\cdot d\boldsymbol{l}=\frac{4\pi}{c}\iint\boldsymbol{j}\cdot d\boldsymbol{S}$ 决定。

$$[\boldsymbol{H}]=\frac{[\mathrm{s}]}{[\mathrm{cm}][\mathrm{cm}]}\left[\frac{\mathrm{esu}}{\mathrm{s}\cdot\mathrm{cm}^2}\right][\mathrm{cm}^2]=\left[\frac{\mathrm{esu}}{\mathrm{cm}^2}\right]=\left[\frac{\mathrm{dyne}}{\mathrm{esu}}\right]=\left[\frac{\mathrm{g}^{1/2}}{\mathrm{cm}^{1/2}\cdot\mathrm{s}}\right]=[\mathrm{gauss}]$$

[磁通密度 $\boldsymbol{B}$]的单位由法拉第电磁感应定律 $\oint\boldsymbol{E}\cdot d\boldsymbol{l}=-\frac{1}{c}\iint\frac{\partial\boldsymbol{B}}{\partial t}\cdot d\boldsymbol{S}$ 决定。

$$[\boldsymbol{E}][\mathrm{cm}]=\frac{[\mathrm{s}]}{[\mathrm{cm}]}\frac{[\boldsymbol{B}]}{[\mathrm{s}]}[\mathrm{cm}^2]$$

$$[\boldsymbol{B}]=[\boldsymbol{E}]=[\mathrm{dyne/esu}]=[\mathrm{esu/cm}^2]=\left[\frac{\mathrm{dyne}}{\mathrm{esu}}\right]=\left[\frac{\mathrm{g}^{1/2}}{\mathrm{cm}^{1/2}\cdot\mathrm{s}}\right]=[\mathrm{gauss}]$$

[磁通量 $\boldsymbol{\Phi}$]的单位由 $\boldsymbol{\Phi}=\iint\boldsymbol{B}\cdot d\boldsymbol{S}$ 决定。

$$[\boldsymbol{\Phi}]=[\mathrm{Gauss}\cdot\mathrm{cm}^2]=[\mathrm{esu}]=10^{-8}[\mathrm{T}][\mathrm{m}^2]=10^{-8}\mathrm{Wb}$$

[电容 C] = [esu^2/erg] = [cm] = [$\frac{1}{9}\times10^{-11}$F]由 $C=\frac{Q}{U}$决定。

[电势能 W] = [erg]由 $W=q\varphi$ 决定。

[电容器储能 W] = [esu^2/[esu^2/erg]] = [erg]由 $W=\frac{Q^2}{2C}$决定。

[电阻 R] = $\left[\frac{\mathrm{erg/esu}}{\mathrm{esu/s}}\right]=\left[\frac{\mathrm{esu}^2\cdot\mathrm{s}}{\mathrm{esu}^2\cdot\mathrm{cm}}\right]=\left[\frac{\mathrm{s}}{\mathrm{cm}}\right]=\left[\frac{300\mathrm{V}}{\frac{1}{3}\times10^{-9}\mathrm{A}}\right]=[9\times10^{11}\Omega]$由 $R=\frac{U}{I}$决定。

[电阻率 ρ] = $\left[\frac{\mathrm{erg/esu}}{\mathrm{esu/s}}\times\mathrm{cm}\right]=\left[\frac{\mathrm{erg}\cdot\mathrm{s}}{\mathrm{esu}^2}\times\mathrm{cm}\right]=[\mathrm{s}]=[9\times10^9\Omega\cdot\mathrm{m}]$由 $R=\rho\frac{l}{S}$ 决定。

[电导率 σ] = $\left[\frac{1}{\mathrm{s}}\right]=\left[\frac{1}{9}\times10^{-9}\frac{1}{\Omega\cdot\mathrm{m}}\right]$由 $\sigma=1/\rho$ 决定。

$$\boldsymbol{j}=\sigma\boldsymbol{E}=\mathrm{esu}/[\mathrm{cm}^2\cdot\mathrm{s}]$$

高斯单位制下真空电导率和磁导率均为 1。

库仑力 $\boldsymbol{F}_{21}=\frac{q_2q_1}{r_{21}^3}\boldsymbol{r}_{21}$(电荷 1 对电荷 2 的作用力);

安培力 $\boldsymbol{F}_{12} = \frac{1}{c^2}\iiint \mathrm{d}\tau_1 \iiint \mathrm{d}\tau_2 \frac{\boldsymbol{j}_1 \times (\boldsymbol{j}_2 \times \boldsymbol{r}_{12})}{r_{12}^3}$(电流元 2 对电流元 1 的作用力);

洛伦兹力 $\boldsymbol{F} = q\left(\boldsymbol{E} + \frac{1}{c}\boldsymbol{v} \times \boldsymbol{B}\right)$

Maxwell 方程组

$$\nabla \cdot \boldsymbol{D} = 4\pi\rho_f$$

$$\nabla \times \boldsymbol{E} = -\frac{1}{c}\frac{\partial \boldsymbol{B}}{\partial t}$$

$$\nabla \cdot \boldsymbol{B} = 0$$

$$\nabla \times \boldsymbol{H} \frac{1}{c}\frac{\partial \boldsymbol{D}}{\partial t} + \frac{4\pi}{c}\boldsymbol{j}$$

电介质的本构关系

$$\boldsymbol{D} = \boldsymbol{E} + 4\pi\boldsymbol{P}, \quad \boldsymbol{P} = \chi_e \boldsymbol{E}$$

$$\boldsymbol{B} = \boldsymbol{H} + 4\pi\boldsymbol{M}, \quad \boldsymbol{M} = \chi_m \boldsymbol{H}$$

(二)国际单位制

基本单位(4 个)

[长度] = [m]

[时间] = [s]

[质量] = [kg]

[电流] = [A]

导出单位

[力] = [N] = [kg · m/s^2]由牛顿第二定律决定。

[能量] = [N · m] = [kg · m^2/s^2] = [J]

[电量 q] = [C] = [A · s]

由于电量、长度、力的单位均已有定义,电量给定的两电荷,它们相距为 r[m]时,给出的力大小可以测定为 $|\boldsymbol{F}|$[N],另一方面,根据 q_1q_2/r^2 也可算出一数值 $\left|\frac{q_1q_2{}^2}{r}\right|\left[\frac{\mathrm{C}^2}{\mathrm{m}^2}\right]$,它与 $|\boldsymbol{F}|$ 不仅数值不同,单位也是不同的,两者有一个有量纲的比例系数 $k = |\boldsymbol{F}|/[q_1q_2/r^2] = \frac{1}{4\pi\varepsilon_0}$,为使测量值与计算值相等,故库仑定律为 $|\boldsymbol{F}| = \frac{q_1q_2}{4\pi\varepsilon_0 r^2}$,其中,试验给出的真空电导率为

$$\varepsilon_0 = 8.854187817 \times 10^{-12}\left[\frac{\mathrm{C}^2}{\mathrm{N} \cdot \mathrm{m}^2}\right] = 8.854187817 \times 10^{-12}\left[\frac{\mathrm{F}}{\mathrm{m}}\right]$$

[电荷密度 ρ_e] = [$\mathrm{C/m^3}$]

[电流密度 $\boldsymbol{j}$] = [$\frac{\mathrm{C}}{\mathrm{m^2 \cdot s}} = \frac{\mathrm{A}}{\mathrm{m^2}}$]

[电场强度 $\boldsymbol{E}$] = [N/C] = [V/m]由 $\boldsymbol{F} = q\boldsymbol{E}$,或 $E = Q/4\pi\varepsilon_0 r^2$ 决定。

[电势 φ] = [J/C] = [V]由 $\Delta\varphi = -\int \boldsymbol{E} \cdot \mathrm{d}\boldsymbol{l}$,或 $\varphi(r) = Q/4\pi\varepsilon_0 r$ 决定。

[电极化矢量 $\boldsymbol{P}$] = [$\mathrm{C/m^2}$] 由 $\boldsymbol{P} = \rho_e \boldsymbol{R}$ 决定,与电场强度 $\boldsymbol{E}$ 单位不相同。

[电位移矢量 $\boldsymbol{D}$] = [$\mathrm{C/m^2}$] 由 $\boldsymbol{D} = \varepsilon_0 \boldsymbol{E} + \boldsymbol{P}$ 决定,与电场强度 $\boldsymbol{E}$ 单位不相同。

[磁场强度 $\boldsymbol{H}$] = [A/m] 由安培环路定律$\oint \boldsymbol{H} \cdot \mathrm{d}\boldsymbol{l} = \iint \boldsymbol{j} \cdot \mathrm{d}\boldsymbol{S}$ 决定。

[磁通密度 $\boldsymbol{B}$] = [N/A · m] = [Tesla] 由安培定律 $\mathrm{d}\boldsymbol{F}_{12} = \boldsymbol{j}_1 \mathrm{d}\tau_1 \times d\boldsymbol{B}_{12}$ 决定;也可由法拉第电磁感应定律$\oint \boldsymbol{E} \cdot \mathrm{d}\boldsymbol{l} = -\iint \frac{\partial \boldsymbol{B}}{\partial t} \cdot \mathrm{d}\boldsymbol{S}$ 决定。

$$[\boldsymbol{B}] = [\mathrm{s}]\left[\frac{\mathrm{N}}{\mathrm{C}}\right]\left[\frac{1}{\mathrm{m}}\right] = \left[\frac{\mathrm{N}}{\mathrm{A \cdot m}}\right] = [\mathrm{Tesla}]$$

磁通密度 $\boldsymbol{B}$ 与磁场强度 $\boldsymbol{H}$ 的单位不相同。

[电容 C] = [C/V] = [F]由 $C = \frac{Q}{U}$决定。

[电势能 W] = [J]由 $W = q\varphi$ 决定。

安培力(电流元$\boldsymbol{j}_2 \mathrm{d}\tau_2$ 对电流元$\boldsymbol{j}_1 \mathrm{d}\tau_1$ 的作用力,$\mathrm{d}\tau$ 为空间体积元)

$$\mathrm{d}\boldsymbol{F}_{12} \propto \frac{\boldsymbol{j}_1 \mathrm{d}\tau_1 \times (\boldsymbol{j}_2 \mathrm{d}\tau_2 \times \boldsymbol{r}_{12})}{r_{12}^3}$$

由于电流密度 $\boldsymbol{j}$、长度、力的单位均已有定义,给定的两电流元$\boldsymbol{j}_2 \mathrm{d}\tau_2$[A · m]和$\boldsymbol{j}_1 \mathrm{d}\tau_1$[A · m],它们相距为 r_{12}[m]时,给出的力大小可以测定为$|\mathrm{d}\boldsymbol{F}_{12}|$[N],另一方面,根据$\frac{\boldsymbol{j}_1 \mathrm{d}\tau_1 \times (\boldsymbol{j}_2 \mathrm{d}\tau_2 \times \boldsymbol{r}_{12})}{r_{12}^3}$也可算出一数值$\left|\frac{\boldsymbol{j}_1 \mathrm{d}\tau_1 \times (\boldsymbol{j}_2 \mathrm{d}\tau_2 \times \boldsymbol{r}_{12})}{r_{12}^3}\right|$[$\mathrm{A^2}$],它与$|\mathrm{d}\boldsymbol{F}_{12}|$[N]不仅数值不同,而且单位也是不同的,两者有一个有量纲的比例系数 $k = |d\boldsymbol{F}_{12}| / \left|\frac{\boldsymbol{j}_1 \mathrm{d}\tau_1 \times (\boldsymbol{j}_2 \mathrm{d}\tau_2 \times \boldsymbol{r}_{12})}{r_{12}^3}\right| \equiv \frac{\mu_0}{4\pi}$,为使测量值与计算值相等,故安培定律为

$$\mathrm{d}\boldsymbol{F}_{12} = \frac{\mu_0}{4\pi} \frac{\boldsymbol{j}_1 \mathrm{d}\tau_1 \times (\boldsymbol{j}_2 \mathrm{d}\tau_2 \times \boldsymbol{r}_{12})}{r_{12}^3}$$

其中,试验给出的真空磁导率为

$$\mu_0 = 4\pi \times 10^{-7}\left[\frac{\mathrm{N}}{\mathrm{A^2}}\right]$$

安培定律也可写为

$$\mathrm{d}\boldsymbol{F}_{12} = \boldsymbol{j}_1 \mathrm{d}\tau_1 \times \left[\frac{\mu_0}{4\pi} \frac{\boldsymbol{j}_2 \mathrm{d}\tau_2 \times \boldsymbol{r}_{12}}{r_{12}^3}\right] = \boldsymbol{j}_1 \mathrm{d}\tau_1 \times \mathrm{d}\boldsymbol{B}_{12}$$

其中

$$\mathrm{d}\boldsymbol{B}_{12} = \frac{\mu_0}{4\pi}\frac{\boldsymbol{j}_2\mathrm{d}\tau_2 \times \boldsymbol{r}_{12}}{r_{12}^3}$$

为电流元$\boldsymbol{j}_2\mathrm{d}\tau_2$ 在电流元$\boldsymbol{j}_1\mathrm{d}\tau_1$ 处产生的磁通密度。其单位为

$$[\boldsymbol{B}] = \left[\frac{\mathrm{N}}{\mathrm{A}\cdot\mathrm{m}}\right] \equiv [\mathrm{Tesla}]$$

国际单位制下真空电导率 $\varepsilon_0 = 8.854187817 \times 10^{-12}\left[\frac{\mathrm{C}^2}{\mathrm{N}\cdot\mathrm{m}^2}\right]$和真空磁导率 $\mu_0 = 4\pi \times 10^{-7}\left[\frac{\mathrm{N}}{\mathrm{A}^2}\right]$不是相互独立的。满足关系

$$\varepsilon_0\mu_0 = 8.854187817 \times 10^{-12}\left[\frac{\mathrm{C}^2}{\mathrm{N}\cdot\mathrm{m}^2}\right]4\pi \times 10^{-7}\left[\frac{\mathrm{N}}{\mathrm{A}^2}\right] = 4\pi \times 8.854187817 \times 10^{-19}\left[\frac{\mathrm{s}^2}{\mathrm{m}^2}\right] = \frac{1}{c^2}$$

库仑力 $\boldsymbol{F}_{21} = \frac{q_2 q_1}{4\pi\varepsilon_0 r_{21}^3}\boldsymbol{r}_{21}$（电荷1对电荷2的作用力）;

安培力 $\boldsymbol{F}_{12} = \frac{\mu_0}{4\pi}\iiint \mathrm{d}\tau_1 \iiint \mathrm{d}\tau_2 \frac{\boldsymbol{j}_1 \times (\boldsymbol{j}_2 \times \boldsymbol{r}_{12})}{r_{12}^3}$（电流元2对电流元1的作用力）;

洛伦兹力 $\boldsymbol{F} = q(\boldsymbol{E} + \boldsymbol{v} \times \boldsymbol{B})$。

Maxwell 方程组

$$\nabla\cdot\boldsymbol{D} = \rho_f,\ \nabla\times\boldsymbol{E} = -\frac{\partial\boldsymbol{B}}{\partial t},\ \nabla\cdot\boldsymbol{B} = 0,\ \nabla\times\boldsymbol{H} = \frac{\partial\boldsymbol{D}}{\partial t} + \boldsymbol{j}$$

电磁体的本构关系

$$\boldsymbol{D} = \varepsilon_0\boldsymbol{E} + \boldsymbol{P},\ \boldsymbol{P} = \varepsilon_0\chi_e\boldsymbol{E}$$

$$\boldsymbol{B} = \mu_0\boldsymbol{H} + \mu_0\boldsymbol{M},\ \boldsymbol{M} = \chi_m\boldsymbol{H}$$

（三）高斯单位与国际单位的转换

力：$1[\mathrm{dyne}] = 10^{-5}[\mathrm{N}]$

能量：$1[\mathrm{erg}] = 10^{-7}[\mathrm{J}]$

电荷：$1[\mathrm{esu}] = \frac{1}{3} \times 10^{-9}[\mathrm{C}]$

电场：$1[\mathrm{dyne/esu}] = 1[\mathrm{esu/cm}^2] = \frac{3 \times 10^{-5}\mathrm{N}}{10^{-9}\mathrm{C}} = 3 \times 10^4[\mathrm{N/C}] = 3 \times 10^4[\mathrm{V/m}]$

电势：$1[\mathrm{erg/esu}] = 1[\mathrm{esu/cm}] = 300[\mathrm{J/C}] = 300[\mathrm{V}]$

磁通密度：$1[\mathrm{Gauss}] = 10^{-4}[\mathrm{Tesla}]$（见以下“注”）

电子电量的平方：

$$e^2 = [4.8\times10^{-10}\mathrm{esu}]^2 = [4.8\times10^{-10}]^2\mathrm{erg\cdot cm} =$$
$$[4.8\times10^{-10}]^2\frac{1}{1.6}\times10^6\mathrm{MeV\cdot cm} = 1.44\mathrm{MeV\cdot fm}$$

注：设有一磁通密度 $\boldsymbol{B}$，按国际单位制，其大小为 B'[Tesla]，按高斯单位制，其大小为 B''[Gauss]，显然，有

$$B'[\mathrm{Tesla}] = B''[\mathrm{Gauss}]$$

现找数值 B' 与 B'' 的关系，以得出[Tesla]与[Gauss]间的转换关系。

设有一带电粒子，其电荷为 q，速度为 $\boldsymbol{v}$，射入磁通密度为 $\boldsymbol{B}$ 的磁场中，其所受的洛伦兹力为

$$(\mathrm{SI}) = |q\boldsymbol{v}\times\boldsymbol{B}| = q'[\mathrm{C}]v'[\mathrm{m/s}]B'[\mathrm{Tesla}]\sin\theta$$
$$(\mathrm{cgs}) = \left|q\frac{1}{c}\boldsymbol{v}\times\boldsymbol{B}\right| = q''[\mathrm{esu}]v''[\mathrm{cm/s}]\frac{1}{c}B''[\mathrm{Gauss}]\sin\theta$$

因为

$$(\mathrm{SI}) = q'[\mathrm{C}]v'[\mathrm{m/s}] = q''[\mathrm{esu}]v''[\mathrm{cm/s}] = (\mathrm{cgs})$$

故有

$$c'[\mathrm{m/s}]B'[\mathrm{Tesla}] = B''[\mathrm{Gauss}]$$

即

$$B''[\mathrm{Gauss}] = c'[\mathrm{m/s}]B'[\mathrm{Tesla}] = B'\times3\times10^8[\mathrm{m/s}]\left[\frac{\mathrm{N}}{\mathrm{A\cdot m}}\right] =$$
$$B'\times3\times10^8\left[\frac{\mathrm{N}}{\mathrm{C}}\right] = B'\times3\times10^8\left[\frac{10^5\mathrm{dyne}}{3\times10^9\mathrm{esu}}\right] = 10^4B'[\mathrm{Gauss}]$$

故数值 B' 与 B'' 的关系为

$$B'' = 10^4B'$$

故由 $B'[\mathrm{Tesla}] = B''[\mathrm{Gauss}]$ 得

$$B'[\mathrm{Tesla}] = B''[\mathrm{Gauss}] = 10^4B'[\mathrm{Gauss}]$$
$$1[\mathrm{Tesla}] = 10^4[\mathrm{Gauss}]$$

原则上，可以找到有限几个基本替换，在保持非电磁量不变的情况下，使两种不同单位制下的电磁学公式能够互相转换，基本替换关系为

$$\frac{Q(\mathrm{SI})}{\sqrt{4\pi\varepsilon_0}}\Leftrightarrow Q(\mathrm{CGS}),\qquad \sqrt{4\pi\varepsilon_0}\boldsymbol{E}(\mathrm{SI})\Leftrightarrow\boldsymbol{E}(\mathrm{CGS})$$
$$\sqrt{4\pi\varepsilon_0}c\boldsymbol{B}(\mathrm{SI})\Leftrightarrow\boldsymbol{B}(\mathrm{CGS}),\qquad \sqrt{\frac{4\pi}{\varepsilon_0}}\boldsymbol{D}(\mathrm{SI})\Leftrightarrow\boldsymbol{D}(\mathrm{CGS})$$
$$\frac{1}{c}\sqrt{\frac{4\pi}{\varepsilon_0}}\boldsymbol{H}(SI)\Leftrightarrow\boldsymbol{H}(\mathrm{CGS}),\qquad \frac{\boldsymbol{m}(\mathrm{SI})}{c\sqrt{4\pi\varepsilon_0}}\Leftrightarrow\boldsymbol{m}(\mathrm{CGS})$$

由此可得

$$\frac{\rho(\mathrm{SI})}{\sqrt{4\pi\varepsilon_0}} \to \rho(\mathrm{CGS}),\ \frac{\boldsymbol{j}(\mathrm{SI})}{\sqrt{4\pi\varepsilon_0}} \to \boldsymbol{j}(\mathrm{CGS}),\ \frac{\boldsymbol{P}(\mathrm{SI})}{\sqrt{4\pi\varepsilon_0}} \to \boldsymbol{P}(\mathrm{CGS})$$

$$\frac{\boldsymbol{M}(\mathrm{SI})}{c\sqrt{4\pi\varepsilon_0}} \to \boldsymbol{M}(\mathrm{CGS}),\ \mu_0\varepsilon_0 \to 1/c^2$$

有了以上变换关系,就能够从国际单位制下的电磁学公式找到它在高斯单位制下的对应式,反之亦然。例如:

	国际单位制	高斯单位制
麦克斯韦方程组	$\nabla\cdot\boldsymbol{D}=\rho_f$	$\nabla\cdot\boldsymbol{D}=4\pi\rho_f$
	$\nabla\times\boldsymbol{E}=-\frac{\partial\boldsymbol{B}}{\partial t}$	$\nabla\times\boldsymbol{E}=-\frac{1}{c}\frac{\partial\boldsymbol{B}}{\partial t}$
	$\nabla\cdot\boldsymbol{B}=0$	$\nabla\cdot\boldsymbol{B}=0$
	$\nabla\times\boldsymbol{H}=\frac{\partial\boldsymbol{D}}{\partial t}+\boldsymbol{j}$	$\nabla\times\boldsymbol{H}=\frac{1}{c}\frac{\partial\boldsymbol{D}}{\partial t}+\frac{4\pi}{c}\boldsymbol{j}$
电位移矢量	$\boldsymbol{D}=\varepsilon_0\boldsymbol{E}+\boldsymbol{P}$	$\boldsymbol{D}=\boldsymbol{E}+4\pi\boldsymbol{P}$
偶极矩密度	$\boldsymbol{P}=\varepsilon_0\chi_e\boldsymbol{E}$	$\boldsymbol{P}=\chi'_e\boldsymbol{E}=\frac{\chi_e}{4\pi}\boldsymbol{E}$
磁场强度	$\boldsymbol{H}=\boldsymbol{B}/\mu_0-\boldsymbol{M}$	$\boldsymbol{H}=\boldsymbol{B}-4\pi\boldsymbol{M}$
磁矩密度	$\boldsymbol{M}=\chi_m\boldsymbol{H}$	$\boldsymbol{M}=\chi'_m\boldsymbol{H}=\frac{\chi_m}{4\pi}\boldsymbol{H}$

参考文献

[1] 黄祖洽,等. 输运理论. 北京:科学出版社,1987.
[2] 杜书华,等. 输运问题的计算机模拟. 长沙: 湖南科技出版社,1989.
[3] Duderstadt J J, et al. Transport Theory, John Wiley & Sons, Inc. , 1979.
[4] 贝尔 G L,等. 核反应堆理论. 北京:原子能出版社,1979.
[5] 李世昌. 高温辐射物理与量子辐射理论. 北京:国防工业出版社, 1992.
[6] Pomraning G C. The Equations of Radiation Hydrodynamics, Pergamon Press, 1973.
[7] 章冠人. 光子流体动力学理论基础. 北京:国防工业出版社,1996.
[8] 常铁强,等. 激光等离子体相互作用与激光聚变. 长沙:湖南科技出版社,1991.
[9] 张均,常铁强. 激光核聚变靶物理基础. 北京:国防工业出版社,2004.
[10]张家泰. 激光等离子体相互作用物理与模拟. 郑州:河南科技出版社,1999.
[11] Duderstadt J J,et al. Inertial Confinement Fusion. John Wiley & Sons Inc,1982.
[12] Kruer W L. The Physics of Laser Plasma Interactions. Addison - Wesley Pub. Company, Inc. , 1988.

内 容 简 介

利用数值模拟研究微观粒子在介质中的输运行为,是核武器物理、核反应堆物理、激光核聚变、高温等离子体物理、X 光激光物理、磁约束核聚变和惯性约束核聚变研究中不可缺少的重要工作。本书分为 6 章,系统介绍了等离子体中带电粒子输运理论、辐射输运理论、辐射流体力学方程组、中子输运理论和核素燃耗、中子扩散理论及其数值模拟技术。给出了各类粒子输运方程及其涉及的输运参数的详细推导过程和计算方法,对高温介质的辐射不透明度、中子多群常数的计算与制作也给出了简单适用的算法。在此基础上,重点介绍了各类粒子输运方程和辐射流体力学方程组的离散格式与数值求解方法,给出了离散格式的稳定性判据和计算精度的数值检验方法,考虑了介质的运动对粒子输运和燃耗的影响,提出了流体运动情况下粒子输运和辐射流体力学方程组的耦合求解数值方法。结合工程实际问题,详细给出了不同类型粒子输运问题的数值模拟计算实例。本书面向工程实际、突出数值方法,具有很强的针对性与适用性,是一本内容全面、特色鲜明、通俗易懂、实用性强的入门指导书,尤其适合作为相关专业高年级本科生和研究生教材,也可供相关研究领域从事粒子输运数值模拟工作的读者参考。

The numerical simulations on the transport behavior of microscopic particles in host media is an indispensable task for the researches of nuclear weapon physics, nuclear reactor physics, high temperature plasma, X - ray laser, magnetic confinement fusion and inertial confinement fusion. This book is composed of six chapters, which discusses in detail the following topics such as the transport of charged particles in plasma, radiation transport theory, radiation hydrodynamic equations, neutron transport theory and consumption of the host media nuclei, neutron diffusion theory and the numerical simulation techniques of above mentioned equations. The various transport equations are derived in detail, the appropriate computational methods of the necessary parameters in transport equations, such as the radiation opacity of media and neutron multi - group constants, are presented. Based on this, the discrete difference schemes and numerical computational methods of various transport equations and radiation hydrodynamic equations are introduced in detail; the criterions on the stability of difference schemes and the check method of the numerical accuracy are proposed. Combined with the practical engineering problems, the computational samples of various particle transport equations are demonstrated. This book is characteristic of wide coverage, practical engineering problems oriented, prominence of numerical methods and readily to read, which credits its merits in practical applications, can be used as a valuable guidance book or textbook for the high grade undergraduates and graduate students of the fields, it is also a good reference book for the researchers and engineers in the relevant fields.